实用空间系统工程

Applied Space Systems Engineering

威利·J·拉森 (Wiley J. Larson)

道格·柯克帕特里克 (Doug Kirkpatrick)

[美] 杰里·乔恩·塞勒斯 (Jerry Jon Sellers) 编

L·戴尔·托马斯 (L. Dale Thomas)

丹斯·维尔玛 (Dinesh Verma)

杨保华 等 译

中国宇航出版社

·北京·

版权所有　侵权必究

图书在版编目(CIP)数据

实用空间系统工程 /（美）拉森（Larson，W. J.）等编；杨保华等译. -- 北京：中国宇航出版社，2013.10
（2016.11 重印）
书名原文：Applied space systems engineering
ISBN 978 - 7 - 5159 - 0463 - 4

Ⅰ.①实… Ⅱ.①拉… ②杨… Ⅲ.①航天系统工程
Ⅳ.①V57

中国版本图书馆 CIP 数据核字(2013)第 173962 号

责任编辑 曹晓勇　彭晨光
责任校对 祝延萍　　**封面设计** 文道思

出版
发行　**中国宇航出版社**

社　址	北京市阜成路 8 号　邮　编　100830	版　次	2013 年 10 月第 1 版
	(010)68768548		2016 年 11 月第 2 次印刷
网　址	www.caphbook.com	规　格	787×1092
经　销	新华书店	开　本	1/16
发行部	(010)68371900　(010)88530478(传真)	印　张	44.70
	(010)68768541　(010)68767294(传真)	字　数	1004 千字
零售店	读者服务部　北京宇航文苑	书　号	ISBN 978 - 7 - 5159 - 0463 - 4
	(010)68371105　(010)62529336	定　价	150.00 元
承　印	北京画中画印刷有限公司		

本书如有印装质量问题，可与发行部联系调换

译 序

空间系统工程是一种集多种高技术于一体的大型、复杂的系统工程，它由航天器、航天运输系统、航天发射场、航天测控网和应用系统等组成，是一种完成特定航天任务的工程系统。空间系统工程兴起于 20 世纪 60 年代中期，经过 40 多年的发展，形成了一套具有航天特色的系统工程方法论，并极大地推动了航天科技工业的发展。

空间系统工程不仅包含技术过程，要求人们按照系统科学的理论和方法规划、研究、设计、制造、试验、运行和应用空间系统，还包含管理过程，要求人们按照系统科学的理论和方法有效地管理这一系统，从而使空间系统更好地为人类服务，达到以投入最少的人、财、物，直接或间接地获取最佳的经济、军事、科学和社会效益的目的。20 世纪 60 年代著名的阿波罗登月计划采用了网络计划技术，使此耗资 300 亿美元、2 万家企业参加、40 万人参与、700 万个零部件组成的项目顺利完成。随着信息时代的来临和空间技术的高速发展，空间系统工程和空间系统项目管理也在不断发展。

由美国国防部和国家航空航天局组织编写的两本姊妹书——《实用空间系统工程》和《实用空间系统项目管理》，分别从工程和项目管理两个方面介绍了复杂空间系统工程研制、管理的经验、知识和方法，尤其是书中包含许多与空间有关的案例研究和经验教训，十分适合直接从事空间领域工作的工程研制人员和管理人员参考，也适合作为大学本科生和研究生的课程教材。为方便国内读者使用，我们组织了部分科研人员对这两本书进行了翻译。本书为《实用空间系统工程》。

在本书的编译过程中，陈泓、原民辉、赵志纲、于淼参与了策划和审核工作，张扬眉、王余涛、朱贵伟、李高峰、孙威昌、王宏群、刘悦、龚燃等参加了部分章节的翻译，杨维垣、田莉、徐映霞参加了全书的校对，在此一并表示感谢。

感谢中国空间技术研究院、北京空间科技信息研究所、中国宇航出版社等单位在本书翻译和出版过程中给予的大力支持，感谢孔丽萍、李华栋、郭筱曦、徐冰、高菲、周思卓、方杰等对本书做出的贡献。

由于时间仓促及译者水平有限，本书的内容难免有错误和疏漏之处，恳请广大读者批评指正。

杨保华

2013 年 6 月 30 日

前　言

当前，复杂空间系统的设计、开发和实施正面临着惊人的挑战。每年仅国防部（DoD）、美国国家航空航天局（NASA）、联邦航空管理局（FAA）在航天产品与服务方面的投入就超过 500 亿美元（2008 财年美元）；从全球来看，各国政府每年的航天投入高达 740 亿美元。通信卫星、导航系统、成像系统以及载人航天领域的商业投入，在某些年份与政府航天投入持平甚至超过政府航天投入。技术复杂、组织数量多、地理分散、政治实体众多，预算周期多种多样，加之跨文化的活动，对即使是最富经验的工程和项目经理都形成了挑战。

《实用空间系统工程》（ASSE）一书的写作目的，是为在复杂空间系统设计、开发和运行中起领导作用的系统工程师们提供激励、过程、工具和信息。

本书提供了复杂空间项目系统工程师所必需的有关方法和信息，旨在帮助有抱负的系统工程师在系统工程的理解和绩效方面更上一个台阶。本书不仅对直接从事项目工作的实践者有意义，还可以作为研究生课程及发展计划的教科书或参考书。书中讲述了许多与空间项目有关的案例研究、示例及教训，为读者管理和指导现有的空间项目提供历史性借鉴和实践应用。FireSAT 的案例出现过多次，给出了每条技术基线的系统细节，并突出了系统工程师想要了解的内容。

对编者自身而言，《实用空间系统工程》是一个终于实现了的梦想。从事航天工作数十年后，我们有能力说服顶级项目执行系统工程师们贡献出自己的经验财富、成功工具和途径以及项目中吸取的教训。这对于作为编者的我们来说是件好事，但真正得到好处的是作为读者的你们，因为你们将从 350 多年的系统工程集体经验（指所有作者的经验之和——译者注）中受益！

《实用空间系统工程》是美国空军研究院空间技术系列丛书的第 17 本书，该研究院的宇航部连续领导该丛书计划。我想对鲍勃·吉芬（Bob Giffen）和迈克·德洛伦索（Mike DeLorenzo）陆军准将、马蒂·弗朗斯（Marty France）上校领导这一工作所做的展望和坚持表示最衷心的感谢。马克·查尔顿（Mark Charlton）和蒂莫西·劳伦斯（Timothy Lawrence）中校作为执行领导，使《实用空间系统工程》最终完成。谢谢你们！

空间技术系列丛书是美国航天界发起并资助的，至今已有 20 年。自 1988 年开始以来，已有 23 个国家级组织对这一工作表示支持。美国空军导弹与航天中心、多个工程办公室和美国空军分支机构、国家侦察局、美国国家航空航天局总部（包括多个任务理事会）、美国国家航空航天局哥达德航天中心、联邦航空管理局、海军研究实验室以及其他众多机构的领导、出资和支持，才使得这一工作能够开展，谢谢你们一贯的支持。

几名策划者对于这本书的编写提供了关键的灵感、指导和激励，他们是：美国国家航空航天局总工程师迈克·赖施凯维茨（Mike Ryschkewitsch）；首席技术官员道格·洛维欧（Doug Loverro）；SMC 总工程师科洛尼·吉姆·霍赖吉斯（Colonel Jim Horejsi）以及 NRO 总工程师弗农·格雷珀（Vernon Grapes）。

在这里我必须对本书 68 位作者的坚韧和辛苦表示肯定。4 年里，为达到编辑要求，他们构思、起草、重新组织、评审并对所写材料再次加工。没有他们的专业知识、坚持和耐心，这本书不可能完成。作为编辑人员，我们的目标是制作出作者们引以为豪的、有价值的专业图书。

此书的真正英雄是安尼塔·舒特（Anita Shute）和玛丽莲·麦奎德（Marilyn McQuade）。作为一个团队，他们逐字逐句地编辑，为拿出真正反映作者和编辑团队工作质量的模范版本做着应做的工作。玛丽·托斯塔诺斯基（Mary Tostanoski）制作了许多复杂的图表及封面，佩里·勒基特（Perry Luckett）完成了早期的编辑工作。安尼塔·舒特亲自对书中的每个词和句子进行检查和排版，就像她做其他 13 本书时一样。感谢你们的专注和出色表现！

由美国国家航空航天局哥达德航天中心的马克·戈德曼（Mark Goldman）领导的由 17 名经验丰富的政府和工业系统工程师组成的团队为本书的编写奠定了基础，他们与美国国家航空航天局的项目和工程领导学院合作，辛苦地总结了为成功完成复杂系统的设计、研制和运行系统工程师所必需的能力。这些能力通过了来自国际系统工程委员会（INCOSE）、国防采办大学以及美国国家航空航天局系统工程工作组代表的审查。

　　多个团队（100多人）参与了本书草稿的审定工作以确保其准确性，这些团队包括：星座计划舱外活动系统团队以及美国国家航空航天局艾姆斯和约翰逊空间中心的获得航天系统研究生学位的人员。玛丽亚在哥达德航天中心领导了一支高效的评审团队对本书的内容进行了详细的评审，提出了一整套完整的注释和改进意见。我们衷心地感谢他们！

　　最后，我们要向我们的妻子、孩子和朋友们表示衷心的感谢，是他们给予我们强大的支持和鼓励，与我们一起为梦想付出。

　　《实用空间系统工程》及其姊妹书《实用空间系统项目管理》的著者和编者希望我们的同行，无论年长年少，都能从这些著作中发现更好地应对国防、民用及商业企业管理复杂空间系统面临的挑战所需的知识。

威利·J·拉森

博士，空间技术系列丛书总编

道格·柯克柏特里克

博士，美国空军研究院

杰里·乔恩·塞勒斯

博士，科学与技术教师

L·戴尔·托马斯

博士，美国国家航空航天局约翰逊空间中心

丹斯·维尔玛

博士，斯蒂文斯理工学院

目　录

第 1 章　空间系统工程

唐·沙伊博（Dawn Schaible）

克里斯·斯科莱塞（Chris Scolese）

迈克尔·赖斯凯维特斯（Michael Ryschkewitsch）

美国国家航空航天局

丹斯·维尔玛（Dinesh Verma）

斯蒂文斯理工学院

威利·J·拉森（Wiley J. Larson）

美国空军学院

本书由具有多年系统工程（SE）经验的作者团队编写而成，集中体现了航天界系统工程领导层、系统工程师及培训师之间的交流讨论[11]，他们一致认为航天界对系统工程进行了太多的定义和描述。在对系统工程所有功能的描述中，使用了一系列术语和职称，如总工程师、任务系统工程师、系统工程和集成经理、系统架构师、航天器集成等。我们需要就系统工程达成共识，无论如何划分作用和职责，必须确定它们是清晰的，并能够作为一个功能总体来实施。我们的目标是提供一个清晰的系统工程定义，描述最佳系统工程师们高效的行为特质、系统工程的基本过程和途径，并明确对航天界系统工程师们的期望。

系统工程既是一门艺术，也是一门科学，我们可以将其与管弦乐队作比较。大多数人都知道音乐是什么，但不是每个人都会演奏乐器，每种乐器要求不同的专业和技能。某些音乐家一生只精通一种乐器，但演奏复杂的音乐需要许多不同的乐器，而这些乐器配合得好不好决定着能否产生优美、和谐的音乐。

我们可以把交响乐看做一个系统。音乐家使用音乐科学：他们依据乐章上的音符来演奏乐器。但作为乐队指挥，必须领导他们将这些过程连接，演奏出伟大的音乐。乐队指挥的作用远不止是在控制演奏的时间！他们：

1）理解音乐，如音高、节奏、力度及音质，以及各种乐器和演奏者的能力；

2）一旦乐队达到一定的规模，具备一定的复杂性后，他们是必需的；

3）精通一种或多种乐器；

4）可能是作曲家；

5）选择并指挥乐队所演奏的音乐；

6）从观众的角度出发来演绎作曲家的音乐；

7）努力保持作曲家意图的整体性；

8）组织和领导演奏者；

9）对表演成功与否负责。

系统工程师如同乐队指挥，应了解音乐应该演奏成什么样子（设计的外形和功能），并有经验和能力来领导乐队演奏出理想的乐曲（满足系统要求）。系统工程师们：

1）了解数学、物理及其他相关科学的基本原理，以及众多人员的能力和学科；

2）一旦项目具有一定的复杂性，他们是必需的；

3）精通一门技术学科并熟悉多种学科；

4）必须了解这项工作的最终目标和整体目标；

5）创建愿景和途径来达到这些目标；

6）可能是架构师或设计师；

7）选择并形成需要多学科团队解决的技术问题；

8）必须经常解释和沟通目标、要求、系统体系结构及设计；

9）对设计技术整体性负责；

10）组织和领导多学科团队；

11）对复杂产品或服务的成功交付负责。

乐队指挥和系统工程师间相似之处的类比，有助于描述系统工程师所要求的行为特质和能力。

1.1　系统工程的艺术和科学

系统工程是开发满足各项约束要求的可运行系统的艺术和科学。这个定义与规模大小无关，但我们集中讨论开发复杂系统，如飞行器、航天器、发电机以及计算机网络。系统工程具有整体性和综合性，它结合并平衡了结构、机械、电、软件、系统安全、电力工程师及其他众多人员的贡献，形成一个不可分割的整体。它需要权衡和折中，需要多面手而不是专家[11]。

系统工程不仅仅是各个分系统间的详细要求和接口控制，当然这些细节也很重要，类似于准确核算对机构财务总监的重要性。但准确核算不能区分财务计划的好坏，也不能帮助改善糟糕的财务计划。同样，对于好的系统工程，精确的接口控制和详细要求是必要的，但即使再关注这两方面，也不能改善很差的设计方案。系统工程首先是要获得正确的设计，然后是保持和增强技术一体性，并使用好的流程来管理复杂性以保证设计正确。世界上最伟大的设计如果没有很好地执行，或者很糟糕的设计执行得非常好，都是不可取的。

系统工程的原则适用于各个层次。相似的活动对于各种空间系统开发中的要素和分系统的体系结构、设计以及开发是必不可少的。但在后面的讨论中，对于复杂、多学科系统定义、开发和运行等情况，我们使用系统工程这个术语。

2007 年，迈克·格里芬（Mike Griffin）在"系统工程及工程的两种文化"的演讲中，描述了航空航天系统的复杂性以及失败的方法导致产业界产生了各种分歧[2]。为了达到我们的目的，我们将系统工程划分为技术领导及技术支持、系统管理。

1) 技术领导着重于系统每个阶段的技术设计和技术整体性；

2) 系统管理着重于错综复杂的管理，其中包括多个技术学科、多个机构以及从事高技术活动成百上千的相关人员。

技术领导体现了系统工程的艺术性，开发新的任务和系统的过程中，它权衡大范围的技术领域知识、工程本质、问题解决、创造性、领导能力及沟通，系统的复杂性及其约束的严重性——不只是它的规模——产生了对系统工程的需求。

目前，空间系统是大型、复杂的，要求系统工程师们团队协作，同技术专家及其他专家一起保持和增强系统技术的整体性，所有参与人员必须发挥其创造性，运用所掌握的知识，以获得成功。因此领导和沟通技能与技术敏锐性和创造性同等重要，系统工程的这个部分是关于正确地做事情。

对于大型复杂的系统，即使我们已经定义了"正确的系统"，仍存在很大的可能性使目标不能实现。实现的关键是要完全、一致地完成所有的细节，并确保设计、所有技术人员的活动以及工作安排保持协调——只说具有艺术性是不够的。

系统管理体现了系统工程的科学性，其目标是严格有效地管理复杂系统的开发和运行。有效的系统管理提供了一条系统、规律的途径，它是可量化、可递归、可重复、可验证的，重点是组织管理的技巧、流程和持续性。流程的定义及控制是有效、高效、一致实施的基础，要求对目标有清晰的理解和传达，并保持警惕性，以确保所有任务直接支持目标。

系统管理适用于项目或工程生命周期内综合系统的开发、运行及维护，生命周期可能会持续数十年，由于生命周期可能超出参与研制人员的记忆，因此记录基本的信息非常重要。

为了成功，我们必须将技术领导和系统管理与整个系统工程融为一体，否则系统结果不具有价值或系统不能发挥功能或运行。

1.1.1　系统工程的范围

20 世纪 80 年代末期以来，与航空航天相关的许多政府和工业机构已经从"以技术领导文化（艺术）为核心"向"系统管理文化（科学）为核心"转变，但历史表明许多项目只受控于其中一种文化，产生了严重的不良后果。偏重系统管理的机构常常会生产出不能满足利益相关方目标或不具有成本效益的产品，流程自动终结，我们要承受"流程瘫痪"。偏重技术领导的机构常常会产生不能运行的产品或服务，或者由于缺少协调而使价格非常高或延期交付使用。

为了获得任务成功，我们必须发现和培育在技术领导和系统管理两个方面都具有很高能力的系统工程师，这就是我们重视系统工程师的原因，他体现了贯穿航空航天任务所有阶段系统工程的艺术性与科学性，如图 1-1 所示。系统工程的范围及系统工程师相关的作用和职责常常由项目经理与系统工程师协商确定，并应该在项目早期熟悉和记录这些内容。

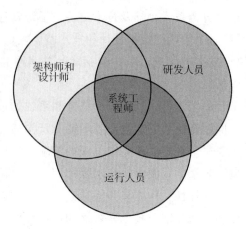

图 1-1　系统工程的范围

系统工程师常常关注一个生命周期阶段，如体系结构和设计、研发或运行，
但优秀的系统工程师具有所有阶段的知识和经验

1.1.2　系统工程师所需具备的特质

我们这里所说的特质，一些是与生俱来的，其他都是可以培养的，因此我们能够选择适合的人来设计、开发并运行复杂的航空航天任务和系统。然后我们讨论如何进一步培养系统工程师，如何帮助他们更好地处理大型任务和系统的复杂性。图 1-2 描述了高效系统工程师的行为特质[4]。

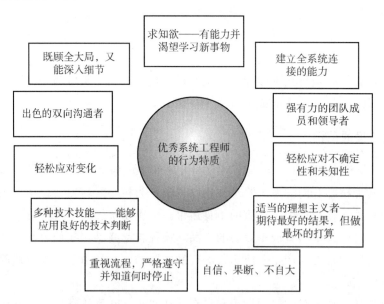

图 1-2　一名优秀系统工程师的特质

从上到下优先级不断降低，有些特质是固有的，有些是可以学习和培养的[4]

（1）求知欲

作为一名成功的系统工程师，求知欲可能是最重要的个人特质。喜欢为工作设定界限、只想了解自己所了解的事物、喜欢专注一个领域的人不适合这份工作。系统工程师要不断努力去了解他们工作中出现的"什么"、"为什么"以及"如何做"，还要了解其他人面对的学科和状况。他们通常会遇到新技术、新理念以及新挑战，因此必须乐于不断地学习。

（2）顾全大局

优秀的系统工程师应具有大局观。他们应了解项目生命周期过程中自身角色的变化。在任何时候他们都必须认识到已经完成了什么、什么是必要的，以及什么还没有完成。每个阶段有不同的重点。

1）方案——任务和系统体系、设计、运行方案及权衡研究；

2）研制——在生命周期的各个阶段（初步设计评审、关键设计评审、验证、确认和发射）保持技术整体性；

3）运行——确保项目满足任务要求并保持技术整体性。

系统工程师尤其关注验证和确认。验证过程就是回答这个问题："我们是否正确地建造了系统？"如果我们的产品满足了要求，那么验证是成功的。我们重视来之不易的经验，"试验如同实际飞行，飞行如同在试验"。另一方面，确认的过程是回答这个问题："我们是否建造了正确的系统？"如果系统能实现预期的功能，那确认是成功的，而系统常常会远远超越性能要求。

优秀的系统工程师能够为科学家、研发人员、运行人员及其他利益相关方提供信息解释。比如说，"发现和了解新生恒星和分子云核之间的关系"是科学家容易理解的，但研发人员和运行人员会更容易理解下面这句话："在两年内观测到 1 000 个恒星，有 4 个有效载荷仪器循环使用，每 5 个月循环一次，每次循环使用 1 个有效载荷仪器"。系统工程师了解项目的目标，帮助决定如何满足这些目标，保持生命周期过程中系统技术的整体性，以获得好的成功机会。

（3）建立全系统连接的能力

一流的系统工程师了解任务或系统中所有要素之间的关系。他们必须经常地帮助团队成员来考虑他们的系统及相关决策如何与大局联系起来并有助于任务的成功。比如说，星跟踪器的设计师必须了解星跟踪器是姿态控制系统的一部分，特别是用于获得精确指向观测的姿态估计器的一部分，星跟踪器的输出决定了能否获得正确的图像。如果设计师不了解这些，项目就会出现问题。优秀的系统工程师可以预测系统或项目任何变化产生的影响，并能描述这些影响的本质和规模。

（4）出色的双向沟通者

沟通技能是伟大的使能因素。系统工程师要求能够走出办公室进行很好的交流——倾听、交谈以及信件往来。乔治·萧伯纳（George Bernard Shaw）曾指出，英国和美国是"由共同语言隔离的两个国家"，但工程师们是被他们截然不同的语言隔离的——随着电子通信技术的来临，这种情况更加严重。系统工程通过统一术语、流程和程序，有助于在工程师和管理者之间架起沟通的桥梁。成功的关键是沟通大局的能力以及帮助他人形成大局观。

（5）强有力的团队成员和领导者

系统工程师必须是有经验的领导者和管理者。他们必须应对运用多种技术知识以及有效管理和领导的特殊挑战！

（6）轻松应对变化

系统工程师应该能够轻松应对变化，了解变化是不可避免的，能够预期变化，了解这些变化将会如何影响系统，并正确地处理这些影响。

（7）轻松应对不确定性

轻松应对不确定性就是接受不确定性，我们通常不知道将在什么时候完成一项任务或使命。要求是不完全的，因此我们必须解释它们，这只是不确定性的简单一面。但不确定性有更复杂的一面，因此强有力的概率和数据的支持是很重要的。优秀的系统工程师了解并鼓励量化不确定性。比如说，如果任务目标是在彗星上降落一个探测器，喷流或碎片的位置及强烈程度是未知的，彗星的反照率也是不确定的，系统工程师必须与团队一起工作来设计一个包容这些不确定性的系统。

（8）适当的理想主义者

适当的理想主义者是指期待最好的结果，但做最坏的打算和策划。系统工程师要不断地检查和核对所选系统中的细节，来确定技术整体性是完好的。

（9）自信、果断

系统工程师必须是自信的，他们了解他们所了解的，知道他们所不了解的，也不害怕两者同时存在，但这并不意味着从来不犯错误！

（10）重视流程的重要性

优秀的系统工程师重视流程，这并不代表着系统工程就是一个个流程的累加，就像菜谱书中的菜谱。流程是工具，为他们提供了通用的参考框架，帮助他们管理设计、成本、进度及风险，允许团队合作，建造出正确的系统，但流程本身不能保证生产出伟大的产品。

（11）多种技术能力

系统工程师必须能够在多种技术学科中提供合理的原则。优秀的系统工程师了解许多技术学科的理论和实践，重视聘请专家，并能够可靠地与众多学科专家互动。他们也具有足够的工程经验深入研究和学习新的技术领域。

这就是艺术所在——乐队指挥如何合理地领导演奏者使用乐器呢？他们知道如何将演奏者的水平发挥到最佳；他们知道如何变换节奏，如何在适当的时刻提示号乐师们演奏来吸引观众。系统工程师们也一样，他们的对象是各种流程和团队人才。理想状况下，系统工程师不断地增加经验，以应对更加复杂的系统，通过：

1）广博的技术知识和专业知识，以及出色的执行力；

2）对使命和挑战的激情，以及性格魅力和领导能力；

3）创造力和工程本能——能够感知解决问题的正确途径，同时重视内在风险和可能的后果；

　　4）能够教导和影响他人。

　　成功的系统工程师知道如何平衡技术领导的艺术性与系统管理的科学性。以上所描述的行为特质对于空间系统工程师，在面对目前和未来的众多挑战时是必须具备的。本章后面的内容将描述系统工程师需要具备的能力和技能。

1.1.3　复杂系统设计的现实情况

　　我们将系统工程定义为技术领导和系统管理的综合体，明确了高效系统工程师应具有的行为特质。这些要素有助于任务的成功和系统设计：从一开始就获得正确的系统设计，然后在项目生命周期内保持技术整体性的能力。我们使用下面的定义。

　　1）体系结构，包括系统的基本构成，体现在各个组成部分、相互之间的关系和环境，以及设计和发展的主导原则中；

　　2）设计，创造一个产品或系统，以及开发和使用它的计划。

　　对于我们的目标，架构师提供规则，设计人员利用这些规则制定出解决方案，而系统工程师这两方面都要做，既帮助制定出设计方案，又要维持方案在生命周期内的整体性。设计新的航空航天任务和系统是一项非常有创造性和技术性的活动。大多数工程师利用改进的基本思维过程：

　　1）确定问题；

　　2）建立筛选原则；

　　3）合成各种不同方案；

　　4）分析各种不同方案；

　　5）比较各种不同方案；

　　6）决策；

　　7）实施（并重复这一过程）。

　　虽然这套方法不是强制性的，但我们通常使用它或类似的方法，因为它能产生出良好而有效的结果。

　　对于航天任务及相关系统，首个较成熟的设计通常是来自于几个人或一个小型设计团队。他们：

　　1）确定利益相关方的需求及成功的标准；

　　2）确定关键的顶层要求（通常 3~7 项）和理解验收准则；

　　3）建立任务方案，以及物理和功能的体系结构；

　　4）建立运行方案，并与任务方案、体系和顶层要求进行整合；

　　5）设计体系要素间的关键接口；

　　6）确定由任务方案、体系结构、运行方案和定义接口派生出来的明确清晰的要求。

　　这种紧张、高度反复的和创造性的活动产生出第一个较成熟的设计，这个设计符合基本的物理学和工程原理，并满足了顶层要求。这是一个基线，据此我们使用系统管理的流程来比较权衡，并通过更详细的量化分析来改进设计的细节。我们也将继续识别和减小技术、成本和进度的风险。

定义接口是一个关键，我们必须将接口数量保持在可接受的最小范围内，只要能将相互关系的独立性维持在一个合适的程度，接口数量通常是少的。我们应该尽可能保持简单，当遇到特别困难的接口时，尝试改变它的特性。当然，我们必须要小心墨菲定律！参与这些早期活动（实际是整个生命周期）的设计人员和系统工程师应遵循以下几条来之不易的原则：

1) 平衡分配力量；

2) 保持适宜的紧张；

3) 裕度管理；

4) 寻找缺口与重叠；

5) 创建鲁棒设计；

6) 研究意外的结果；

7) 知道何时停止。

（1）平衡分配力量

平衡分配力量的概念是指分配所需性能或功能要求时，避免单个子系统具有不可克服的问题。图 1-3 列举了一个在绘图流程中分配误差的顶层要求的例子。如果绘图误差分

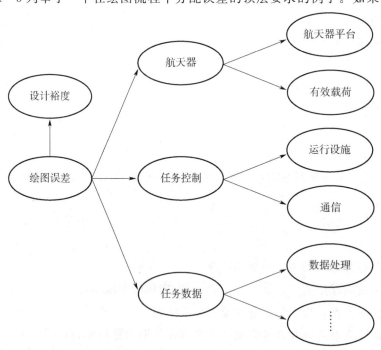

图 1-3　平衡分配力量的示例

这是一个航天系统潜在的绘图误差的分配图。绘图误差表示系统产生的影像定位的精确程度
（最佳是零绘图误差）。在不考虑充足设计裕度的前提下，将绘图误差分配到系统的各
个组成部分，使得各个组成部分不会产生无法克服的困难，并使各个部分为满足要求所做的努力大致相同

配错误，就很容易导致某个元素的成本和复杂度大幅提高，而使其他元素的裕度过大，因此，在分配跨分系统要求时，需要有良好的工程判断力和沟通能力，使各个元素花费均衡的力量来满足要求。当某个方面的某个问题的困难程度超出我们的想象，我们必须重新分配。为了这个目的，团队领导者必须保持沟通和交流，并期待团队成员能够并且应该提出问题。平衡分配力量的概念应用在空间系统的很多方面，表 1-1 列出了一些例子。

表 1-1　平衡分配力量原则的应用^①

系统	方面
航天器	1）指向稳定性 2）指向知识
有效载荷	1）视线稳定性 2）光学稳定性 3）热稳定性 4）结构稳定性
运行	1）指令复杂度 2）记录器管理
通信	1）总数据量 2）数据延迟
数据处理	1）人工移除 2）数据整体性验证 3）数据流量 4）再处理
数据分发	1）元数据管理 2）存档管理

①这是空间系统各方面的不完全列表，我们必须大体上平衡分配要求。

（2）保持适宜的紧张状态

一个项目必须同时满足成本、进度和技术的目标，这经常会产生矛盾。我们应该花多少钱改进系统？改进到什么程度就足够了？我们必须花多少时间和金钱发现一个问题？如果我们省略一个试验会承担多少风险？我们对这个风险了解到什么程度？美国国家航空航天局设计检查和平衡系统的目的就是用来确保这些目标的平衡。如果工程目标过于强调建立一个完美的系统，那么项目管理中成本和进度的压力必然会加大。如果项目管理过于强调试验数量最少化和缩短工期，那么工程或安全性以及任务保证必然会给技术的整体性带来压力。讨论有时会变得非常复杂和激烈，但是我们始终要把任务成功这个共同目标作为前提。

相互尊敬的同事之间进行建设性对话，包括讨论一些十分困难的问题是非常关键的，我们必须给出充分的时间进行有效的讨论，并及时地得出结论以推动项目的进程。这种互动可能会给个人带来压力，有时甚至像是在浪费时间，但是当我们各方都保持适宜的紧张状态时，航天界任务成功的历史就会持续长一些时间。反之将遭遇大量失败。

在许多领域同样需要这种适宜的紧张状态，如在各个组织机构、各个分系统或各个要素之间以及任务阶段要求之间。在设计阶段，当运行人员努力确保系统是可运行的并进行维护时，设计师平衡重要的近期约束，如成本、进度或质量时，需要处于这种紧张状态。在研制和运行阶段，团队也要保持紧张状态来平衡设计变化和实施措施，以确保安全、成功的系统。全生命周期的持续紧张状态有助于保持正确的要求、限制和测试。比如，我们必须在太少和太多的试验之间加以平衡。试验不充分会给计划增加风险，过多试验很可能使成本增加，而且会给设备增加不必要的运行时间。这些适宜的紧张状态对于创建和保持产生最佳平衡系统的环境是非常关键的，系统工程师必须接受和培养它们。

（3）裕度管理

好的系统工程师要对产品资源不断进行评估：功率、质量、ΔV 等，但更重要的是，他们要了解裕度。裕度指的是什么？裕度是要求和性能之间的差别。如果航天器必须做什么（具备某些性能），我们为其制定要求。如果我们满足要求，测试有效，并正确地执行，我们就创建了性能。增加裕度的一条途径是在制定满足任务一级绝对必要要求的基础上使要求更难一些，有些人称之为应急储备。

在图 1-4 中，外部形状定义了能力，内部形状代表要求，两者之间的空间代表裕度。图的右侧要求与能力非常接近，因此具有最小的裕度。该图也适用于特性。

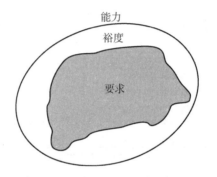

图 1-4　要求、能力和裕度

要求和能力接近的地方（就像图中的右侧部分），几乎没有裕度[4]

（4）寻找缺口和重叠

当我们开始对设计感到满意和自信时，寻找要求和能力之间的差距和共同点能够帮助我们获得进一步的提高。我们遗忘了什么？哪些要求是不完整的？我们项目的顶层要求、体系、设计和运行概念中哪里出现了间断？我们还必须认真考虑所有的系统接口，并且仔细观察接口的两方，以确定影响系统的因素。当我们这么做时，经常会发现系统关注或设计的范围定义得不够充分。

（5）创建鲁棒设计

鲁棒设计是一种成熟的研制理念，用于改进系统、产品和服务的可靠性，表现该设计特点的术语包括弹性、稳定、灵活和故障冗余。鲁棒设计对于任务和系统的成功非常关键，必须作为早期研制的主要组成部分。我们的目标是使系统能够抵抗那些可能损害性能和任务成功的因素，在宽泛的条件和外部影响下，整个生命周期应按计划始终如一地履行鲁棒设计，它可以承受不可预见的事件。换句话说，在有未知情况存在的环境下，鲁棒设计提供了稳定性。

（6）研究意外的结果

航天飞行成功的关键是严格分析故障模式和影响，确定系统在单个组成部分、分系统或部件出现故障的情况下如何发挥性能。优秀的系统工程师研究复杂系统的故障，获得其根本原因、波及效应及影响因素。硬件、软件、接口、组织及人员都具有复杂性，因此要研究故障来避免故障。杜克大学教授、《失败中寻找成功》一书的作者亨利·彼得罗斯基（Henry Petroski）曾指出，对失败的研究有助于我们更好地评估设计中意想不到的后果[10]。在《阿波罗：月球竞赛》一书中，默里（Murray）和考克斯（Cox）描述了阿波罗-13 氧气罐爆炸的情景，这是导致任务失败的关键，其描述震撼人心。该书还描述了飞行人员和地面人员如何创造性地协同工作来挽救航天员的生命[5]。系统工程师应研究尽可能多的故障来进行正确的工程判断。

（7）知道何时停止

在项目的某个节点，我们已经讨论了任务和系统设计的原则，仔细检查了来之不易的智慧洋溢的设计，甚至吸取了之前失败的教训，创造出了"首个成熟"的设计。但我们在把设计拿给别人看时仍会犹豫，然后我们会一点一点地改进这个设计，并且很难停止，最终由于钱和时间的限制，我们不得不说："足够好的敌人是更好。"因此在项目的整个生命周期都要遵循"知道何时停止"的原则。

在大学，工程师学习优化设计，尤其是传统的电和机械学科。但在大型、复杂系统的设计中，互相矛盾的要求和限制因素通常不利于分系统的优化设计。我们需要一个平衡的设计来满足利益相关方的需求以及顶层关键要求和约束。可是，如质量等系统限制因素通常要求整个系统的优化。

1.1.4　系统工程师的流程

设计包含了约束因素的管理、组织系统的复杂性、有效接口的开发、资源和裕度的管理以及在适当的时间和部位引进先进的技术。复杂系统体系结构的创建和设计通常要求使用已验证的流程来管理其复杂性。

在航空航天系统的创造、开发和运行中，正确的设计是关键的第一步，它标志着一个可接受解决方案完成了 10%，为创作灵感；别外 90% 是利用好的成熟的流程保持技术整体性和管理复杂性，努力来提供所需的产品和服务。不管设计如何精彩，我们必须在整个项目的生命周期了解和正确应用严谨的流程和程序，否则，看似正确的设计在成本和进度范围内不能满足预期的任务要求。系统工程师必须能够处理广泛的技术问题并应用严格的流程和程序，尤其是项目越来越大，越来越复杂。NASA 已经在 NPR7123.1a《NASA 系统工程流程和要求》中阐叙了系统工程方针。

经验表明技术团队容易忽视那些方针性文件（"菜谱"），文件中指示了他们必须遵循的流程，除非这些流程根据项目环境进行了调整，并增加了新的要素。这些要素的例子包括"如何做"的方法（如 NASA SP-6105-《系统工程手册》以及本书）、教育和培训材料、在职学习活动以及适当的工具。

在整个航天界，我们需要吸取已有的经验教训、应用经过验证的流程、增强沟通并始终如一地应用流程和程序。可靠的流程能够造就优秀的复杂的系统工程。系统工程师应拥有流程和工具，并知道何时及如何使用它们，而不是被它们所支配。流程缺乏严谨性很容易导致灾难，但过分的严谨可能会导致僵硬化。因此我们的挑战是培育具有良好工程判断能力的系统工程师，他们知道如何取得平衡。流程的目标是提供所需的产品或服务！

1.1.5 应对系统工程挑战

根据我们的目标，空间系统工程师负责整个系统的技术整体性，需要完全了解系统的技术红线（技术如何关联）：硬件和软件以及与系统相关的基本物理学和工程、整个系统变化产生的潜在波及效应，以及关键的参数及其敏感性等。许多书中至少收集了部分这种红线，如《空间任务分析与设计》、《航天器设计》、《载人航天》、《空间发射和运输系统》以及《认识太空》。

随着空间任务和系统的复杂性不断增加，以及在可接受风险范围内满足成本、进度及性能要求的挑战，需要系统工程具有新的活力。功能和物理接口变得越来越多，越来越复杂，软件和嵌入的硬件必须与各种复杂的平台集成，预先计划的项目研制和系统应用的扩展要求更高水平的集成。增加系统复杂性的另一个驱动因素是大量削减运行人员，以降低生命周期成本，于是增加了系统的工作性能。另外，系统由于存储的知识、采集的数据、系统内部和系统之间的通信以及决策能力，变得更加自主。

当应对更大挑战时，我们必须关注过去的失败，更严谨的指导和方法的需求来自于过去的经验和不断发展的项目和程序的要求。借鉴20世纪90年代中期以来航天相关的报告和调查结果，美国国防部、美国国家航空航天局及工业界已经修订了他们用于未来任务的系统工程方法。为达到我们航天领域的目标，要求所有参与者使用系统级的思维。

本书旨在提供空间系统工程师可以用于设计、开发以及运行空间系统的流程、工具和信息。为达到这个目的，当我们实施表1-2列出的各项内容时，我们把重点集中在"操作方式"上。

从上到下的活动看起来是线性的，但事实上并非如此。每个活动有很多次的迭代，对其他活动有很多的影响，其他活动也要不断地变化。

表1-2 实用的空间系统工程流[①]

描述	活动	讨论的章节
系统设计	定义需求和利益相关方期望	第2章
	产生运行方案和运行体系	第3章
	形成系统体系——功能的和物理的	第4章
	确定技术要求、限制和假设	第5章
	决策和进行权衡分析	第6章
	估算生命周期成本	第7章
	评估技术风险	第8章

续表

描述	活动	讨论的章节
系统实现	实施系统	第 9 章
	集成系统	第 10 章
	验证与确认系统	第 11 章
	转运产品至应用	第 12 章
对系统的创建、开发和实施进行管理	计划和管理技术工作	第 13 章
	形成并实施系统工程管理计划	第 14 章
	控制接口	第 15 章
	保持技术状态	第 16 章
	管理技术数据	第 17 章
	评审和评估技术工作	第 18 章
文件和归档		第 1 章

①该表给出了本书所有主题的概览。早期的重点是获得正确的设计，之后是实现系统并对系统的研制和实施进行
管理。

1.2　全生命周期中应用系统工程

本节通过回顾美国国家航空航天局、美国国防部及工业界有关基于项目阶段的生命周期方法，为本书建立了框架。我们定义了通用的参考框架来检查一系列系统工程主题。系统工程是一门学科，因此系统工程师应不断寻找额外的资源和培训辅助设备来提高或保持对专业的精通。因此，我们也提供一些指导，指出哪里可以获得额外的信息来帮助在这个富有挑战性的职业中获得成功。

系统工程师的许多活动是由机构的管理者和项目经理控制的。对于项目生命周期的描述主要来自于《实用空间系统项目管理》一书[1]中的第 1 章。一些方法可用于天基系统研制过程的管理。在技术研制工作中，快速原型法是通用的方法。我们可以这样描述该方法：建造一点、测试一点，不断重复直至完成。虽然这个模型可以应用于其他类型的项目，但必定具有高风险性，它们仅仅能帮助管理者和利益相关方洞察关键问题，一旦存在问题，解决或有效克服则需大量资金，对于每两年才有一次发射窗口的火星任务或用于支持在战场上等待的士兵的军事系统，这种方法是不能接受的。

因此，机构和利益相关方大多依赖于"分阶段"的生命周期方法，用于基于实施的项目研制，也称为"瀑布"模型，这种方法允许我们在研制过程中管理风险，而不只是在接近尾声的时候才管理风险。较早发现问题可以使项目经理、系统工程师、机构和利益相关方就补救措施达成一致意见，而且由于基于实施的项目主要是技术应用，相对于新技术的研制，它们的结构和要素是可重复的，相应地它允许项目经理积累多个项目的经验，他们可以定义合理的期望，在规定的时间范围内和特定的复杂情况下，确定项目将需要什么样的资源来完成任一给定的活动。

天基飞行系统的研制应用基于阶段的方法是非常合理的。根据这种方法，系统工程师和项目经理的工作不仅仅是管理项目，他们需要精通项目以保证团队取得成功。

如果基于阶段的方法是完全统一的，问题就简单了，我们只要简单地回顾过去项目中发生的低层次经验并将其应用到我们的项目中。但这种方法不是完全统一的，民用航天、军用航天以及私有产业界已经调整了流程来满足各自团体相关的特定要求。新的系统工程师及项目经理必须精通他所在团体使用的流程来执行基于阶段的模型。我们首先定义大多数生命周期模型通用的一些术语。

1.2.1　定义

1）决策主管：机构指派的最高级别，有权批准项目正式进入生命周期的下一个阶段。

2）门：项目必须参与的事件，将由利益相关方、用户团体或决策主管评审。

3）关键决策点（KDP）：决策主管确认项目准备就绪正式进入生命周期下一阶段的里程碑。决策基于项目团队已完成的工作，由机构独立检验。

4）生命周期：对于最终交付的项目（比如说系统），从最初构想到研制，到最后交付的所有阶段。

5）里程碑：项目中的重要事件，通常是完成一个关键项目的交付或是完成一系列可交付项，或是完成一组功能的验证。里程碑可以是内部的，可由项目团队自我确定；或是外部的，即由利益相关方、用户团体或决策主管确定。

6）阶段：项目生命周期特定的时期，该时期在相同的主要活动中涉及了大部分项目资源，目的是为了完成一个共同目标或提供一个可交付项，如定义要求、设计或运行。

7）系统：所有的要素（飞行和地面）以统一的风格一起发挥功能满足运行要求所具备的能力。每个要素包括满足总体目标所需的所有的硬件、软件、固件、设备、设施、人员、流程及程序。

8）技术主管：一般是指项目的系统工程师，由决策主管指派，在系统要求的建立、改变及放弃等方面承担技术上的责任。

1.2.2　NASA 模型

图 1-5 描述了美国国家航空航天局基于阶段的生命周期方法，该方法应用于美国国家航空航天局所有的飞行项目，项目被分成两个主要部分或机构级别的阶段，即策划和实施，美国国家航空航天局对两个阶段都非常重视。新的系统工程师或项目经理不应该只认真对待项目的实施，而草率对待项目的策划。

机构级别的阶段可以再细分为项目级别的阶段，项目团队按这些阶段进行他们的工作。在项目正式进入下一个阶段之前，流程、程序和产品要接受外部的评审（见第 18 章）并通过关键决策点。

每个项目级别的阶段都包含一系列必须完成的工作，达到可以继续进行的成熟度，成熟度的记录作为综合主要进度的基本输入信息（参见《实用空间系统项目管理》第 3 章）。

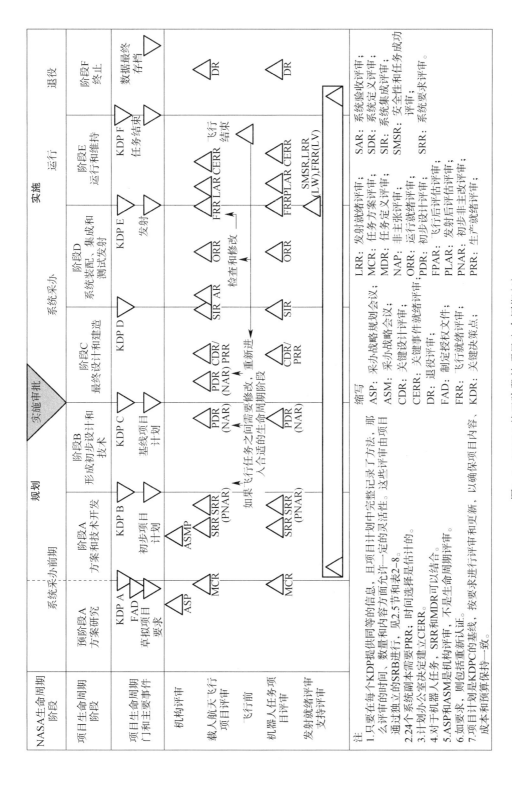

图1-5　NASA基于阶段的项目生命周期 [6]

该模型管理所有NASA飞行项目。在NASA政策文件7120.5d《NASA航天飞行计划和项目管理要求》[7]中进行了详细定义因为这些信息随方法的改进而变化，我们在这里无法重复它，相反，系统工程师和项目经理应该参考最新版本的 NPR 7120.5d《NASA 航天飞行工程和项目管理要求》，以满足最新的要求。NPR 7123.1a《NASA 系统工程流程和要求》是美国国家航空航天局关于项目和工程的系统工程的指导文件。

1.2.3　DoD 模型

图 1-6 描述了美国国防部基于阶段的生命周期方法，该方法应用于美国国防部所有的项目和工程。项目被分为 3 个美国国防部级别的阶段：系统采办前期、采办期和保障期。美国国防部重视所有阶段，要求系统工程师和项目经理尽力证明项目团队同样严格地对待每个阶段。美国国防部级别的阶段又被分为项目级别的阶段，项目团队按这些阶段进行他们的工作。在项目进入下一个阶段之前，流程、程序和产品要接受评审并服从关键决策点。每个项目级别的阶段都包含一系列必须完成的工作，以达到一定程度的成熟度，使项目得以继续进行。这些成为了美国国防部项目综合主要进度的基本输入信息（参见《实用空间系统项目管理》第 3 章）。

在如何将特定的工作类型纳入相应的各个阶段方面，美国国家航空航天局和美国国防部生命周期模型具有很大的相似性。两个模型的区别主要是在描述已知阶段将要完成工作的机构期望及产品清单上，而不是在正在进行的实际工作中。也就是说，从一个纯参加者的角度来看，对于诸如"定义要求"或"生产"这样的活动，两个机构基本上都是相同的。

因此，对于任何一个阶段，我们可以把对特定机构的期望先放一边，重点关注所有系统工程师在活动中都会遇到的具有极高相似性的问题。在实践应用中，研究基本问题的专家已经把重点放在使系统工程成功的要素上，并将此作为一项原则，而不侧重于某一团体的特点细节。对于某一团体的具体信息，作者会清楚地说明其特殊性。其他团体成员应明智地学习这些例子，以便更充分地理解权衡空间。此外，本书指导读者获得关键的系统工程能力，该能力是取得成功的基本要素。我们使系统工程师获得这些知识，并将其应用于他（她）的组织环境中。

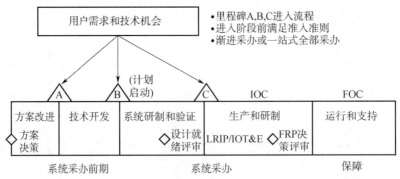

图 1-6　国防采办管理框架[8]

5 个项目级别阶段发展过程中的国防部项目进展

IOC—初始运行能力；FOC—全部运行能力；LRIP—低速试产；IOT&E—初始运行测试和评估；FRP—全速生产

1.3　创建并保持技术基线

空间系统的设计是把抽象的任务概念演化成为具体的操作系统。如 13.2.1 节中所描述的，技术工作包含一系列的产出，包括各种文件（计划、规范、图纸等）和系统的最终产品或过程产品。显然有些产出要先于其他的产出，例如，工程图纸必须在制造过程之前，因此，一项技术产出必须完善或成熟到一定的程度，以成为后续产出的基础，所以该项技术产出也就成为了技术基线的一部分。一旦我们将一项技术产出定为基线，要改变该技术产出必须通过正式的变更控制文件（第 16 章），因为它会影响开发中的技术产品。

在系统生命周期的任意时刻，一条基线都会将已完成的工作从工作进程中区分出来。每项技术产出基线都与整个项目技术基线有关。我们会为技术产出逐项建立基线，因此，在整个项目开发周期中，会存在几十甚至上百条基线。一条航天项目的技术基线通常与系统的开发阶段相关联，因此它由 7 个独立的部分组成。

1）任务基线：全面阐述经利益相关方确认的任务需求和目标，以及实现这些目标的基本方案；

2）系统基线：功能和性能要求，用来描述实现任务方案的系统；

3）功能基线：系统设计，将功能和性能要求分配给它的各个要素；

4）设计前基线：完整的详细系统设计，包括功能和性能要求及完全对应的设计或建造标准，这些标准进一步转化为技术状态项（硬件和软件）的级别；

5）建造前或编码前基线：完整的系统设计，表现为设计图纸或 CAD 模型、软件设计文件，以及制造、组装、集成和试验计划；

6）实际建造或实际编码基线：经验证、确认和认证的实际系统，为进一步的部署作准备；

7）实际部署基线：实际发射的运行系统，或部署、启动、测试的运行系统（包括校准），该系统已经为完整的常规运行作好了准备。

图 1-7 描述了与上述基线相关的有代表性的产出和文件。在每个里程碑，我们必须确保项目或程序在技术方面的整体性。当很多产出体现为文件形式（必须开发和提交的产品）时，我们必须特别关注与系统基线相关的技术设计，包括硬件和软件方面。

本书强调了这 7 条基线，每一条都是建立在上一条的基础上，每条基线都是由一系列的产出（它们的某些文件）表现出来，如表 1-3 所示。确定由哪条基线来控制项目的技术整体性是非常重要的，第 18 章将更详细地论述基线，图 1-8 重点突出了项目早期基线和中期基线的区别。

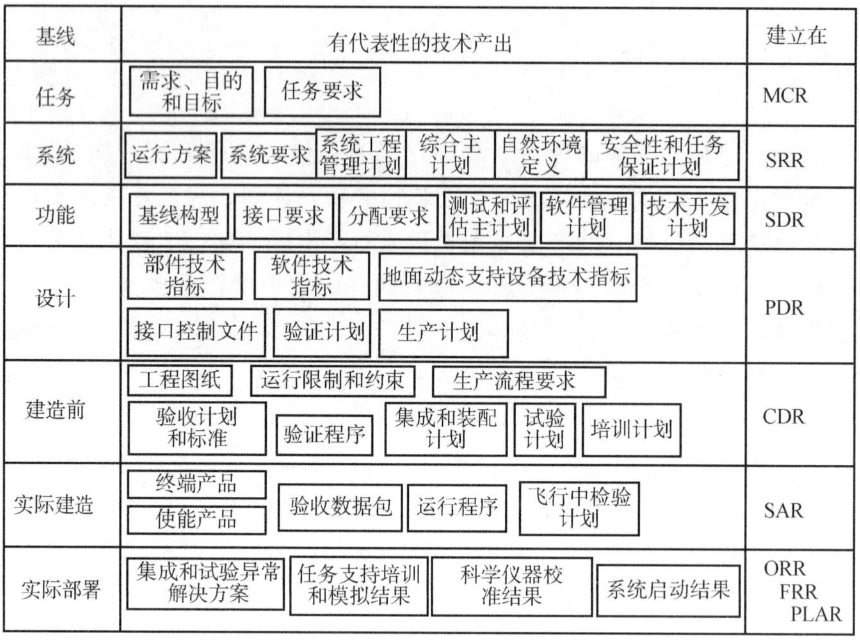

基线	有代表性的技术产出	建立在
任务	需求、目的和目标　　任务要求	MCR
系统	运行方案　系统要求　系统工程管理计划　综合主计划　自然环境定义　安全性和任务保证计划	SRR
功能	基线构型　接口要求　分配要求　测试和评估主计划　软件管理计划　技术开发计划	SDR
设计	部件技术指标　软件技术指标　地面动态支持设备技术指标　接口控制文件　验证计划　生产计划	PDR
建造前	工程图纸　运行限制和约束　生产流程要求　验收计划和标准　验证程序　集成和装配计划　试验计划　培训计划	CDR
实际建造	终端产品　使能产品　验收数据包　运行程序　飞行中检验计划	SAR
实际部署	集成和试验异常解决方案　任务支持培训和模拟结果　科学仪器校准结果　系统启动结果	ORR FRR PLAR

图 1-7　空间系统和任务的典型技术基线

我们讨论的重点在于项目生命周期的 7 条基线。每条基线有一套代表其状态的产出或文件。通过特定的里程碑评审确立这些基线。MCR—任务方案评审；SRR—系统要求评审；SDR—系统设计评审；PDR—初步设计评审；CDR—关键设计评审；SAR—系统验收评审；ORR—运行就绪评审；FRR—飞行就绪评审；PLAR—发射后评估评审

表 1-3　典型的基线项目[①]

产品	阶段 A 前期 KDP A	A 阶段 KDP B	B 阶段 KDP C	C 阶段 KDP D	D 阶段 KDP E	E 阶段 KDP F
总部和工程产品						
1. FAD	批准					
2. 工程对项目的要求（根据工程计划）	草稿	基线	更新			
3. ASM 会议记录		基线				
4. NEPA 符合性文件记录			EIS			
5. 机构和国际协定			基线			
项目技术产品						
1. 任务方案报告	初步	基线				
2. 系统级别要求		初步	基线			
3. 初步设计报告			基线			
4. 任务运行方案		初步	基线			
5. 技术就绪评估报告			基线			
6. 导弹系统发射前安全包			初步	基线	更新	
7. 详细设计报告				基线		
8. 建造中硬件和软件文件记录					基线	
9. 验证和确认报告					基线	
10. 运行手册				初步	基线	
11. 轨道碎片评估		初始	初步	基线		

续表

产品	阶段 A 前期 KDP A	A 阶段 KDP B	B 阶段 KDP C	C 阶段 KDP D	D 阶段 KDP E	E 阶段 KDP F
12. 任务报告						终稿
项目策划、成本和进度产品						
1. 下一阶段工作协议		基线	基线	基线	基线	基线
2. 集成基线	草稿	初步	基线			
3. 项目计划		初步	基线	更新		更新
4. CADRe		初步	基线			
5. 行星防护计划		行星防护认证	基线			
6. 核安全发射批准计划		基线				
7. 基础设施的商业案例分析		初步	基线			
8. 发射场安全性风险管理计划			初步	基线		
9. 系统退役和处理计划				初步		基线
KDP 就绪产品						
1. SRB 报告	终稿	终稿	终稿	终稿	终稿	终稿
2. 项目经理建议（包括反馈 SRB 报告）	终稿	终稿	终稿	终稿	终稿	终稿
3. CMC 建议	终稿	终稿	终稿	终稿	终稿	终稿
4. 程序经理建议	终稿	终稿	终稿	终稿	终稿	终稿
5. MD-PMC 建议（类别 1 项目）	终稿	终稿	终稿	终稿	终稿	终稿
6. 管理 PMC 建议	终稿	终稿	终稿	终稿	终稿	终稿

①这个表显示了一个更全面的、与系统相关的产品和产出的列表，说明了最初将它们建立和设为基线的时间（KDP—关键决策点；FAD—制定授权文件；ASM—采办策略会议；NEPA—国家环境政策法案；EIS—环境影响报告；CADRe—成本分析数据要求；SRB—评审委员会；MD—任务主任；CMC—中心管理委员会；PMC—工程管理委员会），此表来源于参考文献 [6]。

3.1 系统应包括……
3.2 系统应与……接口
3.3 系统应提供

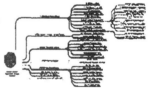

任务基线　　　　　系统基线　　　　　　　　功能基线　　　　　　　设计前基线

建造前基线　　　　　　　　实际建造
　　　　　　　　　　　　　　基线　　　　　　　　　　　实际部署基线

图 1-8　另一个技术基线视图

该图示出了通过各种技术基线来观察系统设计的演变。空间系统工程采用了任务基线中相对宏观的概念，并使用设计、管理和实现流程来提供实际部署基线能力

项目经理经常讨论集成基线，包括工作分解结构（WBS）、工作分解结构词典、综合主进度、生命周期成本和劳动力估算、成本分析数据要求，以及技术性能基线或任务内容。工作分解结构和综合主进度详见《实用空间系统项目管理》的第 3 章[1]。

1.4 建立系统工程框架

空间领域的严酷性、空间任务前所未有的特性以及系统零风险的要求，需要建立一套系统而严格的工程方法。这套方法拥有一个强有力的框架，可以反复进行综合（建立不同方案并权衡利弊，需要相关领域的知识和创造性）、分析（评估不同方案，需要理解技术、经验、成本和进度的制约条件以及设计的推动）和评估（决策，需要了解潜在的不确定性和风险）。

图 1-9 描述了这些活动的相互关系。在项目或工程的整个生命周期中，系统的开发、运行和维护集成一体的方法必须可量化、递归、迭代和可重复。系统工程强调在计划的环境中、在成本和进度限制条件下、在系统计划的寿命内，实现利益相关方功能、物理和运行性能要求的安全性。为达到这个目的，所有的项目参与者都需要有一个系统的观念。

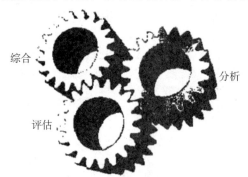

图 1-9 系统工程活动

系统工程框架支持复杂系统研制过程中的迭代和递归的综合、分析以及评估活动。
域知识、系统思想和工程创造性是关键的前提

系统工程框架本身包括图 1-10 中给出的 3 个要素。通用技术流程、劳动力以及工具和方法的综合实施为空间系统工程提供更高的效率和有效性。该部分描述了每个要素。系统工程流程是更大背景下的一个要素，包括劳动力（团队）以及产生质量产品和获得任务成功的工具和方法。这些要素共同构成了机构的系统工程能力，而且，系统工程流程本身代表了用于协调演变并增强任务成熟度的框架、所需的运行方案和性能要求、限制因素以及构想的方案及其体系、设计和构型。

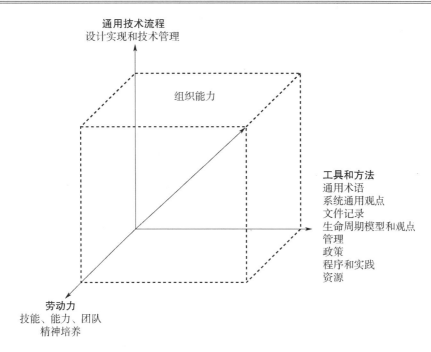

图 1-10　系统工程框架

我们的目标是提供我们利益相关方所要求的产品和服务。这需要人员、流程、工具和方法[7]

（1）技术和技术管理流程

通用的技术流程有助于我们将系统的硬件、软件和人为要素看做一个整体，也提供了用于系统工程实践应用和沟通的基本概念和术语。NPR7123.1a 给出了航天领域通用技术流程的一个例子。

（2）工具和方法

正确的工具和方法能有效地应用系统工程。大多数机构已经识别和记录了适于他们使用的最佳工具和方法。

（3）劳动力——人员及其能力

训练有素、知识渊博的系统工程师与技术人员，与关键的利益相关方一同工作，同时精通必要的领域知识，对于成功应用系统工程是非常重要的。我们希望本书提供的必要的知识、流程、工具和方法可以使系统工程师在他们的机构中发挥更大的作用。

本小节确定了一套核心的通用技术和技术管理流程，用于工程系统产品及服务的空间项目，在适当的产品线生命周期阶段来满足阶段放行准则和项目目标。文献研究表明系统工程主要技术和技术管理流程存在广泛的一致性。一些标准和手册如下所示。

1）ISO/IEC 15288：系统和软件工程——系统生命周期流程；

2）ANSI/EIA 632：管理系统的流程；

3）IEEE 1220：系统工程流程的应用和管理；

4）EIA 731：系统工程能力模型；

5）CMMI SWE/SE/IPPD/SS：能力成熟度模型——软件工程、系统工程、集成产品和流程开发以及供应商供货的集成；

6）DoDI 5000.02：国防采办指南（DAG）。

《国防采办指南》及 NPR7123.1a 分别介绍了 16 和 17 个系统工程流程，两本指南具有较高的一致性和融合性，如表 1-4 所示。图 1-11 给出了 NPR7123.1a 中关于系统工程

表 1-4　系统工程流程①

《OSP 国防采办指南》的系统工程流程	NPR7123.1a《系统工程流程和要求》中的系统工程流程
技术管理流程 　1）决策分析 　2）技术规划 　3）技术评估 　4）要求管理 　5）风险管理 　6）技术状态管理 　7）技术数据管理 　8）接口管理	技术管理流程 　1）决策分析 　2）技术规划 　3）技术评估 　4）要求管理 　5）技术风险管理 　6）技术状态管理 　7）技术数据管理 　8）接口管理
技术流程 　1）要求开发 　2）逻辑分析 　3）设计方案 　4）实施 　5）集成 　6）验证 　7）确认 　8）转换阶段	技术流程 　1）利益相关方期望定义 　2）技术要求定义 　3）逻辑分解 　4）物理解决方案 　5）产品实施 　6）产品集成 　7）产品验证 　8）产品确认 　9）产品转换阶段

①系统工程核心流程的定义上存在广泛的一致性，可划分为技术管理流程和技术流程。

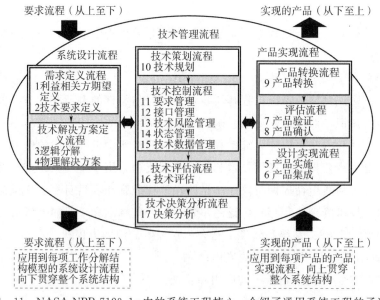

图 1-11　NASA NPR 7123.1a 中的系统工程核心，介绍了通用系统工程的子流程

这些流程可用于任何层次的系统开发。图中显示的 3 组流程用于开发、生产和交付产品及服务

核心内容的 17 个流程，在该图中，技术流程被划分为系统设计流程和产品实现流程，它们在任何研制阶段是可重复的，在系统结构中的更低层次上是可递归的。

系统工程流程允许一个有序进程通过受控基线从一个研制层次过渡到下一个更加详细的层次。我们将这些流程应用于系统、分系统及部组件，还可用于系统的生产、运行、培训、支持和处理。在技术管理流程和活动中，如权衡研究或风险管理活动，我们可以识别一些要求、接口或设计方案作为非最优的，对它们进行修改以提高系统范围的性能、降低成本或满足最后期限。这些流程的价值不仅在于将利益相关方的期望转换为详细的技术指标，进一步形成试验计划，而且可以作为一项综合框架，在该框架内可以定义、分析、分解、权衡、管理、分配、设计、集成、试验、应用及维持[8]。

本书的重点是这些流程的应用，包括天基系统的方法和工具。我们的目标不仅是要介绍系统工程是什么，也要解释每个流程的方方面面是如何进行的。

1.5 识别系统工程师的能力

我们转而来回答下面的问题："空间系统工程师能够做些什么事情？"本节将讨论空间系统工程师必须具备的能力和相应的表现等级。由于系统工程既是一门艺术，又是一门科学，开发许多复杂系统所需的许多高效的技术和能力并不能在学校的学习中得到，而是通过经验累积。流程和工具非常重要，但是不能取代有能力的人；遵守流程并使用工具并不能自然产生好的系统工程师或系统设计；将要求加入数据库中，并不能使这些要求成为正确的要求；采用计算机辅助设计（CAD）系统进行航天器设计，并不能保证得到正确的设计。工程师是否具有较强的能力且准备充分，是成败的关键。因此，我们对系统工程师有一系列的期望，包括以下方面。

1）为关键项目里程碑准备所需的文件；

2）对项目具有技术责任心；

3）设计、实现并管理系统的建立、开发和实施；

4）知晓系统的技术"红线"，能够预测变更在整个系统生命周期中造成的影响；

5）从宽广的视角看待问题，综合所有规则；

6）建立并维持系统技术基线；

7）尽全力维持项目的技术整体性。

除了上述的期望，我们还需要更好地定义工程师的能力和表现。任何领域的系统工程师都有相似的能力、采用相似的流程，他们只是关注不同类型的系统。当然，空间系统工程师应在空间技术领域具有相对更强的能力。

机构的领导和经理应详细描述每个事项，如表 1-5 所示，这有助于在机构内培育系统工程师。胸怀志向的系统工程师可能会问："我应针对表格里面的每个事项做些什么？"我们可以对每个事项和整体情况的性能级别进行讨论。表 1-6 列出了性能的 4 个级别。

表 1－5　系统工程师能力①

1.0 方案和体系	5.0 项目管理和控制
1.1 任务需求陈述	5.1 采办策略与采购
1.2 系统环境	5.2 资源管理
1.3 权衡研究	5.3 合同管理
1.4 系统体系	5.4 系统工程管理
1.5 运行方案	6.0 内部和外部环境
1.6 技术基线研制与管理	6.1 组织结构、任务和目的
2.0 系统设计	6.2 PM 和系统工程程序及方针
2.1 利益相关方期望的制定和管理	6.3 外部关系
2.2 技术要求定义	7.0 人力资源管理
2.3 逻辑分解	7.1 技术人员配备和人员表现
2.4 设计解决方案定义	7.2 团队动力与管理
3.0 生产、系统转换、运行	8.0 安全和任务保证
3.1 系统实施	8.1 安全
3.2 系统集成	8.2 安全和任务保证
3.3 系统验证	9.0 专业能力和领导能力培养
3.4 系统确认	9.1 指导和辅导
3.5 运行	9.2 交流
4.0 技术管理	9.3 领导能力
4.1 技术规划	10.0 知识管理
4.2 要求管理	10.1 知识获得与转移
4.3 接口管理	10.2《国际武器交易条例》
4.4 技术风险管理	
4.5 配置管理	
4.6 技术数据管理	
4.7 技术评估	
4.8 技术决策分析	

①在项目的生命周期中，系统工程师应能处理表中所列的事项。

表 1－6　系统工程师表现等级①

表现等级	职务	描述	工作岗位举例
1 知晓	项目团队成员	个人作为项目团队的组成部分，开发或运行一部分系统	电气工程师、热控工程师、软件工程师、技术资源经理
2 应用	分系统工程师	个人负责开发、集成或操作一个航天器或一项航天任务的完整部分	导航、制导与控制工程师，热控分系统工程师，电源分系统工程师
3 管理	工程或项目系统工程师	个人负责整个工程或项目的系统工程活动，或负责一项大型任务或大型系统的主要要素	哈勃太空望远镜的系统工程师、航天飞机轨道器的系统工程师、火星探路者的系统工程师
4 指导	总工程师	个人负责大型组织的系统工程，主要进行指导并监督所有系统工程和系统工程师的活动	美国国家侦察办公室总工程师、美国国家航空航天局总工程师

①本书的重点是对表现等级为 1～3 的系统工程师进行指导。通过增强能力、获取经验，系统工程师可以提高自己的表现等级，承担更为重要的责任。

随着个人表现从等级 1 上升到等级 4，活动的重点会发生改变，如表 1-5 所示。表现等级为 3 的系统工程师必须具有表 1-5 中列出的能力，他们必须在技术规划、管理团队、人员配备和外部关系上关注更多，而不是着重关注日常细节要求的管理。因此，根据不同的表现等级，某些能力可能比另一些能力更为显著。

并不是所有的机构都要求系统工程师具有上述能力，许多机构具有自己的方法和流程。理解一个机构的系统工程方法非常重要，去学习并应用最有价值的能力。一般说来，系统工程师应具备以下素质。

1）比他人更好地理解其技术领域，持续学习其他技术领域的技术；

2）学会有效地处理复杂事件；

3）以"大局"思想看待问题；

4）提高书面和口头交流的能力；

5）提高团队成员与团队领导的交流能力。

1.6　FireSAT 卫星终端-终端案例研究导论

系统工程作为一项学术主题和空间任务整体的区别在于两者对系统工程的应用方式不同。纸上谈兵是远远不够的，必须付诸实践。本书的主要目标之一是讲述系统工程的方法，而不是系统工程的定义，因此本书包括大量航天活动的实际案例，这些案例都具有使用价值和必要性，都是从大量不同任务中挑选出来的。然而，系统工程流程是一个从头至尾的过程，在早期开发过程中制定的那些似乎正确的决策可能在集成或运行过程中出现问题，为更好描述空间系统工程在生命周期每个阶段的本质，本书将 FireSAT（火警卫星）任务作为综合案例进行研究。

FireSAT 可能是目前没有发射的最为著名的空间任务之一，方案最早由《航天任务分析与设计》（SMAD）的编者提出[3]，通过不同的分析和设计方法、技术等对其进行了介绍，《认识空间》中再次介绍了 FireSAT 案例，指出了航天学的基本原则[29]。当本书最初成稿的时候，为使读者更好地理解系统工程并将其应用到日常生活和工作中，编者选取了能够将 17 个系统工程流程紧密联系起来的单一例子。FireSAT 再次成为正确综合反映了实际性和相关性以及严谨性的最佳实例。为说明关键问题，任何终端-终端的例子必须具有足够的复杂度来说明关键问题，但又不能太复杂，以至于读者在理解上存在困难。FireSAT 则是一个折中的选择。

FireSAT 是什么？我们设想 FireSAT 项目是美国探测并监视可能发生的森林火情的系统。森林火情每年都夺去数百条生命，对成千上万的人构成威胁，浪费数百亩土地，损失数百万美元。FireSAT 能够进行天基"火情侦察"，可每天对全美的森林火情进行监测，使林业局能够及时探测火情，挽救生命和财产。

FireSAT 的例子使我们提出任何系统工程师都可能首先提出的问题：我们谈论的"系统"究竟是什么？图 1-12 为 FireSAT 任务体系的图示，图 1-13 为层次图。

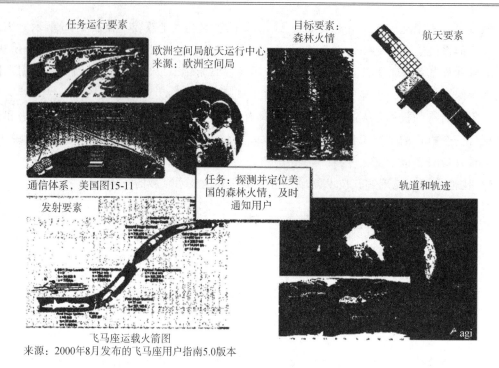

图 1-12　FireSAT 任务体系

可以从完整的任务体系中看出各种要素

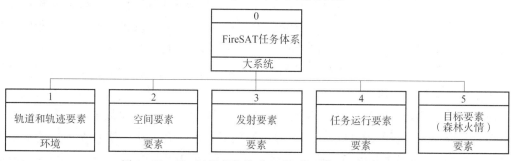

图 1-13　FireSAT 任务体系（aka 物理体系）层次图

本图以不同的方式，提供了与图 1-12 相似的信息

　　本书针对目前讨论的焦点使用"相关系统"的提法，在任何指定时间，FireSAT 相关系统可以包括整个体系或该等级的大系统，或体系中的任何要素或任何子要素，例如分系统。

　　除相关系统之外，系统工程师最为关注的是相关系统的上一级和下一级。在航天领域，我们习惯以航天器来命名一个项目，因此并不能很好地理解"系统"的意义。例如，天基红外系统（SBIRS）既是一个重大空军工程的名称，也是该计划中卫星的名称。同样，当人们谈论到"航天飞机系统"时，可能会谈论发射最显著的部分，如进入轨道，或整个航天飞机任务体系，包括分布在美国国家航空航天局所有研究中心的大量设施和设备，以及承包商的整体支持。

　　如果对任务体系的空间要素进行高度概括，并几乎完全依赖传统系统的发射和地面要素，则可以很好地理解该方法，但是会对目前讨论的相关系统是什么引起混淆。在本书中，我们将重心转移到 FireSAT 任务的不同等级上。最初的讨论使用 FireSAT 来表示项目或任务等级，但是本书中大部分内容都强调的是空间要素，即 FireSAT 卫星及其分系统。有时，我们会追溯到部件级，但目的是研究各个等级如何运用系统工程流程的方法和应用程序。

第 2 章开始介绍 FireSAT，从利益相关方的初步需求开始，引领我们理解利益相关方或任务级要求的制定过程。接下来的章节是本书的"设计"部分，继续介绍体系开发、要求管理、逻辑分解，最后是 FireSAT 系统的物理解决方案。在本书的"管理"部分中，探索了在整个生命周期的设计和实施中如何进行决策分析、风险管理和其他流程。在"实施"部分，首先探索了有关 FireSAT 的购买、制造或复用决策等主题，然后讨论了集成、验证和确认。过渡章节包括 FireSAT 是如何从交付到运行的例子。

最后，为增强本书的整体性，研究终端-终端案例的章节从不同视角探索了 FireSAT 的例子。其中将方法集中在生命周期的 7 条主要技术基线上，来显示 17 个系统工程流程是如何处理现实挑战的，包括从工程方案到发射，再到运行，每个流程都有一个主要里程碑。

1.7　关键点小结

对于系统工程师来说，如果具备技术领域的知识，例如硬件和软件、交互和敏感性等，能够更加成功地推进空间系统工程，我们介绍了美国最好的部分系统工程师高效率的行为特点。好的流程使我们能够应对更大型、更复杂的系统，系统工程还为我们提供了解决问题的框架——系统或问题越复杂，流程对系统工程师的工作越有效。

空间系统工程师应具备的能力分为 4 个表现等级——知晓、应用、管理和指导——希望这有助于他们更好地进行职业规划和发展。进行系统工程实践时，我们认识到只熟悉自己的领域和所有流程是不够的，为确保成功，还必须加强团队合作，培养领导能力及交流能力。

参 考 文 献

[1] Chesley，Julie，Wiley J. Larson，Marilyn McQuade，and Robert J. Menrad. 2008. Applied Project Management for Space Systems. New York，NY：McGraw-Hill Companies.

[2] Griffin，Michael D. March 28，2007. Systems Engineering and the "Two Cultures" of Engineering，NASA，The Boeing Lecture.

[3] Larson，Wiley J. and James R. Wertz. 1999. Space Mission Analysis and Design. 3rd Ed. Dordrecht，Netherlands：Kluwer Academic Publishers.

[4] Lee，Gentry. 2007. So You Want to Be a Systems Engineer. DVD，JPL，2007.

[5] Murray，Charles and Catherine Bly Cox. 1989. Apollo：Race to the Moon. New York，NY：Simon and Schuster.

[6] NASA. 2007 (1) . NPR 7123. 1a – NASA Systems Engineering Processes and Requirements. Washington，DC：NASA.

[7] NASA. 2007 (2) . NPR 7120. 5D – Space Flight Program and Project Management Requirements. Washington，DC：NASA.

[8] Office of the Secretary of Defense – Acquisition，Technology and Logistics (OSD – AT&L) . December 8，2008. DoDI 5000. 02，Defense Acquisition Guidebook. Ft. Belvoir，VA：Defense Acquisition University.

[9] Personal Interviews，Presentations，Emails and Discussions：
     Michael Bay，Goddard Space Flight Center
     Harold Bell，NASA Headquarters
     Bill Gerstenmaier，NASA Headquarters
     Chris Hardcastle，Johnson Space Center
     Jack Knight，Johnson Space Center
     Ken Ledbetter，NASA Headquarters
     Gentry Lee，Jet Propulsion Laboratory
     Michael Menzel，Goddard Space Flight Center
     Brian Muirhead，Jet Propulsion Laboratory
     Bob Ryan，Marshall Space Flight Center

[10] Petroski，Henry. 2006. Success through Failure：The Paradox of Design. Princeton，NJ：Princeton University Press.

[11] Schaible，Dawn，Michael Ryschkewitsch，and Wiley Larson. The Art and Science of Systems Engineering. Unpublished work，2009.

[12] Collins，Michael. Carrying the Fire：An Astronaut's Journeys，New York，NY：Cooper Square Press，June 25，2001.

[13] Defense Acquisition University Systems Engineering Fundamentals. Ft. Belvoir，Virginia：Defense

Acquisition University Press，December 2000.

［14］　Derro，Mary Ellen and P. A. Jansma. Coaching Valuable Systems Engineering Behaviors. IEEEAC Paper ♯1535，Version 5，December 17，2007.

［15］　Ferguson，Eugene S. 1992. Engineering and the Mind's Eye. Cambridge，MA：MIT Press.

［16］　Gladwell，Malcolm. Blink：The Power of Thinking Without Thinking. New York，NY：Back Bay Books，April 3，2007.

［17］　Gleick，James. Genius：The Life and Science of Richard Feynman. New York，NY：Vintage Publications，November 2，1993.

［18］　Griffin，Michael D. and James R. French. 2004. Space Vehicle Design. 2nd Ed.，Reston，VA：AIAA Education Series.

［19］　Johnson，Stephen B. 2006. The Secret of Apollo：Systems Management in American and European Space Program（New Series in NASA History）. Baltimore，MD：Johns Hopkins University Press.

［20］　Kidder，Tracy. 2000. The Soul Of A New Machine. New York，NY：Back Bay Books.

［21］　Larson，Wiley J.，Robert S. Ryan，Vernon J. Weyers，and Douglas H. Kirkpatrick. 2005. Space Launch and Transportation Systems. Government Printing Office，Washington，D. C.

［22］　Larson，Wiley J. and Linda Pranke. 2000. Human Spaceflight：Design and Operations. New York，NY：McGraw - Hill Publishers.

［23］　Logsdon，Thomas. 1993. Breaking Through：Creative Problem Solving Using Six Successful Strategies. Reading，MA：Addison - Wesley.

［24］　McCullough，David. 1999. The Path Between the Seas：The Creation of the Panama Canal 1870 - 1914. New York，NY：Simon and Schuster.

［25］　Menrad，Robert J. and Wiley J. Larson. Development of a NASA Integrated Technical Workforce Career Development Model. International Astronautical Federation（IAC）Paper IAC - 08 - D1. 3. 7，September 2008.

［26］　Perrow，Charles. 1999. Normal Accidents：Living with High - Risk Technologies. Princeton，NJ：Princeton University Press.

［27］　Rechtin，Eberhard. 1991. System Architecting. Prentice Hall，Inc.

［28］　Ryan，Robert. 2006. Lessons Learned - Apollo through Space Transportation System. CD，MSFC.

［29］　Sellers，Jerry Jon. 2004. Understanding Space. 3rd Ed. New York，NY：McGraw Hill.

［30］　Squibb，Gael，Wiley J. Larson，and Daryl Boden. 2004. Cost - effective Space Mission Operations. 2nd Ed. New York，NY：McGraw - Hill.

［31］　USGOV. Columbia Accident Investigation Board，Report V. 5，October 2003（3 Books），PPBK，2003，ISBN - 10：0160679044，ISBN - 13：978 - 0160679049.

［32］　Williams，Christine and Mary - Ellen Derro. 2008. NASA Systems Engineering Behavior Study，October，2008. Publication TBD.

第 2 章　利益相关方期望与要求定义

丹斯·维尔玛（Dinesh Verma）
斯蒂文斯理工学院

　　任何新工程或项目的最高优先级都是确定和审视客户的期望，这些期望表现为任务、所需能力或市场机会，它们推动所有的设计、研制、集成和部署。客户期望通过任务需求表述或能力定义确定，是一个系统工程的问题，我们通过客户期望来确定利益相关方，通过技术要求描述如何实现任务。如果不充分了解初始期望就会导致供需的不匹配，正如约吉·贝拉（Yogi Berra）的名言："如果你不知道去往何方，则很可能行至他处。"

　　将客户初始期望转化为一系列利益相关方的要求，并将利益相关方要求转化为技术要求和系统体系，这是一个反复迭代的过程，如图 2-1 所示。事实上，通过设计解决方案和体系经常可以更好地确定自身需求或能力。

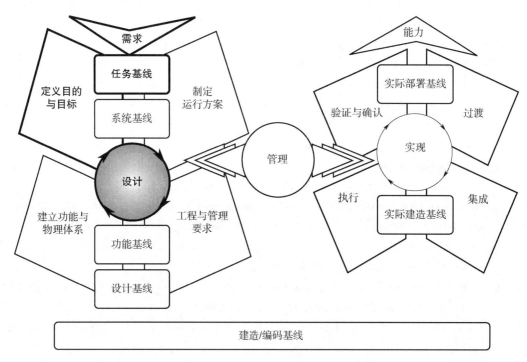

图 2-1　问题和解决方案空间的迭代演进

系统工程的前期要素是反复迭代和相互依赖的，是非程序性和非线性的

　　图 2-2 给出了第 2 章到第 5 章所讨论内容，突出了各章之间的相互关系。系统工程中"面向过程"的观点表示实施过程是程序化和线性的，实际上，这些过程是反复迭代和

相互依赖的，我们一定要把问题和解决方案分开，问题弄清楚了，解决方案就容易确定。体系结构有助于明确问题和利益相关方期望的范围，而运行方案则有助于我们理解体系结构必须满足的要求。

利益相关方的要求、期望以及主要方案推动运行方案的开发，而运行方案能够帮助我们在运行环境中对系统方案进行评价。同时，它也能够确认利益相关方的期望和任务要求。表 2-1 给出了这些活动以及本章内容的概要。我们首先讨论如何确定客户的初始期望，然后逐步讨论其他活动。接着，我们开始确定方案和运行体系，并最终得出技术要求，如以后几章所述。图 2-2 中给出了这一过程。

表 2-1　开发利益相关方期望和要求的框架①

步骤	描述	进行讨论的章节
2.1	确定客户初始期望	2.1 节
2.2	确定利益相关方	2.2 节
2.3	征求和综合利益相关方的期望与要求	2.3 节
2.4	明确表述利益相关方的期望与要求	2.4 节
2.5	任务要求排序和确定关键验收准则	2.5 节
2.6	综合基本任务要求	2.6 节
2.7	确认要求和确定要求基线，并转化为技术要求	2.7 节

①这里给出了开发利益相关方期望和要求的一般流程，以及对其进行讨论的章节。

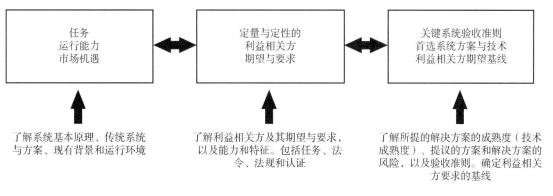

图 2-2　表 2-1 给出的框架的抽象概念

系统工程是反复迭代的过程，同时我们对问题和解决方案的了解也是逐渐成熟的

2.1　确定客户初始期望

对客户期望有共同的了解是项目成功的前提，我们必须首先了解客户的根本动机，如国家安全考虑、科学、社会或政策因素、利润或技术研发，我们的理解取决于对性能的部署、运行和持续所处环境的认识，同时它还可以让系统工程师洞察系统的基本原理。透彻的理解有助于我们为利益相关方更加详细的期望和要求分配优先级，确定关键任务要求或

验收准则，并进行必要的权衡研究。

2.1.1　客户期望来源

客户初始期望[①]可以是为了应对以下情况。

1）当前功能缺陷；

2）现有运行缺陷；

3）希望利用新的技术突破来增强任务性能或提高市场地位；

4）不断演变的威胁或竞争；

5）基于当前系统及其操作人员或维护人员的行为，改进能力的需求。

功能缺陷是指当前运行或业务环境中缺乏某种性能。该性能是必需的，但任何现有系统均无法提供。以地球轨道卫星为例，持续覆盖地球大部分地区，实现通信或气象观测，能弥补空基或其他地基资产无法实际提供这一性能的缺陷。FireSAT 任务作为本书的一个研究实例，设想用于弥补当前火情探测系统功能的不足。此外，像彗星交会等科学任务也具有弥补功能缺陷的作用。

运行缺陷是指当前系统的运行存在问题或不足。当前系统可提供必需的功能，但未必达到理想的程度，这可能是由于用户需求不断增加。例如，新的卫星通信任务提供增强性能以满足数字化世界对带宽需求的增加，新的卫星通信（SATCOM）任务提高数据率或扩大地理覆盖，或两者兼而有之。这里并不需要新的功能（我们仍然提供地球静止轨道通信链路），需要的是将同样的事情做得更好。

通常，为了任务或具有市场竞争的优势而获得的技术突破及其潜在应用，成为了项目研制的基础。例如，随着离子和等离子火箭可靠性的提高，地球静止轨道卫星通信客户已经开始用这类火箭替代效率较低的化学火箭，显著延长了在轨寿命。

对环境威胁或竞争状况的深入理解也会推动对必需任务和性能的确定。详细的威胁评估或竞争分析必需提供理论根据，如商业遥感市场中国际参与者数量的增加会刺激公司去开发新的任务。

最终，对操作人员和维护人员如何使用系统的研究有可能提出一种使这种相互关系和整个系统更加高效的方式。在一个复杂的系统中，最薄弱的一环往往是操作人员或维护人员，对这一环节的研究可能是系统改进的基础，包括功能、可能性、安全和保密等方面。美国国家航空航天局的星座计划中的许多努力均为了降低成本和减少战神 1（Ares 1）地面处理的复杂性。汽车产业通过行为分析进行了许多设计改进，这些改进包括副驾驶侧后视镜的自动摇下（有助于平行停车）、自动调光后视镜，以及便于储藏的开孔后备箱等。

2.1.2　明确表述客户期望

赞助者（包括政治领袖）、客户、运行人员和任务专家常常决定着初始任务或性能的

---

① 本书中，客户期望包括任务或能力要求，或瞄准的市场机会。

确定。客户初始期望对研制计划的影响主要表现在以下方面。

1）任务或机会取决于客户、运营商和任务专家，而不是研制方或工程师。任务表述描述了客户或赞助者想要什么，因此代表着问题或机遇出现的地方，我们可以开发系统或设计解决方案来满足这一需求。系统本身并不是需求，而是对任务或市场机会的响应。在所有情况下，客户最终购买的是性能，而非卫星，卫星只是实现最终目的的手段。

2）性能应支持当前或未来的商业目标或任务，这是系统需求的理论依据，并有助于记录商业案例。性能的确定还应包含当前业务或任务流程中的不足之处。当我们拥有稀缺资源和竞争优势时，这一点尤为重要。

3）任务需求与该需求的任何解决方案无关，无论需求是否可以得到满足，客户的需求始终存在，同时需求也与解决方案的实现形式（硬件或软件）无关，还与原理或流程是否变化无关。实际上，在许多情况中，需求可以通过原理、组织、培训、领导、政策、人员或设施更改而得到满足，而并非一定要通过物理上的解决方案（通常更加昂贵）。

4）性能与任务需求应以客户的语言，而非设计者的语言进行表达；军事需求应以军事任务术语表达；天文学家的需求应该以天文学家的语言进行表达，而不是解决方案提供方的语言。在前期阶段，我们必须致力于从所需性能的角度描述期望，而不是去描述响应期望的系统。

5）我们可以使用通用格式编写一份好的任务需求表述。"［某位客户］有［做某种事情］的需求"，这是运行需求的简要表述，随后我们可以描述理论依据或商业实例。这种格式表达了"拥有"某种能力或"做"某种事情的需求，而不是"对"某种事物的需求，重点在于需求。如果我们表述"对"某种事物的需求，重点就变成了解决方案。例如，我们可以将表述写为"美国森林服务局（US Forest Service，USFS）需要高效地探测和监视潜在的危险火情"，这样的表述比"美国森林服务局需要火情探测卫星系统"的写法更好（对解决方案的依赖较小）。

以下是几个与解决方案无关的性能表述的例子。

1）个人住宅需要将自身隔离在间断性停电的范围之外。能源短缺只会越来越严重，因此存在一个机遇，即通过开发并销售独立的能源，用于补充公共事业能源。

2）美国国家航空航天局的科学家有对火星土壤形态实施原位测量的需求。

3）美国的每一幢高层办公大楼需要为楼中的工作人员提供安全保障，居住和工作在其中的人们害怕在恐怖袭击或其他灾害事件中难以逃生。从 2001 年开始，许多大都市的工作者已经：a）改变工作或行业，避免在高层办公大楼中工作；b）决定继续在高层建筑中工作，但产生了焦虑或工作能力下降。此外，凡超过 7 层的大楼都会给消防队员的工作带来困难。为工作人员和大楼中的造访者提供安全保障，是与建筑开发商和业主的利益相关的。

理解了这点之后，让我们回顾客户［美国森林服务局、美国国家航空航天局、美国国家海洋和大气局（NOAA）］所确定的 FireSAT 项目的客户初始期望及相关目标的目的。目的通常是定性和描述性的，而目标是目的的具体化和量化扩展。

对系统工程师而言，表 2-2 是了解利益相关方期望的起点。我们必须得到所有关键利益相关方的期望，来明确、确认并进一步细化表 2-2 中的内容。我们还必须了解传统环境的约束及任何解决方案的法规。例如，"潜在的危险火情"是什么意思？我们的系统是否仅能够探测和监视某种火情，或是能否评估与其相关的潜在"危险"？两者之间的区别将对我们设想的系统产生重要的影响。另外，有一些目标实际上可能包含多个利益相关方的要求，或者一个利益相关方的期望可能包括多项要求。我们也必须解决这一问题。

表 2-2 FireSAT 卫星的需求、目的和目标

任务需求：美国森林服务局需要一种更加有效的方法来探测和监视潜在的危险火情	
目的	目标
1. 提供潜在危险火情的及时探测和通知	1.1 在不超过 1 d（上限值）、12 h（目标值）的时间里探测潜在的危险火情
	1.2 在探测到火情后的 1h（上限值）、30 min（目标值）内通知美国森林服务局
2. 对危险的森林火情和潜在的森林火情进行持续监视	2.1 提供对危险级别高和潜在的危险火情进行每周 7 d，每天 24 h 的监视
3. 降低火情造成的经济损失	
4. 降低消防人员的风险	4.1 在 2006 年平均基线的基础上，使消防人员第一次接触到的初始火情平均规模降低 20%
	4.2 研制一套用户满意率超过 90% 的火警系统
5. 收集火情爆发、扩散、蔓延速度和持续时间的统计数据	
6. 探测并监视其他国家的火情	
7. 收集其他森林管理数据	
8. 向公众进行宣传，表明我们目前正在推进控制火情的积极行动	

2.1.3 传统背景

为了更好地了解这些期望所代表的能力需求，我们必须了解这些期望是如何与当前的运行环境和现有的系统体系相适应，这样可以使我们通过逻辑性与物理的界限，更加清楚所需要的能力及其规模。

前所未有的新任务或新运行能力对传统观念和系统的依赖性较低，它们通常包含以下一个或多个特点：

1）现有系统要升级；

2）现有业务流程或运行方案要升级；

3）要与传统系统接口；

4）要与现有业务流程或运行方案接口。

在这些情况下，系统工程师必须在理解传统系统与方案的基础上，确定新任务、新运行能力以及环境设置，这一过程促进了新系统边界的定义。未编制或隐含的接口与相互关系会造成重大风险，产生意外的试验和集成困难，因此我们必须了解并明确实际的背景设置、业务流程和运行环境。为了全面了解传统系统环境，我们应该收集三类信息：

1）传统流程，包括逻辑接口；

2）传统资源，包括物理接口；

3）传统背景下的限制。

传统流程描述了传统系统的使用方式，具体给出了用户履行职责时的业务或任务流程，流程可通过图形（例如，使用实例、相互关系图等）或文字的形式进行定义，来表示商业用户如何使用传统系统，以及这些系统之间的逻辑接口。

传统资源描述了传统流程中使用的物理资产和资源以及这些资源之间的相互关系。物理资源包括硬件、软件和人员，以及这些资源之间的接口。

传统背景的限制描述了传统流程中的任一缺陷、限制或潜在风险。这类信息有助于系统工程师更好地了解当前流程的优势与不足，提供更好的解决方案来满足运行需求。

上述的传统背景可能不适用于全新任务或运行能力，但我们仍必须了解任务或业务流程是如何满足运行需求的。系统工程师必须了解当前需求所处的环境，才能更好地理解需求，以及更加详细的运行要求。我们还必须知道谁将与系统存在相互关系，从而确定可能的利益相关方。

以军事通信卫星 SATCOM 为例，其需求为扩展地球静止轨道通信的带宽和覆盖范围。传统系统已经拥有许多功能。任何用于支持扩展任务的新建系统必须适应传统系统，卫星的指令与控制流程具有很高的继承性，因此新的卫星系统必须使用相同的运行流程（仅因扩展能力而存在轻微差异）。与之类似，我们在如何利用现有的军用基础设施来支持地球静止轨道卫星通信的指令、控制和运行时，将面临巨大的压力，跟踪和数据中继站、指令与控制中心、操作中心均代表着大量的资金投入和多年的设计建造，只有在不得已的情况下才进行修改或替换，最后，如何与这些现有流程和资源兼容也对新系统施加了众多的约束，在许多情况下，我们必须在现有体系结构内工作，因此无法利用最新技术或不同的运行方案，只有极少数的研制项目没有受到传统体系结构的约束，从系统工程的观点来看，它们具有较高的自由度。

FireSAT 任务面临同样的传统问题。美国森林服务局拥有一套确立已久的传播火情通知的流程，美国全境的区域野外办事处拥有大规模的通信基础设施来支持"911"火警电话和协调消防活动，同时鉴于 FireSAT 是美国森林服务局、美国国家航空航天局和美国国家海洋和大气局的合作项目，因此美国国家海洋和大气局现有的位于阿拉斯加州的费尔班克斯（Fairbanks）和弗吉尼亚州的瓦洛普斯岛（Wallops Island）的指令与控制站也是该系统的一部分。这些流程和资源的优势或局限取决于它们的特性，也取决于 FireSAT 系统的研制是否认为这些流程和资源存在不足，以至会影响卫星的有效利用。如果是这样，利益相关方必须权衡任何变更的利弊，预算和进度通常是权衡研究的主要因素。

让我们检查一下 FireSAT 可能的情景。客户期望之一是卫星在 30 min 以内向用户通知火情的发生，但如果这个消息必须经过现有的美国国家海洋和大气局地面站，必须等待卫星进入到两个站点之一的覆盖区域才能发送消息，那么这个期望就不可能实现。我们可能会让客户考虑，直接以区域野外办事处广播消息作为替代方案，但这又有悖于他们对任何新系统都应适应现有流程的期望。

系统工程师拥有很多工具，来帮助综合和分析利益相关方的详细期望与要求。客户意见（Voice of the Customer，VOC）也称方案工程，是明确并定义更详细的利益相关方期望的正式方法，目的是响应既定任务、运行能力或商业机遇。我们可以用它来阐明利益相关方要求，或理解现有要求。系统工程师与客户或客户代表接触，以便更好地理解他们的期望与要求，包括已表述和未表述的，并描绘系统的验收准则。2.3 节将介绍如何应用这项技术。

2.2　确定利益相关方

为了将客户初始期望、任务或能力转化为较为完整、定性和定量的期望与要求，我们必须首先清楚利益相关方都有谁。利益相关方是与系统或项目利益相关，或受系统或项目影响的个人或组织，由于他们在需求、任务或运行能力方面利益相关，可以帮助我们将顶层的任务表述转化为更详细的一系列要求。我们必须了解谁是赞助者，并适当地对他们的期望与要求进行排序。

利益相关方分为两类：主动和被动利益相关方。赞助者、采办方和付款客户（包括风险投资者）特别重要。赞助者是主动还是被动利益相关方，取决于其在项目中的作用。

NASA NPR7123.1a 将这两类利益相关方分为相关干系人和其他利益方[2]，相关干系人是利益相关方指定参与计划的人，或者负责特定工作的人；其他利益方是可能受到最终系统影响的个人或组织。

2.2.1　主动利益相关方

主动利益相关方是相关系统投入运行和使用后，立即与系统利益有直接关系的个人或组织[4]。他们包括系统用户、系统维护人员和后勤人员，以及将与系统利益有关的其他系统。其他系统（或其所有者）对我们的系统提供运行要求和约束（如，互操作性、数据格式、显示格式等）。主动利益相关方应在背景图中体现，并包括在在研系统运行方案中，这样有助于定义相关利益系统的逻辑与功能边界。以航天飞机为例，其主动利益相关方包括航天员、任务控制人员和国际空间站项目。

2.2.2　被动利益相关方

被动利益相关方是影响在研系统成功的其他个人和组织[4]。他们与系统利益没有直接关系，但可以为系统提供许多要求和约束。被动利益相关方不使用系统，但他们提出的系统要求会对系统的定义产生影响。他们被动利益相关方也可能受到系统性能的影响。他们通常会对系统提出一些非功能性的要求，如约束、法规等。被动利益相关方包括：颁布建筑法规的当地政府机构（建筑必须满足该法规，否则无法进行建造）、颁布飞行性能或认证要求的组织等。

在航天领域，美国联邦通信委员会（FCC）和国际电信联盟（ITU）均是被动利益相关方，他们对射频通信的可用频率施加约束。运载火箭供应商是另一个被动利益相关方，他们对设计和必需的试验等级提出许多要求。

2.2.3　赞助者

赞助者控制项目研制和采购的资金或资源。他们为了特定任务或盈利目标，购买产品或对其进行投资。对于一个给定的需求，可能有多个赞助者（见表 2-3）。对于一个系统，可能涉及多个产业或多个出资赞助的利益相关方（例如，波音公司的 787 客机的利益相关方包括众多航空公司、航空运输公司、机组人员、地勤人员等）。

赞助者作为财权的控制方，可能是最重要的利益相关方，而客户可能是被动利益相关方或主动利益相关方，这取决于系统投入运行后，客户是否与系统存在相互关系。列举赞助者作为主动利益相关方的实例：某人买了一台个人使用的计算机，这个人既是赞助者（出资采购产品），同时也是主动利益相关方（使用该产品）。被动客户的实例：美国陆军采办办公室，它负责为士兵购买武器，采办办公室是赞助者（购买产品），但并不使用该产品（士兵是武器的使用者）。

表 2-3　利益相关方及其在 FireSAT 任务中的作用[①]

利益相关方	类型
国会	赞助者，被动利益相关方
美国森林服务局	主动利益相关方
美国国家海洋和大气局	主动利益相关方
美国国家航空航天局	被动利益相关方
主承包商	被动利益相关方
纳税人	赞助者，被动利益相关方
森林附近的居民	主动利益相关方
各州政府	被动利益相关方

①赞助者提供资金，既可能是主动利益相关方也可能是被动利益相关方。

确定利益相关方，对于综合形成完整的利益相关方期望，是至关重要的。鉴于在问题定义和综合解决方案中存在的系统工程反复迭代特性，表 2-3 中列出的 FireSAT 的利益相关方在生命周期中可能发生更改。例如，可能会出现这样的问题：FireSAT 收集和分析的信息是否应该向公众或研究人员提供。如果可以提供，公众或研究人员也将成为利益相关方，同时需要考虑这一决策所带来的责任问题。

2.3　征求和综合利益相关方的期望与要求

在确定利益相关方之后，系统工程团队必须确定他们的期望与要求。利益相关方要求有时也称为"运行要求"、"客户要求"、"业务要求"或"任务要求"，但这都意味着同样的事——一系列满足任务或业务目标所需条件表述的集合。另外一个通用术语，用户要求，是利益相关方要求的子集（由系统实际用户定义）。

利益相关方通常不善于明确表述其要求，他们可能知道自己想要什么，或者已知系统中存在的问题，但将这些想法表达为简洁、可执行的要求通常并不容易。他们有时会想到一个具体的解决方案，并从解决方案的角度表述要求，或者他们尝试含蓄地表述其要求，这样的话，他们的需求随时间而演变时，其"含蓄"的要求也可以随之更改。系统工程团队必须明确获知任务要求，以便于开始系统研制。

2.3.1　利益相关方期望与要求的优先级

我们将在第 4 章详细讨论要求的特性，但在这里首先强调其关键点。利益相关方的期望与要求：

1）应该支持运行需求、任务或业务目标。要求是利益相关方对满足运行需求所需事物的详细描述。

2）以运行术语表述必须完成的工作。客户通常从现有解决方案或如何满足需求的方面来表达其期望，而不是通过需要什么来表达其期望。而系统工程师的工作是要获得真正的期望与要求。

3）使用专业或利益相关方的语言进行书写。

4）应该与解决方案相互独立。

任务要求应该表述产品应做什么、当前产品不能做什么或不足以做好什么。要求应该表述缺少的某种能力，或者当前哪些能力存在不足以及这种不足的本质（如无法足够快或足够经济地完成，则对于预期环境其不够强大，或目前的可用性不足），我们应该从运行结果而不是系统响应的角度表述要求。运行要求必须同时涵盖利益相关方的功能需求（性能）和非功能需求（特性）。

任务要求应贯穿于解决方案的整个生命周期，不同的利益相关方会对生命周期的不同阶段提出要求。用户和其他主动利益相关方通常规定运行阶段的要求，赞助者可能规定全部阶段的要求（如研制阶段的成本和进度，生产阶段的成本，运行阶段的易升级性，退役阶段的易处理等）。被动利益相关方为研发、制造和生产阶段定义约束性要求。我们获取利益相关方要求时，必须包括生命周期的全部阶段。"获取"一词表示我们必须控制并拥有利益相关方要求。无论谁编写初始要求，系统工程团队必须拥有、管理并控制这些要求。

系统背景（如政府还是商业，美国国家航空航天局或欧洲空间局还是美国国防部）决定我们要求的方式。赞助者可能编制运行要求，并以征询方案的形式将其提供给研制团队，市场团队可能会帮助客户编制利益相关方要求或市场要求，并以市场营销或计划文档或内部工作说明的形式交给研制团队；研制团队也可能与利益相关方共同编制要求文档。无论哪种情况，我们必须控制并理解这些要求，必须理解每一项要求的意思、运行环境和预期系统的应用领域。

如前所述，我们有两类任务要求：性能（或功能需求）与特性（或非功能需求）[4]。我们需要定义这两类要求，并加以整合。

2.3.1.1　性能或功能需求

一些利益相关方的期望与要求包括性能或功能，或者具有特定运行的系统，这些是动态要求，通常将其归类为功能需求或任务性能，它们规定利益相关方需要的功能、服务、工作和活动。由于主动利益相关方会在系统投入运行后使用该系统，或与其产生相互关系，因此通常由他们规定功能要求。利益相关方对于功能需求或性能提出的问题包括："目前，什么是你想做但又完成不了的？"或者"你希望你还能做些什么？"从表 2-2 可以得出一些任务性能的例子：

1）用户需要持续覆盖边远地区；

2）用户需要系统探测火情；

3）用户需要系统在探测到火情之后，通知美国森林服务局。

2.3.1.2　特性或非功能需求

任务要求一方面提出对能力或解决方案的需求，而另一方面会提出对具体解决方案属性的需求，或施加某些约束，如组织、技术、法令或法规、标准或协议等。非功能需求或特性是利益相关方所期望或施加的质量属性，包括成本和进度约束，我们必须全面、完整地获取这些需求，不充分或不完整的非功能需求可能将整个项目置于危险之中，因此必须采用开阔的视角来定义非功能需求，包括采办或研制策略及组织业务模型，解决方案的物理设计必须考虑全部非功能需求。

主动和被动利益相关方都是非功能需求的来源，赞助者通常提出成本和进度要求，通常每项功能需求至少引出一条非功能需求，因此，在利益相关方定义了一条功能需求之后，我们应该找出相应的非功能需求。这些非功能需求常常表述必须执行的功能如何实现。以下问题可以引出非功能需求：多快？多少？多大？多精确？何时？以下是利益相关方对系统特性期望的几个实例：

1）如果探测到火情，美国森林服务局应该在 1 h 内收到通知。如果可能的话，通知时间应该缩短到 30 min；

2）将消防队员接触到的初始火情的平均规模减小 20%；

3）一旦探测到并确认为火情，应该每周 7 d，每天 24 h 对其进行监视。

2.3.2　客户意见

客户意见允许我们将顶级的运行需求或任务转化为完整详细的期望与要求。获取任务要求的方法有许多种，其中包括直接讨论或面谈、调查、分析、集体讨论、客户反馈、观察、快速取样、授权数据和现场报告。非直接方法一般比较容易和经济，但单独或集体面谈可能提供最为完整的要求。表 2-4 中简要列出了一些用于获得运行要求并对其进行排序的方法。

单独或集体面谈通常使我们更加容易地获取详细的运行与任务要求，集体讨论是与利益相关方进行面谈的常见方式，可将一组利益相关方集中在一起，方便得出和提高要求，有利于利益相关方讨论其需求和想法，甚至能够解决不一致的期望和优先级。与单独面谈相比，集体面谈具有几项优势，通常时间和成本效率高，这是因为可以同时获得多个利益相关方的要求；另外，任一利益相关方可补充其他利益相关方的观点，可引导出更加深入的讨论，能够得出讨论的焦点。单独面谈也有其优势所在，利益相关方可以更加自由地表述自己的要求，而不用担心被群体意见所压倒。集体面谈有利于达成一致意见，而不是得到单方面的要求或想法。

单独面谈容易使面谈者保持讨论主题。无论使用什么方法来获取客户意见，都应该坚持以下指导方针：

1）使用客户的实际语言，最好通过面对面的访问进行收集；
2）借助结构化流程和工具，帮助客户确定和表达他们真正的要求；
3）理解来自多方面的任务要求，如运行、安装、维护与支持、采办等；
4）保持要求与解决方案之间的独立性，便于接受创新性的概念和解决方案。

表 2-4　信息收集工具与方法[①]

方法	描述或目的
结构化面谈	使用协议来指导口头信息收集的迭代性工作会议（单独或集体）
成本/收益分析	通过估算交付成本和期望业务收益，来帮助安排业务要求的优先级，有助于简化范围和体系
SWOT［优势（Strengths）、弱点（Weaknesses）、机遇（Opportunities）与威胁（Threats）］分析法	确定促进组织市场竞争力的内部和外部力量，有助于对系统研制和商业化阶段进行排序：进入市场的时间（市场业务机遇）和成功可能性
集思广益或白板会议	开发创造性解决问题方案的方法。我们也可以使用该方法定义问题集
现场数据和分析	通过分析现有及类似系统与任务，来理解利弊。在可行的情况下，通过分析现场数据，深化对现有及类似解决方案的优势与不足的理解
调查	向所有利益相关方分发问题，必须是定性的。通常需要进行大量工作来提出明确的问题和收集真正的要求
客户反馈或注释卡	提供当前系统的信息——潜在的改进或问题
其他技术	影响分析、根本原因分析或快速取样

①这些工具和方法对于从主动和被动利益相关方以及赞助者获得信息极为重要。

在面谈中，利益相关方提供他们的要求，并常常口头描述其当前或期望环境的"图像"或想象，这两类的输入都很重要。任务要求定义的是现在尚不具备的能力，它们有助于我们理解期望特征或功能的"原由"，而这一点又使得综合不同解决方案变得容易。表2－5中给出了一些实例。

利益相关方借助想象来描述当前或期望的环境和运行。想象是文字化的图像，它是客户对环境口头化、印象化的描述，表达他们眼中的生活是什么样的或是什么在激励他们。想象并不表达要求，而是提供支持信息或背景。表2－5中给出了一些想象的例子。

当接受面谈者被问到探索性的问题之后，想象和要求会一起表达出来。想象只是隐含系统性能和特性，而不直接指明，它暗示我们如何去解读要求，或者去了解销售流程中需要什么。表2－6中列出了要求意见和想象之间的区别。我们来看看来自 FireSAT 任务的要求意见。

1）我们需要降低每年因森林火情导致的生命和财产损失；

2）我们需要在小型火情失控之前能探测到；

3）我们的巡林员需要每天更新火情状态，以便我们知道如何分配消防资源。

表 2－5　要求和想象的例子①

利益相关方要求	利益相关方环境——想象
我需要在家里拥有与单位相同的通信系统	我在每个角落都拥有电话线
我想从手册上能查找出如何增加 ISDN 线路	对我而言一天的标准长度是 24 h
我希望可以将加勒比海地区、国内和拉丁美洲的电话分开	有时，你会听到我们的接线员大喊"上帝啊！"
	我不得不戴上耳塞才能在这个中心里保持注意力
	我的客户有一部在世界任何地方都能使用的手机，它还能收发电子邮件

①这里给出一些要求表述和想象的典型例子，有助于我们理解当前或期望情况；ISDN 为集成服务数字网络。

表 2－6　要求与想象的区别①

要求意见	想象
描述能够解决当前问题的具体需求或需要	描述适用于解决方案的背景和条件
通常给出与解决方案相关的表述，如特征、功能、收益或属性等	描述客户的环境
通常不掺杂感情	情绪化和生动的；掺杂有客户的挫折、焦虑和好恶
	呈现出图像

①要求是已知、明确的需求；想象是未知、隐含的需求。

FireSAT 的想象意见可能包括：

1）发现一处小型火情失控并烧毁了某人的房屋，却仅仅因为我们的消防人员位于错误的地点，真是一件令人沮丧的事情；

2）美国森林服务局应该正视森林火情问题，集中力量限制小型火情；

3）我的家毁于一场森林火情，美国森林服务局为什么不做点什么？

4）森林火情对维护森林的健康十分重要，一旦失控就可能危及人群。

这两类信息都有助于我们更好地理解利益相关方的真正期望。

2.3.3　与利益相关方的面谈

与利益相关方的个人面谈可以使我们更加容易地收集信息。我们在计划和设计面谈流程时应注意这一点。面谈的步骤包括：

1）准备面谈指南；

2）进行面谈；

3）面谈结束后进行汇报（也可能进行后续面谈）；

4）编制要求。

下面我们将详细描述每个步骤。流程可根据情况进行调整，但下述步骤能够增加面谈成功的可能性。

2.3.3.1　准备面谈指南

指南应为面谈者与利益相关方进行面谈做好准备，应该定义面谈者的角色，列出接受面谈的人员，给出每次面谈的进度与地点；指南还应为每位接受面谈者提供一组期望项目：面谈持续时间、面谈的目的（收集运行要求）及面谈者的期望（准备或文档）；指南还可提供问题列表以引导面谈者，保证我们获得必需的信息。尽管面谈指南提供了面谈流程，但该流程应具有足够的灵活性，能适应期望之外的问题。我们可能需要不同的指南以应对不同用户的问题。面谈指南应该包括以下详细主题：

1）如果出现问题，知道应该联系谁；

2）提供一份公开声明，包括目的、基本原则（如录音）和结果，并进行说明介绍；

3）从接受面谈者在需求中所起的作用的问题开始；

4）在特殊性与普遍性之间维持适当的平衡（我们可以将该指南视为包含提示和提醒的讨论大纲）；

5）规定面谈的主题范围（6～9 个最为理想），按照总体主题进行概括；

6）以大纲形式记录面谈，包含主题和低级别的问题；主题包括过去的故障与不足，当前需求和未来改进；

7）包括少量探索性问题（每个主题范围 2～4 个），探索性问题应来自与利益相关方的沟通，以"为什么"短语提出；

8）避免封闭性问题（用"将"、"可能"、"是"、"做"、"能够"或其他词提出的问题，这些问题可以简单的用是或否回答）；

9）指南中可包含引出想象和要求的问题，但不包含潜在的解决方案；

10）提供一份结束表述和未来联络或后续的计划。

2.3.3.2　进行面谈

我们必须记住面谈的目标，即得到任务要求。面谈者不应通过面谈推销或开发解决方案，并应防止面谈者描述解决方案。在现阶段，我们想要定义问题，然后才可以设计解决方案。我们必须把面谈指南中规定的题目和讨论要点都谈到，同时允许开放式讨论。除接受面谈者之外，面谈应至少包括两个人——面谈者（主持人）和记录员。主持人的职责包括：

1）掌控并进行面谈；

2）引导面谈（当面谈者超过一人时）；

3）与客户建立轻松愉快的氛围；

4）执行面谈指南；

5）只做少量记录；

6）编写观察报告；

7）探察接受面谈者的真正要求。

记录员的职责为：

1）逐字进行记录，不要过滤收集到的数据，获得生动、具体、丰富的宝贵信息；

2）尽量不打断面谈；

3）获取记录内的想象（情感及口头图像）；

4）编写观察报告。

主持人需要探察来收集真正的要求，如果无法成功完成这项工作，面谈者负主要责任。如图 2-3 所示，成功取得客户意见的首要因素是不断提问"为什么"，直到确定客户真正的需求。

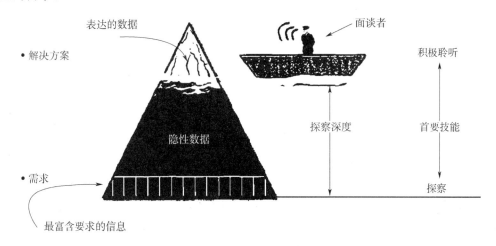

图 2-3　探察要求

确定利益相关方的真正需求通常是很难的，我们必须坚持和探察，直到我们确信需求已经确定。

不断反复提问"为什么"可以增加探察的深度，将过去表达过、隐性的数据转化为潜在的需求

除非我们探察答案，否则利益相关方将谈论他们认为自己需要的特征（如，我需要一个数据库来存储我们的客户信息）。面谈者需要找出这些特征之所以重要的原因，并确定利益相关方真正的需要（如，我需要能够快捷地访问客户信息）。在探察要求的过程中：

1）面谈者常用的词或短语应该是：

•为什么？

- 你能解释一下……?
- 你能分享一下……?
- 描述;
- 请举一个例子;
- 还有什么……?

2) 面谈者不应该害怕出现情绪化的反应。情绪化的反应会引发接受面谈者对问题的讨论（想象），并常常会引导出要求意见。你最讨厌 X 的什么地方？什么是最不好的、最好的、最喜爱的等。

3) 面谈者不应让接受面谈者止于含糊的响应，我们必须通过探察来收集描述要求的真正的宝贵信息。"容易"、"快"和"好"等词语还不够清晰。

4) 面谈者应提出相关的、有启发性的问题，即使它们不在面谈指南之中，它们可能指出新的角度或者隐含的客户要求（如，为什么所有的电话线都集中在房间的中央?）

在解决问题和分析根本原因中，使用的另一种探察方法为"五个为什么"，此方法的优点在于，如果我们连问五次"为什么"，我们将获得根本原因或真正要求。

如果条件允许，面谈最好在运行场所进行。在面谈中，通过询问系统或产品将应用的位置，能够有机会观察运行环境，获得更多关于系统或产品应用的背景信息，这些信息可以进一步明确利益相关方要求。如果面谈不能在运行场所进行，则应尝试安排一段正式的观察期（参观车间或参观用户的工作地点）。所有面谈者都应该记录自己对运行场所的观察结果。

2.3.3.3　面谈结束后进行摘录（也可能进行后续面谈）

面谈结束后，面谈小组应该趁记忆信息仍然清晰之际，尽快进行汇报。他们应该复习笔记（或录音带，如果对面谈进行了录音）、填补缺口并强调重要项，确定是否有不明确或不完整的信息，并安排必要的后续面谈。另外，如果需要的话，可以评审和更新面谈指南和流程。

2.3.3.4　编制要求

最后，我们必须总结面谈笔记，包括要求、想象和面谈观察，从而获取任务要求。为了进行这项工作，我们要从利益相关方的要求意见开始着手，因为这些意见表述了实际的需求。接着，我们通过想象意见和面谈中的记录观察，对要求意见进行补充。我们应该重视描述利益相关方的业务或任务的词语（如客户账单、威胁、非友好目标、初始命令等），这有助于使用客户的语言来定义运行要求。

我们必须合并每个利益相关方的要求，获得缺失的信息，并解决编制整个运行要求过程中的矛盾，不同利益相关方的相似要求可以合并。系统工程师必须确保要求之间的一致性，如果两个利益相关方的要求不一致，就需要两个利益相关方之间的仲裁者来解决这一问题。客户（或指定代理人）作为控制资金的一方，通常具有最终决定权。我们必须与仲裁者合作，决定真正的全部要求，其结果应该是一系列能够完整地规定运行需求的运行要求。

2.4　明确表述利益相关方的期望与要求

　　任务要求应该用简单、简洁、可验证和容易理解的形式表达利益相关方的需求。任务要求应该以运行和任务结果表述，而不是用实施和解决方案表述。

　　任务要求应该使用利益相关方认可的特定形式，一种好的形式是"［主语］要求［功能］［修饰语］"。主语是"业务"、"用户"或"任务"，而不是"系统"，通过注意远离系统，运行要求尽可能独立于解决方案。我们可以使用"应该"或"需要"来代替"要求"，但最好在所有要求中统一使用其中的一个词。"功能"表达利益相关方需要什么。最后，"修饰语"是对期望的性能或可测量的结果进行量化，例如，"用户要求探测到潜在的危险火情的通知在 30 min 内发送。"

　　许多系统工程师和客户更喜欢下面这种运行要求格式："［主语］应该［主动动词］［修饰语］"。这里的主语是"系统"。以下是这种格式的一个例子："系统应该提供潜在的危险火情的通知，且在探测后的 30 min 内发送。"

2.5　任务要求排序和确定关键验收准则

　　在合并利益相关方要求时，我们还应该决定它们的优先次序。任务要求的优先次序应该反映利益相关方的观点。任务排序支持并进一步明确任务目的和目标以及相关的业务实况，以此为基础，我们确定技术要求的优先级并支持权衡研究。这种排序可保证价值最高的要求得到满足，并在不可避免的权衡和消除矛盾中得到适当的加权。其他收益包括以下几点。

　　1）利益相关方和研制团队更好地理解需求，系统工程师和研制团队对客户价值系统获得洞察。因此，研制团队可以创造出一种技术的、成本和进度解决方案，为利益相关方提供最佳价值。

　　2）对任务要求排序有助于解决要求矛盾。当我们知道要求的优先级之后，解决矛盾就会比较容易，即使类似的要求之间也有微小的差异。

　　3）理解要求的优先级可以较容易地更改管理流程。利益相关方常常在研制过程中更改或增加要求。

2.5.1　任务要求的优先次序

　　我们可以相对于其他要求或相对于任务的价值对任务要求进行排序。在第一种情况下，我们对每项要求从 1 到 X 进行排序，这里 X 为要求的数量，这个方法可为利益相关方提供最多的关于每条要求重要性的最多的信息，但通常难以做到很精确。第二种方法较常用，它使用一般化的衡量标准，通常是 3、5 或 10 等数值，用来表示要求对于解决方案的成功的重要程度。IEEE STD 830 标准中对优先级的划分如下[1]：

1）基本要求：这类要求必须满足，否则系统不可接受；

2）条件要求：这类要求能够使系统或产品更佳，但不满足也不会使得系统或产品不可接受；

3）可选要求：这类要求可能值得考虑，也可能不值得考虑。

FireSAT 项目的部分任务要求及其优先级如下所示：

1）FireSAT 应该以 95% 的置信度探测出在任何方向上超过 150 m 的火情（基本要求）；

2）FireSAT 应该覆盖美国全境，包括阿拉斯加和夏威夷（基本要求）；

3）FireSAT 应该至少每 12 h 对覆盖区域进行一次重访（基本要求）；

4）FireSAT 应该在探测到火情后的 60 min 内向美国森林服务局发送火情通知（基本要求）；

5）FireSAT 应该提供探测到火情的 5 000 m（2σ）范围内的地理位置信息（基本要求）；

6）FireSAT 应该具有 98% 的整体可用性，除特殊天气状况外，最长中断服务时间为 3d（条件要求）；

7）FireSAT 通知系统的平均用户满意度应超过 90%（条件要求）；

8）FireSAT 应该通过现有美国国家海洋和大气局地面站运行（可选要求）。

上述要求包含一项空间任务中常见的混淆，即项目和卫星命名相同。这里，FireSAT 表示组成项目的任务体系的所有要素：卫星、发射系统和地面系统。派生需求应明确指出要素，如 FireSAT 卫星应该……

2.5.2　验收准则

在我们按照优先级顺序列出任务要求后，我们开始建立验收准则。通过利益相关方同意解决方案满足要求或其签收条件，为每项要求确定准则。验收准则构成利益相关方与研制团队之间的协议，即如果解决方案满足这些准则，它就满足利益相关方要求。有效的验收准则可以同时降低研制团队和客户的风险，这是因为准则指向满足任务所需的核心能力和特性。验收准则可为系统工程师和研制团队提供多项收益。

1）为任务要求的验收或签收提供基础。在解决方案确认和验收的过程中，如果解决方案满足某要求对应的验收准则，那么对于该要求，它就被视为通过验收。

2）对模糊、含糊或不充分的任务要求进行明确或增加细节，帮助研制团队和客户就其含义达成共识。如果某项任务要求中包含如"容易使用"、"世界级"、"快"、"经济"或其他含糊的表达，验收准则就有助于明确其含义。例如，业务部门可能想要一个"世界级的网站"。这意味着什么？客户的"世界级"（远远优于其他产品）概念可能不是研制团队的概念（我们通常的产品）。又如功能必须"简便"，这又意味着什么？验收准则可以通过"少于 3 个步骤"或"低于 5 s"来说明功能，以明确"简便"的含义。通过规定验收准则，利益相关方和研制团队可以就含糊要求的含义达成共识。

3）为确认和用户验收测试计划提供基础。验收准则向所有利益相关方（包括测试团队）提供系统测试的必要数量和复杂程度。

利益相关方的要求及其逻辑推理，以及相关的验收准则可以通过矩阵形式获取，如表 2-7所示。鉴于前期系统工程阶段的迭代特性，这一过程常常要经历多次更改。运行方案的综合很可能突出其他利益相关方要求，确认已经确定的利益相关方要求，并导致部分要求被淘汰。表 2-7描述了一种明确表述利益相关方期望的简洁方法，以便工程工作统一安排和突出重点。这样的表格应该包括以下内容。

1）利益相关方要求编号：每项利益相关方期望或要求都有唯一的编号；

2）要求表述：有时候表格可能只对要求作简要描述，而注明参见另外的文档或数据库；

3）每项利益相关方要求的验收准则。

在随后将利益相关方期望分解为系统技术要求时，我们可以将这张表格扩展为验证矩阵，它将成为系统验证与确认的关键部分。第 11 章中会详细讨论这部分内容。

表 2-7　利益相关方要求、验收准则和逻辑推理[①]

要求	验收准则	逻辑推理
1. 探测	FireSAT 系统应该在 95% 的置信区间内探测潜在的危险火情（定义为在任意方向上超过 150 m）	美国森林服务局认为 95% 的置信区间对于 FireSAT 的规模而言已经足够
2. 覆盖	FireSAT 系统应该覆盖美国全境，包括阿拉斯加和夏威夷	作为由美国政府资助的项目，覆盖全部 50 个州具有政治上的必要性
3. 持续性	FireSAT 系统应该在每 12 h 的周期内至少监视覆盖区域潜在危险火情一次	美国森林服务局认为对可用预算而言，这种重访频率足以满足任务目标
4. 时效性	FireSAT 系统应该在探测到火情的 30 min（目标值）、1 h（上限值）内向用户发送火情通知	美国森林服务局认为对可用预算而言，1 h 到 30 min 的通知时间足以满足任务目标
5. 地理位置	FireSAT 系统应该以 5 km（上限值）、500 m（目标值）的精度对潜在的危险火情进行定位	美国森林服务局认为定位精度为 500 m 到 5 km 的火情探测能够达到降低消防成本的目的
6. 可靠性	对于与 NASA NPR 8705.4 中 B 类 NASA 任务相一致的关键任务功能，FireSAT 空间要素应该能够承受单独故障	根据优先级、国家意义、成本、复杂性和寿命，FireSAT 被视为 B 类任务
7. 设计寿命	FireSAT 系统应有 5 年的在轨运行寿命。系统宜有 7 年的在轨运行寿命	美国森林服务局认为最短 5 年的设计寿命在技术上可行的，7 年是设计目标
8. 初始/完全运行能力	FireSAT 系统应该在授权进行书（ATP）的 3 年内具备初始运行能力，并在 ATP 的 5 年内具备完全运行能力	目前的消防成本需要尽快具备运行能力。通过将 FireSAT 系统的规模与其他复杂程度相近的卫星进行对比，3 年内具备初始运行能力是合理的
9. 寿命末期处置	FireSAT 空间要素应在寿命末期具有足够的 ΔV 裕度，离轨至平均高度小于 200 km（低地球轨道任务）的轨道或大于 450 km 的地球静止轨道带（GEO 任务）	卫星的寿命末期处置是美国国家航空航天局政策的要求
10. 地面系统接口[②]	FireSAT 系统应该使用现有的位于弗吉尼亚州瓦洛普斯岛和阿拉斯加州费尔班克斯的美国国家海洋和大气局地面站完成所有的任务指令与控制。详细的技术接口已在 NOAA GS－1SD－XYX 中定义	美国国家海洋和大气局地面站代表着大量基础设施的投入。FireSAT 项目必须能够利用这些现有资产，以节约时间、资金和工作量
11. 预算	FireSAT 系统全任务生命周期成本，包括 5 年的在轨运行，不应超过 2 亿美元（2007 年财政美元）	这是基于预计的可用资金，而对该项目施加的预案限制

①我们可以将此表扩展为验证矩阵。该矩阵提供要求及其相关验收准则的简洁摘要。

②第 10 项是约束条件，不是验收准则。

2.6　综合基本任务要求

　　我们确定选定的基本任务要求，如关键性能参数（KPP）、关键验收准则或有效性测量（MOE）。组织通常使用其中一个或多个方面作为他们的基本任务要求，这个变化的且不一致的术语有时会影响组织间的交流。通常用3~7项基本任务要求代表利益相关方"神圣"的期望。例如，阿波罗计划的关键验收准则为：

　　1）将1位航天员送上月球；

　　2）将航天员安全地送回地球；

　　3）10年内实现。

　　阿波罗计划有许多重要的利益相关方和任务要求，但这3条"神圣"的任务要求提供了必要的重点，并推动不可避免的贸易研究和权衡。

　　所有关键的利益相关方必须在项目的生命前期认可这些关键性能参数或有效性测量，因为它们是可接受的解决方案必须满足的选定的少量、关键和不可协商的准则。代表了解决方案必须满足的全部可测量和可观察的关键能力和特性。关键性能参数、有效性测量或关键验收准则是系统工程师和关键利益相关方共同努力的结果，由于这些要求或准则隐含着用户的接受度，我们必须十分深入地理解业务或任务，以进行有效的综合。这种综合是困难的，但可使我们区分需求和希望，并相应地集中研制工作和资源。美国国防部[3]在初始能力文档中定义了关键性能参数，并在能力描述文档中加以确认。定义关键性能参数通常需要多个利益相关方合作，但关键是要把焦点和重点放在任务期长、多机构、多中心（美国国家航空航天局内部）的研制项目上。

表 2 - 8　FireSAT 项目的关键性能参数①

编号	KPP
1	探测——FireSAT 项目应该以 95% 的置信度探测潜在的危险火情（定义为在任何方向上超过 150 m）
2	覆盖——FireSAT 系统应该覆盖美国全domain，包括阿拉斯加和夏威夷
3	持续性——FireSAT 系统应该每 12 h 至少监测覆盖区域一次
4	时效性——FireSAT 系统应该在探测到火情的 30 min（目标值）、1 h（上限值）内向用户发送火情通知
5	地理定位精度——FireSAT 系统应该以 500 m（目标值），5 km（上限值）的精度定位潜在的危险火情

　　①这些是利益相关方对 FireSAT 项目"神圣"的要求。

2.7　确认要求和确定要求基线，并转化为技术要求

　　任务要求要经过验证确保其"正确性"。一种方法是通过运行方案进行验证，运行方案反映"实际"环境，有助于设想期望环境与任务，同时提出并评定系统方案，把运行环境设想为所需运行情景、相关系统背景和提议系统方案的函数。这在第3章中重点讲述。第4章和第11章将进一步讨论要求的验证与确认。

　　我们还必须将利益相关方期望与要求转化为详细的、可测量和可观察的技术要求。我们首先要选定一个实施方案，这将在第 3 章中讨论。在选定适当的实施方案和运行体系之后，我们将任务要求转化成技术要求，这是第 4 章的重点。我们必须维持任务要求与技术要求之间的可追溯性，以保证其完整性且适应工程工作和利益相关方期望。

　　本章讨论的一些概念尚处于不断变化之中。对任何复杂的研制项目而言，利益相关方是在变化的，在项目的生命周期中很可能出现新的利益相关方。利益相关方优先级同样可能随着环境（不断变化的政治、社会、国家安全和环境优先级）而变化。选定的方案，例如关键验收准则，可以保证我们容易地管理这些变化中的优先级和实际情形。在讨论系统工程时，鉴于其递归特性，明确相关系统十分重要，这样能够确保我们处理不同利益相关方与系统工程团队之间适当和一致级别关系。本章讨论的结论包括以下几点。

　　1）对利益相关方需求、目的和目标的明确表达；

　　2）对关键利益相关方要求或任务要求的明确表达，包括对利益相关方优先级的理解；

　　3）关键性能参数、有效性测量或关键验收准则的列表；

　　4）利益相关方关于性能、安全、成本和进度的风险限度的表达。

参 考 文 献

[1] Institute of Electrical and Electronic Engineers (IEEE). 1998. Std 830—1998 — IEEE Recommended Practice for Software Requirements Specifications.

[2] National Aeronautics and Space Administration (NASA). March 2007. NPR 7123.1a — "NASA Systems Engineering Processes and Requirements."

[3] Office of the Under Secretary of Defense for Acquisition Technology, and Logistics (OSD (AT&L)). July 24, 2006. Defense Acquisition Guidebook, Version 1.6.

[4] Stevens Institute of Technology (SDOE). July 2006. Course Notes: "SDOE 625 — Fundamentals of Systems Engineering, System Design and Operational Effectiveness Program."

第3章 运行方案和系统运行体系

斯蒂文・H・丹（Steven H. Dam）

系统工程咨询公司

丹斯・维尔玛（Dinesh Verma）

斯蒂文斯理工学院

在应用系统工程的方案和原则时，最大的困难之一就是将利益相关方的期望转化为具体的系统技术要求。我们结合背景，从可运行的角度或用户的角度，重点阐明了系统的利益，来提高我们对技术要求的转化。当我们定义系统的物理和逻辑边界时，背景逐步变得清晰起来，这有助于我们针对运行人员和用户建立运行情景，提高运行能力。情景、能力和相关的性能属性对于运行方案和运行体系至关重要。

在建立利益相关方期望、技术要求和系统体系时，我们反复制定运行方案，如图3-1所示。该方案反映了"实际的"和"未来的"（包括设想的方案）的任务环境。好的运行方案可以从文字上和图片上都反映出利益相关方的期望，因此可以作为确认系统体系和技术要求的平台，根据 ANSI G－043－1992[1]，其目的如下：

1）描述系统的运行特性；

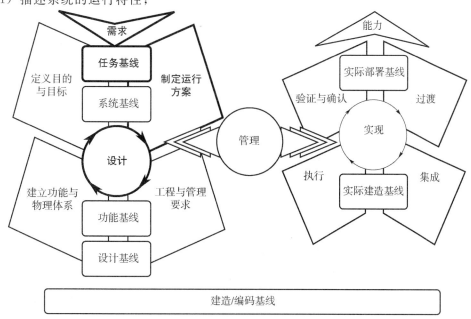

图 3-1 运行方案

制定运行方案是将利益相关方期望与要求转化为系统与技术要求的主要步骤

2）有助于用户、客户、执行者、架构师、测试人员和经理理解系统目标；

3）形成长期运行规划的基础；

4）指导系统定义文件，例如系统和接口的说明以及制定；

5）描述用户机构、任务与系统之间的关系。

运行方案还有助于我们建立、分析和评估有关系统及技术应用的竞争方案。系统的运行体系包括主要要素、主要要素在参考框架内的位置以及系统、要素和背景之间的关键运行情景。

本章介绍了如何制定一项运行方案（见表 3-1）。我们先学习如何定义任务范围和系统边界，接着学习如何定义系统技术要求、逻辑和物理体系。

表 3-1　制定运行方案的框架①

步骤	内容	章节
1	确认任务范围和系统边界	3.1 节
2	描述系统运行环境、主要约束条件与驱动因素	3.2 节
3	制定运行情景与时间线	3.3 节
4	综合、分析与评估系统及其要素的关键实施方案	3.4 节
5	记录运行方案和系统运行体系；应用体系框架	3.5 节
6	确认系统运行体系并制定基线	3.6 节

①此表概述了制定一项任务的运行方案和系统运行体系的流程。

3.1　确认任务范围和系统边界

要制定一项运行方案，首先利益相关方应确认系统范围和设想的系统边界。第 2 章讲述了以下内容：

1）定义任务和相关目标；

2）确认利益相关方的期望和需求（能力和特点）；

3）设定验收准则；

4）设定关键性能参数或进行有效性测量。

以上各项对理解任务范围非常重要。清晰是至关重要的，运行方案有助于确认任务的范围、关键性能参数和其他利益相关方的期望。明确系统的主动利益相关方有助于制定系统背景图，以理解任务范围和系统边界。系统范围必须清楚定义，因为歧义会导致需求波动、工程浪费，还会出现利益相关方之间交流不畅等问题。

我们确定主动利益相关方，可以更快地理解任务范围和系统边界。下面我们重新回顾一下第 2 章里叙述的 FireSAT 系统需求：美国森林服务局需要一种更为有效的方法来探测并监视可能出现的森林火情。表 3-2 列出了任务的目的和目标。

理想情况下，我们预先设想如何应用系统并不会对运行方案造成限制，相反地我们先描述目前的运行环境：无法快速探测火情，无法准确地预报火情的蔓延趋势等；然后我们描述目前环境的缺点以及设想的转化后的新系统的优点。

如果我们理解了 FireSAT 系统的范围、目标以及主动利益相关方，就可以为系统绘制一张简单的背景图，从而学会如何应用系统工程原则。由于本书的重点是天基系统，为简单起见，我们选择包含天基要素的方案，但是也有其他方案，例如无人机和防火瞭望塔等。

表 3 - 2　FireSAT 需求、目的和目标[①]

任务需求：美国森林服务局需要一种更为有效的方法来探测并监视可能出现的森林火情	
目的	目标
1. 对可能出现的森林火情进行及时探测和预警	1.1　在不超过 1 d（上限值）、12 h（目标值）的时间里探测到潜在的森林火情
	1.2　在探测到险情后 1 d（上限值）、30 min（目标值）内向美国森林服务局发出预警
2. 对危险的森林火情和潜在的森林火情进行持续监视	2.1　对危险级别高的火情和潜在的火情进行每周 7 d、每天 24 h 的监视
3. 降低火情造成的经济损失	
4. 降低消防人员的风险	4.1　在 2006 年平均基线的基础上，将消防员接触到的初始火情的规模减小 20%
	4.2　研制一套用户满意率超过 90% 的火警系统
5. 收集火情爆发、打散、蔓延速度和持续时间的统计数据	
6. 探测并监视其他国家的火情	
7. 收集其他森林管理数据	
8. 向公众宣传目前正在积极推进的控制火情的积极行动	

①可以由此开始理解利益相关方的期望。

清楚了运行方案的含义后，我们从简单的系统的黑箱视图以及代表系统背景的主动利益相关方开始说明，如图 3 - 2 所示。对于复杂系统，开发团队、用户和运行方通常基于以前相似系统的经验，心里已经形成初步的实施方案和系统要素。如果参考运行体系可以

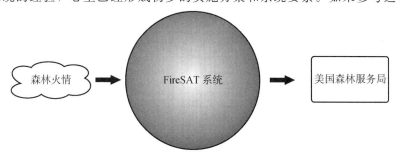

图 3 - 2　FireSAT 系统的简单背景图
背景图反映了相关系统边界和主动利益相关方

应用，并且社会团体接受此系统要素，则反映了这一系统级的视角（图 3-3）。FireSAT 系统的初始背景图的其他两个视角反映在图 3-3 和图 3-4 中，出现不同观点很普

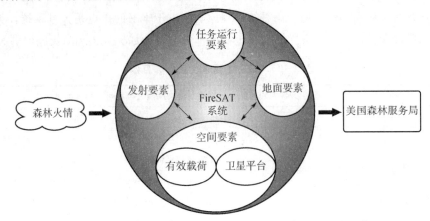

图 3-3　FireSAT 系统的背景图，包括可能参照的系统要素

如果相关系统有可参照的体系结构，背景图可以反映出来

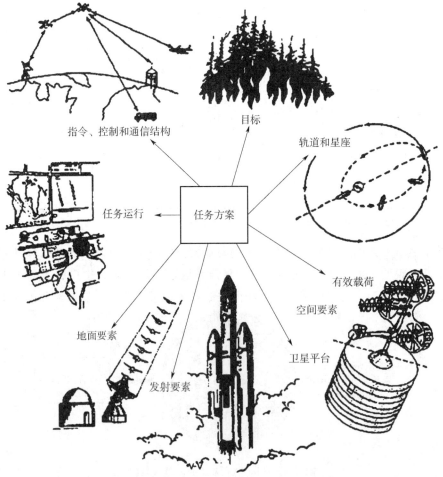

图 3-4　表示 FireSAT 系统任务范围和边界的一个视角

在复杂开发的早期阶段，人们对于任务范围和系统边界有着不同的观念[6]

遍，有必要与利益相关方和在开发团队内部进行讨论。数轮反复之后，基于对实施方案、情景等进行的权衡研究，我们得到最终的背景图、任务范围和系统边界。

预先设想的实施方案的明显缺陷在于阻碍了新思想和新技术的应用，限制了创新性的完整理念和体系结构乃至建立新系统的能力。

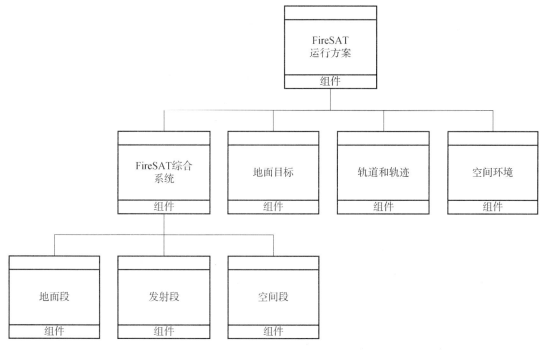

图 3-5　从另一个视角表示 FireSAT 系统任务范围和边界

我们应用多种图像工具来解释任务范围和系统边界

图 3-3、图 3-4 和图 3-5 反映了不同的视角，表 3-3 归纳了由这些不同观点引起的各类问题。

在对这些问题进行讨论和选择时，利益相关方不断深化对任务和系统边界的理解，这是个反复的过程，在回答表 3-3 的问题之前，我们可以先进入下一个步骤。

表 3-3　需要讨论的问题①

问题	决策
我们是否应该把"森林火情"放在系统边界之内	将 FireSAT 系统的感应功能与主题分离开来非常重要，我们采用大量基于空间、空中或地面的技术来开发系统的感应功能。因此"森林火情"不在系统边界之内
是否应该将"发射要素"放在系统边界之内？发射要素是一项系统要素，还是只是一个使能系统？我们是在为 FireSAT 项目和任务绘制背景图，还是在为 FireSAT 系统绘制背景图？这两者有何区别	这个问题非常关键。如果我们考虑整个 FireSAT 任务，我们应该将分系统例如"发射要素"归为整个大系统的一部分。另一方面，如果我们只对 FireSAT 的性能感兴趣，我们可以将"发射要素"看做一个位于主系统边界之外的使能系统。但无论如何，我们必须清楚地定义系统的物理、逻辑和时间边界

续表

问题	决策
"任务-运行要素"和"地面要素"不是指令、控制与通信结构的一部分吗？我们是否能更好地解释这个问题	我们应清楚地解释"任务运行"和"地面要素"是否是"系统指令、控制和通信要素"的一部分
"轨道和星座"究竟是代表了一个真实的系统要素、一个背景要素还是只是对于空间要素的描述（例如低地球轨道和地球同步轨道）	这里应清楚系统的实际要素和对这些要素描述的区别。例如，我们所说的 FireSAT 星座表示的是一种空间要素环境或背景，而不是一个具体的系统要素
任务-运行中心是美国国家海洋和大气局的一部分还是独立的？对于 FireSAT 任务，FireSAT 系统是否有专门的地面要素	我们必须清楚，新系统、目前系统和遗留系统之间的边界，需要思考系统逻辑和物理边界。美国国家海洋和大气局有一个任务-运行中心，但是我们仍然需要确定该中心是否具有 FireSAT 系统的新功能。如果有，这是个优势吗？是否能在逻辑上将它们分离或合并

①这些问题提出了一些主要的议题，解决这些问题有助于推进项目决策。

3.2 描述系统运行环境、主要约束条件与驱动因素

运行方案必须描述"实际"和"将要"（计划达到）的运行环境，描述时非常重要的一点是应清楚利益相关方目前具有的完成主要任务的能力：探测火情、跟踪火情、分析火情蔓延速度和趋势等；新系统还应具有目前系统和遗留系统都没有的能力；此外，还应该考虑限制新系统的当前环境。因此，我们从以下 6 个主要方面、以宽广的视角范围来审视运行和支持环境：

1）目前的运行原则，包括相关政策、规范和运行流程；

2）针对隐私和安全的法律要求和规范；

3）组织规则或法律章程，以及组织的角色和责任，可有助于实现任务目的和目标；

4）为提高性能而变更或应用的运行要素，例如响应时间、限制新系统的可继承要素；

5）可继承的操作和支持资源、系统和基础设施，例如当地森林服务局的位置、通信设备、带宽限制、等待时间和可靠性等；

6）具备专业技术的运行方和支持方。

描述运行环境时，必须指出已知的对进度、资金和技术的限制，例如，系统可能必须兼容以前的处理标准和通信标准，这样应用范围才能更广。赞助方可能会要求地面系统应用某些硬件和软件要素（例如显示、指令和控制软件）；输出和警报可能需要遵守某些数据和通信协议，因此我们可以将 FireSAT 与更大的计划集成。在任何情况下，清楚地定义这些输入和输出（第 10 章）可以使系统集成更加容易。

对系统的限制极大地影响系统运行方式，例如，响应的及时性、向消防员报警的速度以及解决美国国家海洋和大气局和当地森林服务局办公室之间警报程序和协议要求等。表 3-4 显示了性能和运行方案之间的依赖性和相关性。FireSAT 主要受到以下 3 项限制：

1）FireSAT 应在授权实施的 5 年内具备初始运行能力以及在授权实施 6 年内达到最终运行能力；

2）FireSAT 的总任务成本，包括 5 年的在轨运行，不应超过 2 亿美元（以 2007 年的美元计算）；

3）FireSAT 应使用美国国家海洋和大气局位于弗吉尼亚州瓦勒普斯岛、阿拉斯加州费尔班克斯的地面站，对所有任务进行指挥和控制。美国国家海洋和大气局的 GS－ISD－XYX 定义了技术接口。

由于受到资金和进度的限制，加上必须对遗留原则进行修改，运行方案可能需要反映目前状态和预期状态之间的发展过程，包括空基侦察。美国国家航空航天局的星座计划和太空探索构想也是有关运行方案演化的例子。在此例中，猎户座乘员舱首次取代航天飞机为低地球轨道（LEO）的国际空间站服务，猎户座乘员舱由战神 1 运载火箭发射，低地球轨道的运输由商业运行商通过商业轨道运输系统进行，其运输能力将增强。最终，月球任务的运行方案，采用猎户座和战神 1 以及战神 5 重型运载火箭，用于运输月球着陆器和其他发射到低地球轨道的大型有效载荷，猎户座乘员舱与这些有效载荷在低地球轨道进行对接，飞向月球或更远的目的地。

对于 FireSAT 任务，图 3－6 描述了目前的环境，图 3－7 描述了设想的环境。总的说来，运行方案应该在以下 6 个领域反映目前和设想的运行环境。

1）目前和设想的系统和基础设施；

2）目前和设想的组织、作用和责任；

3）目前和设想的原则，包括规范、政策和程序、标准；

4）设想系统的性能、成本和进度驱动因素；

5）继承和限制的数据格式、通信协议和标准；

6）目前和设想的人员系统，包括数量、技术和能力。

表 3－4　FireSAT 的关键性能参数[①]

关键性能参数	一阶算法（低地球轨道）	一阶算法（地球同步轨道）	性能驱动因素
连续性：至少每隔 12 h 监视覆盖范围内可能的森林火情	（卫星的数量）/12 h	扫描频率	低轨道卫星的数量
及时性：在探测到火情 30 min（目标值）～1 h（上限值）内，向用户报警	星上存储延迟时间＋处理时间	通信＋处理时间	存储延迟（如果可以）
地理定位的准确性：森林火情地理定位精度为 500 m（目标值）～5 km（上限值）	距离×［（波长/孔径）＋控制误差］	距离×［（波长/孔径）＋控制误差］	姿态、孔径、控制精度
覆盖率：覆盖整个美国，包括阿拉斯加和夏威夷	星座设计	N/A（从地球同步轨道上连续覆盖）	姿态、倾角、卫星数量
可用性	云量覆盖间隙	云量覆盖间隙	无（取决于天气）

①性能驱动和限制对运行方案产生影响[6]。

目前

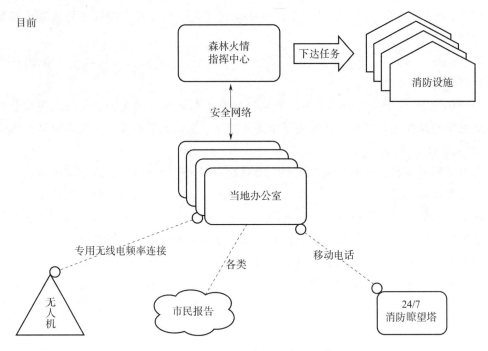

图 3-6　FireSAT 任务的实际环境

当制定运行方案时，理解遗留（现在）内容（如系统、政策、程序和声明）是非常重要的

设想

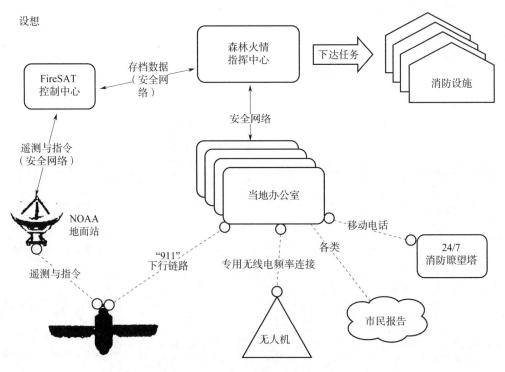

图 3-7　FireSAT 任务的设想环境

尽管我们表示出实际和设想环境之间的物理关系，但仍然应通过运行情景弄清楚它们之间的逻辑关系

3.3 制定运行情景与时间线

制定运行方案的下一个要素是更好地理解运行方和用户的想法，以及设想的系统及其要素如何满足其需求。我们制定了一些，如功能线、运行线或运行用况情景，并尽可能根据第 2 章中讲述的利益相关方期望进行跟踪。但是图 3 - 1 中的步骤是迭代的，因此制定运行方案时，我们应善于发现那些利益相关方认为不可或缺的新能力和特点。

通过将运行情景和系统背景图进行对比，从而理解运行情景所反映出的用户希望达到的性能。这项技术也有助于：

1）确认系统利益、相关要素与主动利益相关方之间的相互影响；

2）在设想的运行方案中寻找差距；

3）确认情景和性能。

例如，FireSAT 用户主要希望探测并监视森林火情，所以我们分析 FireSAT 的相关性能并理解其工作特点，如表 3 - 5 所示，这些特点反映了系统执行的好坏程度。

性能特点综合反映了基本运行情景的复杂多样性，一些情景的特点和功能会有所重叠。我们必须定义那些能够代表设想系统性能阈值的重要体系结构；我们可以较为容易地定义简单的运行情景，然后在此基础上逐渐定义复杂的运行情景。对于 FireSAT 来说，最简单的运行情景是单颗卫星在天气晴朗的某一天（不考虑天气因素）、在良好的环境下观测到一次森林火情。稍微复杂一些的运行情景可以采用多颗 FireSAT 卫星（一个完整的星座）探测和监视多次森林火情，且每次火情发生的天气、环境各不相同。

一旦定义了运行情景之后，我们可以对其进行跟踪和排序，从而理解利益相关方是如何与系统各要素进行互动，从而成功地应用这些情景。陈述和简单的示意图有助于我们理解系统是如何运行的，以及我们如何将系统要素分配到运行的各个系统中去，这些顺序图对于系统级测试和集成规划也非常有用。

表 3 - 5 反映 FireSAT 用户主要需求的性能特点：探测和监视森林火情[①]

特点	描述
目标数量	系统跟踪了多少个目标（同时发生的森林火情）
良好或不佳的环境	良好的环境不需要特殊考虑。不佳的环境包括天气问题、太阳耀斑和其他可能的异常情况
平台数量	对于 FireSAT 卫星，仅有一个平台
空中-地面站的数量	工作站的数量，或其他需要与卫星进行通信的主动利益相关方资产的数量
活动特性	系统必须支持各类活动，例如目标跟踪、搜寻与营救，还有一些因环境引起的可能需要系统特殊行为或功能的活动

①这些特点有助于我们理解每项性能的边界条件，从而确定可能的运行情景。

接下来，我们考虑利益相关方期望系统具有的探测森林火情的能力，假想一个简单的情景：一颗卫星探测到一次森林火情，森林火情在某个时间开始并蔓延，但保持在探测阈值之内。当火情达到探测阈值（$t = X$）后，在此范围内的 FireSAT 卫星探测到火情，并向消防员和美国国家海洋和大气局报警。图3-8是该情景的简单示意图，也可以由框图显示，如图3-9所示。

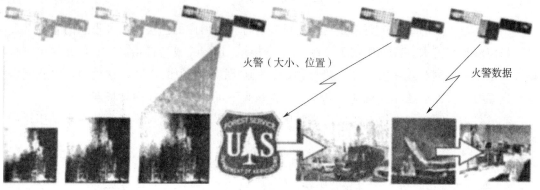

图 3-8　"探测森林火情"能力的简单示意图

示意图显示了一个简单的情景，从火情发生到火情蔓延，再到 FireSAT 系统探测到火情，
向美国国家海洋和大气局和消防部门报警

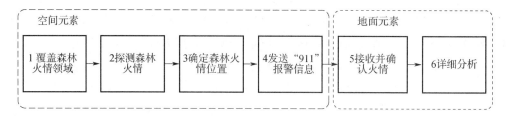

图 3-9　反映"探测森林火情"能力的运行情景框图

我们应用许多非正式和正式的图形方法来描述运行情景。在本图中，"911"信息是一种火情警报

表3-6描述了第一种运行情景的顺序和几个尚未解决的问题。图3-10是该情景在背景图下的简单示意图，该图形象地将系统要素和主动利益相关方之间的交互联系起来，但不是最正式的联系图，例如图3-11将各要素的顺序显示得更为清楚，但可能会引起对于公认的端对端功能线的争议。另一个选项是采用用况情景，将在第4章中进行介绍。

表3-6、图3-9～图3-11有助于我们从不同方面建立运行情景的时间线，用于分析系统能力的延迟需求（系统作出反应的速度），延迟影响我们如何包装并应用这些能力，这将在3.4节中进行阐述。将运行情景用文字和图表表示出来，有助于用户和系统工程师在理解系统能力方面达成一致意见。图3-12和图3-13显示了分析时间线的方法。"探测延迟"取决于表3-2中目标1.1——在 12 h（目标值）至 1 d 内（上限值）探测森林火情。"通知延迟"则取决于表3-2中目标1.2——在探测到火情 30 min（目标值）～1 h（上限值）之内通知美国森林服务局。时间线为每个时期都提供了时间预算，接下来会分析情景每个方面的功能分配时间。

表 3-6　使用描述性的语言来表述一个运行情景[①]

编号	事件和描述	备注与问题
1	进入森林火区：卫星探测到探测阈值以上的森林火情	某指定卫星进入覆盖森林火情区域的时机取决于由轨道和星座定义的实施方案。卫星的数量是多少？覆盖区域之间有无间隙
2	探测森林火情：卫星探测到森林火情	卫星探测到超过一定规模的森林火情的能力取决于有效载荷分辨率。探测阈值是多少？处理时间需要多久
3	确定森林火情位置：卫星确定森林火情的规模并对其进行地理定位	卫星对已探测到的火情进行定位的能力取决于卫星的姿态、导航精度和其他参数。地理定位的精度是多少？是否使用 GPS
4	发送"911"信息：卫星向地面发送探测到森林火情的信息，包括火情的发生时间和位置	卫星向地面发送警报的能力取决于卫星和地面站的距离以及其通信分系统的性能。卫星的通信频率是多少？地面站的位置在哪里？卫星的轨道参数是多少
5	接收并确认火警：地面站接收"911"信息，并进行确认，排除假警报	地面站接收信息的能力取决于其与卫星及其通信分系统的距离
6	详细分析：地面设施对火情特征进行详细分析，确认其危险程度，如果火情达到阈值，将火情信息发送到任务操作部门。任务操作部门还会将此次火情信息存档	存储数据需要多长时间？我们如何在满足延迟要求的条件下确认火情的特征？我们是否确认了所有数据格式和通信协议
7	处理信息：任务操作要素可能进一步对信息进行处理。如果达到阈值，将向美国国家海洋和大气局的指挥中心和美国森林服务局当地办公室发出警报，通知森林火情发生的地点	是否所有的交接工作都是必需的？我们是否能提出更好的压缩方案？美国国家海洋和大气局及美国森林服务局当地办公室应该接收怎样的信息？我们更新森林火情信息的频率是多少？在满足流程和规范上的需求后，警报系统应具有怎样的自动化等级

[①]这种方法非常重要，因为它能使用户和系统工程师共同理解系统处理某种能力的方式。这种方法也使得验证用户期望和需求变得更容易。

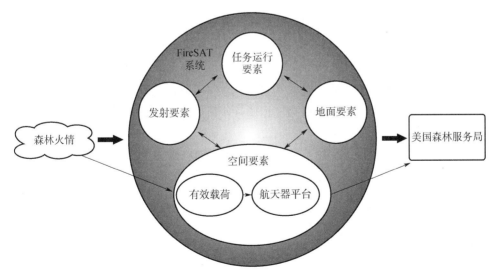

图 3-10　以背景图表示的运行情景

该图可以使用户和系统工程师共同理解所需性能以及实现这些性能的系统

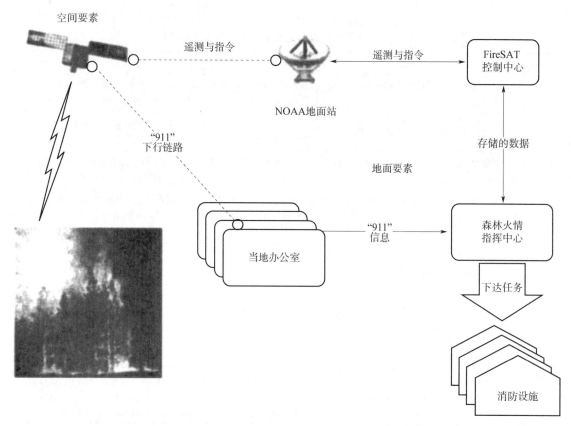

图3-11　探测火情运行情景的另一种图形描述方式

图形描述能够解释运行情景，对于把握和验证利益相关方所需系统性能非常重要

　　对运行情景排序有助于我们理解系统可能出现的异常情况。表3-6、图3-8～图3-10中描述的备选运行情景假定系统是成功的，所有要素可获取并可运行，但是我们仍然要对系统进行分析，从而理解可能出现的故障、中断、终止和其他异常情况，例如表3-6中运行情景的异常情况包括地面要素断电、指令与数据处理子要素出现故障。我们制定更多的运行情景来定义系统是如何响应这些异常情况的，然后通过对系统异常的重现来不断改进系统，使系统更加完美。

　　这些序列图和时间线，以及对性能驱动因素和约束条件（第3.2节）的分析，有助于我们决定如何使用系统要素。例如，运行情景和实施方案可能建议我们使用空基敏感器作为对天基敏感器的补充（第3.4节）。

　　通过制定运行情景，利益相关方（包括用户、运行人员、系统工程师、架构师、测试人员和开发人员等）能够进一步理解运行过程中系统要素之间的主要逻辑关系。这些情景清楚地规定了满足用户和运行人员要求的事件顺序。此外，情景还有助于鉴别主要的时间线驱动因素，使我们进行有目的的权衡研究，为系统要素选择实施方案。

图 3-12 运行情景的时间线分析

分析探测火情所需时间是分配时间预算的第一步

3.4 综合、分析与评估系统及其要素的关键实施方案

大多数复杂的研发活动源于对现有系统的一部分进行升级、改进或继承，因此当我们探索如何建立新系统时，我们自然而然地想到相似系统的开发过程。由于实施方案包含了一些满足系统级要求的技术方法，因此我们必须以同样的详细度来定义这些可供选择的方案。对于大型、复杂的系统（包括 FireSAT 系统）而言，我们需要为所选分系统制定更为详细的方案。FireSAT 的典型分系统即为系统要素：地基要素、天基要素和任务分析等。因此，我们必须制定并分析每个要素的候选项，然后选择最佳的方案。

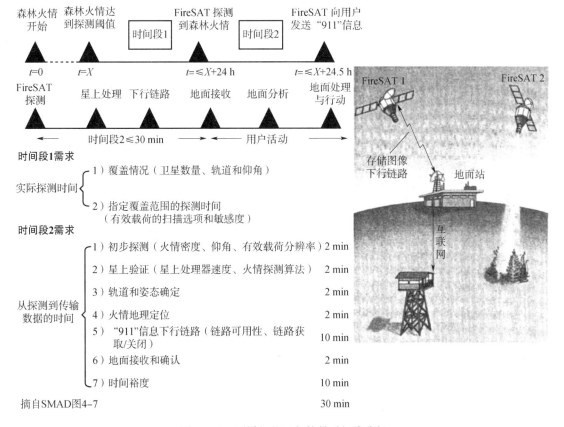

图 3-13 更详细的运行情景时间线分析

该运行情景时间线对于评估和应用系统要素的实施方案非常重要[6,10]

对于空间任务，基本的实施方案通常围绕轨道或星座设计来制定（有关不同轨道类型的完整讨论，请参阅参考文献［10］）；对于相同的任务来说，每种轨道类型都需要不同的卫星，又根据不同的任务目标和目的，每条轨道都有各自的优缺点。表 3-7 概述了可选的天基要素。

表 3-7　由轨道定义典型的地球任务的实施方案示例①

轨道类型	定义	优点	缺点	典型应用
地球同步	1）周期 24 h； 2）倾角 0°	1）在赤道上某一选择的点维持相对固定的位置——方便跟踪 2）覆盖近 1/3 的地球范围	1）高度越高，价格越贵； 2）固定覆盖领域； 3）高纬度范围覆盖少或覆盖不到； 4）高度高意味着图像分辨率低、空间损耗高	1）通信； 2）气象
太阳同步	1）周期 100 min； 2）倾角 95° （取决于高度）	与太阳保持稳定夹角，持续对地球拍摄图像	达到高倾角的成本较高	遥感
"闪电"卫星 （Molniya）	1）周期 12 h； 2）倾角 63.4°	1）固定的远地点和近地点位置； 2）更大的高纬度覆盖范围	1）达到较高高度的成本较高； 2）高度高意味着图像分辨率低、空间损耗高	北极地区的通信
低地球轨道：单颗卫星	1）周期 90～120 min； 2）倾角 0°～90°	1）低高度成本较低； 2）低高度意味着更高的成像分辨率和较低的空间损耗	1）覆盖范围受限； 2）跟踪更复杂	1）科学任务； 2）国际空间站； 3）航天飞机
低地球轨道星座	1）周期 90～120 min； 2）倾角 0°～90°； 3）多个平面，每个平面多颗卫星	1）与低地球轨道单颗卫星相同； 2）更多卫星可扩展覆盖范围	多颗卫星可能需要多次发射，增加了成本	通信（例如铱星星座）

①我们选择的轨道会极大地影响对空间任务方案的选择。该表概括了典型、特殊和普通轨道的优缺点，可通过该表对系统要素的实施方案进行权衡研究。

产生概念性的解决方案具有高度主观性，因此，对以往相似系统的经验和熟悉程度往往会影响获得解决方案的过程，在此过程中还会涉及到创新的思想及发明。麦格拉思（McGrath）[7]指出，"比起团队协作，即使团队中各个成员的点子没有重复之处且不受他人想法的影响，独立工作的人能够产生更多的创新思想。"但在另一方面，团队工作在评估和选择方案时做得更好。设计小组经常通过诸如头脑风暴、类推、检查表等方法，得出创新的解决方案。

1）头脑风暴是最常用的方法，该方法由亚历克斯·奥斯本（Alex Osborn）创造，即由团队将各个成员的想法综合起来，探索具体问题的解决方案[8]；

2）类推方法指将跨学科的解决方案加以提炼，进而应用到解决相似问题中；

3）检查表方法采用提问形式，加强创新和创造性思考。

一旦有了几个解决方案之后，我们对每个方案进行分析，探索其从物理上是否可行，是否符合任务功能，是否达到市场目标，是否满足财政和预算方面的约束条件。我们的目标是筛选出不可行的方案，只有可用方案进入更为严格的评估和选择阶段，但我们必须只摈弃那些不可行的方案，系统设计和开发过程中遵守"最少承诺原则"[2]。过早地确定一个方案可能会影响项目本身，因此我们必须仔细评估所有可行的方案，从中选择最适合未来开发的方案。

方案选择的过程是从综合到分析再到评估的过程，但过程中会进行持续的反馈和修改。波（Pugh）提出了一种创新和评估方案的方法，正式开始了对方案设计的评估[9]。我们将在第 6 章讨论权衡和决策分析的几种方法。

我们分析了表 3 - 7 中的 FireSAT 天基要素的 5 个方案，挑选出了 2 个较好的方案，如图 3 - 14 和图 3 - 15 所示。这两张图中包括了一些重要的选择标准。在建立评估标准之后，我们将同样详细地定义两个方案，避免偏见和不成熟的决策。

设计人员和运行人员不能过早选定实施方案，直至他们获得更好的技术或更多的信息之后，如通过可行性研究或测试，他们会同时制定几个方案。尽管这种方法可能会耗费更多时间和成本，但通常可以降低整个开发过程的风险。如果一开始选择方案出现失误，那么在之后的工程阶段就无法进行弥补。

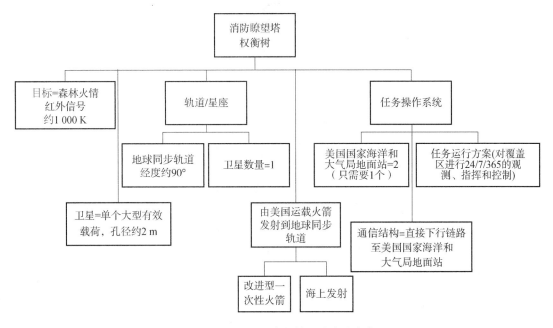

图 3 - 14　天基要素的第一种实施方案

该方案是我们综合分析 FireSAT 任务而得出的

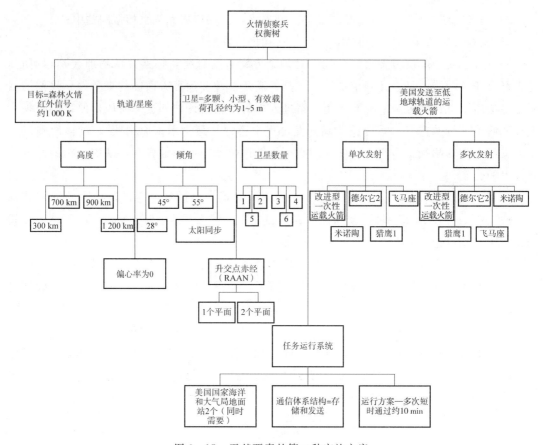

图 3 - 15　天基要素的第二种实施方案

这是满足 FireSAT 任务的另一种途径。现在我们必须将这种方案与图 3 - 14 的方案进行比较，选择最佳方案进行开发

3.5　记录运行方案和系统运行体系；应用体系框架

　　记录运行方案的内容有几种方法和标准。例如，标准 ANSI/AIAA G－043－1992 [1] 中指出，"一份好的运行方案文件（OCD）就像讲述一个故事，以图文并茂的方式描述系统的作用"。许多运行方案就像具有上述特征的好的科幻小说一样，应描述系统方案"做什么、在哪儿做、何时做、谁来做和如何做"，应包括简介、业务需求、系统依据、系统方案、运行情景、业务影响、逻辑依据和方案模型等。此外，另一本指南《系统工程基础》[5] 则认为运行方案文件应：

　　1）定义运行需求；

　　2）分析系统任务；

　　3）显示运行顺序；

　　4）显示运行环境；

　　5）包含系统必须响应的条件或事件；

　　6）指出系统的运行约束；

7）描述任务的性能需求；

8）规定用户和维护方的角色，以及运行、支持和维护系统的组织结构；

9）定义与其他系统的运行接口。

表 3-8 为推荐的运行方案的大纲。

表 3-8 推荐的系统运行方案的大纲[①]

章节	章节名称	备注
1	实施概要	简要概述任务、组织的角色和责任、利益相关方希望达到的关键能力和性能特征。找出对遗留系统的主要发现和重要不同；对每一项给出一个简要的逻辑依据
2	任务描述	描述任务、目的和目标、可能的任务和业务逻辑依据。确认利益相关方及其主要期望
3	系统运行背景和参考运行体系	这些要素指明了系统边界，建立了基于相似系统的初始参考体系，包括背景图中的主动利益相关方、参考系统的要素和子要素，描述了"实际"和"设想"的背景，有助于明确设想系统的价值
4	系统驱动因素和约束条件	描述性能驱动因素和约束条件，包括来自现有系统和基础设施的约束、原则（政策、程序和流程）、组织的角色和责任、常规要求等。清楚定义驱动因素有助于我们评估系统的不同方案、要素及子要素等
5	运行情景	制定主要的运行情景以支持利益相关方所期望的能力，考虑系统背景和参考运行体系，以及建议的运行体系。使用文字和图片保证系统工程师理解利益相关方的期望。为每个运行情景制定时间线，以理解延迟的限值，并可对区分其他方案加深认识
6	所选的方案实施和推理	综合不同方法区分并实施利益相关方对系统要素和子要素的要求。记录我们选择某项应用的原因，尤其要记录重要的驱动因素和约束条件，包括资金和进度的约束等
7	提出的系统运行体系	记录在系统运行体系中系统、系统要素及子要素的变化情况
8	组织与业务影响	分析基于遗留运行体系被改变后产生的影响，以保证决策正确。原则包括政策、程序和流程，组织角色和责任，必要的技术和能力，工作量的改变等
9	风险和技术就绪水平评估	记录提出的运行体系的风险，包括主要实施方案的技术就绪水平，还应评估提出的方法带来的进度和资金风险

①此表进一步综合了运行方案的主要方面。

近期制定的几个体系框架可加强利益相关方之间的交流。美国联邦政府的许多部门和机构都开发并制定了体系框架，作用是控制承包商和其他政府机构准备并描述体系信息的方式。

第一个框架是美国国防部体系框架（DoDAF）[4]，比较了从方案定义到系统设计过程中的体系。几个与航天相关的国家机构都使用美国国防部体系框架，例如美国国家安全局、美国国家地理空间情报局、美国国家侦查办等。

表 3-9 概述了美国国防部体系框架 1.0——DoDAF 1.0，其为一些产品提供了一个特殊版本，例如 SV-5，强调网络中心性。美国国防部体系框架 1.0 分为四种视图。第一种是总体视图或公共视图，仅包括两种产品，体系实施概要 AV-1 和包含了所有体系定义的 AV-2，其中 AV-2 不仅仅是一个词汇表，还包括了有关体系信息的元数据和模式。

表 3-9　美国国防部体系框架的产品①

可用视图	框架产品	框架产品名称	描述
总体视图	AV-1	概述和摘要信息	范围、目的、目标用户、环境描述、分析发现等
总体视图	AV-2	综合字典	体系数据知识库，对所有产品中使用的术语进行了定义
运行视图	OV-1	高级运行方案图表	运行方案用高级图表和文字表述
运行视图	OV-2	运行节点连接描述	运行节点、连接和节点之间的信息交换需求线
运行视图	OV-3	运行信息交换矩阵	节点之间的信息交换及其相关属性
运行视图	OV-4	组织关系图	组织角色和各组织之间的其他关系
运行视图	OV-5	运行活动模型	能力、运行活动、活动之间的关系、输入和输出；还可以显示成本、执行节点和其他相关信息
运行视图	OV-6a	运行规则模型	3 个产品中的 1 个描述了运行活动——确定了约束运行的业务规则
运行视图	OV-6b	运行状态转移描述	3 个产品中的 1 个描述了运行活动——确定了响应事件的业务流程
运行视图	OV-6c	运行事件跟踪描述	3 个产品中的 1 个描述了运行活动——跟踪一个情景中的行动或事件顺序
运行视图	OV-7	逻辑数据模型	从运行观点记录系统数据需求和结构化的业务流程规则
系统视图	SV-1	系统接口描述	识别系统节点、系统、系统项目及在节点内及节点之间的连接关系
系统视图	SV-2	系统通信描述	系统节点、系统和系统项目以及它们之间相关的通信规定
系统视图	SV-3	系统-系统矩阵	在给定体系下，系统之间的关系可以设计为显示其相互关系，例如系统类接口、计划接口和现有接口等
系统视图	SV-4	系统功能描述	系统具备的功能和实现系统功能所需的系统数据流
系统视图	SV-5	系统功能跟踪矩阵的运行活动	将系统映射到性能，或将系统功能映射到运行活动
系统视图	SV-6	系统数据交换矩阵	提供系统间数据要素交换以及这些交换的属性
系统视图	SV-7	系统性能参数矩阵	在合适的时间框架内，系统要素的性能特点
系统视图	SV-8	系统演变描述	将一套系统移植到更为有效的平台上，或改良目前的系统使其用于未来任务
系统视图	SV-9	系统技术预测	期望在给定的时间框架内可突破新兴技术，生产出软件和硬件产品，这将影响体系的未来发展
系统视图	SV-10a	系统规则模型	3 个产品中的 1 个描述了系统功能——鉴别了在系统设计和实施方面对系统功能的约束
系统视图	SV-10b	系统状态转移描述	3 个产品中的 1 个描述了系统功能——鉴别了系统对事件的响应
系统视图	SV-10c	系统事件跟踪描述	3 个产品中的 1 个描述了系统功能——鉴别了具体系统的改良情况，以运行观点描述事件关键序列
系统视图	SV-11	物理模式	逻辑数据模型实体的物理实施，例如信息格式、文档结构、物理模式等
技术视图	TV-1	技术标准文件	应用到给定体系的系统视图要素的标准清单
技术视图	TV-2	技术标准预测	描述新兴标准和在时间框架内对目前系统视图要素的可能影响

①OV-1 表示系统运行体系。

第二种是运行视图（OV），包括了高级运行方案图表（OV－1）、接口图（OV－2 和 OV－3）、组织关系图（OV－4）、功能分析产品（OV－5 和 OV－6）和逻辑数据模型（OV－7）。OV－1 是 FireSAT 的实际背景设置［图 3 - 3 (b)］。

第三种是系统视图（SV），包括几个版本的接口图（SV－1，SV－2，SV－3 和 SV－6）、功能分析产品（SV－4，SV－5 和 SV－10）、性能矩阵（SV－7）、过渡计划图(SV－8 和 SV－9)、最后是物理数据模型（SV－11）。

最后是两个标准技术视图：一个显示了目前（或近期）的标准，另一个预测了可能在整个体系生命周期内出现的标准。

美国国防部体系框架只是工业界和政府使用的多种体系框架中的一种。该体系框架最初是为美国"指挥、控制、通信、计算机、情报、监视和侦察"（C⁴ISR）设计的。图 3 - 16 中的扎克曼框架（Zachman Framework）的重点是企业体系，来自扎克曼的许多想法和方案已经成为联邦企业体系框架[3]的一部分，现在还包括了参考模型，已经用于美国联邦政府的项目。

	做什么（What）数据	如何做（How）功能	在哪儿做（Where）网络	谁来做（Who）人	何时做（When）时间	为什么做（Why）动机
范围（背景）	业务重要事项的清单	处理业务流程的清单	业务运行地点的清单	业务重要的组织机构清单	业务重要的事件周期清单	业务目的/战略清单
计划者	实体（Entry）＝业务事项类型	流程（Process）＝业务流程类型	节点（Node）＝主要业务地点	人（People）＝主要机构单位	时间（Time）＝主要业务事件/周期	完结/方式＝主要业务目的/战略
业务模型（方案型）	例如科学模型	例如业务流程模型	例如业务后勤系统	例如工作流模型	例如主要进度表	例如业务计划
所有者	实体＝业务实体关系＝业务关系	流程＝业务流程I/O＝业务资源	节点＝业务地点连接＝业务联系	人＝组织单位工作＝工作产品	时间＝业务事件周期＝业务周期	完结＝业务目标方式＝业务战略
系统模型（逻辑）	例如逻辑数据模型	例如应用体系	例如系统体系分配	例如人机接口体系	例如过程体系	例如业务规则模式
设计人员	实体＝数据进入关系＝数据关系	过程＝应用功能I/O＝用于	节点＝I/S功能连接＝节点特点	人＝角色工作＝发展	时间＝系统事件周期＝过程周期	完结＝结构主张方式＝行为主张
技术模型（物理）	例如物理数据模型	例如系统设计	例如技术架构	例如演示架构	例如控制结构	例如规则设计
建造者	实体＝段/标签关系＝定向/关键	6 流程＝计算机功能I/O＝数据要素/集	节点＝硬件系统软件连接＝规定	人＝用户工作＝屏显格式	时间＝实施周期＝要素周期	完结＝条件方式＝行动
详细表述（无背景）	例如数据定义	例如项目	例如网络架构	例如安全架构	例如时序的定义	例如规则规范
分包商	实体＝域关系＝地址	流程＝语言描述I/O控制块	节点＝地址连接＝协议	人＝身份工作＝任务	时间＝中断周期＝机器周期	结束＝子条件方式＝步骤
功能企业	例如数据	例如功能	例如网络	例如组织	例如进度	例如战略

图 3－16　扎克曼框架

该框架与20世纪90年代后期提出的几个体系框架的观点有所不同

3.6 确认系统运行体系并制定基线

大部分运行方案包括对系统及其要素的初步想法，能够满足主动利益相关方的要求。图 3-2~图 3-6 显示了 FireSAT 系统的运行方案。根据以往相似系统以及目前现有系统的经验，我们假定系统包含 4 个要素：天基要素、发射要素、地基要素和任务运行要素，还假设天基要素包括 2 个子要素：卫星平台和专用有效载荷，这些要素组成了 FireSAT 系统的参考体系，我们将该参考体系用于早期对性能驱动因素和约束条件、用户和运行方制定的运行情景、要素和子要素的实施概念等讨论中。最早提出的 FireSAT 体系只是我们定义、综合和评估系统相互依赖方面的其中一面。

FireSAT 的性能驱动因素和设想的能力可能会使系统工程师考虑与现有的方案大不相同的方案。性能驱动因素包括探测到森林火情的概率和准确度，这可以推动创新型解决方案的制定；设想的能力之一是人类最小限度地介入森林火情警报和跟踪，敏感器和处理器技术的进步使得工程师萌发新想法。

这些想法促使系统工程师为 FireSAT 系统思考具有不同要素和子要素的方案。例如，可以将地面和任务运行要素合并为一项，天基和空基子要素可以合并为天基要素。正如 3.4 节讲述的那样，我们必须综合、分析并评估这些候选方案以制定出运行体系。

图 3-2~图 3-6 从不同角度介绍了 FireSAT 系统的初始参考体系，但图 3-17 和图 3-18 以及表 3-10，在分析驱动因素、约束条件、运行情景以及用不同方法实现系统要

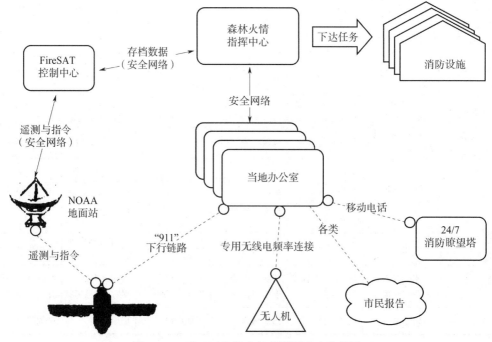

图 3-17　FireSAT 的高级背景图和方案视图
该视图清晰显示了更大背景下设想系统的物理边界

FireSAT 空间要素	遥测（打包数据、射频链路连接）		"911"信息（打包数据、射频链路连接）		
指令（打包数据、射频链路连接）	美国国家海洋和大气局地面站	遥测（打包数据、安全网络连接）			
	指令（打包数据、安全网络连接）	FireSAT 指令与控制		存档数据（以DVD 形式存储媒体文件等）	
			当地办公室	推荐的行动和请求（电子邮件）	
	存档数据请求（电子邮件）		森林火情指挥中心	（以电子邮件形式）下达任务	
				消防设施	

图 3-18　设想系统要素之间连接关系的 $N \times N$ 图

本图进一步清晰显示了系统要素之间的接口

表 3-10　FireSAT 系统的运行节点[①]

运行节点	进行的活动
FireSAT 空间要素	1）探测森林火情； 2）生成并发送"911"火警信息； 3）生成并发送遥测指令； 4）响应指令
美国国家海洋和大气局地面站	1）接收来自空间要素的遥测指令； 2）向空间要素发送指令
FireSAT 控制中心	1）分析遥测指令； 2）生成指令； 3）汇编并存储档案数据
当地办公室	1）接收"911"火警信息； 2）验证信息； 3）从多个设施验证警报； 4）向指挥中心发送建议和要求
森林火情指挥中心	1）接收来自当地办公室的建议和请求； 2）将需求排序； 3）生成消防设施的任务顺序； 4）要求并接收存档数据
消防设施	1）接收来自指挥中心的指令； 2）灭火

①表中列出了运行地点和系统物理要素的松散联系。

素和子要素的基础上，介绍了该系统的运行体系，该体系是用户和运行方确定能力的基础，也是支持运行情景的基础。

通过制定运行方案，可以得到一个现代化的运行体系，该体系反映了对初始参考体系的所有变更。这些变更可以是实施和分割系统的新概念，目的是在满足关键性能驱动因素和其他约束条件的同时推动技术的发展，该流程包括：

1）一些经过确认的、具备用户和操作方性能要求的运行情景；

2）对系统背景设置和边界的清晰理解。

一项完整、连贯的运行方案是非常重要的，这是确保工程计划与利益相关方期望相一致的一项基础方案，我们在第 4 章中介绍的技术要求就采用该运行方案来确认系统要求，并进行系统级验收测试。运行方案是如此重要，因此，在不同团体与利益相关方的文件编制和交流中一致性和清晰性是至关重要的。

参 考 文 献

[1] ANSI/AIAA G－043－1992. 1993，Guide for the Preparation of Operational Concept Documents. Reston，VA：American Institute of Aeronautics and Astronautics.

[2] Asimow，Morris. 1964. Introduction to Design. Englewood Cliffs，NJ：Prentice Hall，Inc.

[3] Chief Information Officers Council（CIO）. February 2001. A Practical Guide to Federal Enterprise Architecture，version 1. 1；available at the CIO website.

[4] Dam，Steven H. 2006. DoD Architecture Framework － A Guide to Applying System Engineering to Develop Integrated，Executable Architectures. Marshall，VA：SPEC Publishing.

[5] Defense Systems Management College（DSMC）. 2001. Systems Engineering Fundamentals. Fort Belvoir，VA：Defense Acquisition University Press.

[6] Larson，Wiley J. and Wertz，James R.，eds. 1999. Space Mission Analysis und Design，3rd Edition. Torrance，CA：Microcosm Press and Dordrecht，The Netherlands：Kluwer Academic Publishers.

[7] McGrath，J. E. 1984. Groups：Interaction and Performance. Englewood Clifts，NJ：Prentice Hall，Inc.

[8] Osborn，A. 1957. Applied Imagination － Principles and Practices of Creative Thinking. New York，NY：Charles Scribners Sons.

[9] Pugh，S. 1991. Total Design：Integrated Methods for Successful Product Engineering. New York，NY：Addison－Wesley，Inc.

[10] Sellers，Jerry Jon. 2004. Understanding Space. 3rd Edition. New York，NY：McGraw－Hill Companies，Inc.

[11] Zachman，John. A Framework for Information Systems Architecture. IBM Systems Journal，Vol. 26，No. 3，pp. 276－290，1987.

第4章　建立和管理系统要求

罗伯特·E·李（Robert E. Lee）

REL 咨询公司

艾维·胡克斯（Ivy Hooks）

康普雷斯自动化有限公司

布鲁斯·G·巴克（Bruce G. Barker）

斯蒂文斯理工学院

　　系统有效开发的关键问题之一，是在早期就制定"零缺陷"（有时也称为"无漏洞"）要求，减少因变更要求带来的影响。由欧洲系统与软件倡议工作组发起的一个研究项目提到：

　　我们发现，大多数（85%）漏洞是由于缺失要求、对要求进行变更、开发人员或测试人员对要求的误解而造成的……我们发现与要求相关的漏洞占所有漏洞的 51%[7]。

　　要求是为保证建立正确的系统，在客户、开发人员和测试人员之间建立的一种交流关系。如果在最初就制定了正确的要求，客户、开发人员和测试人员都一致地理解这些要求，那么建立正确系统的概率就会大大增加。但是如果我们定义和管理了错误的要求，或曲解了要求，那么出现故障的概率会增加。

　　在本章中，我们讨论了在整个系统生命周期内制定、组织、管理"零缺陷"要求的流程。表 4-1 概括了制定和管理系统要求的最佳实践。我们应该在制定、定义或改进（变更）要求的时候应用这些实践，图 4-1 也反映了这些最佳实践的多次应用。清晰阐明利益相关方期望和运行方案有助于与系统要求保持一致，保证系统要求的完整和正确。制定要求的流程可以使我们在制定运行计划的同时，重新审视并确认利益相关方的期望和我们的假设。

表 4-1　制定和管理要求的最佳实践①

步骤	描述	在书中的章节
确认基本范围	定义需求、目的和目标；确认利益相关方；获取利益相关方的期望；分配权限和责任	4.1.1节和第 2 章
制定运行方案	以平实的语言描述如何运行和使用有关系统，扩展这些情景使其覆盖所有生命周期阶段	4.1.2节和第 3～7 章
识别驱动因素	确定约束条件、规则、标准和资源（进度、预算和技术）	4.1.3节和第 3 章
识别外部接口	确定系统和外部的边界，明确系统的输入和输出	4.1.4节和第 2, 3, 5, 15 章
制定系统要求以满足利益相关方期望	根据利益相关方的期望制定一系列系统要求（性能和特点），这些要求定义了满足客户需求所必需的解决方案	4.2节和第 2, 5 章

续表

步骤	描述	在书中的章节
记录零缺陷系统要求	清楚地描述利益相关方的期望，来指导系统的设计。提出假设与实际误差，获得企业知识。正确地编写所有要求，保证对要求能够追本溯源。避免实施方法，识别每项要求的验证技术和相关的设施和设备	4.2 节和第 2，11 章
组织系统要求	包括适当类型的要求，确保研发团队在文件或数据库中能够查到。组织系统要求可帮助阅读者理解系统分类	4.3 节
系统要求基线	确认要求是正确、完整、连贯的，以及满足系统范围和利益相关方的期望，不要增添无关的内容	4.4 节和第 2，11 章，APMSS 的第 5，6，8 章
管理系统要求	控制上述活动；制定"零缺陷"要求，减少由于不准确的要求造成的不必要的变更；把握管理信息；控制必需的要求变更	4.5 节和第 2，3，15，16 章，APMSS 的第 7，8，14 章

①以上步骤着重强调了正确的方法（APMSS—《实用空间系统项目管理》[1]）。

表 4-1 中的活动看起来像是逐步的线性流程来组织的，但图 4-2 则显示了范围与制定要求活动之间的并行关系和反馈。

制定合适的要求是一项难度很高的工作，这需要时间和资源，制定有缺陷的要求也是一项困难的工作，但我们必须反反复复地制定。修改不合适的要求会耗费大量时间、资源和劳动，造成成本超支、进度滞后，甚至可能造成项目失败。一个建立在有缺陷要求之上的系统无法满足客户的需要，与开始建立的一组良好的并经过确认的要求相比，对其进行修改将浪费更多的成本和时间。在完成理解范围和利益相关方期望（第 2 章）以及将其转换为协调一致的运行方案（第 3 章）的大量工作后，就可以集中来确定系统的技术要求。

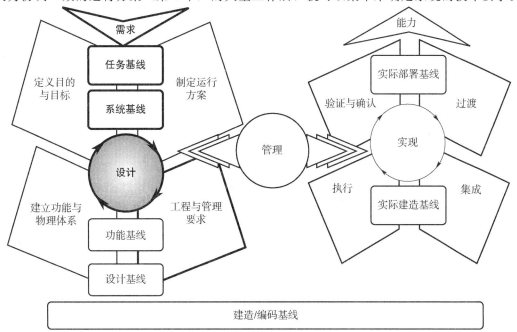

图 4-1 　 工程与管理要求

系统工程反复应用的最佳实践，可制定协调一致、被追溯和可追溯的技术系统要求

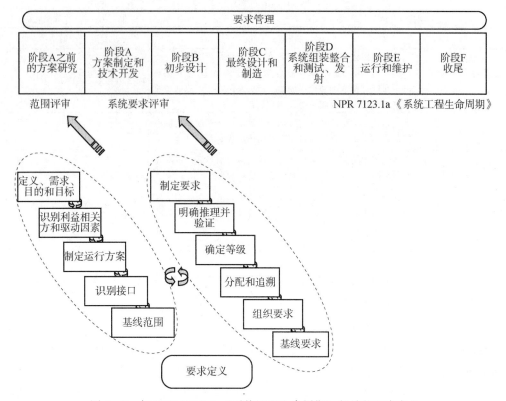

图 4 - 2　与 NPR 7123.1a《系统工程生命周期》相关的要求定义

此图有助于理解制定要求过程中遇到的挑战

4.1　制定要求之前的工作

要制定正确的要求，第一步并不是直接制定要求，而是需要先确认是否已经进行以下活动并获得必要的信息：

1）分析；

2）研究；

3）建立原型样机或建模；

4）权衡研究。

我们通过以上活动为制定正确的要求打下了良好的基础——系统范围。项目范围，重点在于哪些组织或人员负责开发系统，其大部分都直接转化为系统范围。系统范围强调为达到组织目的、项目范围的目标系统必须做的工作，我们必须记录系统范围，并与整个团队分享，这样每个人在制定并评审要求时都能够持有相似的看法和观点。

4.1.1　理解范围

系统范围明确并定义了项目的几个关键方面。

1）需求：我们为什么要开发这个系统；

2）目的和目标：我们想完成怎样的任务；

3）利益相关方（主动和被动）：使用系统、客户、影响系统以及有权力和责任制定系统范围和要求的人；

4）运行情景：为满足利益相关方要求，系统参与的活动或步骤的主要顺序；

5）运行方案：系统是如何开发、测试、部署、使用和处置的；

6）驱动因素：对系统的外部影响，例如规章、现有系统、成本和进度；

7）接口：系统与外部系统的接口。

对上述各个方面进行协调一致的描述和讨论可得到一个合理的运行方案，见第 3 章。

4.1.1.1 为什么要定义范围

在制定第一条要求之前，我们必须有一致的想法。如果不确定范围就开始制定要求，会导致不同的观点，在系统评审过程中出现不必要的争论。出现这种情况后，我们不得不重新审视范围要素，以解决出现分歧的要求，并使评审要求的专家达成一致意见，因此与其现在不定义范围，在之后的系统生命周期中不断修改有问题的要求，不如从一开始就将范围定义清楚[3]。

范围定义了在一定的时间进度和预算范围内开发的系统，此外，还设定了系统的约束——边界和接口。范围是系统要求的基础。在本节中，我们讨论制定范围的最初两个方面：1）识别利益相关方；2）建立需求、目的和目标。

4.1.1.2 由谁来定义范围

范围定义小组由少数具有不同经验的人组成，主要任务是定义范围。对于小型项目，小组人数可以仅为 2 人；对于大型项目，小组人数可多达 12 人。范围定义小组应做到以下几点：

1）代表多数利益相关方的观点；

2）敢于质疑和提问；

3）在综合范围要素时，避免与利益相关方发生冲突；

4）具有良好的语言交流与文字交流能力；

5）具有良好的长期团队合作能力。

范围定义小组综合来自所有利益相关方的范围要素，准备好范围文件，并与利益相关方一起进行评审。每个利益相关方组织派出一名代表，签署范围文件，然后对该范围文件像其他项目文件那样进行状态管理。

4.1.1.3 利益相关方为什么很重要

利益相关方是受任务影响或在某种程度上对任务负责的一个团队或者个人。相关的利益相关方是一个重要的子集，是分配到与利益相关方相关的计划中的人或角色[6]。范围定义小组必须确定相关的利益相关方，使他们协助制定范围。对于大多数系统开发任务而言，典型的利益相关方包括：

设计师	开发人员
终端用户	培训人员
测试人员	维护人员
可靠性人员	安全人员
运行人员	客户

我们可以根据办公室编号来确定相关的利益相关方，并规划如何管理利益相关方的期望，从他们那里获取所需信息。第 2 章建议将利益相关方分为主动利益相关方和被动利益相关方。主动利益相关方使用系统，通常会提出系统必须具备的能力要求；被动利益相关方对系统产生影响，通常提出系统必须具备的特性要求。每个利益相关方都有独立的视角，都会提出要求。在定义范围的过程中，收集利益相关方的需求和期望，可降低开发周期中出现意外情况的概率。在系统生命周期后期再加入新的期望和要求，会导致大量返工并需要大量资源——人、经费和时刻表。

并不是所有的利益相关方都具有相等的权利，例如那些掌握资金的利益相关方、赞助方等对定义范围的影响最大，终端用户则提供有关详细需求，如他们是如何工作的以及他们期望系统能够做什么。我们可以将利益相关方提供的信息清单作为开始，逐步删减修改。虽然我们必须向好多人请教和咨询，但在定义范围过程中，即使遗漏一项要求都会导致巨大的痛苦。在开发、测试甚至运行过程中发现遗漏了某些要求，都会使成本超支和进度超过时限。

4.1.1.4　我们如何与利益相关方合作

系统工程团队必须与利益相关方合作，鼓励他们分享信息。我们不推荐将所有的利益相关方召集到一个地方，询问他们的需求，而是建议将利益相关方分成小组或个人，进行有针对性的合作。合作过程中，可能会出现一些问题和不同意见，团队必须与利益相关方齐心协力解决问题，达成一致。第 2 章详细介绍了其他几种与利益相关方合作的方法。

4.1.1.5　什么是项目需求、目的和目标（NGO）

系统需求、目的和目标建立了一个清晰的远景来指导系统开发。所有与系统相关的活动都应支持需求、目的和目标，在系统的生命周期过程中，利益相关方都会对需求、目的和目标保持关注。

需求是驱动其他一切事物发展的单一因素[3]，应与需要解决的系统问题相关，但不是提供答案。需求说明是单一的，如果我们尝试满足的需求超过一个，那么就必须在这些需求中进行权衡，这很容易导致至少一项甚至几项不能满足利益相关方的期望。在建立需求并达成一致之后，我们必须将需求以书面形式记录下来，让所有的利益相关方获悉，此时，不能再对需求进行变更，如果变更了需求，则必须重新评审已经进行的工作，甚至一切可能重头再来。

目的是需求的进一步细化，由一组具体的对系统的期望组成，通过讨论我们评估问题时识别的关键议题，进一步定义了我们希望完成的任务。目的不必是定量或者可测量的形式，但必须让我们知道系统是否能实现这些目的。

目标则是系统必须达到的具体输出指标，每个目标应与特殊的目的相对应。一般说来，目标应满足以下 4 项准则。

1）具体化：目标应着重于结果，反映系统必须做的工作，但是不会指出怎样去完成这些工作。目标必须非常具体，以提供清晰的方向，以便开发方、客户和测试方都能够理解。

2）可测量：目标必须是定量的、可检验的。项目必须监视系统成功达到每项目标。

3）具有挑战性，但可达到的：目标必须具有挑战性，但可以做到，且指标必须现实。首先，在进行权衡研究、固化运行方案或技术成熟之前，我们可以将目标定为"待定"，但是在开始制定要求和设计系统时，必须确定这些目标是可行的。

4）面向结果的：目标必须着重于输出和成果，而不是达到指标所采用的方式，即重视结果而不是过程。

表 4-2 列出了几种制定地不恰当或不完整的要求。

表 4-2 导致建立有缺陷要求的情景①

情景	备注
没有任何准则地接受来自其他组织或个人的要求，任务需求和目的不具有任何"可追溯性"	这种情况通常会导致要求与任务需求、目的不符，可能会导致错误的权衡和优先级顺序。此外，当要求出现含糊不清的情况时，无法清楚地加以解释，导致错误的假设
要求来自响应迟钝的利益相关方和客户	这种情况反映了客户和利益相关方的一种承诺的缺失，他们着重于任务的实施而不是实际的需求和目的
要求的顺序在设计和实施之后	在这种方法中，我们过于简单地假设工程人员和开发人员对需求、目的和目标有着本质的、一致的理解。这种方法的风险非常高，最终可能开发出一种与任务不相关的系统，或对市场机遇无反应的系统
由工程人员和开发人员制定的要求，没有利益相关方和客户的参与	这种情况反映了一种不健康的工程傲慢态度。工程人员和开发人员假设自己已经把握了利益相关方和客户的需求和期望，这种方法风险很高

①这会导致重新进行重要的设计工作，或开发的系统与实际的任务需求、目的与目标不一致。

尽管目的不可量化，我们也可以确认它是否达到；目标则是可量化的，可以在评估完工系统时判断是否达到目标。另一种审视目的和目标的方法是，目的阐述了解决方案必须解决的问题（需求），目标阐述了可接受的或期望的性能。

4.1.2　综合系统运行方案

一项运行方案以平实的语言或生动的图片来描述系统生命周期中的一天[3]。第 3 章为制定运行方案提供了更多的具体方法。

综合系统运行方案的益处是什么？

正如本章和第 3 章介绍的那样，综合并记录运行方案的投资回报率很高。每个利益相关方的叙述都能够提供大量用于范围定义的信息，当我们记录并综合这些叙述时，确认需要解决的冲突，在制定要求之前达成共同的观点。如果没有达成共同观点，我们会发现系统生命周期中有多项不正确甚至不需要的功能或性能要求。

利益相关方谈论他们将如何使用系统或期待系统具有的功能，还提出他们对系统的约束条件，我们可以通过这些获取许多制定要求所需的信息。

1）接口：我们了解系统与其他系统或流程在何处相交，所以在制定要求早期就可以识别接口。

2）假设：我们了解利益相关方对于系统或流程的假设，从而使我们知道假设是可实现的，还是与其他利益相关方的意见有冲突。

3）"如果……会怎样"的情况：我们要求利益相关方描述正常和异常情况下，他们对系统的期望，然后我们记录在异常情况下，他们期望的系统表现。这些"如果……会怎样"的情景在范围定义阶段，能够暴露出许多需要解决的问题。我们根据这些情景提出的要求，开发出一个满足利益相关方期望的系统。

4）问题和风险：我们识别在利益相关方之间出现的问题和系统风险，从而在要求制定早期就对这些问题进行阐述。

通过制定运行方案，包括考虑正常和异常情况的贯穿系统生命周期的候选实施方案，我们达到以下 6 项重要目的。

1）达成共同观点：运行方案将不同利益相关方对系统不同的观点进行统一，成为关于如何开发、测试、部署、运行、维护和处置系统的单一观点。

2）避免遗漏要求：随着利益相关方逐步进入系统生命周期内每个阶段的所有情景，我们可以全面了解系统需要完成的任务，从而避免遗漏要求。

3）利益相关方之间增进理解：利益相关方之间相互交流能够扩展知识面，增进理解。

4）利于交流：运行方案对主要的系统项进行定义，使大家有共同语言从而更好地理解系统。这个过程建立了一个词汇表，可以在整个制定要求的活动中使用。

5）及时解决冲突：我们必须确认问题并在制定要求早期就提出这些问题，而不是等到评审要求或进行主要设计评审的时候才发现问题。

6）设定利益相关方的期望：运行方案中描述了利益相关方的期望，避免在交付系统的时候出现不符合利益相关方期望的结果。

4.1.3　识别实施驱动因素和约束条件

系统的很多约束来自外部的规则和规定；驱动因素通常来自被动利益相关方，不受项目的控制。由于无法对驱动因素进行控制，我们必须在要求制定早期就识别这些驱动因素，避免以后出现问题。要求驱动因素的例子包括以下 7 点。

1）高一级要求：由高一级的组织或系统提出的要求。

2）标准和规则：工业界的标准和规则，例如环境保护机构、联邦通信委员会、职业安全与卫生管理局、食品和药物管理局等。

3）成本：项目预算不足会制约无力负担的要求的制定，例如当预算要求控制进入太空的成本，制造昂贵的运载火箭就不可行。

4）进度：进度约束使我们无法制定那些没有时间完成的要求。

5）现有系统：不受控制的现有系统和流程经常影响系统的特点和功能。FireSAT 卫星不得不使用现有的基础设施，例如来自美国国家海洋和大气局的指令数据获取系统的通信构架。如果从肯尼迪航天中心发射卫星，为保证射程安全，则需要跟踪卫星发射过程。

6）技术：开发系统所需的技术可能目前尚未突破，但根据进度，该技术在与系统整合时，必须达到一定的成熟度。我们不能选择一项无法按时就绪的技术，否则会为整个进度安排带来风险。

7）用户期望：FireSAT 敏感器的用户可能认为，将敏感器集成到卫星上只需要花费一星期的时间。我们需要识别用户期望是如何影响系统的特点或功能、如果与范围不匹配，我们应该重新设置。

表 4-3 显示了这些驱动因素是如何影响 FireSAT 系统开发的。

表 4-3　FireSAT 关键性能参数和约束条件[①]

关键性能参数	性能驱动因素
连续性：至少每隔 12 h 监视覆盖范围内的可能的森林火情	低轨道卫星的数量
及时性：在探测到火情 30min（目标值）～1h（上限值）内，向用户报警	存储延迟（如果有）
地理定位精度：森林火情地理定位精度为 500m（目标值）～5km（上限值）	姿态、孔径、控制精度
覆盖率：FireSAT 应覆盖整个美国，包括阿拉斯加和夏威夷	姿态、倾角、卫星数量
可用性	无（取决于天气）
FireSAT 的约束条件包括： 1）FireSAT 应在授权实施 5 年内达到初始运行能力以及在授权实施 6 年内达到最终运行能力； 2）FireSAT 的总任务成本，包括 5 年的在轨运行，不应超过 2 亿美元（以 2007 年的美元计算）； 3）FireSAT 应使用美国国家海洋和大气局位于弗吉尼亚州瓦勒普斯岛、阿拉斯加州费尔班克斯的地面站，对所有任务进行指挥和控制。美国国家海洋和大气局的 GS－ISD－XYX 定义了技术接口	

①性能驱动因素和约束条件会影响对实施方案的选择[5]。

除了完整的运行能力进度之外，所有的驱动因素都依赖于将来如何使用 FireSAT 卫星的假设。这些假设也可能是项目群或项目任务，但是在被确认之前都仅是假设。

4.1.4　确认外部接口

大多数系统与外部系统都有接口，因此最大的要求驱动因素就是外部接口，我们必须在定义范围阶段确认这些接口，尽早把握和控制接口要求。定义主动利益相关方有助于尽早确定外部接口。

运行方案通过确认系统需要的外部系统，以及与系统交互的其他实体（地面系统、发射系统、用户等），有助于定义外部接口。对运行方案的叙述中必须清楚指出主动利益相关方。例如，FireSAT 卫星由运载火箭发射进入轨道，因此运载火箭提供方是一个主动利益相关方。我们也必须确认哪些系统需要我们的系统来完成它们的工作，例如护林员需要FireSAT 获取他们位置的数据；必须收集所有生命周期阶段内的信息，确认哪些外部系统存在，哪些不存在。如果需要开发某些外部系统，则必须与其他开发中的系统紧密配合，保证接口的兼容性。除用户接口外，外部接口还包括结构支持、物理连接、通信总线、电源、指令线、数据线、运行系统和数据库等。

　　背景图是表示系统及其外部接口的最佳方式。随着制定要求过程的不断深入，我们必须制定出每个接口的细节，即系统为其他系统提供的功能，以及它能从其他系统获取的功能。图 4 - 3 是 FireSAT 系统的背景图，显示了发射前地面支持、发射和在轨运行的接口。

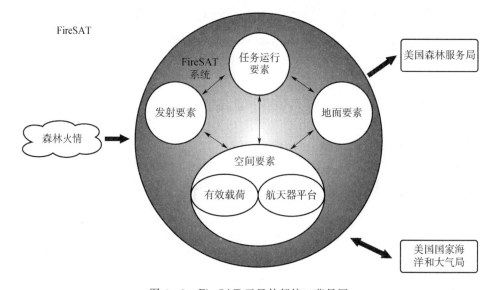

图 4 - 3　FireSAT 卫星外部接口背景图

图中显示了 FireSAT 系统的主要要素，

包括与森林火情、美国森林服务局和美国国家海洋和大气局地面站的外部接口

4.2　制定系统要求

　　定义了任务需求并收集了利益相关方期望之后，我们必须将获取的信息转换为技术系统要求（从硬件和软件开发人员、测试人员、集成人员等角度来阐述）。通常，这种转换在系统工程原则的实施过程中是最薄弱的环节，制定运行方案则有助于进行转换。清楚地定义系统边界、范围、关键运行驱动因素和约束条件是非常重要的。

　　系统的定义取决于利益相关方的观点，我们通常称之为相关系统（SOI）。对于客户来说，相关系统可以包括图 4 - 3 中的所有要素；对于 FireSAT 卫星的开发人员来说，相关系统是图4-3中的空间要素，所有其他要素都是外部系统；对于卫星平台推进分系统的开发人员来说，相关系统是推进分系统。

　　每个相关系统对于高一级系统来讲都可能是分系统，而对于这些相关系统的开发人员来说它们都是系统，因此采用相同的流程来制定要求。如图 4-1 和图 4-4（以及第 2，3，5 章）所示，为定义符合用户或任务需求的解决方案，在体系制定和运行方案综合过程中，技术要求制定过程是一个迭代过程。

　　通过这些流程，信息变得不再抽象，而是更加详细，解决方案和实施也变得具体化。一组抽象的技术要求基于（并可追溯到）其上一个更高级别的要求和体系。"以怎么做为主"的抽象要求在下一个级别变为"以做什么为主"的要求。第 5 章描述了如何开发系统要求体系，本节则描述如何并行开发解决方案（系统）要求。

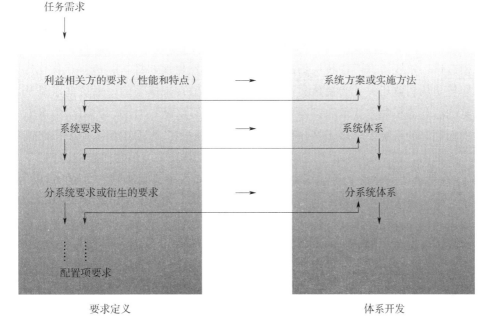

图 4-4　要求和体系制定流程的递归特点
我们不能凭空制定要求，必须根据利益相关方、系统方案、系统要求和系统体系反复迭代

4.2.1　把握客户需求

　　第 2 章和第 4.1 节描述了清楚阐述任务需求、目的和目标（反过来激发了解决方案的响应）以及应用系统工程原则的重要性。需求使得我们反复推敲利益相关方的期望、要求和运行方案的制定，并综合候选实施方案。对利益相关方的期望制定基线和排序，将期望转换为性能和特性，阐述为完成任务需求、目的和目标而需要进行的工作。这些期望应该阐述目前不能实现的商业或任务的需求，要求应阐述一些缺失的性能，或目前无法较好完成的性能（即目前性能实现不够快、不够经济或没有足够的时间）。这些期望应从运行产出而不是系统响应的角度来阐述，必须从功能方面（所需性能）和非功能方面（所需特性与约束条件）表现出利益相关方的需求。

性能定义了利益相关方所需的功能、服务、任务和活动，由于主动利益相关方使用系统或参与系统运行，通常他们会规定系统性能。

非功能性期望和约束条件（成本、进度和遗留因素）是运行特性，这些特性定义了系统必须具备的质量属性。非功能性期望包括性能、假设、依赖性、技术约束、保密性和安全性、人的因素以及其他系统的质量特性、标准和规则、成本和进度约束条件等。大多数非功能性期望都是可量化的，一些非功能性期望由能力约束来阐述，例如在给定任务中对速度或效率的约束，我们通常使用基于性能的期望来制定一个或多个性能或质量特性。

4.2.2　导出和开发系统要求

系统要求分析是分析利益相关方期望以及从中导出系统要求的过程，该过程基于运行方案的深入发展，以及所选实施方案的约束和背景。分析和权衡信息的过程会涉及到工程评价、创造性、领域知识等，转换信息的过程会涉及到建模和样机、仿真、优化等。利益相关方期望是从利益相关方的视角、用利益相关方的语言来撰写的；系统要求是从系统视角来制定的。利益相关方要求和系统要求之间的关系可以是一对一、一对多或多对一，但是通常我们制定的系统要求多于客户期望。此外，利益相关方期望和系统要求之间的关系必须是可追溯的。表 4-4 显示了两种主要期望是如何与要求类型相匹配的。

图 4-5 显示了一种根据利益相关方的期望制定系统要求的双管齐下的方法。我们以输入要求、输出要求和功能要求的形式，将性能转换为一组系统要求，将特性也转换为一组系统要求，例如性能要求、质量和使用要求、成本和进度要求、技术和相关约束标准以及其他可能由遗留系统带来的约束等。采用不同的方法和工具来分析能力和特性，4.4 节对要求类型进行了更为详细的介绍。

表 4-4　利益相关方期望和要求[①]

利益相关方期望	系统要求
性能：被转换为使用的方法，包括用况情景和交互图	1）系统输入要求； 2）系统输出要求； 3）系统功能要求
特性（包括约束条件）：被转化为有助于转换的方法，包括样机、仿真、物理和数学建模、市场研究、基准测评等	1）系统性能要求； 2）系统使用性和质量要求； 3）成本和进度要求； 4）技术约束和要求； 5）物理要求（例如功率、质量、体积等）； 6）系统保证相关要求； 7）系统安全和保密要求； 8）其他要求等

①性能和特性转换为不同类型的要求。

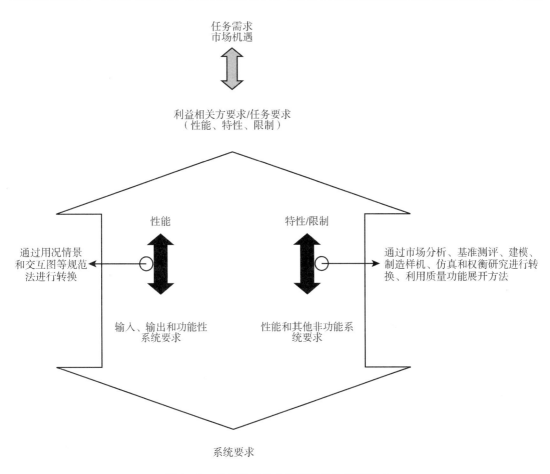

图 4 - 5　将利益相关方期望转换为系统要求

采用不同的方法和工具将性能和特性转换为系统要求

4.2.2.1　将利益相关方的性能期望转换为输入、输出和功能性系统要求

如图 4 - 5 所示，系统输入、输出和功能要求通常可以与利益相关方的期望相对应，这些系统要求定义了系统所需和必须响应的输入，必须具有的功能、配置和服务以及系统必须生成的输出。背景图和用况情景是运行方案的一部分，是我们制定系统要求的主要工具。

背景图有助于理解系统范围。在第 3 章中，我们根据利益相关方期望的"探测和监视森林火情"能力，制定了一个直观的情景，现在我们必须将这种性能转换为一系列正确的系统要求。

在系统级，用况（用况情景或运行情景）通常表示系统能力。我们通过一个或多个用况来表述利益相关方期望，其中描述了主动利益相关方（例如用户）针对系统进行的一次讨论（或部分讨论）。用况情景是根据运行方案制定的（有时甚至在运行方案中定义），记录使用系统的方式。我们使用交互图（有时被称为泳道流程图或序列图）对每个用况进行进一步分析，记录相关系统和用户、主动利益相关方、外部系统之间详细的交互情况。5.2.5 节详细介绍了交互图，图 4 - 6 给出了 2 个 FireSAT 情景的例子。

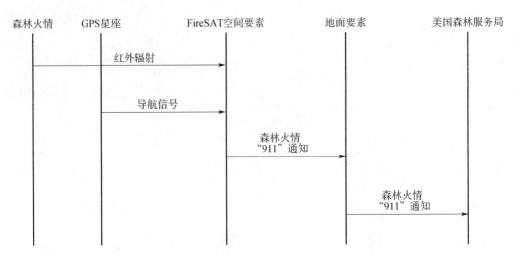

森林火情"911"线程

（a）在系统级显示系统的情景输入和输出

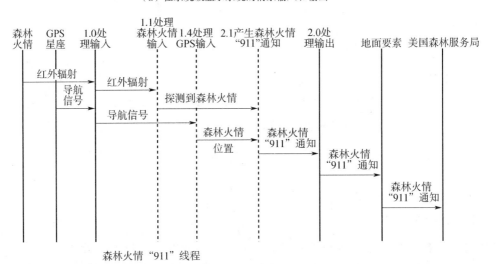

森林火情"911"线程

（b）在子功能级显示系统的情景输入和输出

图 4 - 6　森林火情"911"情景

　　用况情景描述了一个用户或其他主动利益相关方使用系统的情况，作为一个给定的想要的性能。为完整表达系统的所有功能，我们必须绘制许多相关的交互图。比起背景图，用况情景更为详细地介绍了输入、输出和系统功能。背景图用单一、静态的图片显示所有外部系统和系统用户，而每个用况情景根据其目的仅显示外部用户及所需系统，但是如果我们要记录所有情景，至少有一个情景包括每个外部系统和用户的输入/输出（I/O）。

　　系统输入/输出和功能要求是根据这些交互图制定的。所有指向相关系统的箭头都描述了输入要求；所有从相关系统出发的箭头都描述了输出要求；功能要求规定了系统将输入转换为输出所必须完成的工作。在用况情景中，我们使用开始和结束于相关系统的箭头来描述这些功能。

4.2.2.2　制定非功能要求

如图 4-5 所示，非功能要求对应系统特性，这些要求规定了系统的性能，还描述了解决方案的物理、运行和开发特性；还反映了对系统的约束，包括性能、使用性和人的因素、可用性、工艺、保密和安全、技术、尺寸、质量、成本和进度等。输入/输出矩阵、要求检查单和质量功能展开（QFD）是制定系统要求的标准工具和实践。

4.2.3　制定要求的工具

运行要求并不规定系统要完成的工作，而是规定了系统在生命周期内（从设计开发到运行和处置）如何响应运行环境和对运行环境的容忍度。我们考虑 5 个关键领域，并对每个领域提出以下问题。

1）运输：如何运输系统？对系统尺寸和质量有何要求？是否应该考虑运输环境？系统是否需要集装箱运输？

例：FireSAT 卫星应装入第 2 类航天飞行设备运输集装箱中，从最终总装的工厂运输到肯尼迪航天中心（KSC）。

2）设备：团队在哪里开发、测试、组装、总装和部署系统？是否会受到设备尺寸、质量或清洁度等方面约束的影响？

例：FireSAT 卫星应通过肯尼迪航天中心 166 号卫星总装大楼的有效载荷出入口完成总装。

3）培训和人员：由谁来维护、操作或使用系统？这些人员具有什么技能？根据这些人员的技能或需求，系统在语言、复杂度、色彩等方面如何适应？

例：应由第 2 类工程技术人员对 FireSAT 卫星进行维护，这在 KSC WP-3556《技术人员资格手册》中进行了定义。

4）维护：维护的方案是什么？为满足维护方案，系统必须具有怎样的特点和功能？

例：FireSAT 卫星的导航和姿态控制软件应可接受在轨升级。

5）环境：系统环境（诱发环境和自然环境）是怎样的？系统需要具备怎样的特点和功能才能在这样的环境中生存和运行？

例：FireSAT 卫星暴露在《改进型一次性运载火箭标准接口规范》3.6～3.11 节定义的发射环境中仍然满足要求。

4.2.4　性能要求

性能要求是非功能要求的一个子集，通常是最大的成本驱动因素，在没有全面审视对系统影响的情况下，不能简单地采用或复制其他规范。以下是一些常用的性能要求。

1）可靠性指在给定周期（例如平均故障间隔时间）的具体条件下，执行或维持系统功能的属性，如按要求执行的概率、故障率、寿命等。

例：FireSAT 卫星应有至少 5 年的在轨寿命。

2）可维护性与修复（或更换）的平均时间相关，因此这项要求是系统易于维护的属性。

例：在发射前的地面操作期间，FireSAT 卫星需要移除（或打开）不超过 10 个紧固件（面板）以替换《主要主线可更换件》文件中表 3-2 中列出的主线可更换件（LRU）。

3）可运行性是指改善日常系统运行能力的属性。

例：FireSAT 卫星应保持有效载荷指向精度约束，在连续的 72 h 内，卫星姿态地面更新最多不超过一次。

4）可用性是指系统能够运行的时间百分比或在需要时能够运行的概率，有时以例如 1 天 24 小时、1 周 7 天的形式来表示运行能力或运行可用性。

例：FireSAT 卫星应具有 98% 的运行可用性，不包括因为天气原因引起的断电情况等，持续断电时间最长不超过 72 h。

5）可支持性是使技术人员进行调试或分析出错原因的系统属性。

例：至少每隔 45 min，FireSAT 卫星应将之前 60 min 内的卫星和有效载荷的健康和状态数据下行传输。

6）可制造性是指系统支持制造目标的属性，包括与材料、焊接和螺丝、零件约束等相关的属性。

例：FireSAT 卫星不应含有 1 类消耗臭氧层的物质。

7）保密性和安全性是指系统符合这两个领域的规则和标准的属性。

例：FireSAT 卫星应满足 EWR127-1《东部和西部射程安全要求》第 3 章中的有效载荷安全要求。

8）互操作性规定了系统与一个或多个其他系统交换信息并使用信息的属性。

例：FireSAT 卫星应使用 CCSDS-701.0-B-2 中规定的用于地面-空间通信的《空间链路子网络数据转换服务协议》。

4.2.4.1　输入/输出矩阵

输入/输出矩阵规定了每个系统级输入和输出要求所需的细节或性能。对于每项输入和输出要求来说，矩阵确定了实际输入或输出的性能标准。这些标准定义了输入或输出的细节，例如准确度、数据率、数值范围、非期望数据等。矩阵中阐述的信息类型如表 4-5 所示。

表 4-5　输入/输出矩阵信息①

	计划或期待的	计划外或意料外的
输入	这些输入（有特殊的形式和格式，特殊的潜在因素和带宽）是产生必要输出或系统行为所期望的，还应说明与这些输入相关的约束条件	这些计划外的、有时是不希望的输入也非常重要。它们通常不受系统控制。以运行条件、设施、设备和基础设施、人员可用性、工业水平等来定义系统环境
输出	对所需输出的描述。进行开发和部署之后，系统应产出这些输出	一个新开发的系统不可避免地会产生一些不需要的输出。如果及时发现，可以将其减少到最少，例如意料之外的电磁或其他发射等

①一个思维缜密的输入/输出矩阵能够降低在系统生命周期中出现意外情况的风险。

表 4-6 中为不同类型的输入和输出矩阵的例子。在此例中，系统工程人员针对每种类型的输入和输出制定输入/输出性能要求。例如，当相关系统接收到来自外部系统的信号，系统工程人员将通过描述输入信号脉冲的形状、数据率、信噪比等来制定输入/输出特点需求。

表 4 - 6　输入/输出矩阵示例①

	输入		输出	
	计划的	意料外的	所需的	不需要的
射频信号	地面指令	射频干扰	遥测信号	射频干扰
电	地面支持电源设备	浪涌电压	无	静电放电
力学	运载火箭载荷、冲击、振动和噪声	运输或处理载荷，冲击	太阳电池阵的连接	结构变形
环境	太阳电磁辐射、带电粒子、真空、大气阻力	微流星体或轨道碎片	发热、推力器排气	放气推进剂泄漏

①使用具体的、已知的定量要求数据来代替矩阵单元的一般说明。

4.2.4.2　检查单

　　将所需系统特性转换为系统要求的其他方法取决于一个机构在开发类似的系统和新实施方案方面的成熟度。例如，具有经验的机构（例如福特汽车公司、IBM 公司、诺基亚公司等）在开发某种系统时，具有必需的知识和经验，能够理解所需特性和相关系统要求之间的关系，他们有描述新项目与以往经验之间关系的检查单，毕竟这些开发项目有很多相似之处，开发小组不需要进行全面探索和分析，就可理解其非功能的系统要求。图 4 - 7 举例说明了检查单的作用。MIL—STD—490X《规范实践》提供了一组指南和检查单，支持在国防领域非功能系统要求的制定。

影响系统效率的设计/系统参数：
· 性能
· 可靠性
· 可维护性与维护
· 人类工程学
· 设计寿命/使用期限
· 尺寸和形状
· 可运输性和安装
· 质量
· 打包
· 污染的风险，可处置性
· 安全性
· 技能水平/训练
· 需求
· 分配
· 能量消耗
· 美学
· 设计和开发时间

成本与系统效益

影响系统生命周期成本的设计/系统参数：
· 生命周期成本
· 设计和开发成本
· 制造成本
· 运行成本
· 维护和支持成本
· 单位销售成本（采购成本）
· 逐步淘汰与处置成本

系统需求审查模板
系统需求类型
· 功能性需求与要实现的功能
· 非功能 性需求
　—体积评估
　—性能与体积监测
　—语言与地点需求
　—增长与数据转移需求
　—从灾难中恢复的需求
　—可用性和可靠性以及其他特殊需求
　—安全性
　—差错容忍；探测器；监视、测量和管理
　—成本与进度
　—测试、验证与确认需求
· 外部接口需求
· 可用性需求
· 其他
　—技术局限/客户期望
　—标准与协议
　—依赖性、假设与问题

图 4 - 7　制定非功能性需求的辅助检查清单

检查清单中包含了凝练的组织型智慧，在制定需求时有助于防止"颠覆"行为

未曾有的系统、新技术或新实施方案，需要进行更多的工程探索、测评、分析和建模样机以及权衡分析，工程团队会面对大量未知的变数和相关性，模型、原型样机、测评和权衡研究都非常重要。例如，某利益相关方的期望可能是"我握着手机的时候应该感到舒适。"工程团队需要去理解这样的描述，在没有可借鉴的知识和经验的情况下，不得不做出一些判断，他们建模、制造原型样机，测试相关性，可能还会进行测评从而确认相关性，最终确定的工程参数可能会决定手机的外形、质量、重心、材质、热传导性等。每项工程参数都非常重要，各项参数之间的相关性也同等重要。

4.2.4.3　质量功能展开

质量功能展开（QFD）有助于将所需的系统特性转换为非功能系统要求，通过这种方法，我们尝试确定系统要求正确地反映了利益相关方的期望，该方法在它们之间建立了一种直接、简单的关系。图 4-8 显示了质量功能展示的过程。输出是一组反映利益相关方特性的系统非功能要求，在复杂的系统开发过程中，这种方法在任何一级都是迭代的，并在抽象的级别上是递推的，这种方法也通常应用于系统工程原则实践。图 4-9显示了 FireSAT 系统的部分质量功能展开矩阵，该矩阵是由简单的电子表格制作的。

输入/输出矩阵有助于我们制定输入和输出性能或特性要求，但不能制定其他类型非功能要求，制定如可靠性、可支持性、可维护性、尺寸、质量、使用性等要求需要其他技术；要求检查单可应用于之前开发过相似系统的情况；质量功能展开是一种制定所有类型非功能要求（输入/输出要求和其他要求）的技术，通过这种方法在利益相关方要求和系统要求之间建立一种直接的联系。表 4-7 列出了制定质量功能展开矩阵的步骤。

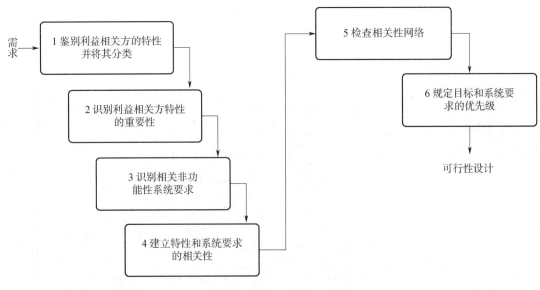

图 4-8　质量功能展开流程步骤

根据该流程，我们将工程需求转化为非功能要求

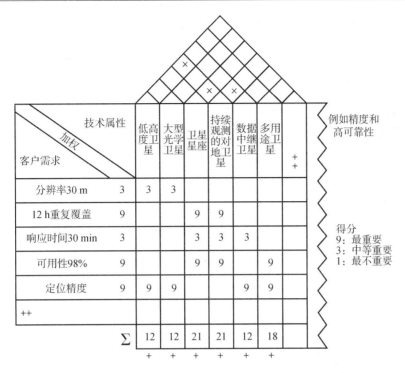

图 4 - 9 FireSAT 系统的简化质量功能展开

在完整的设计流程中，将对这组受限的需求和对应的技术属性进行显著的扩展

表 4 - 7　制定质量功能展开矩阵的步骤[①]

步骤	步骤描述
1. 识别特性并分类	这些栏目是矩阵每行的表头，我们可以从利益相关方要求清单中找到特性（非功能要求），接下来对这些特性分类或分组。分类或分组基于几个准则，取决于要求的类型和简洁程度，分类的方法包括：根据要求细节（更加详细的摘要）、根据要求类型（成本、可用性、性能等）、根据利益相关方类型（用户、客户、外部系统、运行方、维护方等）。在所有情况下，目标都严格定义了我们期望系统完成的工作
2. 识别特性的重要性	正如 4.5.1 节中指出的那样，我们应该对所有要求排序。优先级可以是相对的（这个要求比那个要求更重要），也可以是绝对的（这个要求是最为重要的），无论采取哪种排序方法，优先级都代表了客户的价值系统。通过排序可以让系统工程人员知道各项要求的重要性和重要程度
3. 确认相关的设计参数或系统目标	这些实体是每列的表头。这一步非常重要，因为设计参数描述了系统将利益相关方的要求诠释为系统要求的方式。利益相关方的要求（以利益相关方的语言描述的）定义了利益相关方的需求，同时设计参数反映了系统为满足利益相关方的要求而做的工作。设计参数是与客户要求直接相关的系统要求，必须在整个设计、制造、组装和服务流程中进行选择性的展开，从而在最终的系统性能和客户验收过程中体现出来。因此，设计参数必须是可验证的（经常是可量化的），而且必须达到 4.3.1 节中定义的"良好"特性
4. 关联特性和设计参数或系统目标	这一步填充了质量功能展开矩阵的单元格，我们分析每个设计参数对客户要求的影响，关联矩阵会产生几个等级的关联。根据所需分辨度，采用 3～5 级关联

续表

步骤	步骤描述
5. 检查相关性网格	我们必须确认设计参数描述并影响了每个特性，删除那些不必要的设计参数。检查每个单元格： 1）空白行，这些空白行代表了那些没有由设计参数描述的特性； 2）空白列，表示可能是不必要的设计参数； 3）关联较弱的行和列，表示可能缺少关联和设计参数； 4）一个显示过多关联的矩阵，表示需要更加详细地描述利益相关方的要求
6. 规定设计优先级	这一步有助于我们判断可能的解决方案是否与设计参数（系统要求）相符，还有助于我们理解设计参数的优先级（满足客户需求的最重要的设计参数）。可通过权衡研究或设计研究得到与设计参数相符的可能解决方案

①矩阵揭示了期望与非功能要求之间的相关性。

4.2.4.4 鉴定系统要求

我们在定义系统要求时，必须考虑如何鉴定它们，为此，通常使用要求验证矩阵（RVM），有时我们也使用要求追溯与验证矩阵（RTVM）。表 4-8 为验证矩阵最简单的形式，显示了每项系统要求、对要求的验收准则、鉴定或验证要求的测试方法。

验收准则定义了我们如何确定是否达到要求，表现为"通过"或"不通过"。验收准则是与要求同时定义的，有助于我们理解要求的内涵。如果要求制定得不好（见 4.3 节），验收准则可以提供补充信息，保证所有利益相关方对要求的陈述达成共识。验证方法则描述了如何确定是否满足验收准则。

表 4-8 要求验证矩阵的示例①

系统要求	验收准则	验证方法
当用户登录时，系统显示当前系统状态	当用户登录时，系统必须显示所有火情的状态	演示验证
系统应提供 500 m（目标值）～5 km（上限值）范围内所有火情的当前位置	使用仿真器插入一个火情，火情边缘的位置必须在距离插入点 500 m（目标值）～5 km（上限值）范围内	仿真与建模
系统必须具有 98% 的可用性，不包括因天气出现的断电情况	系统必须通过 100 h 的验证	演示验证

①这里以 FireSAT 系统要求和验收准则为例。

典型的验证方法有：正式测试（T）、演示验证（D）、检查（I）、分析（A）、模拟或建模（S/M）。在系统周期内，随着逐渐获知更多以下信息，可以将其加入矩阵中，例如：

1）从利益相关方到系统再到组件要求的可追溯性；

2）要求的目前制定状态；

3）受到要求影响的开发成果（体系、硬件或软件设计文件、代码模块等）；

4）测试信息（要求测试阶段、测试计划、测试案例、测试结果等）。

4.2.4.5 定义、评审系统要求并制定基线

一旦我们制定了系统的功能要求和非功能要求之后，还必须对这些要求进行记录（见

4.3 节和 4.4 节），然后由所有利益相关方对这些要求和系统级体系进行评审，并确定其基线（4.4 节）。在具有可追溯性的排序完成的利益相关方要求和质量功能展开矩阵中设计优先级的基础上，对系统要求排序。

系统要求评审（SRR）是指利益相关方评审系统要求和体系及系统设计、实施、测试、制造、交付和维护等相关的成本和进度，并确定其基线。我们根据系统要求来进行系统验证。在系统要求评审过程中，应当讨论与系统要求相关的风险以及所作的技术决策。系统风险可以是技术、成本、进度上的风险。对于技术风险，应评审技术性能方法，它反映了在满足某些顶层要求（利益相关方或系统要求）的解决方案中存在的不足。技术风险对潜在的项目问题可以发出早期预警，在发现问题后，我们在整个系统生命周期内监视这些问题。我们应讨论权衡决策，这样所有利益相关方都能够理解系统要求。在进行系统要求评审之后，必须对系统要求进行管理（见 4.5 节）。

4.2.5 制定组件要求

系统体系和相关要求完整地定义了相关系统，如图 4 - 4 所示，制定这些要求是一个迭代和并行的过程（第 5 章讨论了如何制定系统体系），应按照从抽象的较高层次到较低层次的顺序对要求进行追溯。在任何一级，许多程序，如运行方案、利益相关方期望、实施方案、技术系统要求和系统体系都是迭代制定的，且它们之间有着重要的依赖关系。相应地，根据项目或工程的范围和复杂度，我们可能需要制定一级或者多级的组件要求。

图 4 - 4 映射了抽象的多级。和要求一样，功能和物理体系也是以多级来定义的。在每级体系上定义要求，以保证解决方案开发过程中的可追溯性，5.3 节将进一步讨论。技术状态项级是开发一个体系的最低级，也是定义要求的最低级，它确定了开发团队（硬件、软件和流程开发团队）需要设计和开发的工作。组件是系统的物理要素，是物理体系的组成部分，应为每个组件都制定要求。

正如之前提到的那样，相关系统取决于利益相关方的观点。某个利益相关方的相关系统可以是另一个利益相关方的相关系统的分系统。由于要求与体系的过程在任何抽象级上都是迭代的，在级与级之间都是递归的，因此我们制定组件需求应使用与系统需求相同（相似）的流程。

4.3 记录要求

要求可分为两个主要类型：系统要求和工作说明。系统要求描述了系统必须完成的工作，或者系统必须具有的特点和质量（功能和非功能要求）。工作说明要求阐述人们必须完成的工作。本章介绍了系统要求，但是下列"好的"要求的规则和特性可以等同应用于工作说明中。表 4 - 9 列举了系统要求和工作说明的例子。

项目需要两种类型的要求，但是应保持这两种要求独立，要么把它们置于不同的文件中，或者置于同一份文件的单个章节，还应避免在系统要求中描述项目需求。

表 4 - 9　FireSAT 的系统和工作说明要求①

系统要求	工作说明要求
FireSAT 敏感器工作在 28 V（直流）	承包商应根据……每月提交成本和进度状态报告
FireSAT 卫星至少应具有 5 年的寿命	承包商应进行权衡研究以确定……
FireSAT 卫星的直径不应超过 1 m	承包商应提供以下技术状态……

①在这里我们列出了系统要求和工作说明要求。一个小型项目的完整清单可能包括几十项。

4.3.1　什么是好的要求

一项好的要求清晰地阐述了可验证和可达到的需求。具有与范围相关的技术和企业知识以及好的要求定义之后，我们应怎样制定出好的要求？

4.3.1.1　强制特性

一个句子如果包含"应该"这个词，并不能表示这是一项合适的要求。每项要求都必须有以下 3 个特点。

1）必要性：我们希望使用一系列必要和合适的要求对系统进行规范。我们应该这样问："如果删除这项要求，最坏的后果是什么？"如果我们想不出来，那么也许应该删除这项要求。这项措施可以防止对系统的过度规定。

2）可验证性：我们必须验证系统是否按照要求进行工作，或验证某句陈述是不是一项要求。

3）可达到性：如果一项要求从技术上来说不可行，或在目前的预算和进度下无法达到，则应删除该项要求。

在提交要求之前，我们必须分析所有要求，以确定是否需要、是否可确认、是否可达到，我们必须估计或重新修改那些不具备强制特性的要求。

4.3.1.2　其他特性

要求传达了项目或客户对提供方或开发方的期望。好的要求的关键在于良好的交流，包括以下 5 项准则。

1）一种想法：将每项要求约束为单一的想法。

2）准确：言简意赅，避免过长、过于复杂的陈述。

3）简单：相同的词表示的是相同的意思，大门（gate）就是大门，而不是（房间）的门（door）、（大建筑物的）正门（portal）或通道（opening）。"好的"要求读起来可能会很无趣，但我们不能为增加趣味性而用华丽的辞藻来描述要求。

4）用肯定语气进行陈述：使用肯定句。除特殊情况外，通常避免在要求中使用否定语气。

5）语法正确：语法如果不正确，很难理解要求的内涵。

4.3.1.3　要求的有效句法

好的要求陈述了谁应该干什么事。对于系统要求，这里的"谁"指的是系统。例如：

1）发射机应以多大的功率运行；

2）遥测接收器应从哪里获取数据；

3）运载火箭应能搭载多大质量的载荷……

"应该"是一个主动动词，描述了系统应该做"什么"，以及应该确认"什么"。当一项要求包含条件从句（"如果……"、"当……时"、"在……的情况下"等），这些从句后面应跟着对要求的陈述，陈述会确定是由"谁"来进行工作。但是经常有很多带有条件从句的要求省略了"谁"，让读者自己确定是由"谁"来完成工作。

4.3.1.4　应避免的问题

为改进要求，应当避免模糊项，且不包括关于实施（即怎样进行工作）和运行的词。模糊项是不可验证的，因此，包含了模糊项的陈述不能通过"是否可验证"的测试。一些有关模糊项的词语如下[4]：

足够的	容易的	等
高速的	包括但不限于	最大的
最小的	快速的	鲁棒性
充分的	超低功率的	用户界面友好的

除此之外，还有许多其他的模糊项。我们应建立一个要求规定清单，对所有要求进行模糊项搜索，然后用可验证的项来代替这些模糊项。

在要求中包含有关实施的陈述，意味着叙述了如何提供某物，而不是我们需要。那些已告诉开发人员，迫使他们使用具体设计或解决方案的要求，并不一定是最佳的。尽管我们可能相信，要求中阐述的解决方案覆盖了所有的实际要求或需求，但实际上仍然可能漏掉真正的需求。开发人员可能完成利益相关方要求的工作，但是完成的不一定是他们所期望的。

例如，DC-3 飞机的初始规范的要求之一为"飞机备有 3 个引擎"。这句话中提出了使用 3 个引擎的解决方案。道格拉斯飞机的开发人员认为这种要求没有道理，质问航空公司："你们为什么要规定使用 3 个引擎呢？"航空公司回答说，如果飞机的 1 个引擎失效，可以使用另外的引擎安全着陆。因此真正的要求应该是"飞机在 1 个引擎出现问题的情况下，仍应安全着陆"。按照最初制定的要求，飞机可能在备有 3 个引擎的情况下，因其他问题坠毁；或者在 3 个引擎中的 1 个出现故障之后，变得不稳定等，这就完全背离了利益相关方的期望。

有时我们必须陈述如何实施某项工作，例如，当一项较高级要求导向一个特殊的解决方案或须遵从具体的规则和标准时。不过，诠释要求的最佳实践仍然是描述客户的期望，而不是如何供应，这样开发人员才能制定出最佳的解决方案。

当混淆了运行方案和要求时，要求中就会出现运行的描述。运行方案是理解要求的一个重要组成部分，可以表达特殊要求的要求，但运行方案并不是要求。换句话说，我们无法用"应该"来重写运行方案并将其转换为要求。表 4-10 显示了我们如何重新制定包含了与运行有关语句的要求。

表 4 - 10　运行陈述与真正的要求^①

不正确的要求（包含了运行方案）	正确的要求（真正的系统工程要求）
FireSAT 敏感器操作人员应在发出"周期下传"指令 45 s 之内（待定）收到来自 FireSAT 敏感器的数据	FireSAT 卫星在接收到来自地面的"周期下传"指令 30 s 之内（待定）下传敏感器数据 FireSAT 系统在发出"周期下传"指令 45 s 之内（待定）显示出更新的敏感器数据

①要求应该陈述产品应做的工作，而不是产品如何适应运行情景。

　　我们必须牢记，要求必须遵守"谁应该做什么"的格式，我们是为系统制定要求，而不是为人制定要求。"应该是"或"应该能够"的短语通常表示一项运行要求。要求应把握系统需要具备的功能，或系统为满足运行方案必须具备的特点。

　　在运行陈述中可能需要不止一条的要求来正确地表述信息。在示例中，每项新要求中的"谁"都包括两个系统：FireSAT 卫星和 FireSAT 系统作为一个整体。因此，运行陈述会导致整个系统层次结构中遗漏要求，这就要求我们将运行陈述从所有系统要求中移除。

4.3.2　如何改进要求

　　除了制定能够更为有效传达信息的"零缺陷"要求外，还有其他方法促进对要求的理解，并对要求进行改进。一种方法是记录要求，并与每项要求的某些"要求质量"的属性联系起来，包括逻辑依据、验证方法、分配和可追溯性。我们应将这些信息手动保存在电子表格中，或使用自动化工具自动保存。记录这些属性，并让评审人员获取相关信息，有助于进行要求的审批，同时，还可以减少开发、确认和维护系统人员的质疑和问题。

4.3.2.1　理论依据

　　在制定要求时，通常需要解释来帮助开发人员和验证人员理解要求的含义。理论依据解释了需求、假设、设计工作或驱动要求的权衡研究、要求中包含的任何数值的来源和其他信息，来帮助理解要求。所有变更控制流程都要明确对基线要求进行变更的原因，因此我们在制定初始要求时决不能掉以轻心。

　　理论依据有许多益处，通过增进理解，减少可能出现的解释问题，从而有助于缩短要求的评审时间。由于缺乏信息，许多开发人员和测试人员对要求进行假设，好的理论依据则可能解决这个问题，降低开发和测试出现问题的概率。在开发并使用系统一段时间后，由于清楚要求的最初基础，理论依据有助于对系统进行维护和升级。此外，随着人员的流动，他们记录的知识与要求保存在一起，企业知识得以保留。

　　作者们经常将理论依据放在要求陈述中，这样会导致人们混淆要求与逻辑依据，因此如果我们想保持每项要求的单一和简洁，应将理论依据放在哪里？一般情况下，在同一段文字中，我们将其放在要求后面，但用不同的字体表示；或者在表格中，将其放在要求旁边。第一种方法举例如下：

FireSAT 卫星应满足 EWR 127－1《东部和西部射程安全要求》中第 3 章的有效载荷安全要求。

理论依据：只有满足了 EWR 127－1《东部和西部射程安全要求》中第 3 章的地面安全标准，航天器才能从肯尼迪航天中心发射。

表 4－11 显示了第二种方法，在表格中，左列描述要求，右列描述逻辑依据。

表 4－11　FireSAT 的要求与理论依据举例①

要求	逻辑依据
FireSAT 卫星应满足 EWR 127－1《东部和西部射程安全要求》中第 3 章的有效载荷安全要求	只有满足了 EWR 127－1《东部和西部射程安全要求》中第 3 章的地面安全标准，航天器才能从肯尼迪航天中心发射

①理论依据和要求将每项要求和其存在的原因联系起来，这样可以减少整个项目生命周期内的误解。

4.3.2.2　保证理论依据唯一性和简洁性

为保证理论依据的唯一性和简洁性，我们在制定要求的时候就制定并记录理论依据，如果作者不能够提供理念依据，而是在制定要求之后才增加这是非常困难且不可能的。在制定要求的同时就制定理论依据可以很容易地促进对要求的理解。这种方法还可以使我们远离：

1）重写要求；

2）隐藏其他要求；

3）复制另一项要求的理论依据（每项要求都是唯一的，因此其逻辑依据也是唯一的）；

4）我们要对要求全面了解（简洁很重要）。

4.3.2.3　定义验证方法

验证证明"实际制造"的系统要按要求进行工作。要求必须是可验证的，但这并不意味着我们必须为每项要求制定整个测试计划。但是在制定要求的时候，我们应该考虑 5 种被普遍接受的验证方法，包括测试、演示验证、分析、建模和仿真以及检查。

在以上方法中，通过去除实施性语句和模糊性，可以提高要求的质量。请思考前面提到的道格拉斯 DC－3 飞机的例子，只需要数一数，我们就可以使用检查的方法验证飞机有 3 个引擎，但是我们实际想验证的，是飞机在 1 个引擎失效的情况下仍然可以安全飞行。

在制定要求时，定义验证方法的另一个优点是，我们开始思考验证所需的设施和设备。是利用已有的设备进行工作，还是需要改良的设备或新设备？尽早明确设施和设备需求，有助于进行整个项目的策划。如果我们还考虑要求的准确性，则能够减少验证时间和成本。例如，验证一项容忍度窄的要求可能非常昂贵，但评估可能表明，放宽容忍度也是可接受的。如果我们将要求的容忍度放宽，就可以降低成本、加快进度。第 11 章详细介绍了验证要求的制定，通过"什么"、"何时"、"怎么样"来确定系统是否满足要求。

4.3.2.4　向系统级分配要求

在讨论分配和多级的概念之前，我们需要定义相关系统（SOI）的概念。相关系统是

与系统方案和系统范围紧密结合的概念。图 4 - 10 显示了各级相关系统的概念，我们为
FireSAT 系统的各级定义了相关系统，例如，FireSAT 卫星相关系统包括卫星的每个分系
统；空间段相关系统包括 FireSAT 卫星和任务控制中心（MCC）的相关系统，这些相关
系统都有不同的范围，但是对每个相关系统的要求都以下面的格式开头："（相关系统名
称）应……"。

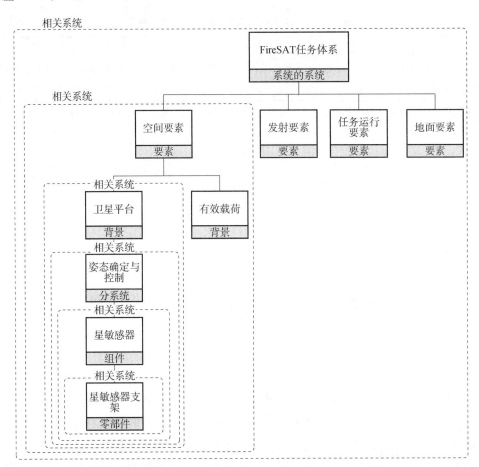

图 4 - 10　FireSAT 相关系统层次结构概念图

图中显示了 FireSAT 工程中不同的相关系统层级，

每一级都有利益相关方，需要制定要求并与上级很好地集成，从而推动任务成功

　　分配要求意味着将在体系的某一级定义的要求分配给下一级，因此，我们将空间要素
的要求分配给 FireSAT 卫星或任务控制中心，或同时分配给两者。但是，分配是不能跨
级的，因此我们只能将某一级的要求分配给相关系统的下一级。只有定义了大多数要求，
并且开发了下一级体系之后，才能进行分配。我们还使用"分配"这个词来描述低级相关
系统之间对资源（质量、可靠性、时机）的分配。

　　分配除了保证所有系统要求至少应用于体系的一部分，以及指导制定低级相关系统要
求之外，还有以下优点：

1）确认可能的内部接口；

2）发现冗余或不一致的要求；

3）保证要求的完整性。

4.3.2.5　使要求具有可追溯性

可追溯性表示无论要求存在于哪一级，都可以确认这项要求的来源。和理论依据一样，当我们制定要求的时候就识别可追溯性。要求的来源（母要求）通常记录在更高一级的相关系统的要求文件中，它也可能在另一份文件中，例如性能要求对应的功能文件中；母要求可能也在其他文件中，包括运行方案文件或工程、项目计划中必须执行的标准、规章。一项要求可能不只有一个母要求，但通常只有一个。

对追溯性进行检查，可快速发现孤立的要求以及追溯性与分配之间的错误搭配（例如，追溯到母要求，其并没分配到高一级系统中，而是出现在低一级系统中）。这使我们有机会及早发现问题，并纠正遗漏或误解现象，防止镀金现象。检查追溯性还有助于我们分析，在确定要求的基线并将其置于技术状态控制情况下，变更要求产生的影响。

为具备正确的可追溯性，必须为每个母要求和子要求分配唯一的、不变的识别（ID）号。我们还需要为那些不是要求的母信息源分配 ID 号，例如运行方案中的某项陈述，或其他已批准的范围中的陈述等。我们使用这些 ID 号来清楚地确定某项要求与其来源之间的母子关系。使用文件段落号作为要求的 ID 号并不合适，因为段落号可能随着文件的变更而变更。对于小型项目，只要保持 ID 号唯一，则可以在电子表格中对要求进行分配和跟踪；但是对于大型项目，则需要使用要求管理工具来正确跟踪每项要求。

4.4　制定要求的基线

在机构中，制定要求基线的方法是多种多样的，取决于所交付系统的不同文化和类型。但是一项成功的方法必须具备以下条件。

1）确认范围：记录范围，与所有利益相关方进行确认，在任务方案评审阶段签发[6]。

2）确认要求：将基线范围作为基础，撰写并记录要求。在撰写要求时，确认对每项要求的陈述（包括要求属性）和所编写的相同。第 11 章对此进行了详细介绍。

3）为要求制定基线：当完成要求的制定之后，确认这些要求对于所有利益相关方都是完整的，在系统要求评审时，为这些要求制定基线。

确认范围和最终的要求是制定高质量、零缺陷要求的关键。在制定要求基线之前而不是之后，应先杜绝要求的缺陷。

4.4.1　确认范围

制定零缺陷要求的基线，必须评审范围，但首先应讨论以下 9 个重要方面的问题。

1）系统边界：是否已经确认了所有的外部接口？是否已经开发了这些接口？这些接口是否成熟？

2）利益相关方：是否已经和所有的利益相关方进行了讨论？

3）系统生命周期：是否已经考虑到系统生命周期的所有阶段？

4）不一致意见或冲突：是否已经解决利益相关方之间所有不一致的意见或冲突？

5）技术问题：是否已经解决了所有技术问题或技术可用性的问题？

6）进度：考虑到技术和开发的复杂度，进度是否过于乐观？

7）预算：按照给定的进度，开发产品的预算是否不足？

8）不确定性：我们是否已经解决了范围的问题？

9）假设：我们是否已经记录了所有的假设？是否每个人都对假设进行了评审，且都理解了这些假设？

这些问题的答案有助于保证范围的完整性。我们使用上面的清单来确定我们是否已为范围评审做好准备。对于上述问题如果有一项的回答是"否"，我们必须评估举行评审的风险。进行范围评审，应该确定我们已经回答了这些问题，满足了利益相关方的要求，取得一致意见，可以开始制定要求。范围评审的最后一步是在理解所有范围文件的情况下，记录利益相关方之间的约定，然后进入正式技术状态控制。

4.4.2　确认要求达到基线

通过要求确认，我们确信所制定的要求是需要、可验证、可达到的，并且是清楚、简洁、正确、一致和完整的。要求确认可以是连续的，也可以是非连续的。

1）连续的确认：在撰写要求的时候，通过日复一日的确认活动来控制要求的质量，从制定第一条要求开始，直至贯穿系统的整个生命周期。连续的确认使每个人（撰写人员、评审人员、测试人员和管理人员）都对要求的质量负责，是制定零缺陷要求的最佳方法。

2）非连续的确认：非连续确认是准备和进行正式要求评审的确认活动。第一次正式要求评审是系统要求评审，其后要进行的主要评审，例如初步设计、关键设计、测试就绪等评审中要提供更高的要求。系统要求评审的要求准备流程，可同等地用于其他评审。

4.4.3　使确认具有连续性

连续的确认对保证连续的流程更新非常重要。我们不希望在准备重要里程碑评审尤其是系统要求评审的时候，才发现许多要求存在问题。但是，如果进度很紧，我们可能在系统要求评审暴露了很多问题的情况下，仍然制定要求基线。但是为有问题的要求制定基线，会浪费大量资源，主要是因为在要求确定之后，又重新进行大量工作。

渐进工作－系统检查是进行连续确认的关键，这种方法被称为费根检查法，以迈克尔·费根（Michael Fagan）博士命名，起源于他1976年在IBM公司进行的研究，在要求缺陷转换为系统缺陷之前，识别并纠正要求缺陷，这是"要求不满意之处"的示例[2]。

要求检查法是一种高度结构化的方法，由一个不超过6人的评审小组，对从所有要求中选出来的子要求进行正式专业评审，其中包括一名仲裁人。仲裁人与要求的撰写人员一起工作，对评审进行管理，保证对要求中存在的缺陷进行处理。

评审的准则是提前确定的，评审人员只评审那些不符合准则的要求。例如，某条准则为"要求不能有模糊项，应有正确的'谁应做什么'的格式，还应包含理论依据，应确认验证方法"。因此，我们对根据该准则筛选出来的要求进行检查，重点在于需要删除的有缺陷的要求上。

我们使用检查结果，不仅是为了删除要求的缺陷，还有助于确定其根源，这样可以改进我们定义要求的方法。例如，如果我们发现数个撰写人员都重复使用某个模糊项，我们应更新模糊项检查单。这种检查方法是经过验证的方法，包括在集成能力成熟度模型®（CMMI®）的实践中。

工作—系统检查法有助于我们不仅对要求进行质量检查，还关注要求的内容。例如，这些要求是否正确和连贯？如果涉及到基于模型的系统工程（MBSE），这些要求是否反映了系统工程模型，以及模型是否反映了要求陈述？确认要求对确认基于模型的系统工程的设计非常重要。即使我们使用基于模型的系统工程，也必须建立系统，并确认系统满足要求。建模并不能建立系统本身，而只是有助于我们理解要求、改善交流、减少误差。

换句话说，我们使用要求来生成模型，从而有助于我们更有效地确定要求的完整性。通过使用自动建模工具，协助我们进行一致性检查，生成 $N \times N$ 接口图、仿真系统行为以及完成其他自动交互检查，但是模型只有在能正确反映要求的情况下才存在且有效。

4.4.4　遵守断续确认的流程

准备里程碑评审，尤其是系统要求评审，是一项重要的任务。这通常是许多利益相关方第一次对要求进行总体评审。与渐进检查不同，该评审着重于所有要求的内容，而不关心要求是否满足要求标准准则。

系统要求评审并不只是项目里程碑表上的一个时间点，大多数系统要求评审的工作并不在召开系统要求评审时进行，必须在数周前就将要求准备好并发送给评审人员，附带介绍需要评审人员评审的内容和将进行讨论并解决问题的方式。所有利益相关方取得一致意见、要求变更完成后，将要求记录在文件中或放入要求数据库中；那些在系统要求评审之前未解决的问题留在系统要求评审时解决。在系统要求评审之后，对要求进行最终处置，为要求制定基线，使其进入技术状态控制。换句话说，所有经过同意的要求成为"版本1"或"版本 a"——统一称为"要求基线版本1"或采用其他编号系统。

对要求进行里程碑评审会花费大量时间和金钱，因此我们希望要求尽可能处于最佳条件。表 4-12 显示了一项流程，可减少进行评审的时间，纠正有错误的文件，约束单个评审人员的工作量，同时得到最佳的效果[3]。

表 4 - 12   要求评审的 $4\frac{1}{2}$ 步流程[①]

步骤	评审内容	人员	人数
1	编辑	具有编辑能力的人员	1~2
2	良好性	熟悉要求规则、具有技术能力的人员	2~3
3	内容	所有涉及的利益相关方	根据需要确定人数
4	风险	具有技术和管理知识的人员	2~3
$4\frac{1}{2}$	编辑	具有编辑能力的人员	1~2

①准备一项要求评审，需要员工、专家和大多数利益相关方评审文件、执行评审纠正措施，并发布正式评审的最佳文件。

"$4\frac{1}{2}$ 步流程"建立了初始要求基线，例如用于系统要求评审基线，这与准备范围评审或其他正式评审文件的有效性相同。在将要求放入规范或要求数据库之前，应经过编辑，然后由技术专家检查要求内容的良好性；如果我们之前一直在检验，这两步不会耗费太多时间和资源。利益相关方评审的要求不会出现过多拼写错误、格式错误或措辞不清的现象，因此也不会耗费很多时间。在所有要更改的要求获得批准后，我们需要使用要求风险因素来评估风险。

1）不清楚：要求模糊或无法确认，出现语法不通、格式错误、理论依据不正确或缺失的现象；

2）不完整：缺少相关的要求或要求属性；

3）可能发生变更：利益相关方未达成一致意见，要求取决于未定义的接口，或尚未准备好所选技术。

如果我们按照正确的管理控制方法执行上述"$4\frac{1}{2}$ 步流程"，只需要使用一次这正确的流程，我们将进行渐进更改和版本更新，不再需要完整的评审。

我们制定要求基线之前，如果出现资源不足的情况，例如检验的资源，我们可以根据需要对其进行变更。在这之后，技术状态变更控制委员会将对变更进行管理，这需要更多的资源，并且会对进度造成很大影响。

4.5 要求管理

要求管理包括具备一个管理结构，能够保证每项要求达到以下标准。

1）是否结构正确，且撰写正确（遵守"谁应做什么"的格式）；

2）满足一项好要求的所有特点（思想统一、准确、简单、描述正确、语法无误以及表述无歧义）；

3）是否记录并确认了要求的质量属性（理论依据、验证方法、可追溯性和分配）；

4）是否记录并确认了要求的管理属性（责任人、撰写人员、风险、优先级、验证状态、变更状态）；

5）是否所有的利益相关方都可通过自动要求管理工具或周期状态报告对要求的属性

进行了解和评审；

　　6）是否正确评估以确定变更对要求的影响。

　　在前面的章节中，我们讨论了前三个风险因素以及这三个风险因素如何改进要求的质量；但是什么是要求管理属性，以及我们如何使用这些属性来管理要求？

4.5.1　管理和测量要求属性

　　质量属性（4.5 节中所列的第 3 点）为我们提供了确认要求的方法，它们与要求管理属性（4.5 节中所列的第 4 点）一样宝贵，都可用作度量标准，可以向我们显示要求开发活动所处的状态。例如，我们试着决定是否已准备好系统要求评审，我们可以查看：

　　1）要求数量（要求 ID 的数量）；

　　2）分配的要求（分配到领域内的要求的数量）；

　　3）确认的要求。

　　如果我们已经分配并确认了所有的要求，并假设分配是正确的（有效的），可以有把握地认为几乎已经为系统要求评审准备就绪。

　　下面内容则是要求属性的清单，它们的度量是由管理信息向我们提供的。该清单并不包括所有，但是向我们提供了维护每项要求所需的信息，这使我们有了统计，这对管理系统开发是非常宝贵的。

　　1）责任人：要求的责任人是相关的利益相关方（4.1.1 节中定义），他们有权利和责任变更要求。

　　2）撰写人员：要求的撰写者。撰写人员可以是责任人，也可以是其他人员。该属性在评估"持续流程改进"时非常重要，对资源管理也非常关键。经常有些人被指定为撰写人，因此如果当初始撰写人离开，必须找人替代离开的撰写人，将维护要求属性信息的责任移交给替代者。

　　3）风险：风险是指要求变更的风险，而不是指对项目的风险。可将风险归为 H（高风险）、M（中级风险）、L（低风险）或相应的 1、2、3 级风险。基于 4.4.4 节中定义的要求风险因素对要求风险进行测量。

　　4）优先级：并不是所有要求都是一样的，根据重要性对要求进行排序。我们必须使排序方法简单可行，否则分配和管理优先级会耗费大量时间。排序使我们可以在不进入危机模式的情况下处理未知事件，例如预算削减或强制的进度变更。与风险结合起来，优先级把开发力量或权衡研究集中在关乎系统成功的要求上。

　　5）确认状态：显示是否已经对要求进行过确认。

　　6）版本数量：甚至在制定基线之前，我们就应观察要求版本的数量不稳定的次数。如果许多要求都有多个版本，则需要进行更多的不稳定性管理。

　　质量和管理属性使我们在开发阶段（在系统要求评审之前）和在系统生命周期内对要求进行管理。下面介绍使用要求属性管理要求的 5 种方法。

　　1）一致性：交叉检查保证可追溯到母系统要求的分系统要求，与母要求所分配的分系统要求相符合；

2）丢失要求：确定没有子要求的要求的数量，以评估下一层要求定义的完整性，生成没有子要求的要求的清单，用于其后的管理；

3）要求的完整性：决定确认状态完整的要求的数量，确认状态完整与否表示是否为系统要求评审准备就绪。使用可追溯性来生成报告，显示一项母要求的所有子要求，包括母要求和子要求的陈述和理论依据。评估子要求是否足以实施母要求。使用基于模型的系统工程对项目的系统模型进行交叉检查。

4）要求的易变性：确定进入变更状态域的已变更的要求的数量，评估是否需要在管理上对其关注（这是确定要求基线之后的最有效的一步）。

5）风险评估：分别确定 H，M 和 L 级风险的要求的数量，评估如何降低计划的风险。

说明：在上述各例中，团队不仅仅只需要管理各自的相关系统的要求。为了更有效地管理自己的相关系统要求，他们必须也能够访问体系中各自上下一级的要求（与相关的要求属性）。

4.5.2　管理变更

通过获得合理的范围，我们制定出大量的要求。使用此范围作为指导，我们继续对要求变更和利益相关方期望进行管理。将变更最小化的最佳方法是，在撰写要求之前，第一时间就很好地定义范围并确定其基线，并且不为有缺陷的要求文件制定基线。第 16 章介绍了对管理变更非常重要的技术状态控制活动。

无论我们制定的零缺陷要求有多好，我们仍然可能会需要在制定基线之后更改某些要求，可能出现预算削减、由新技术引起的系统升级、接口的意外变更、规章或标准变更等情况，这时不得不更改要求。为帮助我们管理这些必要的变更，以下 5 点要求属性是最为重要的。

1）要求描述：描述了"谁应做什么"，包括现有的要求内容（如果有）和提出的更改；

2）逻辑依据：现有要求（如果有）存在的理由，以及变更要求或删除旧要求、制定新要求的理由；

3）可追溯性：其他与变更或增加要求相关的要求；

4）优先级：要求对于满足利益相关方期望的重要性；

5）风险：变更要求影响的主观测量。

在以上 5 项属性中，可追溯性（子要求到母要求、母要求到子要求）是评估要求变更如何影响系统的关键。我们必须向上追溯到母要求以保证相容性，向下追溯到子要求以获得受到变更影响的要求的完整清单。当与每项要求的逻辑依据相结合时，可追溯性使我们知悉进行变更或不进行变更的影响。

影响评估不仅包括清点受影响的要求的数量，还包括评估受影响的要求的重要性。一一般说来，在开发任何系统时，将在项目系统工程管理计划（SEMP）中指定要求优先级和风险。但是接下来的讨论中，我们假设优先级是以下 3 个值中的 1 个。

1）优先级 1：如果不满足该优先级，将导致我们无法满足某个利益相关方的期望；

2）优先级 2：可以权衡的要求；

3）优先级 3：具有替代项的要求，例如进行手动操作而不是自动化操作，等待系统的下一个版本。

当我们追溯所有受到变更影响的要求时，会发现很多要求都属于优先级 1，这时会出现严重的问题。当变更是由于项目外部因素的决策引起的，这种情况尤其难解决，例如属于另一个机构的接口发生的变更、由于出现安全威胁发生的接口变更以及为规避规章或标准发生的变更等。

如果我们响应因预算削减或进度缩短而引起的变更时，我们可以搜索具有优先级 3 的要求。我们再次追溯这些要求，确定有多少要求受到了影响（有些受到影响的要求可能是优先级 1 的要求），然后评估哪一组优先级 3 的要求对优先级 1 的要求影响最小。

在我们为要求制定基线之前，我们通过制定有效范围，并对要求进行检查以降低要求变更风险因素的影响（4.4.4 节中定义），对要求风险进行管理。要求变更风险因素包括"不清楚"、"不完整"和"易于变更"。在之前介绍的"$4\frac{1}{2}$ 步流程"中，我们在制定要求基线的时候，为要求风险指定了一个值。在这之前，要求太不稳定，管理耗费也太大，因此措施起不了作用。在范围制定过程中具有关键性能参数的要求通常具有高风险或中等风险，因为它们的变更会关系到我们是否满足了利益相关方的期望。

我们还必须管理那些制定基线之后仍为"待定"（TBD）状态的要求。一些机构将这类要求自动归为高风险要求。实际上，我们可以通过清点待定要求的数量，快速检查是否可以开始为要求制定基线。如果待定要求超过总要求数量的 1%～2%，则不能开始制定基线，我们仍然要尽可能地管理这些待定要求。首先，我们为任何相关系统中的待定要求编制一个清单（或矩阵），清单中包括了要求的识别号、要求陈述、理论依据和被称为"待定解决日期"的要求属性。任何要求都必须有理论依据，且可以找到定义该要求的文件。我们将理论依据从清单中提取出来，放入电子表格中方便追踪。

如果我们没有要求管理工具，我们可以只在文件中搜寻待定要求，手动建立一个包含待定管理矩阵的表格。为便于追踪，可在跟踪日志中输入编号。使用要求识别号可以对待定要求进行追踪和鉴别。当要求的"待定"状态结束后，我们就不再需要"待定"编号。表 4 - 13 是待定要求跟踪表格的例子。

表 4 - 13　待定要求管理矩阵示例[①]

识别号	包括了待定要求的识别号	计划解决待定要求的日期	实际解决待定要求的日期	结束待定状态的理论依据
TBD001	FSRD065	2007 年 2 月	2007 年 4 月	完整权衡研究
TBD002	FSRD235	2008 年 5 月		等待技术评估结果

① 由于待定要求的不确定性对项目造成风险，我们需要追踪待定要求直到其待定状态结束。

基于表 4-13，FireSAT 系统要求文件（SRD）中的要求可表示如下：

［FSRD235］在"周期下传"指令发出后，FireSAT 系统应在 45 s 之内［TBD002］显示更新的敏感器数据。

我们注意到，上例中的待定要求也包含了一个值。我们必须进行"当前评估"，将评估值放入要求中。该流程至少将问题展示给读者，并给出了有关计量单位的提示，例如秒、毫秒、厘米、米、克或千克。结合要求陈述（确认要求的文字）、相关的待定要求以及待定要求管理矩阵，我们得到评估待定要求状态所需的所有信息。

未解决的待定要求应具有高风险或中级风险，这取决于要求的优先级、在不影响进度的情况下获取信息的速度、未知值对利益相关方期望的影响等。当我们知道待定要求的值之后，将值代入要求中，更新理论依据，反映出选择最终值而得出的判断。我们是否变更风险属性的值取决于其他风险因素。

为管理变更，我们需要在问题出现之前，对风险进行持续评估。评估风险的方法之一是风险-优先级矩阵，例如表 4-14 中显示的 FireSAT 系统要求文件示例。风险管理计划陈述了在表格中填入什么内容，但是通常我们用数量来标识具有高优先级和高~中等风险的要求。为便于追踪，矩阵仅显示了满足低风险准则的要求的数量。

表 4-14　概念风险（概率）——FireSAT 要求的优先级（影响）矩阵[①]

风险 优先级	低	中	高
1	（70）	FSRD011	FSRD045 FSRD134 FSRD056
2	（45）	（19）	FSRD155 FSRD003
3	（20）	（11）	（0）

①该矩阵显示了项目目前的风险状态。

前面的讨论强调了制定和管理要求，在要求定义阶段（A 阶段之前、A 阶段），从系统级开始往下，经过体系的几个层级。然而，这些管理技术和方法，尤其是建立要求级别之间、系统设计和测试要求之间的可追溯性，对于整个设计阶段（阶段 B）、制造阶段（阶段 C）和测试阶段（阶段 D）的管理变更是至关重要的。

系统定义要求和设计要求之间、设计要求和测试要求之间的可追溯性，是评估项目状态和要求变更总体影响的有效工具。我们使用该工具，保证设计符合要求，由此消除那些可能出现在集成和测试过程中的最新变更，避免了当某一部分出现变更，而另一部分未发生变更而引起的灾难性问题。可追溯性有助于我们审视由于要求变更带来的验证过程中所需的变更，这些变更可能会引起成本的巨大变化，还保证在集成和测试大纲中说明要求的验证。

在定义、撰写、组织、制定基线和管理要求时，我们必须遵守规则。撰写要求是一项艰难的工作，但是如果我们撰写的要求不合格，会导致重复工作。在撰写要求之前，必须制定要求范围，使每个人都清楚该范围。如果做不到，也可以在撰写要求的同时制定要求范围，但先制定要求范围会使工作更加容易。

如果我们在撰写要求之前，花费足够的时间来定义范围，且在定义产品要求的时候保持一致性，我们就更有可能交付合格的产品。否则，我们可能制定出很差的要求文件，无法交付令人满意的产品。

参 考 文 献

[1] Chesley, Julie, Wiley J. Larson, Marilyn McQuade, and Robert J. Menrad. 2008. Applied Project Management for Space Systems. New York, NY: McGraw—Hill Companies.

[2] Fagan, Michael E. July 1986. Advances in Software Inspections. IEEE Transactions on Software Engineering, Vol. SE—12, No. 7, pp. 744—751.

[3] Hooks, Ivy F. , and Kristin A. Farry. 2001. Customer Centered Systems. New York, NY: AMA-COM.

[4] Hooks, Ivy F. 2007. Systems Requirements Seminar. Boerne, TX: Compliance Automation Inc.

[5] Larson, Wiley J. and James R. Wertz, eds. 1999— Space Mission Analysis and Design, 3rd edition. Torrance, CA: Microcosm Press and Dordrecht, The Netherlands: Kluwer Academic Publishers.

[6] NASA, NPR 7123. 1a. March 2007. NASA Systems Engineering Processes and Requirements.

[7] Vinter, Otto, Soren Lauesen, and Jan Pries—Heje. 1999. A Methodology for Preventing Requirements Issues from Becoming Defects. ESSI Project 21167. Final Report, Brüel & Kjær Sound & Vibration Measurement A/S, DK-2850 Nærum, Denmark.

第 5 章　系统功能划分与物理划分

布鲁斯・G・巴克（Bruce G. Barker）

斯蒂文斯理工学院

詹姆斯・E・朗（James E. Long）

维德公司

在定义一个问题和解决方案时，重要的是要将系统按功能和组件进行划分，推动这种划分的系统要求取决于运行方案和利益相关方的期望。这种划分是一个迭代的过程，如图5-1所示，它能够使我们更好地理解技术要求；同时，它还可以阐明并确认系统的范围，并强调指出利益相关方的需求中所有关心的问题。对于毫无继承性的系统，功能划分和物理划分的技术约束最少，但是大多数传统的开发与升级项目则要求重复使用系统元素、适应现有的接口或使用特定的商业现货（COTS）技术。

功能和物理划分使我们能够了解系统要求是否可行、明确关键的权衡研究，并阐明系统范围；帮助我们了解系统能否支持所需的操作能力和情景，同时确保一定的可追溯性，

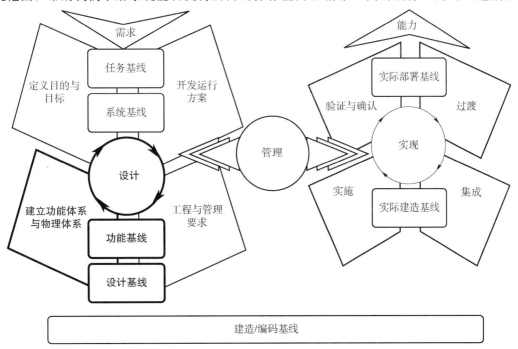

图 5-1　问题与解决方案共同演变

系统工程初期元素是高度迭代且相互依赖的，并不是顺序或线性的

易于试验和集成。我们希望得到一个划分明确的系统，以满足整个生命周期内的要求和期望，因此必须保证系统是可扩展、可试验、可用、灵活的，而且能够满足要求。对于在环境、利益相关方期望和组件技术等因素不断变化的条件下依然能够良好运行的系统来说，这种鲁棒性特别重要。系统体系的综合、定义和文件包括：

1）与利益相关方进行沟通，确保系统能够满足他们的期望，确定可供他们考虑的现有的选项与机会；

2）促进长期的企业承诺；

3）进一步确定必须的财务承诺和投资，以及赞助商实施方案的决策；

4）建立一个概念和框架，作为详细设计和应用的基础；

5）整合所有功能，以及其他的要求和限制条件。

体系对于系统能否成功是非常必要的，它能够使我们有效地开发和维护系统。系统体系需要多种类型的输入：

1）按等级排列的利益相关方期望（性能、特性与继承要求）；

2）运行方案；

3）运行体系，包括运行情景和系统的输入输出；

4）最能够满足运行情景的系统和分系统实施方案；

5）按等级排列的系统要求；

6）已知的限制、依赖性、假设、风险、问题和技术性能的指标。

一旦开发完成，功能体系和物理体系至少包括以下 7 个输出。

1）体系模型，描述系统的功能、物理组件，以及功能和组件之间的接口。根据系统解决方案的复杂度，体系模型可以包括一个或多个级别，每一级都进一步细化解决方案。

2）导出对开发团队的要求（通常包括硬件和软件），开发团队在这些要求的基础上开展各组件的设计和研制。

3）系统要求到硬件和软件规范的可追溯性。

4）系统要求分配到各个体系元素（例如功能、组件和接口）。

5）要求到高级别验证计划的可追溯性。

6）记录技术决策和权衡的文件。

7）更新后的风险、问题和技术性能指标。

要想建立一个有用的体系，我们必须拥有有效的流程。本章主要讨论设计师确保体系能够满足要求所必须遵循的步骤。表 5-1 列出了这些步骤，以及介绍该步骤的章节。

从"黑盒"的角度来看，系统包括项目的主动利益相关方和系统运行方案，这有助于划定问题的范围和系统的边界，再加上输入和预期输出，就可以获得一定的性能和物理约束，但是功能和物理划分代表的是"白盒"角度。这一阶段的系统工程主要解决功能和组件在系统边界内如何安排，我们将输入转换为预期输出，同时服从性能、成本、进度和项目其他方面的约束，过程将不断重复，而且可以在多个级别上推进——自上而下、自下而上，或者两者结合的方式（见图 5-2）。

表 5 - 1 　系统功能划分和物理划分的框架①

步骤	说明	所属章节
1	明确系统背景	5.1 节
2	定义功能划分	5.2 节
3	建立物理划分，并对物理组件分配功能	5.3 节
4	评估体系	5.4 节
5	对组件分配要求，并产生详细规范	5.5 节
6	追溯要求	5.6 节

①本表给出了开发系统功能体系和物理体系的通用流程。

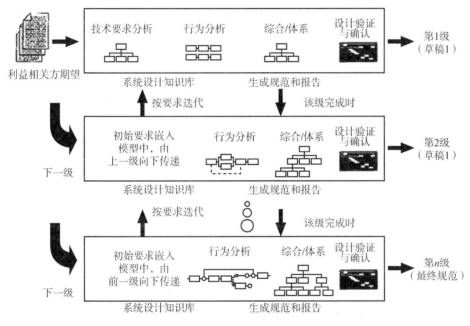

图 5 - 2 　功能划分与物理组件划分的递归过程

这个过程将不断重复，而且可以在多个级别上推进——自上而下、自下而上，或者两者结合的方式

　　由图 5 - 3 还可看出系统工程不断递归的性质，这一过程不断地细化要求、改进体系。如第 2 章到第 3 章内容所述，利益相关方要求进一步精炼了用户的需求，因此，我们利用这些要求来建立系统方案中系统体系的初步方案；然后，在此基础之上，我们再建立可满足利益相关方要求的运行方案和运行体系。系统要求源自于系统方案、运行体系和利益相关方要求。

　　系统的复杂度决定我们需要一级还是多级体系和要求。我们需要根据体系中规定的子功能和分系统来制定要求，然后，通过明确各个分系统的功能和组件，再开发出各分系统的功能体系和物理体系，直到整个体系完备，这一过程才结束。

　　当解决方案细化到一定的程度——通常用"技术状态项"一词来说明（见 5.3.1 节）——即开发团队可用它来进行组件的设计、研制和试验时，体系及相应的要求就是完备的了。划分成 7 项不同的内容。

1）分析系统的技术要求，这些要求来自于利益相关方期望，并经过运行方案验证；

2）开发功能来定义系统如何处理各类输入；

3）将这些功能组合起来，建立一个集成的系统逻辑；

4）完成功能要求的所有细节，这包括输入/输出关系、处理步骤、输入/输出属性，以及功能控制逻辑；

5）选择系统物理组件，并将其分解；

6）将各类行为分配到组件，并且指明这些组件之间所有的接口，具体包括硬件、软件和人等；

7）将这些信息放在模型中，以产生连续、完备的规范，供详细设计参考。

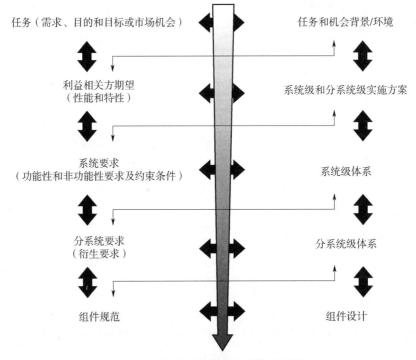

图 5-3　开发系统体系和要求

左侧反映了期望、要求和规范的变化，而右侧反映了运行

方案、体系和系统设计的变化，这些活动在任意一个级别上都是迭代的，在不同级别之间也是递归的

但是，列出了主要的划分活动并不意味着整个过程是循序渐进的——事实上，许多活动是并行的。同时，如果我们做逆向工程，那么可以从现有的物理描述出发，推导出功能模型，以渐进的方式（或以分级的方式，就像剥洋葱一样）规划和执行系统工程活动更加安全。每一级都完备地定义了系统解决方案，每深入一级，系统更加详细，但是所有级别都包括要求、行为、物理体系、要求定义和验证。

上述讨论的基础是假设我们正在开发一个全新的（前所未有的）系统，但是这种情况很少见。正常情况下，我们必须使用已有的组件或商用现货来开发新的系统或者进行系统升级，因此，在实际项目中，我们必须对划分步骤进行一定的调整。尽管如此，我们还是需要理解这些划分步骤，才能进行一定的调整。设计师和利益相关方都必须是功能划分和物理划分的参与主体。关键的利益相关方包括：

1）体系架构师和软件或硬件的开发人员；

2）负责集成和试验、可靠性与可维护性、安全性和保密性，以及运行和后勤相关的人员；

3）用户或客户；

4）工程或项目经理。

最后两类利益相关方特别重要，因为他们必须理解正在开发的解决方案、成本和进度。为降低项目风险，我们必须在划分活动进行过程中尽早地发现重要的问题，我们还必须明确并执行可能会影响结果的权衡研究。

图 5-4 给出了各类体系的重要性和相互关系。运行体系从用户角度建立解决方案——系统如何运行；功能体系则给出了解决方案能够提供的性能、功能和服务，从而满足运行体系。物理体系规定了解决方案的组成组件——为满足操作需求而执行一定功能的人、硬件和软件。

一般来说，我们并不按一定顺序来开发这三个体系，而是并行开发，因为它们共同构成一个完备的解决方案。一个体系有一定的进展，就会对其他体系产生更深入的了解；对其他体系进行更新时又会对第一个体系有所影响；因此，并行开发三个体系能够从整体上更好地把握，从而得到更加综合、更加完备的解决方案。

图 5-4 还给出了许多用于描述三个体系的图表。主要采用两种设计方法：

1）结构化分析与设计（SAAD）（也称为功能分解）；

2）面向对象设计（OOD）。

在很大程度上，一般系统工程采用结构化分析与设计，而软件设计和工程则采用面向对象设计。但是由于近年来许多系统都包括软件开发，系统工程也越来越多地使用面向对象设计。

从利益相关方要求出发来设计系统，或者在开发完备的系统模型时，上述两种方法非常有效。结构化分析和设计使用集成定义（IDEF）图、数据流图、功能流图和 N2 框图（如图 5-4 所示）以及其他框图来描述功能体系和逻辑体系；面向对象设计则使用分类、用例和活动图等框图。对于物理体系，结构化分析与设计可使用物理方框图，而面向对象设计可使用展开和组件结构的图表。这两种方法都是系统工程师或架构师工具箱中的重要工具。

在本书中，我们采用结构化分析和设计方法，这种方法对于系统工程来说更传统，在许多系统中都通用。关于面向对象设计的相关信息，可见参考文献 [1] 和参考文献 [2]。

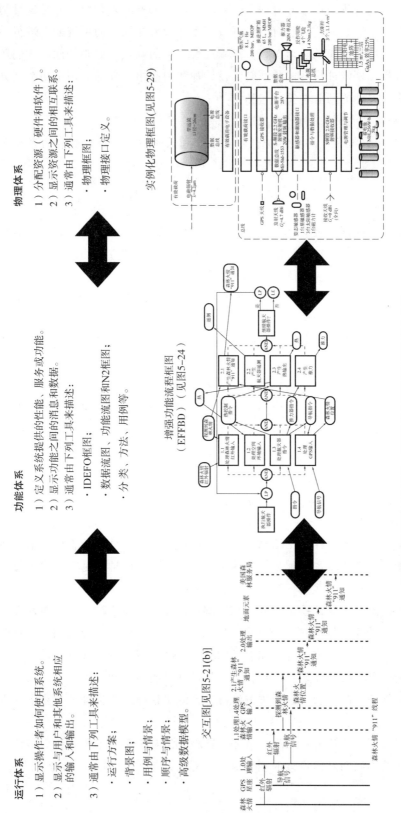

运行体系

1) 显示操作者如何使用系统。

2) 显示与用户和其他系统相应的输入和输出。

3) 通常由下列工具来描述：
- 运行方案；
- 背景图；
- 用例与情景；
- 顺序与情景；
- 高级数据模型。

功能体系

1) 定义系统提供的性能、服务或功能。

2) 显示功能之间的消息和数据。

3) 通常由下列工具来描述：
- IDEF0框图；
- 数据流图、功能流图和N2框图；
- 分类、方法、用例等。

物理体系

1) 分配资源（硬件和软件）。

2) 显示资源之间的相互联系。

3) 通常由下列工具来描述：
- 物理框图；
- 物理接口定义。

交互图[见图5-21(b)]

增强功能流程框图（EFFBD）（见图5-24）

实例化物理框图（见图5-29）

图5-4 体系视角与工作产品

不断迭代地定义三个视图，并将要求分配到视图内的各个元素，从而"全面地"定义整个体系

同时开发三个体系，就能够深入地理解并得到更加全面解决方案

在本章中，我们并不对整个 FireSAT 方案进行划分，而是专注于其中的一个要素，图 5-5 给出了 FireSAT 及其单独的要素。为了说明开发功能体系和物理体系的过程，我们把它的空间要素作为相关系统。

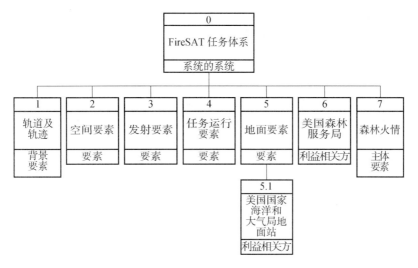

图 5-5　空间要素是 FireSAT 系统中的组成部分

我们重点关注 FireSAT 系统的空间要素，以此来说明本章讨论的概念

5.1　明确系统背景

系统背景图可使评审人理解系统全部输入和输出，从而获得对系统边界的基本理解，同时为内部体系开发设定了基线。通过在背景图中设定系统边界，我们就可以：

1）（通过定义外部接口）理解系统边界和范围；

2）描绘出系统必须做出响应的外部事件和输入；

3）描述系统产生的数据或信息；

4）理解系统背景，即系统运行所处的环境。

系统的技术要求、范围和背景，以及外部接口都是背景图的重要输入，它们来自于体系的运行视图和相应的运行背景，再加上利益相关方要求就可以得到系统要求。

系统工程过程的开端是初步系统背景图，它在功能划分和物理划分中都是重要的起步。刚开始绘制系统背景图时就会遇到我们最终要解决的问题，包括系统边界、外部系统，以及系统之间的接口。绘制一份完整的系统背景图需要：

1）明确系统边界、外部系统或主动利益相关方、外部接口，以及背景和环境；

2）核实主动利益相关方列表；

3）确定每个利益相关方会为该过程带来什么（输入），并且希望从中获得什么（输出）。

已知我们的系统与外部系统或用户之间的接口就可以确定我们系统的输入和输出，明确利益相关方要求就可以获得大量信息，有助于绘制系统背景图。

系统背景图，也称为外部系统图：

1）绘制了系统必须与之连接的所有外部系统以及系统间互动的机理；

2）为接口的划分行为和数据分配提供了一个结构；

3）划定了系统问题，从而不必增添非计划的或不需要的问题。

背景图中包括所有系统的运行接口，从而汇集了运行方案和运行视图中描述的系统所有外部接口。我们的系统处在背景图的中间，与系统互动的主动利益相关方或其他参与方都在我们系统的周围。图中的接口要么是组件之间的物理链路或功能连接，如数据、信息，要么是系统和参与方之间传输的信号。

图5-6列举了一个系统的背景图。图中包括相关系统，与之接口的外部系统，以及该系统与各外部系统之间的输入和输出。

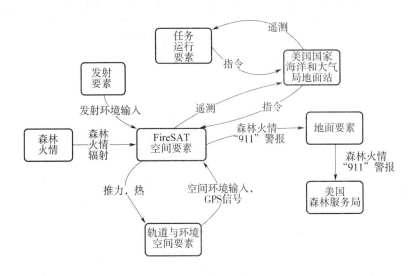

图5-6　FireSAT空间要素的系统背景图

相关系统位于图中央，通过输入和输出链路（箭头）连接到外部系统

5.2　定义功能划分

功能体系（划分系统的功能）对于解决方案体系的开发至关重要。许多系统架构师称他们都没有这样的功能体系，或者在许多成功的系统中都没见过这样的图表，但是这并不意味着不存在。功能体系描述了软件和硬件做什么事情，没有人可以不用到这些信息就完成系统的设计、维护或升级。因此，当系统、软件和硬件体系描述相应组件功能时，即在描述功能体系。

那么问题就是，这样的功能划分是呈现在纸面上还是放在架构师的头脑中。记录功能和物理体系是与利益相关方交流完整解决方案的一种途径，是主要目的之一，如果体系仅存在于架构师的头脑中，即使和记录在纸面上一样好，但是在与利益相关方进行沟通时，后者明显更加有效；此外，记录体系还有助于知识转移。

5.2.1　理解术语和要素

作为高级别体系，系统背景图将系统看作是黑盒，其内部情况未知。但是它：

1）通过演示与外部系统及用户的接口关系，总结了运行场景，它们通过一些物理接口交换信息、数据、信号或其他材料；

2）显示系统要求，来说明系统必须完成的工作（即功能要求）。

从背景图中我们无法看出系统是如何将接收到的输入转换成需要传递的输出，即无法看出系统内部完成这种转换的物理元素。

开发系统功能体系是设计系统如何满足要求和运行情景的第一步。在开发系统功能体系之前，我们必须将各个连接点看成是一个将输入转换为输出的过程。功能描述了系统或其中一个要素的行为，因此功能解释必须以动词开始。我们不能把执行功能的事物与功能本身混淆，例如数据库就不是功能，但是我们可以利用它存储和获取数据。同样，下列几项也不是功能：

1）计算机或软件应用：我们利用它们完成数据处理或当前导航状态计算的功能；

2）冷气推力器：提供"产生推力"的功能；

3）蓄电池：具有"提供电源"的功能。

因此，在开发系统功能体系时，要根据功能、服务或任务来进行划分。功能体系描述系统如何完成输入和输出要求，具体来说就是"系统做什么。"所以，功能体系有两个作用：

1）将系统划分出更详细的功能；

2）建立模型，指明系统如何将输入转换为输出，并且具备实现所需行为的能力。

和系统背景图高度抽象地全面定义系统一样，功能体系必须详细地全面定义系统功能。为实现这一目标，我们遵循以下两个关键的原则：

1）下层功能的总和要与上层功能的总和相等；

2）外部输入和输出要守恒，即子功能输入和输出的数量和类型必须与功能相同。

通常使用数据模型来涵盖输入和输出。因此，功能体系应说明：

1）要素：功能或任务，系统做什么；

2）要素之间的关系：功能在执行任务期间交换的数据、信息、材料或能量；

3）功能之间的关系：按功能执行的时间顺序排列，说明一项功能对另一项功能的依赖性。如5.5节所述，我们使用这种关系来建立体系的可执行模型。

开发功能体系主要需要三个步骤：

1）确定功能；

2）确定哪些功能接收外部输入并产生外部输出；

3）确定功能之间的输入和输出，验证最终的功能体系是否正确并且完备。

表5-2总结了几种我们通常用以描述功能体系的不同类型的框图。

表 5 - 2　功能体系框图的特性①

功能框图	框图特性
集成定义	图中： 1）功能以方框的形式在对角线上排列； 2）方框左侧指向功能的箭头为输入； 3）方框右侧离开功能的箭头为输出； 4）方框上方指向功能的箭头为控制（触发功能的输入或约束）； 5）方框下方指向功能的箭头为机理（执行功能的物理组件）
$N \times N$（也称作 N2）	功能位于对角线上。最上方的一行包括进入各功能的外部输入，外部输出位于最右侧的一列。功能之间各输入和输出分别位于功能的行和列
功能流程框图	给出各个功能，按整个功能流程期间功能互动的顺序排列

①架构师应开发最适于与利益相关方沟通功能体系的框图。系统类型的不同，甚至是架构师和利益相关方的偏好
　不同，存在多种不同的功能体系框图。

图 5 - 7 和图 5 - 8 给出了 FireSAT 功能体系框图的示例。图中包括了相关系统、外部接口，以及外部系统与相关系统之间的输入和输出。

系统级输入包括来自任一外部系统的跨跃系统边界，并"激励"相关系统的项，也就是说，系统必须接收输入，并对其作出响应，要么产生输出，要么改变自身状态。各要素负责一项特殊的任务，例如，相关系统（空间要素）负责"执行空间任务"的高级别任务；发射要素负责"发射航天器"的功能；而任务运行要素则负责"执行地面操作"的功能。图中还给出了各外部功能与系统功能之间的输入和输出。

跨跃系统边界、进入任意外部系统的项就是系统级输出。只要相关系统处理一次激励或产生并向任意外部系统发送消息或指令，就会产生输出。

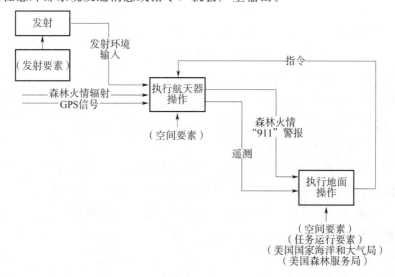

图 5 - 7　FireSAT 项目集成定义（IDEF）框图

在这种形式下，FireSAT 任务功能分为图中所示的主要子功能。功能之间的互动用箭头表示，并标出输入和输出

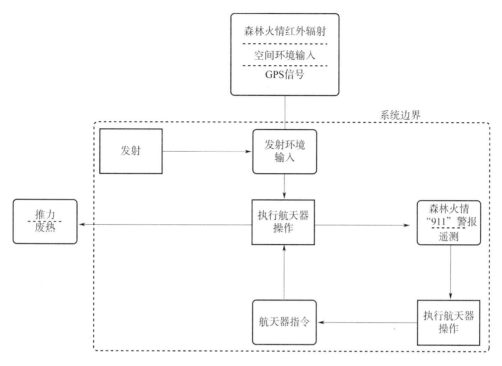

图 5 - 8　FireSAT 项目以 $N \times N$ 修改型给出的任务背景图

任务输入位于上方，系统对外的输出位于左侧。任务功能处于对角线上。功能之间的输入和输出分别处于功能的行和列

5.2.2　确定功能划分的方法

在确定系统功能的时候，我们必须同时考虑基本划分方法和如何定义功能。对于前者，我们有两个选择：分解与合成。系统工程师和架构师习惯于将系统进行分解，而近年来他们也开始使用合成的方法。

5.2.2.1　分解

分解是一种自上而下的方法，首先给出一个系统功能的定义，例如系统背景图，然后每往下一级就进行一次划分，如图 5 - 9 所示，这种方法是有序和系统的。

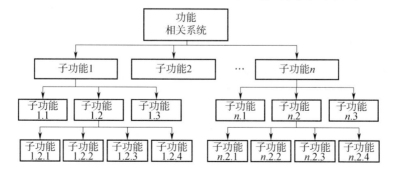

图 5 - 9　功能分解法

此种方法中，首先定义一个系统功能，然后在较低级别上系统地分配功能

分解的经验原则是分解出来的子功能的个数不超过6个，如果一项功能的子功能数超过了6个，那么我们就应当分多个级别进行分解，图5-10给出了这种情况的示例。相比于图5-10（a）将一项功能分解为8个子功能的方法，（b）中将其分为4个子功能，然后再将其中2个子功能进一步分解为6个子功能。限制子功能的数量可使我们降低分解的复杂度，并且可使体系评审专家能够更好地理解。但是这条经验原则并不是强制性的，有时在分解不算太复杂的系统功能情况下，一项功能也可以分解为7个或是更多的子功能。

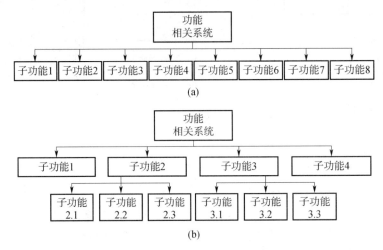

图5-10 分解为多级的功能分解法

依据经验法则，我们并不采用将一项功能分解为8个子功能的方式，

而是将其分解为4个子功能，其中两个再进一步分解为6个子功能

5.2.2.2 合成

合成是自下而上的。首先，确定主要功能所包含的最底层功能的完备集；然后，将这些底层功能进行体系合成，构建一个功能体系（如图5-11所示）。

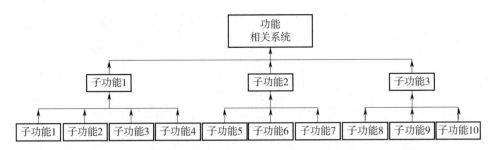

图5-11 功能合成法

这种方法中，首先定义底层功能，然后在此基础之上构建功能体系

如果系统非常复杂或没有完全定义，那么系统工程师和架构师使用分解法来开发系统功能体系，这种情况下，很难确定所有的底层功能。如果每次只在一个级别上进行系统划

分，就可以使复杂的系统简单化，未定义的系统也更容易理解，每进行一级划分就能够加深对上一级的理解，因此，我们用新的信息不断地迭代和更新上一级，从而使高级别的系统体系更加清晰，不必像合成法那样，必须了解最底层的功能后才能理解整个系统体系。

如果架构师已知所有（或大部分）底层功能，那么合成法就更适用，这种方法允许功能更多次地重复使用，通过将子功能合并为更高级别的功能，我们就可以得到可执行相同或相似任务的功能；如果在一个级别上发现了共性，那么在低级别设计和开发中就可以重复使用该功能。一般情况下，我们将这两种方法组合使用，在完全理解功能性的情况下，将系统分解到一定级别的子功能，再使用合成法将子功能集中起来。

5.2.3 确定功能

架构师可使用分解法、合成法或两种方法的组合，但是不论使用哪种方法都必须针对每项功能确定最佳的子功能集。要想确定子功能集，需要：

1）使用工作模式；

2）使用输入和输出；

3）使用激励-响应主线（示例或运行情景）；

4）分割基本功能和保障功能；

5）应用 Hatley—Pirbhai 模板（如图 5-16 所示）；

6）使用功能状态来确定子功能；

7）使用处理率；

8）使用组织结构；

9）使用功能要求；

10）考察利益相关方优先级；

11）匹配物理体系。

（1）使用工作模式

工作模式是指系统全面或部分执行全部或部分功能的工作能力。基于工作模式可将功能划分成多个子功能，例如，手机的系统功能可按其各工作模式划分成不同的子功能，包括拨打和接听电话、玩游戏、访问互联网或升级系统。图 5-12 和图 5-13 给出了这种方法在空间要素"执行空间任务"功能中的应用。

（2）使用输入和输出

有时我们会根据功能的输入和输出或者输入输出的类型来对功能进行划分，这样就能说明其外部接口。例如，计算机的子功能可包括：提供视频输出，提供音频输出，处理键盘、触摸屏和鼠标的输入，以及外围设备接口，例如打印机、存储卡、传真机等。由于这种方法重点关注外部输入和输出，因此我们使用分解法时应当考虑某些功能中的系统内部处理或控制，通常我们会增加一个独立的处理和控制子功能（见下方的 Hatley—Pirbhai 模板）。图 5-14 给出了如何使用输入/输出对空间要素进行子功能划分。

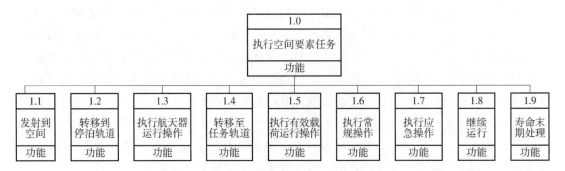

图 5-12　基于工作模式的功能层级结构

图中给出了如何基于工作模式将空间要素"执行空间任务"功能划分为多个子功能。这个体系违背了"子功能数不超过 6 个"的经验原则，但是在这个案例中，划分超出 6 个的子功能是可行的

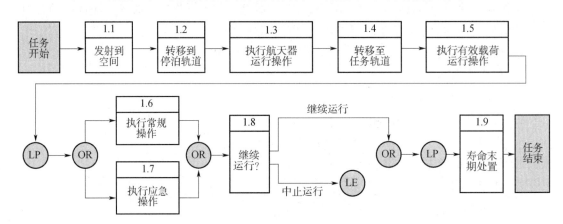

图 5-13　基于工作模式的功能流程框图

该图能使我们看清楚系统功能的逻辑顺序（LP—回路；OR—"或"决策点；LE—回路出口）

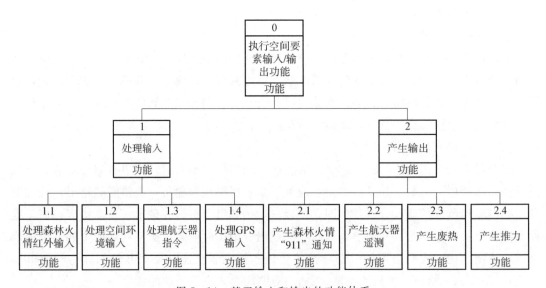

图 5-14　基于输入和输出的功能体系

这种划分方法重点关注系统如何处理输入和产生输出，主要强调系统的外部接口

（3）使用激励－响应主线（示例或运行情景）

运行情景或系统用例说明了系统如何使用，我们把系统功能进行划分，以满足各个情景，因此用户和客户能够更好地理解整个体系。如果情景互动程度较低，那么由此得出的体系相对简单；但是如果做的事情比较相似，或者与用户之间有相似的接口，那么按这种方法进行分解就有可能存在隐藏重复使用的可能性，例如使用激励－响应主线来分解自动取款机系统，就可得到诸如登录、提款、存款和余额查询等功能。对 FireSAT 项目应用该方法的示例如图 5 - 15 所示。

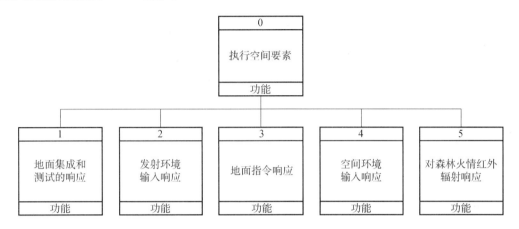

图 5 - 15　基于用例的功能划分

该图利用激励－响应主线将 FireSAT 执行任务的功能划分为多个子功能

（4）分割基本功能与保障功能

分割基本功能与保障功能方法比较简单，可将保障功能与常规操作功能分离开来，在该方法中，维护、支持性和操作性等子功能与用户基本功能分离开。基本功能和保障功能相对独立，换句话说，在系统的日常使用过程中，两者几乎没有接口，因为这些接口通常是状态和更新消息的一部分。因此，在体系中将两者划分开来是有意义的。

（5）使用 Hatley－Pirbhai 模板

模板说明了所有子功能的划分，如图 5 - 16 所示，即使我们有可能合并或删除部分子功能，例如，如果系统仅与用户互动，那么我们就可放弃与非用户输入或输出相关的子功能；如果系统仅与一个外部接口进行互动，我们可能将"接收非用户输入"功能和"产生非用户输出"功能合并为一个名为"与外部系统接口"的子功能。图 5 - 17 为在 FireSAT 中应用这种方法的示例。

（6）使用功能状态来确定子功能

功能图是静态快视图，描述了功能执行任务的指标或参数，许多功能需要经过一系列状态才能完成整个行为。通常情况下，根据输入我们就可以知道起始状态，根据输出我们就可以知道结束状态。许多常见的系统，例如自动取款机、借记卡、计算机和进入保密区域等，都需要鉴权过程。上述系统（使用功能状态）可能包含的子功能有：接收使用请求、要求唯一的识别码、接收唯一的识别码，以及为用户授权。

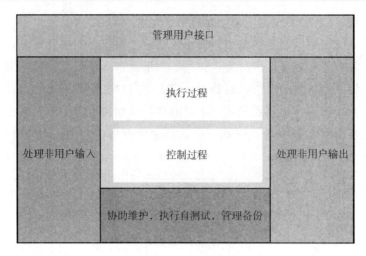

图 5 - 16　Hatley－Pirbhai 模板

该模板可将任意的功能都划分为图中所示的一般性子功能

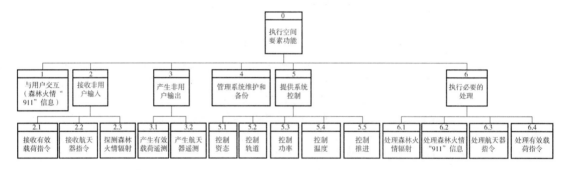

图 5 - 17 FireSAT 应用 Hatley－Pirbhai 模板的示例

图中给出了执行空间要素功能的子功能是如何从模板中得出的，

子功能又分解为 FireSAT 必须接收、产生、控制和处理的特殊项

（功能 1 和功能 4 也可在这一级进行进一步划分，但是为了简单起见，图中并未显示）

（7）使用处理率

许多基于计时器或固定的中断时间的功能具有周期性；而其他功能则不太规律，主要依据用户或其他资源的输入。在某一点上，开发人员将两类处理进行耦合，因为单个软件程序或硬件无法同时完成这两项处理。体系架构师要么在体系中对这些处理进行划分，要么将这个问题留给开发人员，但是前者更能描述各功能的触发因素和体系物理组件所需的处理量（见 5.4 节）。

（8）使用组织结构

项目的功能体系最终要分成许多部分，可以由开发团队设计和研制，或者由商业产品来实现，因此，在最低级层次，各个功能都应分配到单独的开发团队（或采购的产品）。如果我们事先或在开发体系过程中就已经知道商业产品和开发团队的结构，那么功能划分就应当匹配组织结构。

我们也可以匹配客户组织，这也是一种常用的方法。例如，由于国防部合同通常要求开发系统的系统，可能有多个客户共同资助一个解决方案，这种情况下，按照客户要求进行功能划分可能更有益也更有效。这样，客户就可以从他们的角度来设想系统，更好地理解他们花钱之后可以得到什么。

（9）使用功能要求

由于系统的功能要求描述了系统必须做什么，我们就可以用它来确定子功能。要求和体系的开发过程是迭代的，所以在处理底层功能时我们也可以使用同样的方法。各分系统的功能要求有助于我们对其子功能进行定义。图 5-18 给出了 FireSAT 的示例。

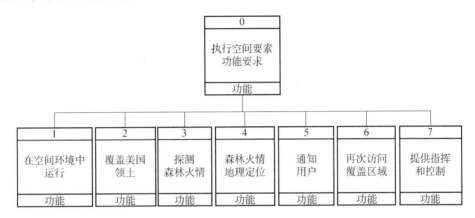

图 5-18　基于功能要求的功能层次结构

利用要求划分来说明系统必须做的事情

（10）考察利益相关方优先级

对于任何一个项目，利益相关方按等级排列的要求都可以追溯到一组按等级排列的系统要求。在建立系统功能体系时，我们就会用到这个信息。例如，我们将优先级非常高和非常低的功能隔离开来，从而可针对客户定制服务。通过隔离出高优先级功能并规定它们的接口，我们就可以确保这些功能最先开发；另一方面，划分出低优先级功能也可以降低总体风险。如果出现成本或进度问题，我们就可以放弃这部分低优先级的功能，或者延期交付。

（11）匹配物理体系

如果已知系统的物理体系（见 5.4 节），那么我们就可以把功能分配给物理资源——硬件、软件和人，很多情况下，可以使架构师在开发初期就了解物理组件。例如，我们在对遗留系统更新时，其硬件和软件都已经建好，为避免对系统造成较大影响，我们应在这些组件的基础上进行功能划分。有时，利益相关方会要求一定的物理资源。例如，他们可能要求使用特定的硬件、软件或商业现货产品。

架构师可能也希望匹配物理体系来限制支持与维护的成本。假设我们在开发功能体系之前就已知系统在运行过程中需要更换许多组件，这种情况下，我们在对体系进行划分时，在物理组件之间建立清楚的接口边界，这样组件更换就更容易，成本更低。图 5-19 给出了基于物理体系来划分系统功能的方法，首先将系统功能分为两个主要的部分，然后再对各功能进行更深入的划分。

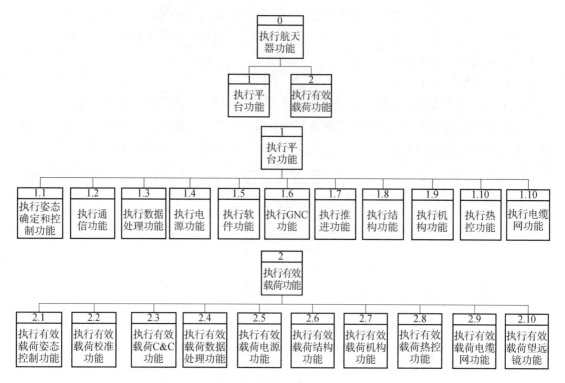

图 5-19　基于航天器物理体系的功能层次结构

通常系统现有的（遗留的）物理体系会带来一些约束，因此我们在构建功能体系时要服从这些约束条件

（GNC—制导、导航与控制；C&C—指令和控制）

表 5-3 总结了本节讨论的 11 种功能划分方法的优点和缺点。架构师可使用多种方法来划分一个功能，因为各种方法可得出不同的功能体系，也可将各项技术组合使用。例如，架构师可以使用示例的方法将一个功能分解为一组子功能，但是所有的示例可能拥有通用的输入或输出功能。最优的方法取决于待划分的功能，以及对用户和外围系统的外部接口，它可以是最简单、最模块化的，或是最详细的（5.4 节将讨论评估体系的技术和度量标准）。

表 5-3　功能划分方法的优点与缺点[①]

方法	优点	缺点
使用工作模式	1) 便于操作者与客户理解； 2) 可覆盖所有主要功能	1) 可能会隐藏相似功能重复使用的可能性； 2) 若工作模式互动程度高，则功能变得非常复杂
使用输入和输出	1) 覆盖（守恒）所有输入和输出； 2) 为类型相似的输入/输出提供公共功能； 3) 对于无复杂处理或控制的功能来说很好用	无法覆盖复杂的控制和处理，因此该方法需要同其他面向复杂功能的方法合并使用

续表

方法	优点	缺点
使用激励—响应主线（示例或运行情景）	1）匹配运行体系，而且是从用户的角度出发； 2）描述系统所有用例； 3）若情景互动程度低，则比较简单，容易理解	1）可能会隐藏情景间功能重复使用的可能性； 2）若存在多个情景或相似的情景，那么该方法将会十分复杂
分割基本功能和保障功能	1）符合逻辑； 2）在许多系统中使用，因为保障功能与常规操作不同	1）仅分割系统部分功能； 2）对于较为复杂的功能划分，必须与其他方法结合使用
应用 Hatley-Pirbhai 模板	1）方法简单，适用于多种不同类型的功能； 2）在较高的层次上是一种有效的划分方法	1）无法详细说明处理或控制功能； 2）在较低层次上可能需要其他的方法来理解底层处理
使用功能状态	1）适于描述具有多个步骤的功能； 2）与众多工程师熟悉的状态机较为相似； 3）对大部分人来说易于理解； 4）可协助架构师发现尚未完全了解的功能细节	1）架构师必须在一开始就理解起始状态和结束状态； 2）对于较长的处理过程或复杂功能，该方法非常复杂
使用处理率	1）简单； 2）与功能使用方式相匹配，因为硬件和软件可根据处理率对不同功能分离	1）仅能划分部分系统功能； 2）要想进行完备的划分，必须与其他方法结合使用
使用组织结构	1）与功能使用方式相匹配，因为这些功能最终要分配到不同组织管理或使用的组件； 2）在结构已经固定或很难发生变化的组织中使用	因为该方法要求功能满足组织的要求，阻止了创造性或权衡的可能，无法实现更高效的解决方案（见 5.3.2 节关于形态分析表的讨论）
使用功能要求	当功能要求定义明确且完备时，非常适用	由于功能要求无法包括非功能性能特征，有可能得到部分解决方案
考察利益相关方优先级	1）支持系统有效保障与维护； 2）建立满足客户优先级的体系，能够给客户"最划算的"解决方案	1）仅划分出系统部分功能； 2）若想完整地划分功能，必须与其他方法结合使用
匹配物理体系	1）匹配功能应用方式； 2）通常在必须继承遗留系统、商业现货项或采购产品时使用这种方法	由于该方法要求功能体系和物理体系一对一地对应，阻止了创造性或权衡的可能，无法实现更高效的解决方案（见 5.3.2 节关于形态分析表的讨论）

①根据可用信息，我们可采用多种方法来进行功能划分。了解各方法的优缺点有助于选择最优的方法。

5.2.4　确定哪些功能接收外部输入，哪些功能产生外部输出

每一级功能划分都应当完备地表示整个系统，因此子功能必须满足相应功能的要求。为了验证两者的匹配关系，架构师必须首先确保子功能与功能具有相同的外部输入和输出，从系统级开始，使用系统背景图和运行情景来确定系统的输入和输出，然后，再确定哪部分系统子功能接收特定的输入或产生一定的输出。

这个过程之后，架构师就能够更深入地理解每项子功能。在许多情况下，架构师还可

以发现之前遗漏的许多系统级输入和输出，应当根据新的发现对系统背景图和运行情景进行更新。或者，他们可能确定已开发的子功能是不完备或是错误的，这种情况下，架构师可开发一系列子功能来更新体系（使用相同的或不同的划分方法），更好地处理系统的输入和输出。

图 5 - 20 给出了空间要素简单的功能分解。空间元素的各项输入都由一项子功能来接收，再由各子功能产生各项输出，从而这些子功能就能处理所有空间要素（如图 5 - 8 背景图中所示的"执行航天器操作"功能）的输入和输出。

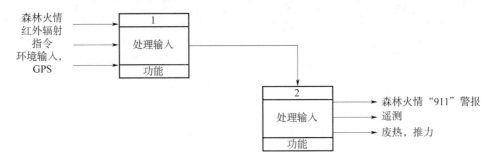

图 5 - 20　向子功能分配外部输入和输出

图中，外部输入和输出分配到适当的子功能。此处，我们简单地将空间要素

划分为两个子功能。然后，这两项子功能再划分为更多的描述性的子功能，从而更好地说明系统做什么

5.2.5　使用情景追溯来验证功能互动

在上一步中，我们将功能划分成了一系列的子功能，并验证了这些子功能能够覆盖全部的外部输入和输出。从外部来看，我们成功地将功能划分得更加详细，但是在这个层次上，功能划分是不完备的，还需捕获所有的功能互动。一种"情景追溯"的方法可帮助我们验证功能体系的完备性。

对于运行方案中的各个系统用例，对功能划分进行情景追溯可查出体系根据输入是否正确地产生了系统要求的输出。情景追溯可展示：

1）在划分中功能的缺陷或不足，如无法接收所有输入、无法产生所需输出、反馈或控制不充分无法产生所需输出；

2）功能重叠或冗余。

由于子功能之间的输入和输出有遗漏，常常会导致功能缺陷，因此架构师必须将它们加到功能划分中。当多个子功能接收到相同的输入、负责相同（或相似）的任务或发送相同的输出时，就会出现功能重叠。为解决这个问题，架构师必须对接收外部输入或产生外部输出的子功能进行改动，甚至需要用另一组不同的子功能来替代这一组。情景追溯可帮助架构师发现互动问题，并将功能完全划分，以满足系统运行需求。情景追溯包括 5 个阶段：

1）追溯在系统级定义的运行情景；

2）追溯其他需要开发的功能情景；

3）导出集成系统行为模型；

4）消除功能定义的差别；

5）集成系统的情景，并产生功能体系。

（1）追溯在系统级定义的运行情景

首先从系统级运行情景开始，验证是否每一级功能划分能够根据已知输入产生所需的输出。这些情景显示了操作者在使用系统时系统与操作者和其他外部系统连续有序的互动。通过在整个功能体系中的追溯，我们可发现功能互动满足各自的要求。

图 5 - 21 和图 5 - 22 给出了两个运行情景，图中都以顺序图的形式说明了在系统级和功能划分级的情景。在这两幅图中，（a）图是在系统级的情景，顺序图中用垂直线来表示相关系统（FireSAT 空间要素）和外部系统（用户）。系统输入是 FireSAT 空间要素线结束的箭头，系统输出则为自 FireSAT 空间要素线开始的箭头，事件的时间按纵轴向下发展。因此，图 5 - 21 中系统在产生"森林火情'911'通知"这个输出之前接收到"导航信号"输入，该情景给出了往来相关系统的输入和输出的顺序。

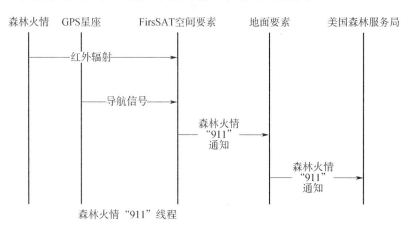

（a）系统级，给出了系统在该情景下的输入和输出

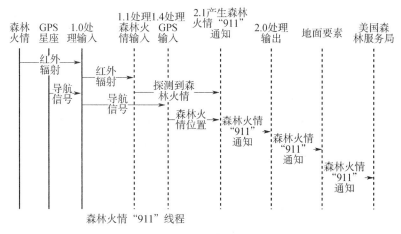

（b）子功能级

图 5 - 21　森林火情"911"情景

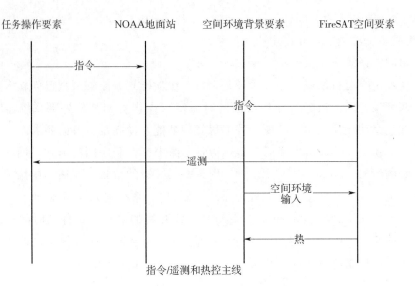

（a）系统级，给出了系统背景的输入和输出

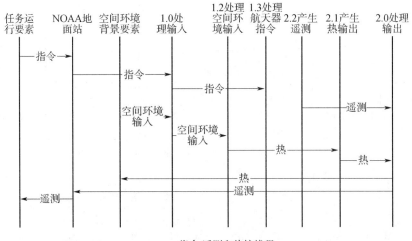

（b）子功能级

图 5 - 22　控制情景

　　图 5 - 21 和图 5 - 22（b）给出了图 5 - 14 中所描述的空间要素整个功能划分过程中追溯的运行情景。在这两个示例中，空间要素子功能以垂直的虚线表示，而垂直实线则表示系统元素和外部系统。

　　外部输入和输出的加入或来自于一项子功能。图 5 - 21 和图 5 - 22 中还给出了功能在情景运行过程中，各子功能间内部的输入/输出。如在图 5 - 21（b）中，当子功能"1.1 处理森林火情输入"接收到外部输入"红外辐射"时，它就会向子功能"2.1 产生森林火情'911'通知"发送内部消息"探测到森林火情"。系统要想产生实际的"911"通知，那么必须先知道森林火情的位置，当子功能"1.4 处理 GPS 输入"接收到外部输入"导航信号"时，它就会向子功能"2.1 产生森林火情'911'通知"发送内部消息"森林火情位置"。此时，该功能才具备产生外部输出"森林火情'911'通知"所需的全部信息，对地面要素外部系统发送通知。

系统无论何时收到外部输入，我们都必须给出接收该输入的子功能与产生后续外部输出的子功能之间的联系。系统级情景 ［图 5 - 21 (a) 和图 5 - 22 (a)］ 是在子功能级完全实现的 ［图 5 - 21 (b) 和图 5 - 22 (b)］。

（2）追溯其他需要开发的功能情景

有时系统级运行情景无法全面覆盖系统的外部输入和输出。另外，内部功能也会驱动产生外部输出，例如内部错误处理导致向操作者报告错误状态。规划人员可能不需要开发所有的运行情景，考虑到成本和进度，仅在系统级解决体系中重要的问题。但是我们仍需定义功能情景，贯穿整个体系进行情景追溯，从而处理功能体系中所有的外部输入和输出，然后，再利用这些情景来确定是否需要更多的功能或更多的输入/输出来开发完备的功能体系，"完备"表示体系覆盖系统全部外部输入、输出和所需功能。

我们还需要考虑情景之间的内部互动。例如，安全系统一般包括用户鉴权和登录情景，它们与主系统相分离；其他示例还有购买飞机票的网络系统，以及 ATM 机的登录过程。但是这些情景必须互动：用户鉴权情景必须把用户的识别码或鉴权信息传递给主情景。功能体系必须包括这些情景间的互动，从而确认子功能拥有了完成任务所需的信息。

为产生线程，我们首先需要选择运行情景未包含的输入和输出，然后再建立全面响应输入或产生输出所必须的系统功能顺序。

（3）导出集成系统行为模型

推导出用于补充运行情景的全部功能情景后，我们就有了系统背景的完备集，并且已经定义了功能划分（子功能）所需的所有输入和输出，换言之，我们已经将一级功能体系全面完备地划分为详细的下一级体系。这时，我们已经可以将情景和功能体系进行集成，来检验系统的完备性。图 5 - 23 是在图 5 - 21 和图 5 - 22 的基础上更新升级得到的，它给出了系统的功能体系，包含了满足运行情景所需的子功能内部输入和输出。

（4）消除功能定义的差别

集成有难度的原因之一就是不同的工程师团队会产生不同的情景。许多功能看上去几乎相同，但是它们可能具有不同的名称、边界、输入和输出。在将情景集成到一个共用的、单一的体系之前，我们必须消除这些差别。

具有不同输入和输出或退出条件的功能是不同的功能，因此在集成线程、确认系统功能唯一性时，我们必须说明这些功能间的差别；同时，我们也应当限制最终集成体系的规模和复杂度；此外，尽量不要复制功能和逻辑流。如果将情景保持原样、仅仅并行连接起来，那么集成的工作就会非常容易，但是这种方法无法理解系统功能之间是如何综合协调进行互动的，将各个情景集成为一个结构或体系的原因之一就是要使体系便于系统工程师理解，如果集成得不好，设计工程师就无法理解系统背景并行运行时，它们之间是如何互动的。

系统情景确定了系统如何对每个独立于其他所有输入的输入进行反应，但是这些单独的情景无法说明共同工作的功能，也无法说明情景间的互动和逻辑控制，将这些情景集成

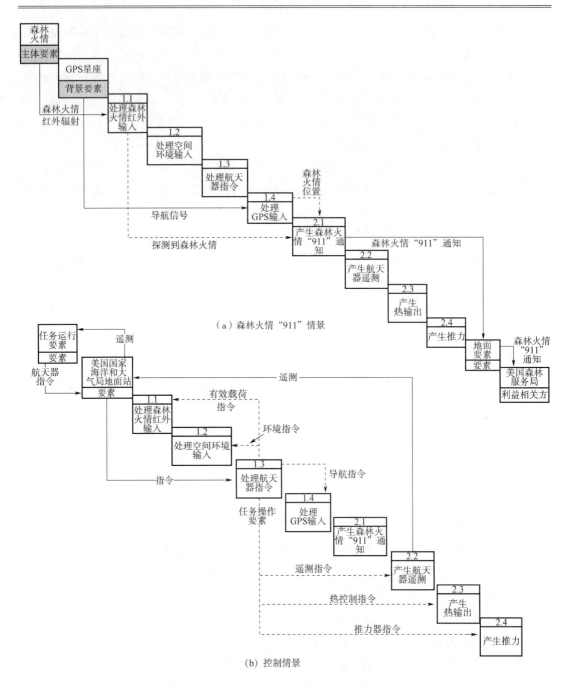

（a）森林火情"911"情景

（b）控制情景

图 5-23　功能划分

我们将所有情景划分进行合并，得出完整的系统功能划分（见图 5-24）

起来就是解决这一明显漏洞的方法之一。这项工作极具挑战性，但是对于建立高效、易于理解的系统逻辑来说是必要的。

（5）集成系统的情景，并产生相应的功能体系

图 5-24 给出了由前面多个情景集成得到的综合功能体系，将各个情景子功能的输入

和输出合并，就可以得到各个子功能输入输出的完备集，因此，该功能体系可执行所有情景的功能。

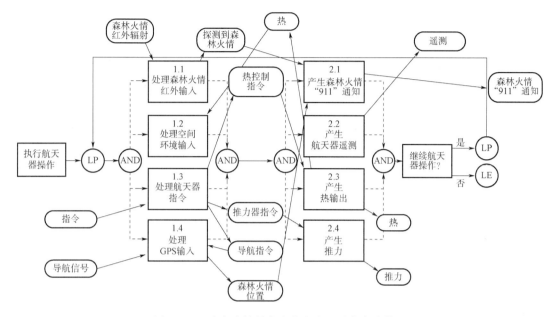

图 5-24　由多个情景产生的行为和功能集成体系

此图显示了完备的功能体系，包括所有单个情景和各情景间的互动。

方框表示功能，椭圆形表示输入、指令和输出，圆形和线段表示功能的逻辑执行流程。

LP—执行回路；LE—回路的出口（执行流程退出回路的条件）

5.2.6　对整个功能体系迭代应用相同的流程

现在，我们不再局限于某一层次的功能体系划分，整个体系可能包括多个划分层次，因此我们应当对每一级的每项功能遵循相同的流程。图 5-24 给出了一个层次上的系统划分：分解为第一级子功能。这些子功能接收或产生所有系统级的外部输入和输出，通过对子功能进行情景追溯，完成了子功能之间的输入和输出。

按照相同的流程，我们将全部或部分子功能再划分到下一级。例如，假设我们要对图 5-24 中"处理森林火情红外输入"这一子功能进行划分，首先要完成下列 3 个步骤。

1）定义该子功能的系统背景（图 5-25），现在，该子功能就为"相关功能"；

图 5-25　子功能"处理森林火情红外输入"的系统背景

我们在下一级更详细地划分之前，必须了解功能的情景

2）确定"相关功能"的子功能（图 5-26）；

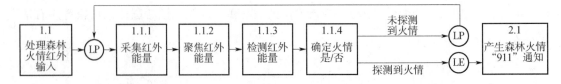

图 5-26　　"处理森林火情红外输入"功能的子功能

采用上述迭代流程，确定每项功能的子功能都划分到了更低的层次

　　3）确定哪些子功能接收或发送系统的各个外部输入和输出。

　　当架构师将功能划分到足够细的程度，开发团队可以开始设计、研制和试验时，功能体系划分的工作就完成了，下一步就是指开发物理体系并将功能体系分配到物理体系中，如5.3.1节所述，架构师的工作到技术细节状态程度就结束了，这在5.3节中将会详细论述。

5.3　建立物理划分，并对物理组件分配功能

　　由于物理体系规定了构成解决方案的组件（人、硬件或软件），因此在确定物理体系之前，设计解决方案的工作仍未完成。

5.3.1　了解如何定义物理体系

　　到目前为止，我们已经说明了如何开发系统子功能及其之间的互动，以满足系统的运行要求，下一步就是分解系统的物理结构，然后将功能体系的成果映射或分配到物理体系的各个要素上。要想定义物理体系，我们需要：

　　1）确定物理要素或划分；

　　2）将功能体系分配到这些物理要素；

　　3）建立系统物理要素间的接口。

　　和功能体系一样，物理体系划分的步骤也不是按顺序进行的，通常是并行的。某一步骤完成了一部分后就能对其他步骤有更深入的理解，因此我们就会开始处理另一个或多个步骤，这反过来又加深了我们对第一个步骤的理解。在这项工作不断推进的过程中，我们就会发现最能够满足要求的物理解决方案。

　　此外，还有一点与功能体系划分相似，一般架构师会在详细程度不同的多个层次上定义物理体系，这个过程将系统体系向下划分到技术状态项的层次，这时开发团队就可开始进行设计。"技术配置项"是设计的最低级，为此我们建立了材料清单，正是在这一级对系统的技术状态进行管理。在选定了技术配置项以后，我们就需要追溯它们的要求，然后将这些要求传递给开发团队，开发团队开始研制硬件和软件。在对技术配置项层次上的物理体系进行定义之前，我们必须理解这一层次是什么：

　　1）对于将要开发的技术配置项，硬件或软件团队从该层次开始进行设计；

　　2）对于不需要开发的技术配置项，项目从该层次购买或通过其他途径获得现有项目，例如商业现货项、政府供应项、政府现货项，或者其他可重复使用的硬件或软件项。

　　因此，技术配置项级包括不同程度的细节，这取决于客户、合同、承包商的开发环境，甚至是将要研制的解决方案。为了更好地理解技术配置项等级，我们举 3 个示例来说明。

　　示例 1。假设我们要研制一个硬件机柜系统，其中包括多个承包商需开发的处理器。那么，该硬件的技术配置项级是什么？如果硬件开发团队从机柜开始，那么我们就应当把物理体系和功能体系划分到机柜的层次——这就是技术配置项。但是如果机柜由一个开发团队生产而各个抽屉由另外的团队开发呢？那么我们就应当将体系向下定义到抽屉的层次。在这个示例中，硬件开发组织决定了技术配置项的等级。

　　示例 2。假设我们要研制一个系统，要求在一个处理器内包括许多软件。假如只有一支开发团队负责开发所有的软件，那么技术配置项就是"处理器中的软件"，我们就将体系和要求匹配到该技术配置项。如果有多个分包商共同开发软件，那么整个体系还应划分到足够低的层次，以便体系要求可分配到各个分包商。在这个示例中，开发环境和团队协议决定了技术配置项的等级。

　　示例 3。假设我们要研制这样一个系统，它使用现有的、无需开发的项——商业现货或其他项。此时，功能体系和物理体系的划分应当匹配项目计划采购或其他方式获得的项。下列几个方面定义之后，划分的工作就可以完成。

　　1）属于技术配置项或物理组件的项；

　　2）组件与体系中其他组件之间的接口；

　　3）组件将执行的功能；

　　4）组件必须满足的功能性要求或其他要求。

　　图 5 - 27 给出了另外一个背景图示例，其中说明了系统的物理组件及其与外部系统的物理链路。图中并未说明物理链路中传输的信息、数据、信号或材料。

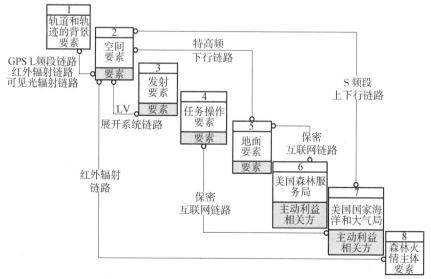

图 5 - 27　以物理框图形式表示的系统背景图

图中给出了空间要素、与空间要素互动的外部系统，以及空间要素与外部系统之间的物理接口（LV—运载火箭）

5.3.2 建立物理划分

物理体系将相关系统划分成子部件或组件。物理组件是执行功能的系统资源，包括：硬件、软件、设施、人或者程序。功能的名称以动词开始，而物理组件的名称则是名词词组：什么或是谁来执行功能。系统架构师通常用到两种类型的物理体系：通用体系和实例化体系。

（1）通用物理体系

通用物理体系在对系统的物理要素进行划分时无需规定构成各要素物理资源的性能特性，有时这种体系也称为"参考"或"平台"体系。如图 5 - 28 所示，我们确定了解决方案应用的物理组件的类型，但是并没有确定实际的组件及其必须满足的要求。例如，通用

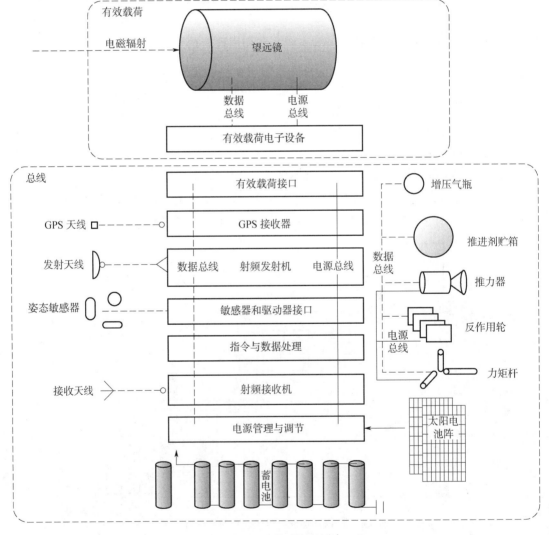

图 5 - 28　通用物理体系
我们使用通用体系作为许多产品的模板（参考体系）。图中给出了系统所需组件的类型

体系仅说明我们需要一台望远镜、一个增压气瓶、一个推进剂贮箱等，但是并没有说明这些组件的详细规格。许多产业机构和承包商利用通用物理体系作为最终产品的模板或参考体系，手机和计算机公司采用平台体系来说明基本组件，当开始建造具体的手机或计算机时，它们通常只是通用体系的一个版本。

（2）实例化物理体系

该体系因规定了资源的性能指标和物理项的要求，较通用物理体系内容有所增加。要想建立实例化物理体系，我们需要将功能分配到通用体系，确定物理组件之间的接口，并从系统要求推出对各组件的要求。现在，我们对完整的物理体系，有时也称为"产品"或"解决方案"体系，进行建模并开始开发的工作。

图 5-29 给出了实例化物理体系的高级别示例。在图中，我们将物理组件定义为：硬件、软件和接口。图中标注了各组件应满足的要求。

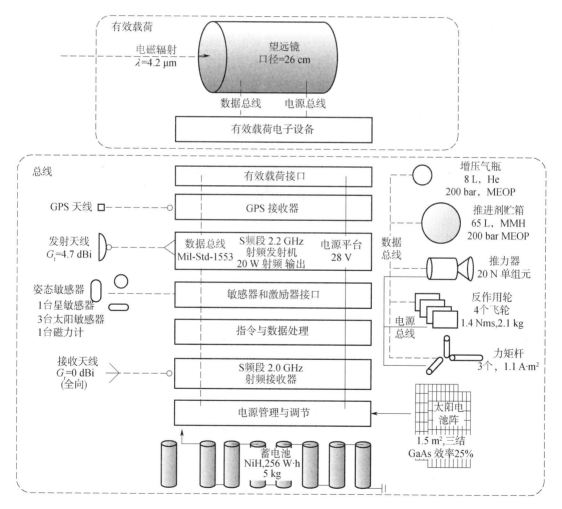

图 5-29　实例化物理体系的高级框图

实例化体系说明了具体的产品或系统。实例化体系通常是在通用体系的基础上建立的，进一步给出了物理组件的细节信息（λ—波长；G_t—发射增益；G_r—接收增益；NiH—镍氢电池；GaAs—砷化镓电池；MEOP—最大期望工作压强；MMH—甲基联氨/甲肼；Mil—Std—军标）

在上述步骤中，我们定义了通用物理体系，因为我们希望了解解决方案将包含哪种类型的物理组件；然后，我们将功能分配到物理组件，在组件之间建立接口，并推导和分配要求；最终可得到实例化体系或产品体系；体系中可包含利益相关方要求和系统要求。

5.3.3　对物理组件分配功能

到目前为止，我们已经有了一个功能体系，用于说明相关系统做什么，也已经建立了一个通用物理体系，说明了我们认为所需类型的组件及其之间的接口。现在，我们需要将这两个体系关联起来，将功能分配到物理组件，由我们来决定各个硬件、软件、人员、处理或基础设施组件应当承担哪项功能。这一步是非常必要的，因为它定义了将要研制的物理解决方案以及物理组件之间的接口（我们将在 5.3.4 节对接口进行说明）。物理解决方案将影响成本、进度、性能和相关风险。

这一步需要进行大量的迭代，因为我们需要不断地改变功能体系以更有效地适应物理解决方案。在得出最优的解决方案之前，我们需要不断地对不同的解决方案进行权衡，最终的解决方案有可能不是成本最低、研发周期最短的，或者从技术上讲不是最吸引人的，但是它却是最能满足系统要求的，因此，也最能满足客户的需求。

如果我们想要了解各项功能究竟是如何完成的，那么所有的功能都必须分配到一定的物理组件；如果一项功能分配给了多个物理组件，那么这时就应当决定是否将该功能分解为多个子功能，从而可以将各项子功能分配给单独一个组件。这一步非常重要，因为物理体系影响组件的要求和组件之间的接口。如果我们将一项功能分配给多个组件，那么系统要求也会分配到多个开发商，那么他们之间的接口就会变得模糊。如 5.3.4 节和 5.4 节所述，模块化的、接口定义明确的体系相对更好。

有时，将多个物理组件完成的一项功能进行分解也有可能行不通。例如，系统可能具有一项名为"为用户提供信息"的功能，即将系统响应显现在显示器上以便观看，该功能可能涉及两个或多个物理组件，例如显示器和应用软件。将该功能分解为两项功能（一项功能由显示器完成，另一项功能由应用软件完成）的方式可能成本上不划算，因为开发团队清楚各个组件的功能性以及它们之间的接口。分布式系统也是多个物理组件完成相同功能的例子，只要我们知道组件之间的接口，改变功能体系和物理体系，来进一步编制该解决方案可能不会增加任何价值。

图 5-30 给出了我们如何将功能分配到物理体系。单独一项系统功能对应着相关系统，而各项子功能则分配到单独的分系统。

尽管有些人可能会认为各个物理组件应仅执行一项功能，但是实际情况并非如此，也不应如此。系统架构师必须了解功能体系中的各项功能，并以最佳的方式分配到物理体系中，这一过程很少能得到功能与组件一对一映射的结果。图 5-31 给出了多项功能分配到物理组件的示例。但是所有的物理组件都必须至少执行一项功能。多项功能分配到单独一个组件的原因包括：

1）功能是相关的，或者处理相似的任务；

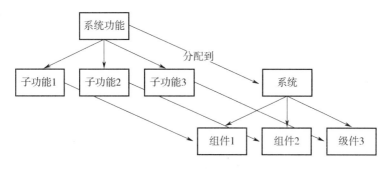

图 5 - 30 将功能分配到物理组件

功能体系中的功能必须分配到物理体系中的组件，每项功能都必须由某个组件来完成

2）如果多项功能集中在一个组件完成可改进性能；

3）现有的组件（商业现货或其他方式获得的组件）可承担多项功能；

4）多项功能易于测试；

5）接口复杂度降低；

6）技术风险更低；

7）这种分配可满足未来的性能要求；

8）可匹配未来具有潜力的技术。

图 5 - 31 还给出了将功能映射到组件的通用示例，图中组件 c_3 并不做任何事情（不执行任何功能），它有可能是外来的（不需要的），功能体系中可能有一项功能遗漏了，或者有其他的原因使得组件 c_3 成为系统物理体系的组成部分，该解决方案可能是借用了遗留系统、参考体系，或者在之前的解决方案中已成功应用的某种平台体系。虽然目前的解决方案并不需要这个组件，但是保留它会更划算、更便捷。我们可以保留一项额外的组件，以便未来某项功能会需要它，现在保留组件要比将来添加组件容易得多。但是，无论组件是否执行任务，我们都应当确认系统是否需要这个组件。

将功能或通用组件分配到物理组件这方面可研究的内容很多，包括权衡研究、技术决策，以及功能或一般组件的迭代更新。形态分析表就是一项将功能分配到组件的有效的技术，它确定功能或通用组件如何应用或落实到最佳的物理组件，以满足应用的要求。表 5 - 4 给出了形态分析表的示例，其中，表头为各项功能，而下面各行表示各项功能可能的物理解决方案，然后，我们根据相关系统的技术、成本和进度要求来选取实现功能的最佳方式。图 5 - 32 给出了 FireSAT 任务中物理要素对功能的关系，其中包括部分 FireSAT 要素及其执行的功能。然后，我们通过以下几项选择再将空间要素分解到可实施的形式：

1）由哪种类型的组件或要素来执行功能：硬件、软件、基础设施，或者人和流程；

2）我们将使用哪种硬件：包括商业现货还是待开发的硬件，分布式的还是集中式的等；

3）我们将使用哪种类型的软件：包括商业现货还是待开发的软件，客户端处理还是服务器端处理的软件，使用单个处理器还是使用分布式处理器等。

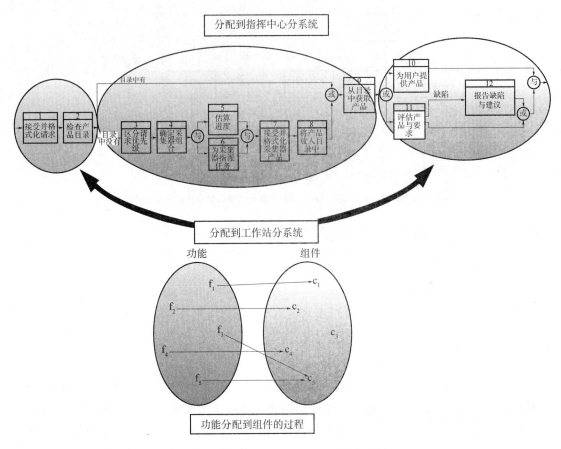

图 5 - 31　其他将功能分配到组件的示例

此处，我们给出了将功能分配到物理组件的通用示例

表 5 - 4　FireSAT 航天器系统设计的形态分析[①]

通信上行链路	通信下行链路	姿态敏感器	姿态执行机构	发电	储电	导航方式	推进技术
无(完全自主)	UHF	太阳敏感器	无(自由摆动)	无(仅主蓄电池)	主蓄电池	地基	低温气体
UHF	S 频段	星敏感器	被动自旋	光电	NiCd	天基 GPS	单组元推进
S 频段	Ka 频段	磁力计	双自旋	燃料电池	Ni - H	天基光学	双组元推进
Ka 频段	K 频段	加速计	重力梯度杆	RTG	NiM 氢化物		固态
K 频段	X 频段	陀螺仪	永磁	核反应堆	Li - Ion		核热
X 频段		力矩杆	太阳动力				电阻式推力器
		反作用轮					电弧式推力器
		控制力矩陀螺					离子
							霍尔效应推力器
							脉冲等离子推力器

①我们使用形态分析表来选取功能体系的最佳实现方式（UHF—特高频；NiCd—镍镉电池；Ni - H—镍氢电池；RTG—放射性同位素热电发生器；Li - Ion—锂离子）。

图 5-33 给出了物理体系的层级结构，方框表示航天器的各个物理组件。到目前为止，我们尚未处理组件之间的接口（在第 5.3.4 小节中论述）。

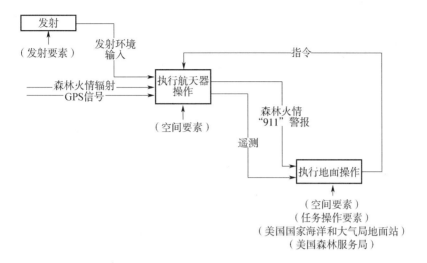

图 5-32　显示出分配到物理要素的功能体系

图中，圆括号内为物理组件，向上指向功能的箭头表示由括号内的各要素来执行

5.3.4　定义物理接口

物理组件的选择和分配工作完成后，架构师就应当开始着手物理组件间接口的工作，接口用于连接各个物理组件，并且在组件之间传递信息、信号、数据流或能量（见第 15 章）。我们必须仔细地定义接口，因为系统常常会在接口处发生故障。接口列出以后，随着我们对接口的理解越来越深，我们可以再返回到前面的步骤，改变功能体系，或重新将功能分配到物理组件。

当不同物理组件的功能之间有信息、数据、信号或能量转移时，或者两个物理组件需要连接时，就需要建立接口。要想建立接口，我们必须注意到细节和第 15 章中定义外部接口时所遇到的相同问题。下面列出的问题可帮助架构师确定为特定系统设计接口的最佳方式（有些内容不适用于特定的接口）：

1）哪些组件需要连接？

2）连接的物理方法是什么：机械、电气、数据等？

3）接口和相连物理组件需要满足哪些要求，例如平均故障时间？

4）实施连接的技术限制有哪些：流量、时延、距离限制？

5）接口所处的位置或环境是什么？

6）使用了哪些协议或标准？

· 传输控制协议/因特网协议（TCP/IP）或开放系统互连（OSI）（7 层）参考模型；

· 数据格式；

· 数据总线标准，例如 RS－232，军标 1553。

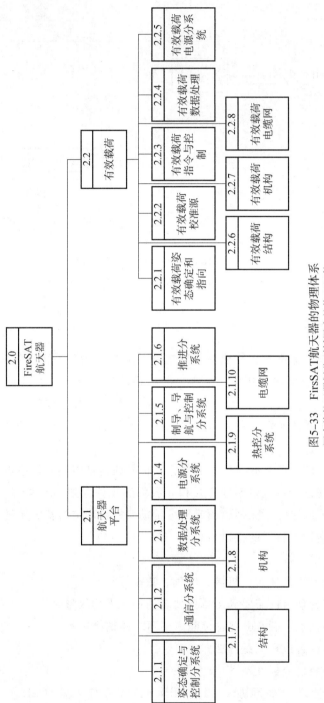

图5-33　FirsSAT航天器的物理体系
图中将航天器划分到低层次的物理组件

7）通过接口传输的信息、信号、数据或能量是什么（包括类型、数量和频率）？这些细节应当在功能体系中规定，并作为从一项功能（由一个组件执行）转移到另一项功能（由另一个组件执行）的信息的定义组成部分。

图 5 - 34 给出了图 5 - 33 物理体系中要素间的接口。

建立了物理组件、将功能分配到这些组件，并且定义了接口之后，我们就完成了物理体系的设计工作（从物理上对系统进行了划分）。如上所述，整个体系应开发到技术配置项的层次，从而使开发团队可开始设计和研制物理组件，或者通过购买或其他方式获得这些组件（商业现货或可重复使用的组件）。

5.4　评估体系

系统功能要素和物理要素的综合方法有许多种，这就说明有可能存在多种功能和物理体系方案。考虑到体系对组织业务策略、操作任务监管和方针以及功能和开发复杂度及资源的影响非常大，设计团队应对不同的方案进行评估，目标是综合并优选系统物理和功能结构。代表体系优先程度或体系整体良好度的度量标准随项目的不同而有所不同，体系评估有许多目标，但是基本目标如下所述。

1）研究设计权衡：选择了哪些体系方案或未选择哪些体系方案？为什么？选择的依据是什么？

2）识别解决方案的风险，确定消除这些风险的可能方法；

3）确定技术问题和组织问题，以便后续深入分析；

4）检验解决方案是否尽可能多地借鉴了其他解决方案，或者是否正确地集成了商业现货产品；

5）与利益相关方就解决方案进行沟通交流，并建立利益相关方采购清单；

6）体系能否满足系统的性能要求，能否满足关键的约束，并且能否执行所有的运行情景？

体系评估还可以为架构师和其他利益相关方揭示现在的问题，所以他们可以在开始详细设计技术配置项或选择商业现货系统要素之前就解决这些问题。进行体系评估的最佳时间是在体系确立基线之前、解决方案的设计仍在进行中。通常，我们在正式的评审中将体系确立为基线，例如初步设计评审（PDR），因此我们应当在评审之前进行评估工作，如果未能在此之前开展评估，那么利益相关方可以在评审期间对体系进行评估。此时，所有的利益相关方应该在体系选择上达成一致，认定最后的体系可满足系统要求，而开发人员可开始进行详细设计。

5.4.1　建立体系评估的方法与度量标准

体系评估的度量标准需考虑系统解决方案的选定和特定方面，例如性能或灵活性、可扩展性或可测试性，以及可维护性等。度量标准可由系统或利益相关方的要求产生，或者

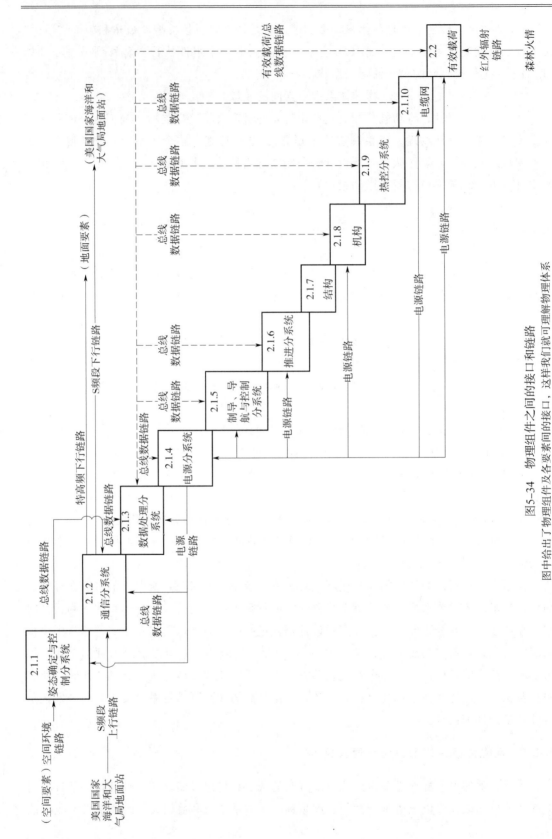

图5-34 物理组件之间的接口和链路

图中给出了物理组件及各要素间的接口，这样我们就可理解物理体系

可由所有（或大部分）系统应满足的特性产生。一般情况下，我们可以通过测量系统（或计划使用的系统）来确定其是否符合度量标准，也可以通过考察其他系统体系来选取一个最符合度量标准的方案。不论使用何种方法，都有一些基本的方法可以采用，包括使用软件工程研究所的体系权衡分析、应用质量属性特性法，以及基于所有或大部分系统通用的度量标准来评估体系。

（1）软件工程研究所的体系权衡分析法（ATAM）

这种方法考察体系的业务驱动因素或任务驱动因素，它说明了各个驱动因素可度量的属性以及度量（或估算）的情景，以此来确定体系能否满足属性。图 5 - 35 给出了应用该方法的示例。

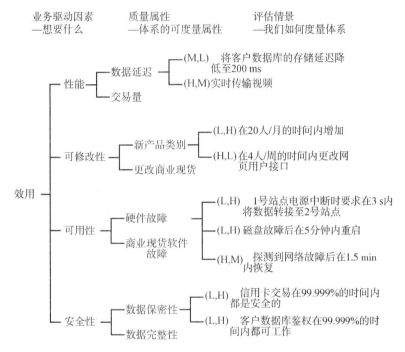

图 5 - 35　软件工程研究所用于评估体系的体系权衡分析法

图中我们给出了产业界使用的体系评估过程。圆括号中的两个字母（H—高、M—中、L—低）

分别表示客户的优先级和满足属性的预计困难程度（CORBA—公共对象请求代理体系）

（2）质量属性特性法

该方法与体系权衡分析法相似，两者都是在业务或任务驱动因素（系统的质量属性，见图 5 - 36）的基础上考察体系的属性。质量属性特性法通过下列途径来确定体系是否满足质量属性。

1）建立体系必须对之做出响应的激励；

2）记录体系的哪些部分能够满足属性；

3）记录体系如何度量（或估算）。

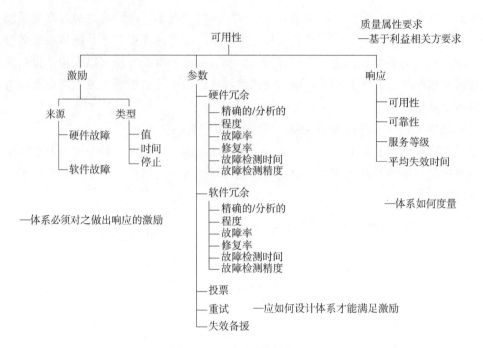

图 5 - 36　质量属性特性法

图中给出了行业内使用的另一种体系评估流程

（3）通用指标法

这是另一种评估体系的方法，使用所有或大多数系统通用的度量标准。该方法基于体系符合度量标准的程度来对体系的"良好度"进行度量或估算。虽然通用指标法并不直接将任务要求作为输入，我们可以对其做出改变以容纳这部分要求。图 5 - 37 列出了许多典型种类的度量标准。

图 5 - 38 将利益相关方优先级（或任务驱动因素）和通用指标结合起来，对体系进行定量的度量或估算。我们使用通用指标（第一步）来评估体系，但是基于任务需求对其进行排序（第二步）；在第三步中，我们定量地评估体系，以确定体系满足指标的程度——一般使用图 5 - 38 中给出的指标；最后，在第四步中，我们对评估结果进行打分，这个分数和各指标的分数能使我们确定体系的良好度及其无法满足客户需求的风险。

5.4.2　系统或分系统建模

作为体系评估的一部分，我们将从整体或系统风险的方面来分析潜在的系统资源和事件。在分析之前，我们先对整个系统或其某个部分进行建模和仿真，主要是验证可执行的逻辑框图能否满足体系要求。验证工作涉及下列四个主要类型的分析。

1）动态分析：评估系统行为的动态一致性和执行功能的能力；

2）时间线分析：建立并分析综合行为时间线；

3）资源分析：监控系统资源的总量和动态，例如人员、计算机每秒百万条指令、存储器、供给、电源、雷达脉冲，以及拦截器数量；

通用性

1) 物理通用性（系统内）
  a 硬件通用性
    • 专用线可替代单元（LRU）的数量
    • 专用线固件的数量
    • 专用电缆的数量
    • 专用实施标准的数量
  b 软件通用性
    • 专用已安装软件包的数量
    • 语言的数量
    • 编译器的数量
    • 软件实例的平均数量
    • 专用实施标准的数量
2) 物理相似性（与其他系统）
    • 已知供应商的%
    • 已知分包商的%
    • 已知硬件技术的%
    • 已知软件技术的%
    更新而来的
3) 操作通用性
    • 自动化操作功能的%
    • 所需专用技巧代码的数量
    • 操作培训估算时间—最初的
    • 操作培训估算时间—由之前系统更新而来的
    • 维护培训估算时间—最初的
    • 维护培训估算时间—由之前系统更新而来的

模块性

1) 物理模块性
  a 系统要素易于升级
    • 修改代码的行数
    • 系统再加工的工时数
  b 操作系统易于升级
    • 修改代码的行数
    • 系统再加工的工时数
2) 功能模块性
  a 易于添加新的功能
    • 修改代码的行数
    • 系统再加工的工时数
  b 现有功能易于升级
    • 修改代码的行数
    • 系统再加工的工时数
3) 正交性
    • 功能要求是否在多个处理要素和接口间分配？
    • 接口是否有流量要求？
4) 抽象
    • 系统体系是否提供信息隐藏的选项？
5) 接口
  a 每个系统要素中专用接口的数量
  b 不同网络协议的接口
  c 清晰与模糊的接口
    • 体系是否包含模糊的接口？
  d 系统中线缆的数量

基于的标准

1) 开放系统取向
  a 接口标准
    • 接口标准的数量/接口的数量
    • 有多个（超过5个）供应商可提供基于标准的产品
    • 多个业务领域应用/使用了标准（宇航、医学、通信）
    • 标准成熟度
  b 硬件标准
    • 因素的数量/LRU的数量
    • 有多个（超过5个）供应商可提供基于标准的产品
    • 多个业务领域应用/使用了标准（宇航、医学、通信）
    • 标准成熟度
  c 软件标准
    • 专有和专用操作系统的数量
    • 非标准数据库的数量
    • 专有中间件的数量
    • 非标准语言的数量
2) 一致性取向
    • 进行诊断、性能监控和故障定位的通用指导原则
    • 实施OMI的通用指导原则

RMT

1) 可靠性
  a 故障容忍
    • 任务关键功能单点故障的%
    • 安全性关键功能单点故障的%
  b 关键点的脆弱性（系统负载）
    • 处理器负载的%
    • 存储器负载的%
    • 关键程序？
    • 网络负载的%
    • 关键程度？
2) 可维护性
    • 预计平均修复时间
    • 故障群最大规模
    • 系统能否在任务过程中运行？
    • 可维护性
    • 是否有空间限制？
    • 是否有特殊工具的要求？
    • 是否有特殊技巧的要求？
3) 可测试性
  a 在线测试
    • BIT覆盖的LRU数量（BIT覆盖）
    • 错误的可复现性
    • 登录或记录能力
    • 能否在系统故障时创建系统状态？
    • 系统能否在外部测试过程中运行？
    • 外部测试点是否易于访问？
  b 自动输入或激励插入

图 5-37 体系评估通用的评估指标

我们利用这些指标来评估体系，事例来源于体系权衡分析法中的业务驱动因素（图 5-35）或质量属性要求（图 5-36）。中间件是软件使能开放系统的一个层次（RMT—可靠性，可维护性和可测试性；OMI—操作员机器接口；BIT—内建测试）

流程步骤	XXXX系统的体系评估			
❶ 输入评估将使用的度量标准	❶ 将要衡量的度量标准	❷ 度量标准的重要性：输入相对优先级（数字越高代表优先级越高）	❸ 实际体系评估：输入0和4之间的数字（4是非常好）	总分
❷ 输入各度量标准的相对优先级	反应性	10	2.75	
	可扩展性	30	3.25	
❸ 对照各个度量标准对体系进行评价	模块性	50	2.25	
	可用性	10	4.00	
	经济性	5	3.50	
❹ 给评估结果打分（将评估与归一化优先级相乘）	简单性	50	4.00	
	功能性/性能	75	3.50	
	总计			82 ❹

总分	良好度代码
< 70	红色
70和85之间	黄色
大于85	绿色

图 5-38　定量的体系评估方法

颜色表示体系方案"良好度"的定性指示。总分为绿色表示该方案为优秀；

黄色表示该方案可满足一些必要的目标，但是还可以改进；而红色则表示该方案必须进行改进

4）流量分析：基于链路的容量和链路承载项的大小来研究系统运行如何受到影响。模型还可以确定系统是否满足其他技术要求，例如可用性、可维护性、尺寸或质量。

5.4.3　基于评估结果更新系统体系和风险规划

如果我们在确立体系基线之前对其进行评估，并且发现体系无法满足利益相关方的需求，那么我们就可以在初步设计评审确立体系基线之前对其进行修改和更新。但是如果我们在初步设计评审之后发现了问题，那么就必须确定成本、进度和技术风险等因素是否要求我们在实施之前对体系进行更新。在任何情况下，项目人员都应将评估过程中发现的所有风险和问题集成到项目的风险管理和问题管理中，还应在开发周期内对技术性能度量结果进行记录和跟踪，以便有效管理风险。

5.5　对组件分配要求，并产生详细规范

我们必须定义导出的要求，并将其分配到物理组件，因为我们必需将这些要求提供给开发团队。这些要求是软件开发和硬件开发的基础，是系统操作者必须完成的工作，如果我们不规定要求，那么开发团队就没有对解决方案进行设计、开发和测试的依据。

5.5.1　将要求追溯到物理组件

体系开发可得出对各开发团队的要求规范。各物理组件的开发人员（或非开发项的采购机构）必须知道组件需要做什么，基于此，系统工程师和架构师需要规定各系统组件的功能性和非功能性要求。例如，图 5 - 39 对 5.3.2 节的图 5 - 30 进行了更新，将要求追溯到了物理体系中的各个组件。

如图 5 - 39 所示，架构师将许多要求都追溯到分配给物理组件的功能，但是为什么不直接把要求追溯到物理体系呢？这种方法在实际工作中很常见。有许多非常好的架构师通常直接从要求领域进入物理领域，绕过了功能领域，他们这样做是因为他们精通于某一个应用领域（例如声纳系统、电子设备、卫星的总线架构），知道应用领域的许多细微差别（关键的变量和约束条件——操作、功能和物理的），了解组件技术，并且知道一些主要功能，他们将功能领域置于内部，在要求、功能和物理要素之间以非规范的方式进行映射，而不记录整个过程，这样得出的体系并没有文件记载，带有风险。我们可以将要求追溯到物理要素，而不用理解其中的逻辑依据，这样，功能在很大程度上就会被隐藏，这就限制了体系未来的演变，增加了集成和试验、升级和改进项目的长期风险。

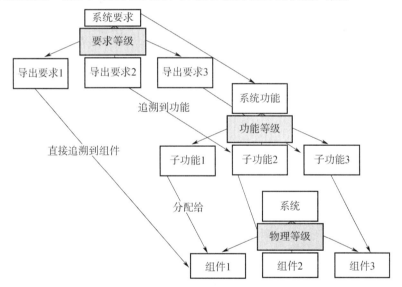

图 5 - 39　定义物理组件的要求

通常将功能和输入/输出的要求追溯到功能，也将非功能要求追溯到功能或
物理组件。任一种情况下，组件的要求都包括追溯到组件功能的要求和直接追溯到组件的要求

5.5.2　处理功能要求和非功能要求

功能要求包括面向接口（输入/输出或技术的）和处理的要求，基于解决方案需执行的及在功能划分、运行情景和划分过程中情景追溯所描述的任务或功能，我们将这些要求追溯到功能。非功能要求，包括约束条件，主要解决下列系统方面的问题。

1) 易用性（易于使用）；

2）可用性；

3）可维护性、可支持性和可靠性；

4）安全性；

5）尺寸、形状和质量；

6）成本；

7）进度；

8）接口协议和标准。

有一些要求，例如尺寸、形状和质量，仅依赖于物理组件，而另一些要求则来自于组件及其功能。例如，可用性、可维护性、可支持性和可靠性很明显与物理组件有关。同时，对比于软件组件，对于硬件组件我们通常会定义不同的要求集合，例如，我们可能希望对硬件定义重复成本和非重复成本，因为组件必须经过设计和开发（非重复性成本）和批量生产（重复性成本）；而对于软件，则只有开发成本。假如某项功能对于系统可用性来说不是必要的，则意味着即使该功能出现故障也不会对系统造成影响，这种情况下，可用性要求就与系统可用性必需功能的要求有所不同。

导出的功能要求通常建立在功能体系和运行情景的基础上，但是导出的非功能要求通常只取决于系统级的非功能要求。系统工程师和架构师必须确定系统级要求会影响哪些子功能或物理组件，并对这些组件产生导出要求，通常采用以下三种方法。

1）等效：组件要求由系统要求向下延伸，并且与系统要求相同；

2）分配：在系统组件中扩展系统级要求，例如尺寸或质量，但同时保持单位相同；

3）合成：主要用于包括组件复杂因素的系统级要求（例如可用性或可靠性）、导致组件要求依赖于分析模型的情况。

这一步可得出各个系统组件的具体要求，包括处理、接口和非功能要求的规范。这些要求是团队开发或采购硬件、软件、人员和流程的基础。

5.6 追溯要求

本节讨论将系统和导出要求追溯到系统及其子系统的功能和物理体系。追溯要求可使我们确信解决方案能够满足利益相关方的期望，可追溯性也是从集成、验证和确认计划开始的（第 10 章和第 11 章将详细叙述）。

5.6.1 使用要求管理工具

要求管理工具可帮助我们追溯要求，这些工具可以像一般用途的软件一样简单，例如 MicroSoft Office 或 Apple iWork，也可以是专用工具，例如 DOORS™，Requisite Pro™，或者 CORE™，我们使用这些工具在系统生命周期内追溯要求，并记录客户是否接受这些要求。图 5-40～图 5-42 给出了要求管理工具的输出——从一个层次追溯要求到较低的层次，或者追溯到设计、系统风险和问题。

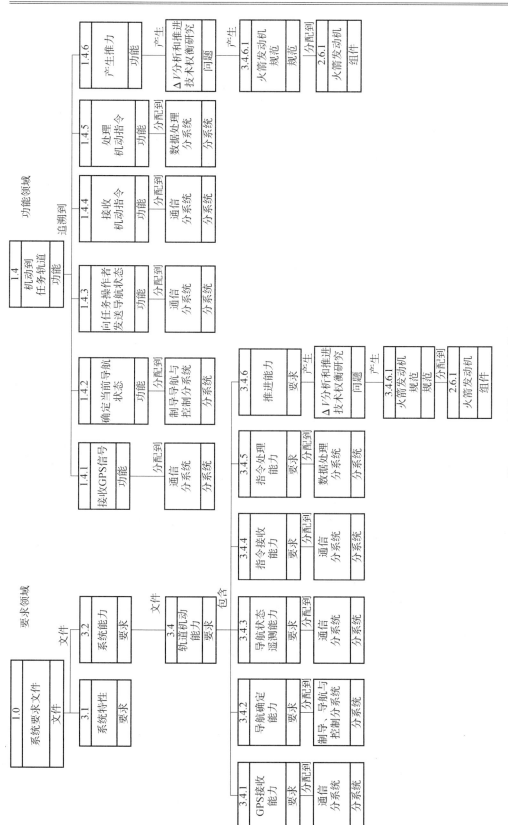

图5-40　要求管理工具的输出

图中我们给出了要求的可追溯性：1）从一个层级到下一个层级；2）到物理组件；3）到要求的相关问题

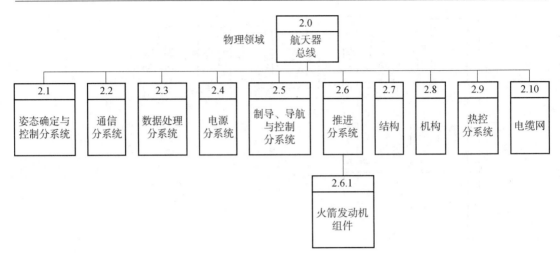

图 5 - 41　要求管理工具的输出

图中给出了我们要对空间要素追溯要求的物理组件

要求可追溯性矩阵

要求验证矩阵

试验类型/试验方法

利益相关方要求	系统要求	系统验收标准	FVT	CVT	TVT	ASCA	SIT	PST	UAT	Pre-prod	试用
C1	SR1.1		T			T	T		T		
	SR1.2		I		I					I	
	SR1.3		A			A					
C2	SR2.1										

系统要求	组件要求	验收标准	FVT	CVT	TVT	ASCA	SIT	PST	UAT	Pre-prod	试用
SR1.1	CO1.1.1		T								
	CO1.1.2		S/M								
	CO1.1.3		D								
SR1.2	CO1.2.1		D								

FVT = 功能验证试验
CVT = 组件验证试验
TVT = 转换验证试验
ASCA = 应用系统控制与可审核性
SIT = 系统集成试验
PST = 性能应力试验
UAT = 用户验收试验
Pre-prod = 生产前试验

说明：在各试验方法方框中输入下列一项或多项方法。
空白的方框表示要求中不需要使用该试验方法。
A = 分析
D = 演示验证
I = 检查
S/M = 仿真与建模
T = 试验

图 5 - 42　要求可追溯性和验证矩阵（RTVM）

此矩阵给出了从一个层次要求追溯到另一个层次、追溯各要求到验收标准（合格-不合格标准），

以及追溯要求到验证阶段和方法的示例；要求可追溯性矩阵记录了贯穿体系各个层次的追溯；

要求验证矩阵记录了各要求到其验证信息的追溯

5.6.2　开发要求和可追溯性验证矩阵

图 5 - 43 给出了在系统生命周期内追溯要求的矩阵，如第 2 章、第 3 章和第 4 章所述，问题从客户需求开始，我们用利益相关方要求集合来表示，然后，我们遵循下列明确定义的步骤来完成整个过程。

1）将利益相关方要求转换为系统要求；

2）确认系统要求，并回溯到利益相关方要求；

3）确定验收（合格/不合格）标准，项目团队在测试期间将该标准作为系统度量手段（第 11 章）；

4）将系统要求分配或分解到组件要求，再往下分配到技术配置项的层次，同时建立功能体系和物理体系；

5）检验组件要求，并回溯到系统级要求。在此期间，确定组件规范的验收标准，项目团队在测试期间将该标准作为系统度量手段。

图 5 - 42 中，利益相关方要求 C1 追溯到系统要求 S1.1，S1.2 和 S1.3，系统要求 S1.1 追溯到组件要求 CO1.1.1，CO1.1.2 和 CO1.1.3。各系统要求的验收和合格-不合格标准在"系统验收标准"一栏中；团队鉴定系统要求所需的试验方法和试验阶段在各试验阶段下方的栏目中。系统要求 S1.1 由正式的试验方法在功能验证（FVT）、应用系统控制和可审核性（ASCA）、系统集成（SIT）和用户验收（UAT）等阶段进行鉴定（以验证系统要求是否满足验收标准）；组件要求 CO1.1.1，CO1.1.2 和 CO1.1.3 的验收标准在"验收标准"一栏中，这些要求在组件验证试验（CVT）阶段分别使用"测试"、"仿真/建模"和"演示验证"等试验方法进行鉴定。

如上所述，定义导出要求也是建立鉴定策略的开始；此外，设定验收或合格/不合格标准可帮助所有利益相关方更好地理解要求陈述，这些要求对不同的利益相关方可能有不同的含义。

5.7　小结

开发功能和物理体系可产生如下多项输出。

1）体系模型，说明了系统做什么、有哪些组件执行功能，以及功能和组件之间所有的接口定义。根据系统复杂程度的不同。模型可以是一层的或是多层的（每往下一层，解决方案更细化）。

2）导出要求，针对硬件和软件开发团队，他们根据这些要求开始设计和研制各自负责的组件。

3）系统要求到硬件和软件规范的可追溯性。

4）要求到体系元素的可追溯性，例如功能、组件和接口。

5）要求到高层次验证计划的可追溯性。

6）流程中技术决策和权衡的记录文件。

7）风险、问题和技术性能指标的更新。

图 5-43 说明了开发、试验和集成，以及系统管理组织如何使用这些输出来产生各自的工作产品。

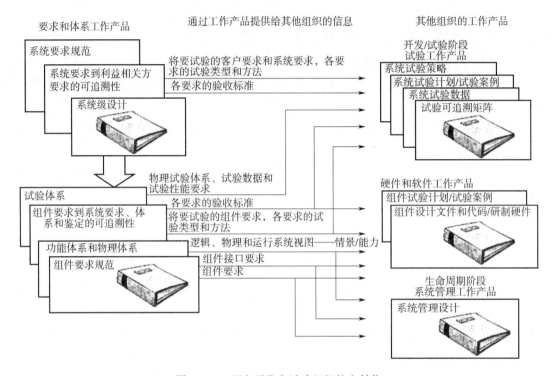

图 5-43　面向开发和试验组织的交付物

图中给出了自要求和体系开发过程到开发和试验过程的交付物。这些交付物为开发和试验流程启动提供了基线

开发组织使用组件要求、体系及可追溯到试验方法和阶段的要求，对各自负责的组件进行设计、开发和试验；集成和试验团队使用它们来构建试验体系、详细试验计划和程序；系统管理团队则使用体系和要求来运行和维护系统。

图中虽未显示、但是同样重要的一点就是，项目经理或工程经理如何利用这些体系输出。体系和组件要求向他们提供关于解决方案的成本和进度的信息，由于这些要求规定了需开发或采购的硬件和软件组件，项目成员就可以根据这些要求来制定项目或工程计划，这些信息还可以使经理人更深入地理解开发、集成、验证和确认解决方案的成本。

流程是迭代的，每一步都会发现更多关于解决方案的信息，可能需要重新审视之前的步骤，因此，这一个流程会产生重要的技术决策和权衡研究，可帮助项目成员理解当前的解决方案，支持未来的决策。如 5.4 节所述，所有的体系都会产生问题和风险，我们对体系进行正式和非正式的评估，以便理解体系的风险，验证体系是否满足利益相关方的需求。

通过开发物理体系和功能体系及其相应的要求，我们可为工程或项目开发的其余工作提供技术基线，这个基线可使项目团队制定详细的成本和进度，理解解决方案的风险，使开发、试验和系统管理团队更加确信解决方案可满足利益相关方的需求。

参 考 文 献

［1］ Lykins，Howard，Sanford Friedenthal，and Abraham Meilich. 2001. "Adapting UML for an Object Oriented Systems Engineering Method (OOSEM) ." International Council On Systems Engineering (INCOSE) .

［2］ SysML. org. Ongoing. "System Modeling Language (SysML) －Open Source Specification Project." Available at the SysML website.

第6章 决策

迈克尔·S·多布森（Michael S. Dobson）

多布森解决方案

保罗·康珀内辛（Paul Componation）

阿拉巴马大学

特德·利曼（Ted Leemann）

系统管理中心

斯科特·P·哈钦斯（ScottP. Hutchins）

美国国家航空航天局马歇尔空间飞行中心

做决定是困难的，也因此益发珍贵——拿破仑·波拿巴

我们每天都在决策，但多是靠直觉，并没有正式的决策过程，因此我们可能会问："为什么在航天系统的设计和管理中，我们就需要有正式的决策过程呢？"理由如下[4]。

1）在航天系统的设计和管理中面对的问题错综复杂；

2）解决问题环境的不确定；

3）需要满足多个目标；

4）不同利益相关方的需求存在冲突。

毫无疑问，决策的制定将从正式、严谨的决策过程中受益。

1）制定指导方针，确定哪些技术问题需要正式的分析或评估；

2）确定解决方案的评估准则；

3）针对需要决策的事，确定解决方案；

4）选择评估方法和工具；

5）根据已确立的准则和方法，评估解决方案；

6）根据评估准则，从各种方案中挑选推荐方案；

7）公布分析结果，包括建议、结果及纠正措施；

8）从决策分析中获取工作成果。

决策对于单独章节甚至一本书来说都是一个太大的话题，我们无法提供一个能适应所有环境和情况的决策过程，因此在这个重要的话题上，我们鼓励读者寻求更多的资源。组织可以通过确认那些能够改善任务关键决策的质量和一致性的常用工具和方法获益。表6-1描述了制定决策中需要考虑的步骤。在这一章，我们将讨论每一个步骤，并提出相关问题以确保决策遵循了这些步骤。

表 6 - 1　正式的决策过程[①]

决策步骤	描述	在章节中的位置
1. 确定我们需要决策什么	获得正确答案的前提是问对问题。要做什么决策？利害关系是什么？在怎样的情境下决策？谁来决策	6.1 节 6.2.2 节 6.7 节
2. 构建决策框架	决策不是凭空制定出来的，确定那些影响正确决策的因素，如环境因素、组织因素、任务相关的因素，以及主要的不确定性因素	6.2 节 6.7 节
3. 选择各种方案的评估方法	制定各种方案的评估准则。对决策而言，哪些工具最好？正式的决策过程，在文档记录决策、促成共识及运用客观方法等方面，要花更多的时间和精力	6.3 节 6.7 节
4. 产生各种方案	在确定最终的答案前，应寻求多个答案。制定备份方案，以防首选方案行不通	6.3 节 6.4 节 6.7 节
5. 评估各种方案	选择评估方法和工具，根据已制定的准则来检验解决方案。找出那些可能会歪曲决策过程的认知和感知偏差	6.4 节 6.5 节 6.7 节
6. 选择最佳解决方案	选择最佳方案。记录过程、考虑过但已否决的各种方案以及理由等，列明需要采取的行动步骤，然后执行决策	6.5 节
7. 试验与评估	评估决策实施的效果，确定已否决策略可能的结果，准备必要的文件，为今后决策积累经验教训	6.6 节 6.7 节

① 一个系统的决策过程需要从问题确定到解决方案试验和评估的严谨的完整过程。在这个过程中，可以运用许多正式和非正式的方法。

6.1　确定我们需要决策什么

在道格拉斯·亚当斯的小说《银河系漫游指南》（The Hitchhiker's Guide to the Galaxy）中，名为"深思"（Deep Thought）的计算机用了 750 万年来计算生命、宇宙以及一切的终极答案，最终仅得出一个数字"42"。当遭到质疑时，"深思"回答："这绝对是答案，但老实说，我认为问题在于你从来都没弄明白究竟要问什么"[1]。

正确提问是找到答案必需的第一步，通常情况下，决策者会急于完成这一步，以为他们已经弄明白了。比如，有人可能会问：13（英语是 thirteen）的一半是什么？数学意义上的答案是 6.5，但是如果我们正在为一本小册子设计样式，那么"thir"或"teen"（或者 1 或 3）可能是更好的答案。正确的答案要求问题是正确的。

在决策过程的最开始，我们把决策问题写下来。问题是否清晰，是否与手头需要解决的问题相关？决策过程中的参与者是否理解它？正确的（或不正确的）决策会有什么区别？谁必须参与到决策过程中来？谁是决策的拥有者，谁又是决策的参与者或评审者？该决策是另一个更大决策的一部分吗？

在基本前提上没有达成共识，任何决策都没有意义，达成共识后，才能确定项目的范围。我们不能假定其他人已经完成了这一基本步骤，有时候利益相关方急匆匆地跳过这第一步，而直接启动工程。因此，尽管系统工程师确定了系统范围，明确了系统需求，决策的第一步仍是确定目标。如果我们没有这么做，我们就犯了所谓的"第三类错误"：针对错误问题的正确答案。

在一个复杂的决策中，确定和界定目标应是一个团队通过利用运行方案、任务陈述或要求文件等资源共同努力来完成。我们必须确保在目标、目标的定义、目标之间的相对优先级等方面达成共识，归纳这些结果有助于决策参与者共享同一个基础。表6-2为某企业资源规划（ERP）系统可能的目标的例子。

表6-2　某企业资源规划系统的目标[①]

序号	名称	企业资源规划系统的目标
1	内部收益率	项目的内部收益率将满足或超过公司的最低期望收益率：25%
2	企业资源规划要求	计算机集成制造系统将满足工厂各部门提出的要求，包括生产、后勤、进度安排和应付账款
3	服务能力	卖方在收到通知的24小时内，回应并解决95%已报告的系统问题
4	工程支持	工程支持、劳动小时数，将满足支持系统设计和安装所要求的水平
5	风险	项目不超出实施团队为技术、成本和进度确定的风险级别

[①]挑选该系统时，每一个目标都是重要的。

目标制定时不是平等的，也不必兼容。我们应当排出目标的顺序，以便做出正确的权衡，得到最佳的结果。随着目标增多、利害关系升高和利益相关方的增加，这将会越来越难。

处理大量目标的方法之一，是由设计团队按照重要程度对它们排序，然后使用一种准则的排序法，如秩和法（rank sum）或倒数排序（rank reciprocal）（见表6-3）。采用这两个方法中的任一个，我们只需基于目标的排序，就能快速对目标加权。不论是倒数排序还是秩和法，目标的权重（优先级）和都为100%，但是分析家们对秩和法的使用更为普遍，因为它能使目标权重按重要性递减呈现出相对的线性下降。

表6-3　运用秩和法和倒数排序设定目标的优先[①]

目标	秩和 (A) 排序	(B) 倒排序	(C) 权重 (B)/∑(B)	倒数排序 (A) 排序	(B) 1/(A)	(C) 权重 (B)/∑[1/(A)]
内部收益率	1	5	5/15=0.33	1	1	1/2.28=0.44
企业资源规划要求	2	4	4/15=0.27	2	0.5	0.5/2.28=0.22
服务能力	3	3	3/15=0.20	3	0.33	0.33/2.28=0.14
风险	4	2	2/15=0.13	4	0.25	0.25/2.28=0.11
工程支持	5	1	1/15=0.07	5	0.20	0.20/2.28=0.09
		∑(B)=15			∑(B)=2.28	

[①]运用这些数学方法，决策者能基于目标的重要性次序，快速对目标加权。秩和法使权重呈现出相对的线性下降；倒数排序则因为对第一个目标赋予了更多重视，产生的是一种非线性的权重分布。

在决策过程的最开始，我们无法确保对问题的界定总是正确的，所以一旦做出了决策，最好是再回到这一步，确保我们的选择是对的。确定一个决策问题，通常需要回答如下 6 个问题。

1）谁是决策者？

2）每个人发挥什么作用？

3）问题的实质是什么？

4）何时何地必须做出一个决策？

5）为什么做这个决策是必要的？

6）我们如何衡量它的准确性和适用性？

6.2 构建决策框架

在《聪明的选择》（Smart Choices）一书中，约翰·哈蒙德（John Hammond）注意到："框架清晰问题的好的解决方案，几乎总是要比提得不好的问题出色的解决方案要好得多。"[12] 在系统工程中，这个主题贯彻始终，反复出现。通过构建决策框架，分析者意在决策的背景，或问题是如何界定的，这在很大程度上决定了解决问题的过程。比如，时间压力是否为一个因素？风险是高还是低？解决方案遇到的是威胁还是机遇？问题复杂吗？我们可用的信息充足吗，还是只有概况类的信息？数据是否模糊或不完整？形势是动态的还是稳定的？

美国国家航空航天局在挑战者号发射前就准备工作与锡奥科尔（Thiokol）公司举行的众所周知的视频会议就反映出了许多决策框架，时间压力凸显、风险高、问题复杂、数据既模糊又不完整，而且形势一直呈动态发展，压力不断增加，这些因素妨碍做出好的决策，但却是决策的事实基础。

我们需要认识到，在不完美的环境下，决策必须反映组织的目标。有时候，甚至成功的项目也可能不会给组织带来好处，因此正确的决策可能对项目起到妨碍甚至是破坏的作用，而且，决策框架依赖于项目所处的现实环境。如果我们有更多的资金、不同的政策或该项目不需要的程序，框架就会改变，而且很可能决策也就改变了。比起满足进度要求，技术专家通常更强调将工作做好，但是组织环境可能会强制要求前者。

"五个为什么"法是能改进决策框架的工具，每一个"为什么"的提出就是在向真正的问题逼近。为什么锡奥科尔公司的工程师不同意挑战者号发射？是 O 形环。为什么他们会担心 O 形环？因为气温已经降到冰点以下。为什么低气温会影响到 O 形环？因为 O 形环可能被烧穿。为什么我们要担心 O 形环是否会烧穿？因为高温气体将溢出。为什么我们要担心高温气体溢出？因为它可能会导致灾难性爆炸。在每一个阶段，我们扩大了"为什么"的答案，我们看到了哪些与温度相关的影响？我们有哪些证据证明 O 形环可能会失效？溢出气体引发爆炸的概率有多大？在系统中，爆炸可能会导致怎样的后果？

另一种方法是尝试不同的视角。已退休的米尔顿·布兰德利（Milton—Bradley）玩具公司高管梅尔·塔夫脱（Mel Taft）曾安排其创意营销团队的每一位成员，包括他自己，在每一个假期去一家玩具店工作一周，他知道决策者只有担任其他角色后，才能获得完整的视野。工程师需要理解管理者眼中的世界，反之亦然。挑战者号事故前，发生在锡奥科尔公司工程师和管理层之间那场知名的观点之争，使双方都不能看到对方合理的需求，可以说影响了最终决策[8]。

第三种方法是列出备选决策。以挑战者号为例，管理者有如下一些可能的决策。

1）这种技术状态下绝不发射；

2）明天发射；

3）明天不发射；

· 天气状况好转再发射；

· 在进一步分析或研究后再发射：多长时间？代价是什么？关注什么问题？

· 在采取补救措施后再发射：什么补救措施？何时？为什么采取该补救措施呢？

完整的决策框架应该确定时间、精度和成本的准则，希望或强制性的目标清单，以及公认的分析方法。为了确保决策框架的完整性，我们必须记住一些框架性问题。

1）我们对问题的界定准确吗？

2）我们在决策的优先级上达成共识了吗？

3）哪些组织因素和外部因素在影响决策呢？

6.2.1　对风险和不确定性的处理

决策者面临许多挑战，关键的信息可能无法获取，情况可能不确定，结果可能是灾难性的，利益相关方的利益可能是不兼容的，而且时间在一秒一秒地过去，因此，人们总是试图避免做出艰难的选择，避免陷入"分析瘫痪"的困境，或是把这个烫手的山芋扔给别人。

风险和不确定性带来了双重挑战，使这个过程更加复杂，在典型的风险分析中，我们知道每一个结果的概率和效应。在这里，"风险"可能指不希望的事件（威胁）或指希望的事件（机会）。风险管理包括：

1）评估风险，包括风险发生的概率以及带来的影响；

2）决定如何应对风险（针对威胁：避免、缓解、转移或接受；针对机遇：利用、提高、共享或接受）。

在航天项目中，我们不一定知道可能结果的范围，也几乎不可能拥有关于概率的可靠信息。对于决策来说，关键的信息通常是主观的并建立在价值观的基础上。一项工程评估可能告诉我们一个事件发生的概率是42%，后果是损失2 160万美元和3条生命，但是这项评估并没有告诉我们是否值得去冒这个风险，价值观（组织、任务相关或道德的）方面是否也值得。有些是假设、含蓄的，有些可以被量化，有些（通常是政治方面的考虑）甚至讨论时都不能记录。

决策通常需要做出权衡，因为完美的解决方案可能并不存在。每一个可能的选择都有负面因素，或者是具有风险和不确定性。某种程度上，比起做出一个常规性的"好"的决策，从一堆差的方案中选出最不差的那一个需要更多的技巧和勇气。

一个决策的结果，无论是积极的结果，还是消极的结果，都不能证明决策本身的质量，尤其是涉及到概率时。概率可能明显倾向于一个积极的结果，但是低概率事件却发生了；与此相反，一个愚蠢的决策，即使产生了好的结果，仍然是愚蠢的。大多数时候，可靠的决策过程将会增加我们获得所希望的结果的机会。

决策过程必须经常公开，可供审计。我们必须知道决策的结果以及产生决策的过程，如果结果不好，其他人（老板、客户、国会委员会）会事后诸葛亮，决定我们的决策是否合理适当。这种事后诸葛亮会导致理性（但并不总是适当）的战略，称为"保护好你自己的资产"。在这种战略中，比起以任务为中心考虑问题，决策更关注找到一种方法，即结果不好时，能确保责备和惩罚落到别人头上。正如弗莱彻·克内贝尔（Fletcher Knebel）指出："决策是当一个人找不到别人去委员会任职时做出来的。"[14]

当时间和资源充足时，即使是最复杂的问题，我们也可以设计和研究得出最佳决策；但是即使没有充足的时间和资源，我们也必须做出决策，并且担负起责任。说到责任令人想到一个故事。一个人给律师打电话，获得如下建议："别担心，他们不会因此让你坐牢的。"那个人回答道："但是，律师，我现在就是在监狱里给您打电话！"

没有哪一个正式的过程或方法能够避免决策中所有的风险。许多工具和方法能改进决策质量，但是决策最终还是依赖于好的判断；而好的判断来自经验和智慧，但是经验却往往是从不好、不明智的判断中得来的。为了提高经验，我们应该重点关注有关风险和不确定性的核心问题。

1）我们知道多少？知道的东西可靠吗？

2）我们知道什么知识是我们不知道的吗？

3）某一结果的确定性？

4）是否存在利益相关方或政治冲突？

5）出错的后果是什么？

6）我们有多少时间去收集信息？

7）哪些是重要的价值，每一项的权重应该是多少？

8）是否有确定无疑的积极结果，还是说所有的选项都会带来风险和不确定性？

6.2.2　了解组织和任务的背景

决策包含两种类型的复杂性。第一种，也是最明显的一种，是问题本身的技术复杂性及其需要做出的权衡；第二种不经常公开提出的，是组织的复杂性：涉及的人数、我们必须咨询的部门或工作组、人员和工作组之间的沟通关系、组织文化和政治压力。

决策的重要性也各不相同，我们通常依据它们的影响和强加在它们身上的限制来衡量其重要性。一个不正确的决策，如果造成的损失在可接受的范围内，那么尽管产生了不希望的后果，也不是关键性的。关键性的决策是指一旦决策失误，就会产生不可接受的严重后果，主要有以下四种类型。

1）时间很关键的决策：必须在一个狭窄的时间窗口内发生；

2）安全很关键的决策：可能会造成伤亡；

3）商务或财务很关键的决策：影响到组织的未来或资金；

4）任务很关键的决策：影响到实现目标的项目能力。

一些关键的决策属于项目的范围（由我们做出），但是另外一些不是，通常情况下，一些关键的决策必须由项目外部专家做出。比如，法律规章方面的决策必须由律师事务所做出。技术状态的变更必须由技术状态控制委员会做出批准，在某些时候，我们可能会将他们的决策提交到更高管理层，但是举证的责任通常由我们负责，我们必须确定决策是否适合由我们做出，如果不是，就转交给合适的决策者。

关于决策，有两句截然不同的口号："不要只站着，做些什么！"和"不要只做事，站在那儿！"任一口号都是值得采纳的建议，诀窍是确定采用何种理念。第一个问题是是否存在问题，如果存在，是什么性质的问题；第二个问题是我们是否应该采取行动，如果需要，怎么采取行动。面对这些问题，我们有四种选择，如图 6-1 所示。

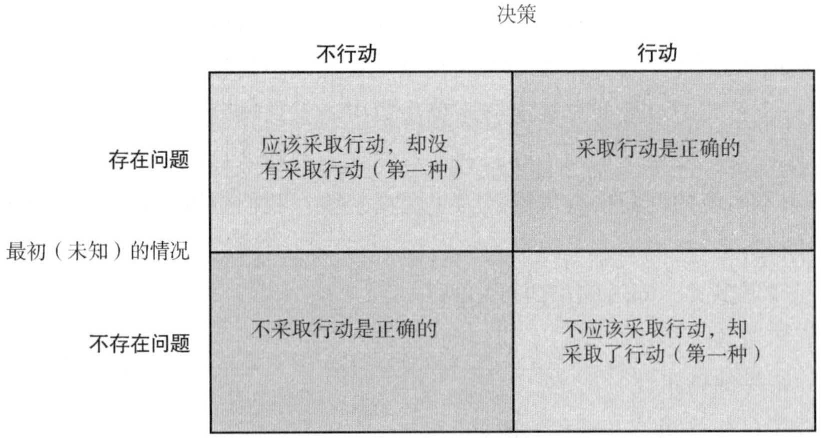

图 6-1　决策分析的选择

决策（包括决定不采取行动的决策）分为四类：两类合适、两类不合适

在决策的不同时期，我们必须考虑行动还是等待所可能导致的机会和消极后果。如果错过机会的后果更严重，那么应更倾向于采取行动；如果不恰当的行动可能造成的伤害更大，那么应更倾向于推迟行动，这样我们就可以收集更多的信息并重新评估。为了筛选这些选择项，我们应该针对组织和任务背景，提出一些关键的问题：

1）决策是否包含一些关键的考虑，比如安全、重要的商务或财务后果、法律责任、或任务相关的主要折中？

2）决策是否受制于强制性政策、程序、规章或法律等方面的限制？

3）我们必须考虑政治或公共信息方面的问题吗？

4）我们需要在组织中达成多少共识？

5）决策目前是否由合适的人负责，还是说必须转交给其他人？

6.3　选择各种方案的评估方法

接下来的步骤是选择各种方案的评估方法，并认识到潜在的结果会受到剩余风险和二次风险的影响。剩余风险是指在我们实施解决方案后遗留的风险；二次风险是由我们提出的解决方案产生的新风险。但是，不能因为二次风险看起来不可接受就很快放弃，我们也许能够将其降低到不影响解决方案继续实施的程度。

另外一种考虑风险的方法是将其分为"纯风险"和"商业风险"，纯风险（又称为可保风险）只有不好的结果。如果飞行器在发射时没爆炸，我们也不是处境就好——我们只是避免了处境更糟；如果风险没有发生，我们将维持现状。但是，商业风险可以有积极的结果，通常，如果代价合理，我们希望清除掉纯风险，但有时候我们必须增加商业风险，期望获得好的结果。在试图确定哪一种方法最有助于评估各种方案之前，我们应该问几个常规性问题：

1）针对每一个解决方案，哪些权衡是我们必须做出的？

2）这个方案会产生二次风险吗？如果会，我们能否将其降低到足够小以至于不影响采用该方案？

3）实施每个方案将花费多少时间和资源？

4）这个方案存在商业风险（可能有积极的结果），还是纯风险（只有消极的结果）？

使用大锤来敲打地毯钉通常不是好办法，因此，对特定的决策来说，方法必须适当。投入的时间、精力或资源不能超出决策价值允许的范围，但是必须足够严谨，能支持我们提出建议和做出选择；而且，如果结果不好，必须能为评估决策过程提供足够多的细节。当可供决策的时间比较短时，我们可能没有足够多的时间来合理地运用工具。表 6-4 列出了几种评估决策的方法，但不是全部，6.7 节的案例研究采用的就是另一种不同的方法。

表 6-4　评估决策的一些方法[①]

方法	描述
直觉法	直觉决策不走正式的决策过程，但是当决策时间很短时，它们可能是唯一可用的工具。直觉法通常是对其他更正式的方法作补充。如果我们完成了一次完整的分析，直觉强烈地告诉我们某些事错了，通常明智的做法是听从直觉
图表法	选项表、正反两方列表或者力场分析（下面会有描述）都使用图表法
启发法	在这个方法中，通常从实际经验中获得的规则能对决策起到引导作用。举例来说，在解决问题时，传统的启发法是："如果问题很难理解，试着画一张图。"
定性分析模型	这些模型意在对正在进行中的事情进行全面描述
定量分析模型	这些模型涉及制作复杂的统计图表来解释正在进行中的事情
仿真法	仿真法通过针对选定系统的主要特征和行为，来实现对一些真实的事物、状态或过程的仿真
真实系统试验	最后，如果我们想知道土星 V 的发动机是否工作，我们必须对真正的实物进行试验。成熟的启发法、模型和仿真能够实现很好的预测，但是仍可能遗漏了只有真正的试验才能发现的变量

①正式、非正式、分析性、直觉性的评估工具都在有效的决策中占有各自的位置。

许多因素都会影响到我们的选择。质量和完整性如何？获得缺失的数据需要花费多少时间和资源？我们在这里指出，数据和知识并不是一回事，数据不是决策，只是输入。主观数据反映的是心理或行为，就像项目的利益相关方如何看待进度那样，通过调查、访问和层次分析，我们可以得到至少是部分定量的主观数据。但是这两种类型的输入都有价值，而价值则视问题的性质而定。数据有多种形式，确定性各异，因此我们必须了解其性质和来源，才能合理加以使用。

客观数据包括：

1）精确点估计（确定的）；

2）期望值（对概率数据的确定性汇总）；

3）估计范围；

4）概率分布。

主观数据包括：

1）个人（专家）观点；

2）相对排名；

3）范围的估计。

举例来说，评估工具和方法有力场分析、决策树、凯普纳-特里戈分析（Kepner－Tregoe analysis）决策准则、评级和加权、层次分析法和优化法，大部分的方法都适用于定量和定性决策，它们的不同在于：所需的时间和精力不同，能处理的决策的复杂程度不同，用决策树和优化法处理定量数据是最好的。

6.3.1　力场分析

制作正反两方对比表，至少可以追溯到本杰明·富兰克林（Benjamin Franklin），但是力场分析使这个表具有了洞察力。当前的事态是处于改善它的力和阻碍它的力之间的平衡点，我们可以通过往正向增加力或从反向消除力、增强现有的正向力或减弱现有的反向力来使现状好转。借用力场分析，我们能对客观信息和主观信息、定性信息和定量信息进行考虑。表6-5示出了力场分析的方法。

表6-5　力场分析[①]

力场分析 组织决策的质量	
正向力=>	<=反向力
正式的决策过程	决策者缺乏权威
技术知识和技能	技术上的权衡取舍是必需的
有效的培训课程	人手短缺，无法参加培训

①该表列举了改善或恶化组织决策的各种力。为了改变局势，我们必须增加或扩大正向力，或者是清除或减弱反向力。

对于加性模型，我们把权重和得分的乘积相加，为每个备选的设计方案计算出了一个唯一的分数。图 6-2 是数据收集的通用格式。

目标	权重	各种方案		
		方案一	方案二	方案三
1				
2				
3				
4				
总分				

图 6-2　加性模型

这是我们设计的收集数据的通用格式，适应于各种决策

在决策分析中，数据收集输入模型通常是最耗时间的步骤之一，有两项尤为重要。第一，我们必须为每一个目标确定绩效范围、阈值和最佳表现；第二，我们必须制定出一个准则化的尺度，这样我们才能将每一个目标的绩效与其他目标的绩效联系起来。5 分制比较普遍，而奇数制则考虑的是中间值。表 6-6 提供了一个例子。

表 6-6　目标评估单[①]

等级	分数	举例
优秀	5	该技术目前处于现场操作阶段，正在接受第四类（应力）试验
很好	4	该技术已经通过了第三类（初样）试验
好	3	该技术已经通过第二类（模型样机）试验，以对形状、配合和功能进行检查
中	2	该技术已经通过第一类（"面包板"试验）试验，即对功能性的检查
差	1	该技术已经通过分析性试验

①该表格举例说明了决策分析师如何可能用准则化的 5 分制来将一个目标的绩效与其他目标的绩效联系起来。

6.3.2　决策树

对财务性决策来说，决策树尤其有用，它能比较不同选择的预期货币值（EMr），示例如图 6-3 所示，但最好的预期货币值并不自动等同于最好的决策。我们可以试着改变一个或更多的假设，看看决策树的结果是否会发生变化。在一年多的时间里，这些数字可能不引人注意，但将期限改为两年，决策结果可能就发生了变化。我们必须牢记数字只是决策的输入，而不是决策。决策树法要求数据是客观的，并且是量化的。

6.3.3　决策准则

我们应该把最佳结果的"必须"和"希望"转变为一套决策准则，然后对每一种方案进行分析，确定它们在多大程度上能符合这些准则，为此决策者对每一个准则赋予了权重，依据是准则对主要利益相关方的相对重要性。高质量的评估准则必须能对各种方案进行有意义的辨别，而且彼此独立，使决策者在对其进行界定和运用时能前后一致。"必须"和"希望"可能是客观的，也可能是主观的；可能是定性的，也可能是定量的。KT 法

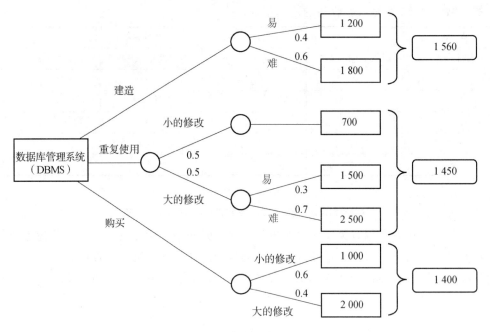

图 6-3 决策树

此决策树对建立一套数据库管理系统可能采取的三种战略的财务影响进行了比较：

建造、重复使用，或者购买。建造的预期货币值为 1 560，看上去是最好的财务选择。

但是为了做出最好的决策，通常还需要其他信息

（Kepner-Tregoe Technique）提供了一种显示和分析数据的结构，如图 6-4 所示。

决策陈述：													
评估准则：		方案 1			方案 2			方案 3			方案 4		
必须（可/不可）：													
希望	权重（W）	分数			分数			分数			分数		
		意见	列（R）	R/W	意见	列（R）	R/W	意见	列（R）	R/W	意见	列（R）	R/W
最高分（10×W）													
总分													

图 6-4 KT 法

使用此工具，管理者对于每一个备选决策方案，都能对"必须"和"希望"、权重和得分进行列表、加权和分等级[10]。

6.3.4　评分和加权

依据对每一条决策准则的满足程度，对所有方案打分后，我们对每一条决策准则按影响程度赋予了权重。举例来说，在表 6 - 7 中，我们考虑了 FireSAT 的 4 个备选设计方案对以下 3 条准则的满足程度：成本、质量（mass）和遥感器数据的质量。

表 6 - 7　等级和权重表[①]

准则	各种方案			
	A	B	C	D
成本（权重＝1）	第 4	第 1	第 3	第 2
质量（mass）（权重＝2）	第 4	第 3	第 1	第 2
（遥感数据）质量（权重＝3）	第 3	第 4	第 2	第 1
排名×权重	21	19	11	9

①此例区分了 FireSAT 的 4 个设计方案及对 3 条加权准则的符合度。在此例中，决策时，（遥感器数据）质量准则的重要性是成本准则的 3 倍。得分越低，方案越好。

方案 A 的成本和质量（mass）都是最高的，遥感数据的质量居第 3，因此加权总分是 21。方案 D 的成本和质量（mass）排名都是第 2，而且（遥感器数据）质量最好，加权总分是 9。在这些加权准则中，最低得分的方案提供的是最佳平衡；如果分数相同或很接近，那么明智的做法是查看单个准则。在此案例中，方案 D，有两个结果是第 2，最重要的准则位列第 1；而方案 C，最重要的准则排名比 D 要差，而且成本准则也只居于第 3，因此看起来 D 比 C 要好。

6.3.5　层次分析

前一个例子对三个变量在加权后进行了对比，但是一些决策矩阵涉及的变量要多得多。面对复杂的情况，通常的处理是予以简化，减少变量。但是简化可能会疏忽一些关键的信息或重要的变量，因此我们推荐采用成对比较法来为决策建立分析层次。

成对比较法是一种数学方法，通过把决策定性和定量因素简化为一系列"一对一"的比较，然后将比较的结果进行合成处理来考虑决策的定性和定量因素。有好几种能对比进行处理的软件包，组织可以购买其中任一种，特别是那些为数量众多的复杂决策而设计的软件包。使用电子制表程序也可以进行成对比较建模。图 6 - 5 讲的是选择运载火箭的多变量方法。表 6 - 8 对比较结果进行了总结。

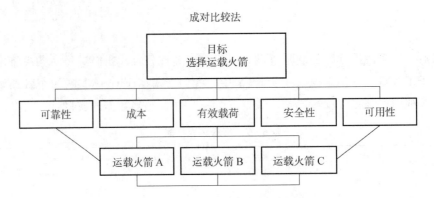

图 6-5　运用成对比较法来选择运载火箭

此图按五个质量准则对三枚不同的运载火箭划分等级。准则可以是定性的，也可以是定量的

表 6-8　由成对比较法得出的顶级准则的权重[①]

	有效载荷	可靠性	可用性	成本	安全性	行总计	权重
有效载荷		0.20	0.33	1.00	2.00	3.53	8%
可靠性	5.00		2.00	4.00	6.00	17.00	41%
可用性	3.00	0.50		2.00	5.00	10.50	25%
成本	1.00	0.25	0.50		8.00	9.75	23%
安全性	0.50	0.17	0.20	0.13		1.00	2%
列总计	9.50	1.12	3.03	7.13	21.00	总计 41.78	

①此表总结了一系列成对比较的结果，显示了每一条准则的相对权重（权重和仅为99%，是因为受到了四舍五入的影响）。

表 6-8 的方法要求我们建立一个 L 形的矩阵，然后用 1～10 分来评判一个准则与其他每一个准则相比的相对优先和相对重要的程度。"1"分表示两个准则地位是同等的，"5"分表示"行"的准则具有较强的相对优先程度，"10"分表示极强的性能优势。然后我们：

1）计算每一行的和；

2）将所有行的和再相加，得出行总和；

3）用每一行的和除以列总和；

4）将结果转换为百分数。

每一个百分数代表的是准则的相对权重，如图 6-6 所示，我们将其作为选择运载火箭的考虑要素。表 6-9 表明所有数据已转换为一个总值，现在我们可以对各种方案进行数字上的比较了。

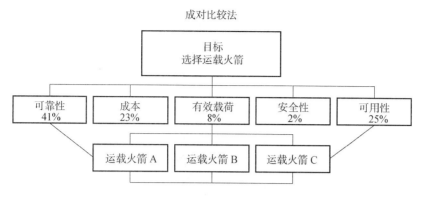

图 6-6　运载火箭选择准则的相对权重

这些准则现在有权重百分数，因此其对最终答案的影响将是成比例的

表 6-9　各种方案评级[①]

	可靠性	成本	有效载荷	安全性	可用性	总分
权重	41%	23%	8%	2%	25%	
运载火箭 A	好	不好	优秀	临界	很好	0.58
运载火箭 B	很好	优秀	好	很好	不好	0.62
运载火箭 C	优秀	优秀	不好	优秀	好	0.81
优秀＝100%；很好＝80%；好＝60%；临界＝20%；不好＝0%						

①为了给各种方案评级，我们计算了每一枚运载火箭在每一条准则上的相对得分，然后我们将这个得分与准则的权重相乘获得一个比较总分。这样看来，虽然运载火箭 C 的有效载荷得分为 0%，但却是最好的选择。

6.3.6　优化法

当有清晰的数值时，分析家就可利用各种工具对决策进行优化，我们可以想到的有线性规划、整数规划、建立专用网络、非线性规划、建模、数值演算法等。这些工具超出了本章要讲述的范围，但是在航天系统设计的决策中，很多复杂的分析会用到它们。这几种分析方法都可用作决策，我们在决定特定的决策应该运用哪一种方法时，应该考虑几个相关的问题：

1）对这个决策而言，哪些方法合适？

2）每一种方法花费多少时间和资源？

3）在这个决策上，我们能投入多少时间和资源？

4）这个决策的价值是什么？

5）这个项目还需要做哪些决策？

6）哪些数据是可用的？

7）其细节的质量和级别如何？

8）考量的因素是主观的还是客观的，是价值驱动的还是未知的？

9）假设有中小型的变动，是否会导致结果或成本的巨大变化？

10）我们挑选的方法会产生对我们有用的结果吗？

一旦我们回答了这些问题，并使用本节描述的其中一个方法对各种方案进行分析，那么下一步就是挑选出一个解决方案。

6.4　产生各种方案

矿工必须加工很多矿石才能获得少量的金，同样地，在解决问题和制定决策时，大量的各种方案通常能产生较好质量的结果；如果只考虑单个方案、"公事公办"方法或"完美"的方案，决策者会阻碍或扼杀掉一些选择。我们应该持续利用组织内外的知识，正如毕加索说的："不成熟的艺术家借用，伟大的艺术家偷取。"

头脑风暴法是挖掘此类知识以产生更优方案的方法之一。它有许多种（见表 6 - 10），因此如果一种方案没有产生好结果，我们可以尝试另一种。所有类型都有一个共同的特征：在头脑风暴的进行过程中，不对观点进行评估或批评（当然，稍后我们必须评估）。为了使确定各种方案的过程更加有条理，我们应该问下列问题。

1）还可能有哪些不同的决策？

2）我们能建立可能选择的矩阵吗？

3）什么是不好的或错误的选择？为什么它们就不好或错误呢？我们能改进它们吗？

4）一个解决方案可能会产生哪些新的问题和风险？

表 6 - 10　头脑风暴法[①]

头脑风暴法的类型	描述
传统的头脑风暴法	大部分专业人士对传统的头脑风暴法很熟悉。运用这个方法，我们 1）对想法数量的追求胜过质量； 2）保持快节奏； 3）把每一条建议或每一个想法都写下来
德尔菲头脑风暴法	德尔菲法有几种变化形式能减少"团体迷思"。举例来说，在"沉默的"德尔菲法中，被挑选的参与者（通常是相关领域的专家）把想法写下来，然后把这些想法收集起来，整理和分发，团队成员对整个团队发表对这些想法的意见
反向头脑风暴法	如果团队困在反向思维的框架里，我们可能会考虑问相反的问题："为什么我们肯定自己不会成功呢？"对影响决策的障碍、限制、壁垒和其他不利因素都进行头脑风暴，同传统的头脑风暴法一样，同样遵循"不批评"的规则。然后，在评估期间，我们探讨怎么才有可能克服每一个障碍，虽然有些障碍会很棘手，但是，其他障碍一旦被公开，我们也许能够克服这些障碍
逆向头脑风暴法或规划情境	我们假设这个项目超出预期的成功，然后对成功的所有原因进行头脑风暴

①有好几种类型的头脑风暴法可供决策者使用，这些方法能帮助决策者创造更多方案，并通常能产生更好的决策。

6.5 选择最佳解决方案

因为没有哪一个评估工具能够量化一切，因此我们在选择解决方案时，应该将前面步骤的分析作为考虑的基础，但不能被其控制。人类的直觉、判断力和智慧也扮演着必不可少的角色，因此对于重要的决策来说，特别是在安全性很关键的领域，我们必须把经历过的分析过程、考虑过的各种方案、最终决定的理由根据都用文件记录下来。表 6-11 描述了从各种方案中形成决策的几种方法，每一种方法都有其适用的时间和场合。

表 6-11 形成决策的方法[①]

类型	优势	劣势	什么时候使用
权威规则	快速	认同减少，可能存在认知偏差	危机或紧急情况
咨询	有效率，偏差可能性小	有可能遭到滥用	日常工作的决策
少数规则	有效率	认同减少，潜在的"团体迷思"	开明的领导联盟［当少数人对高风险选择拥有否决权时（比如安全问题）］
多数规则	有效率	疏远少数人	非重要的集体决策
一致性	集体认同	耗时多	认同很重要

①每个决策的性质和环境会影响到对最佳方法的选择。

当团队决策时，其他要考虑的因素就开始发挥作用。冲突不只是不可避免，如果处理得当，甚至是值得拥有的。目标达成一致，并不是必然要达到 100% 的同意，"一致"是指所有团队成员能够忍受和承认的决定。当下面的条件满足时，团队就能够做出有效的决策：

1）对难题或问题的界定明确；
2）就谁对决策负责达成一致；
3）他们的权限是否清楚；
4）团队的规模是否适合集体决策；
5）沟通有效；
6）采用了决策过程。

6.5.1 决策中直觉和逻辑过程的使用

当进行选择时，我们必须识别出我们何时运用直觉或逻辑。直觉是一种认知模式，没有明显的意识思维，同受控的思考或分析相比，它是一种自动思考。对决策而言，逻辑和直觉都有价值。事实上，《美国海军陆战队指挥控制条令》就推荐在许多情况下，使用直觉作为决策工具[18]：

"直觉法基于一种信仰，相信正在进行的战争本质上是艺术而不是科学，对任何问题而言，都没有绝对正确的答案。直觉性的决策是基于更深的信仰，因为判断力是从经验、训练和思考中得来，指挥官会制定出可行的第一解决方案……直觉性的决策通常要比分析性决策快得多……对绝大多数战术决策和作战决策来说，直觉法要合适得多。"

　　是什么让直觉有如此价值呢？我们对知识、智慧和见解的积累，大多都是无意识的。与成功或失败的决策、同事的知识（和错误）、组织文化、书籍、电视节目和电影的日常接触，为我们决策搭建了坚实的平台。

　　为了使直觉成为我们决策工具箱里更为强有力和高效的决策工具，即使最终我们会遵循分析过程，也应该考虑运用直觉进行决策，并对此进行记录。然后，在我们知道结果后，我们再来评估直觉。通过评估思考中直觉的那一部分，并将其与决策过程相对比，我们用直觉做出决策的质量会与日俱增。

　　当时间很紧，而决策又很关键时，好的直觉就尤为可贵。举个例子，一个航天飞机的飞行员在模拟器里坠毁多次，在这种经历下，人可以存活，而且这种经历也是可以重复体验的。但心理的训练、经验教训总结以及类似的方法有助于为更好地运用直觉进行决策奠定基础。

　　直觉法和正式的方法，这两者我们都不能忽视。如果我们的直觉在大声尖叫，警告我们说正式决策过程已经使我们得到错误的结论，我们应该认真检查一下正式的决策过程。相反地，如果正式的决策过程表明，我们的直觉正在犯危险的错误时，我们应该认真检查那些可能会影响我们判断的感知偏差。为了改进直觉性决策，我们应该问几个决定性的问题。

　　1）我的直觉是否推荐了某一决策？

　　2）正式的决策过程是否得出了同样的结论，或者说它推荐了其他决策？

　　3）通过使用直觉能否考虑到什么不是正式决策过程中的因素？

　　4）直觉选择被确认了吗？它会不会阻碍我考虑其他可能更好的方案呢？

　　5）当我最终知道结果时，直觉判断的正确性比正式的决策过程高还是低？

6.5.2　避免认知偏差和决策陷阱

　　在进行选择时，还需要考虑那些在悄悄影响着决策的陷阱和偏见。我们的文化、语言、认知偏差和压力在我们所做的每一个决策中都有影响。

　　（1）文化

　　在乔治·萧伯纳（George Bernard Shaw）的著作《凯撒和克莉奥佩特位》（Caesar and Cleopatra）中，朱利叶斯·恺撒（Julius Caesar）说："原谅他吧，他是野蛮人，以为他自己部落和岛屿的风俗习惯就是自然法则。"[17] 所有文化——组织和其他的——都是由其成员的价值观、信仰、态度、行为、个性以及优先考虑的事项构成。积极和消极的文化因素都会对决策产生复杂的、有时是微妙的影响。比如说，美国国家航空航天局的政策强调要将危及人类生命的风险降到最低，但是这个准则并不是每一个组织或每一种文化的必然选择，或者说不是任一文化在不同时期的必然选择，这是一个价值决策，美国国家航空航天局是自觉地做到了，但组织文化其他部分的发展并没有意识到这个过程。

　　能证明文化影响的一个典型例子是哥伦比亚号航天飞机灾难性事故。事故调查委员会的报告指出，美国国家航空航天局的文化对这次事故负有责任，因为"阿波罗时代使美国国家航空航天局产生了一种特殊的'能做到'的文化，其标志就是在面对看似不可能逾越的挑战时的不屈不挠……这种文化承认风险和失败在太空活动中是不可避免的。"[5]虽然这种"能做到"的不屈不挠文化本身并没有错，但是基于已失效的因素做出的决策可能就是错的。航天飞机时代与阿波罗时代是不同的，但是文化准则却固执照旧，强烈抵制任何改变。

（2）语言

语言影响我们的感知，例如，给一个英语单词加个前缀"in"通常会得出相反的意思："ingratitude"（忘恩负义）和"gratitude"（感恩）的意思完全相反；但是"flammable"（易燃的）和"inflammable"（易燃的）却是同义词。语言学家（曾经做过保险理算员）本杰明·沃夫（Benjamin Whorf）注意到受语言影响而导致的误解是火灾的一个主要原因，我们不能假设其他人总能按我们想表达的意思来解释（翻译）我们的话。

（3）认知偏差和决策陷阱

好的决策的障碍形式多样，而且通常影响深远。表 6-12 列举了一些常见的例子，对这些偏见进行简单了解有助于我们克服它们。此外，决策者还会使用到如下一些处理方法。

表 6-12　常见的决策陷阱和偏差①

单次和多次行动的决策	如果我们发射一颗卫星有可能失败，我们会感觉是孤注一掷；以同样的失败概率发射 10 颗卫星却感觉更安全。但是如果影响失败的因素没有减少，那么决策的状况并没有好转
一厢情愿	人们通常高估期望事件发生的概率，而低估不期望事件发生的概率，挑战者号就是一个例子。这种倾向来自乐观主义或"组织啦啦队"：设想不好的结果就是不忠诚
团体思维	社会心理学家罗伯特·西德尼（Robert Cialdini）[3]将这个特征描述为"社会认同"：迟疑不决的人们在决定什么是正确时采取的方法，是看其他人认为什么是正确的。与多数人对立是很难的事情，即使是坚定的不墨守成规的人也会感到压力。比如说，在决定是否进行一项发射时，我们最后发表看法，如果在我们前面的每一个人都说了"赞同"，那么我们将不得不表示"赞同"
现状偏差	俗语说，"如果它没坏，就不要修它。"人们把变化看做固有的风险，选择越多，现状偏见就会越强。与现状偏见相伴随的，还有对错误决策的免疫：决策者把它当做风险较低的个人后果。举例来说，IT 经理们曾说过："没有人会因为购买 IBM 而被解雇。"
过度自信	我们倾向于高估组织和我们自己的能力。坐在驾驶员的位置让我们觉得很舒适，而批评组织看起来不忠诚
有效性偏差	决策者通常会对不久前或更生动的信息进行夸大。例如，每年死于车祸的人多于在恐怖袭击中丧生的人，但是，由于恐怖袭击留给人的印象极端强烈，因此在决策者看来，要比实际情况可怕得多。那些导致航天飞行器毁损的事件，不管发生的概率有多小，对下一次发射产生的影响也会被夸大
支持性证据	人们倾向于寻求那些支持他们观点的信息，而忽视或轻视反对他们观点的信息
锚定偏差	人们倾向于对初次接收到的信息赋予过多的权重，尤其是存在大量数据时
沉没成本偏差	人们倾向于能证明过去选择的决定方式。西德尼[3]在一份研究报告中称，赛马场的赌徒一下赌注，就愈发相信他们下注的马将赢得比赛。一旦人们形成了立场，则认定自己必须坚持这个立场

①总的来说，我们看待世界的方式并不总是准确的，如果不纠正的话，各种决策陷阱和偏差通常会导致严重的错误。

1）收集更多的数据；

2）听取不支持此项决策的人的观点；

3）在选择行动措施前集体讨论，列出所有方案；

4）避免在讨论开始时，领导者就表明自己的立场；

5）指定一个团队扮演"故意唱反调的人"，以引入相反的观点；

6）避免夸大现状的转变；

7）增加团队多样化，确保有不同的观点；

8）对用来预测的假设进行确认和检查；

9）寻求直接的统计数据；

10）仔细检查，确保包含了所有的证据；

11）避免提出引导性问题而导致确认证据；

12）有意识地从不同角度审视问题；

13）寻求新的数据和不同的观点；

14）引出那些未参与决策的人的观点；

15）认识到决策只影响未来，不影响过去。

（4）压力

人们会经历不同程度、不同类型的压力，并有不同的反应。总的来说，确定人的压力感觉的两大特征分别是缺乏控制和缺乏解脱感。

很多因素会给航天项目带来压力，一些普通因素为时间压力、决策的个人影响、睡眠和运动量、咖啡因等药物以及个人生活问题。压力是很难避免的，因此我们需要明白它影响到决策的各种方式。压力会对我们的情绪起很大的作用，因为我们会倾向于限制信息的摄入并对信息进行简单化处理，可能会过多关注问题的某些方面，特别是负面的信息，而且更容易陷入理解陷阱和偏差。

我们不可能总将压力因素消除掉，事实上，一些最苛刻的决策就是在压力最大的情况下做出的。我们可能会认为额外花些时间，甚至一些深呼吸也是有用的，而且还应该征求其他人的看法，虽然我们也应该看看他们在承受何种程度的压力。为了使我们的决策少受一些理解陷阱和偏差的影响，我们必须问自己几个重要的问题。

1）我们（或者其他人）将哪些价值观、信仰和文化观念带到了决策中？

2）决策者正在经受着什么样的压力？

3）我们采取了哪些措施来避免自己和其他人掉入那些常见的决策陷阱？

4）过程中推荐了哪些决策？

5）是一个方案明显突出，还是几个方案几乎同样优秀？

6）采用不同的方法会产生不同的结果吗？

7）我们的直觉判断是否在提醒我们，推荐的决策不正确呢？

6.6　试 验 与 评 估

好的过程并不一定会产生好的结果。预测未来从来不属于精密科学，尤其是涉及到概率时，因此我们必须将决策过程和决策结果分开进行评估。后见之明是有用的工具，但团队必须记住，实际事件看起来很明显的事，在当时对决策者来说是不一样的。

同样，对实际的结果与我们期望的结果进行比较，有助于我们对过程进行评估。如果我们发现差异，关键要问"为什么？"如果知道结果，团队能否通过采用不同的决策过程，而获得比现在要好的结果？我们是否应该为了未来的决策而改变过程？结果，尤其不好的结果，是否是趋势使然？如果是，那么过程可能有缺陷。除了这些基本问题，我们还另外推荐三个有助于试验和评估的问题。

1）实际的结果跟期望的结果一样吗？

2）实际的结果是否受到随机事件或意外事件的影响？

3）决策过程是否正确？

6.7　案 例 研 究

为了示范决策过程在实际决策中的运用，我们挑选了国际空间站节点 3 发射—工作（Launch－to－Activity）进行分析，其中包括对空间站太空舱外活动操作限制做出预期变更，此操作限制会对一个主要的组件造成严重威胁（也就是说，操作限制会威胁到节点 3，预期变更是为了减轻或消除威胁）。以下内容将介绍决策过程是如何完成的。

国际空间站节点 3（图 6-7）是一个圆柱体的加压舱，能为国际空间站提供更多的对接口，还装有关键的航空电子设备和生命保障系统，由航天飞机送往空间站。

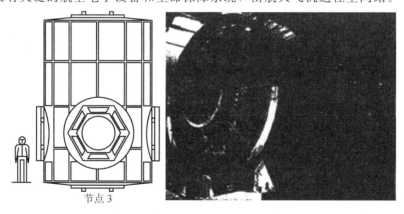

节点 3

图 6-7　国际空间站节点 3

国际空间站节点 3 是一个圆柱体的加压舱，为国际空间站提供更多的对接口，
装有关键的航空电子设备和生命保障系统。对装配乘组舱外活动的新限制，要求就如何保护节点 3
在临时对接到节点 1 且停留时间超出预期的数小时内不被冻结作出决策[11]

在团队完成关键设计评审、开始建造节点 3 的硬件后，国际空间站工程对高优先级的舱外活动做出了限制，这些新的限制意味着建造顺序必须改变。节点 3 将必须在其节点 1 临时对接点停留长达 24 小时以上才离开，而不是原来的 12 小时；而在临时对接到节点 1 期间，节点 3 的外壳加热器将没有电源供应，也就是说，节点 3 热控制条件将被破坏并有冻结的风险。节点 3 作为空间站最后的主要组件之一，它的成败将决定空间站的最终运行能力，因此国际空间站工程经理必须做出关于校正行动的最后决策。

国际空间站工程办公室成立了节点 3 "线路测试（Lead Test Assembly，LTA）团队"（在此称为团队），负责对问题进行评估，并提供备选的解决方案。节点 3 在临时对接到节点 1 期间避免冻结的最有效的办法是什么呢？团队由来自节点 3 项目办公室及其硬件承包商、舱外活动办公室和国际空间站工程办公室的代表组成[16]。

6.7.1　产生各种方案

所有认真考虑过的方案均涉及设计、建造和安装一条电缆，将节点 1 的电源连接到节点 3 的外壳加热器上。图 6-8 是线路测试电缆线路的原理图。

1）方案一：在轨安装线路测试电缆——利用舱外活动进行线路测试期间，将一条 12 m 的线路测试电缆的一端连接到节点 3 外壳加热器的电源连接器上，沿着节点 3 的长度布线并固定，将其连接到节点 1 的电源。

2）方案二：在地面安装线路测试电缆——在地面，把电缆安装在节点 3 的防护屏的上面，并沿着节点 3 的长度固定，然后在舱外活动期间，将电缆的两端相连。

3）方案三：在地面安装线路测试电缆——和方案二一样，只是将电缆安装在防护屏的下面。

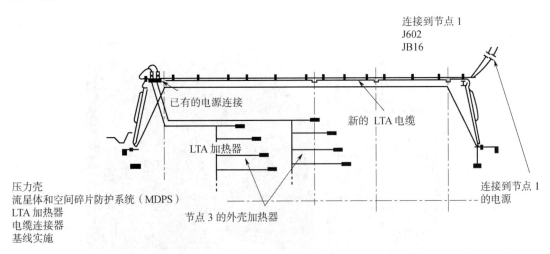

图 6-8　连接到节点 3 外壳加热器所需要的线路测试电缆的数量

该修改是为了避免节点 3 在与节点 1 临时长期对接时冻结[2]

6.7.2　树立目标和构建决策框架

如果时间允许，对信息进行审阅总是明智的。在这个案例中，为了帮助理解影响航天员舱外活动工作表现的主要事情，团队审查了 23 份技术报告和同行评审的文件。他们：

1）验证了时间线和训练作为舱外活动目标的重要性；

2）选择了 4 个目标，按照技术专家达成的一致意见对其进行了排名；

3）用李克特五分量表法制定了评分准则（表 6 - 13）。

表 6 - 13　评估舱外活动产生影响的准则①

得分	对舱外活动操作时间线的影响（排名第1）	舱外活动航天员显著疲劳的可能性（排名第2）	任务的复杂性和舱外活动乘组人员的训练（排名第3）	工作可到达区域或可到包络问题的可能性（排名第4）
优秀（5）	舱外操作时间的延长未超出每工作日计划的 6.5 小时内	增加的舱外活动任务导致航天员明显疲劳或局部手疲劳的程度，超出现有预计程度的可能性小	新增舱外任务简单：不需要对舱外活动乘组人员进行新的专门训练	初始的工作场所分析表明，所有可预期的 LTA 电缆连接中戴着手套的手能到达的区域和 EMU 可达包络能容易地超过舱外活动的要求
很好（4）	要求计划时间线在 6.5～6.75 小时之间。标记为应该担忧的事项，但是可以接受，不需要对舱外活动运行的要求超差放行	中等程度	中等程度：预计有 1～2 次的专门训练	中等程度
好（3）	要求计划时间线在 6.75～7 小时之间。可以接受的前提是获得舱外操作管理层的批准	增加的舱外活动任务导致航天员明显疲劳或局部手疲劳的程度，超出现有预计程度的可能性中等	新增舱外任务的复杂程度为中等：预计会为舱外活动人员进行 2～3 次的专门训练	对舱外活动乘组人员戴手套的手和舱外活动装置可到达的区域来说，预期有几个有限但是可接受的工作空间——有待对工作场所做出更详细的评估
一般（2）	要求计划时间线在 7～7.25小时之间。需经舱外活动管理层的批准正式对舱外活动的要求超差放行	中等程度	中等程度：预计有 4～5 次的专门训练	中等程度
不好（1）	要求计划时间线多于 7.25 小时。须经高级别的空间站管理层批准才能正式对舱外活动的要求超差放行	增加的舱外活动任务导致航天员明显疲劳或局部手疲劳的程度，超出现有预计程度的可能性大	新增舱外任务复杂：预计会为舱外活动人员进行 6 次甚至更多的专门训练	对舱外活动人员而言，预期有 1 个或更多有限的工作空间。在对工作场所进行更详细的评估后，预计戴手套的手和可到达区域的要求不可接受。很可能需要研发独特的工具或辅助设备，来帮助舱外活动乘组人员完成任务

①这个表格举例说明了线路测试团队是如何利用李克特五分量表法来确定决策对连接国际空间站节点 3 的舱外活动 4 个目标的影响（EMU 是舱外活动装置）。

6.7.3　挑选最佳方法

团队接下来确定了针对这一决策的最佳方法。目标是以相对较低的成本获取高质量的评估数据，他们选择了三个活动来评估各种方案：模拟工作要素任务、采访专家、使用计算机模型来分析工作场所。

（1）模拟工作要素任务

作为对既定的在中性浮力实验室（NBL）进行的节点 3 舱外活动训练的补充，团队还进行了一个具有中等保真度的模拟实验（中性浮力实验室是一个大型水下训练池，使用真实的舱外活动装置和国际空间站硬件的实体模型，来模拟在轨道真空环境下的舱外活动操作。操作任务要素模拟了三种方案。由于中性浮力实验室在时间和资源方面的限制，无法对所有方案进行模拟，但是部分的模拟能够揭示特定任务要素的时间研究数据和任务难度指标、潜在的疲劳因素和未来训练的要求。

（2）采访专家

团队访问参与中性浮力实验室模拟的舱外活动乘组人员和训练工作人员，内容包括中性浮力实验室的部分模拟结果以及重要试验装备各种方案的经验。他们运用这些知识来推算出那些无法直接测量的工作要素的时间、相对的任务复杂程度和训练要求，以及与疲劳相关的问题。

（3）使用计算机模型来分析工作场所

团队通过分析工作场所来获知在每一种方案中舱外活动装置可到达区域包络及可达区域的环境。

6.7.4　评估各种方案

线路测试团队根据达成共识的准则对每一种方案进行评估：对时间线的影响、航天员疲劳的可能性、任务的复杂程度以及可到达区域。下面我们对这些结果进行总结。

（1）对舱外活动操作时间线的影响

团队做了时间研究评估，来帮助确定对舱外活动时间线的影响。他们将每一种方案的预期任务分解成主要的工作要素。

预期方案一要比其他两个方案耗时长，因此团队首先将这个任务的要素确定下来，然后将它们与方案二和方案三的要素进行比较。他们建造了线路测试电缆硬件的实物模型，训练乘组在节点 3 的 5 小时舱外活动训练结束时进行方案一的操作任务，这种"搭载"评估带来的额外好处是可以重复预期的在轨任务顺序；安装和连接新的电缆必须放在计划好的工作日的最后，此时乘组人员的疲劳是个真正的问题。因此模拟能帮助团队获得有关任务成员疲惫、时间效应和任务复杂程度的合理数据。

随后，团队通过使用《工作设计》[9]中描述的时间研究程序，为方案一确定了标准的操作时间。时间和资源方面的限制使他们只能进行一次循环，在这次循环中，他们：

1）以分钟为单位将完成工作任务要素的观测时间记录了下来；

2）调整了观测到的时间量度以考虑等级因素；

3）通过使用时间研究程序和听取团队建议，建立了时间容限；

4）确定了方案一舱外活动操作的预期任务时间是 57 min。

因为团队无法再进行一次模拟来测量方案二和方案三，他们就根据方案一的结果来进行估算，得出了三个方案的标准任务时间和标准等级。

1）方案一：57 min，一般；

2）方案二：35 min，很好；

3）方案三：19 min，优秀。

（2）航天员明显疲劳的可能性

在模拟的最后，团队与乘组人员进行了面谈，讨论了每一种方案可能的疲劳因素。团队告诉乘组人员连接线路测试电缆的任务必须放在现有的 6 小时工作日的最后，按顺序先完成其他任务，和 5 小时训练的处理方式一样。

团队通过运用博格（Borg）的主观自感劳累分级法[9]，来帮助乘组人员评估工作要素对人体全身和局部手疲劳的单一影响和累计影响。在模拟和过去经验的基础上，乘组将造成人体和手疲劳不适的要素按照从 0 级（没有不适）到 10 级（极度不适）的等级进行评级，然后针对第二个准则报告舱外活动航天员明显疲劳可能性的评估总分。

团队和乘组人员比较了方案一的结果与方案二和方案三的预期结果。乘组人员对比方案一对后者（方案二和方案三）要素任务的难易度进行了估计，并从全身和局部疲劳的角度评估了它们。疲劳评估的总结参见表 6 - 14。

表 6 - 14　航天员疲劳评估[①]

方案一	一般	对额外的 LTA 任务带来的明显性疲劳有中等程度或高等程度的担忧。长时间进行大量的电缆操作和移动。为了固定和连接一条不牢固的电缆，估计需要 48 项重大的手动操作
方案二	好	对额外的 LTA 任务带来的疲劳有中等程度的担忧。工作时间比方案一工作时间的一半多。要求检查转化及在节点 3 加热器各端部署电缆。只需要 20 项手动操作来固定和连接电缆
方案三	优秀	对额外的 LTA 任务带来的疲劳有低等程度的担忧。增加的工作时间短。电缆操作是最短的，预计为了固定和连接电缆的手动操作会少于 10 项

①方案三在这个准则里评分最高。

（3）任务复杂程度和乘组人员训练

线路测试团队与训练专家讨论了任务的复杂程度，估计了每一种方案需要的训练。假定下述几种情况需要单独训练，在这个前提下，团队对任务的复杂程度和专门训练的可能性进行了评估[7]。

1）该任务复杂度高，需要多个步骤和工具；

2）该任务的安全性至关重要，要求成功的概率很高；

3）在避免危害方面，误差要小；

4）对于完成任务或者是由于舱外活动装备的容忍极限，一系列事件的时间是至关重要的。

对所有的方案来说，时间都是决定是否需要更多专门训练的关键要素。在生命保障系统达到使用极限之前，把电缆安装上是很关键的。虽然没有一种方案是特别复杂的，但是所有方案都至少有一些专门的任务是需要更多训练的。表 6-15 对训练效果的评估结果进行了总结。

表 6-15　评估各种方案对训练的影响①

方案一	一般	预估的一小时时间线专门的电缆部署以及布线工作要素将可能要求 4~5 次在中性浮力实验室内的专门训练，或者其他专业训练
方案二	好	预期有 2~3 次的专门训练，针对外部电缆检查和线路末端圆锥形电缆的专门任务
方案三	很好	预期只有 1~2 次在中性浮力实验室内的训练

①在这个准则中，方案三得分最高。

（4）工作可到达区域或可达包络方面潜在的问题

团队评估了在中性浮力实验室运行期间工作可到达区域或可达包络，通过对方案一的评估，来帮助指示那些可能对特定工作场所造成问题的区域。他们尤其担心节点 3 与节点 1 连接处的工作空间有限，影响 LTA 任务活动。

团队邀请了一个工作场所分析团队，通过计算机建模，帮助确定在工作可到达区域或可达包络方面可能存在的问题，模拟了有限空间内乘组人员的预期位置、每一个工作要素的可到达区域和可达包络的要求，他们的分析对总体仿真是个补充，总结见表 6-16。

表 6-16　关于工作可到达区域或可达包络方面潜在问题的评估①

方案一	很好	通过舱外活动来安装线路测试电缆，几乎没有受限制的到达区域。预期没有问题
方案二	一般	工作场所分析表明，可能会违反对舱外活动乘组人员和舱外活动装置可到达区域的要求。乘组人员必须使要安装的线路测试电缆非常靠近节点 1，但这样就可能无法将收好的电缆放开。这个方案可能要求对电缆路线进行重新设计，开发新的电缆操作工具，或通过使用其他工作区来避免潜在的干扰
方案三	好	在获得更多细节性的硬件信息前，预计可达包络和可达距离可以接受

①在这个准则里，方案一得分最高。

（5）总结评估

线路测试团队使用排名倒数法[6]来决定每一种方案的相对评分，然后推荐一个方案。这个方法将最大的权重赋予排名第一的准则。如前所述，他们对 4 个挑选出来的准则按从 1 到 4 进行了排名。

当所有人都同意第一个目标是最重要的时候，这个方法就是建立权衡准则相对权重的好方法[6]。在舱外活动团队和国际空间站管理层的指导下，线路测试团队把建立时间线作为最重要的准则。表 6-17 对排名倒数模型的分析和评估结果进行了总结。

6.7.5　选择方案并评估

此决策分析进行了充分的辨别来推荐一个特定的设计方案。方案三：在发射前，在节点 3 防护装置的下面安装线路测试电缆，然后通过舱外活动来连接电缆各端。该分析集中

表 6－17　使用排名倒数权衡模型得出的总分数①

节点 3 LTA 电缆各种方案

准则	排名倒数				方案一舱外活动安装的评估	得分（权重×评估）	方案二地面上安装和安装在防护装置上方的评估	得分（权重×评估）	方案三地面上安装和安装在防护装置下方的评估	得分（权重×评估）
	(A) 排名	(B) 1/A	权重计算 (B)/∑(A) [1/∑(A)]	权重						
舱外活动时间	1	1.00	1/2.083	0.48	一般（2）	0.96	很好（4）	1.92	优秀（5）	2.4
疲劳	2	0.50	0.5/2.083	0.24	一般（2）	0.48	好（3）	0.72	优秀（5）	1.2
任务复杂度和训练	3	0.33	0.33/2.083	0.16	一般（2）	0.32	好（3）	0.48	非常好（4）	0.64
工作可到达区域和可达包络	4	0.25	0.25/2.083	0.12	很好（4）	0.48	一般（2）	0.24	好（3）	0.36
合计		2.083		1	方案一总分	2.24	方案二总分	3.36	方案三总分	4.60

①对三种方案进行比较，根据准则和评估，总分最高的方案（方案三）看起来是最好的候选方案。

关注舱外活动的工作绩效准则，为国际空间站项目管理者的权衡研究决策提供了新的见解和更清晰的建议。

最后，团队必须停止分析和提交结果。管理者必须问的关键问题是："我们是否有足够的洞察力来给出一个合理的建议？"这个问题通常很难回答。不像建模的其他形式，要证实决策分析模型准确反映了现实是很困难的。

参 考 文 献

[1] Adams, Douglas. 1979. The Hitchhiker's Guide to the Galaxy. New York, NY: Harmony Books.

[2] Alenia Spazio. December 2004. Node 3 Launch-To-Activation Report. N3-RP-AI-0180 Turin, Italy.

[3] Cialdini, Robert B. 2006. Influence: The Psychology of Persuasion. New York, NY: William Morrow and Company, Inc.

[4] Clemen, Robert T. , and Terence Reilly. 2001. Making Hard Decisions with Decision Tools. Pacific Grove, CA: Dusbury.

[5] Columbia Accident Investigation Board (CAIB) . August 2003. Columbia Accident Investigation Board Report. Washington, DC: U. S. Government Printing Office.

[6] Componation, Paul. 2005. ISE 734, Decision Analysis Lecture Notes. University of Alabama in Huntsville, Alabama.

[7] Crocker, Lori, Stephanie E. Barr, Robert Adams, and Tara Jochim. May 2003. EVA Design Requirements and Considerations, EVA Office Technical Document, No. JSC 28918. Houston, YX: NASA Johnson Space Center.

[8] Dobson, Michael, and Heidi Feickert. 2007. The Six Dimensions of Project Management, Vienna, Virginia: Management Concepts, pp. 20 – 34.

[9] Freivalds, Andris, and Benjamin Niebel. 2003. Methods, Standards, and Work Design. Eleventh Edition. New York: McGraw-Hill Companies, Inc.

[10] Goodwin, Paul and A. George Wright. 2005. Decision Analysis for Management Judgment. West Sussex, England: John Wiley & Sons, Ltd.

[11] Habitation Extension Module (HEM) home page. c. a. 2008. www. aer. bris. ac. uk/.../hem/hem _ and _ node _ 3 . jpg.

[12] Hammond, John S. , Ralph L. Keeney, and Howard Raiffa. 1999. Smart Choices: A PracticalGuide to Making Better Life Decisions. Boston, MA: Harvard Business School Press.

[13] Harless, D. 2005. Preliminary Node 3 LTA WSA. 2005. Houston, TX: NASA Johnson Space Center.

[14] Knebel, Fletcher, n. d. Original source unavailable, http: //thinkexist. com/quotes/fletcher _ knebel/

[15] NASA. n. d. https: //node. msfc. nasa. gov/geninfo/PhotoGallery/Node3/CleanRoom/DSCN1609. JPG.

[16] Node 3 Program Management Review (PMR) . January 2005. Briefing for Node 3 LTA, no document number. Huntsville, Alabama: Marshall Space Flight Center.

[17] Shaw, George Bernard. 1898. Caesar and Cleopatra, Act II.

[18] US Marine Corps. October 1996. MCDP6-Command and Control. Washington, DC: Department of the Navy.

第7章 生命周期成本分析

约瑟夫·W·哈梅克 (Joseph W. Hamaker)

科学应用国际公司 (SAIC)

道格拉斯·莫里斯 (Douglas Morris)

美国国家航空航天局兰利研究中心

迈克尔·B·尼克斯 (Michael B. Nix)

Qualis 公司

成本估算和分析一直都是空间系统定义的一部分。我们通常认为成本分析是一个独立的学科，在许多组织中都是由一个专门的部门来进行成本估算；但是，如今的趋势是将成本当做一个系统工程的工程设计变量。最近一段时间，大多数的航空航天设计机构都将成本分析集成到了并行工程中，系统工程中将成本作为一个独立的变量，就十分强调这一点。

在并行工程中，成本分析将设计决策中成本的影响进行了量化，本章提供了一个有效的成本模型，我们将使用该模型来评估实现技术性能指标、技术水平和各种发射系统及航天器新型设计所需的采办成本；我们还提供了其他方法来估算系统的运行成本，所以我们可以对全生命周期成本进行估算。

表7-1显示了估算空间系统生命周期成本的过程。第一步，按照项目管理或系统工程和集成，我们建立项目的工作分解结构，描绘构成飞行硬件的系统和分系统的构成以及该项目的功能单元，如工程管理或系统工程及集成。

表 7-1 估算空间系统的生命周期成本[①]

步骤	描述	讨论章节
1	建立工作分解结构	7.1节
2	收集空间系统特征	7.2节，第5，6，9，10和11章
3	计算系统研制成本	7.3节
4	估算运行和支持成本	7.4节
5	估算发射场基础设施的研制成本	7.5节
6	估计全生命周期成本和评估成本风险	7.6节
7	进行成本-风险分析	7.7节

①我们必须多次重复这个过程以获得一个可靠的估计。在这里，我们以发射系统（空间发射和运输系统）为例。

为了估算生命周期成本我们还搜集了系统的特点。我们收集成本估算的输入，如技术数据、基本规则、假定和足够的信息以便了解该项目的继承性和复杂性。以下是成本估算的主要原则。

1）运用成本模型和其他估算技术估算系统采办、运行和支持以及研制基础设施的成本；

2）合计按时间分段的全生命周期成本，使用 β 分布和项目时刻表；

3）进行灵敏度分析或成本-风险分析，以评估成本估算对主要假设和变量的灵敏度，同时为项目的主要风险设定权重，量化估算的置信度；

4）如有需要，用经济学分析对方案进行比较，来获取项目的投资回报率。

有两种不同的方法可以用来估计空间系统的生命周期成本：参数成本估计和详细工程估计（其他方法例如类比估计，与这两种方法类似）。参数成本估计将成本与系统的工程变量通过数学方式联系在一起；详细工程估计运用功能性估计来估算建立工作分解结构中设计和制造组件所期望需要的工时和材料，也可以利用供应商提供的这些产品报价来进行估算。在项目定义的初期，规划者通常喜欢参数成本估计方法，一旦设计相对成熟或者开始制造后，则转而采用详细工程估计方法。由于我们重点是介绍基本概念，因此本章着重说明参数成本估计法。

参数成本估计的前提是，我们可以利用变量模拟来预测成本，但并不能完全准确地预测出最终的成本。兰德公司（Rand Corportion）在第二次世界大战后就发明了这一方法，当时他们需要有一种方法能在军用飞机的研制初期迅速地估计其成本。目前许多行业，包括航空航天、化工、造船、建筑、采掘、电力和软件开发等都普遍使用参数成本估计法。该方法依赖于统计学上推导出的数学关系，即成本估算关系（CER）。成本是（预测）变量，工程变量是独立（输入）变量。我们通常从以前的项目数据记录中推导出成本估算关系，并进行回归分析，寻找成本和工程变量之间最好的统计拟合。在空间发射系统领域，干质量是最常用的工程参数之一，但是最精确的成本估算关系还应该考虑到其他变量，包括管理变量。

在所介绍的例子中，参数成本估计法可帮助估算生命周期基本要素的成本，包括研发、生产、发射和运行空间发射与运输系统（SLaTS）。一个空间系统的生命周期成本可以分为三个主要阶段。

1）设计、研发、试验和评估（DDT&E）阶段，包括设计、分析和测试电路试验板、演示版、初样以及鉴定样机，还包括飞行样机和一次性基础设施的成本，但是不包括系统组件的技术开发。

2）生产阶段，包括系统的生产成本。成本建模中的一个重要概念是理论首台产品（TFU）、首台经飞行鉴定的飞行器或从装配线下线的首个系统的成本。对于重复性产品，我们在估计其生产成本时将"学习曲线"因子用于 TFU 成本，这点我们稍后讨论。设计、研制、试验和评估与生产成本一起构成采办成本。

3）运行和支持（O&S）阶段，包括正在进行的运行和支持成本，通常被称为重复性成本，包括飞行器或系统。

　　本章将以 SLaTS 为例，其成本模型也适合于大多数的空间系统，包括遥感卫星、载人飞船或空间站、发射系统（载人或不载人），以及配套设施。本章并不详细讨论 SLaTS 的成本模型，而是讨论一般的成本模型问题。在运用模型过程中我们必须考虑以下问题：

　　1）所选定的成本模型的影响；

　　2）工作分解结构中的定义；

　　3）成本估算关系、变量、成熟度、取值范围和适用性；

　　4）研制和运行作为全生命周期成本的一部分；

　　5）模型应适用于估算系统试验、系统工程与集成，以及项目管理的成本；

　　6）评估技术成熟度；

　　7）资金按照预算的投入时间划分；

　　8）成本风险。

　　项目管理者和系统工程师应非常关心项目的生命周期成本模型，因为这对项目及他们的职业生涯都将产生重大的影响。理想情况下，他们会利用那些将来其他人评估他们项目的估算包和估算程序，估算项目的生命周期成本。一个项目的生命周期成本悬在两个极端之间：估计过高，会使项目被取消或缩减范围；估计过低，项目通过，但项目经理和系统工程师的日子将很困难。我们的目标是避免以上两个极端。

　　选择适当的估计包和方法来估算生命周期成本对于项目成功来说是至关重要的，软件应该像项目的其他模型一样是被验证和确认过的，我们必须跟踪模型的成熟度及其结果与之前项目中已知成本的匹配情况。当前项目的估计是否超过之前成本估算关系值的范围？如果超过，该估计可能是无用的。成本估算包是否真的适合于这类型项目及项目研制和运行的环境？大多数成本估算包提供的是对研制成本的估算，极少给出对空间系统运行和支持的成本估算。

　　下面，我们针对这两类成本，给出一种方法，大量的细节将有助于我们理解这些模型的复杂性；研制成本模型还会告诉我们如何估计系统工程和集成的成本，这是一个特别艰巨的任务；此外，它说明了项目管理和具体领域的成本估算，如系统试验运行等。

　　乐观地估计硬件和软件的技术成熟度（TRL），常会使项目惹上麻烦。在后文的例子中，我们将给出一种好的评估技术成熟度的方法。

　　为了准备或检查这些项目的预算或部分预算，时间阶段项目成本部分是非常重要的，可帮助我们细致研究编制项目预算的策略；最后一节将提供一些有利于识别和应对成本风险的原则。

7.1　建立工作分解结构

　　图 7-1 显示了 SLaTS 工作分解结构的成本示例，包括与 SLaTS 相关的主系统和若干系统级功能单元组成的框架，也包含突发性事件的元素，如风险和不可预知的成本、承包商利润和项目支持等，这些费用会超过支持采购方完成任务的最初合同的范围。若想了解

关于建立和评估工作分解结构的细节，请参阅《实用空间系统项目管理》[1]。

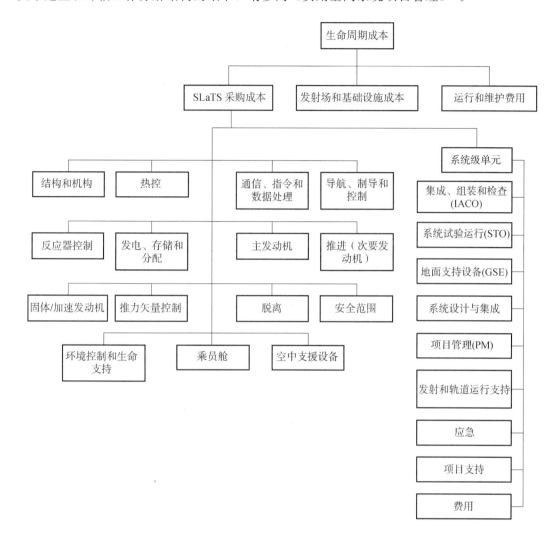

图 7-1 用于估算 SLaTS 成本的工作分解结构

这些单元构成了工作分解结构，想要了解工作分解结构一般的细节请参阅《实用空间系统项目管理》[1]

本节讲述评估采办成本时用的空间系统成本模型，参数成本模型在工作分解结构的各级中都可以应用。以结构和机构系统为例，可以建立各种结构部件的成本估算关系，如横梁、桁架、框架、蒙皮、整流罩、货舱门、贮箱、适配器或推力结构；还可以将结构件整合成组，在更高层次上建立成本估算关系。空间系统成本模型选择了后一种方法，在组合这个层次上建立了采购成本估算关系。表 7-2 举例说明模型中工作分解结构各因素的"字典"，其中包括了它们的功能性描述、典型组件、构成和其他考虑因素。

表 7-2　空间系统成本模型应用的工作分解结构定义的例子[①]

结构和机构单元的功能描述	典型结构和机构组件和构成	其他考虑因素
结构和机构组合为其他所有系统在地面处理、发射、在轨运行、返回和着陆过程中提供承重、装载和连接功能。结构和机构单元的空间系统成本模型包括推进剂和氧化剂贮箱承重和非承重，但是不包括反作用控制贮箱，它的成本模型包含在 RCS 中。主结构和次级结构包含在内。主结构承载主要载荷，次结构支持小组件产生的较轻载荷 　　在载人航天器上，结构和机构系统包括加压结构，为执行任务的航天员提供小气候环境（在这种情况下 CER 中的人员变量等于 2）。这时 CER 还包括机构和其他移动部件	结构和机构的典型部组件是横梁、桁架、框架、蒙皮、支架、整流罩、挡板、翼、操纵面、货舱门、贮箱、航天器或级间适配器结构、推力结构、展开机构、对接机构、着陆架及次结构部件，例如附件、部件盒、支架、紧固件、配件等	组合级结构和机构的空间系统成本模型 CER 对低级的 WBS 产生不合适的结果。例如：SLaTS 成本估算模型中的结构和机构 CER 可能会使梁产生异常的高成本，而使复杂的机构产生异常的低成本。在 CER 不完全适用的情况下，成本估算程序有时必须在计算中引入一个复杂度因子来调整 CER

　　①该表只涉及结构和机构单元。明确定义 WBS 需要三个基本要素：功能描述、典型组件和构成及其他考虑因素（RCS—反作用控制系统；CER—成本估算关系）。

7.2　收集空间系统特征

　　今天，政府和工业界研究的 SLaTS 系统，包括地球-轨道发射段和空间在轨运行段，要处理航天员和货物在轨交换、轨道机动、轨道保持、对接、电源扩展、大量的下行链路数据和其他功能，因此，许多发射系统，尤其是可重复使用的运载器（RLV），呈现出在轨航天器的属性。为此，空间系统成本模型的成本估算关系通常包括类似航天器的参数而导致的扩展需求，例如展开机构、燃料电池类的电源、主动热控和三轴定点保持等。

　　我们使用了美国国家航空航天局红星（REDSTAR）数据库中的数据得出了空间系统成本模型的采办成本估算关系，该数据库限制访问的数据库，包含了自 20 世纪 60 年代起大多数太空任务的历史数据。对于工作分解结构中的每个组，该模型提供了两种采办成本估算关系，一个是设计、开发、试验和评估（DDT&E）成本，另一个是理论首台产品生产成本，这两项成本是构建模型的基础。此外，该模型还提供了系统级成本的工作分解结构，也就是设计、开发、试验和评估成本和理论首台产品成本的和。

　　表 7-3 中 SLaTS 成本模型的工作分解结构变量，按照模型所需的单元列出系统的特点。首先是全局变量影响所有工作分解结构单元，其次是工作分解结构中的具体变量。第一列给出了单元变量的名称，第二列中给出相应值的范围。对于飞行硬件系统的所有成本估算关系，干质量都是一个必要的输入，每个系统和单元成本估算关系都还用到了其他特定的独立变量。全局变量的说明如下。

　　（1）乘员额度

　　乘员额度是一个指示变量，它告诉模型用户该飞行硬件是否对乘员数量有限制。空间系统成本模型的数据库中既包含了有乘员额度的航天项目，也包含了没有乘员额度的航天项目，有乘员额度的航天器的硬件成本更高。乘员（Human）=1，意味着不包括乘员额度产生的成本，而乘员（Human）=2 则意味着要包括乘员额度产生的成本。

表 7 - 3　空间系统成本模型成本估算关系变量

系统或单元/变量缩写	变量取值范围	
全局变量和所有 CER 都用的其他输入变量		
乘员额度	1＝否 2＝是	
任务类型	1.0＝地球轨道航天器 1.3＝一次性运载火箭	1.8＝可重复使用的运载器 1.9＝行星航天器
XYZ 因素	1＝X 类飞行器 2＝Y 类飞行器 3＝Z 类飞行器	
技术冻结年份	通常是授权进行项目的年份	
预先研究	1＝很少或没有 2＝较低（DDT&E 进展 0％～2％） 3＝正常（DDT&E 进展 2％～4％）	4＝较高（DDT&E 进展 4％～5％） 5＝很高（DDT&E 进展大于 5％）
工程变更活动	1＝很低 2＝较低 3＝正常	4＝较高 5＝很高
组织数量	1＝很少（单个组织） 2＝较少（单一用户，单一主承包商） 3＝正常（涉及 3 个左右的组织）	4＝较高（涉及 5 到 6 个组织） 5＝很高（涉及 6 个以上组织）
团队经验	1＝很低（年轻团队） 2＝较低（新老混合，有经验人员占 1/4）	3＝正常（新老混合，各占一半） 4＝较高（有经验人员占 3/4） 5＝很高（全是有经验人员）
分系统 TRL	1＝TRL1 2＝TRL2 3＝TRL3 4＝TRL4 5＝TRL5	6＝TRL6 7＝TRL7 8＝TRL8 9＝TRL9
新设计百分比	新设计的程度，例如：0.7 表示 70％的新设计	
结构和机构		
	干质量	
材料复杂度	1＝几乎都是 Al 2＝Al＋其他特点突出的金属 3＝金属＋少量复合材料或特殊金属	4＝大量的复合材料或特殊金属 5＝几乎全是复合材料和特殊金属
展开机构复杂度	1＝没有展开机构 2＝简单或是次要的 3＝一般	4＝中等复杂 5＝复杂
零件数量	1＝很少（大量采用铸造/机加件以避免零 　　件装配；不同的零件数最少化） 2＝零件数量较少	3＝零件数量一般 4＝零件数量大 5＝零件数量很大
热控变量		
	干质量	

续表

系统或单元/变量缩写	变量取值范围	
涂层、表面、多层隔热（MLI）、陶瓷、碳纤维增强碳（RCC）等	1＝没有 2＝涂层、反射面 3＝MLI、保护层、可重复利用柔性隔热面等	5.5＝低温陶瓷 7＝RCC
冷板、加热器等	1＝没有 2＝没有散热器的冷板、电加热器等	
散热器	1＝没有 2＝被动冷板散热器 2.2＝百叶窗散热器	
泵送流体、热管等	1＝没有 2＝液冷散热器	2.2＝百叶窗散热器 2.5＝热管
存储低温或冷藏	1＝没有 2＝低温储存 2.5＝有源制冷	
通信、指令与数据处理（CC&DH）		
	干质量	
通信下行链路	1＝很低（～1 kbps） 2＝低（～10 kbps） 3＝适中（～100 kbps）	4＝高（～1 Mbps） 5＝很高（～10 Mbps） 6＝超高（～100 Mbps）
冗余等级	1＝单个字符串 2＝双重字符串 3＝三倍字符串	4＝四倍冗余 5＝五倍冗余
电子元器件类别	1＝B 类 2＝B$^+$ 类 3＝S 类	
计算后的非冗余 CC&DH 质量	总质量减去冗余等级	
GN&C（导航、制导与控制）		
	干质量	
稳定类型	1＝旋转/重力梯度法 2＝消旋 3＝3 轴	4＝动量轮 5＝控制力矩陀螺
冗余等级	1＝单个字符串 2＝双重字符串 3＝三倍字符串	4＝四倍冗余 5＝五倍冗余
传感器类型	1＝没有 2＝太阳敏感器	3＝地球/地平线敏感器 4＝星跟踪器
自动化程度	1＝没有 2＝很有限 3＝有限	4＝有一些 5＝显著的 6＝完全自动
计算后的非冗余 GN&C 质量	减去冗余等级的总质量	

续表

系统或单元/变量缩写	变量取值范围	
电源		
	干质量	
发电类型	1＝没有 2＝硅太阳能电池 3＝砷化镓（GaAs）太阳能电池	4＝燃料电池 5＝放射性同位素热电式发电机（RTGS）
冗余等级	1＝单个字符串 2＝双重字符串 3＝三倍字符串	4＝四倍冗余 5＝五倍冗余
蓄电池类型	1＝没有 2＝镍镉（NiCd） 3＝银锌（AgZn）	4＝镍氢（NiH） 5＝锂离子（Li－Lon）
计算后的非冗余发电系统质量	减去冗余等级的总质量	
反作用控制		
	干质量	
推进剂类型	1＝单元推进剂 2＝一甲基肼双组元推进剂 3＝双组元推进剂	
液体火箭主发动机		
质量/kg－1 个发动机	干质量	
真空推力/kg－1 个发动机		单发动机真空推力
燃烧室压力/kPa－1 个发动机		单发动机燃烧室压力，P_c
真空比冲 I_{sp}－1 个发动机	比冲量，I_{sp}	
发动机循环	1＝加压馈送 2＝气体发生器	3＝分级燃烧，单预燃室 4＝分级燃烧，双预燃室
燃料	1＝过氧化氢（H_2O_2） 2＝火箭推进剂 1（RP1） 3＝液氢（LH_2）	
一次性或可重复使用	1＝一次性 2＝可重复使用	
计算推重比	计算推重比	
次级推进发动机		
	干质量	
固体/加速发动机		
	干质量	
推力矢量控制和控制面操作		
	干质量	

续表

系统或单元/变量缩写	变量取值范围
类型	1＝液压式 2＝机电式
分离系统	
	干质量
安全范围	
	干质量
环境控制和生命保障	
	干质量
人员航行天数	乘员人数乘以在轨天数
乘员舱	
	干质量
人员天数	乘员人数乘以在轨天数
空中支持设备	
	干质量
电力和数据要求	1＝没有 2＝有
流体要求	1＝没有 2＝有
喷气发动机工具包	
	干质量
空气启动鉴定	1＝没有 2＝有

①我们必须精确地定义变量，因为我们要用它来进行估算。参见前文中关于某些变量的扩展定义的讨论。（Al 是铝），DDT&E—设计、开发、试验和评估。

（2）任务类型

任务类型是一个指示变量，明确正在被估计的系统是地球轨道航天器任务、一次性运载火箭、可重复使用的运载器还是行星航天器系统。

（3）XYZ 因子

XYZ 因子是一个指示变量，使用户从说明书、文档、可追溯性和试验要求等方面严格制定项目研制环境的特点。模型数据库中许多历史项目在某种程度上是高风险的试验项目（例如 X 类运载器或低成本卫星），其他的则属于演示类型的项目（可称为 Y 类飞行器），该类项目与试验项目相比，质量要求高而风险较低，但是也不属于全尺寸研制标准（美国国家航空航天局的部分"快、好、省"任务）。数据库中的大多数都属于按照正规的航空航天标准进行的全尺寸研制项目，这里称之为"Z 类飞行器"。模型用户应该设定 XYZ 因子：1 为 X 类飞行器，2 为 Y 类飞行器，3 为 Z 类飞行器。

（4）技术冻结年份

技术冻结年份是一个定量变量，它表明系统技术估算的技术年份，通常是授权进行的年份，因此，一个期望 2005 年开始的项目，技术冻结年份就定为 2005。成本模型的数据库包含了从 20 世纪 60 年代初期到 2000 年的项目。回归分析显示，在许多系统中空间项目的研制成本是稳步降低的，其他成本则保持不变，技术冻结年份这个变量表示了这个趋势。

（5）预先研究

预先研究是一个指示变量，它度量一个项目在还没全尺寸研制之前进行的研究情况。项目预先研究做得越多，全尺寸研制的成本就越低，这是因为项目定义比较成熟。我们设定预先研究变量是 1～5，1 表示很低（成本估算增加），5 表示很高（成本估算减少）。

（6）工程变更活动

工程变更活动是一个指示变量，类似于预先研究，但度量的是全尺寸研制过程中的不稳定需求。需求变动的内部原因是为了达到设计规范，外部原因是为了满足用户要求。变更活动对空间项目的成本影响很大，因此它是成本模型中一个重要的变量，我们可以设定变更量为从低（1）到高（5）。

（7）组织数量

组织数量是一个指示变量，描述了成本估算时，我们期望追踪的与设计、研制和生产有关的组织数量的多少。模型中使用的变量最小为 1，即项目只涉及 1 个组织，最大为 5，表示项目涉及的组织多于 6 个。用户和供应商应计算在内。

（8）团队经验

团队经验是一个指示变量，描述了我们期望组织在执行类似项目时如何表现出经验。富有经验的团队可以提高效费比，团队经验可以从 1 [最低（年轻团队）] 到 5 [最高（经验丰富的团队）]。

（9）分系统技术成熟度

分系统技术成熟度是一个指示变量，我们根据技术的成熟度设定 TRL 为从 1 到 9，TRL 和新设计百分比的关系见 7.3.1 节的表 7 - 5。较低的 TRL 会导致成本估算剧烈增长，一般情况下，我们希望使用的分系统的 TRL 在全尺寸研制之前不低于 6。

（10）新设计百分比

新设计百分比可使我们在继承以前项目时，调整研制成本估算。因为这个参数是模型设计和研制成本估算关系的乘数，对成本的影响很大，所以应该慎重处理。

成本估算关系中出现的系统或其单元的其他独立变量，在表 7 - 3 中给出了定义。

仅仅得到一个成本估算关系并不意味着对成本的估计就是正确的，这个成本估算关系可能未包括某些影响成本的变量。最理想情况是利用所有已知的数据估算成本，但是它往往不能包含所有相关的成本因素，所以当我们说成本估算关系有效时，只能说明成本估算关系较好地处理了历史数据库和所包含变量之间的差异；其他变量也可能起作用，而且可能会随时间而改变。另外必须指出：如果成本估算关系中输入变量的值可能是错误的，那么成本估算关系就不能给出正确结果。

7.3 计算系统研制成本

表 7-4 提供了我们用于估算 SLaTS 研制成本的成本模型成本估算关系的示例，将各个组的设计研制（D&D）成本和系统级的成本在 D&D 列相加，即得到 DDT&E 的总成本。类似地，将各个组的 TFU 成本和系统级成本在 TFU 列相加，即得到总的 TFU 成本。想要了解 TFU 成本及学习如何获得总生产成本，请阅读 7.3.2 节。

表 7-4　空间系统的研制 CER 和 TFU 成本[①]

D&D CER	TFU CER
结构和机构	
D&D=1.603（干质量，kg）$^{0.40}$（材料复杂度）$^{0.10}$（展开机构复杂度）$^{0.20}$（零件数量）$^{0.30}$（乘员额度）$^{0.40}$（任务类型）（XYZ因子）$^{0.70}$（技术冻结年份）$^{0.015}$（预先研究）$^{0.20}$（工程变更活动）$^{0.35}$（组织数量）$^{0.20}$（团队经验）$^{0.25}$（分系统 TRL）$^{1.10}$×新设计百分比×年美元	TFU=0.060（干质量，kg）$^{0.70}$（材料复杂度）$^{0.20}$（展开机构复杂度）$^{0.10}$（零件数量）$^{0.25}$（乘员额度）$^{0.30}$（任务类型）（XYZ因子）$^{0.30}$（技术冻结年份）$^{0.010}$（预先研究）$^{0.05}$（工程变更活动）$^{0.05}$（组织数量）$^{0.10}$（团队经验）$^{0.15}$（分系统 TRL）$^{0.30}$×年美元
热控	
D&D=0.705（干质量，kg）$^{0.40}$（涂层、表面、MLI、陶瓷、RCC 等）$^{0.10}$（冷板、加热器等）$^{0.10}$（散热器）$^{0.15}$（泵送流体、热管等）$^{0.20}$（存储低温和/或冷藏）$^{0.25}$（乘员额度）$^{0.50}$（任务类型）（XYZ因子）$^{0.80}$（技术冻结年份）$^{0.015}$（预先研究）$^{0.20}$（工程变更活动）$^{0.35}$（组织数量）$^{0.20}$（团队经验）$^{0.25}$（分系统 TRL）$^{1.10}$×新设计百分比×年美元	TFU = 0.078（干质量，kg）$^{0.70}$（涂层、表面、MLI、陶瓷、RCC 等）$^{0.05}$（冷板、加热器等）$^{0.10}$（散热器）$^{0.15}$（泵送流体、热管等）$^{0.20}$（存储低温和/或冷藏）$^{0.40}$（乘员额度）（任务类型）（XYZ因子）$^{0.40}$（技术冻结年份）$^{0.010}$（预先研究）$^{0.05}$（工程变更活动）$^{0.05}$（组织数量）$^{0.10}$（团队经验）$^{0.15}$（分系统 TRL）$^{0.30}$×年美元
CC&DH	
D&D=5.93（CC&DH 非冗余干质量，kg）$^{0.40}$（通信下行链路）$^{0.20}$（冗余等级）$^{0.20}$（电子元器件类别）$^{0.08}$（乘员额度）$^{0.60}$（任务类型）（XYZ因子）$^{0.90}$（技术冻结年份）$^{0.040}$（预先研究）$^{0.20}$（工程变更活动）$^{0.35}$（参与组织数量）$^{0.20}$（团队经验）$^{0.25}$（分系统 TRL）$^{1.10}$×新设计百分比×年美元	TFU=0.198（CC&DH 非冗余干质量，kg）$^{0.70}$（下行链路通信）$^{0.10}$（冗余等级）$^{0.10}$（电子元器件类别）$^{0.12}$（乘员额度）$^{0.30}$（任务类型）（XYZ因子）$^{0.50}$（技术冻结年份）$^{0.030}$（预先研究）$^{0.05}$（工程变更活动）$^{0.05}$（组织数量）$^{0.10}$（团队经验）$^{0.15}$（分系统 TRL）$^{0.30}$×年美元

[①]我们从表 7-3 中选定所需的 CER，来估计研制成本和 TFU 成本。有关详情，请参阅说明。输入和指数的值见表 7-8B。

在以上的 CER 中：任务类型乘法系数=1.0 对应地球-轨道航天器；

=1.3 对应 ELV；

=1.8 对应 RLV；

=1.9 对应行星航天器；

技术冻结年份乘法系数=1/（输入-1960）$^{（指数）}$；预先研究乘法系数=1/（输入）$^{（指数）}$；

团队经验乘法系数=1（输入）$^{（指数）}$；分系统 TRL 乘法系数=［1/（输入）$^{（指数）}$］/0.139 3。

7.3.1　新设计百分比

成本估算关系中一个关键的参数就是新设计的百分比。在运载火箭系统 WBS 比较低的层次上，有一些硬件或软件可能是现成的，这意味着设计者倾向于使用那些与之前项目相同或者稍作改进的硬件或软件，典型的例子是结构支架、紧固件、公用机构、隔热层、加热器、发射机、计算机、天线、导航敏感器、制导设备、蓄电池、电压转换器、发动机、推力器或贮箱。我们有时也重复使用稍作改动的软件子程序。使用这种继承性组件节省设计的时间。缩短前置时间，还可以减少组件的鉴定和试验。但是，它也可能会因为某个组件或软件不是为适应当前应用而设计的或没有基于最新的技术，从而造成成本增加。

有些系统比其他系统拥有较多的使用现有硬件的机会，例如，承重结构通常是新的，而一些次结构或小型机构可能是现成的或稍作修改的，但是它们基本上成本不高；热控、通信、制导、导航、电源、推进及环境控制和生命保障系统，通常可以使用继承性材料或组件，但是它们通常需配置成新的几何构型体，因此工程师们必须进行设计、分析和试验（这是大部分开支所在）；重复使用发射系统软件很不现实，因为大多数软件都是专用的，而且距离开发已相隔多年，例如，阿里安 V 的首飞失败就是因为重复使用了阿里安 IV 的软件。

由于项目定义的成熟度和工程师们需要面对的运输器性能优化要求，现有的硬件和软件可能不符合规范，这些问题已经成为方案制定到实施过程中成本增长的主要原因。我们必须根据使用现有元素的多少，谨慎判断初步估算的合理性；我们应该记录采用继承产品的假设和理由，仔细检查这些理由，并且留有足够的资金储备以应对项目中逐步出现的新硬件的成本要求。

将实际的历史成本除以由表 7 - 5 中估计的新设计百分比，来调整空间系统成本模型中的 D&D 组合成本估算关系，得到 100% 新设计成本。对每个成本估算关系乘上新设计百分比因子，能够使我们在估算新系统的成本时考虑具体的继承情况，我们应该按以下给出的指导原则来选择 SLaTS 成本模型中新设计因素。

表 7 - 5　新设计百分比的定义[①]

新设计因素	基本原则
0.0～0.1	现有的设计 1) 该系统是一个现成的设计，无需修改和鉴定； 2) 所有的图纸都能按所需的格式提供； 3) 所有的工程分析都可用； 4) 所有的单元在当前情况下都是最先进的； 5) 不需要任何新的标准、规范或材料适应性，或只要求有很少的接口验证； 6) 系统不需要做鉴定检验； 7) 该系统最近正在生产或已经生产； 8) 目前的团队对设计完全理解
0.1～0.2	需要很少的设计修改 1) 一些组件或特征要求少许修改； 2) 必须验证接口以及集成新的组件或特征； 3) 系统不需要或只需做很有限的鉴定试验； 4) 该系统最近正在生产或已经生产； 5) 目前的团队对设计完全理解

续表

新设计因素	基本原则
0.2～0.3	需要少许的设计修改 1）几个组件或特征需要修改； 2）必须验证接口以及集成新的组件或特征； 3）需要少量的重新鉴定分析和少量的系统试验； 4）目前的团队对设计完全理解
0.3～0.4	设计需要明显的修改 1）相当数量的组件或特征需要修改； 2）必须验证接口以及集成新的组件或特征； 3）需要大量的重新鉴定和系统试验； 4）目前的团队对设计完全理解
0.4～0.5	设计需要非常明显的修改 1）许多组件或特征需要修改； 2）必须验证接口以及集成新的组件或特征； 3）系统需要进行大量重新鉴定分析和试验； 4）目前的团队对设计完全理解
0.5～0.6	设计需要作重大修改 1）存在适应性的设计，但许多组件或特征需要进行重大的修改； 2）目前的团队对设计完全理解
0.6～0.7	需要非常大的重新设计或带有大量继承性的新设计 1）存在适应性的设计，但绝大多数组件或特征需要进行重大的修改； 2）需要新的设计，但它可以重复使用许多组件、工程分析或知识； 3）目前的团队对设计完全理解
0.7～0.8	带有显著继承性的新设计 　需要新的设计，但一些组件、工程分析或知识是存在的或者预先研究工作已使该系统成为当前最先进的系统
0.8～0.9	几乎是全新的设计，只有少量的继承性或预先研究工作
0.9～1.0	全新的设计，但在当前最新技术范围内 1）大多是新组件； 2）在授权开展项目时的 TRL[②] 为 6
1.0	新的设计，需要在当前技术下有小的改进 1）重大的预先研究工作已经发生； 2）在授权开展项目时的 TRL[②] 为 5
1.0～1.5	新的设计，需要在当前的技术下有一些改进 1）开展了一些预先研究工作； 2）在授权开展项目时的 TRL[②] 为 4
1.5～3.0	新的设计，在当前的技术状态下需要有显著改进 1）开展了一些预先研究工作； 2）在授权开展项目时的 TRL[②] 为 3

①我们应该仔细选择新设计百分比因素，以适应设计工作的预计范围和技术成熟度。

②TRL 指的是美国国家航空航天局的技术成熟度的等级（第 13 章），在一般情况下，美国国家航空航天局的新项目只有在达到 TRL 为 6 或更高的等级后才能转入实施阶段的。

7. 3. 2　学习和效率的影响

学习曲线理论预测了重复生产或组装的产品，其单个产品生产成本随着产品数量的增加而降低。学习曲线从 20 世纪 30 年代就开始帮助预测成本下降，虽然这一现象称为"学习"，但是我们不仅将其归功于劳动力学习，而且也包括许多其他规模经济的因素，例如大量购买原材料和零部件，或者更有效利用间接成本和管理成本。有的分析家对学习和效率的影响进行了区分，他们认为学习过程是多年生产总量的函数，而效率影响则是每年生产量的结果；另一些分析家则强调，在高度自动化的环境中，没有真正意义上的学习效应，也就是说自动化机器是不会学习的。但是，随着生产效率的提高，行业使用了更有效率的方法，不论其来源，这个观点将所有影响都归结为一个概念，即学习。

在生产运营中，大多数的实际成本数据显示，成本降低的速率按照一个幂曲线 $y = ax^b$ 进行，其中 y 代表成本，a 是首台产品的成本，x 是产品生产的数量，b 是学习曲线百分数的对数除以 2 的自然对数。我们有两种方法计算学习的效果：累计平均法〔由 J·R·克劳福德（J. R. Crawford）首先提出，称为克劳福德曲线〕和单位法〔由 P·T·赖特（P. T. Wright）首先提出，通常称为赖特曲线〕。

这两种方法的区别是它们对变量 y 的定义。在累计平均法中，y 是在 x 个产品中的平均单位成本；在单位法中 y 定义为第 x 个产品的成本。例如，假设有一个项目其首台产品成本 $a = 100$ 美元，已经生产 $x = 10$ 个产品，同时学习曲线百分数是 90%，为了得到这 10 个产品累积的平均成本，或者第 10 个产品的成本（依据不同的方案），我们有

$$y_{10} = 100 \ (10)^{\ln 0.90/\ln 2} \text{ 美元} = 70.47 \text{ 美元} \tag{7-1}$$

在空间应用领域，我们推荐使用单位（赖特）法学习曲线，因为它更加保守一些。利用这种方法，假设与上述例子的条件相同，单位成本从首台产品的 100 美元降低到第二个产品的 90 美元，第四个产品（81 美元）又是第二个产品成本的 90%，用这种方法计算 n 个产品的累积平均成本。将这 n 个产品的成本相加，然后除以 n，用这种方法得出 10 个产品的累积平均成本是 79.94 美元，而克劳福德方法的计算结果是 70.47 美元。计算累计平均成本的一个简便计算公式为

$$y_{\text{avg}} = \frac{a}{x \ (1+b)} \left[\ (x + 0.5)^{1+b} - \ (0.5)^{1+b} \right] \tag{7-2}$$

其中，y_{avg} 是 x 个产品的平均产品成本；a 和 b 的定义同前。因此，第 10 个产品的平均产品成本，在首台产品成本为 100 美元和学习百分数为 90% 的假设下，为

$$y_{\text{avg}10} = \frac{100}{10\left(1 + \dfrac{\ln 0.90}{\ln 2}\right)}\left[(10 + 0.5)^{1 + \frac{\ln 0.90}{\ln 2}} - \ (0.5)^{1 + \frac{\ln 0.90}{\ln 2}}\right] = 80.06 \text{ 美元} \tag{7-3}$$

利用简便计算公式算出平均产品成本为 80.86 美元，这个结果与经过大量计算得出的实际平均成本 79.94 美元（见表 7-6）相当接近。

表 7-6　单位法和累计平均法的比较[①]

核心公式：$y=ax^b$	单位法			累积平均法		
产品数	成本/单位[②]	平均成本	总成本	成本/单位[②]	平均成本	总成本
1	100.00	100.00	100.00	100.00	100.00	100.00
2	90.00	95.00	190.00	80.00	90.00	180.00
3	84.62	91.54	274.62	73.86	84.62	253.86
4	81.00	88.91	355.62	70.14	81.00	324.00
5	78.30	86.78	433.92	67.49	78.30	391.49
6	76.16	85.01	510.08	65.46	76.16	456.95
7	74.39	83.50	584.47	63.81	74.39	520.76
8	72.90	82.17	657.37	62.44	72.90	583.20
9	71.61	81.00	728.98	61.26	71.61	644.46
10	70.47	79.94	799.45	60.23	70.47	704.69

[①]学习曲线的结果取决于我们对两种学习方法的选择。首个单位成本：$a=100$；

　　件数：$x=10$；

　　学习曲线比例：$b=0.90$。

[②]利用这种方法计算第 n 件的单位成本，计算 y_n 和 y_{n-1}，然后用 ny_n 减去 $(n-1)y_{n-1}$。

空间发射和运输系统所展现的学习曲线百分数在 80% 到 100% 之间（100% 表示没有学习效应），我们应根据产量增加对项目规模经济期望的最佳判断，来选择学习曲线的百分数。学习对可重复使用运载器的影响很小（因为在可以预见的将来，不需要生产很多产品），但是在一次性使用的运载火箭大量生产的情况下，学习将是一个很重要的因素。

7.3.3　SLaTS 基准运载器的成本估算

现在我们来估算 SLaTS 中一次性运载火箭的研制成本。我们有一些——并非全部——空间系统成本模型估算的成本输入（表 7-7），这在成本估算过程中是常见的，我们通常需要根据我们已有的项目知识推测一些必要的信息。

表 7-7　估算 SLaTS 运载器成本所需的质量（mass）说明和其他信息[①]

	第一级火箭/kg	第二级火箭/kg	整流罩/kg
结构与机构	14 774	4 319	2 700
热控系统	1 477[②]	216[②]	136[②]
CC&DH	88[③]	—	—
GN&C	38	—	—
电源	82	179	—
反作用控制	—	589[④]	—
主发动机	3 589	761	—
主推进系统	1 061	191	—

续表

	第一级火箭/kg	第二级火箭/kg	整流罩/kg
其他信息			
发动机数量	1	1	—
真空推力/N	3 020	302	—
真空比冲 I_{sp}/s	430	456	—
燃烧室压力/kPa	—	—	—
燃料/氧化剂	LH₂/LOX	LH₂/LOX	—
发动机循环	气体发生器	气体发生器	—

①成本分析通常不会用到所有的成本估算所需要的信息，因此，通常先作出假设，之后再进行验证。（CC&DH—通信、指令与数据处理；GN&C—导航、制导与控制；LH₂—液氢；LOX—液氧）。

②没有给出，对第一级火箭的计算是用 10% 乘以结构机构系统的总质量，对于第二级火箭和整流罩，乘数系数则是 5%。

③转移到第二级火箭成本；从给定的 126 kg 的电子设备质量中获得，其中 70% 分配给 CC&DH，30% 分配给 GN&C。

④没有给出，计算方法是 10%×其他级火箭质量的总和。

我们从给定成本模型的全局变量入手，见表 7-8（为了简便起见，这里我们仅给出第二级火箭的输入值，不包括第一级火箭和有效载荷整流罩的类似输入量）。第一个全局变量表明运载器没有载人（human rated=1）；接下来，由于这是一次性运载火箭，任务类型定为 2；技术状态是全过程运行的（XYZ 因子=3）；授权启动的年份是 2003（即技术冻结年份=2003）；我们估计，在项目启动之前进行了数量不多的技术状态定义的工作，因此设置预先研究=2；我们期望在研制过程中只发生通常数量的变更（工程变更活动=2），同时希望参与项目的执行组织及用户不多于 3 到 4 个（组织数量=3）；团队拥有正常的经验，所以团队经验=3。

我们想让成本包括一个系统试验件，第二级有一台火箭发动机，没有喷气式或固体发动机；模型成本的输出应该是 2003 年美元；最后，我们将所需费用的百分比输入模型，计算偶发性成本、项目支持成本、设计研制的费用及 TFU 部件估算。我们设定 D&D 和 TFU 的座变值分别为 30% 和 15%，这是一般性数值，相当于定义阶段的学习水平（但是随着项目日益成熟比值可以减少）；项目支持百分比分别取 10% 和 5%（同样，超过主承包商范围成本的典型值）；最后，我们在这两个阶段再输入 8% 成本的费用，这大约是承包商的平均利润率。

表 7-8A　空间系统成本模型的全局输入变量值①

全局输入变量	D&D 输入值	TFU 输入值
乘员额度	1	1
任务类型	2	2
XYZ 因子	3	3
技术冻结年份	2003	2003
预先研究	2	2

续表

全局输入变量	D&D 输入值	TFU 输入值
工程变更活动	3	3
组织数量	3	3
团队经验	3	3
系统试验件数目	1	1
火箭发动机/级数目	1	1
喷气式发动机/级数目	0	0
固体火箭数目	0	0
美元年份（填写 4 位数）	2003	2003
模型使用 1999 年的通货膨胀率	1.118	1.118
意外开支/%	0.30	0.15
项目支持/%	0.10	0.05
承包商利润率/%	0.08	0.08

①这是基准运载器第二级火箭的值，全局输入变量与其他所有 CER 都是一致的。

表 7-8B　空间系统成本模型的分系统输入变量值^①

计算结果/百万美元

CER 变量	输入	D&D 指数（b）	TFU 指数（b）	D&D 系数（a）	TFU 系数（a）	D&D	TFU
结构和机构				1.603	0.060	162.0	13.8
质量/kg	5 420	0.40	0.70	—	—		
材料复杂度	1	0.10	0.20	1.00	1.00		
展开机构复杂度	2	0.20	0.10	1.15	1.07		
预留	1	1.00	1.00	1.00	1.00		
零件数量	3	0.30	0.25	1.39	1.32		
预留	1	1.00	1.00	1.00	1.00		
乘员额度	1	0.40	0.30	1.00	1.00		
任务类型	2	—	—	1.30	0.40		
XYZ 因子	3	0.70	0.30	2.16	1.39		
技术冻结年份	2002	0.015	0.010	0.54	0.66		
预先研究	2	0.20	0.05	0.87	0.97		
工程变更活动	3	0.35	0.05	1.47	1.06		
组织数量	3	0.20	0.10	1.25	1.12		
团队经验	3	0.25	0.15	0.76	0.85		
分系统 TRL	6	1.10	0.30	1.00	1.00		
新设计百分比	1.00			1.00	1.00		

续表

CER 变量	输入	D&D 指数（b）	TFU 指数（b）	D&D 系数（a）	TFU 系数（a）	D&D	TFU
热控				0.705	0.708	22.2	3.0
质量/kg	544	0.40	0.70	—	—		
涂层、表面、MLI、陶瓷、RCC 等	3	0.10	0.05	1.12	1.06		
冷板、加热器等	1	0.10	0.05	1.00	1.00		
散热器	1	0.15	0.10	1.00	1.00		
泵送流体、热管等	1	0.20	0.15	1.00	1.00		
存储低温或冷藏	1	0.25	0.20	1.00	1.00		
乘员额度	1	0.50	0.40	1.00	1.00		
任务类型	2	—	—	1.30	0.40		
XYZ 因子	3	0.80	0.40	2.41	1.55		
技术冻结年份	2002	0.015	0.010	0.54	0.66		
预先研究	2	0.20	0.05	0.87	0.97		
工程变更活动	3	0.35	0.05	1.47	1.06		
组织数量	3	0.20	0.10	1.25	1.12		
团队经验	3	0.25	0.15	0.76	0.85		
分系统 TRL	6	1.10	0.30	1.00	1.00		
新设计百分比	1.00			1.00	1.00		
CC&DH				5.93	0.198	39.9	1.8
质量/kg	88	0.40	0.70	—	—		
下行链路通信	3	0.20	0.10	1.25	1.12		
冗余等级	2	0.20	0.10	1.15	1.07		
电子元器件分类	2	0.08	0.12	1.06	1.09		
预留	1	1.00	1.00	1.00	1.00		
预留	1	1.00	1.00	1.00	1.00		
乘员额度	1	0.60	0.30	1.00	1.00		
任务类型	2	—	—	1.30	0.40		
XYZ 因子	3	0.90	0.50	2.69	1.73		
技术冻结年份	2002	0.040	0.030	0.19	0.29		
预先研究	2	0.20	0.05	0.87	0.97		
工程变更活动	3	0.35	0.05	1.47	1.06		
组织数量	3	0.20	0.10	1.25	1.12		
团队经验	3	0.25	0.15	0.76	0.85		

续表

CER 变量	输入	D&D 指数 (b)	TFU 指数 (b)	D&D 系数 (a)	TFU 系数 (a)	D&D	TFU
分系统 TRL	6	1.10	0.30	1.00	1.00		
新设计百分比	1			1.00	1.00		
无冗余的 CC&DH 计算质量/kg	53	—	—	—	—		
GN&C				3.55	0.164	29.5	1.3
质量/kg	38	0.40	0.70	—	—		
稳定类型	1	0.10	0.20	1.00	1.00		
冗余等级	2	0.20	0.10	1.15	1.07		
传感器类型	1	0.20	0.10	1.00	1.00		
自动化程度	1	0.10	0.20	1.00	1.00		
预留	1	1.00	1.00	1.00	1.00		
乘员额度	1	0.90	0.50	1.00	1.00		
任务类型	2	—	—	1.30	0.40		
XYZ 因子	3	1.10	0.70	3.35	2.16		
技术冻结年份	2002	0.025	0.020	0.35	0.44		
预先研究	2	0.20	0.05	0.87	0.97		
工程变更活动	3	0.35	0.05	1.47	1.06		
组织数量	3	0.20	0.10	1.25	1.12		
团队经验	3	0.25	0.15	0.76	0.85		
分系统 TRL	6	1.10	0.30	1.00	1.00		
新设计百分比	1			1.00	1.00		
无冗余的 GN&C 计算质量/kg	22	—	—	—	—		

①表中的结果只针对结构和机构、热控、CC&DH 和 GN&C，新设计百分比参照表 7-5（D&D—设计和研制；

　　TFU—理论首台产品；TRL—技术成熟度；MLI—多层隔热；RCC—强化碳纤维复合材料）。

接下来我们需要将工作分解结构中各分系统和其他成本单元的信息填入到表 7-8 的空间系统成本模型中，有一些信息来自表 7-7，但是需要根据项目知识和经验来提供其输入变量。例如，为了估计结构和机构的成本，空间系统成本模型需要输入的变量有：材料复杂度、展开机构复杂度、零件数量等，在这种情况下，我们根据自己对工程最好的认识，已得到这些输入变量，见表 7-8。我们规定材料复杂度为 1.0，对应于"主要为铝"的结构，因为设计工程师们告诉我们铝用得最多；展开机构复杂度为 2.0，对应于简单或次要的展开机构，因为唯一需要的机构是为了使一、二级火箭分开的分离机构；零件数量值定为 3，对应于零件数是一个正常的量，因为该设计采用一些纯铸件和其他计数零件策略，但是并不比一般这种类型项目用得多；我们从全局输入中得到了其他一些结构和机构部分的输入变量；结构和机构的最后两个输入变量就是分系统 TRL，我们将其设定为 6，因为所有与该单元相关的技术问题都已经在相似的环境中被论证过。

我们设定新设计百分比为 1.0，反映了我们全新的设计工作；最后一个输入变量需要较多的解释，如表 7 - 5 所示，在一般情况下，对于 TRL 为 6，新设计百分比小于 1.0（表中设计百分比为 0.5 到 0.8 之间的值），但是我们有时必须抛开书本的教条，根据自己的判断，在这种情况下，即使技术成熟度是 6，我们仍然认为这个设计是全新的，基本上没有继承之前的设计，所以它的新设计百分比值为 1.0。

现在我们必须为参考的运载器的其他分系统和单元提供成本模型要求的输入，可以自己进行估计，或通过访问设计者及项目经理来获得。在表 7 - 8 中，为了简单起见，我们只给出 3 个分系统：热控、CC&DH 和 GN&C。

在为参考运载器每级所有的 WBS 单元都插入输入变量后，空间系统的成本模型就计算出了每个元素的成本（以所有的 CER 为基础），表 7 - 8B 给出了第二级火箭的成本估算结果。SLaTS 运载器第二级的结构和机构单元的估算结果是，D&D 成本为 1.62 亿美元，TFU 成本为 0.138 亿美元。类似地，表中还显示了 TCS、CC&DH 和 GN&C 单元的成本，对于第二级火箭来说，所有这些单元成本相加得到的就是 DDT&E 的成本，为 12 亿美元，另外 TFU 成本为 0.85 亿美元。［对于分系统，我们用 D&D 成本这个词，而对于整级我们使用 DDT&E 成本，因为"级"的成本还包括系统测试硬件和运行的成本，将这些成本与"级"的集成与检验、地面支持设备（GSE）、系统工程与集成及项目管理的成本合并，则是将分系统的 D&D 成本提升为 DDT&E 成本。］

虽然我们没有在这里讨论，但是我们采用了相同的过程得出了第一级和有效载荷整流罩的成本。这些成本，总的来说，第一级的 DDT&E 成本是 22.4 亿美元，TFU 成本是 1.89 亿美元，有效载荷整流罩的 DDT&E 成本是 3.3 亿美元，TFU 成本是 0.13 亿美元。

表 7 - 9 总结了这些结果，我们在表中导出了运载器级和整流罩的平均产品成本，方法采用了空间系统成本模型中的 TFU 成本和 7.3.2 节中介绍的学习曲线方法。为了体现学习，我们将第一、二级火箭和整流罩的 TFU 成本乘以平均单位成本的因子——假设每年生产 12 个产品，连续生产 10 年（总计 120 个产品），同时假设采用标准的 90% 的学习曲线。利用 7.3 节中的学习曲线方程，我们发现在 120 个产品的生产过程中，平均产品成本降低为 TFU 成本的 56%。此计算公式如下

$$\left\{ y_{120} = \frac{100}{120\left(1 + \frac{\ln 0.90}{\ln 2}\right)}\left[(120 + 0.5)^{1 + \frac{\ln 0.90}{\ln 2}} - (0.5)^{1 + \frac{\ln 0.90}{\ln 2}}\right] \right\} \approx 56\% \qquad (7 - 4)$$

如表 7 - 9 所示，将 TFU 成本乘上 0.56 的学习因子后，运载器级总的平均产品成本为 1.61 亿美元。

表 7 - 9　SLaTS 参考运载器 DDT&E 的平均单位成本汇总[①]

	DDT&E/百万美元	TFU/百万美元	学习因子（120 件产品，学习 90%）	学习后的平均产品成本（经过 120 个产品）/百万美元
助推器	2 240	189	0.56	106
二级火箭	1 200	85	0.56	48
整流罩或有效载荷	330	13	0.56	7
总运载器	3 770	287	0.56	161

①表中成本是按 2003 年美元计算的。

7.4　估算运行和支持成本

对于新的空间或发射系统，其运行和支持（O&S）的重复性成本是其成本的最大部分，如图 7-2 所示，但是直到现在，设计和研制新的发射系统时对这一成本的重视程度仍然不够，运行数据及成本评估和核算方法的发展一直不受重视，造成的结果是，我们缺乏必要的信息来帮助我们建立一套分析流程，同时航空航天界也不认同这种方法的使用。最近，新兴的分析方法让从多视角和不同的详细程度对空间运输系统的 O&S 有了更好的了解。虽然已开发出许多分析工具用于评估新方案的可操作性，但是它们目前还只能提供最好的收集有关评估运行和支持成本所需数据的方法。

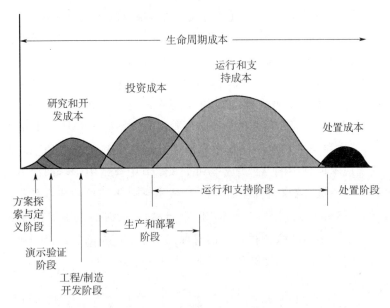

图 7-2　生命周期阶段

图中显示在项目的生命周期中运行和支持成本通常是最主要的成本因素[2]

由于可重复使用的发射系统是很独特的，运行技术相对较新，我们还没有开发出基于研制或生产成本来估算运行和支持成本的简单的经验公式，还没有足够的系统来支持建立运行和支持的成本与工程变量之间的参数关系，如估算 DDT&E 成本。发射系统不像飞机那样频繁运行，它的飞行率低，支持结构独特，要用更复杂的方法才能估算运行和支持的成本。发射方案可能是载人或不载人的，水平或垂直地起飞和降落，可重复使用运载器或一次性使用的火箭系统，带有吸气式发动机的类似于飞机的系统等。

因为没有两个系统是一样的，我们的分析必须反映每个系统运行和支持需求（可能也会受到飞行率影响）的独特性质，这些需求包括设施、专门支持设备、工艺和支持水平等；分析过程和模型必须适应这些独特的性质和不同的运行要求所带来的复杂性；估算运行和支持成本要求我们现实地估算为达到系统整个生命周期所要求的飞行率所需的资源。本节中，我们将：

　　1）解释哪些因素是运行和支持成本的一部分；

　　2）识别我们必须处理的运行和支持成本问题；

　　3）概述用来分析新发射系统的流程；

　　4）举例说明期望和理想的结果类型。

7.4.1　运行和支持成本的因素——哪些应该考虑

作为生命周期的一部分，运行和支持对应的是运输系统在其有效生命周期内的运行阶段，运行和支持成本包括全面部署系统的所有运行、维护和支持成本。图 7 - 3 给出一个有代表性的运行过程，这是运输系统在其生命周期中的每一次飞行都要重复经历的。我们需要获得运输系统有效生命周期内这些功能以及所有相关离线功能的成本，这些成本包括人员、消耗和修理材料、各级的维护成本（组织的、中介的和存储）、设施和持续投资的成本。我们通常将这些成本整合为人员、硬件、材料（包括耗材）和设备成本。

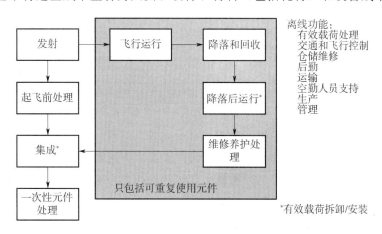

图 7 - 3　在线工作流程

在线工作流程以及运载器和设施定义构成了运行和支持成本

图 7 - 3 显示了发射运行流程的方案，还有很多离线的功能，必须计入运行和支持成本。运行流程包括可重复使用运载器的发射、整修和返回所需的步骤，以及一次性发射系统的过程。对于可重复使用系统，该流程定义了系统的周转能力，这是其经济可行性的一

个重要因素。分析的范围必须包括与发射系统运行活动有关的所有功能。

　　运行和支持成本中的一部分是一次性启动成本（在为运行作准备时产生）和当系统已完全投入运行时的支持成本。一次性成本要素通常包括设计、研制和建造配套设施的初始成本，以及在系统部署之前招募和培训运行和支持系统的人员的成本；重复性成本包括处理和维护运载器人员的成本，以及发射系统的辅助设备和设施的成本。我们通常将它们表示为一个由飞行频率和硬件特性决定的年度成本。运行和支持成本还包括运行所使用的原材料、耗材和一次性用品的成本（我们通常把运行和支持软件及其维护成本作为软件支持成本因素的一部分）。更换超过硬件寿命期限的部件（例如发动机）的成本也计入运行和支持成本。表 7 - 10 概述了典型的运行和支持成本。

表 7 - 10　运行和支持成本元素[①]

成本元素	非重复性	重复性
发射场	采办、研制	运行和支持成本
设施	设计、建造及地面支持设备	运行和支持成本
发射和飞行器运行	设备、设施、人员	运行和支持成本
运载器硬件		
GSE（运载器独有）	初始的	运行和支持成本、替换
维护		运行和支持成本（组织的、中介的和存储）
备用件	初始的	补给
耗材	初始的	补给
一次性产品	初始的	补给
培训	初始的	更新和替换
文件	初始的	升级
运输	初始的	在发射场、返回发射场
管理	初始的	替换
保险、费用、税		每次飞行

　　①这些元素分为启动运行建造基础设施的非重复性成本和持续运行的重复性成本，这些成本包括：设施、人员、硬件和软件，其中的很多项目将在《实用空间系统项目管理》的第 9 章[1]讨论。

　　另外，重复性成本包括固定和可变两个部分，如图 7 - 4 所示。在经济学领域，固定成本是指对于某个具体的系统能力，不会受到产出或活动变化影响的成本；可变成本是指会随着产出变动的部分。我们用飞行率表示空间发射系统的能力，固定成本是为了保持系统能在规定的时间达到规定的飞行率的能力，不论规定的飞行次数是否真正完成。

　　固定成本中有为维持规定的飞行频率所需的工作人员的薪水和基础设施的维护费用（还可能包含利息、杂费、保险等），固定不变成本也可能会随着系统能力的重大变化而发生改变；可变成本适用于单次的飞行，例如备用件、一次性硬件、耗材的费用，以及为了保持高飞行率需要增加的人员成本。没有明确的条文规定运行和支持成本如何分类，因此我们应该与其他的运行和支持成本仔细比较，以保证我们在每项研究中都包括了类似的成本要素。

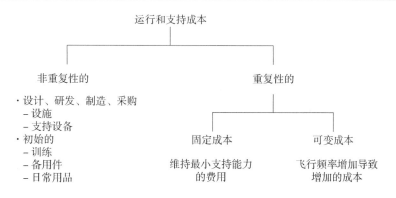

图 7 - 4　运行和支持成本的要素

此图说明了我们用来区分运行的支持成本的要素的分类方法

7.4.2　运行和支持问题

在有效生命同期内，运行和维持一个发射系统的成本有 5 项主要的驱动因素：

1）系统设计（运载器、飞行和地面支持）；

2）可靠性、维修性和保障性特点；

3）运行方案；

4）支持政策；

5）飞行率。

由于影响这些问题的决策发生在早期设计阶段，因此我们必须在方案阶段获得它们对运行和支持成本的影响。设计者在设计早期能够修改方案以达到成本目标，此时的修改成本是最低的。接下来，我们看一下这些问题对新发射方案的影响。

7.4.2.1　系统设计因素

一个新的发射系统必须达到性能目标，设计特点和技术选择对于优化人员、任务时间、支持设备和设施等保障条件起到重要的作用。技术选择在初始方案研制阶段对新方案的设计布局起到重要的影响，例如为反作用控制系统和轨道机动系统选用的推进剂，就与主推进系统的推进剂不同，需要单独的贮箱和输送管路。目前空间系统的设计者往往面临多项技术选择，如果仅着眼于近期节省成本，或为项目推动者（如提供资金）节约成本作出选择，那么未来运行和支持成本就会成量级地增加，超过初期所节省的成本；另一方面，运行和支持能够负担得起的技术解决方案必须与当前的现实一致，例如预算和为使有效载荷达到预定轨道的物理和环境要求。

多项研究[7,10]已经证明，如果想减少运行和支持成本及提高整体的生产力，在未来的设计中就必须做出改进。5 项关键的早期设计和技术选择的指导方针如下所述。

1）通过减少不同的液体、硬件、气体、电力或通信要求及相关的接口数量，增加发射服务系统的可支持性；

2）通过减少危险作业（如使用剧毒推进剂等），来消除环境和安全隐患；

　　3）通过选择运载器的设计，如运载器清洗要求和密闭空间，来消除危险区域和危险操作；

　　4）选择已验证为高可靠性的部组件；

　　5）通过恰当的演示，充分了解飞行和地面系统的技术，以此来提高新技术的成熟度。

　　通过践行这些选择，设计工作需要的劳动力、支持设备和加工时间都会有所减少。例如，航天飞机及其支持基础设施使用 8 种以上的有毒液体，需要特殊处理和隔离的工作环境，有时还要求停止其他并行的工作，以及专门的训练和装备。后来改进了设计，发射方案限制使用液体的数量，从而显著地减少了所需的支持工作。

7.4.2.2　可靠性、可维护性和可支持性

　　可重复使用飞行器的设计技术会影响它的可靠性和可维护性，这决定了下次飞行前必须处理的维护工作量。我们必须在下一次飞行之前更换或修复在任务中或地面过程中失效（或已经达到了寿命极限）的物件，还有许多系统需要定期维修，不管它们的情况如何。维修还必须考虑技术的成熟度和复杂性，为保证可靠性和安全性需要有平衡维护和服务的支持计划和方案，还要修复那些不正常工作的物件。例如，航天飞机在每次飞行之后，通常需要处理超过 500 个问题的报告（不包括热瓦工作），除此之外还有大约 1 700 项日常维护工作。功能可靠性低或者检测和维护困难的系统要求更高的支持力度，估计这些参数不得不根据相似系统的历史记录或对更新的部组件的试验数据所作的工程评价。

7.4.2.3　运行方案

　　运行方案是评估运行和支持成本的基础，第 3 章和《空间任务运行的成本有效性》［Cost Effective Space Mission Operations（CMESO）］[11]一书描述了如何制定运行方案。假设某个方案包括运载器从发射场发射，或将其部件运到发射场组装，这些做法都会影响运行和支持成本。运载火箭运行方案中典型的选择有：组装—运输—发射还是在发射架上组装，垂直还是水平地处理和组装，在哪里安装有效载荷，如何分配处理站与发射台的工作量。垂直或水平处理和组装两种方案对运行和支持成本的影响是不同的，但是最终的影响因素是工作量，它是对成本影响最大的因素。

7.4.2.4　支持政策

　　修理和服务工作必须在再次飞行之前进行，但是支持政策影响这些工作运转的环境。支持政策包括：在发射场的维修程度、可用备件的数量、设施的转移和人员情况，以及保证安全和可靠飞行要求的检测等级，这些政策的目的是希望尽可能安全和经济地实现任务飞行率。除了转移政策之外，其他许多决定都还在方案研究中。我们必需清楚研究的假设条件，并始终保持一致性。例如，规划的工作和飞行前必要的检测等级就是政策的问题，因为它们依赖系统的成熟度、技术和设计可信度。

　　研制中的载人系统要接受更广泛的维修和检测以保证飞行安全，所以在飞行期间需要更多的人员和更长的周转时间，这降低了运载器的可用性并且增加运行和支持成本。挑战者号航天飞机事故之后，最短周转时间的变化有力地证明了支持政策改变所产生的影响，

在事故之前最短周转时间为 46 个工作日（STS 61 - B），为了飞行安全起见，新的政策将此类运输系统的最佳周转时间延长为 81 个工作日（STS 94）。

7.4.2.5　行率的作用

发射系统需要特定类型的设备和设施（支持性基础设施），与发射率无关。通常只有在飞行率增加，设施和设备增加，或者为支持增强系统能力所需人员增加的情况下，核心基础设施的固定成本才增加。所以，尽管运行和支持全部成本会随着飞行率的增加而增加，但增长不是线性的。事实上，每次因为飞行率而增加的飞行成本，都没有充分利用支持设施。一般说来，高飞行率能有效利用人员、设施和设备，从而降低每次飞行成本。

系统为运载火箭再次发射作准备的能力，是其至关重要的生产力，取决于所有系统元素和支持环境固有的可靠性、可维护性和可支持性。支持环境包括飞行硬件、支持设备和设施以及维持和发射该系统的原则（文化）。设计者们通常设定的飞行率目标，是他们基于经济学需求而假设的系统能达到的目标，与系统的设计完全没有关系。虽然这种做法可能对"假设分析"参数研究奏效，但是并不适合于评估新方案。评估新方案时，我们必须始终将目标与系统的能力联系起来，例如，设计、采用的技术及支持方案等都必须同时满足任务的周转时间目标。建立新设计能力并不是一门精确的科学，它涉及如工程估算、类比法、模型和仿真等综合技术估计方法，这些方法是运行和支持成本估算的精髓。

7.4.3　运行和支持成本分析流程

表 7 - 11 列出了分析新的发射系统运行和支持成本所需的步骤，虽然是按照先后顺序列出，但是其中许多步骤其实是同时进行的。在表 7 - 11 之后，对每一步主要问题进行了说明。

表 7 - 11　估计运行和支持成本所需的步骤①

步骤	工作	何处讨论
1）理解系统和分析的目的	确定目的、范围和分析深度	第 1～6 章
2）收集方案设计阶段的信息	确定所提出的发射系统的特征	第 3、6 章和第 10 章
3）制定运行方案	提出运行和发射系统功能所需的主要设施的概述	第 5 章
4）确定基本规则和假设	来源于任务需求、要求和约束；限制范围和深度	第 1、2 章
5）选择成本要素结构（CES）	制定一个 CES，保证最终结果考虑到所有需要分析的成本要素	《实用空间系统项目管理》的第 11 章
6）选择合适的方法或模型	选择适用于目标、范围和分析深度的方法或模型	第 11 章
7）基于选择的方法或模型进行研究	运行模型	第 11 章
8）评价结果	将估算结果与最新的可比较系统作对比	第 11 章
9）记录结果	结果归档	第 11 章

①我们使用这些步骤来估算运行和支持成本。

（1）步骤 1：理解系统和分析的目的

理解待分析的系统对成功的分析是至关重要的。知道为什么要做这个分析，有助于确定范围和深度；我们需要把握项目总体及其元素，以保证其完整性。如果分析的目的是要为一个新系统估算运行和支持成本，那么必须研究所有的关键元素。如果我们是在比较竞争的设计或运行情景，则可以省略不受设计选择影响也并不影响比较结果的元素，从而可节省时间和精力。我们需要获得所有相关的成本进行比较，但不需要所有的成本。

我们应该保证研究的深度与其目的和可用信息相匹配。如果分析目的是权衡运载器的级数，我们就不需要进行分系统级的成本估算；如果目的是评估新的分系统技术效果，我们们必须估计分系统的支持成本，才能使我们评估这种效果。并不是所有的成本分析都需要达到同样的详细程度。

（2）步骤 2：收集方案设计阶段的信息

我们需要定义运载火箭系统的方案，至少达到与成本估算模型输入变量要求一致的水平。我们通常描述构成发射系统的主要元素，运载火箭总体的尺寸数据、质量和技术、第3～6章的设计过程提供了这些信息，我们需要收集所有需要得到支持和设施的元素或级的数据。定义方案时应识别系统设计采用的技术及材料类型、推进剂等，还需要知道被定义方案的任务，称之为设计基准任务。技术更改会导致方案的变化，所以我们必须保证方案和基准任务不变，否则，我们可能会花钱建造一个不能满足任务要求的系统。如果我们调整了方案，就必须重新核实方案与任务目标、基本准则和假设的一致性。

（3）步骤 3：制定运行方案

运行方案描述发射系统是如何部署、处理、维护和操作以达到期望的任务飞行率。它详细描述了设施类型、地面支持设备和所需技术等级，但并不是每次都必须包含全部内容，因为这可能会随着飞行率而变化，而且是在分析阶段获得的。运行方案应该定义正常运行的顺序和非正常运行时的选择，例如应该包括一个任务取消或推迟之后如何操作，以及应对中止情景的预案（着陆选项、如何返回发射场等）。运行方案可以像图 7 - 3 所示的流程图那样简单，也可以比较复杂，需进行细节描述。同时方案指导分析给我们信心，因为我们已经应对了全部元素。（比较研究需要可供选择的方案或情景。）

（4）步骤 4：确定基本规则和假设

制定基本规则和假设可指导行动和支持成本估算，能帮助我们限制分析的深度和范围。本阶段，我们需要的信息是：用"清洁表"方法（假设必要的设施不存在）支持，还是利用现有的在分析中可用的设施支持；我们还需要建立进度表信息，例如首次飞行的时间，初始运行能力和运行寿命。作以下假设：试验飞行数，可减少处理时间和工作量的学习效应值，运载器的设计寿命，支持任务需要的每年飞行次数，制造商和支持供应商的地点，备用的发射和着陆场等。我们规定了用作测试分析基础的年份，同时阐述了所有飞行约束和处理要求。

（5）步骤 5：选择成本要素结构

成本要素结构为识别和区分系统的成本建立了标准的词汇表。（成本要素结构的选择是图 7 - 1 所示的运行和支持成本工作分解结构的一部分。）我们设计的成本要素结构应该尽可能多地包括实际的相关成本，这样我们就能达到评估的目标，并且能做到不因疏忽而遗漏主要的运行和支持成本。一些成本要素结构已经在运输系统中使用，但是并不是所有成本要素结构都能得到完整的数据。表 7 - 12 给出了一些例子，但是我们不会因此受限。根据不同的支持要求，我们可能不得不改变基本的结构来适应系统的特征。

　　每个成本要素结构都组织了与数据源相关的和分析中预期使用的运行和支持信息。我们在做出选择时需清楚数据源，因为为了适应成本，我们不得不修改和估计那些不是在选定成本要素结构时收集的数据，这增加了大量工作和分析的不确定性。

表 7 - 12　CES 举例[①]

A. 使用空间成本估算结构	B. 一般性的 CES	C. 发射场操作模块和设施功能
外部贮箱	操作	
固体火箭发动机（SRM）	整修	
固体火箭助推器（SRB）	组织保持	
发动机（持续工程）	处理操作	
轨道器和 GFE（JSC）	集成操作	
轨道器后勤和 GSE（KSC）	有效载荷操作	
推进剂（KSC）	转移	
发射操作（KSC）	发射操作	
航天飞机处理	任务操作	
系统工程和支持	着陆、回收和接收操作	交通和飞行控制设施
设施运行和维护	非常规的操作	发射设施
LPS 设备和标度	后勤支持	一次性要素设施
更改	存储维护	运载器装配和总装设施
技术操作支持	更改	有效载荷和货物处理设施
项目运行支持	备用件	着陆和恢复设施
通信	一次性用品	运载器周转设施
基础运行合同	耗材	运载器储存维护设施
发射支持服务	存货管理和仓储	发射场支持基础设施
气象支持	训练	特殊方案后勤设施
有效载荷操作	归档	运输系统操作计划和管理设施
任务操作	运输	团体基础设施
任务操作设施	支持设备	
任务计划和操作	ILS 管理	
项目和文件支持与管理	系统支持	
航天员操作（JSC）	支持	
航天员训练和医疗操作	O&M 设备	
项目办公室/指挥部	通信	
机构	基地操作	
项目群管理支持	项目支持	
网络支持	R&D	
系统工程		

①A 列给出航天飞机基于地面和发射操作支持的 CES；B 列代表军事后勤支持成本的一般性结构；C 列列出了太空发射系统的主要成本要素（GFE—政府提供的设备；GSE—地面支持设备；JSC—约翰逊航天中心；KSC—肯尼迪航天中心；LPS—发射处理系统；O&M—运行和维护；ILS—综合后勤支持；R&D—研究和开发）。

（6）步骤 6：选择合适的方法或模型

基于目标、范围和分析的深度，我们选择符合目标要求的分析模型或分析方法。虽然在方案开发阶段由于方案定义的不确定性，我们更希望使用高层次的参数模型，但是都不可用。由于缺少参数关系，我们需要使用会计方法，将估算建立在每个成本要素总和之上，我们按简单的关系或直接的输入求出成本，还可以使用仿真模型来研究一系列问题对成本的影响，如运行约束、基础方案和不同的维护、备用和支持政策等。分析有可能要求将以上这些问题进行综合。

许多运行和支持成本模型正在开发当中，很快就能投入使用，但没有一个是完整的。其中有运行成本模型（OCM）[6]、NROC（集成了 RMAT 和 OCM）、可靠性和可维护性分析工具/生命周期分析（RMAT/LCA）[5,8]、加强的建筑评估工具（AATe）和可视化发射场战略规划工具[9]。我们鼓励与这些资源联系以确定当前的研发现状，并且寻找其他可能已成熟的模型。

（7）步骤 7：基于选择的方法或模型进行研究

我们通常通过探索和量化备选设计、支持和政策等选择，进行此项研究，以满足总体目标或要求，为此，我们必须识别和估计所有相关的运行和支持成本。未来的运行和支持成本是非常不确定的，我们应该找到导致不确定性的因素，有时对关键成本驱动因素进行灵敏度分析，有助于识别不确定性对成本的影响程度，推动成本估算的实现。为了进行这个分析，我们必须估计高和低不确定性的范围及它们对主要输入因素的影响，将每个要素单独地或者组合起来进行田口（Taguchi）分析。

（8）步骤 8：评价结果

我们应将模型或分析的成本结果与已知可比系统的运行和支持成本进行对比，以评价结果的可信度。不幸的是，成本信息并不总是可用作比较的，因为对于许多系统来说成本信息是私有的，但是表 7-13 可以帮助我们，它提供了发射各种一次性运输系统的价格估计，以及美国空间运输系统（STS）（航天飞机）每次飞行的成本估算，这个价格包含了所有商业企业的利润率。利润不是运行和支持成本的一部分，利润对于运行和支持成本是外加的，因此，任何比较都应该允许这种差异。

运行和支持成本超过这些价格的方案应该被质疑，而对于价格显著低于可比系统的方案，我们需要找出哪些地方节省了成本，同时，我们还必须时刻保持对系统功能的关注。例如，航天飞机和大力神（Titan）IVB 有效载荷的规模相似，但是只有航天飞机可以搭载人员，这些能力上的区别导致运行和支持成本的不同。

表 7-13　每次飞行成本的比较[①]

运载火箭	类型[②]	每次飞行运行和支持成本（MYM 百万）（包括一次性火箭的成本）	有效载荷/kg
航天飞机	R	375～600[③]	24 400
宇宙神 IIA	E	75～85	7 316
IIAS	E	90～105	8 600
IIIA	E	90～105	8 641

续表

运载火箭	类型②	每次飞行运行和支持成本（MYM 百万）（包括一次性火箭的成本）	有效载荷（kg）
IIIB	E	90～105	10 720
V900	E	75～90	12 500
V500	E	85～110	20 050
VHVL	E	140～170	–
德尔它 II7320	E	45～55	2 870
7920	E	45～55	5 140
德尔它 III	E	75～90	8 290
德尔它 IV	E	140～170	25 800
大力神 IVB	E	350～450	21 700

①此表给出了现有发射系统的价格估计区间。数据来自于伊萨科维兹，霍普金斯大学［1999］，未转换为 2003 年美元。

②R 是可重复使用的，E 是一次性的。

③成本基于每年发射 5 到 8 次。

（9）步骤 9：记录结果

虽然没有明确的规定，我们建议，用文件陈述分析的目的，描述研究中的方案、基本规则、假设和成本。根据研究的目的，我们可以给出一些格式化的结果。例如，包括各阶段的全生命周期的成本，说明成本在项目整个生命周期内分布的分时段成本估算，或者按年计算的成本；对于按年计算的成本，我们应假设系统运行是成熟的。文件应该包含为了使读者理解研究结果的范围和特点的足够信息。

7.4.4　样本案例——估算 SLaTS 基准运载器的运行和支持成本

为了举例说明，我们假设一个方案：一次性运载器要求两级入轨，装有无人有效载荷，进入低地球轨道，由单台液氢/液氧发动机为第一和第二级提供动力，有效载荷①由远地点发动机送入轨道。我们将有效载荷安装在平台上，没有要返回回收的部件。第一级直径 4.6 m，高 30.6 m，推进剂 145 600 kg；第二级直径 4.6 m、高 10.3 m、推进剂 30 400 kg；有效载荷整流罩高 14.7 m；运载器的总高度是 55.5 m。（假定氧化剂和燃料的混合比为 6∶1。）

（1）步骤 1：理解系统和分析目的

分析的范围仅包括发射场和任务支持功能，只考虑设计及其支持基础设施的直接成本，这使我们能够比较设计和支持的方案。我们不处理次级发射场外的支持成本（但并非不重要的），例如持续的工程和试验、发射场外仓储工作、支持发射场外着陆场及改善和管理产品等。（如果分析目的是制定成本预算或者设立商业发射价格，我们就需要处理这些问题。）

（2）步骤 2：收集信息

这一步需要将获得的信息组织起来，以便确定我们是否遗漏了某重点的数据。

---

① 这里的有效"载荷"指的是要送入轨道的整个卫星，而不仅是卫星中担负执行任务的那一部分。

1）设计：不载人、一次性运载器，要求两级入轨；

2）技术：第一级和第二级（助推级）都要求单台液氢/液氧发动机。有效载荷包括一个远地点发动机（上面级）来使其进入轨道；

3）尺寸：总装后的运载器的直径 4.6 m，总高 55.5 m；

4）推进剂质量：包括 151 000 kg 的液氧和 25 200 kg 的液氢，设想的混合比为 6∶1；

5）任务：要求每年在轨交付有效载荷 12 次。

（3）步骤 3：操作方案

我们将发射单元运送到发射场，并垂直地竖立在发射台上，工作人员在安装下一级之前将对每一级进行独立的检查，他们将有效载荷级安装到平台上，用整流罩将其罩住，然后做总装后的检查。一个单独的支持团队从现场的发射室提供任务支持。假设发射日的操作需要一天，有效载荷的在轨支持由一个发射场外的组织负责。

（4）步骤 4：基本规则和假设

1）"清洁表"法：估计主要设施的成本；

2）十年的运行生命周期；

3）飞行率为每年 12 次；

4）任务在美国国家航空航天局和商业企业间分配（各 50%）；

5）没有学习曲线；

6）没有试验性飞行；

7）飞行率恒定（整个生命周期内不增加）；

8）以 2003 年的美元表示结果。

（5）步骤 5：选择成本估算结构

在本例中，用步骤 6 中的 COMET/OCM 模型决定成本要素结构，并由此规定成本数据需求。

（6）步骤 6：选择分析用模型或方法

本章前面几节描述了计算运行和支持成本时应该考虑的要素。基于计算机处理这些问题的模型正在开发之中。为了举例说明如何计算运行和支持的重复性成本，我们已经开发了一个高层次的建模过程，主要是基于从"概念化运行统筹估计工具/运行成本模型"（COMET/OCM，或 OCM）提取信息，我们将其用来进行粗略的数量级成本的估算，使用了方案发展过程中基本可用的参数，但是该模型不能直接地反映采用新技术、新工艺或新设计的所有优点或缺点，而这些在成本估算中都是应该考虑的。对于这个层次的成本估算，建议回顾 7.4.3 节步骤 6 中讨论的模型。

（7）步骤 7：进行分析

我们将空间发射操作的成本分解为运载器发射准备、执行任务操作和提供支持所要求的工作。这些成本要素主要是人员、设施、基础设施、地面支持设备、耗材、一次性用品、备用件的成本等。但是，对于处于方案阶段的系统，具体任务所需准确的人数或时间等详细信息，通常不能得到，所以，OCM 使用历史数据和一种称作比例分析的技术来估算新方案的成本，其主要参数是处理运载器和飞行规划所需的人员数量，来帮助估计发射和飞行操作需要补充的人员数量（表 7-14 和图 7-5），其他大多数成本要素都由人员数量所决定，也有些成本要素与人员数量不相关，例如耗材和备用件等。接下来，我们将描述这个示例方案的进程。

　　我们已经得到了地面和任务运行的全部的重复性运行和支持成本，正如这里所指出的，结果反映的是 20 世纪 90 年代中期航天飞机和一次性发射系统（如宇宙神和大力神）的支持环境。我们必须就新设计、新技术和新工艺的变化如何影响新方案的支持作出工程性判断，以此来调整重复性成本。

表 7-14　估计运行和支持重复性成本的流程[①]

步骤	来源
7.1 描述运载器和任务方案	表 7-15～表 7-16
7.2 计算运载器处理和飞行规划需要的基本人数	表 7-17～表 7-19，表 7-20
·发射操作（运载器处理）	
·飞行运行（飞行规划）	
7.3 计算全部的人员数量	方程（7-12）和方程（7-13）
·每年 8 次的基本飞行率需要的人数	
·期望飞行率需要的人数	
7.4 计算成本	表 7-21 和表 7-22 以及方程（7-16）
·劳动力成本	
·通过劳动力成本计算供应和材料	
·通过方案定义计算推进剂成本	
·计算地面支持设备成本，不包括其一次性成本	
·从任务描述中得到网络支持成本	
·通过劳动力成本计算不可预见成本	
·通过第 7 章步骤 3 计算一次性硬件成本	
7.5 显示结果——在给定的飞行率下，每年每次飞行全部的重复性运行和支持成本	

①这 5 步描述了如何基于从运行成本模型得到的信息来估算重复性的支持成本。

　　①步骤 7.1：描述运载器和任务方案

　　我们用表 7-15 和表 7-16 来描述运载器和任务，我们所需估算功能成本的参数是基于这些表中规定的方案。我们使用下列术语：助推器是任意级，提供入轨的升力，但是没有达到轨道或参与在轨机动；低地球轨道级负责在轨机动，但是不需重复使用；上面级是最后一个单元，负责使有效载荷入轨或使其从低地球轨道转移到较高轨道，它可能被装载在低地球轨道运载器的货舱里（例如航天飞机），或助推器的顶端（例如大力神或阿里安火箭）；如果没有低地球轨道级，上面级就可以作为货物转运飞行器或轨道机动飞行器。对方案中每一个助推器元素，我们都必须按照表 7-14 中的流程执行（我们只给出了第一级元素）。填写表 7-15 和表 7-16 的主要目的就是定义系统使其符合表 7-17、表 7-18和表 7-20 中的要求。

　　②步骤 7.2：计算运载器处理和飞行规划需要的基本人数

　　为了估算运载器处理所需的人员数量，我们通过运行阶段（表 7-17）和正在处理的元素类型（表 7-18 和表 7-19）来考虑，然后我们使用方程（7-5）来估算运载器处理

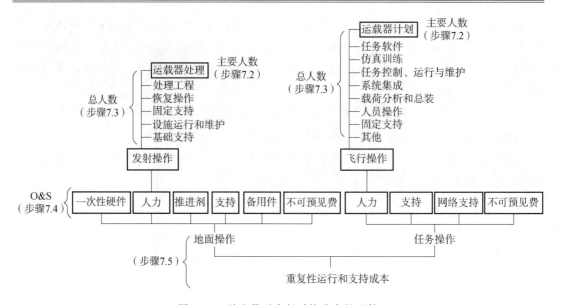

图 7-5　总人数对全部系统成本的贡献

运载器处理和飞行规划规定的人数影响总的人数，总人数反过来影响系统的总成本。

步骤 7.1 "描述运载器和任务方案" 在此图中被省略

的总人数。我们使用类似的方法利用方程（7-7）～方程（7-11）和表 7-20 来估计飞行规划的人员数量。

地面操作成本＝一次性硬件成本＋支持发射操作的人力成本＋推进剂和其他耗材的成本＋供给和材料的成本＋地面支持设备和设备备件成本＋不可预见费、费用、税收成本和其他意外开支　　　　　　　　　　　　（7-5）

表 7-15　运行和支持方案定义[①]

方案描述				
助推器定义				
对于每一台助推器：				
1）填入助推器的数量：	1			
2）填入助推器类型：	固体：			
	混合：			
	液体：	X		
a. 如果是固体或者混合，是哪种类型？	整体式：		分段式：	
b. 填入每个助推器的发动机数量：	1			
3）助推器是否可重复使用？	可重复使用：		一次性：	X
a. 如果是，填入回收方式：	降落伞/水：			
	降落伞/陆地：			
	飞回/陆地：			
上面级定义				
对每一个上面级：				

续表

方案描述					
a. 填入推进剂类型：	固体：	X			
	混合：				
	液体：				
b. 填入发动机数量： 1					
c. 是否执行 CTV/OMV 功能	是：		否：	X	
d. 可重复或一次性？	可重复：		一次性：	X	

LEO 级定义

1) 是否有 LEO 级？	是：		否：	X	
2) LEO 级否返回？	是：		否：		
a. 如果是，输入返回方法：	降落伞/水：				
	降落伞/陆地：				
	飞回/陆地：				
b. LEO 级是可重复使用的还是一次性的？	可重用：		一次性：		
3) LEO 级是否载人？	载人：		不载人：		
4) 是否有主推进系统（MPS）？	是：		否：		
a. 有几个发动机？					
5) 轨道器有大约 27 500 个陶瓷瓦和覆盖物组成的可重用 TPS。如果 LEO 级有，有多少块？					

货物集成

1) 除了人之外是否有有效载荷？	是：	X	否：		
2) 使用了何种集成方法？	线下封装：	X			
	台上封装：	X			
	有效载荷舱：				

类型	质量（1 000 kg）
液氧（LOX）：	151
液氢（LH$_2$）：	25.2
甲烷（CH$_4$）：	
丙烷（C$_3$H$_8$）：	
煤油（RP1）：	
四氧化二氮（N$_2$O$_4$）：	
偏二甲肼（N$_2$H$_4$−UDMH）：	
甲基肼（MMH）：	

①估计运行和支持成本的第一步是用本表及随后各表来描述方案和运载器。如此表，我们将第一级元素（第一和第二级是助推器），包含有效载荷的上面级（包含远地点发动机）和运载火箭要求的全部推进剂填入表格。（CTV—载人运载器；OMV—轨道机动运载器；TPS—热防护系统）。

表 7 - 16 任务描述[①]

				任务描述	
任务轮廓		因素			因素
过程中的事件数量:	上升:		8	参见事件表*	
	在轨		2	参见事件表*	
	降落			参见事件表*	
任务类型:	标准的	X		独特的	
有效载荷设计成熟度:	成熟	X		首飞	
轨道和飞行后分析:	人工	X		自动化	
乘员/有效载荷计划					
运载器是否载人?	否	X		是	
平均任务期/天:					
平均人员数量:					
任务人天数:		任务天数×人数			
是否有 EVA 操作?	否	X		是	
任务模型					
任务百分比:					
商业		50			
民用/NASA		50			
美国国防部		0			

* 事件表

上升机动或事件
主发动机启动
助推器发动机启动
起飞
助推器发动机熄火
主发动机关闭
第一级分离
有效载荷模块分离
第二级发动机点火
第二级发动机关闭
第二级分离
OMS 点火
OMS 关闭
隔热层板抛弃
有效载荷整流罩抛弃
调整航天器分离姿态
航天器分离
上面级防撞机动
助推器或有效载荷模块降落伞展开
ET 分离

在轨机动或事件
轨道改变,OMS/RCS 点火
轨道改变,OMS/RCS 关闭
校准飞船分离姿态
EVA 姿态调整
航天器分离
与对接平台交会
对接机动
与对接平台分离
降落机动或事件
脱离轨道,OMS/RCS 点火
脱离轨道,OMS/RCS 关闭
再入前姿态调整
再入后姿态调整
降落伞展开
最终进场着陆调整
跑道着陆
海上溅落
漂浮设备展开

①本表帮助详细定义任务的参数,来估计设备运行和支持的成本。事件的基础是起飞、发动机点火、关闭(两个级)和每一级分离,以及有效载荷整流罩抛弃。本表使用了标准的设计和任务,还将任务有效载荷在商业和美国国家航空航天局之间进行了平均分配。 (OMS/RCS—轨道机动系统/反作用控制系统;ET—外部贮箱;EVA—舱外活动。)

对于发射运行，我们为每一个适用的运载器处理阶段（处理、组装、集成、倒计时和回收）计算方案中每个要素（助推器、低地球轨道飞行器、上面级、货舱和集成运载器）的人员数量，采用的方法是用每个要素的数量乘以完成要素阶段活动所需的人数。表 7-17 给出了匹配必要人数参数的指南，而表 7-18 示出了完成每项功能需要的基本人员数量。

表 7-17　每个阶段运载器处理的人力需求[①]

要素类型[②]	分阶段的人数参数				
	处理	组装	集成	倒计时	回收
整体式固体助推器（R）	Mono				PR，GR
分离式固体助推器（R）	SegP	SegS			PR，GR
混合助推器（R）	SegP	SegS			PR，GR
液体助推器（R）	LCBase，1Eng，XEng		LMate		PR，GR
液体助推器/没有 Eng	ET				
低地球轨道载人（W/发动机[③]，R，TPS[④]）	BLEO，C，1Eng，XEng，RLEO，TPS		LSI		PR，GR
低地球轨道载人（W/发动机 2，E）	BLEO，C，1Eng，XEng		LSI		
低地球轨道不载人（W/发动机[③]，R，TPS[④]）	BLEO，1Eng，XEng，RLEO，TPS		LSI		PR，GR
低地球轨道不载人（W/发动机[③]，E）	BLEO，1Eng，XEng		LSI		
上面级固体（在轨功能[⑤]，R）	SUS，COF，RUS		SUS		PR，GR
上面级液体（在轨功能[⑤]，R）	USB，1Eng，XEng，COF，RUS		USB		PR，GR
货物—有效载荷舱	PBP		PBI		
货物—台上封装			OnEP		
货物—线下封装	OffEP		OffEP		
总装运载器操作（载人，不载人）				CDM，CDU[⑥]	

①对于每种要素，本表通过确定相关的人数参数来计算运载器处理需要的人数。表 7-18 定义了术语和人数参数的值。表 7-19 对于结果进行了总结（R 是可重复使用；E 是一次性的；其他术语的定义见表 7-18）。

②仅在适用的情况下，使用（）中的名称，例如：如果不能重复利用的话丢弃掉 PR 和 GR。

③发动机支持人数是 1Eng＋[（该级的发动机数量－1）×Eng]

④术语 TPS 调整为新方案 TPS 覆盖相对航天飞机的百分比，例如：对于 60%，意味着（0.6×300）＝180。

⑤完成在轨功能，例如：载人转移运输器（CTV）或轨道机动运输器（OMV）。

⑥在某些情况下（如宇宙神等），支持处理工作的人员可能支持倒计时，所以我们填入 0，以避免重复计算。

$$要素"n"的运载器处理人数=\left["n"要素的数量\times\left[\begin{array}{c}处理人数/处理要素组装人数+\\总装人数+倒计时人数+回收人数\end{array}\right]\right]$$

的总和 　　　　　　　　　　　　　　　　　　　　　　　　　　　　（7-6）

表 7-18　不同要素类型的运载器处理人员要求[①]

要素缩写	每个要素需要的人数	要素描述或功能
1Eng	30	每一级基本的发动机处理人数
BLEO	770	在近地轨道上执行操作的运载器，如轨道器、CTV 等所需要的基本人数
C	62	载人系统需要的人数
CDM	288	载人倒计时人数
CDU	98	不载人倒计时人数
COF	10	上面级执行 CTV/OMV 功能需要的人数
ET	60	外部贮箱处理的人数
GR	100	滑翔机恢复人数
LCBase	10	液体火箭助推器和磁环底板人数
LMate	34	搭配液体火箭助推器人数
LSI	230	近地轨道段总装人数
Mono	4	整体处理人数
OffEP	9	线下封装处理和集成需要的人数
OnEP	55	发射台上货物封装和集成需要的人数
PBI	136	将货物集成到有效载荷舱需要的人数
PBP	70	有效载荷舱处理需要的人数
PR	17	降落伞恢复人数
RLEO	200	可重复使用近地轨道运载器处理人数
RUS	15	可重复使用上面级人数
SegP	36	分段处理人数
SegS	48	分段堆叠人数
SUS	10	固体上面级加工底部人数
TPS	300	热防护系统处理人数（航天飞机值）
USB	10	液体上面级处理底部人数
XEng	15	处理每一级上每一个额外发动机的人数

①我们使用这些值来定义表 7-17 中所确定的每个要素需要的人数（CTV—载人转移运载器；OMV—轨道机动运载器）。

　　人力资源共享就是通过使相同的人在运行阶段中从事不同的工作来共享各个活动或要素之间的人员，这使人员和资源得到了更加充分的利用。我们通过调整模型定义的每个要素的人数参数的值来反映关于共享的所有假设。表 7-19 显示了基准运载器需要的人员数量的估计。

　　现在，我们可以以一个类似的方式估计飞行计划需要的人数，利用公式（7-7）计算任务运行的成本：

任务运行成本=支持飞行操作的人力成本+供应和材料成本+网络支持成本+

不可预见费、费用、税收成本和其他开支 　　　　　　　　　　　（7-7）

表 7 - 19　处理基准运载器的人力估计[①]

运载器处理人力工作表示例结果						
要素	处理	组装	集成	倒计时	回收	总计/要素
助推器 1—液体（1eng）	40	—	—	—	—	40
（LCBase＋1eng）	（10＋30）					
助推器 2—液体（1eng）	40	—	34			74
（LCBase＋1eng）	（10＋30）					
固体上面级（SUS）	10		10			20
货物（OnEP）	0	—	55	—		55
运载器集成	—			98		98
总人数	90	0	99	98	0	287

①此表概括了要素类型和处理阶段使用表 7 - 17 和表 7 - 18 得到的结果。总计是支持运载器处理需要的人数。我们后面使用这个值来定义支持发射操作总人数，作为定义地面操作重复性成本的一部分。表中的数据是基于每年 8 次飞行的频率。

我们从支持飞行计划需要的人数推导出支持飞行操作的人力成本，这个飞行计划需要的基本人数来自于表 7 - 16 的任务描述。我们将设计和规划任务需要的人数与计划在轨载人活动和有效载荷处理需要的人数相加，计算出飞行计划的人数。根据发射有效载荷的组织类型的管理要求发生的变化，对所有的计算结果进行调整。

飞行计划人数＝［（飞行流程设计和任务规划的人数）＋（载人或有效荷活动规划的人数）］×（项目管理、文档控制、数据预告、试验等因子）　　　　　　　　　　（7 - 8）

其中

飞行流程设计和任务规划的人数＝［10×上升阶段难度等级×ln（上升阶段事件数量＋1）＋10×在轨阶段难度等级×ln（在轨阶段事件数量＋1）＋10×降落阶段难度等级×ln（降落阶段事件数量＋1）］×载人任务因子×有效载荷设计因子×自动化飞行后分析因子×任务独特性因子　　　　　　　　　　　　　　　　　　　　　（7 - 9）

表 7 - 20 定义了方程式（7 - 10）中的术语。难度的取值范围从 1.0 到 8.0，对于基准系统来说，上升阶段的值是 4.5，在轨阶段的值是 7.5，而再入阶段的值是 6.0。我们使用航天飞机和一次性运载火箭计划飞行的历史数据等来进行模型校准，从而得出了这些值。载人任务乘子 1.0 表示不载人，1.9 表示载人飞行。有效载荷设计乘子、自动化飞行后分析乘子和任务独特性乘子的取值范围分别是 1.0～1.2，0.97～1.0 和 1.0～1.2。

方程式（7 - 8）中的另一个术语是

载人或有效载荷活动规划的人数＝［10×载人活动难度级×ln（在空间的工作日＋1）］×舱外活动因子　　　　　　　　　　　　　　　　　　　　　　　　　（7 - 10）

其中，空间工作日＝任务持续时间×航天员人数，载人活动难度等级与飞行计划难度等级类似（表 7 - 20），其取值范围为 1～8。舱外活动因子对于一个有舱外活动的任务来说取 1.2，对于没有舱外活动的任务取 1.0。我们利用以下方式得出方程式（7 - 8）中的最后一项项目管理、文档控制、数据报告、试验等因子＝（商业有效载荷百分比×商业有效载荷因子）＋（民用/美国国家航空航天局有效载荷百分比×民用/美国国家航空航天局有效载何因子）＋（美国国防部有效载荷百分比×美国国防部有效载荷因子）　　　（7－11）

表 7 - 20　任务运行因子①

任务运行因子				
功能	取值范围			SLaTS 系统示例
任务包络				
上升段难度等级	低	1.0	高 8.0	4.5
在轨段难度等级	低	1.0	高 8.0	7.5
降落段难度等级	低	1.0	高 8.0	6.0
任务独特性因子	标准	1.0	独特的 1.2	1.0
有效载荷设计因子	成熟	1.0	首飞 1.2	1.0
自动化 PFA 因子	人工	1.0	自动化 0.97	1.0
载人任务因子	不载人	1.0	载人 1.9	1.0
载人/有效载荷计划				
载人活动难度等级	低	1.0	高 8.0	6.0
EVA 因子	无 EVA	1.0	有 EVA 1.2②	1.0
任务模型				
商业有效载荷因子＝1.0				
民用/美国国家航空航天局有效载荷因子＝1.4				
美国国防部有效载荷因子＝1.6				

①本表包含估计飞行计划人数需要的典型因子和范围［方程（7 - 7）～方程（7 - 11）］（PFA—飞行后分析；EVA—舱外活动）。

②表示 50% 是商用，50% 是美国国家航空航天局。

负责飞行设计和载人活动功能的人员很大程度上取决于用户。商业任务一般来说不需要与美国国防部或美国国家航空航天局的任务等有相同的工作量，美国国家航空航天局任务通常要求用许多简报来报告分析结果，以及更多的项目管理，因此其任务所需飞行设计任务计划和载人活动人员增加，这 3 种类型任务的值是：

1）商业任务（基线）＝1.0；

2）民用/美国国家航空航天局任务＝1.4；

3）国防部任务＝1.6。

对于我们所列示例，飞行计划的总人数等于负责飞行流程设计和任务规划的 176 人加上负责载人或有效载荷活动计划的 0 人，项目管理因子为 1.2，表示每年发射 8 次，发射 50% 商业载荷和 50% 美国国家航空航天局载荷所需的总人数是 211。

③步骤 7.3：计算总人数

运载器处理所需人数（VPHC）和飞行计划所需人数（FPHC）已在前面的步骤中算

出，我们是按每年 8 次的发射率来确定的。之所以每年发射率为 8，是因为在我们收集支持数据的这段时间，这个发射率是有代表性的。我们必须用以下公式将这些人数按期望飞行率（R）进行调整。

对于运载器处理人数为

$$\mathrm{VPHC}_{飞行率R} = 0.440 \times \mathrm{VPHC}_8 \times R^{0.394} \tag{7-12}$$

对于飞行计划人数为

$$\mathrm{FPHC}_{飞行率R} = 0.756 \times \mathrm{FPHC}_8 \times R^{0.135} \tag{7-13}$$

（注释：在估计方案性发射系统的运行和支持成本时，我们必须慎用方程（7-12）和方程（7-13）。它们描绘着航天飞机的运行，而且通常仅在飞行率少于每年 17 次时才是精确的。高于这个频率时，会低估人员数量。）

对于所举示例，运载器处理人数在每年 8 次的发射率下是 287，在每年 12 次发射率是 337，飞行计划的人数分别是 211 和 223。根据发射和飞行操作的主运载器处理和飞行计划需要的人数，我们以历史数据为基础，用比例分析法计算其他发射和飞行操作活动需要的人数，该分析基于表 7-21 和如下方程。

$$\mathrm{SOP} = 基线\,\mathrm{SOP} + K_1 \times \{1 - \exp[K_2 \times (年飞行率)^b]\} \tag{7-14}$$

这里标准运行百分比（SOP）表示每个成本要素分别对发射和飞行操作人数的贡献比例，参数"基线、K_1、K_2 和 b"来自表中的值。由于人员的分配会随着飞行率和结构类型而变化，我们需要将表 7-21 中的参数分为 4 种类型：载人-可重复使用、不载人-可重复使用、载人-一次性和不载人-一次性。这个方程计算出来的分配情况是适合 20 世纪 90 年代初的实际情况特点（人员配备、可重复使用性等）与飞行率的，我们需要进行工程评估来调整这些值，同时评估更改技术、设计和支持政策的影响。对于示例方案，我们选用表中的不载人-一次性选项（组合 4）。

表 7-21　标准运行百分比的系数（基线、K_1、K_2 和 b）[①]

	发射操作							
	组合 1（M-R）$K_2 = -0.181\,3$ $b = 0.788\,2$		组合 2（UM-R）$K_2 = -0.059\,3$ $b = 0.957\,6$		组合 3（M-EX）$K_2 = -0.150\,8$ $b = 0.830\,6$		组合 4（UM-EX）$K_2 = -0.028\,8$ $b = 1.000\,0$	
	K_1	基线	K_1	基线	K_1	基线	K_1	基线
发射操作								
运载器处理	0.121 1	0.252 9	0.336 4	0.369 0	0.174 9	0.281 9	0.390 3	0.398 0
处理工程	−0.007 0	0.098 8	−0.057 6	0.106 4	−0.019 6	0.100 7	−0.070 2	0.108 4
回收操作	−0.024 5	0.032 3	−0.004 9	0.006 5	−0.019 6	0.025 9	0.000 0	0.000 0
固定支持	−0.005 0	0.262 7	−0.114 9	0.228 3	−0.032 5	0.254 1	−0.142 4	0.219 7
O&M 设施	−0.028 0	0.210 4	−0.066 5	0.136 0	−0.037 6	0.191 8	−0.076 1	0.117 4
基础支持	−0.056 6	0.142 8	−0.092 5	0.153 8	−0.065 6	0.145 5	−0.101 5	0.156 5

续表

	飞行操作							
	组合 1（M-R）		组合 2（UM-R）		组合 3（M-EX）		组合 4（UM-EX）	
	$K_2=-0.042\,6$ $b=0.956\,3$		$K_2=-0.095\,9$ $b=0.869\,7$		$K_2=-0.055\,9$ $b=0.934\,6$		$K_2=-0.109\,3$ $b=0.848\,1$	
	K_1	基线	K_1	基线	K_1	基线	K_1	基线
飞行操作	0.075 9	0.201 3	-0.024 4	0.357 9	0.050 8	0.240 5	-0.049 5	0.397 0
任务软件	-0.046 4	0.095 7	-0.001 4	0.084 9	-0.035 2	0.093 0	0.009 9	0.082 2
方针和训练	-0.058 8	0.076 5	-0.039 5	0.141 0	-0.054 0	0.072 7	-0.034 7	0.057 3
任务控制 O&M	-0.129 5	0.174 3	0.098 5	0.141 0	-0.072 5	0.166 0	0.155 4	0.132 7
系统集成	-0.046 9	0.178 6	-0.092 2	0.166 0	-0.058 2	0.175 5	-0.103 5	0.162 8
载荷分析集成	0.176 6	0.029 2	0.130 0	0.039 3	0.164 9	0.031 7	0.118 4	0.041 8
载人操作	0.053 4	0.059 5	0.010 8	0.011 9	0.043 0	0.047 6	0.000 0	0.000 0
固定支持	0.010 3	0.104 3	-0.074 7	0.121 8	-0.011 0	0.108 7	-0.096 0	0.126 2
其他	-0.034 8	0.080 6	-0.007 0	0.016 1	-0.027 9	0.064 5	0.000 0	0.000 0

①本表提供了计算支持发射和任务运行每个元素需要的支持人员分数的系数。对于载人情况和可重复性来说存在 4 种组合：载人-可重复使用（M-R），不载人-可重复使用（UM-R），载人--一次性（M-EX）和不载人--一次性（UM-EX）（O&M—运行和维护）（表中第一列"发射操作"行缺少一行数据——译者注）。

应用比例分析法，我们计算另外的发射和飞行运行元素，例如处理工程或发射运行的固定支持等需要的人数。首先，用每年 12 次飞行的 VPHC（$VPHC_{12}=337$），计算总发射操作人数（LOHC）；然后，将其除以标准运行百分比，此值由式（7-13）计算

$$SOP=基线\,SOP+K_1\times\{1-\exp[K_2\times飞行频率^b]\}$$
$$=0.398\,0+0.390\,3\times\{1-\exp[-0.028\,8\times10^{1.0}]\}$$
$$=0.512$$

比例分析能帮助我们计算出支持发射操作需要的总人数：$LOHC_{12}=337/0.512=658$。接下来，我们确定其余发射操作元素需要的人数

$$人数_{元素}=（LOHC_{12}）\times SOP_{元素} \tag{7-15}$$

我们进行类似的计算来确定全部飞行操作需要的人数，结果是 606。表 7-22 显示了这些结果。

表 7-22　基准任务和运载器的运行和支持成本估算①

	地面操作		
成本要素	人力分布比例	人数	百万美元/年
运载器处理	0.50	337	33.2
处理工程	0.09	58	5.7
回收操作	0.00	0	0
固定支持	0.18	117	11.5

续表

成本要素	地面操作			
	人力分布比例	人数	百万美元/年	
设施运行和维护	0.10	63	6.2	
基础支持	0.13	83	8.2	
人力	1.00	658	64.8	=操作人数×年成本因子 $98 600
供应和材料			6.5	=人力成本×操作因子
推进剂			3.2	=飞行率×推进剂单价（$/kg）×推进剂质量（kg）×（1+蒸发比）
GES 备用件			0.9	=一次性 GSE[②] 成本×GSE 备用件因子
不可预见费			22.7	=（费用+意外开支+政府支持）×人力成本
运载器处理的年总成本			98.2	
每次飞行成本			8.2	
飞行计划	0.37	223	24.7	
任务软件	0.09	53	5.9	
仿真和训练	0.04	22	2.4	
任务控制选项和维护	0.22	136	15.1	
系统总装	0.10	61	6.8	
载荷分析集成	0.11	68	7.5	
载人操作	0.00	0	0.0	
固定支持	0.07	42	4.7	
其他	0.00	0	0.0	
人力	1.00	605	67.1	=操作人数×年度成本因子 $110 900
供应/材料			3.4	=人力成本×操作因子
网络支持			1.1	=（平均小时/飞行）[③]×（年飞行次数）×（网络支持因子）
不可预见费			23.5	=（费用+意外开支+政府支持）×人力成本
飞行计划的年总成本			95.1	
成本/飞行			7.9	
全部操作				注：包含了一次性运载器的成本
年总成本			193.3	
成本/飞行			16.1	

①我们将此表与表 7-23 联合使用，总结地面和任务操作年成本的成本要素（prop—推进剂质量；GSE—地面支持设备）。

②按《空间发射和运输系统》[4]第 8 章步骤 5 的"基础设施计算"求出"一次性地面支持设备成本"。

③"平均小时/飞行"是一个时间量，我们需要它的范围和任务网络来支持飞行。

④步骤 7.4：计算成本

我们将每次发射和飞行运行元素的人数乘以年度人力成本。对于运载器处理，结果是98 600美元；对于飞行计划，结果是110 900美元。根据需要，我们增加了推进剂和其他耗材、备用件、网络支持和费用以及意外开支的成本。表7-23显示了这些成本。我们通过方案定义来得出地面支持设备备用件和推进剂所需成本。

表 7-23 通用频率和因子[①]

类型	推进剂		一般的价格和因素			
	$/kg	蒸发				
LOX	0.082	74.5%	百万美元/（人·年）		不可预知项	
LH$_2$	4.40	122.9%	发射操作	$0.098 6	费用	10%
CH$_4$	0.734	30.6%	飞行操作	$0.110 9	意外开支	15%
C$_3$H$_8$	0.516	0.0%	物资和材料		政府支持	10%
RP1	1.22	0.0%	发射操作	10%	总不可预知因子	35%
N$_2$O$_4$	7.47	0.0%	飞行操作	5.0%	GES 备件	
N$_2$H$_4$ – UDMH	35.30	0.0%	网络支持		非重复性所占比例	1.17%
MMH	27.20	0.0%	百万美元/小时	$0.011 1		

①我们使用表7-15中的值来计算成本（LOX—液氧；LH$_2$—液氢；CH$_4$—甲烷；C$_3$H$_8$—丙烷；RP1—火箭推进剂1；N$_2$O$_4$—四氧化二氮；N$_2$H$_4$-UDMH—肼-偏二甲肼；MMH—甲基肼）。

⑤步骤7.5：结果

以上总计的全部重复性运行成本包括地面和任务的成本，并且表示年发射率为12的年成本。以2003年的美元计算，年成本为1.93亿美元，每次飞行的成本是0.16亿美元，这只包含重复性成本。在本例中，没有考虑学习效应，但是如果能使用更多的参数和建模软件，我们也可以考虑。我们必须找到一个最适合于分析要求的模型。重复性O&S成本等于对生命周期中的年成本按下式求和

$$O\&S_{重复性} = \sum_{i=1}^{n} (成本/飞行)(学习_i)(通货膨胀_i)(飞行率_i) \qquad (7-16)$$

式中　n——生命周期总年数；

　　　i——生命周期中的某年；

　　　成本/飞行——来自于分析（百万美元/飞行）；

　　　学习——经过飞行经历期望的成本/飞行的下降；

　　　通货膨胀——年通货膨胀；

　　　飞行率——每年的飞行次数。

虽然新的发射系统通常有一个发展或者加速期，在此期间飞行率逐渐地增加到运行飞行率，我们这里暂不考虑这个增长，认为在生命周期内飞行率没有任何增长；我们还假定学习效应没有影响，这与运载火箭的低飞行率是一致的；我们假设在12年的生命周期内业务飞行率为每年12次。

在生命周期内的O&S$_{重复性}$成本为19.33亿美元，不包括一次性要素的成本和通货膨胀因素。

（8）步骤 8：评价结果

我们现在应该将第 7 步的结果与基准值（如表 7 - 13 中的宇宙神 IIAS 的值）进行比较。（7.4.3 节，步骤 8）

（9）步骤 9：记录结果（7.4.3 节，步骤 9）

7.5　估算发射场基础设施的研制成本

发射场基础设施的研制成本是新系统生命周期成本的重要组成部分，它包括接收或回收、处理和发射一个空间运载器以及支持其飞行的设施和地面支持设备的成本，设施的类型和数量由任务的设计、技术、支持方案和飞行率决定。除了这些非重复性成本外，发射场的基础设施还会产生保养这些设施和更换废弃的物资和存货的重复性成本。

为了估算发射场基础设施的成本，我们从新系统的运行方案入手，这个运行方案是运载器的飞行、发射、执行任务和回收（如果需要的话）的逻辑过程。我们必须：

1）根据设计、使用的技术和支持方案以及有关类似的已获得支持方案的知识进行有效的判断；

2）列出需要的设施（数量将在后面讨论）；

3）根据每个要素的尺寸和集成方案计算每个设施的成本（使用表 7 - 24 中的成本关系）；

4）根据设施成本计算地面支持设备成本，并据此计算初始备件。

表 7 - 24 示出了建筑物的成本及支持设备的成本，其中包括系统设计和研制成本，额外开支，现场考察和工程研究以及启动的成本。所有的值都是以 2003 年美元表示的，我们必须将其转换到我们所用的年代。

表 7 - 24　设施成本表[1]

主要设施类型	成本系数 2003 年 \$/m³	GSE 的 COF/%	初始 GSE 备件/%	注释	一次性（E）/ 可重复（R）
固体火箭发动机处理设施	185	95	6.5	1	R，E
固体火箭发动机装配和整修设施	685	278	6.5	1	R，E
固体火箭发动机回收设施	277	112	6.5	1	R
固体火箭发动机组装设施	211	55	6.5	1	R，E
贮箱处理设施	458	80	6.5	1	R，E
水平运载器处理设施	590	447	6.5	1，6	R
水平运载器维护和整修设施	293	200	6.5	1，6	R
主发动机处理设施	241	63	6.5	8	R
有效载荷总装设施	704	206	6.5	1，4	R，E
危险有效载荷处理设施	298	57	6.5	1	R，E

续表

主要设施类型	成本系数 2003 年 $/m³	GSE 的 COF/%	初始 GSE 备件/%	注释	一次性（E）/ 可重复（R）
运载器装配和集成设施	207	57	6.5	1	R，E
没有发射脐带塔（LUT）的移动发射平台（MLP）	5 670	72	6.5	7	R
具有发射脐带塔的移动发射平台	1 570	88	6.5	2	E
具有移动服务结构（MSS）的发射台	336	142	6.5	5	E
具有固定和旋转服务结构的发射台	538	142	6.5	1	R
任务控制和发射室	1 011	1 399	6.5	3	R，E
着陆设施	62	142	6.5	9	R

综述：用元素或组合体的尺寸来确定设施的长、宽和高等尺寸。

1）把支持设备、起重机等理论尺寸周围空间增加了大约 11 m。

2）把组合体高度增加 9 m。基于土星的 LUT（12.2 m×12.2 m×122 m）选择基准尺寸。

3）对于航天飞机，发射室通常为 37 m×27 m×5 m。

4）航天飞机使用 3.5 倍的有效载荷舱长度来处理有效载荷。

5）对于一次性系统，在组合体高度的基础上加上 MLP 的高度。在组合体高度上为 MSS 每边各留出 12.2 m 的空间。

6）包括一旦需要使用的起落架高度。

7）将组合体尺寸（翼展、深度、高度）分别乘以 2.12，1.76 和 0.26 来获得与 STS MLP 成比例的 MLP 方案。将组合体尺寸（直径、直径、高度）分别乘以 4.85，4.09 和 0.13 来获得与土星 V MLP 成比例的 MLP 方案。

8）单架航天飞机主发动机处理间的尺寸是 19.5 mm×11.3 m×14.0 m；航天飞机主发动机的尺寸是 4.3 m（长）×2.3 m（直径）；将合适的尺寸乘以需要的处理间数量得到设施尺寸。

9）成本系数是全部跑道、车道和停机坪使用的每平方米价格。航天飞机跑道是宽 91.4 m，长 4 572 m。

信息主要来自地面运行成本模型（GOCOM）

①我们使用这些成本系数来估算支持新方案的设施的成本，估算基础通常是方案规模。（GSE—地面支持设备；COF—设施的成本）。

我们根据 20 世纪 80 年代肯尼迪航天中心进行的建模分析，提取出了表 7-24 中的成本估算关系，这些数据来自航天飞机和土星（运载火箭）的设施，反映了这些方案和支持需求的重要影响，但是，我们增加了注释来帮助修正对需求尺寸的计算。我们必须选择最适合新方案需求的功能设施，然后，使用元素或集成运载器的尺寸，根据运行方案中每个设施的成本系数计算设施、有关的地面支持设备和初始备用件的成本。这些设施主要支持线上处理流程。虽然发射场的许多辅助建筑对于支持是非常重要的，但表 7-24 重点要获得主要设施的成本需求。

成本在很大程度上取决于需求设施的数量、发射元素占用设施的时间及必要的飞行率，计算这些值已经超出了本书的范围，但是表 7-25 记录了从同一个发射台连续发射多个一次性运载器的有代表性的时间[3]，我们使用这些值来指导我们对发射台时间需求的假设。对于总装-转运-发射（ITL）系统来说，占用时间包括总装好待发射运载器准备的时间和有效载荷的准备时间。对于在发射台建造（BOP）方案来说，时间就是组装和总装运载器以及集成有效载荷需要的时间。

表 7 - 25　挑选出来的需要使用发射台的运载器的典型时间①

运载火箭型号	型号	级	助推器	组合体高度/m	总起飞质量/（1 000 kg）	有效载荷/kg	支持类型	TOP 日历天
宇宙神	I	2	—	44	163	3 911	BOP	130
	II	2	—	48	187	4 420	BOP	218
	IIA	2	—	48	187	4 916	BOP	84
	IIAS	2	4	48	234	5 800	BOP	79
德尔它 II	6925	3	4～9	39	218	2 675	BOP	40
	7925	3	4～9	42	232	3 450	BOP	54
	7920	2	3～9	42	232	3 450	BOP	26
大力神	II	2	—	36	154	2 083	ITL	59
	IVA	2	2	57	82	12 000	ITL	115
	IVB	2	2	62	926	14 600	ITL	188
航天飞机		2	2	56	2 040	16 400	ITL	25

①为了给新发射方案确立一个"发射台上时间"（TOP）的估计，选择一个与新方案特征类似的系统，并以它的 TOP 值作为初始值（BOP 是在发射台建造；ITL 是总装－转运－发射）。

虽然我们强调在发射台上的时间是驱动飞行率需要的发射台数量的因素，但是我们可以应用其他设施在处理过程中应用类似的方法。我们定义发射台上建造或总装—转运—发射为一种运行方案，但通常并不存在一个清晰的界限，某些要素的预处理、组装和总装是在发射台下进行的。我们必须估计，为支持实现目标飞行率，新方案需要的设施数量和组成。选择类似于表 7 - 25 中的时间长度，即选择类似的运载火箭和支持方案，假设在发射台上的时间值与表 7 - 25 中所显示的时间范围不同，这意味采用了新的技术或支持流程。为了确定支持给定飞行率所需的发射台数，我们将年飞行率乘以为某方案假设的在发射台上的时间（按天计），再除以 365 天。根据不同设施占用的时间（加上整修时间），这个方法也可以应用于其他设施，但是对于下一层次元素却不适用。

表 7 - 25 给出了航天飞机在发射台上的时间，以便与其他可重复使用方案对比。除了在发射台上时间为 25 个工作日，轨道器处理设施中通常有 84 个工作日的停留时间，在垂直装配间的 5 个工作日用于安装外部贮箱和固体火箭助推器的集成。

对于所列举的将在发射台上建造的系统来说，设施包括带有移动服务结构的发射台、发射脐带塔和用于发射操作的发射室。基于表 7 - 25，我们把新方案在发射台上的时间选为 60 天，因为该方案的装配、级数、组合体高度以及载荷特征，均类似于宇宙神 IIAS 火箭。示例系统因为没有使用固体助推器，其成本估算较低。按每年 12 次飞行率的要求，我们需要两个发射台［（12 次飞行/年×60 天/飞行）/（365 天/年）＝2 台］。

根据表 7 - 24，我们使用 336 美元/立方米的成本系数，估算带有移动服务结构的发射台成本。根据综述的提示，在运载器的每边和组合体高度（用于板桥式起重机）上面各增加 12.2 m 的工作空间，由此得出用于计算成本的结构尺寸为：（12.2＋4.6＋12.2）×（12.2＋4.6＋12.2）×（55＋12.2）＝57 400（m³）。每个发射台的成本为 0.193 亿美元，由于飞行率要求有两个发射台，包括 GSE 和初始备用件在内的总成本为 0.75 亿美元

（2003 年美元）。

　　土星（运载火箭）发射塔（如注释所示）的发射脐带塔的成本系数是 1 568 美元/立方米。新方案的组合体高度大约是土星（运载火箭）的一半，并且不支持载人发射，因此，我们设定发射台尺寸为 9 m×9 m×65 m，其成本是 830 万美元。两个发射台，再加上地面支持设备和备用件，总成本为 0.24 亿美元。

　　再次根据表 7-24，我们使用 1 011 美元/立方米的成本系数，估算发射室的成本。参照航天飞机发射室的尺寸 36.6 m×27.4 m×4.6 m，系统是不载人的，我们设定发射室为 18 m×14 m×3 m 的较小空间，设备成本是 76 万美元的设备成本；包括地面支持设备和初始备件在内，总成本是 0.11 亿美元。所以我们估计运行和支持基础设施的全部一次性成本是 1.1 亿美元（2003 年美元）。

7.6　估计全生命周期成本和评估成本风险

　　最后，我们已经为步骤 6 准备好了：将设计、研制、试验和评估（DDT&E）的成本，生产成本（来自步骤 3）、运行和支持成本（来自步骤 4）和设施成本（来自步骤 5）合计，即得到基准的 SLaTS 运载器的全生命周期成本。表 7-26 显示了这个全生命周期成本；DDT&E 的成本直接来自表 7-9；表 7-23 概括了运行和支持成本。运载器总的 DDT&E 成本是 37.7 亿美元，加上设施 1.13 亿美元的非重复性成本，我们得到总的 DDT&E 成本是 38.83 亿美元。将表 7-9 中的平均产品成本乘以 120 个计划生产数量，获得总的生产成本为 192.7 亿美元。表 7-26 中还包括步骤 8 得出的每年 12 次飞行率下的运行和支持成本 1.93 亿美元，10 年的总成本是 19.3 亿美元。所有这些给出了 SLaTS 基准运载器在 10 年整个生命周期中的总成本估算大约是 251 亿美元。

表 7-26　SLaTS 基准运载器的全生命周期成本（2003 年美元）汇总

百万美元

	DDT&E	生产成本（10 年，120 产品）	O&S（10 年飞 120 次）	总计
助推器	2 240	12 700	—	14 940
第二级	1 200	5 700	—	6 900
有效载荷整流罩	330	870	—	1 200
运载器求和	3 770	19 270	—	23 040
一次性设施	110	—	—	110
DDT&E 总成本	3 880			3 880
生产总成本		19 270		19 270
O&S 总成本	—	—	1 930	1 930
全生命周期成本				25 080

　　在我们估算完生命周期成本的基本构建模块后，我们利用期望的项目进度考虑这些成

本的时间分段。如果有一个详细的项目进度，就能在工作分解结构的较低层次来分配成本。但我们按年来分配主要的购置成本要素：级、发动机、发射场和基础设施以及运行和支持。成本的时间分段通常使用标准的 β 分布，利用给定的启动日期、截止日期和分布形状，将成本在各个时间段中分配。我们使用的形状参数将 60% 成本在 50% 时间内分配，这样的分配相当准确地体现了空间项目在不同时段的资金需求。如果需要非常准确的分配，时间周期可以按季甚至按月，这里，我们按年分配。

图 7－6 给出了在 10 个时段内将 60% 成本在 50% 时间中按 β 分布的百分比。在我们的例子中，时间周期是 10 年，所以我们使用第 10 行的数据来获得成本的年度分配。

β 分布——60% 成本在 50% 的 1～10 个周期日程表中分配

按时段分配资金的周期数

周期数	1	2	3	4	5	6	7	8	9	10	总计
1	100.00%										100.00%
2	60.00%	40.00%									100.00%
3	25.41%	62.58%	12.01%								100.00%
4	12.59%	47.44%	35.18%	4.79%							100.00%
5	6.83%	32.36%	39.15%	19.45%	2.20%						100.00%
6	4.29%	21.12%	34.62%	27.97%	10.78%	1.22%					100.00%
7	2.42%	16.09%	26.96%	27.87%	18.77%	7.29%	0.60%				100.00%
8	1.93%	10.66%	22.51%	24.93%	22.83%	12.36%	4.45%	0.34%			100.00%
9	1.16%	7.75%	16.50%	22.16%	23.99%	16.44%	8.93%	2.83%	0.24%		100.00%
10	0.87%	5.96%	13.32%	19.05%	20.83%	18.32%	12.83%	6.63%	2.03%	0.17%	100.00%

图 7－6　预算分析的成本分布

分布百分比表示 60% 成本在 50% 时间内的 β 分布，从 1～10 个周期。时间分段的启动和截止日期来自于项目时间表

我们应该从项目进度中获得划分时段的启动和截止日期。航天飞机从授权研制到首次飞行大约需要 9 年；相比之下，SLaTS 基准运载器是一次性且不载人的，7 年对于全部的 DDT&E 来说是足够的，这可以利用图 7－6 中得到的 7 年 β 分布百分比来进行时段的分配，同时可以用这些百分比与表 7－27 中得出的 38.8 亿美元的全部 DDT&E 成本相对照。例如，DDT&E 第一年的成本是（0.024 2×38.8）亿美元。我们利用 β 分布将生产成本分配到第 2 年或第 3 年（第 2 年或第 3 年大概是运载器的生产时间），在达到稳态之前，这种方法在最初的 2～3 年内生产成本是增加的，但是我们设定生产是平稳的，每年花费 19.27 亿美元（是表 7－27 中 10 年生产总成本 192.7 亿美元的 1/10）。类似地，运行和支持成本是 1.93 亿美元/年（是运行和支持 10 年总成本 19.3 亿美元的 1/10）。

表 7 - 27　按时间分段的生命周期成本（2003 年美元）[①]

百万美元

年	-7	-6	-5	-4	-3	-2	-1	1	2	3	…	10	总计
DDT&E	94	624	1 064	1 082	728	283	23				…		3 880
生产								1 927	1 927	1 927	…	1 927	19 270
运行和支持								193	193	193	…	193	1 930
总计	94	624	1 046	1 082	728	283	23	2 120	2 120	2 120	…	2 120	25 080

①这些数字可用来为基准运载器编制预算要求。负数年表示发射前。

7.7　进行成本-风险分析

　　成本估算不是一门精确科学，其不确定性有 3 个主要来源（风险分析只能应对其中的 2 个）。

　　1）我们使用的成本估算工具包含统计学上的不确定性，参数模型是通过与分散历史数据最佳拟合的成本估算关系推导出的，实际成本与任何方程式预测的成本之间都有一定的误差（在统计学中以标准误差来衡量）。

　　2）成本估算还会受到输入不确定性的影响。即使是一个完美的成本模型，较差的输入也只能得出差的结果，毕竟，我们是在项目尚处于方案阶段的时候估算成本。成本估算的大多数输入是不确定的。

　　3）成本估算必须应对"世界的不确定性状态"或"不为人知"。任何成本估算和风险分析都无法计及随机的、不可预测的事件。

　　成本-风险分析是为了告诉管理者和决策者，成本估算和项目定义的不确定性会如何影响项目成本。风险分析可以简单或单纯地由经验丰富的项目经理、总工程师或团队的专家来判断，也可以是简单的灵敏度分析，在分析中我们可以改变成本估算中合理期望范围内不确定的主要参数，来观察它们是如何影响成本的。通常情况下，灵敏度分析一次只改变一个参数，项目成本仿真可以测出同时改变多个变量造成的影响。

　　图 7 - 7 显示了成本-风险分析的一种方法。我们运用类似于估算确定性成本的成本估算关系来使安全、技术、进度和成本风险货币化，但是，成本-风险处理考虑了成本估算关系、项目进度和技术规范中的不确定性，用概率分布来确定这些不确定性，同时在整个成本估算过程建模中使用蒙特卡洛仿真，通过大量的仿真计算获得统计学的成本结果。

　　我们整理成本结果，将其绘制成概率分布。递增图（或制成表）将对结果范围内一个指定的成本给出概率，决策者将获得不会超过给定的成本的概率，所以我们可以选择一个基于感知风险的成本。大多数分析师推荐使用至少 50%的置信度，许多分析师推荐更高的置信度（可能是 75%）。因为分析，即使是最好的分析，仍会包含不为人知的因素。

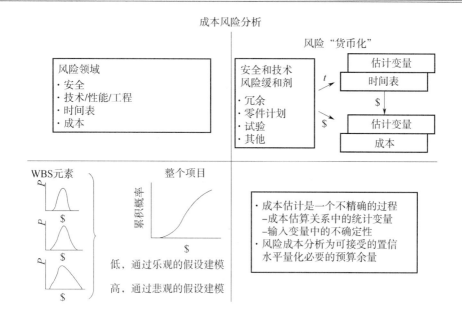

图 7-7 运用 CER 作确定性成本-风险分析

这里，我们用概率分布来确定不确定性，同时在整个成本估算过程建模中使用蒙特卡洛仿真，

通过大量的仿真计算来获得统计学的成本结果

7.8 总 结

成本估算的不确定性，尤其对于空间系统这样复杂的实体，必须要求进行成本-风险分析。不过，我们确实有可靠和行之有效的成本模型来帮助我们确定项目的支出，甚至确定多年的生命周期内的项目支出。本章详细讨论了如何利用空间系统成本模型来预测 SLaTS 的成本要素。对明确定义的运行方案合理使用成本估算工具，可以降低意外预算的数量和严重性。

参 考 文 献

[1] Chesley, Julie, Wiley J. Larson, Marilyn McQuade, and Robert J. Menrad. 2008. Applied Project Management for Space Systems. New York, NY: McGraw—Hill Companies.

[2] Department of Defense. 1992. Cost Analysis Improvement Group, Operating and Support Cost-Estimating Guide. Washington, D. C. : Office of the Secretary of Defense.

[3] Isakowitz, Steven J. , Joseph P. Hopkins Jr. , and Joshua B. Hopkins. 1999. International Reference Guide To Space Launch Systems. Washington, DC: American Institute of Aeronautics and Astronautics.

[4] Larson, Wiley J. , Robert S. Ryan, Vernon J. Weyers, and Douglas H. Kirkpatrick. 2005. Space Launch and Transportation Systems. Government Printing Office, Washington, D. C.

[5] Morris, W. Douglas et al. 1995. Defining Support Requirements During Conceptual Design of Reusable Launch Vehicles. Presented at the AIAA Space Programs and Technologies Conference, Sept. 1995, Paper No. AIAA 95 - 3619.

[6] NASA. 1993. Transportation Systems Analysis. Operations Cost Model User's/Analyst's Guide (NAS8 - 39209) . Hunstville, AL: NASA Marshall Space Flight Center.

[7] NASA. 1997. A Guide for the Design of Highly Reusable Space Transportation. Cape Canaveral, FL: NASA Space Propulsion Synergy Team, Kennedy Space Center.

[8] NASA. 2000. The NASA Reliability and Maintainability Model (RMAT 2001), User's Manual (NAS1—99148) . Hampton, VA: NASA Langley Research Center.

[9] NASA. 2001. Spaceport Concept and Technology Road mapping, Investment Steps to Routine, Low Cost Spaceport Systems. Final Report to the NASA Space Solar Power Exploratory Research and Technology (SERT) Program, by the Vision Spaceport Partnership, National Aeronautics and Space Administration, John. F. Kennedy Space Center, and Barker — Ramos Associates, Inc. , Boeing Company, Command and Control Technologies Corp. , and Lockheed Martin Space Systems, JSRA NCA10 - 0030.

[10] Nix, Michael, Carey McCleskey, Edgar Zapata, Russel Rhodes, Don Nelson, Robert Bruce, Doug Morris, Nancy White, Richard Brown, Rick Christenson, and Dan O'Neil. 1998. An Operational Assessment of Concepts and Technologies for Highly Reusable Space Transportation. Hunstville, AL: NASA Marshall Space Flight Center.

[11] Squibb, Gael, Daryl Boden, and Wiley Larson. 2006. Cost-Effective Space Mission Operations. New York, NY: McCraw Hill.

第8章　技术风险管理

罗伯特・希什科（Robert Shishko）
喷气推进实验室

技术风险管理是收集和控制项目风险的系统化途径。本章介绍了技术风险管理过程，并总结了一些项目风险经理可以运用的方法和技巧。技术风险管理采取定性和定量的方法，概率论与数理统计在定量方法中发挥了基础性作用，具备这些学科的前期基础知识有助于理解本章所述的定量方法。

（1）技术风险管理的基础知识

在空间系统工程中，风险有多种定义，其中一种认为，风险是"可能会也可能不会发生的潜在的负面未来现实"[3]。NASA NPR 8000.4 指出："风险表现为工程或项目遭受意外事件的概率……及其产生的后果、影响或危害性的组合"[15]。本章采用后者作为工作定义，因此将风险视为一个由可能性度量和后果度量构成的矢量。

风险是空间任务的固有部分。由于我们藉以实现一定空间目标的工程和项目的资源（通常指预算）有限，或必须满足严格的投资回报率（ROI）约束，因此风险管理十分重要。在资源受约束的环境中，如果一个项目可以系统和客观地应对其风险，成功的机会将更大。即便如此，我们也不能保证该项目切实可行，但技术风险管理鼓励甚至迫使项目团队收集和分析风险信息，并在其资源约束范围内控制风险。（从项目管理的角度对风险管理的深入处理，见《实用空间系统项目管理》的第 15 章[2]。）

因此，在技术风险管理中，项目风险经理和项目团队首先要问："什么是项目风险，整个项目的风险定位是什么？"以及"关于风险我们能够并应做什么？"所涉及的活动贯穿整个生命周期，本章会更详细地解释。

为了确定项目的风险定位，风险经理尝试识别和收集项目中的"可知"风险，目的是广泛地涵盖所有的风险类型、项目元素和项目阶段。风险经理、项目经理和一些项目团队成员，与具有风险评估专业技能的人一起工作，评估所收集到的风险项。理想情况下，这一活动会取得一致和有益的评估结果，发现风险组中的高风险。可能有必要对其中某些高风险进行深入分析，以确认或拒绝接受可能性或后果的估计值。关于整体风险定位，风险经理把这些风险置入项目风险暴露集成图中，并通报给利益相关方。

在决定能够和应做什么时，风险经理和风险责任人试图在风险形成之前确定出有成效的减轻措施和其他积极行动，以降低风险暴露；作为事前策划的一部分，他们还要确定是否及何时触发这类行动；最后，他们跟踪风险和所有减轻行动的效果，观察这些措施能否按预期发挥作用。整个过程中，风险经理将风险暴露的所有变化都通报给利益相关方。

（2）将风险作为矢量

为了识别和描述项目风险在其可能性和后果方面的特性，我们在一个三维空间中绘制风险。一个轴表示可能性（概率），另外一个轴表示后果（如资金和缩减的任务回报），令人遗憾的是，我们可能无法确切了解其中任何一项。风险在现实世界中的复杂性，再加上即使是最好的工程模型也存在实际的局限性，都会引起一个或两个度量的某种不确定性。对于风险经理而言，风险项看起来类似于图 8-1（a）。

采取风险减轻措施且它们发挥作用时，风险的可能性、后果或两者都会降低，不确定性也可能不会出现传播。对于风险经理而言，一个成功的风险降低行动看起来类似于图 8-1（b）。

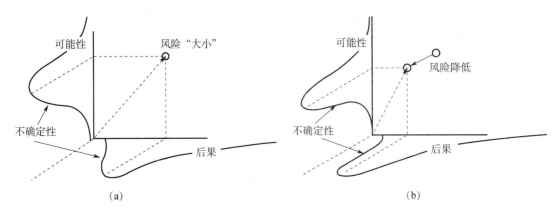

图 8-1　作为矢量的风险

风险大小以其可能性和后果为特征，尽管这两项度量可能存在很大的不确定性。

不确定性在第三维中呈概率性分布。（a）表示了采取风险降低行动之前的风险大小，

（b）则表示了采取行动后风险大小（沿轴）和它的不确定性如何下降（概率曲线变窄）

（3）风险类型

如果风险的分类能够带来一些关于风险来源、时序以及后果和可行减轻措施方面的重要内容，那么对风险进行分类就十分有益。表 8-1 描述了一些类别，也许并非正式的分类标准，其意思有含糊之处。原因之一是一类风险通常可以替换为另外一类，例如可将成本风险与进度风险交换。

表 8-1　风险类型和范例[①]

风险类型	范例
技术性能风险	在验证过程中未能满足航天器的技术要求或规范
成本风险	未能控制在成本上限内
纲领性风险	工程或项目未能取得长远的政治支持
进度风险	未能满足关键性发射窗口
财务或市场风险	需求未能以指定的价格实现

续表

风险类型	范例
责任风险	航天器离轨过早，在碎片着落区造成损害
监管风险	核材料的发射未能取得恰当批准
运行风险	任务执行过程中航天器发生故障
安全性风险	地面操作过程中，在燃料加注时释放出有害物质
保障性风险	未能按计划补给足够的物资以保障航天员生存

①大部分风险项涉及多种风险类型。

区分执行风险和任务风险通常很有必要。执行风险发生在符合技术性能要求的航天器在预算范围内及时到达发射台的过程中；任务风险更多是指发射后的任务回报，以及是否满足利益相关方的期望。

（4）风险来源

尽管每个空间项目都有其独特的风险，但风险来源基本包括以下内容。

1）技术复杂性：诸多设计约束或必须在合适的时间以正确的顺序进行相关操作序列；

2）组织复杂性：诸多协同有限的独立组织；

3）裕度和储备不足；

4）实施计划不充分；

5）不切实际的进度安排；

6）与执行风险不匹配的总预算和逐年预算；

7）迫于任务期望值压力下过度乐观的设计；

8）不适当的工程工具和模型导致片面的工程分析和理解；

9）对任务空间环境的片面理解；

10）项目人员训练不足或缺乏经验；

11）流程不当或未严格遵守已验证的流程。

（5）技术风险管理过程概述

图 8-2 说明了一个典型的美国国家航空航天局机器人任务的风险管理过程；本章其余部分提供了更详细的解释和高层次的例子，给出了一些最佳做法；表 8-2 列出了具体讨论这些步骤的章节。

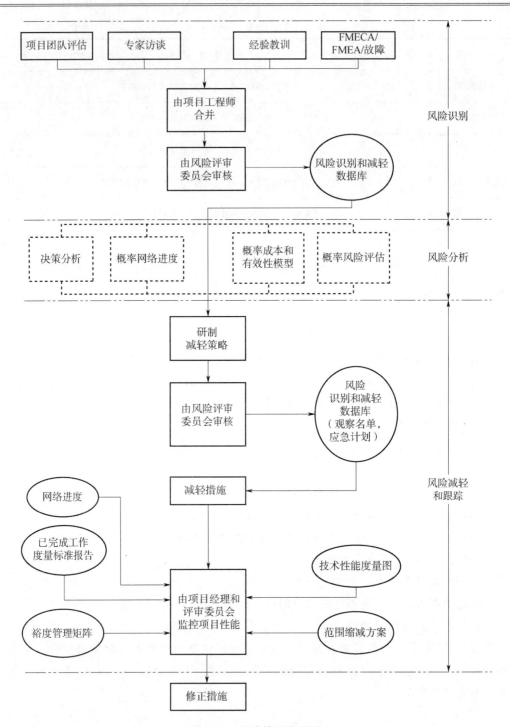

图 8-2　风险管理流程图

总结了本章所讨论的项目风险管理活动、方法和接口。风险分析中的虚线表示可选方案；分析师可以选择使
用所示方法中的一个或多个（FMECA—故障模式、影响与危害性分析；FMEA—故障模式与影响分析）

表 8 - 2　风险管理过程①

步骤	描述	所在章节
1	准备技术风险管理策略	8.1 节
2	识别和记录技术风险	8.2 节
3	进行技术风险评估，包括定性评估方法和定量评估方法	8.3 节
4	确定初始风险处理方法	8.4 节
5	策划风险减轻和触发器	8.5 节
6	监控风险状态	8.6 节
7	实施风险减轻	8.7 节
8	获得技术风险管理产品	8.8 节

①用于管理空间系统工程项目中的风险[14]。

8.1　准备技术风险管理策略

在这项任务中，我们起草整体风险管理理念，决定如何在技术层面上实施（即风险管理策略），并记录在风险管理计划中。

项目经理在与利益相关方协商后阐明该项目的风险管理理念，这一理念非常重要，因为它会影响项目的实施途径、设计参考任务、工程设计（如是否容许单点故障）及系统的运行方案（如是否连续监控系统）。

为帮助管理者制定出风险管理理念，美国国家航空航天局使用四个层次的风险分类计划[16]。以下标准适用于一般的空间系统项目，并可能有助于确定风险管理理念。

1）优先级（对于长期战略规划的关键程度）；

2）可接受的风险水平；

3）国家级重大项目；

4）任务周期（主要基线任务）；

5）估算的项目生命周期成本；

6）发射约束；

7）飞行中维护的可行性；

8）各种研究的机会，或重新飞行的机会。

显然，涉及载人航天的美国国家航空航天局项目对组织至关重要，属于国家级重大项目，项目生命周期的成本很高，美国国家航空航天局对于这些项目的风险容限很低。因此，风险管理理念具有非常积极的意义，且设计方案必须满足系统要求（如容错），以避免或减少潜在风险。项目的风险管理理念归结为项目愿意耗费多少（反映利益相关方——无论是政府还是商业投资方——的偏好），不仅仅是资金，还包括其他如进度和技术裕度等因素，以应对不可接受的结果。风险规避的程度是所有风险管理理念的关键描述项。

即便如此，风险规避的设计活动也不能消除所有风险，我们仍需要技术风险管理策略，这种需求将已有的理念转化为行动计划，它识别技术风险管理产品是否已创建，由何人（至少在理论上）、以何种进度进行管理，深入程度如何，用什么样的标准衡量。工作分解结构（WBS）和任务运行阶段（发射、接近操作、进入、下降和着陆）往往作为这些产品的组织结构而使用。通常，生命周期成本比较大的项目会在技术风险管理活动上花费得更多，尽管所占生命周期成本的百分比可能会较小。

不管技术风险管理被分配何种资源，风险经理都应制定策略使效益（或投资回报率）最大化。我们将该策略正式记录在项目风险管理计划中，该计划还介绍了其他基本的技术风险管理活动。

1) 技术风险管理过程概述（见本章开始的技术风险管理基础知识）；

2) 项目内负责技术风险管理活动的组织；

3) 向评审委员会报告风险问题和状态的沟通路径；

4) 风险跟踪和报告频率以及在拟定和执行（包括操作）过程中使用的方法；

5) 基于风险分类的通用风险处理响应（8.3 节）；

6) 技术风险管理人员所需的培训；

7) 与其他跨领域过程的集成，如技术插入、基于风险的采办、挣值测量、IT 安全、知识获得。

8.2　识别和记录技术风险

这项任务从各种来源中识别项目风险，并以足够的信息记录，供未来解决。

8.2.1　识别风险

识别风险的一个有利的出发点是审阅项目文档，包括：

1) 项目要求文档；

2) 工作分解结构；

3) 建议书；

4) 项目计划，包括进度和成本基线；

5) 体系和运行方案描述；

6) 设计文档。

由于这些文档的可用性和成熟度在项目生命周期内会发生变化，风险经理可能需要在项目初期先在其他方面对风险进行识别。进行项目之外的其他文档的审阅也可以用来识别风险，包括经验共享数据库、继承硬件的问题和故障报告、前期项目的重大风险数据库及风险模板（本质上是从许多前期项目中采集出一系列结构化的建议性问题）。

另一方面，最有效率的风险识别源来自项目关键人员与独立专家的个体访谈或"头脑风暴"研讨会，经验丰富的项目团队成员是识别技术风险的重要来源。首先，我们应自上而下汇集一份高质量的重大风险清单（SRL）。（许多优秀工程师倾向于提早关注详细设计问题。）着眼于已完成的或计划中的重要权衡研究及初始系统和分系统的规模分析是好的想法。自上而下的方法也应考虑组织接口数目，包括供给链关系。

在项目生命周期后段，采办合同已经承包出去时，集成基线评审（IBR）也可能是一个风险识别源。IBR 是由承包商和政府联合进行评估，以验证技术内容及相关的性能预算、资源和进度的现实性，它应能提供对于承包商计划与相关的管理控制系统固有风险的相互理解。

积极主动的风险识别贯穿于整个项目生命周期。在实施过程中，月度状态评估、项目独立评审、研制试验数据和未预期事件提供了新的风险源。危险分析、故障模式与影响分析（FMEA）及故障模式、影响与危害性分析（FMECA）等专门研究并指出了工程设计中的新风险。

8.2.2　制定重大风险清单

重大风险清单是技术风险管理中的关键产品，代表了风险责任人、风险经理和项目经理关于对项目构成潜在威胁并需进一步关注的风险的专业判断。重大风险清单超越了单纯的风险描述，最少包括每个已识别风险的以下属性。

1) 名称或识别号；

2) 描述或根源；

3) 可能的分类方法：系统或分系统、原因类别（技术、纲领、成本、进度等）、影响的资源（预算、进度减慢、技术裕度等）；

4) 责任人；

5) 评估执行风险和任务风险的可能性和后果；

6) 减轻方案：包括说明、成本和已评估风险的降低；

7) 重大里程碑：风险窗口的开启点和关闭点、风险变化点、有效实施减轻方案的决策点。

在填写重大风险清单时，必须列出尽可能多的细节，使我们能够阐明利害关系并识别风险的背景或条件。我们应设法尽可能具体地设想和描述所担忧的事件，以项目团队其他成员能理解的术语来形容事件的影响，这可能涉及有预见地对从事件（执行风险）中恢复所需的全部工作（时间、资金、质量、功效等），以及对任务成功可能会导致的不利后果（任务风险）进行表征。风险经理将风险的责任分配给负责其具体管理的个体或组织，它们通常首先识别出那些风险。

有时，风险管理计划包含初始重大风险清单，即那些在系统工程过程早期就已识别的风险清单。对于不断更新的项目重大风险，维护单独的技术状态管理数据储存库是好的做法，这就是大型项目中，重大运行风险清单通常以某种数据库或专用风险管理工具的形式存在的原因。

8.3　进行技术风险评估

重大风险清单包含可能在完成技术风险评估之前无法使用的信息属性，这些属性按照风险事件发生的可能性和后果的严重性表征了每个风险，严重性可根据对项目性能、成本和进度的影响程度衡量，可能性最好由发生的概率进行量化。

在项目生命初期，可能只有对风险的严重性和可能性及建议的减轻措施的定性评估，随后获得更多的设计信息后，定量评估变为可能。定量评估更有难度而且一般成本都很高，但对于确定如何分配稀缺的减轻资源和项目储备也更有价值，它有时也是验证风险相关要求的唯一方式。

8.3.1　定性评估方法

定性风险评估的一个简单而有效的方法是依靠专家判断（一般来自项目团队，但有时为独立专家），利用后果严重性与发生可能性的相对标度对风险进行分类。后果标度范围从"最小"到任务风险的"任务失败"或执行风险的"超出项目中止限制"；可能性标度范围从"非常低"到"非常高"，虽然有时我们以实际的概率范围补充描述。相对标度的困难是语言描述具有主观性，不同的人有不同的解释。

项目实际有所不同，但后果和可能性的五个等级都是通用的，表 8-3 和表 8-4 分别列出了后果和可能性等级。图 8-3 表示了一个 5×5 的风险分类矩阵。在此风险评估方法中，每个风险被放置在方框中，并归类为高、中、低风险。

表 8-3　后果等级①

等级	任务风险等级定义
5	任务失败
4	任务回报显著减少
3	任务回报中等减少
2	任务回报轻微减少
1	很少或没有影响到任务
等级	执行风险等级定义
5	预算和应急储备超限，不能满足发射
4	浪费所有应急储备、预算或进度
3	应急储备或发射浮时显著减少
2	应急储备或发射浮时轻微减少
1	应急储备或发射浮时最低减少

①此表提供用于指导风险按后果分类的定义。为区别任务风险和执行风险，对两者分别进行定义。

表 8 - 4　可能性等级①

等级	可能性定义	概率（P_r）	定性描述
5	非常高	$P_r \geqslant 70\%$	发生的几率超过 2 : 1
4	高	$70\% > P_r > 50\%$	很有可能发生
3	中等	$50\% \geqslant P_r > 30\%$	不太有可能发生
2	低	$30\% \geqslant P_r > 1\%$	不会发生的几率超过 2 : 1
1	非常低	$P_r \leqslant 1\%$	可能性很小

①此表根据可能性对风险（这里指成本风险）分类，其他类型的风险赋予这些等级的值不同。

对于高风险或中等风险，系统工程师会确定该项目能否得益于定量分析。如果认为一项计划外的定量分析有益且资源可用，我们会相应地修改风险管理计划。

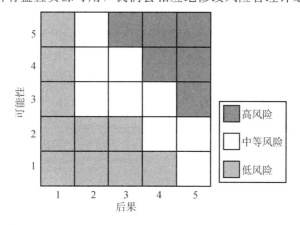

图 8 - 3　一个典型的 5×5 风险分类矩阵

依据专家判断，风险按照后果等级和可能性等级被主观地分级。

每个风险根据其所在的方框被分类为高、中、低风险

如 5×5 矩阵和可能性表格等工具有其局限性，它们仅提供了几个主观性的等级，而其中必须包括从 0 到 1 的概率。语言不准确也构成问题，定性的措辞，如"低"、"中"、"高"，对于不同的人意味着不同的事物，并根据语境含义而变化。例如，表 8 - 4 为成本风险的可能性定义规定了典型值，它可能是成本超支的定义，通常，我们可以接受 30% 的成本超支概率（有些遗憾），但这是美国国家航空航天局项目的保留目标。然而，可接受的任务风险水平要低得多，对于载人航天飞行，0.5%（1/200）的任务失败风险概率都可能高得难以接受。

8.3.2　定量评估方法

在前期定性风险分类的基础上，确定哪些风险有必要进行额外的分析，以细化后果的严重程度和风险概率，有几种工程方法可用。在本节中，我们通过一些应用于空间系统的

实例详述以下几种方法①。

    1）决策分析和决策树；

    2）概率网络进度分析；

    3）成本风险分析；

    4）概率风险评估（PRA）；

    5）可用性、可维护性和保障性分析。

    例如，FireSAT 工程师和管理人员在预先阶段 A 结束时评估项目最主要的 5 类风险，并形成了风险矩阵，如图 8 - 4 所示。

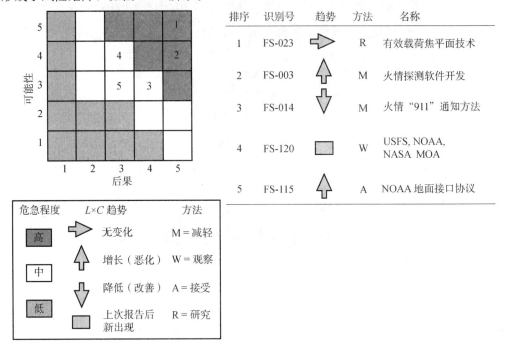

图 8 - 4　FireSAT 预先阶段 A 的 5×5 风险分类矩阵

FireSAT 这 5 类风险是该项目风险减轻策划的重点

8.3.2.1　决策分析和决策树

    决策分析使用在大部分系统工程中常见的分而治之的方法，帮助我们处理复杂的不确定性集合，将复杂的不确定性分割成若干简单部分，再分别处理，而后继续分解，直到硬信息开始呈现或专家判断能有效地发挥作用。我们将其用图表表示为一个决策树（图 8 - 5），树的分叉点（节点）表示决策点或偶然事件，树的终结点为可能的结果（后果）。

    在大多数应用中，尤其是后果关系到货币时，我们将资金值赋予给这些结果。从分配在每个机会节点的概率和赋予给每个终结点的资金值，推导出资金值（后果）在决策树上的分布。决策树允许对不确定性进行系统列举，对概率和后果进行编码。

———————————

    ①　这些方法的共通点是蒙特卡洛仿真技术[13]。

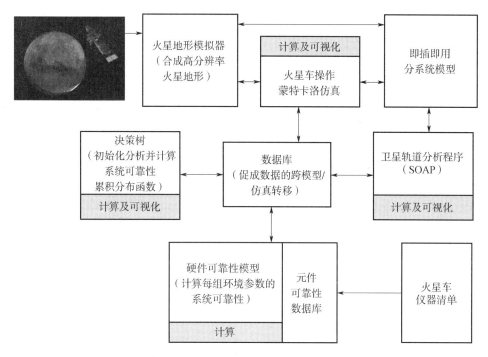

图 8-5　索杰纳号（Sojourner）火星车表面操作的决策树

利用商业软件正式获取火星探路者（Pathfinder）着陆区的大气透明度和表面粗糙度的不
确定性，构建决策树。项目科学家补充概率。有限界概率风险评估（PRA）使用硬件故障模型计算出结果

该方法是索杰纳号火星车定量风险评估的一部分[20]。在评估中，火星车到达火星表面时遇到的情况面临着较大的不确定性，这些不确定性涉及大气不透明度，它会影响到预期的近表面温度，还有火星探路者号着陆器附近的岩石粒度分布。常见的尺寸足够大岩石的分布会不会妨碍火星车运动，以及温度对于火星车存活、完成任务会不会太低？我们获取了决策树中的不确定性因素，表示在图 8-5 中，并对概率进行编码。环境条件和伴随的不确定性是应当关注的事，而我们更关注的是，估计这样的条件将如何影响火星车完成全部任务的能力。我们进行如上所述的有限界概率风险评估，处理这类任务失败问题。

8.3.2.2　概率网络进度分析

这种方法为项目综合集成进度中复杂的相互关联的活动集合，估算了概率完工日期。概率网络进度使我们能够用概率密度函数（PDF）来描述每项活动的持续时间，通常为三角形分布，因此只需要三个点——最短、最长和最有可能的持续时间。（β 分布也很常见。）我们可以利用这一信息来确定，例如一个项目或网络中任一活动集合在某特定日期完工的机率，但在这个概率的确定中，可能不只有唯一的关键路径。有的风险经理还指出了在获得有用的输入数据方面的困难，特别是在包括数百项活动的大型网络进度中。相对于完整的概率网络进度，较为简单的替代方案是对活动持续时间沿着已确定计算出的关键路径进行蒙特卡洛仿真，这种方法虽然在计算上容易地多，但未必可以获取所有的进度风险。

8.3.2.3　成本风险分析

估算项目成本风险的方法已经提出了几种，且有关其效能的激烈辩论持续不断。成本风险分析的目标是一条可信的项目成本 S 曲线，即无储备的项目成本累积分布函数（CDF）（图 8-6）。S 曲线远不止提供单个成本数字的信息，还能帮助我们选择稳固的储备等级。曲线取决于我们所使用的成本估算方法，以及在分配的时间和款项内成本分析师获得的扩充风险信息的多少。

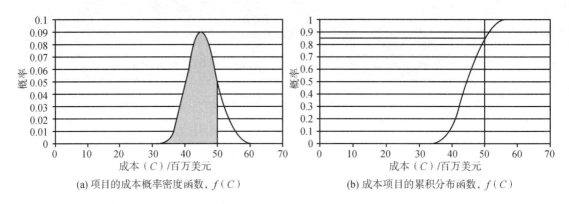

(a) 项目的成本概率密度函数，$f(C)$　　　　　　　　(b) 成本项目的累积分布函数，$f(C)$

图 8-6　项目成本 S 曲线

累积分布函数中的直线标示预估成本分布的第 85 个百分位，对应于概率密度函数中阴影区域

（1）参数估算的成本风险分析

任何成本估算关系的估计值具有某些与其统计特性相关的不确定性，而这些不确定性并不是项目固有的风险指示。在项目进行参数估算时，一些分析性工作可能以方案性研究或设计参考任务的形式完成了，但我们还必须了解详细的技术和进度或纲领性风险。作为对这些风险的近似，我们通常将连续投入［如质量（mass）］的概率分布置于估算关系中，并利用蒙特卡洛仿真获得成本 S 曲线。

这些概率分布往往十分主观，通常来源于项目团队，即使风险经理知道这些估算可能是乐观的。概率和编码应遵循既定的协议和研究方法，如参考文献［13］。

（2）类比估算的成本风险分析

我们也可以运用类比估算来获取成本风险并建立项目成本 S 曲线。像参数估算一样，我们经常在获悉详细的技术和进度或纲领性风险之前进行类比估算。在类比估算中，每个评价者，通常是具备丰富项目经验的学科专家，在考虑要求、技术和其他项目实施因素变化的前提下，衡量类比项目的实际成本。作为对项目风险的近似，我们将每个衡量因子表示为一种主观概率分布，从而由点估计转向概率分布；而后利用蒙特卡洛仿真获得成本 S 曲线。和所有的主观概率引用一样，我们应遵循既定的协议和研究方法。

（3）草根估算的成本风险分析

草根估算的成本风险分析需要了解成本风险的来源。项目风险的深入分析，应提前识别出具有显著的技术和进度或纲领性风险的工作分解结构元素，这些风险通常由项目定义或需求信息的不足，对硬件和软件继承情况的乐观假设，对所需技术进步时效性的乐观假设，以及对潜在承包商运作能力和其他已实施内容的过高估计引起。可用于草根估算成本风险分析的方法有两种。我们需要确定方法和分析数据。

在第一种方法中，对于每个被识别为重大风险的工作分解结构元素，我们从其相关的个体中引出成本分布。引出时常用的成本分布包括三角形、β、截断正态或对数正态分布。在实践中，我们通常要求 3 个点：最低、最高和最可能的成本，并转换为预选分布的参数。蒙特卡洛仿真将这些单独的分布合成为一条项目成本 S 曲线。有的风险经理假定在某些工作分解结构元素的成本之间存在正值协方差，这具有增加项目总成本偏差的作用[22]。

在第二种方法中，对于每个被识别为重大风险的工作分解结构元素，改为引出最差情况（实际上在第 95 个百分点处）成本，这些值以拟议预算（不含储备）、性能属性和草根估算中指定的进度为条件。与第一种方法一样，为了获得受条件限制的成本 S 曲线，使用蒙特卡洛仿真进行合成。此方法基于不同的行为假设，并应用不同的数学方法（约束维纳过程）。该过程属于随机游动类型，使用下面所示的随机方程对 T 时期内的成本增长进行仿真

$$dC(t) = \mu C(t)\, dt + \sigma C(t)\, dw$$

服从
$$dC(t) \geqslant \mu C(t)\, dt,\ t \in [0,\ T] \tag{8-1}$$

式中　$C(t)$——t 时刻工作分解结构元素的预期成本（美元）；

　　　μ——每周期的通货膨胀率；

　　　σ——工作分解结构元素的变动率参数；

　　　T——工作分解结构元素的持续时间；

　　　dw——以零均值和 dt 方差正态分布的随机变量。

每个工作分解结构元素都有一个由第 95 个百分位引出和元素持续时间推导出来的特征变动率参数（σ）[6]。由于成本的增长过程随机，我们必须对每个工作分解结构元素做多次计算，以生成图 8-6（a）所示的成本概率密度函数。

8.3.2.4　概率风险评估

概率风险评估（PRA）旨在量化复杂工程系统中正式定义的终止状态（结果）的可能性和可能性中的不确定性。这些终止状态通常包括发生概率低而后果风险高或灾难性的事件，如乘员伤亡、任务失败或航天器损毁。

概率风险评估是一种结构化的定量分析方法，它运用概率论、可靠性分析和决策分析，重点在于了解系统风险的成因（硬件故障之外），从而可使项目决策成为风险通知，起到降低风险的作用，而且资源可以被更好地利用。

概率风险评估的主要工作是制定情景，这由一系列关键事件构成，每个情景以初始事件开始，在系统中传播，并以一个特定的结果结束。非定量的故障模式和影响分析（FMEA）往往充当概率风险评估的前兆分析。在制定情景时，概率风险评估分析师也试图捕获系统要素（硬件、软件和操作者）之间任何细微的相互作用，这些相互作用可能会导致不希望的终止状态出现。情景的制定和记录可利用多种图表及正式的概率风险评估计算工具，如实用综合可靠性系统分析程序（SAPHIRE）和定量风险评估系统（QRAS）

等。图表有助于以可读形式组织正式计算工具所需的信息，从而使其中的逻辑可以得到验证。

概率风险评估具有各种"特色"，这取决于问题、时间、资源和可用数据的范围和性质，美国国家航空航天局将这些特色描述为全面、有限和简化[17]。下面我们分别介绍这3类概率风险评估的应用。

（1）国际空间站

国际空间站（ISS）进行的概率风险评估是一个非常好的全面评估的示范案例[21]，主要关注的终止状态涉及空间站损毁、乘员伤亡和导致任务失败（LOM）的空间站撤离。图8-7表示了该模型自上而下的逻辑。主逻辑图（MLD）表示将国际空间战分解为运转中空间站所需的功能和系统。底部为初因事件，每个事件开启一个事件序列图（ESD）。俄罗斯 CO_2 清除装置——Vozdukh 的事件序列图如图8-8所示。

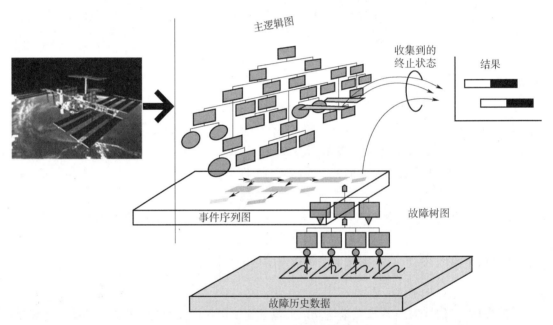

图8-7　国际空间站概率风险评估的自上而下逻辑

国际空间站概率风险评估体系结构如图所示，该图表示了从主逻辑图经由事件序列图、
故障树和组件可靠性数据的过程。尽管未在图中显示，但事件序列图被转化为用于
计算数据录入的事件树。事件树实质上是仅有机会节点的决策树

将事件序列图中的每个关键事件（在此例中称为重大事件）都关联到故障树（FT）图中，以帮助确定该事件发生的可能性。在各故障树的底部是基本的硬件、软件和人为故障事件，其发生的概率来自于实际或预估的故障数据。因为这些故障数据中存在不确定性，允许其向上传播（通过蒙特卡洛仿真）至顶层概率风险评估结果。

SAPHIRE 软件对国际空间站相关的终止状态发生的可能性及其不确定性进行计算和汇总。构造概率风险评估所需的逻辑和数据结构的主要价值体现为，在权衡研究和其他"假设"情景中付之实践的能力。尽管需要巨大的时间和精力，但只要构造完成，概率风

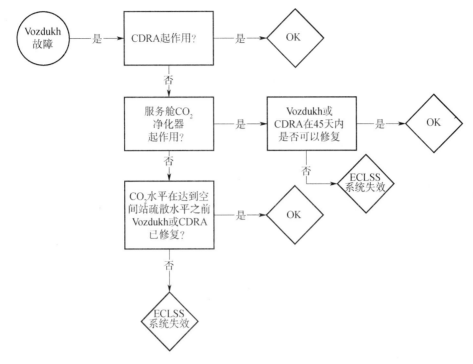

图 8 - 8 Vozdukh 系统故障的事件序列图

在该事件序列图中，Vozdukh 系统装配故障是初因事件。描述的其他事件包括备份系统
（CDRA 和服务舱 CO_2 净化器）是否运转，以及维修 Vozdukh 或备份系统的备件或维护资源是否及时可用，
以避免环境控制和生命保障系统失效（ECLSS—环境控制与生命保障系统；CDRA—CO_2 清除装置）

险评估模型及其相关支撑数据就可以作为项目剩余生命周期风险管理过程的一部分使用。

（2）火星车表面操作

对火星探路者号航天器的进入、下降和着陆过程执行了上述形式的全面概率风险评估。针对其主要有效载荷索杰纳号火星车的表面操作，需要着眼于其主要的机动性和电子硬件问题及由项目团队识别的风险，进行多限界概率风险评估方法。

第一步是确定索杰纳号火星车在表面任务期间的量化性能目标。在此期间，火星车总行进距离的性能要求设定为测地（直线）行进 100 m。分析时，项目级系统工程师协同风险经理确定火星车的硬件和软件配置、计划探索的火星位置，以及在任务设计师的帮助下确定表面任务的开始时间。

接下来，针对已选定着陆地点的环境条件，风险经理和项目科学家制定其概率描述，他们使用决策树工具得出科学家关于表面、大气和近地表热条件及其概率的意见，而科学家使用的确切数据全部由实际观测得到。这一步得到的结果是一组量化值和附随的描述表面地形（包括岩石粒度频度分布、平均坡度和表面粗糙度）、大气透明度及昼夜温差最小值和最大值的概率（包括对其统计离差的估测）。大气透明度和昼夜温度为因果关系，因此这些值和概率被有条件地导出。图 8 - 5 表示了引出时使用的决策树工具的部分用户界面。

索杰纳号火星车概率风险评估的其中一个不确定性是，在里程表上行进多远才能达到100 m的目标，实际的行进距离受火星车的物理尺寸、导航和危险规避算法及岩石粒度频度分布的影响。这个问题非常重要，因为实际的行进距离是火星车移动系统主要的故障驱动因素。（故障驱动因素实际上是轮毂发动机转数，与行进的距离近似成正比。）

为了估计这一随机变量，对虚拟的索杰纳号火星车在真实飞行软件中进行仿真，在计算机生成的火星地形修补程序中运行。这是不小的成就，因为它需要在加州理工学院的超级计算机上运行专门开发的并行处理软件。合成火星地形的规格特性可做参数化改变，以匹配决策树中所示的不同取值，对于每种地形，仿真都可以获取实际的行进距离。通过随机初始化虚拟火星车相对其目标的位置并进行多次仿真，风险经理生成了足够多的数据以产生威布尔概率密度函数，得到了完成100 m测地距离所需的实际行进距离。图8-9显示了两种火星地形合成的概率密度函数。

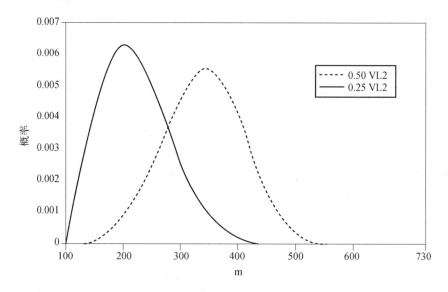

图 8-9　索杰纳号火星车表面操作仿真的结果

两条曲线代表不同地形；虚线表示岩石粒度频度为海盗（Viking）2号着陆器实际位置的50%的地形；实线
表示25%频度的地形。每个概率密度函数由虚拟的索杰纳号火星车移动穿越计算机生成的地形并进行多次仿真产生

每次仿真的结果（时间、行进距离和开关周期）也被传递到另一个模型，即硬件可靠性模型（HRM）。对于每次仿真运行，硬件可靠性模型计算无严重故障的可能性（系统可靠性），其运算基于故障驱动因素仿真提供的数据和可靠性工程师提供的组件级可靠性数据。硬件可靠性模型用户界面主要用于输入这些组件级数据，即每个组件的故障模式、相关的故障驱动因素、故障密度函数形式（指数分布、对数正态分布、威布尔概率密度函数等）以及分布参数。数据收集给可靠性工程师带来了挑战，因为这种定量的数据十分稀少。

为完成有限界概率风险评估，风险经理使用原始决策树将系统可靠性结果与每组火星环境参数的概率估计相结合。收集成功的终止状态，获得索杰纳号火星车在火星探路者号着陆区的可靠性累积分布函数。图 8-10 中的概率风险评估结果获得了估计值的不确定性。

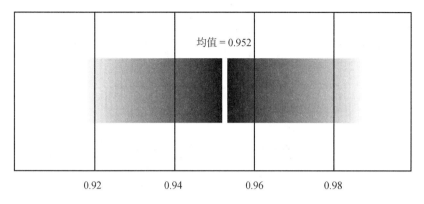

图 8 - 10 索杰纳号火星车在火星探路者号着陆区的估计的可靠性

进行有限界概率风险分析以获得火星车完成 100 m 测地距离的可靠性。

概率风险评估对穿越火星地形的火星车进行蒙特卡洛仿真，并与组件可靠性模型和

决策树相结合，以确定估测中的不确定性。阴影带近似为 75% 的置信区间

（3）FireSAT

全面和简化的概率风险评估所用的方法是相同的，但后者通常包含仅为获取主要（而非全部）任务风险成因而设计的缩减情景集合。简化的概率风险评估在项目初期缺少详细设计数据时使用较为妥当，可作为后期全面概率风险评估的前驱分析。例如，在权衡研究中，它可以向系统工程师提供各种设计的固有顶层风险的早期量化值。下面几节介绍了用于 FireSAT 任务的简化概率风险评估，并说明了所涉及的一些问题。

FireSAT 任务的成功标准要求卫星星座至少可以运行 5 年，而其目标为 7 年。Fire-SAT 的简化概率风险评估主逻辑图，表达了不能满足上述准则的概率，看起来类似于图 8 - 11。

对空间环境引起的风险情况的了解，来自于导致卫星损毁的微流星体和轨道碎片事件、带电粒子事件和太阳质子事件情景。我们利用这些现象的模型（有些已标准化）分析各个事件，以确定其发生的可能性①。系统工程师需要对模型进行确认以保证其适用于 FireSAT，并说明 FireSAT 轨道（700 km 圆轨道，倾角 55°）、航天器防护和零部件类型。

在项目早期，我们根据显示冗余度的分系统方框图，分析航天器硬件的可靠性，并应用来自若干标准数据库的零部件可靠性和不确定性估计值来估算分系统的故障率。系统工程师可能希望通过考虑在运行初期出现的故障，及随着系统老化更可能出现的磨损故障，而补充随机故障率的估计值。

消耗品（主要是推进剂）用尽对于 FireSAT 任务成功是另一个风险。系统工程师可以根据在制定项目速度增量预算时做出的假设，判断这种情景发生的可能性。例如，在

---

① 就太阳质子事件而言，这些模型通常表现为预测一个特定的能量密度（微粒/m²）在太阳活动极大值期间出现概率的形式[11]。

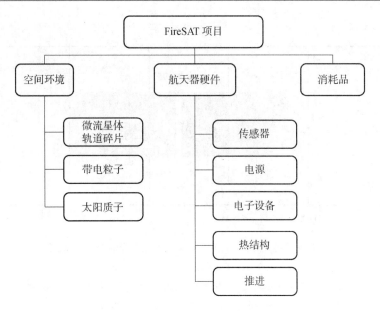

图 8 - 11　FireSAT 项目的主逻辑图

简化概率风险评估不包括被视为较不显著的风险。此时，软件故障

和操作错误不会出现在主逻辑图中。在项目生命周期后段，这些风险源应包含在全面概率风险评估中

FireSAT 运行期内对大气密度如何假设？实际密度超过假设密度的概率有多少，以及如何转化为推进剂消耗量？后者取决于 FireSAT 航天器的有效迎风面积、轨道参数和所在的太阳活动周期阶段。

　　为阐明简化概率风险评估的结果，我们假设在 5 年任务失败的预估概率中，由空间环境效应产生的为 $7 \times 10^{-4} \pm 15\%$，由航天器硬件故障产生的为 $1 \times 10^{-3} \pm 10\%$，由消耗品用尽产生的为 $5 \times 10^{-5} \pm 10\%$，然后应用概率论，为方便起见假设随机独立，则总的 10 年任务失败概率约为 $1.75 \times 10^{-3} \pm 8\%$，或大致为 1/570 的几率。以图 8 - 12 的形式查看结果也许更加有趣，它表示了主逻辑图中每个顶层因素的相对贡献。简化的概率风险评估向系统工程师表明，航天器硬件可靠性和空间环境效应贡献了 97% 以上的风险。在获得更佳的设计信息后，我们应通过进一步分析确认这一结果。

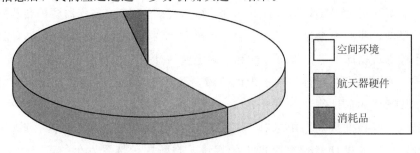

图 8 - 12　任务失败成因

该图显示了对于一个特定的项目体系或航天器设计，主逻辑图中的顶层因素

如何影响任务失败总概率。设计或轨道参数的变化影响相对贡献及总概率

8.3.2.6　可用性、可维护性和保障性分析

随着人类加快其太空移民的步伐，我们需要应对关于空间系统可用性、可维护性和保障性的新风险。而概率风险评估往往只强调后果严重的事故，这些长期的系统风险需要通过其他定量分析方法处理周期性但不确定重复补给的可修复系统。可用性模型将系统设计（可靠性及维修参数）和综合后勤保障特性与该系统可运行的概率关联在一起[①]。可维护性模型侧重于维护资源（备件、车间设备和维修人员）满足校正性和预防性维护需求的能力，我们可以结合最优修复程度的测定进行可维护性分析。保障性模型同时包括这两方面，并可能包含综合后勤保障的附加特点，如梯级备件库存和维护能力，以及运输至工作场所的服务响应能力。

系统的可靠性框图、组件可靠性、平均故障间隔时间（MTTF）和平均修复时间（MTTR）等维修参数，都是适用于所有模型类型的基本数据。这种模型的有效性在于，从对乘员和任务的风险角度，量化供给各级保障资源的效果。这些风险归因于故障的随机性质，不确定的可靠性和维修参数，以及非预期的（但不是不可预测的）运行事件。有些模型在单个工作场所处理单类保障性资源，有些在多场所处理多类资源。这里，我们介绍两个由美国国家航空航天局提供资金的模型，分别为解析型和离散事件仿真，作为代表这些模型谱系两端的实例。

（1）后勤管理机构（LMI）载人航天飞行任务后勤评估模型

该模型是一个单梯级备件可用性模型，在质量（mass）、体积或成本约束内计算实现特定级别的任务结束时系统可用性和 $A(t)$ 所需最少的轨道替换单元（ORU）备件数。该模型为风险经理提供了可用性与资源的整体对比曲线，由此可以判断资源约束的增量式变化对系统可用性的影响。模型形式足够简洁，可以写下方程并探讨其解答。

任务结束时的系统可用性是航天器携带的各种轨道替换单元备件数量 s_i 的函数。可用性关系如式（8-2）所示，可用性函数服从式（8-3）所示的资源约束而实现最大化。举例说明，资源约束可能是选定轨道替换单元备件的总质量。数量 EBO 为 i 型轨道替换单元的期望回单数，这可以式（8-4）所示的基于泊松失效过程模型所作假设下进行简单计算。泊松分布参数为 $\lambda_i T$，其中 T 为任务持续时间，q_i 为 i 型 ORU 应用的总数。

$$\max A(S_1, S_2, \cdots, S_m) = \prod_{i=1}^{m} A_i = \prod_{i=1}^{m} \left(1 - \frac{\mathrm{EBO}_i(s_i, \lambda_i T)}{q_i}\right)^{q_i} \qquad (8-2)$$

服从
$$R(s_1, s_2, \cdots, s_m) \leqslant \overline{R} \quad \text{且 } s_i \geqslant 0 \qquad (8-3)$$

式中
$$\mathrm{EBO}_i(s_i, \lambda_i T) = \sum_{x=x_i+1}^{\infty} (x-s_i) \, p(x, \lambda_i T) \qquad (8-4)$$

---

①　瞬时可用性 $A(t)$ 被正式定义为系统在指定的 t 时刻执行其功能的概率。区间 $[t_1, t_2]$ 内的平均可用性被定义为 $(t_2-t_1)^{-1}\int_{t_1}^{t_2} A(t)\mathrm{d}t$。当极限存在时，稳态可用性被定义为 $\lim_{t\to\infty} A(t)$。这些可用性函数的解析表达式可推导成简单系统，从而等效为具有恒定故障率和修复率的马尔可夫链。

首先，对可用性函数取自然对数，将乘积转化为加权和，然后运用 Kuhn - Tucker 定理解约束优化问题，就得到了问题的解。该求解方法需要对每个轨道替换单元类型计算式（8-5）等号左侧的值，用等号右侧近似。如果备件总质量为资源约束，则分母是 i 型轨道替换单元的质量 m_i。

$$\frac{\partial \ln A/\partial s_i}{\partial R/\partial s_i} \cong \frac{\ln A_i (s_i+1) - \ln A_i (s_i)}{m_i} \tag{8-5}$$

根据式（8-5）右侧的值，对轨道替换单元备选项按从最高值到最低值进行排序，得到了最优备件集；达到约束质量时，截止轨道替换单元被确定；然后利用式（8-2）计算最终的可用性[9]。

通过允许将契约性零部件，通常为车间可替换单元（SRU），包含在可用性函数的潜在备件集中，使该模型得以完善。按此推测，这将容许载人航天任务携带更轻和更小的轨道替换单元，而非其继承的轨道替换单元。然而，使用轨道替换单元进行维修可能会引起乘员维护时间的增加，而这并未在模型中体现，所以这个解的最优性必然是局部的。同样，也已经提出其他提供多级备件库存的备件可用性模型[19]。

（2）SpaceNet

该模型是行星际供给链的离散事件仿真，由麻省理工学院和喷气推进实验室开发[5]。仿真涉及范围全面，从发射到返回地球，并从后勤角度对探索活动进行建模。SpaceNet 可对单独任务（如单次飞行、预先部署或再补给）或者活动（任务集合）进行仿真。它可以对各种探索情景进行评价，包括有关供给链风险指标在内的任务级和活动级有效性测量。

仿真的基本构造成分包括节点、供给品和要素，以及把这些联系在一起的两个概念：时间扩展网络和穿越时间扩展网络移动的过程，下面我们一一解释。总的来说，这些构造成分提供了后勤方案中关于需求和所有物品运转的完整描述。

1）节点：节点代表太阳系中的动态空间位置。节点可分为三种类型：表面位置、轨道或拉格朗日点。

2）供给品：供给品是通过网络从一个节点移动到另一节点的任意物品，包括行星基地上或来往于基地的行程中所需的所有物品，如消耗品、科学仪器、表面运载工具和备件。为了跟踪和建模各种可能需要的供给品，它们汇集为更大规模的供给品类别。每类供给品都有其唯一的需求模型。

3）要素：要素定义为经由网络且（通常）容纳或运输乘员和供给品的不可分割的物体。多数要素是我们认为的飞行器，如猎户座（Orion）乘员探索飞船及各种推进级，但同样包括其他重要最终产品，如表面居住舱及加压漫游车等。

4）时间扩展网络：仿真中的节点与其他节点相关联，构建出静态网络。时间扩展网络通过仅许可反映空气动力学约束的轨迹加入了时间流向。

5）过程：SpaceNet 对五个过程进行建模，每个过程都包含特定的参数（如 ΔV），在其他构造成分与时间之间建立联系。

6）等待：在同一物理节点停留。

7）运输：沿许可的轨迹移动到另一新的物理节点。

8）接近操作：要素交会/对接、脱离/分离和移位。

9）转移：将乘员和供给品从一个要素转移到另一个在同一地点的要素中。

10）探索：节点上进行的科学和探索类舱外活动操作。

在 SpaceNet 中，基于风险的有效性测量有两种类型：过程相关和网络相关。上述每个过程中都可能会出现由硬件、软件或操作者失误引发的不同形式的故障，且后果可能确实是灾难性的，如和平号空间站的交会对接操作事故①。确定初因事件和事故序列并计算事故的概率和后果，这恰属概率风险评估的范畴。SpaceNet 不执行该功能，但它汇集了从过程级到任务和活动级的概率风险评估结果。

在常规的概率风险评估中，与网络相关的风险很难获取。根据地面供给链所面临的类似考虑因素，SpaceNet 采用两种有效性测量处理这类风险。有效性测量解决了两个重大问题。

1）"根据不确定性需求估计行星际供给链策略将如何进展？"不确定性需求估计可以是不良的需求参数预测结果，如式（8-4）中的泊松分布参数 $\lambda_i T$。涉及预先部署、便携安全水平、再补给与现场资源利用（ISRU）依赖的行星际供给链策略，是否具有足够的鲁棒性以应对不太可能发生但合理的未来情景？

2）"当行星际供给链部分发生故障时，策略如何进展？"供给链策略是否具有足够的鲁棒性以应对发射、交会对接操作或着陆失败，还是会错过或延误补给任务？为了切实处理这些复杂的风险问题，SpaceNet 采用了一些依据计算式多情景仿真和基于情景策划的新方法。经过成百上千次广泛涵盖不同未来情景的试验，SpaceNet 计算出鲁棒性指标（如最大后悔值），以确定能在多重不确定性条件下圆满执行的备选策略。看似合理的未来情景范围广泛，在难以应用传统决策分析法时，决策过程可以提供更多的信息[1,10]。

8.4　确定初始风险处理方法

这项任务需要设定适合的初始风险处理方法。四种风险处理方法如下所述。

1）减轻：我们采取方法消除或减少风险的可能性或后果来减轻风险。方法包括对设计、流程或程序进行工程、进度或预算的更改；增加并行途径（避险）以补充该项目的主要途径；或通过合同机制和保险转移风险。

2）接受：项目经理接受风险并用文档记录其逻辑依据。

3）研究：此方法包括收集额外信息并作分析，以提炼可能性和后果的估计值，有时还可以减少这些估计值的不确定性。这些分析为之后的风险处理决策准备了更好的基础。

4）观察：项目经理决定不立即采取行动，而在一段时间内跟踪、监控或观望风险指标的趋势和行为。

---

① 和平号空间站的交会对接事故发生在 1997 年 6 月，当时进步号补给飞船与和平号空间站发生碰撞，损坏了太阳电池翼和光谱号舱。

8.5　策划风险减轻和触发器

在这项任务中，风险责任人事先考虑如何减轻风险项，风险减轻计划是对以成本效益好的方式处理那些项目不愿意接受的风险的主动探究。表 8-5 陈述了一些思路。这项任务的结果是一个针对每个风险的计划，包括由初因事件或日期组成的行动集合。

表 8-5　典型风险减轻措施[①]

类别	子类别	减轻措施
安全性风险	地面处理	·开发并测试程序
		·保证工作人员进行足够的培训
		·减少或限制超时
	地面环境	·检验设施、地面支持设备、测试设备
空间环境风险		·提供足够的辐射设计裕量和防护
		·提供足够的微流星体和轨道碎片防护
		·有鲁棒的热控制冗余
		·有适当的安全力学因素
运行风险	航天器飞行中的可靠性	·进行 FTA、FMEA、可靠性分析
	航天器性能退化	·包含足够的冗余度、故障防护软件
		·为功率、内存、中央处理器周期、速度增量、远程通信提供鲁棒的性能冗余
		·试验、试验、试验
	地面系统退化	·为工作人员提供更多培训
		·确认测量单位一致性
		·对指令保持严格的审查和批准，对序列和飞行规则冲突进行错误校验
		·执行航天器性能趋势分析
		·设计备用下行站；预留备份下行链路回放时间
成本风险	成本估算	·验证并确认使用的所有成本模型；获悉估算的预测区间
		·使用多种模型或独立的估计值
		·进行蒙特卡洛成本风险分析
	设计裕量	·尽早提供质量、功率和其他设计裕量
	劳动力使用	·在研制和运行期间控制趋势来保持"常备军"（大批工人）
	监控成本趋势	·使用挣值管理跟踪完工估算（EAC）
进度风险	进度估算	·了解并安排所有可交付物；掌握综合进度风险；监控关键路径
	进度冗余	·策划项目生命周期内关键点上的进度冗余（如主要评审、系统测试）
	新技术插入	·为新技术发展提供控制；监控新技术
	备件适用性	·购买足够的备件支持早期测试

①该表展示了一些在风险减轻计划中考虑的行动。

有时最佳的风险减轻方案是显而易见的，但很多风险具有几个成本和潜在有效性不同的减轻方案，在这些情况下，风险责任人应进行权衡研究，以确定最佳的减轻方案。此时，如果概率风险评估等定量模型可用将会非常有益，即使不可用，风险责任人仍然需要估算每个方案会减轻多少风险以及每个方案的成本（在资金、质量、功率和其他稀缺性资源方面）。为完成权衡研究，风险责任人必须选择风险的减轻裕度与成本之间达到最佳平衡的方案。

经验丰富的空间系统工程师和设计师已经保留了一定的裕度，以补偿最终要求和设计过程中的正态不确定性。当我们制定应急事件减轻计划应对额外的风险时，项目作为一个整体必须留有储备以满足项目需求，同时向客户提供不超出预算的合理保证。

项目储备应与具体项目风险及应急事件风险的减轻计划成本联系在一起，以项目估算成本的一个固定百分比（在一些成本模型中使用）应对应急事件风险的需求，这些需求既不符合客户需求也不符合项目要求。仔细分析所有应急事件风险的减轻成本，是推断合适的项目储备并降低总体项目成本风险中的重要一步。在实践中，与这些风险项相关的初因事件发生时，我们启动应急事件减轻计划并承诺风险资源，然而，在处理好所有风险（已撤回、减轻或接受）之前，耗尽项目储备是十分危险的。

承诺一定项目储备应对应急事件风险的效果是成本 S 曲线的右移及散布（偏差）的减少，如图 8-13 所示。作为一般原则，应急事件风险减轻计划的成本应超过预期的风险减轻裕度，除非该项目属于风险规避（保险原则）。

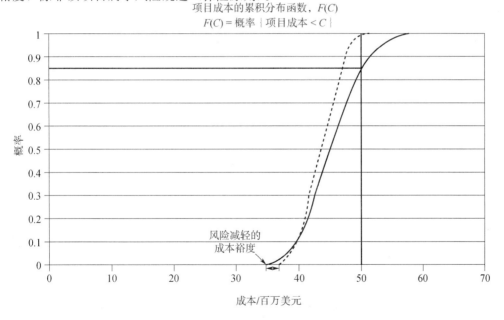

图 8-13　项目储备承诺

符合成本效益的应急事件风险减轻计划的实施效果是改变项目成本的 S 曲线，
改善项目的整体风险定位。在这里，该项目已承诺储备等于风险减轻的成本裕度，并且，满足 5 000 万美元
资金预算的概率已由原来的 85% 左右（实线）提高到接近 100%（虚线）。一般而言，项目
通常面临复杂的情况，这需要更详细地计算以确定整体风险定位（概率和后果）是否有所改善

8.6　监控风险状态

这项任务涉及定期监测每项技术风险的状态。我们跟踪每个风险项的状态，以确定风险是否已经改变，特别是针对当前的风险状态是否需要启动减轻计划。当风险临界值已触发时，风险经理会向项目经理报告。

8.6.1　风险早期预警工具

几种公认的系统工程跟踪工具和方法为技术风险管理提供了预警途径，包括：

1）实施技术性能度量；

2）进行挣值管理；

3）跟踪成本和进度，与计划作对比；

4）跟踪应交付物和交付物，与计划作对比。

（1）技术性能度量（TPM）

此工具能洞察决定所交付的系统是否满足性能要求的性能、物理和保障性属性。技术性能度量的测量值（如航天器质量）在关键设计评审后的迅速增加（如图8-14），可能预示着即将违背裕度要求，风险经理则可能会生成新的风险项，或增加现有风险的强度。如果确实发生违背，项目经理会启动风险减轻措施或超出范围的缩减计划，将技术性能度量恢复到可接受的水平，从而减少或消除风险项。

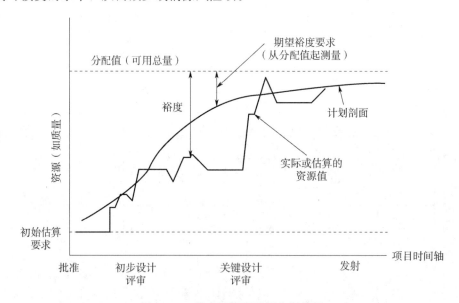

图8-14　技术性能度量报告图范例

该图描绘了典型的技术性能度量曲线图，将航天器质量作为项目成熟度的函数。
该图包含测量的（或估算的）质量值、其允许的上限（分配值）、裕度要求以及可用
裕度。当可用裕度低于裕度要求时，可能会触发风险减轻行动

（2）挣值管理（EVM）

挣值管理洞察项目进展，并与基线成本和进度进行比较，从而补充了技术性能度量。美国国防部和美国国家航空航天局要求对资金在一定限值以上的合同进行挣值管理。

项目中一个给定点上的成本偏差（CV）是指项目到该点为止已完成工作的预算（BCWP）和这项工作的实际成本（ACWP）之间的差异，较大的负成本偏差（图 8 - 15）表明，当缺乏修正措施时项目成本会超支。进度偏差（SV）是指项目到该点为止已完成工作的预算（BCWP）和计划工作的预算（BCWS）之间的差异，较大的负进度偏差表明当缺乏修正措施时项目进度会滞后。

挣值管理的重要用途之一是完工估算（EAC）的计算，我们可以在项目中的任何时刻进行计算。选择适当的公式需要了解与任何偏差相关的内在原因。如果偏差是由于一次性事件（如意外事件）产生的，则应用式（8 - 6）；如果偏差存在于全系统，如进度工期的总体低估或持续不断的返工，则假设偏差将随着时间的推移继续增加，此时适用式（8 - 7）。

$$\text{EAC} = \text{BCWS}_{\text{完工时}} + \text{ACWP} - \text{BCWP} = \text{BCWS}_{\text{完工时}} - \text{CV} \qquad (8 - 6)$$

$$\text{EAC} = \text{BCWS}_{\text{完工时}} \left(\frac{\text{ACWP}}{\text{BCWP}} \right) = \text{BCWS}_{\text{完工时}} \left(1 - \frac{\text{CV}}{\text{BCWP}} \right) \qquad (8 - 7)$$

待办事项、行动项、要求的重定义或其他问题越来越多，增加了今后工作的难度，可能会导致完工估算的增长速度比式（8 - 7）预示的更快。我们不应使用刻板的公式作为获悉偏差内在原因的替代物。

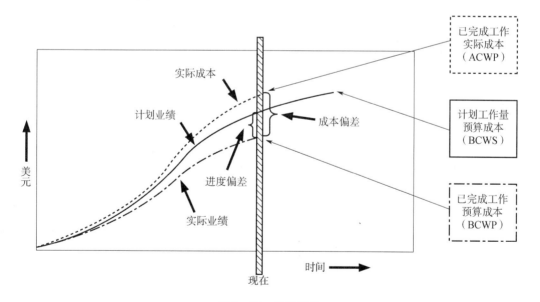

图 8 - 15　挣值管理

EVM 结合实际成本、进度、计划的工作量和完成的工作量数据，生成完工估算

（3）实际值对比计划值

挣值管理需要专门的软件并花费大量的时间和精力制定一系列详细的工作内容。对于规模较小的项目，可能没有资源进行充分的挣值管理。低成本项目适用的方法是，在累积

交付物/可交付物图表中，跟踪实际成本，与计划成本形成对照，并跟踪实际应交付物，与可交付物清单形成对照[8]。

8.6.2　报告项目风险

风险经理为项目经理和项目团队定期提供技术风险状态报告。这些报告通常包括重大风险清单中的顶层风险项状态，并强调所有的重大变化。在正式的项目技术评审中，风险项状态报告通常包含更加全面的信息。传达项目风险定位和个别风险项状态的工具包括：

1）5×5 风险矩阵；

2）风险数据库或重大风险清单；

3）问题/故障报告（P/FRS）；

4）关键项清单（CIL）。

图 8-16 左侧表示 5×5 风险矩阵，右侧表示顶层的 10 个风险项，每个风险项都以 8.4 节中所述的通用风险处理方法标示。

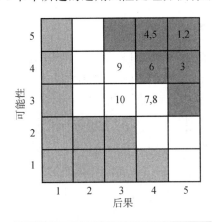

排序及趋势		识别号	方法	风险名称
1	⬆	SLI-P1-02	M	热真空/声学试验
2	➡	SLI-P2-06	W	在轨推进剂转移
3	⬇	ISS-P1-03	M	极具挑战性的进度安排
4	⬆	ISS-P4-08	M	政府提供的财产（GFP）
5	⬜	SRB-P1-05	M	热点火试验进度滞后
6	➡	UG-P1-01	M	设计发射质量超出航天飞机能力
7	⬇	SRB-P5-04	R	可返回性要求
8	⬆	HST-P9-09	W	12年寿命认证
9	⬜	SLI-P4-07	M	再点火发动机/推力器寿命
10	⬜	ISS-P1-15	M	无法实现的推力器技术

图 8-16　项目风险定位报告

在组合图表中，该项目的前十项风险表示在左侧的 5×5 风险矩阵里。右侧识别了每一项风险，用箭头形状表示了自从上一次风险报告之后风险的趋势，并显示了风险处理方法的识别号。此图以紧凑形式传达了大量的风险信息，因此经常在高层汇报中使用

8.7　实施风险减轻

　　实施风险减轻计划是风险责任人的职责。风险责任人首先应重新审查计划，以保证有预期的效果，然后向项目经理提供修订后预算、进度和技术性能方面的投入。

　　我们还必须监控减轻计划的实施结果。这项任务包括：1）确定停止或扭转不利趋势的行动或从已形成风险中恢复过来的行动的有效程度；2）跟踪实施减轻计划所需的资源。风险经理向项目经理报告这两项结果。

8.8　获得技术风险管理产品

　　这项任务的结果是收获所有的技术风险管理产品，将其作为项目档案的一部分。主要产品包括风险管理计划、项目生命周期中的重大风险清单、开发或使用的定量模型（如概率风险评估）和分析结果、风险减轻计划、风险行动项，以及风险评审委员会和项目经理决策。最后，我们应将获得的技术风险的经验教训形成正式文件，以满足未来项目的需求。

参 考 文 献

[1] Bankes, Steven C. May 14, 2002. "Tools and Techniques for Developing Policies for Complex and Uncertain Systems." Proceedings of The National Academy of Sciences. 99: 7263 - 7266.

[2] Chesley, Julie, Wiley J. Larson, Marilyn McQuade, and Robert J. Menrad. 2008. Applied Project Management for Space Systems. New York, NY: McGraw - Hill Companies.

[3] Department of Defense. 2000. Systems Engineering Fundamentals. Ft. Belvoir, VA: Defense Acquisition University Press.

[4] Department of the Army. May 2002. Cost Analysis Manual. Arlington, VA: U. S. Army Cost and Economic Analysis Center.

[5] de Week, Olivier L. , David Simchi—Levi, et. al. 2006. "SpaceNet v1. 3 User's Guide." NASA/TP2 - 007 - 214725. Cambridge, MA: Massachusetts Institute of Technology and Pasadena, CA: Jet Propulsion Laboratory.

[6] Ebbeler, Donald H. , George Fox, and Hamid Habib - agahi. September 2003. "Dynamic Cost Risk Estimation and Budget Misspecification." Proceedings of the AIAA Space 2003 Conference. Long Beach, CA.

[7] Frankel, Ernst G. March 31, 1988. Systems Reliability and Risk Analysis (Engineering Applications of Systems Reliability and Risk Analysis), 2nd edition. Dordrecht, The Netherlands: Kluwer Academic Publishers.

[8] Jorgensen, Edward J. , Jake R. Matijevic, and Robert Shishko. 1998. "Microrover Flight Experiment: Risk Management End - of - Mission Report." JPL D - 11181 - EOM. Pasadena, CA: Jet Propulsion Laboratory.

[9] Kline, Robert C. , Tovey C. Bachman, and Carol A. DeZwarte. 2006. LMI Model for Logistics Assessments of New Space Systems and Upgrades. LMI, NS520T1. McLean, VA: Logistics Management Institute.

[10] Kouveils, Panos and Gang Yu. 1997. Robust Discrete Optimization and Its Applications. Dordrecht, The Netherlands: Kluwer Academic Publishers.

[11] Larson, Wiley J. and James R. Wertz, eds. 1999. Space Mission Analysis and Design, 3rd edition. Torrance, CA: Microcosm Press and Dordrecht, The Netherlands: Kluwer Academic Publishers.

[12] McCormick, Norman J. 1981. Reliability and Risk Analysis. New York: Academic Press.

[13] Morgan, Millett G. , and Max Henrion. 1990. Uncertainty: A Guide to Dealing with Uncertainty in Quantitative Risk and Policy Analysis. Cambridge, UK: Cambridge University Press.

[14] NASA. March 26, 2007. "Systems Engineering Processes and Requirements." NPR 7123. 1. Washington, DC: Office of Safety and Mission Assurance.

[15] NASA. April 25, 2002. "Risk Management Procedural Requirements." NPR 8000. 4. Washington, DC: Office of Safety and Mission Assurance.

[16]　NASA. August 2002. "Probabilistic Risk Assessment Procedures Guide for NASA Managers and Practitioners. " Washington, DC: Office of Safety and Mission Assurance.

[17]　NASA. June 14, 2004. "Risk Classification for NASA Payloads. " NPR 8705. 4. Washington, DC: Office of Safety and Mission Assurance.

[18]　NASA, July 12, 2004. "Probabilistic Risk Assessment (PRA) Procedures for NASA Programs and Projects. " NPR 8705. 5. Washington, DC: Office of Safety and Mission Assurance.

[19]　Sherbrooke, Craig C. 2004. Optimal Inventory Modeling of Systems: Multi - Echelon Techniques, 2nd edition. Norwell, MA: Kluwer Academic Publishers.

[20]　Shishko, Robert. August 2002. "Risk Analysis Simulation of Rover Operations for Mars Surface Exploration. " Proceedings of the Joint ESA—NASA Space—Flight Safety Conference. ESA SP - 486. Noordwijk, The Netherlands: ESTEC.

[21]　Smith, Clayton A. August 2002. "Probabilistic Risk Assessment for the International Space Station. " Proceedings of the Joint ESA - NASA Space - Flight Safety Conference. ESA SP - 486. Noordwijk, The Netherlands: ESTEC.

[22]　United States Air Force (USAF) . April 2007. Air Force Cost Risk and Uncertainty Analysis Handbook. Arlington, VA: U. S. Air Force Cost Analysis Agency.

第9章 产品实现

戴维·Y·库斯尼尔基威克兹 (David Y. Kusnierkiewicz)
约翰霍普金斯大学应用物理实验室

产品实现指的是生产具体的系统要素[1]，这个过程将性能规范、接口和实现约束转换为系统部组件和装置的制造与编程。第10章将介绍如何将这些要素集成为一个系统。我们必须验证系统满足设计要求，并确认满足利益相关方的要求，如第11章所述。

产品的购买、制造和重复使用均属于产品实现的范畴。在产品实现阶段，在任何一级上，我们都可以采用这些产品实现方法，主承包商、分包商和供应商可以直接采购元器件和原材料，并把它们装配成为部组件和最终产品。对于产品实现部门的系统工程师来说，产品实现过程如下所述。

1）准备产品实现。

2）参与：

  ·购买部组件和最终产品；

  ·重复使用部组件和最终产品；

  ·制造部组件和最终产品。

3）获取工作产品。

表9-1描述了围绕这些主要活动组织的技术策划过程。

表9-1 产品实现过程①

步骤	描述	讨论所在章节
1	准备实现	9.1节
2	参与产品采购	9.2节、第11章和第12章
3	参与可重复使用产品的采办	9.3节
4	评估使能产品实现项目的准备状况	9.4节
5	制造产品	9.5节、第10章、11章、14章和第16章
6	准备合适的产品支持文档	9.6节
7	获取产品实现工作产品	9.7节，第16章和第17章
8	确保有效沟通	9.8节

①该过程不仅包括物理采办，也包括准备、文档和沟通。不是所有采办都采用所有步骤。

图9-1显示过程中的各个步骤的相互关系。所有参与产品制造过程的有关方都列在虚线框内。产品实现过程的输入包括3大类：

1）文档（设计、接口规范和技术状态文档）；

2）原材料（金属、非金属、电子元件等）；

3）产品实现的工具（计算机辅助设计、建模、仿真工具、机加工工具、设施等）。

输出包括：

1）产品；

2）文档（最终项目数据包、用户手册等）；

3）工作产品（使用的程序、决策的逻辑依据和假设、纠正措施和经验教训）。

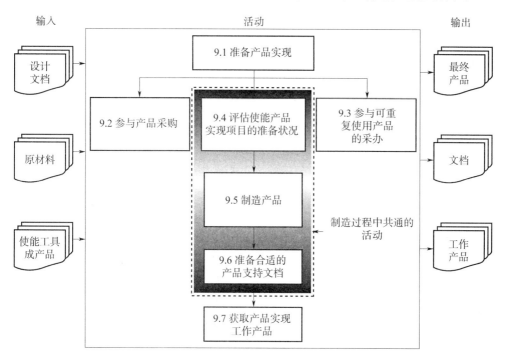

图 9-1 实现过程的相互关联

产品制造比采购和重复使用需要更多步骤

9.1 准备产品实现

产品实现战略包括合作伙伴的选择、采办策略（制造、采购或重复使用）、采购类型〔单一供货商、竞标、政府提供设备（GFE）〕。政府机构之间、政府与工业界、国外机构都有可能成为合作伙伴。通过与国外机构之间的合作，甚至有可能免费获得一些装备，如仪器，作为向美国政府机构提供互惠服务的交换。在产品实现阶段，我们必须解决任何所需的制造过程、工具、仪器和设施等，还需要为各种必要的研制活动估算经费和研制进度。

产品实现通常有两种完全不同的方法：一种极端是采取系统批发采购；另一种极端是让一个组织完成设计、制造、集成、验证和运行部署。后一种极端在今天已不常用。如今，大部分系统采取了部分购买、部分制造的方式。方法的不同直接影响了承担的工程任务和实现细节，但大部分活动都比较相似，区别仅是谁做什么。

　　FireSAT 示例采用了今天许多空间系统采取的典型的产品实现策略。FireSAT 的主承包商 Acme 空间系统公司负责整个卫星的设计、集成、测试和交付，这些工作都必须满足美国国家航空航天局戈达德航天中心（GSFC）的要求。Acme 负责制造该卫星系统的一部分，包括主机械结构、飞行电子设备机柜和航天器电缆网，它还将其他的系统部组件进行分包，包括：太阳能电池阵、蓄电池、整个姿态确定和控制分系统，以及推进系统，这些供应商直接对 Acme 负责。由于姿态确定和控制分系统以及推进分系统的供应商都是外国公司，所以需要遵守国际武器贸易条例（ITAR），与这些公司的技术信息交流还需要得到政府的同意。美国国家海洋和大气局将有效载荷舱分包给 IREyes 公司，美国国家海洋和大气局、Acme 通过政府提供设备的方式获得有效载荷分系统，但 IREyes 公司直接对美国国家海洋和大气局负责，而不是 Acme。

　　最终系统的集成需要所有参与方的交流和配合，他们必须充分了解自己的指令链。例如，Acme 向它的分包商提出技术要求（也包括 Acme 的 FireSAT 项目组），但并不向 IREyes 公司提出技术要求；IREyes 公司的技术要求是通过美国国家海洋和大气局提供给它的，因为是美国国家海洋和大气局控制了它们的分包商；Acme 负责所有下属单位和分包商，但对有效载荷的要求必须通过美国国家海洋和大气局提供给 IREyes 公司；尽管 Acme 和 IREyes 公司必须就卫星和有效载荷接口的问题直接沟通，但对有效载荷性能方面的要求必须由美国国家海洋和大气局提供。

　　任务的采购方（如哥达德航天中心）将顶级（任务级或系统级）目标或要求（一般很少为量化指标）下发给 Acme，有效载荷下发给美国国家海洋和大气局。这些顶层要求通常写进"1 级要求"文件中（通常是与主承包商谈判和反复迭代的结果，在 FireSAT 这个例子里，是与美国国家海洋和大气局及 IREyes 公司）。因此，"1 级要求"确定了 Acme 必须达到的合同要求。

　　在"1 级要求"确定之后，Acme 将其分解成为低一级的要求，这些要求进一步定义了更加具体的要求（系统、分系统和部组件），然后将这些要求派分给它们的项目组和各个分包商（通过美国国家海洋和大气局分派给 IREyes 公司）。与系统级一样，分系统的实现通常也由直接制造、重复使用和采办构成。

　　在分系统或部组件级，承包商同样遵循赞助商在系统采购时采取的大部分做法，比起赞助商对主承包商提出的顶层要求，分系统和部组件的采购要求更加具体和量化，但供应链上下游承包商之间的关系和活动都是类似的（如图 9-2 所示）。一个部组件可以是满足甚至超过系统性能要求的产品现货，也可以是现货产品的改进型，或是全新设计。

　　如果部组件选取了现货，我们就需要对所有的软硬件接口、环境鉴定结果以及零配件质量等细节进行评审，以确保与目前应用的兼容性。我们也有可能需要修改产品，开发全新的设计从而满足客户对技术、环境和可靠性的要求。

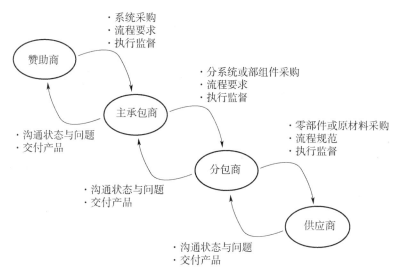

图 9 - 2　产品实现的参与者

各层之间的活动是类似的

9.1.1　确定建造、采购或重新使用策略

建造、采购或重新使用由很多因素决定，对赞助商最有价值的是驱动因素，重新使用现有的部组件比采购或制造一个新的要便宜得多，但是我们必须对现有部组件的性能进行彻底的评估，看其鉴定的级别是否满足电接口（硬件和软件）和机械接口要求（新系统怎样容易地适应现有部组件的接口？）。

对于大部分的部组件来说，从供应商购买现成的部组件比让主承包商设计和制造容易得多。星敏感器、推进系统、太阳电池阵和蓄电池通常都属于这一类。对于重新使用的部组件，我们必须评估它的性能、接口和质量规格是否满足当前应用要求，对其修改产生的影响可能是权衡研究的一部分，全部分包整个产品有时是产品实现最有效的方法（如：FireSAT 的姿态确定和控制分系统以及推进分系统），如果发现供应商有能够满足任务要求的卫星平台，我们通常会购买完整系统。即便在这样的情况下，卫星供应商通常还是会依赖采购分系统或部组件。此外，人力资源和物理资源（制造工具和设施）也是决定产品获取方式的重要因素。

9.1.2　理解赞助商、主承包商和分包商之间的合作

图 9 - 3 描述出了赞助商、主承包商和分包商在系统研制中的活动和合作（评审没有在图中显示出来）。赞助商将任务交给主承包商，主承包商将任务分配给分包商，分包商将任务再次分解交给供应商，这样，上下游的关系逐步深入。表 9 - 2 总结了赞助商、主承包商和分包商的沟通内容。

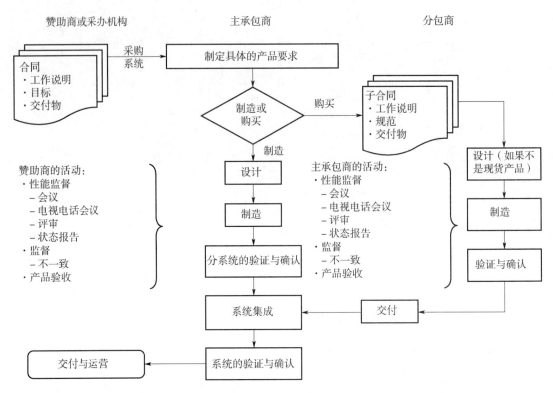

图 9-3　产品实现活动和相互作用

赞助商、主承包商和分包商之间的活动和相互作用都很类似，重新使用产品与产品采购的活动类似

我们要在产品实现中涉及的不同机构之间建立关系和沟通渠道。例如在测试中，我们必须规定出现问题时需要通知的人员和通知的时间，在出现不满足赞助商或主承包商的任务要求的情况时，通常我们还需经过他们的同意。我们必须通过电视电话会议（通常一周一次）、书面进度报告（一个月一次）和正式评审（例如：初步设计评审）等方式，就沟通的时间和格式问题取得一致。这些沟通为监督进展、管理和解决问题提供了手段。

表 9-2　产品实现的沟通①

	对下一层次的输入	收到的输出	沟通和监管
赞助商	· 与主承包商签订合同 　— 工作说明 　— 目标或要求 　— 交付物（运行系统、相关文档）	· 状态报告 · 超差放行和偏差 · 交付物	· 会议 · 电子邮件 · 电话电视会议 · 评审 · 主承包商提出的不符合报告
主承包商	· 与分包商签订合同 　— 工作说明 　— 规范 　— 交付物（准备用于系统集成的合格的分系统或部组件、文档） · 向供应商提出采购申请	· 状态报告 · 超差放行和偏差 · 分包商的交付物 · 从供应商获得的元器件，用于主承包商进行部组件制造	· 会议 · 电子邮件 · 电话电视会议 · 评审 · 分包商提出的不符合报告
分包商	· 向供应商提出采购申请	· 供应商提供的元器件	· 评审供应商的符合性认证

①在整个项目过程中，赞助商、主承包商和分包商的沟通必须按时和全面地进行。

9.1.3　计划长线采购

在项目方案设计阶段，为满足计划进度的要求，我们需要及早开始一些部组件和材料的采购。某些长线采购需要与使能技术的研发同步进行，否则很可能系统性能要求得不到满足。在其他一些例子中，由于固有的工艺或工作量等方面的原因，有可能导致一个标准部组件的交付时间超过了进度可允许的时间。例如，一个在三轴稳定卫星平台上使用、精度足够的星敏感器，如果要用在自旋稳定卫星平台上，就需要对软、硬件作适当调整。按照原有设计要求设计的电子元器件在空间辐射环境中其性能有可能降低到不能接受的程度。

认识到有可能发生这样的问题之后，我们就需要采取降低风险的措施。目前有多种解决办法，我们可以同时采取多条途径。以星敏感器的修改为例，我们可与多家分包商签订合同，开展必要的改进研究，制造工作样机，并对飞行样机的交付成本进行详细估算；我们也可以对样机进行环境鉴定测试，从而选定供应商。但如果研究工作不是必要的，分包商的工作量显示采购应该尽早进行，我们就需早点采购，适当分配资金，但这些资金会受到预算的限制。

9.2　参与产品采购

系统、分系统和部组件的采购与上述讨论的很多活动都是类似的，主要的区别在于谁是供应方，谁是接收方。在下述讨论中，主承包商指系统的供应商，包括硬件系统和软件系统；分包商则对分系统和部组件负责（航天器"盒子"，它也可能包括软件）。供应商提供电子、机械元器件或软件。

9.2.1　赞助商—主承包商的接口管理

赞助商与主承包商之间签订的合同明确了一系列事项，包括：对主承包商的工作说明（SOW），高层次系统要求说明，需要交付的产品、成本和进度要求。赞助商的顶层要求通常是指系统要求，但这些要求最初并没有量化，而是在选定了主承包商、赞助商与主承包商进行了谈判之后，才具体量化，最后写进了合同。

在产品实现过程中，定期沟通是必要的，赞助商通常会特别成立一个小组对主承包商进行监管。例如，赞助商会指定一个人，负责监督项目的预算和进度；再指定一个技术专家，负责与项目的系统工程师进行沟通。赞助商监督小组的成员与主承包商项目小组的成员可以直接沟通，但在有关技术和项目方向性的问题上，必须通过特定的渠道沟通（通常通过项目经理）。

电视电话会议和电子邮件是最常用的沟通工具。正式的沟通方式包括定期的状态与进度评审（包括技术状态与项目状态）、主承包商向赞助商提交的书面报告（通常一月一次），以及赞助商出席的项目里程碑评审（例如：初步设计评审和关键设计评审）。有时，赞助商还会出席主承包商与分包商之间的会议。

任何对合同要求的变动都需要得到赞助商的批准；此外，在与第一级要求出现不符合、偏差的情况下，也都需要经赞助商批准；其他的项目文件，如：项目计划、系统工程管理计划、性能保证计划也属于合同交付内容。赞助商会对这些文件进行评审，但通常不会直接批准它们（项目计划需要赞助商和主承包商的联合审批）。

系统实现通常由主承包商负责，赞助商监督。主承包商负责对技术资源的分配，例如：质量、功率、数据传输速率和容量、射频通信链路和指向要求及误差控制，并监督这些资源的使用，留有一定的裕量。赞助商在接受系统交付或在轨运营之后，也可能不会实质性地"占有"该系统。主承包商还需要继续完成运行并交付合同要求的数据产品。

9.2.2　审视主承包商—分包商的接口

主承包商和分包商之间的接口关系与赞助商和主承包商之间的关系相类似（表 9 - 2）。它们之间的项目合同内容包括：对分包商的工作说明、详细的产品性能要求或规范（包括环境和可靠性要求）、向主承包商交付的产品（包括文档和支持设备），以及成本和进度要求。分包商接收的技术资源分配，如：质量、功率等。

资源分配开始时，对当前的资源作最佳估算，要考虑估算增长和应急储备；允许分包商在规定限度内增加资源，但只能在主承包商同意的前提下，使用系统级尚未分配的资源裕量。应急储备量与部组件的成熟度有关。典型的新设计的部组件的应急储备为 15% ～ 30%，修改设计的部组件为 10% ～ 20%，按照现有设计制造的部组件为 5% ～ 10%。

与赞助商所做的那样，主承包商也需要对分包商进行监督；赞助商有时也会参加主承包商与分包商之间进行的技术交流会议和里程碑评审，以获得对项目状态详细的了解。项目的系统工程师小组需要通过监督了解分包商的工作进度，解决影响系统的问题，跟踪技术资源的使用情况，把握整个项目的发展进程。

系统与分包商负责的分系统或部组件之间的接口技术文件称为接口控制文件（ICD），文件的详细内容通常是主承包商与分包商之间商议的结果，这个过程与赞助商和主承包商通过谈判确定系统级要求的方式类似，包含了分包商给主承包商进行系统交付时必须满足的任务要求。接口控制文件通常包括以下内容。

1）电气接口：端电路接口电连接器标识与线图分配，电源特性；

2）机械接口：安装面，机械包络，清晰的视场要求；

3）热接口：接口类型（导热或绝热），接口温度范围，将要实现的主动或被动热管理办法；

4）技术资源分配（质量、功率、数据率、数据量等）；

5）软件指令、遥测的定义与格式；

6）电磁、机械、热、辐射环境的定义；

7）污染控制措施；

8）运输和装卸方法。

第 15 章详细讨论了接口的确定与控制。

除了主承包商与分包商定期进行交流沟通之外，主承包商需要在产品交付前在某些节点上进行实物检查，如在电路板封装之前或在最终的整机封装之前。此外，主承包商可以要求见证分系统或部组件的鉴定试验。

9.2.3　分系统或部组件验证与确认的监督

在交付系统集成之前，分系统和部组件必须进行验证与确认（V&V）。采办文件中一般都包括了验证与确认的职责内容，最终的符合和验证矩阵必须明确指出哪些要求未经验证，哪些要求经过验证但不符合标准，我们必须特别注意查看那些只能在分系统验证时才能得到确认的系统级要求。9.5 节详细讨论了分系统的验证与确认，第 11 章阐述了系统级的验证与确认，这个过程与分系统级的验证与确认类似。

在分系统验证与确认结束之后，主承包商就正式接受该分系统或部组件的交付，并拥有了该硬件和要求的支持设备（9.2.5 节介绍了告别评审）。在进行系统级的验证与确认之前，分别与其他分包的项目和由主承包商制造的项目一起集成为系统。

9.2.4　采办产品

主承包商在研究产品是制造还是采购好时，需要对拟获取的产品的技术性能、成本和进度进行评估，也对可能提供产品的分包商进行资格评估。如果分包商不具有 AS 9100 资格或在过去三年内未通过联合审计计划组（JAPG）或国际空间质量组审计，建议对其进行资格审核。此外，出现以下几种状况时，也应该对其进行审核，包括：公司所有权或组织结构发生变动、经营状况不佳、受到行业或政府/工业界资料交换计划（GIDEP）发生警告。如果分包商已得到认证或者已通过联合审计计划组审计，我们就可以评审审计报告的副本，以确定没有不良状况存在。

例如：FireSAT 卫星的供应商 Acme 空间系统公司，决定通过竞标采购星敏感器，它决定将合同授予一家最近上榜"合格供应商名单"中的公司（该公司只通过了初步审计）；一家通过 ISO 9001 认证的大公司近期收购了该供应商，但未经过更严格的 AS 9100 审计；经过与分包商协商，由 Acme 的质量保证经理对该分包商的质量管理系统和实践进行实地考核，考核主要关注以下几个领域。

1）配置管理过程；

2）纠正和预防行动系统；

3）仪器校准记录；

4）静电放电（ESD）和材料处理流程；

5）检验工艺；

6）测试流程；

7）有限寿命（例如：货架寿命）材料跟踪与处理流程；

8）文档和不合格项处置；

9）生产过程控制；

10）质量记录控制和保留；

11）培训和认证；

12）自审计过程。

审计师需要审核工作过程文件和施工记录，检查设施并采访员工。审计结果发现两个问题：

1）焊接培训是按军用/国防部标准，而不是合同要求的 NASA STD－8739.3 标准（焊接电连接器）。

2）审计师的手持静电仪测试结果显示，一些防静电的工作站使用了禁止使用的、产生大量静电场的材料。

审计结果是美国航空航天局有条件接受该供应商。分包商收到审计结果后表示同意通过它们的纠正行动系统解决问题，按照美国国家航空航天局的焊接标准培训相关人员，对合格人员颁发认证证书，对相关人员进行 ESD 操作和清洁工作的再培训和认证，增加自审核的频度。

合同签署之后，在分包商所在地召开项目启动会议，这通常是项目人员与分包商团队的第一次面对面会议。根据采购的规模，项目人员代表一般包括项目经理、系统的主任工程师、项目主要技术联系人（一般是分系统的主任工程师）、性能保证工程师和其他有关人员，如赞助商等。

项目启动会议的另一部分内容是对采购现货产品开展继承性评审，评审的关注点在于该部组件是否满足应用要求，包括：技术接口（软件和硬件），性能，以前所适用的环境性能如电磁兼容性、辐射和污染；也要评估设计与元器件质量要求的兼容性。我们必须识别和记录所有不一致的项，通过修改部组件使之一致，或按照可以接受的超差和偏差正式申请放行。

在同意产品使用之前，我们必须仔细地对所有现有的修改并已通过鉴定的设计部分进行评审和分析，研究这些修改对产品的性能和鉴定有没有影响，这些修改是否是由要求驱动的。修改原因主要包括以下几个方面。

1）质量要求：设计中采用的已有元器件是否满足项目对元器件的质量要求？

2）环境鉴定要求（EMC 和力学要求，包括随机振动或声学和冲击、热、辐射、污染）；

3）元器件老化问题；

4）产品改进。

购买经过飞行验证的简单的部组件或机械时，我们都必须小心谨慎。制造商经常有可能因为材料的供应状况而对产品进行少量的修改，他们可能认为这些小的修改并不需要写入供客户审阅的文件中。我们必须详细了解这些修改，与供应商一起保证这些变动是可接受的，修改后的设计仍满足应用要求。

供货方和项目小组的成员必须经常就各种问题、故障和产品不合格等情况进行沟通，通常要求在故障发生的 24 小时之内报告，如果出现产品不合格情况，项目组需要参与处理。对要求做出的任何变动都需要对所有相关文件进行修改，包括：任务要求文件、合同、正式的超差放行和偏差许可文件。

工作说明可以确定正式的里程碑评审，评审用于确定是否准备好进入环境鉴定程序，通常在测试完成之后，需要进行前期状态或告别评审。

9.2.5　实施告别评审

供应商还需准备好最终产品数据包，向接收产品交付的项目代表提供副本。该数据包通常包括以下内容：建造文件、完整的不合格和偏差报告、问题和故障报告、超差和偏离、要求验证和合格矩阵、通过验收鉴定和环境测试详细确定产品性能的测试报告；还应包括寿命有限项的记录，如连接器的插拔记录。其他要求的文件，如：包含有操作约束与应急程序的用户手册，即使不能在产品交付之前提供，也应随着飞行产品的交付提供。

9.2.6　支持设备

除了接口控制文件，我们还可以采用其他方法保证接口的兼容性，辅助采购产品。接口仿真器对接口双方是非常有用的研制工具，软件开发可能需要工程模型处理器，通过早期的电路试验板、电路板或工程模型硬件等开展的接口测试，有利于验证硬件的兼容性。在飞行样机装配之前，这些测试非常有用，因为我们能够进行必要的修改。

一些产品需要额外地提供激励的设备作为分系统或系统级验证的一部分，例如：光学仪器的光源或粒子探测器的辐射源。我们也可能需要更复杂的软件模型提供动态输入（例如：星敏感器四元模型）引导和控制处理器，验证算法的正确性。

许多项目都使用了半实物模拟器用于航天器发射后的支持，这些模拟器通常是工程模型硬件和运行软件模型的试验平台的结合，以便在飞行前验证飞行状态闭环仿真。它们可以在卫星发射之后验证指令程序和加载软件，还可为任务操作人员提供合适的培训环境，练习在正常情况或意外情况下的操作。在某种情况下，没有必要形成完整的工程样机，或是不经济的，指令和遥测接口（有时还有打包的数据流，用来仿真飞行系统的反应）也能满足要求。在确定飞行产品时，我们也应明确对工程产品或飞行备件和模拟器的要求。

我们同时也需要考虑发射后的支持合同，在轨故障的诊断有时需要供应商的专业知识。国际武器贸易条例规定，在与国外供应商共享解决故障的飞行数据时，需要签署技术辅助协议（TAA）。我们必须认识到这种可能性，提前策划，以便在需要修理、增强和维护产品时，将其返回给国外供应商，这样有利于减小出口管制对进度的影响。

9.3　参与可重复使用产品的采办

选择可重复使用产品也需要进行与采购新产品类似的考量。继承性评审范围应当包括接口技术、性能指标、元器件质量、环境鉴定历史，以便确定该产品的兼容性是否满足现有的应用要求。该评审应当在系统产品实现阶段开始之前，我们可以及时做出必要的改动，并研究在重复测试中可能出现的问题。

我们需要对重新使用产品的元器件在新的辐射环境下进行评估，应该获得先前记录的该产品工作时间（地面测试时间），评估对预期寿命的影响，特别是该产品如果含有一些寿命有限的部件。我们应当对实际建造元器件清单进行政府/工业界资料交换计划警告审计，以确定是否需要更换；我们还需要对建造文件进行评审，并特别关注不合格项，保证它们能被新应用所接受；我们必须确定指令和遥测接口的兼容性；我们必须确定哪些性能测试和环境再鉴定试验是必要的，并且研究对于新应用是否存在进行时的试验可能导致的疲劳效应。

除了考虑飞行样机的重新使用，我们还需评估相关的支持和使能设备，例如：地面支持设备、校准设备和模拟器；在集成和测试阶段，我们必须做一个全面的策划；与产品采购一样，重新使用产品也需要考虑工程样机和仿真器，也需要用户手册、限制性文件和其他相关文件。在正式移交产品时，需要进行正式的告别评审。根据重新使用产品来源的不同，国际武器贸易条例要求该产品必须具有技术辅助协议或其他出口控制文件。

9.4　评估使能产品实现项目的准备状况

策划能够保证所开发的系统或产品的设计和运行的正确性，产品实现涉及大量基础设施，同样需要策划。在产品实现阶段开始之前，我们必须准备好所需的基础设施，保证产品实现的顺利进行。

使能产品实现不仅仅包括各种机械工具和电子装调设备等产品，还包括控制这些设备的软件、洁净间等设施，以及模拟器和仿真器；必须准备好软件开发环境，以支持软件的生产，也包括验证。在产品实现开始之前，其他工具也需要准备好，如：进度和技术状态管理工具。只有我们证明工具和新产品能够在运行环境中表现良好时，才升级现有工具，或推出新产品。

9.5　制造产品

制造是一系列复杂的相互作用和相互依存的步骤，这些步骤在创造产品时按照一定的顺序发生。组装一个复杂的盒子，需要很多变量按一定时序输入，同时有很多变量近乎同时输入，并行处理。例如，一个电子盒可能是由多个平行开发和测试的电路板组成，再将这些电路板集合成产品；软件的开发也同样按照一定时序与硬件的制造平行进行，最终集成到目标硬件上。这整个过程都必须经过详细的策划，建立解决问题及控制产品和过程变动的机制。状态控制委员会将会控制这些变动，材料评审委员会将会解决在制造、装配和测试中出现的技术问题。

实现阶段的主要输入是用于制造的各类图样和软件规范，图样反映了由规范、接口控制文件和工程模型评估导出的当前要求。元器件和原材料应在产品实现刚开始时准备好，随着工作的推进，有可能还需额外元器件和采购；要求验证计划、测试计划和程序都应详细编制，为制造和制造后续工作做好准备；技术和程序资源的估算都应该与系统级的预算保证实时同步。

根据制造和试验设备可供使用的情况，分系统和组件的设计、制造和验证可适当同步开展，组件的装配应分级进行，并在较高级别集成后进行测试。图 9-4 描述了一个电子产品的典型集成过程。在完成组件的集成后进行验证，在验证开始之前，组件的所有软件都需要安装好。软件交付通常用于增加功能，最终软件则是在系统集成的某一时刻交付，但是软件在交付给系统集成之前必须是足够完整的，能支持组件级验证。第 10 章将详细讨论系统集成。

9.5.1 技术状态控制

软硬件的更改申请，都需要经过技术状态控制委员会（有时也称为更改控制委员会）审查，该委员会一般由项目经理或系统工程师主持。我们必须确定该项更改是为了满足非超差放行要求，还是只为了提升产品性能，另外还需要评估更改或不更改对产品的性能、成本和进度有什么影响。凡直接影响第 1 级任务要求的更改必须得到客户和承包商的认同，合同通常会反映这一策略。

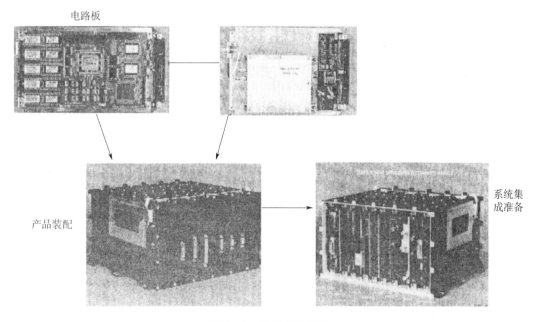

图 9-4 电子产品集成
从组件到分系统分步进行集成

9.5.2 制造和装配的策划

一些组织并不制定制造和装配计划，因为这些组织一般都比较小，沟通与交流比较方便深入，他们对于制造、装配和处理问题都有了比较成熟的规章制度，在大多数情况下，这些活动都是类似的，项目进度安排中已经包括了这些内容。制定制造和装配计划的主要目的是说明如何制造产品，计划有利于发现成本和进度之间的矛盾。计划的内容包括：

　　1）规定角色与职责。

　　2）联系点和沟通过程。

　　3）对内、外部资源，设施和流程的要求。

　　示例：裸板制造、机加工车间设施、装配人力；我们可能需要分包一些特定的服务，以缓解内部资源的冲突。

　　4）制定主计划。

　　5）优先级。

9.5.3　开展制造评审

在设计和实现阶段，我们应当进行几次数据包设计（制造）评审，必须出席的人员包括：产品制造工程师、生产人员、元器件工程师、主要负责产品的工程师、性能（质量）保证人员。系统工程师也必须参与，特别要评估提出的更改的必要性与影响。

在进行初步设计评审（PDR）和详细设计阶段开始之前，应当对满足高层次要求的整体方案设计数据包进行评审，如：性能裁剪、维修、返工、热接口和连接器的位置等。例如：分系统的设计可能以经飞行验证过的设计为基础，但是装配方指出，采用这样的设计，如果需要维修，则工作量非常大。当时的决定是采用原有设计，因为仅需制造一件产品。如果修改设计，对成本和进度的影响是不可接受的。但 FireSAT 系统需要建造多个产品，系统工程师认为对该设计更改进行得越早，越能降低后续工作的风险，他们建议项目经理同意进行设计更改。最终，项目经理认定在详细设计开始之前，更改设计对成本的影响不大，同意进行设计更改。

更详细的设计评审（详细数据包评审）应当在关键设计评审（CDR）和图样签发进行之前。在对详细设计评审的时候，我们需要分析、确定和了解电路板和电气部件的最高和最低工作温度、电路板承受的机械应力、材料的兼容性、是否满足污染要求，以及后续的制造程序、方法和工艺，同时还需要对质量进行重新估算。对于提出的更改，系统工程师需要识别这是为了满足系统要求还只是为了锦上添花？

制造或生产准备评审应当在制造开始之前的 2~4 周内进行，这项评审必须比产品制造提前很多，才能进行必要的更改和进度调整，以免延迟开始日期。在进行该评审的时候，大部分的制造图样应该已经接近完成，准备下发了，此次评审的目的是为了保证每个人都了解制造顺序、程序和工艺。顺序应包括检查测试点和工艺中测试。在这个过程中，我们应当处理所有以前评审中出现的问题，并识别最终的更改；我们需要确定相关的元器件、材料、紧固件、设施和人员已准备好；系统工程师必须解决制造过程中资源分配的问题，确定优先顺序，或者决定是否必须获得额外的制造资源。

9.5.4　成立材料评审委员会

进展监测和问题解决是产品实现阶段最重要的系统工程活动。日常的沟通、及时解决出现的问题有助于避免影响进度。在制造阶段，我们通常与项目办公室一起，解决产品出现的不合格问题，最佳的方案是组织一个材料评审委员会（MRB）每日解决出现的不合格问题，也可增加一些临时性的会议处理特定问题。委员会的组成至少应当包括一名制造工程师、一名系统工程师和一名性能保证（质量）工程师，如果需要，还可接纳其他参与者（如：问题产品的主要工程师）。

目前流行的趋势是采用电子路由和签收方法处理不合格文件，这样有利于节约面对面会议的时间，但同时也有可能降低有价值交流的频率。在分装置测试开始时，故障评审委员会也是必要的，它的人员组成与材料评审委员会类似。

我们应当定期对产品不合格问题的状态进行评审（包括发生的问题和故障报告），调查它们的原因，对数据进行趋势分析，确定需要校正的系统问题。例如：是不是出现了过多的工艺问题？过多的工艺问题说明应当对工作人员进行培训和再培训。频繁出现设计错误说明设计评审阶段出了问题。软件问题和故障可能是不当测试的信号。

例子：在为 FireSAT 制造电子线路板时，Acme 航天系统公司的质量控制检验员开始时解决了使用锡铅焊料连接表面安装的电容器的焊接工艺，焊料没有合理地固定在电容器的端盖上。材料工程师认为端盖抛光的材料是银-钯，并且这些器件是用银环氧树脂固定在地面上使用，该种材料的焊接通常采用的是银环氧树脂，而非锡铅焊料。由于环境保护的原因，制造商在工艺过程中剔除了铅材料。纯锡材料端盖的抛光与铅－锡焊料兼容，但由于担心采用纯锡材料的元器件会出现"锡须"增长的问题，因而禁止采用纯锡的材料抛光。

Acme 公司的系统工程师和项目办公室将此事告知了哥达德航天中心，并且要求哥达德航天中心的材料工程师解决这个问题。通过双方的共同努力，最终的解决方案是在焊接之前，将纯锡端盖镀锡-铅焊料，消除"锡须"可能带来的影响。他们修改了元器件的焊接工艺，将所有受影响的表面贴装的电容替换为纯锡端盖。纯锡端盖可以直接从供应商那里获得，这对整个项目的进度和成本影响很小。

9.5.5　编制软件

软件工程师开发软件的过程与硬件开发的过程非常类似。在确定系统软硬件功能分配之后，项目系统工程师小组制定了顶级的软件编制要求，然后，在软件设计开始之前，他们制定和评审详细的软件编制要求。软件系统工程师属于系统工程师小组，负责系统软件的各个方面（飞行、地面、测试、数据分析等），在这里，该工程师主要负责保证所有软件和硬件之间接口（例如：飞行软件、飞行处理器和存储器）的相容性、软件与软件之间接口（例如：指令和数据处理软件与制导和控制软件）的相容性、系统各分系统之间的接口（飞行系统与地面系统）的相容性。

在整个研制过程中，我们使用详细的进度安排来跟踪研制的进展。软件一般是按级交付的，不断地增加新功能，直到系统集成和测试时可能才会是最终版本。我们使用不同的度量手段跟踪进度，例如：在研发和验证时，我们通常将变更请求和问题报告作为软件稳定性的衡量指标；处理器的存储空间、容量的使用和裕度表明硬件资源的充足性，以及进行发射后的升级能力。

软件开发过程中的普遍问题是低估了所需的资源，如：人力资源和开发平台。具有商业类似产品的飞行处理器使我们有可能制造低成本的开发平台，而低成本的商业平台的利用能力由软件的架构决定。系统工程师需要尽早报警，以确保合理地开发资源。人力资源问题有时会迫使发射和测试前后需要的功能推迟到发射后建造软件，在这样的情况下，我们需要保证在发射后验证和确认时人力资源的充沛（如半实物模拟器）。

在实现阶段，我们必须解决问题，评估更改申请，决定如何处置，管理和监督软件验证。对软件进行的任何修改，都需要得到技术状态委员会的同意才能在软件设计中实施，它们必须满足软件要求，或增强系统的可操作性，降低运行的负担和风险。系统工程师必须综合权衡这些因素，为项目经理提供参考意见。

系统级软件的验证和确认要一直持续到集成和试验阶段。首先按照开发人员的要求进行试验，接着由独立于开发人员的团队进行验收试验（包括应力试验），然后在独立的验证和确认（IV&V）设施进行测试和评审，一般在项目开始时就对要求进行评审，直到最终制造时再进行系统级的验证。独方的验证和确认小组参与的工作主要包括：软件评审、见证测试、评审测试产物，他们也出席重大项目评审中的对软件质量进行的独立评估。软件系统工程师是独方验证和确认团队的主要协调人物。

9.5.6 软硬件集成

软硬件的开发遵循大致相同的过程：

1）要求定义；

2）设计；

3）建造；

4）试验。

整个建造过程可以描述为，先在低一级进行装配，分别进行测试，然后集成为一个较为完整的具有一定复杂性和功能性的分系统。就好比电子产品的组装，一个电子产品由数个电路板组成，在装配集成之前，分别对这些电路板进行测试，然后整合为一个独立的子系统。与之相类似的，软件也可以划分为若干独立开发的模块，分别对其开发，最终与目标硬件进行集成。之后，对完成的硬件子系统进行鉴定试验（验收），在此之后，修改只能局限于故障或不相容引起的返工。但有些不兼容情况是由于特殊的要求或接口不一致的问题造成的，这些问题不能依靠软件修正来解决。

软件开发是一个持续增加新功能的过程，在首次进行硬件集成交付时第一次增加功能，之后不断对软件进行升级，在系统（航天器）集成阶段可以策划进行几次软件制造。

通常在安排进度的时候，会为软件交付预留出一定的时间，用来修正测试和使用中出现的问题。软件的最终交付一般是在进行系统级集成和测试时进行的，图 9-5 说明了这个过程。

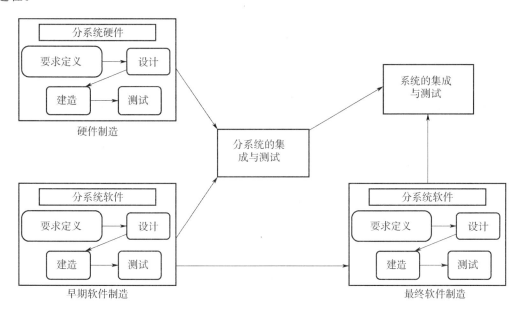

图 9-5　系统级的集成与测试

在硬件生命周期内，日益成熟的软件逐步集成

在研发过程中，我们采用了至少两种方法中的一种安排软硬件的评审。其中一种方法是将软件开发评审安排在硬件和系统评审之后，这可以固化系统和分系统的问题，使得对软件的要求更加稳定；另一种方法是使软硬件的研发保持"步调一致"，这种方法使得软件的研发与整个系统的研发进度保持一致，并使延迟交付的可能性最小，标准的软硬件接口能够最大限度地重新使用已有的软件，降低软件出现问题对整个进度的影响。

9.5.7　验证分系统或组件

一个典型的分系统或组件级的验证过程一般包括：

1）确定最终质量（mass）特性；

2）在环境压力和温度下开展全部电性能测试（包括功率、数据率和容量的测试）；

3）环境压力下的热测试；

4）电磁兼容性测试；

5）振动、冲击和声学测试（冲击测试一般在组件级完成，声学测试一般仅用于一些敏感部组件，如：薄膜）；

6）热真空测试。

一些组织为了加快进度和降低成本，决定不开展部组件级的电磁兼容性、振动和热真空测试，但这增加了系统集成和验证中断带来的风险和成本。

在验证项目的后期，我们对验证结果进行评审，保证所有的产品不合格问题都得到了合理的处置，并准备最终项目数据包。数据包应该包含一个分系统验证矩阵，该矩阵应当包括所有要求（性能、接口、环境等）、验证方法说明（测试、分析、检验、仿真/模拟或验证），并为测试或分析报告或验证提供参考；它必须指出所有出现的不合格问题，并说明该问题是否已经解决或放弃解决；在对所有项目进行合理的处置之后，就可以验收该单元和分系统，用于系统集成。

采购的分系统也遵循同样的过程，可以交付用于系统集成。为了便于集成，我们可以分阶段交付分系统。对于延期交付的分系统，我们可以代替使用工程模型硬件，允许集成得以继续。

9.5.8　开展告别评审

在产品采购或产品重新使用时，对分系统可以进行一次正式的验收（告别评审），确认已经做好交付准备，进行系统集成（9.2节）。

9.6　准备合适的产品支持文档

产品支持文档由一个用户手册组成，如果需要，还包括约束定义和应急程序。用户手册应包括指令和遥测定义，以及运行模式说明，包含框图和简单图表的系统描述是非常有用的；其他支持文档，如：制造图纸包（包括详尽的图表）应当被保留好并且方便获取。这些文档有利于应对地面测试和在轨运行时发生的问题和异常，找到解决方案，测试报告以及其他从产品验收或鉴定测试中获得的数据都能够提供有用的参考。产品支持文档同时还包括了在运行阶段以及运行和保持地面系统必要的文件。

9.7　获取产品实现工作产品

现代产品生命周期管理工具能够有效并且自动获取过程中的工作产品。按照合同或AS 9100的要求，这些产品形成的记录在合同终止之后仍需保留数年。实现工作产品包括了最终项目数据包，该数据包由制造图纸包、实际建造文档、不合格报告、计划、程序、测试报告、采取的纠正措施、经验教训和工程笔记等组成。

航天任务的成功需要关注细节，理论上来说，有上千项细节需要注意，一项出错将会给整个任务带来灾难性的损失。以下列出了产品实现阶段需要注意的问题，需要特别关注。

1) 接口的兼容性。在实现过程中，尽管非常努力地记录和保证接口的兼容性，但还是有可能发现错误。通过工程样机或工程产品集成，尽早开展分系统和系统接口的测试，至少在硬件级别上有利于降低风险。这对于评估后续对接口的影响是非常重要的。

2) 间歇失效或故障，或一次性故障事件。由于间歇性故障或失效很少重复出现，因而它们的处理都比较麻烦，这使得进行故障隔离和采取有效的改正行动也是比较困难的。故障究竟是硬件问题、软件问题、地面支持设备问题或是运营商的错误，还是环境引起的？一次性的观测是十分令人烦恼的事。对于所有的故障都必须记录和跟踪，但对于我们无法确定原因的故障或实现纠正行动的故障，我们必须评估它在后续的飞行过程中是否继续发生或有所恶化，是否对完成飞行任务产生影响。

元器件的质量或工艺问题通常发现较晚，一般在实现阶段才会发现（甚至更晚）。这些问题通常以各种形式出现，如：在其他任务中使用该部件是否出现了在轨失效，或产品测试时故障率是否较高。在进行硬件装配时，产品的寿命测试结果还没有出来，因此在测试结果出来之前，整个制造过程都是有风险的。一个元器件的故障有可能会局限于特定的批次，但也有可能是由特殊应用引起的。此外，材料出现的"微小"变化都有可能导致出现工艺问题（9.5 节的例子说明了这一点）。问题发现得越晚，对成本和进度的影响也就越大。

9.8　确保有效沟通

有效沟通对于项目的成功非常重要。沟通问题都是很多组织共有的问题，沟通得不全面或不准确将会对项目的成本带来巨大的影响，甚至导致项目失败。现代的通信方式会起到正反两方面的作用：Email、语音信息、视频会议和其他文件共享系统对于地理分布分散的团队来说是非常有利的，但同时也会产生海量信息；现代的工程和通信工具能够提高工作效率和生产率，但对于较复杂的工程和系统，也会增加沟通的业务量和负担。对于较小、较有效的项目团队来说，工程师需要时间用于参加会议、准备评审、答复邮件，这些工作会挤占项目工程的时间。

由于通信变得越来越简便，每个人必须对信息的流量和数量进行管理，特别是主承包商和分包商之间。沟通的意见必须得到重视，尤其是在给出指导意见的时候，否则，该项目和任务将会失控。承包商需要了解分包商的工作，并有义务对其进行监督，但他们也需要控制监管的范围并坚持这个原则；分包商的工作必须是受控的，但不能管理得过细。一般很难把握这个平衡。

每周的小组状态会议是沟通状态和问题的有效方式，此举除了让系统工程人员了解系统进度和出现的关键问题，还能在各个小组成员之间开展互动，制造（加工）的代表必须参加，因为他们有责任监督分包商和合作伙伴的工作。每个分系统的综合进度表显示了重要的里程碑和预期，以及对技术资源要求的更新（功率、质量、数据传输速率等）。

与赞助商或客户进行沟通是系统工程师的主要责任之一，每周的电视电话会议是主要的沟通手段，会议上讨论的内容来自于每周召开的小组会议，每月撰写的正式状态报告或进展报告同样是沟通的重要手段。根据赞助商的要求，一旦出现重大问题，进行及时的沟通（24 小时之内）可能是必要的。

9.9 总结

产品实现包括购买、制造和重新使用，具体采用哪种手段进行产品实现是由多方面因素决定的，哪种方式方法对赞助商最好？需要考虑的因素包括成本、进度、性能、可靠性和现有系统单元的可用性、制造和测试设备，以及相关人员等（制造和设计）。所有参与产品制造的人员都有一些共通的活动，不管负责的产品是一个组件（星跟踪器）、一个分系统（姿态确定与控制系统），或整个最终产品（航天器）。对于这些活动的监督来自于更高一级的项目机构，从赞助商开始，到主承包商，再到各级分包商和供应商。

参 考 文 献

[1] International Organization for Standardization (ISO). November 2002. Systems Engineering—System Life Cycle Processes，ISO/IEC 15288. ISO/IEC.

第 10 章　系统集成

格里蒂·马勒（Gerrit Muller）

布斯克鲁德大学学院

埃伯哈德·吉尔（Eberhard Gill）

代尔夫特理工大学

系统工程是一个由一组任务需求或商业机会引发的过程，以产生一个满足客户要求的系统。鉴于缩减公共和私营部门支出的压力不断增大，这使得此类系统同样具有商业价值。我们将在本章阐述系统集成过程，见表 10-1。

表 10-1　本章结构[①]

步骤	描述	描述章节
1	系统集成介绍	10.1 节，第 1 章
2	系统集成方法与策略	10.2 节，第 11 章，第 15 章，第 19 章
3	测试与集成	10.3 节，第 11 章
4	集成计划	10.4 节
5	系统集成作用与责任	10.5 节，第 16 章
6	技术状态变化管理	10.6 节，第 4 章，第 14 章
7	专题	10.7 节，第 11 章
8	经验教训	10.8 节，第 19 章

①此表对本章的主题进行了介绍。

10.1　定义系统工程中系统集成的作用

系统集成是系统工程中最重要的活动之一，它集成平台、系统、运营商和基础设施等能力，以满足用户需求。系统集成通常与测试和验证同时出现。空间工程中，系统集成由各种活动组成，包括空间传感器组件装配、航天器分系统功能集成和空间器与运载火箭的集成。从系统的角度来看，航天器在部署和检查阶段后，任务的最终集成可能在空间发生。在这个阶段，空间段和地面控制段同时运行，实现任务目标。

图 10-1 描述了在系统与使用背景内系统集成的作用。通过系统集成，部件和功能在规定环境共同组成可再生与可支持的系统，并满足用户需求。集成技术、组织和反应级别等详细情况将在本章中详述。

10.1.1　系统集成定义

系统集成是系统工程过程中的一种活动进行流程，这些活动的性质随着项目阶段和系统的不断成熟而变化。例如，在阶段 D，我们一般对技术或低级别的部件进行集成，以建立和检验高级别的分系统；全系统集成在运行准备评审后进行的阶段 E 中。

系统集成是从物理和功能上组合低级别产品（硬件和软件）的过程，以获取特定的功能技术状态[5]。《国防采办指南》将系统集成定义为"物理结构中低级别系统单元纳入高级别系统单元的过程"[14]，此定义强调系统集成自下而上的特征，而其他定义则强调其相互接口。国际系统工程协会（INCOSE）将系统集成定义为一种功能，即"建立系统内部接口和系统与更大项目之间的接口"[8]。参考文献［12］将产品集成定义为"按照产品线生命周期阶段检验准则，通过装配和集成低级别有效终端产品，将设计方案定义转变为所需的工作分解结构模型终端产品，以满足设计方案定义的需求的过程。

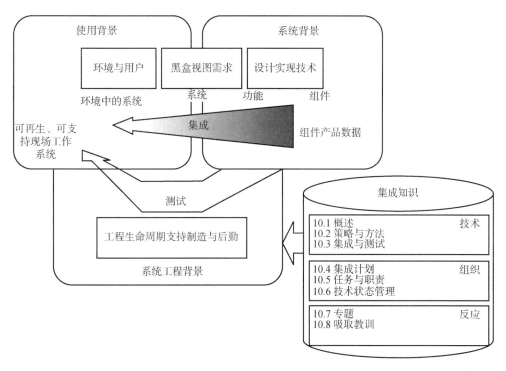

图 10-1　系统集成图

系统工程的背景与系统集成工作息息相关

上述这些系统集成定义的重点大不相同，但它们都有一个共同点，即将不太复杂的功能合并，形成满足需求的系统。空间项目中每个人都必须清楚和明确地了解系统集成是什么，由什么组成，它的过程和活动依赖于空间任务的规模和复杂度，以及用户的需求。例如，比起利用微卫星进行技术验证任务的集成，载人空间飞行大规模的集成化要复杂得多。表 10-2 列出了空间任务研制过程中，与系统集成任务相关的一般工程活动。

表 10 - 2　空间系统及其相关系统集成任务的级别①

系统级别	举例	典型集成任务	任务举例
元器件	电阻器	板上集成	功能测试
组件	印制电路板	部件集成	焊接
子组件	执行机构电子设备	硬件和软件集成	软件上载
零件	反作用轮	执行机构集成	外转矩测量
分系统	姿态与轨道控制分系统	功能敏感器集成	用物理原理样机更换传感器模型
段	地面段	实现接口	设置通信网络
系统	卫星任务	系统最终集成	在轨检查

①如本表所示，这些任务不仅依赖于系统级别，还依赖于任务复杂性。

10.1.2　系统集成的目标和挑战

系统集成的主要目标是建立一个包含所有功能性和物理性元素的系统，以满足利益相关方的需求和期望；与这个目标密切相关的是降低风险，包括成本、进度、功能或合格率风险。在集成过程中，项目小组试图尽快确定一些不可预测的问题，并及时地分析和解决问题。"不可预测"这个词体现了集成过程中的主要挑战：我们甚至不知道问题是否存在，我们又如何去发现？

由于项目小组知识有限或假设错误，可能会出现不可预见的问题，我们在设计初期对固有的不确定性所做的假设会影响其后果。例如振荡器时钟的漂移，可能会造成星上计算机处理过程中发生故障，或意外产生危害电子设备的侵入电流。

另一个导致不可预见问题的来源是功能或组件之间的相互干扰。例如，在同一台处理器上运行两个软件，它们各自运行可能都很好，但同时运行就可能由于缓存问题导致速度减慢。高速缓存被中断活动所取代，降低了出现中断电路的风险。这些内容的读写速率比普通存储器读写要慢几个量级，这也导致了软件运行速率极大降低。主动传输卫星有效载荷（如合成孔径雷达）和空间分系统之间的无线电频率物理干扰，可能严重影响系统性能。

10.1.3　系统工程与结构中的集成

分解是系统工程中万能的组织工具，能使工作的逻辑定位和分配同时进行，分解是对集成的补充[10]。每个分解为较小部件或步骤的系统或过程，都必须再次集成，以得到期望的结果[6]。图 10 - 2 为分解和集成过程图。

在分解时我们可能会遇到很多问题。在系统分解时，分系统可能运行顺利，但其横向交叉的功能与特征可能受到了影响，造成此类问题的根本原因是缺乏归属权、关注或组织之间的沟通，持续关注系统集成有助于面对这些问题。

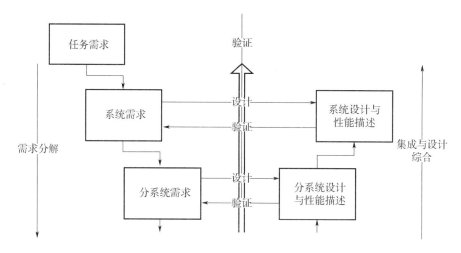

图 10 - 2　系统工程框架中的系统分解和集成

分解遵循由上而下的方法，是由下而上集成过程的补充。垂直验证箭头表示最终集成中的验证；
水平验证箭头表示在各自的级别进行验证

10.1.4　过程视图

系统工程是一系列实现的级别不断增加和风险级别降低的阶段，这可能成为有用的高级别智力模式，但我们应该记住大部分活动都是互相重叠的。需求、设计、集成和测试是按顺序进行的，纯瀑布模型并不实用，较为实际的是采用重点转移的方式，如图 10 - 3 (c) 所示，我们特别注意到集成活动是个长期增长过程。

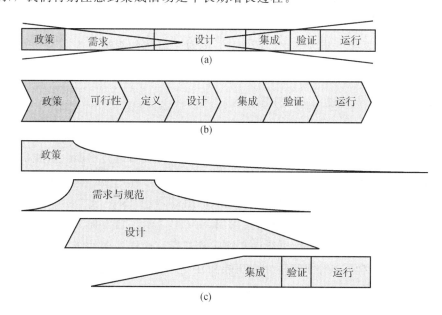

图 10 - 3　系统工程过程的典型阶段

（a）图为简单的单向瀑布模型，效率较低；（b）图过程合格，
但为次优，因为它限制了集成活动；（c）图表示活动重点已转移，从集成角度来看最好

10.2 选择系统集成方法和策略

10.2.1 接口规范

接口在空间系统集成中起着关键的作用（第15章），这种作用主要源于系统的复杂性，包括许多人和事物的相互作用。我们必须正确地记录这些接口，通常我们使用接口控制文件，由接口控制工作小组（ICWG）在集成过程中定义、规范和保持接口[1]，这是定义和保持接口的一个很好的方法。接口覆盖范围广泛，见表10-3。

表10-3 接口类型①

接口类型	举例
机械和结构	安装、质量、尺寸、材料
电	电压、接插件和插针的分配
光学和雷达频率	波长、带宽、调制
环境	热、辐射
人员	操作，人机接口
软件	呼叫表，性能，参数说明

①表中列出了几种典型的空间系统。

制定一项明确的接口规范，全面清晰地覆盖所有接口，不是一件容易的事。接口控制文件中通常介绍接口定义模型，该模型包括大部分接口，但忽略了集成过程中出现的问题。接口不全面的例子是，在考虑电子部件的稳态电流时，却忽视了部件接通时会出现浪涌电流。另一个挑战是要编制完整的接口控制文件通常需要不同背景的作者。例如，工程师和科学家缺少共同语言，对其他领域不甚了解。除了需要通用接口控制文件外，系统集成还需要考虑所有分系统、组件等之间的接口。对某一具体的系统级的所有元素列出矩阵是显示和追踪接口的一个好办法。

10.2.2 从组件向系统集成

系统集成采用由下而上的方式开始，同时对个别组件进行必要的测试。这种方法的目的是在很小和可控的范围内识别、孤立和恢复故障，以对故障进行诊断。若我们简单地将许多组件组合成一个系统，则该系统必将出现很多问题；与此同时，我们也无法找出故障的来源，因为存在各种未知、不确定和功能欠缺的组件。

在集成阶段，活动的重点是会转移的。图10-4中显示了自下而上的集成过程。在低级别组件结束前就开始对集成高级别组件实施质量工程，这样不同的级别可能有重叠。在集成早期，我们强调部件、组件和零件的功能和性能，典型的问题有："所有的项都满足了功能和性能要求与限制吗？""我们如何处理具体测试条件导致的意外行为？"随着集成的进展，我们更关注分系统和系统级的功能。在这里我们提出一些问题，"接口控制文件中对接口的描述正确、全面吗？""组合后的分系统运行正常吗？"集成的最后一步强调系统的质量，如性能与可靠性。

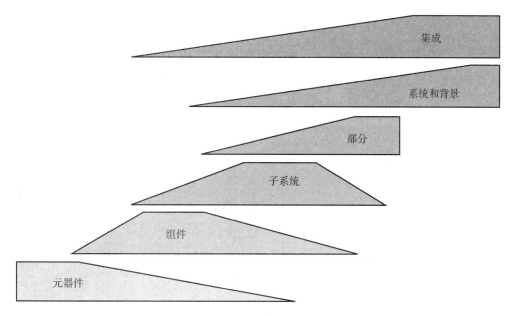

图 10 - 4 集成阶段

集成采用自下而上的方式进行，集成的各个级别之间均有重叠

　　我们必须经常在真实环境下测试系统功能，在该环境下由其他系统提供输入或接受输出，系统环境可由检验设备、电子和机械地面支持设备及集成设施组成。大型和小型空间任务的集成设施实例如图 10 - 5 和图 10 - 6 所示，其中一个实例是低地球轨道上装有 GPS 接收机的卫星的真实系统环境，即 GPS 信号模拟器（GSS）。与运行速率为 7 500 m/s 的接收机相比，陆地接收机的多普勒频移要低很多，因此典型的动力学环境必须能模拟卫星在空间接收到的 GPS 信号。系统模拟环境应与系统同步实现，然后逐渐将两者集成。

　　目前为止，我们一直强调系统集成是一个硬件集成或软件集成的过程，以实现所需的功能，但我们也可将系统集成用于任何物理的或抽象的端对端模型。在空间项目初始阶段，我们可以用一个非常简单的敏感器模型，随着项目的成熟，我们要将复杂的模型集成到端对端模型上，以便最终用于复杂的敏感性分析。我们可以制定高级别要求的环境条件，例如航天器研制洁净度等，在系统研制和集成过程中，我们应建立测试设备的清洁度模型，并将其集成到复杂的端对端环境模型上。

10.2.3 集成方法

　　我们应尽早对分系统或功能进行集成，寻找未预测到的问题，因此在大部分新部组件、分系统和功能尚在研制中，集成就开始进行了。在集成早期阶段，我们通常使用部分系统或经修改的现有系统，来替代那些还未研制出来的部组件。图 10 - 7 中展示了从使用组件和现有分系统向基于新研制组件的系统过渡的过程。

　　现在我们对 FireSAT 航天器的具体分系统的集成方法进行介绍，这使我们对实际应用集成有更好的了解，也便于对其他分系统的集成。我们以 FireSAT 航天器的姿态和轨道控制分系统为例，目标是验证其正确的功能性运行。我们选择姿态和轨道控制分系统是因为此分系统非常复杂，这种复杂性主要并非源于动力学或控制规律，而是由于包括了许多敏感器和执行机构，因而我们必须采取许多模式、安全保护措施和操作限制。我们考虑使用一组 4 个陀螺仪来测量航天器的转速，使用粗地球-太阳敏感器来确定航天器相对于地球和太阳的方向，使用精太阳敏感器测量卫星相对于太阳的准确方向。

图 10 - 5　　NASA 的微风（AURA）地球观测平台，质量约 1 800 kg

图为 2003 年 AURA 卫星进行声试验，展现在我们面前的是集成后的 AURA 卫星

图 10 - 6　　德尔斐（Delfi）－C3 纳卫星集成，质量 3 kg

图为代尔夫特理工大学洁净室，将各种零件组合形成组件、分系统和系统

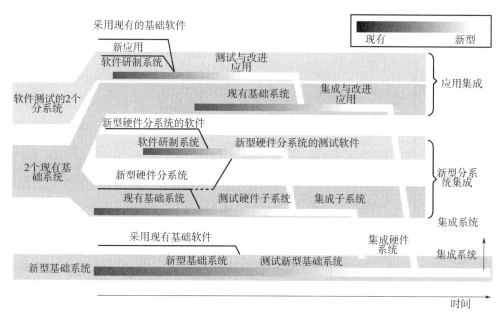

图 10 - 7 将新应用和新分系统集成为新系统的过程

在集成过程中，我们将之前的系统和

部分系统转化为新系统的技术状态。集成可以不需要等待新硬件，而用模拟软件代替

FireSAT 姿态和轨道控制分系统（AOCS）的驱动器包括用于控制航天器 3 个轴方向的一组 4 个反作用轮，2 个磁力器为反作用轮卸载，同时推力器系统用于轨道控制。典型姿态模式包括：太阳捕获模式，这时太阳能电池板面向太阳为电池充电；地球捕获模式，这时航天器有效载荷（如相机等）指向地球；安全模式，这时有限的敏感器和执行机构用于保证紧急情况下的运行。由于姿态和轨道控制分系统需要微秒级的时序，因此，我们必须利用飞行软件和硬件证明该分系统的性能，因此，除了计算机模拟外，我们还需要包括有硬件的闭路测试。FireSAT 航天器的相关环境要素包括：航天器轨道、作用在星上的力矩、太阳方位和航天器其他分系统，所有这些要素均用软件模拟。姿态和轨道控制分系统敏感器和执行机构以及姿态控制计算机（ACC）起初用软件模拟，然后逐渐被硬件所取代。

图 10 - 8 为 FireSAT 卫星姿态轨道与控制分系统单元的测试装置。这些测试通常由其承包商负责，用于测试这些单元与标准测试设备（COE）之间的接口，还测试敏感器和专用设备的物理性能。

集成者为 FireSAT 航天器的姿态和轨道控制分系统建立了闭环测试台，姿态控制计算机在接口上进行测试，然后将第一个单元集成到分系统，在该阶段，模拟航天器环境的分系统测试系统（姿态和轨道控制分系统测试设备）也进行了集成（图 10 - 9）。在建立和测试过装备后，工程师对它增加了新的功能，随后，敏感器和执行机构的软件模型集成至姿态控制计算机上，经集成的装备比较灵活。例如，若姿态控制计算机硬件尚不能提供使用，就可用分系统测试设备代替。

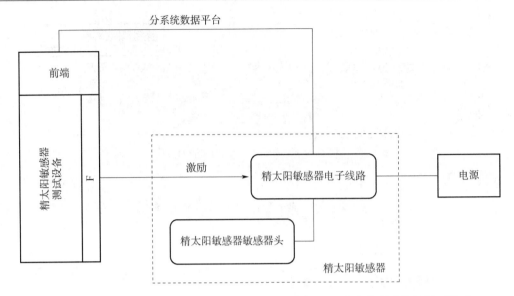

图 10-8　集成后的 FireSAT 卫星姿态与轨道控制系统和姿态控制计算机闭环测试

从图上看，精太阳敏感器受到测试设备的激励。环路由精太阳敏感
器电子设备和测试设备之间的串行数据母线构成

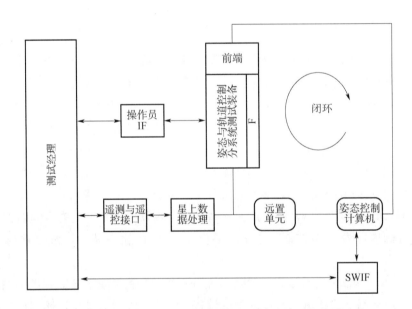

图 10-9　FireSAT 卫星姿态与轨道控制系统的闭环集成测试装置

姿态控制计算机通过远置单元连接至 AOCS COE。姿态控制计算机通过星上数据处理（OBDH）
和遥测与遥控接口（TM/TC IF）连接，可在早期阶段实现集成化运行。我们注意到软件接口（SW IF）
能提供有效方法来上载软件或调试姿态控制计算机产生的输出（源自红外空间观测台［ISO］AOCS）

集成测试的目的是尽可能集成更多的 FireSAT 姿态与轨道控制分系统硬件，以验证系统性能。为了达到目的，软件模型逐渐由测试设备（图 10-7）及其敏感器姿态与轨道控制分系统和执行机构部件（基于图 10-8）取代。图 10-10 为 FireSAT 姿态与轨道控制

分系统全部集成后的闭环测试台。测试设备对敏感器和执行机构产生的激励是电激励，因为在测试环境下使用物理激励大都不可行。

在图 10-9 和图 10-10 中，卫星硬件或工程模型均用圆角方框表示，在图 10-10 中，执行机构均以黑体方框表示。整个装置包括可激励陀螺仪的测试设备、粗地球-太阳敏感器、星跟踪器、精太阳敏感器、磁力器、反作用轮和推力器，这些设备通过数据母线与姿态控制计算机连接，姿态控制计算机通过远置单元连接至模拟器，通过和姿态与轨道控制分系统模拟器的接口、星上数据处理系统与遥测遥控的接口，可进行通信。

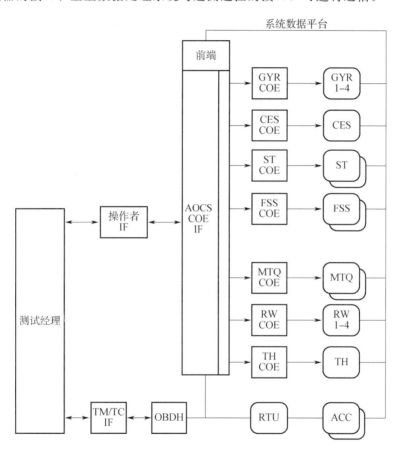

图 10-10　FireSAT AOCS 分系统的闭环集成测试装置

多个接口给测试带来更多的复杂性。（AOCS—姿态与轨道控制系统；COE—测试设备；GYR—陀螺仪；

CES—粗地球太阳敏感器；ST—星跟踪器；FSS—精太阳敏感器；MTQ—磁力器；RW—反作用轮；

TH—推力器；TM/TC IF—遥测/遥控接口；操作者 IF—操作者接口；RTU—远置单元；

OBDH—星上数据处理；ACC—姿态控制计算机）（源自红外空间观测姿态与轨道控制系统）

如图 10-10 所示，在闭环 AOCS 测试装置中，我们须验证所有姿态模式的功能性能及模式之间的转变，我们还须测试所有的安全保护功能，这种大量的测试对工程师而言也是个挑战，因为这些功能可能需要在各种技术状态下进行大量测试并要激活这些功能，而正常运行情况下可能是不需要激活的。

　　讨论至此，重点已转移到关于集成测试的功能了，但环境模拟的另一个重要作用是清除地面环境影响。实验室的地球重力环境与空间中物体自由下落环境完全不一样，大型太阳能电池阵的展开机构与启动器需要专门的测试装置，以消除或弥补重力的影响。我们必须了解集成设施中的磁场环境，并尽可能加以改变，以便测试磁线圈等姿态轨道控制分系统敏感器的功能性行为。

　　项目小组面临的挑战是确定哪些中间集成技术状态是必需的，因为每多一种技术状态，就需要多花一笔钱去建立和保持更新和运行，甚至更加困难的是不同的技术状态需要相同的重要资源（例如成像方面的专家）。我们是全力以赴完成最终产品，还是将钱投在中间步骤？最终，我们要管理所有的集成技术状态是困难的。当数百或数千名工程师在为一个系统工作时，大多数人都会忙于变更实现方式，严格的集成技术状态的变更程序，可减少管理方面的问题，但实际上严格变更程序又会与集成过程中的需求发生矛盾。确定哪些中间技术状态是必需时应考虑如下关键问题。

　　1）待集成的分系统或功能的重要性和敏感性？

　　2）哪些方面最能有效地实现最终运行，使得从技术状态中得到的反馈有意义？

　　3）我们需要在中间步骤中投入多少？我们应特别关注重要资源。

　　4）我们能以指导技术状态管理问题的方式制定集成系统的目的吗？

　　5）合同关系（如验收）如何影响和确定技术状态？

　　基于上述考虑，表 10 - 4 中详细介绍了分步集成法。

表 10 - 4　分步集成法①

步骤	介绍
1	确定最关键的系统性能参数
2	识别这些参数中包含的分系统和功能
3	对这些分系统和功能链开展集成技术状态工作
4	尽早指出系统性能参数；从"典型"系统性能开始
5	展示最差情况和边界系统性能
6	再次从手动集成测试步入自动化回归测试
7	通过人力驱动分析，监测回归结果
8	集成各链：在相同系统上同时展示系统性能的不同参数

①该方法对大部分重要系统参数的中间集成如何使用资源具有指导意义。

　　1）第一步，确定一组最关键的系统性能参数，如成像质量、姿态控制精度或功率消耗，这些参数是系统功能和分系统之间发生复杂的相互作用的结果，我们称这组产生系统参数的功能和分系统为链。

　　2）第二步，我们确定产生关键性能参数的链。对 10.2.3 节的 FireSAT 姿态与轨道控制分系统实例，参数链由星跟踪器（作为姿态确定敏感器）、反作用轮（作为姿态执行机构）和姿态控制计算机运行的算法组成。

　　3）第三步，将这些参数链规定为集成技术状态的基线。我们对部件和分系统进行测试，以验证其与规范的一致性。集成主要关注于单元的总体性能，用这种方法，我们就能验证系统构成应有的功能和性能，在确定了关键参数链后，我们开始将部分系统技术状态定义为集成飞行器。这些参数链在集成过程中起着指南的作用。

性能参数和其相关链路非常重要，有各种理由：一个参数本身可能非常重要，或者可能基于历史数据我们知道该参数非常灵敏、不稳定或不确定。例如姿态控制算法的性能，由许多低级功能组成。经验显示，各个功能独立运行很顺利，但鉴于低层资源冲突，多功能组合在一起运行就不顺利。

我们应该尽早识别出关键的系统性能参数，在表 10-4 中，这体现在第 4 步和第 5 步，从关注典型性能开始，一旦系统稳定和具有可预测性，我们就有机会去研究最差情况和边界性能，如星跟踪器数量的减少等；在第 6 步和第 7 步中，我们将用成熟系统取代初步集成测试装置，这意味着可根据测试情况进行自动回归测试；随后我们会对测试结果进行评估、分析和重复，直至它们满足要求；最后一步是集成各链，同时进行系统的性能验证。

10.3　制定测试与集成计划

10.3.1　装配、集成与验证

系统工程通常同时使用装配、集成和验证（测试）等术语。装配强调复杂系统在制造后的结合过程，集成是将不太复杂的功能组合为满足要求的系统的全过程。通过集成，我们能确定系统中的未知情况，解决许多不确定性；此外，集成使我们根据接口控制文件（ICD）和系统需求，识别规定错误的或不完整的接口定义，以及接口控制文件的系统要求中可能存在的更改。测试是指以一种规定的方式运行系统或其中某一部分，以检验其性能。若结果符合规定的功能和性能，则系统通过测试，否则未通过测试。验证是证明产品符合用户要求，通常，我们会采用一组验证方法，提出按系统级别（如部件或分系统）并适用的验证方案。

10.3.2　模型理念

分析成本、风险和研制时间对于有效执行空间任务而言至关重要。由于验证过程非常昂贵并且费时，因此用一个物理模型从头到尾进行系统集成效率低且风险大，我们使用模型理念来解决这个问题。模型理念的原则在于用最优数量的物理模型，在产品验证中获得较高的可信度，而成本和风险都不高[3]，我们不一定要测试所有硬件和软件模型。作为任务模型理念的一部分，测试模型只需要能满足测试的目标就够了。因此，只要研制几个产品模型，即可对某些特性，例如机械稳定性或热适应性进行早期测试。例如，我们可以为航天器建立精确的力学模型，以验证其与运载火箭整流罩的适应性和集成。

为任务规定的物理模型的数量主要取决于任务特点和项目约束。载人空间项目通常采用原型理念，包括为防范风险研制多种模型，这样可以在不同的模型上同时开展活动，但成本会较高。相反，原型飞行理念允许在集成过程中通过替换关键组件来设计单个飞行模型，若我们多半使用已经空间验证的硬件，则这种方法比较有吸引力，它成本低但风险高。最常见的是混合模型理念，它同时具有两种方法的优点，满足具体任务要求。

表 10-5 中介绍了最常用的物理验证模型、模型主要目标和性质，根据任务需求可能需要另加模型。不同机构、行业和国家的模型术语不同，第 11 章介绍了一组通用模型，包括图形、数学模型和软件模型。

附加或中间模型可能包括飞行备件或飞行原型模型（PFM），根据其鉴定标准，组合或更新模型是一种常见做法。例如，我们通常将结构模型和热模型合成结构热模型，或将飞行原型模型组合，通过必要的鉴定步骤，形成飞行模型。工程与鉴定模型由工程模型和鉴定模型组成。

模型因使用冗余和高可靠性部件而明显不同。工程模型（EM）既无冗余，亦无可靠部件，相反，它使用相同的部件（除了不是空间鉴定的），通常来自相同的供应商，这些部件能满足工作模型的要求，成本低得多。

表 10-5　空间系统集成与验证物理模型[①]

模型名称	模型目标	代表性质
模装	·接口优化 ·接口过程确认 ·布局控制 ·结构分析	·几何结构 ·布局 ·接口
研制模型，原理模型	·研制支持 ·方案验证	·选择功能
集成模型	·功能和接口测试 ·故障模式分析 ·程序确认	·使用商业设备的全部功效
结构模型	·结构鉴定 ·FEM 确认	·结构飞行标准 ·结构虚拟体
热模型	·热设计鉴定 ·热模型确认	·飞行热标准
工程模型	·功能鉴定 ·故障容许误差	·结构和功能上的飞行代表
鉴定模型	·设计鉴定	·飞行设计与标准
飞行模型	·飞行使用	·全飞行设计与标准

①空间任务并不使用全部模型。每个项目必须根据任务的特点和限制确定相关模型（FEM 指功能性工程模型）。

10.3.3　试验类型

空间任务采用暴露在恶劣环境下的高科技和复杂系统，在我们考虑将高科技和新型组件与分系统用于空间任务之前，需要进行大量的功能测试。随着系统集成的进展，复杂的空间任务需要采取分阶段测试。空间段应能承受极端条件，如从日照到阴影间的温度变化、经过南大西洋异常区时受到的带电粒子轰击和发射时的力学载荷。

由于空间系统必须具有高可靠性，因此大量试验对空间工程而言很关键。目前我们已开发出各种试验方法，主要分为如下 3 类：

1）功能性试验；

2）集成试验；

3）环境试验。

这些试验方法可用于不同系统级的不同物理模型。

功能性试验验证系统在所有级别的功能性要求，包括基于产品功能的各类试验，例如太阳能电池阵的展开试验、模拟环境下使用真实硬件进行的姿态控制系统闭环控制试验、通信系统的无线电频率试验或星上计算机算法试验。

集成试验通常包括机械、电子和软件集成。在机械集成试验中，我们试验低级别系统组件、检查机械接口、检验外壳和基准线以及确定质量特性；电子集成试验会检查电子和功率接口、功率消耗、数据传送、接地与焊接，另外还可能包括电磁兼容性试验；软件试验会在模拟硬件或模拟环境下检查软件的正确性和功能。

环境试验验证项目在整个寿命期间将承受的暴露条件，包括与辐射暴露、热和力学负载相关的试验。电磁兼容性验证设备的电磁辐射和敏感性不会导致故障；总剂量试验可确认设备能否承受电离空间环境；热试验可验证设备能否承受热真空环境下的最恶劣条件。这些试验主要针对轨道条件，而力学验证（如线性加速、振动和冲击）则针对运输、装卸、发射和再入条件。

某些项目可能需要其他试验方法，例如不采取环境保护的设备则应进行湿度试验，加压设备则需进行检漏试验；地外的空间任务必须符合保护标准，以避免受到行星表面生物污染的影响；载人空间任务需要进行有毒尾气和噪声试验。

环境试验通常顺次进行，同时进行大量功能性试验，如图 10-11 所示。工艺质量的试验也非常重要；除了视觉检查或电参数检查外，在严格的环境条件下的试验，尤其是热真空和机械试验，可能会发现一些工艺问题，如焊接问题或螺钉松动。

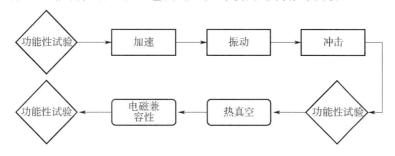

图 10-11　功能性试验与环境试验的一般顺序

环境试验包括力学试验（矩形框）和辐射试验（圆角框）；顺序变化根据试验项目和

任务需求而定；嵌入式功能试验根据功能性试验和具体环境试验的要求及相关风险而定

在空间系统工程中，试验的成本占很大一部分。成本不仅来源于计划、定义、分析和记录试验，还来源于试验所需的必要基础设施，尤其是高成本的测试设备，有时需要为特定的试验或任务提供专用设备，而该设备的研制本身就是一项任务，如测试设备中的地面电子支持设备（EGSE）或 GPS 信号模拟器。我们在地面试验中使用 EGSE 经空间链路连接空间段，有效取代地面站；GPS 信号模拟器根据预定的用户卫星轨道和 GPS 星历表，模拟全球导航卫星系统（GNSS）接收机天线将在空间接收的射频，包括随时间变化的多普勒频移。地面机械支持设备用于消除或补偿伸杆、天线或太阳能电池板等展开试验中的重力影响。

10.3.4　试验方法

在研制的早期阶段，我们通常在低系统级别试验单个功能，我们执行该功能，观察其表现，并测试其性能。但许多问题只出现在某些环境下，例如，性能减退只在高负载或长时间作用后才能观察到。早期试验的另一个特征是试验数据有限只为专用，问题仍然只出现在具体环境中，因此选择试验技术状态对提高集成的效率影响很大。本节将讨论如下几种试验方法：

1）应力试验：负载试验，生命周期试验；

2）试验技术状态：使用系统数据试验；使用随机数据试验，回归试验；

3）接口试验。

10.3.4.1　应力试验

（1）负载试验

该试验将系统处于重载荷条件下，以验证系统资源和算法在应力情况下的性能。我们必须在早期和低成本情况下建立或模拟这种条件。例如，负载试验可以使用软件模拟器对系统产生刺激，或有意在规范限制之外从物理上刺激项目。典型的例子是电子设备热试验，其温度接近或超过部件规范的温度，以及模拟在发射过程中航天器结构受力的振动试验。

（2）生命周期试验

该试验指在模拟系统生命周期条件下的系统试验。与负载试验相比，生命周期验证中时间为关键参数。在以软件为主的领域，我们关注长期常量的影响，如漂移或资源分散；对于以硬件为主的领域，我们关注润滑、疲劳、磨损和蠕变。我们须设计负载并改变输出，在短时间内利用长期常量找到尽可能多的问题。可用于集成与试验的时间级通常要比系统预期运行生命周期要短好几个数量级；加速系统老化以找到其长期常量的影响，需要创造性和工程智慧；风险分析能帮助决定昂贵的生命周期试验的需求。生命周期试验是在运行分析和功能性分析之间建立联系的范例。

10.3.4.2　试验技术状态

（1）使用系统数据试验

此试验涉及参数在预定的参数范围内发生系统变化，如太阳能电池阵向航天器电源分系统产生的功率输入。系统试验的设置要具有可重复性，且易于诊断，我们系统地试验参数范围的边界，以验证系统是否顺利运行。尽管如此，最后的结论仍应根据设计是平滑和连续的这一假设为基础，没有任何共振或热点，但在许多复杂系统中，这个假设并不成立。例如，机械系统存在的共振频率相比其他频率显然会产生较大的变形，因此我们的试验技术状态必须包括在参数范围中预定的或可疑的参数。

（2）使用随机数据测试

上文讨论了由于共振或热点产生的潜在系统故障。在系统设计和分析中，我们确定并试图尽快消除这些问题，但我们也必须注意参数范围内的未知奇点。由于系统测试数据以先验知识为基础，因此不可能预见所有这些问题，随机测试数据是对系统数据的补充，可以显示一些在其他情况下看不到的问题。

（3）回归试验

由于系统许多部件一直处于变化之中，因此我们须定期监测系统性能。软件更新中常见的问题是系统可能不再执行或偏离标称性能等。回归试验允许我们监测和识别回归错误——方法之一是再次执行之前已成功的试验运行。早期集成试验通常手动进行，这是因为系统尚不成熟，且集成者必须应对许多预期外的问题。当链路和环境系统比较稳定后，就可以进行自动试验，早期的手动集成转变为自动回归试验。系统工程师必须监测和分析定期执行的回归试验的结果，即使这种分析未成功或失败，但能发现集成的趋势、不明原因的中断或变化。

10.3.4.3　接口试验

接口试验的目标是发现分系统设计或接口设计中的不一致或错误，通常在机械、电子和软件级别完成。接口试验使我们能在分系统或设备完成最终生产和验证之前，识别和解决这些问题，是集成过程中降低进度风险的重要工具。

随后在集成过程中，我们集成各链，并展示了关键性能参数的同步性能。我们须对所有试验结果和试验条件进行记录和存档，以建立一组系统的历史数据，有助于回答此类问题，如"我们之前看到这个影响了吗"，"影响是如何和何时发生的"。

10.3.5　试验级别

随着集成过程的进行，要开展如下不同级别试验：早期阶段的研制试验、鉴定试验以及研制最终阶段的验收试验，其他级别的试验如原型飞行或在轨试验也会介绍[4]。在第 11章我们将介绍产品验证方法。

研制试验用于确认设计方案或将已证明的方案和技术用于新技术状态。我们通常用研制试验来证实性能裕度/可制造性、可试验性、可维护性、可靠性、故障模式及与需求的符合性。由于研制试验仍依赖于设计成熟度，因此研制试验的程序、控制和文档等工作不很繁重，然而，我们应保持充分记录试验技术状态和试验结果，以支持其他验证项目。研制试验应在超过设计限制的运行条件下进行，以确定裕度设计特点。第 11 章将介绍鉴定试验和验收试验。

10.3.6　试验建议

由于试验模式、类型和级别多样化，因此我们需要一个清晰的试验方案，并遵守如下试验建议：

1）正确区分集成试验与验证和确认的理念；

2）不允许重新使用试验数据；

3）允许使用集成过程中的鉴定数据进行验证和确认。

即便是试验相同的系统性能参数，如姿态控制精度，集成的试验理念完全不同于验证和确认试验。在集成过程中，重点关注系统中尚不明白的问题，而验证和确认试验过程强调与规定要求相关的系统性能。

通常，由于连接试验的方案越来越复杂，因此将某一试验中的数据重复用于另一试验是不明智的。重复使用的数据很难忽略，很难正确记录，通常也难以复制。若试验明确地"事先声明"，它接收正确的评审，且允许我们监督试验方案，则可重复使用试验数据，不过这是个例外。在严格规定的条件下，使一项试验为两个或多个目标服务能加速集成，降低成本。

空间任务的大部分研制过程都包括集成。在研制周期快结束时，重点转变为验证和确认。试验中获取的数据组成了集成与验证和确认试验之间的联系。

10.3.7　并行集成

空间项目的集成不是串行的任务，而是一个并行过程，这样缩短了研制时间，使我们能在研制早期就发现和解决关键问题，降低风险，并让我们能验证接口的充分性和完整性。

并行集成主要以应用模型理念和模拟与仿真功能为基础，正如以前所讨论的，模型理念让我们能相互独立和并行地试验分系统。表 10-6 为模型理念验证工作的关系。

并行工程另一个重要的方面是在研制早期使用模拟或仿真模型，基本概念是在物理模型可用之前，大量使用软件来模拟组件或分系统的性能。因此，在研制过程早期就建立了全部或部分模型，使我们能根据被模拟的分系统模拟其功能。此后，通过依次将数学模型替换为物理部件，使系统逐渐变成熟，这时就可实施方案确认与接口验证（图 10-7）。

表 10-6　与模型理念相关的验证和试验级别[①]

模型	验证级别			试验级别
	组件	分系统	段	
模装	X			D
研制模型	X	X	X	D
集成模型	X	X	X	D
结构模型		X		Q
热模型		X		Q
工程模型	X	X	X	Q
鉴定模型	X	X		Q
飞行模型	X	X	X	A

①试验级别用演示论证（D）、鉴定（Q）和验收（A）表示。表中展示了一个典型的空间环境，可根据任务性质调整。

10.4　有未知情况下的进度

空间工程的进度很难捉摸，我们甚至不知道会发生什么，但总会出现一些前所未知的困难，我们必须克服它们。

10.4.1　集成计划与进度

10.3 节介绍的方法需要大量的后勤支持，项目主管必须与系统工程师密切合作安排好集成进度。集成进度有两个互相矛盾的属性：

1）可预测性与稳定性，以保证及时利用资源；

2）灵活性和敏捷性，以处理内在不确定性和未知事件。

建立进度的出发点是确定部件和功能集成的详细顺序，以测量关键系统的性能参数。图 10 - 12 给出确定晶片步进机（曝光晶片的半导体设备）的图像质量系统性能参数所需具体功能的具体步骤。这种图表通常从右边的期望输出参数开始，接下来，我们会再次问，"为得到这个输出值，我们需要什么？"这个局部图表仍太简单。事实上，这些功能中许多都具有依赖性。

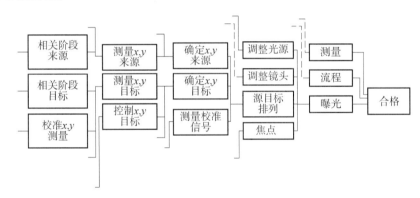

图 10 - 12　晶片步进机的图像质量系统性能参数所需的功能简化图

图左为基本（局部）功能。向右，这些局部功能组合为系统级功能，组合功能继续，
直到实现预期的集成系统功能（半导体制造环境下的曝光条件）

循环依赖使集成过程变得复杂。例如，调整我们重视的来源和目标，同时要寻找我们需要调整的焦平面。这些依赖关系是已知的并在设计阶段得以解决。经常使用的设计模式就是对粗调整和细调整及粗对焦和细对焦的逐步精化。详细的集成进度能为设计提供有价值的输入。集成进度具体化能帮助设计小组从集成角度分析设计，并通常会导致发现许多未解决的隐含假设。

10.4.2　评审

集成是贯穿在空间任务大部分阶段的连续过程。系统集成评审（SIR）标志着最终设计和制造阶段（阶段 C）的结束，它的顺利完成意味着准备进行系统装配、集成与试验以及发射阶段（阶段 D）[12]。系统集成评审的目标是保证系统已做好集成的准备。为达到该目的，须准备好所有分系统和组件、集成计划和程序及集成设施和人员；接受集成计划的准则、确定与接受风险级别和制定与记录工作流程是决定是否顺利通过评审的主要依据。评审过程还包括对未完全通过评审的系统集成要定义后续事项和恢复策略。

鉴于集成与试验之间的密切关系，试验准备评审（TRR）在阶段 D 早期开始执行，紧随系统集成评审之后，目标是确保试验的物品、所需的试验设施及数据处理方法已准备好。成功的试验准备评审提供已批准的试验计划，包括所需试验资源和设施的协调，这并不标志着项目试验大纲的启动，但能在更高集成级别推动试验的正式开始。

10.4.3　解决中断性事件

制定明确的集成进度对于设计和了解集成很有帮助，但集成过程并非完全可预测，它会不断地遭遇危机和中断，如交付延期、部件损坏、无功能技术状态、缺少专家、容差错误、人为干扰等，因此，应急的解决方案非常关键。

集成进度具有不稳定性和动态性，我们不会让集成一成不变，也不会频繁更新它的所有细节，一成不变和频繁更新都要付出很多努力，且获益很少。最好是以原始集成进度作为参考，采用短循环的策划步骤，指导集成过程。在集成活动高峰期尽可能每天召开会议，参会者们讨论结果和问题、所需的活动与资源及短期进度。

尽管中断事件不可避免，但我们仍应遵守集成进度，从之前计划中汲取的教训能帮助我们做好长期的集成计划。我们必须仔细确定集成过程的风险，以及如何减缓这些风险；必须坚持国际、国内进出口和运输规则；需要在集成过程的早期就确定合格的空间产品供应商；订购单元的数量应能满足所有试验的要求，有时可能超过一些；可用的备件能增加集成和试验进度的灵活性。通过分解关键步骤，我们能尽量减小进度矛盾或风险带来的后果。

10.5　成立集成小组

集成要许多项目小组成员参与，他们承担着各种岗位和职责：

1) 项目主管；

2) 系统工程师和架构师；

3) 系统试验员；

4) 工程师；

5) 系统所有者；

6) 后勤与行政支持人员。

图 10-13 展示了这些岗位及其职责，这些岗位的名称由组织确定，因此，本章使用通用名称。

图 10 - 13　集成过程中的岗位和职责

这些岗位和职责并非相互独立，小组成员之间的沟通和协调

对于复杂系统的顺利集成非常关键

项目主管负责管理资源、进度和预算。项目主管根据系统工程师提供的输出值，要求并获得所需的资源，促进集成过程，这点对于项目进度而言非常重要。

系统工程师的岗位实际上是一系列岗位，包括结构、集成和系统工程。根据个人能力，可能需要一名或多名系统工程师。系统工程师可能是一名很好的架构师，但不是一名好的集成者，反之亦然。系统工程师的任务根据内容而定，涉及设计和试验的关键系统性能参数，它决定了集成进度的基础；初始集成进度是项目主管和系统工程师共同的工作，该任务的集成有助于应对处理问题。系统架构师或工程师负责集成试验的成功，还负责评估试验。

系统试验员实际上执行大部分试验。在集成阶段，他花费大量时间来处理问题，通常负责一些不重要的问题，难题多由工程师或系统集成人员来解决。系统试验员会记录试验结果向系统工程师汇报，以供评审和评估。

系统所有者负责维护最新的运行试验模型，这是个具有挑战性的工作，因为许多工程师都忙于更新和局部试验，同时系统集成人员和系统试验员又需要顺利获取稳定的试验模型。由系统所有者明确试验模型的所有权有利于显著提高试验模型的稳定性，否则会因试验模型的技术状态问题浪费大量的时间。

工程师交付经局部试验的工作组件、功能或分系统，但他们也会承担一部分集成工作。工程师参与集成试验，并协助处理问题。

项目小组还会补充各种支持人员。后勤与行政支持对于集成非常关键，这种支持包括试验模型和制造产品的技术状态管理。集成问题会导致正式产品文档和最终制造后勤的变化，由于研制和生产准备是并行的，这些变化产生严重的财务后果。后勤支持人员必须管理试验模型部件并为这些部件组织预期外但非常重要的订货。

10.6　技术状态变化管理

技术状态管理记录产品的功能与物理性质，控制这些性质的变化，并记录产品的变化过程和执行现状，这使得所有方均能验证与产品的协议、要求和规范的符合性。此外，技术状态管理使每个人都在项目生命周期内使用相同的、受到过程控制的数据。确认合同规定的责任很重要，能使系统在整个过程的任何时间都得到复现，也能使我们追踪设计或执行中的异常情况。第 16 章将详细讨论技术状态管理。

10.6.1　集成试验和重复生产的并行性

技术状态管理由于通常不仅只包含产品研制公司，因而较为复杂。公司从供应商采办物项，向客户交付产品，图 10 - 14 对这种情况进行了介绍。公司还向客户负责供应商的技术状态管理活动。集成试验与大量生产的部件的后勤保障工作同时进行。

技术状态管理用于重复使用的装备、集成和试验的过程，而空间任务通常仅包括唯一的系统。由于用于集成的系统与已交付的系统是一样的，因此技术状态管理容易简化。我们仍务必将技术状态管理适当地用于模型理念框架。系统唯一的优点是在生产链中省略了从制成到复制的艰难的转移步骤。

我们必须记住，在单个系统中，分系统复制仍需要重复生产并将其全部集成。例如立体推扫式扫描仪的电荷耦合器件（CCD）线路、GPS 卫星的 L 频段天线阵、连接卫星本体和太阳能电池阵的轴承装置机构。

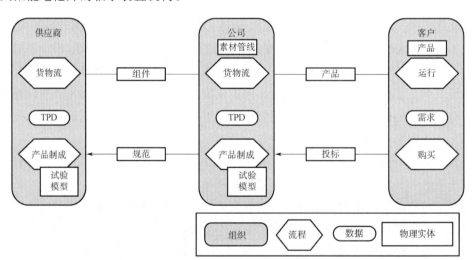

图 10 - 14　展示过程的简化流程图，与技术状态管理的理念有关

我们可以看到，供应商向公司交付订货，公司向客户交付订货。所有订货均须满足规范。图中的所有数据和物理实体均进行技术状态管理。公司向客户负责供应商的技术状态管理活动（TPD—技术产品文档）

10.6.2　试验环境和分析技术的作用

破坏性或潜在破坏性的集成步骤对于唯一系统尤其有害，因而选择环境则更加重要，如图 10 - 10 所示，大部分集成环境的应用都需要非常关注集成环境与真实环境之间的可能差异。大部分环境中使用故障模式和效用分析或故障树分析等技术，有助于早日发现潜在问题。集成要求对试验环境进行技术状态管理和诸如故障场景等更多信息的支持。

10.6.3　变化的影响和传播

许多设计和执行的变化都会在集成阶段发生，集成中出现的问题是这些变化的主要来源之一，要求可追溯性理论[16]指出我们应预测和管理变化的影响（见第 4 章），不幸的是，实践起来非常困难。图 10 - 15 的左边为追溯图定义的正式情况。低级别变化的影响可追溯到对系统级需求的影响；图 10 - 15 的右边为真实情况：设计选项之间突然出现大量意外的关系，导致出现大量附加的需求，每项附加需求又会引发高级别的需求，而修补设计的措施又会引发自上而下的新需求。

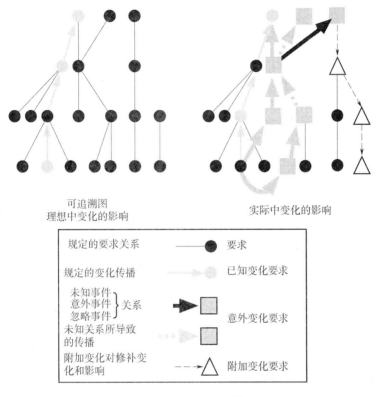

可追溯图
理想中变化的影响　　　　　　　　实际中变化的影响

规定的要求关系	━━━●	要求
规定的变化传播	⇨	已知变化要求
未知事件 意外事件 }关系 忽略事件	➤■	意外变化要求
未知关系所导致 的传播	┈▷■	
附加变化对修补变 化和影响	┈▷△	附加变化要求

图 10 - 15　对要求的影响

图左为理想情况，图右则为实际中遇到的复杂情况

这些影响使集成过程变为难以预测和难以控制的活动，系统始终处于边集成边变化之中，这些变化不断地改变分系统和系统性能，因而也改变了之前的集成过程。进行充分的回归试验能帮助我们处理这个问题。

10.7　使集成满足项目规范要求

本节将讨论与系统集成相关的特殊问题，每小节引用的参考资料可提供更广泛的信息。

10.7.1　集成商业现货产品

小卫星项目尤其会广泛使用商业现货产品，单元成本可能只是空间单元的一小部分。通常，这些产品不成熟，也不稳定，不同生产批次间的生产流程的变化也未注意，产品鉴定程序可能修改，甚至接口也有变化。设计和集成的缺点在于我们常常不了解产品的内在特征和规范。空间任务设计师可能需要功能和性能信息，除了黑盒试验规范外，设计师们在不了解其含义的情况下会对产品进行隐性假定。一个可行的方案是用文件形式给出假定，通过描述产品特性来为这些假定提供依据。集成的任务是尽早发现这些隐性的假定，以帮助进行验证（第 11 章）。

描述产品特性意味着测量产品并进行建模，以获取所需的信息。理想情况下，这些信息会反馈到供应商的规范中，但在商业现货市场中，供应商通常不愿意修改其规范，如果我们不能让供应商采用该信息，则系统设计会很脆弱；供应商可能会在不改变规范的情况下改变产品执行，但这仍然会影响到早期的产品特性。例如，运行系统供应商可能会因为一些安全方面的原因更新网络协议栈，这种更新不会改变任何功能，但某些运行状态会减缓很多。

10.7.2　分包和外购

由于空间系统很复杂，因而通常需要采用分包或外购的方式来有效完成空间任务[13]。政府空间项目不同于纯商业项目，它需要分包给大学、研究机构和学术院所；外购中同样存在商业现货技术的问题。集成战略信赖于所选择的外购对象，外购对象可能是黑盒供应商、共同设计者或合作制造商。通常，关键问题是需要就集成用的早期交付产品达成一致意见。我们经常犯的错误是，在最终交付产品的生产和鉴定程序之前一味地等待，这会导致集成问题发现得太晚，结果最后需要重做。即使在外购黑盒的情况下，也必须安排好中间（灰盒）交付产品来进行集成。

10.7.3　小型空间项目的集成

由于预算限制和小型化技术的快速发展，空间任务开始采用越来越小型的卫星，比起大型空间任务，小型空间任务的供应商和参与者要少得多，但它的复杂性一点也不小，所以对于这些小型空间项目，我们也必须采用明确的系统工程方法[9]。项目经理负责在项目范围之内[7]制定分析、设计、集成和试验流程，小型空间项目比大型空间项目容易获得集成与试验设施。

10.8　解决典型问题

复杂系统完成集成后，我们经常会发现系统不像预期的那样运行，反而出现很多意料之外的问题，表 10 - 7 中列出了典型的集成问题。参考文献 [11] 从设计与集成运载火箭过程中收集了大量经验教训，这些经验教训同样可用于其他空间任务。下文将详细讨论这些集成问题，并以典型的空间项目为例。理论上，这些问题都不应该发生，但实际上即使集成过程已很成熟，这些问题都还会发生。

表 10 - 7　典型系统集成问题，问题何时出现，如何避免[①]

问题	何时出现	如何避免
系统无法集成	集成过程初期	·检查分系统和集成环境下的隐性假定
系统无法运行	系统集成后	·检查隐性假定 ·检查接口
系统太慢	系统运行后	·检查试验规范 ·检查并行流程和时间线 ·检查监测资源
系统性能不达标	系统运行后	·评审试验条件 ·分析简化条件下的性能
系统可靠性差	系统象征性地运行后	·分析后期设计变化 ·确定过去未试验的条件

①尽管项目小组已尽最大努力，遵守正确的流程，但仍会出现一些无法预见的困难。

（1）系统无法集成

系统集成失败（或在涉及软件集成时集成失败）通常由使用隐性知识所致。例如工程师工作台上出现不够完整的数据文件，在独立的试验环境下无法工作。通过网络连接可缩短软件的变化循环，有助于处理问题，但却不能发现这些问题。

（2）系统无法运行

这个问题是单个功能正常运行，集成后却无法运行。产生问题的原因可能是违反了隐性假定，通常与接口错误有关。接口错误可能是由于接口控制文件中的规范遗漏或不明确，或者执行程序不符合接口控制规范。隐性假定本身会导致另一类问题，例如，使用呼叫分系统依赖于被呼叫分系统的功能正常，被呼叫分系统的意外故障会导致呼叫者呼叫不通。由于分系统设计师并不认为呼叫不通与接口有关，因此这些问题在接口规范中通常未加考虑。

（3）系统太慢

一旦系统实现了基本的运行功能，系统的非功能特性就变得明显了，集成人员通常会发现系统速度或输出的不足，个别功能和组件在集成之前运行正常，但当所有组件同时运行，共用同一计算资源时，系统性能就受到影响。这种预期性能和实际性能不一致，不仅由于是系统各部件同时运行和共享资源导致的，更可能是由于实际中试验数据太多，负担过重。除此之外，非线性效应会进一步降低系统总体性能。在进行重新设计后，系统性能问题得到了解决，但我们应继续监测系统。由于集成环境中增加了一些功能，因此在集成中系统性能可能会进一步减弱。

（4）系统性能不达标

系统顺利运行后，就要对其核心功能即产品的主要目的进行广泛测试。在此阶段，应用专家密切参与集成过程，他们可能使用不同的方法测试系统，对结果的看法也不同；该阶段还会发现关键系统的功能性问题。尽管早期阶段中这些问题已存在，但是当时关注的是其他集成问题，加上试验人员和应用专家看法不同，因此这些问题没有发现。我们还应评审试验条件，保证它们完全合适。最后，简化一些试验条件，对问题进行追踪，这点也很有必要。

（5）系统可靠性差

在最终集成阶段，我们会越来越广泛地使用系统，会触及鲁棒性差的设计部件，暴露出缺陷，此阶段常见的问题是系统的不可靠性和不稳定性。这是由于早期设计阶段中设计改变过于频繁，而设计人员并未认识到每次改变都可能引发新的问题。

10.9　小结

系统集成对于整个研制过程非常关键，前期活动中遗留下来的所有未知事件和不确定因素在集成阶段都会暴露出来。在空间系统中，最终集成发生在航天器发射后，这使得集成过程中各种试验更加重要。我们已介绍了如何制定试验与集成计划，并详细阐述了集成小组的任务和技术状态管理的复杂性。尽管系统集成中，流程、人员和计划会相互配合，促进集成顺利进行，但集成人员必须一直处理问题，解决问题。

参 考 文 献

［1］ Department of Defense（DoD）. January 2001. System Engineering Fundamentals. Fort Belvoir，VA：Defense Acquisition University Press（DAU）.

［2］ European Cooperation for Space Standardization（ECSS）Secretariat. April 1996. Space Project Management. ECSS－M－40A. Noordwijk，The Netherlands：ESA Publications Division.

［3］ ECSS Secretariat，ESA－ESTEC Requirements and Standards Division. November 17，1998. Space Engineering－Verification. ECSS－E－10－02A. Noordwijk，The Netherlands：ESA Publications Division.

［4］ ECSS. February 15，2002. Space Engineering－Testing. ECSS－E－10－03A. Noordwijk，The Netherlands：ESA Publications Division.

［5］ ECSS. 2008. System Engineering－Part 1：Requirements and Process. ECSS－E－ST－10 Part 1B. Noordwijk，The Netherlands：ESA Publications Division.

［6］ Forsberg，Kevin and Hal Mooz. September 1992. "The Relationship of Systems Engineering to the Project Cycle." Engineering Management Journal，Vol. 4，No. 3，pp. 36－43.

［7］ Hamann，Robert J. and Wim van Leeuwen. June 1999. "Introducing and Maintaining Systems Engineering in a Medium Sized Company." Proceedings of the 9th Annual International Symposium of the International Council on Systems Engineering.

［8］ International Council on Systems Engineering（INCOSE）. June 2004. INCOSE Systems Engineering Handbook，Version 2a. INCOSE－TP－2003－016－02.

［9］ Meijers，M. A. H. A.，Robert J. Hamann，and B. T. C. Zandbergen. 2004. "Applying Systems Engineering to University Satellite Projects." Proceedings of the 14th Annual International Symposium of the International Council on Systems Engineering.

［10］ National Aeronautics and Space Administration（NASA）. June 1995. NASA Systems Engineering Handbook. NASA SP－610S.

［11］ NASA. 2001. Launch Vehicle Design Process Characterization，Technical Integration，and Lessons Learned. NASA TP－2001－210992. Huntsville，AL：Marshall Space Flight Center.

［12］ NASA. March 26，2007. NASA Systems Engineering Procedural Requirements，NPR 7123. 1a.

［13］ National Research Council（NRC）Committee on Systems Integration for Project Constellation. September 21，2004. Systems Integration for Project Constellation：Letter Report. Washington，DC：The National Academies Press.

［14］ Office of the Under Secretary of Defense（OUSD）for Acquisition，Technology and Logistics. July 2006. Defense Acquisition Guidebook，Version 1. 6. Fort Belvoir：DAU Press. http：//akss. dau. mil/dag.

［15］ Pisacane，Vincent L.，ed. 2005. Fundamentals of Space Systems，2nd Edition. Oxford：Oxford University Press.

［16］ Ramesh，Balasubramaniam et al. January 1997. "Requirements traceability：Theory and practice." Annals of Software Engineering，no. 3（January）：397－415. Dordrecht，The Netherlands：Springer Netherlands.

第 11 章　验证与确认

杰里·乔恩·塞勒斯 （Jerry Jon Sellers）

教育科学技术公司

赖利·M·杜伦 （Riley M. Duren）

喷气推进实验室

威廉·H·阿西诺 （William H. Arceneaux）

美国国家航空航天局约翰逊航天中心

爱德华·B·甘布尔·Jr （Edward B. Gamble Jr.）

喷气推进实验室/加州理工学院

　　这一章我们将注意力转向系统工程中的评估过程，如图 11-1 所示；在表 11-1 中，列出了我们讨论的结构。验证与确认活动计划不周或执行不力一直是很多备受瞩目的航天灾难背后的核心因素之一，表 11-2 总结了一些重大的任务失败，如果执行了严格的系统验证与确认，这些失败本可避免。项目验证与确认包括很多相互高度关联的活动，这些活动的目的在于回答几个贯穿于整个任务周期的关键问题（大致按以下顺序）。

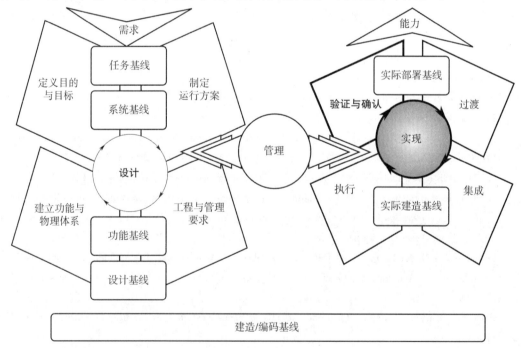

图 11-1　到这步骤了

验证与确认活动恰在系统工程右侧的"V"上。但是，很大一部分计划相当早地开始于左侧"V"

1) 要求确认：这些要求是否正确？
2) 模型确认：这些支撑设计与验证活动的模型是否正确？
3) 产品验证：我们建立或编码的系统是否满足上述要求？
4) 产品确认：我们建立或编码的系统是否正确（对于以上问题的完备性检查）？
5) 飞行认证：系统是否准备好了飞行？

表 11-1 验证与确认活动汇总[①]

步骤	活动	所在章节	相关章目
1	确认要求	11.1 节	第 4 章
2	确认模型	11.2 节	第 10 章
3	验证产品 ·准备产品验证 ·实施产品验证	11.3 节	第 10 章
4	确认产品 ·准备产品确认 ·实施产品确认	11.4 节	第 9 和第 12 章
5	飞行认证产品	11.5 节	第 12 章
6	应对商业现货和非开发项 验证中的特殊挑战	11.6 节	第 10 章
7	验证与确认软件	11.7 节	第 10 章
8	文件与归档	11.8 节	

[①]此表总结了验证与确认所包含广泛内容中的主要流程和关键活动。

表 11-2 美国国家航空航天局事故报告摘录[①]

任务及年份	灾难	与验证与确认相关的因素
起源探测器 （Genesis） 2004 年	惯性开关装反 ·降落伞没有打开 ·硬着陆	"……测试绕过了惯性开关传感器，把注意力放在了更高层次的验证与确认上……" "……盲目相信继承设计……"
哥伦比亚号航天飞机 （Columbia） 2003 年	碎片破坏了隔热瓦 ·乘员和航天飞机损毁	"……现有工具，包括弹坑模型，对于评估轨道器热防护损伤是不够的……" "……飞行技术状态的确认使用的是外推的测试数据，而不是直接测试数据……"
彗核探测器 （CONTOUR） 2002 年	固体火箭发动机尾流导致探测器过热 ·探测器损毁	"项目依赖于相似性分析"
广角红外探测卫星 （WIRE） 1999 年	电子启动瞬变现象 ·（传感器）罩提前脱落 ·制冷剂汽化损耗 ·科学任务失败	"由于保真度和电气地面支持设备的检测能力有限，在分系统或系统功能试验中，点火电子装置的异常特征均未被检出。"
火星极地登陆者号 1998 年	软件缺陷 ·下降发动机关机过早 ·探测器失踪	"采用的分析代替了整个系统性能的验证与确认试验……为制定或确认组分模型的试验不具有足够的保真度……"

[①]本表列出了验证与确认不足导致的几次深空探测任务的失败。引语来自这些任务的事故报告。

表 11-3 展示了每项活动的顶层流程。因为相关系统涵盖了从零件层面到整个系统的系统层面；或者对于软件，从代码层面上至安装好的全系统层面；产品验证和产品确认适用于任何层面。

我们日常使用的产品都要经过验证与确认。从洗发剂到舰船，都广泛应用了验证与确认，以保证这些产品安全地满足预定用途（至少我们希望是这样）。是什么使得空间系统如此特殊？与洗发剂不同，空间系统通常是独一无二的，我们无法通过大量的试验来验证生产过程；与舰船不同，空间系统无法通过试航来找出缺陷，然后再回到港口修理，我们只有一次机会来使其第一次飞行就成功。所以空间系统的验证与确认必须创新、严格，但遗憾的是，它通常很费钱。

表 11-3　验证与确认和认证活动的顶层流程[①]

输入	验证与确认和认证活动	输出
· 未确认的要求	要求确认	· 已确认的要求
· 未确认的关键任务模型 · 确认的模型要求	模型确认	· 已确认的模型 · 模型不确定因素 · 模型品质清单
· 已确认的要求 · 未验证的成品 · 验证计划（包括不可压缩试验清单） · 验证所需产品（如经确认的模型）	产品验证	· 验证计划（未实施之前） · 经验证的最终产品 · 验证结果（数据、报告、验证完成通知和工作成果）
· 经验证的成品 · 客户期望（如有效性测量和其他验收准则） · 确认计划 · 确认所需的产品	产品确认	· 经确认的产品 · 确认成果（如数据试验报告和工作成果）
· 经验证与确认的产品 · 验证与确认成果 · 最终产品的真实运行背景	飞行认证	· 经认证的产品 · 认证成果（如签署的 DD250—材料检查和验收报告，已完成的 FCA 和 PCA，任务条例）

①很多子过程的输出是下一个子过程的输入。比如，经确认的要求是要求确认过程的输出，并作为产品验证过程的输入（FCA—功能技术状态审核；PCA—物理技术状态审核）。

我们先了解一些基础概念。参考文献［12］中验证的定义为：符合设计方案规范和描述性文件的证明；确认的定义为：产品实现了基于利益相关方期望的预定目标的证明。在这两种情况中，我们都通过试验、演示、分析、检查或者仿真和建模等的组合达到证明的目的。从历史上来说，航天工业已研制出各种定制产品以满足设计与生产的一系列规范要求，同时满足客户要求，这种传承已将验证与确认融入众多航空航天工程师意识中，成为不可或缺的一个过程。但是航天工业研制出的产品正变得越来越多样化，我们需要使新的空间系统适合更大的现有系统结构，以满足更广泛的客户需求，因此我们从两个不同的目标来看待这两个过程。本章分别描述了产品的验证与确认，同时也单独描述了认证，并论述了验证与确认如何支撑认证这一重要活动。为了使任何任务最终成功，我们需要开展表11-3中的全部五项活动。

图 11-2 展示了验证与确认活动的基本流程。在整个项目生命周期中，对于不同类型的验证与确认，其侧重会有所不同，如图 11-3 所示。对验证与确认及其在整个项目过程中重点的转移等活动进行评估，能使我们有效地制定良好的要求和模型，获得已验证的产品，并最终形成符合客户预期的系统。

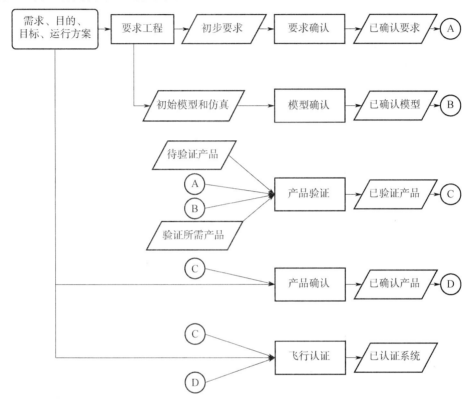

图 11-2　系统生命周期中的验证与确认活动

这幅图描绘了这些活动和逻辑顺序以及它们的相关性。平行四边形表
示了验证与确认活动（用矩形表示）的输入和输出

本章首先概述了以恰当确认的要求为依据的重要性，考查了项目验证与确认中的五个活动；接下来，我们讨论模型的验证，它是支撑其他验证与确认以及运行规划的一项非常重要但却颇为独立的活动；然后，我们论述产品验证活动，它是所有验证与确认活动中最重要也是最昂贵的活动；在此之后，我们考查与产品确认相关的问题，然后将注意力转向飞行认证中最重要的问题；最后，我们评审在空间应用中使用商业现货和非开发项的独特之处，并考查软件的验证与确认。本章包括案例研究、应吸取的教训，以及对 FireSAT 的研究。

本章可以互换地使用"系统"和"产品"这两个术语。产品或者系统的验证与确认计划包括飞行硬件、飞行软件、地面支持设备、地面设施、人员、过程和程序（即我们用来执行任务的所有对象）。如图 11-3 所示，这些活动贯穿了项目整个生命周期，我们将验证与确认活动分为以下两类：

1）发射前的验证与确认，为飞行认证做准备，即 A～D 阶段；

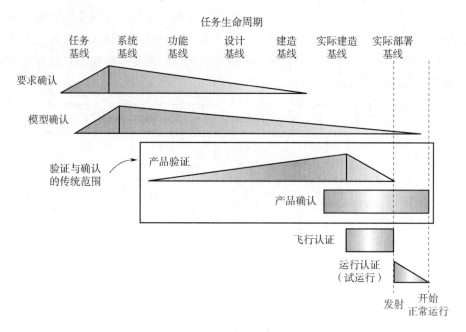

图 11-3　项目生命周期中各类验证与确认的标称阶段划分

此图说明了验证与确认活动中各种工作的相对层次。验证与确认活动的传统范围以产品的验证与确认为中心，但在更大的范围内包括了要求和模型的确认，以及飞行认证。为了更加完整，还包括理论运行性认证，也被称为在轨调试

2）运行中的验证与确认，比如在轨检查和交付，即 E 阶段。

我们主要关注发射前的验证与确认活动，但这些活动大部分也能应用到运行和校准任务阶段。让我们来看一下验证与确认可能的支撑因素。

1）要求。

2）资源：

　　·时间，一开始就将验证与确认写入进度；

　　·资金；

　　·设施，地面支持设备、仿真资源；

　　·人员，有成功经验的主题与验证专家，避免重起炉灶和重复以前的错误。

3）风险管理。

4）技术状态管理。

5）接口管理。

6）技术评审。

第一项是要求，没有明确的要求，就没有验证产品的标准，甚至都不能制造出产品。因此，好的、有效的要求是其他所有验证与确认的基础。下一节将讨论这五项活动中的第一项。

11.1　确认要求

清晰、完整、稳定的要求对任何计划的成功都十分关键。第 4 章描述了将客户期望转

化为详细技术要求的要求工程过程，并且展示了"好的"要求的各个方面，这个过程很大程度上依赖于要求分析工具，如功能流程框图。在 11.4 节中，"产品验证"完全依赖于要求的质量和项目初期制定下来并随项目推进而不断更新的规范；要求确认证实了任务目标和利益相关方的需求已经被清晰地纳入系统设计、建立、验证和运行系统所必不可少的技术要求之中。图 11-4 展示了客户期望和技术要求之间的反馈过程。

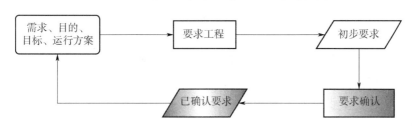

图 11-4　要求确认的流程图

此图展示了客户期望与技术要求之间的反馈过程。要求确认决定了一个系统是否满足那些用来实现客户期望的要求。加深的图框指的是本节主要阐述的内容，平行四边形标明了这些活动（用矩形表示）的输入或输出

我们必须在一开始就建立并努力保证所有要求是有效（VALID）的团队文化。我们必须不断地问："这些要求是否……"

1）可验证（Verifiable）；

2）可达到（Achievable）；

3）符合逻辑（Logical）；

4）具有整体性（Integral）；

5）具有确定性（Definitive）。

（1）可验证

我们必须明确表达期望的性能和功能用途，这样最终的验证才能是客观的和尽可能是定量的。像"非常的"、"充分的"、"耐受的"和其他非定量的描述是不易验证的，验证活动也必须是切合实际的。例如，如果我们只有几个月的开发时间，要通过演示验证一台离子火箭发动机两年内的平均故障间隔时间可能就是不切实际的。

（2）可达到

一项要求必须是现实的。初期项目评估应集中在技术成熟度上，以保证我们有足够的资源使技术随整个系统的发展而逐渐成熟，这通常包括迭代和协商以及项目目标必须在现有资源和风险形势间做出平衡。可达到性的详细评估要求广泛的建模、仿真和其他要求工程技术（如第 4 章中描述的）。一个详尽的技术发展计划必须是技术策划的一部分，见第 13 章所述。

（3）符合逻辑

顶层的要求应与系统的背景相符合，低层的要求应在逻辑上遵从和支持高层的要求。这种顺序符合明确规定的要求的可追溯性过程，这一过程支撑着各种要求之间的相互关系。

（4）具有整体性

要求应是完整和内容丰富的，要求的缺失会导致功能的缺失。

（5）具有确定性

每一项要求必须精确地表述系统设计或系统性能的一个方面而且仅一个方面，它必须是清楚的，只有一种可能的含义；它必须是完整的且包含全部的任务技术状态、运行和维护方案、环境和约束，凡为了理解客户的需求所必需的信息必须全部被包含。要求必须表述出需求，而不是解决方案，即它应说明要求的原因和内容，而不是如何满足要求。

好的要求可能会超过以上这些属性（例如第 4 章中描述的"需要的"）。但是，VALID可以作为一个好的起点，可为负责评审和确认要求的人提供简明的指引。

我们通常会在 A 阶段初期系统要求评审之前，完成初步系统要求或顶层系统要求的正式确认。之后，随着系统设计不断成熟，我们应当不断地评审所有新的、衍生的或者发展中的要求的有效性。由于技术、设施、时间或资金的局限性，我们起初认为是可以达到和可以验证的要求，可能会变得既达不到也无法验证。因此，我们应当定期对每个技术基线中所关注的每个系统重新确认要求。

表 11 - 4 展示了一个 FireSAT 要求的示例。我们先从一个任务级要求开始：要求对覆盖区域保持 12 小时重访，看这项要求如何经过一系列的任务分析并分配给元器件级性能规范；然后我们使用讨论中介绍的方法和议题，判断每项要求是否符合 VALID 准则。这样的模型有助于系统地评估每项要求，我们越早发现要求中的缺陷，调整它们的成本就越小。

表 11 - 4　FireSAT 要求确认的示例[①]

级别	各级要求	探讨（VALID）
任务	FireSAT 应每 12 小时至少重访覆盖区域一次。（逻辑依据：美国森林服务局认为最大 24 小时的重访周期可以满足任务需求。）	· 可验证——通过分析。轨道仿真给出了指定星座构型下重访时间的精确估计 · 可达到——通过类比。现有的一些小星座有着相近的重访时间 · 符合逻辑——通过工程判断。对于给定项目目标，这项要求是合理的 · 具有整体性——N/A。星座重访支撑着总体任务目标 · 具有确定性——通过工程判断。这项要求是简明而清晰的
系统	FireSAT 应将位置保持在 700 km（±5km），55°（±0.01°）倾角的轨道上，真近点角间隔 180°。[逻辑依据：位置保持窗口的大小是通过按照保持一个 12 小时重访的双卫星星座的分析 [Sellers，2005] 确定的。（所有这三个参数都基于同样的要求，反映了它们之间强烈的相互依赖）]（位置保持是指通过机动将航天器保持在其要求的轨道上）	· 可验证——通过分析。轨道机动仿真给出了星座保持所需覆盖范围的"窗口"大小 · 可达到——通过类比。一些现有的小星座能够达到类似的轨道保持要求 · 符合逻辑——通过工程判断。给定项目目标，这项要求是合理的 · 具有整体性——方式未定。星座构型的保持支撑着总体任务目标 · 具有确定性——通过工程判断。这项要求是简明而清晰的
分系统	推进分系统应在整个任务生命周期内提供总共至少 513 m/s 的 ΔV。（逻辑依据：ΔV 要求是由分析确定的[19]，包含机动到任务轨道、在任务生命周期内保持位置和生命周期结束时脱离轨道。）	· 可验证——通过分析。轨道机动仿真给出了整个任务所需 ΔV 的精确估计。首先与运载火箭分离，FireSAT 机动到最终任务轨道，然后依据合理的摄动假设，在整个任务周期内保持在规定的位置保持窗口内 · 可达到——通过类比。现有小卫星可以满足类似的 ΔV 要求 · 符合逻辑——通过工程判断。对于给定的项目目标，这项要求是合理的，由位置保持的要求衍生而来 · 具有整体性——N/A。达到这个 ΔV 对于所有任务目标都是必需的 · 具有确定性——通过工程判断。这项要求是简明而清晰的

续表

级别	各级要求	探讨（VALID）
组件	轨道机动推力器的比冲（I_{sp}）应至少为 210 s。（逻辑依据：推力器性能是通过对 ΔV 要求和卫星干重的系统权衡分析推导而得到的。）	• 可验证——通过试验。推进分系统组件级试验为这一性能指标提供了依据 • 可达到——通过检查。具有这种比冲的单组元推力器是可以广泛获得的，并且体现了工业水平 • 符合逻辑——通过工程判断。对于项目目标，这项要求是合理的，在逻辑上符合任务的 ΔV 要求，也是推进技术可供选项间的权衡结果 • 具有整体性——N/A。达到这个比冲对于支持任务 ΔV 要求是必需的 • 具有确定性——通过工程判断。这项要求是简明而清晰的
组件	推进剂贮箱可用容积应为 65 L［逻辑依据：推进剂容量是由对 ΔV 要求、卫星干重和假设的单组元火箭性能的分析（参考：FS-TR-105）推导而来的］。	• 可验证——通过试验。推进剂贮箱组件级试验为这一性能指标提供了依据 • 可达到——通过检查。这种容积的推进剂贮箱可以广泛获得 • 符合逻辑——通过工程判断。对于项目目标，这项要求是合理的，是 ΔV 要求和发动机比冲 I_{sp} 合乎逻辑推导的结果 • 具有整体性——N/A。这一容积对于支持任务的 ΔV 要求是必需的 • 具有确定性——通过工程判断。这项要求是简明而清晰的

①类似于这样的符合矩阵可以帮助我们系统地评价每项要求的有效性，它同时也包含了确认的思考过程。要求必须体现 VALID 特点（N/A 指不可用）。

第 4 章论述了起草清晰而简明的要求所遇到的挑战，这里我们把更多的注意力放在要求的可达到性和可验证性上。虽然用词精确对于传达要求是重要原则，但用词的正确也同样重要。因此，为了真正地确定一项要求，我们必须深入研究和分析及用其他模型证明分析，下一节将更加详细地考查模型确认的问题。

要求不清晰或者未明确分配会导致任务的失败，这种情况出现在火星极地登陆者号任务中，下降发动机的过早关闭可能是失败的原因，事故报告将失败的根本原因归结为没有将系统级要求明确分配给分系统，这里指的是软件级要求。图 11-5 描述了从系统要求到软件要求的映射。系统要求规定到达 12 m 高度时才能使用传感器数据，还制定了进一步的准则以防止由于传感器失效和可能的瞬变过程导致下降发动机推力过早消失。但是，这些要求没有明确指出故障模式，所以，软件设计师并没有采取瞬变保护，也没有考虑对瞬变进行测试；由于缺乏完整的软件规范，所以在单机级试验中无法验证上述要求。在 11.5 节，我们将描述如何通过产品确认来发现这种问题。

执行和评审在指定要求过程中得到的结果，是要求确认的关键部分，也是产品验证与确认的关键部分。我们通常将分析看做预测或者描述系统行为的模型。任何系统研制中的一个基本挑战是，在从事多个平行分析时使用的各种假设应保持同步。

系统的复杂性难以用"黑盒"模型表示。一个真实系统，其分系统及部件间存在强烈的耦合和相互联系，很多接口关系都是互相渗透或是可变的。此外，真实系统具有很强的多维性，其内在联系经常跨越不同维度之间的界限，且不总是正交的。另外，要求分为两大类：1）特性（如质量、容积、颜色等）和 2）能力（如生产力、收集图像等）。对于要

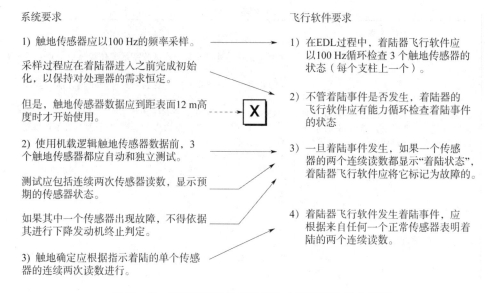

图 11-5　火星极地登陆者号任务中不正确的要求分配

系统要求 1）中的一部分没有被分配给飞行软件要求，因此最终的系

统没有包含这一要求（EDL—进入、下降和着陆）[7]

求确认，我们有几种有用的工具，如下所述。

1）评价函数：描述终极任务目标对关键任务设计参数的敏感度的模型（例如，全球气候调查的优劣是空间分辨率和光谱分辨率的函数，而这些分辨率又依赖于航天器指向精度）；

2）状态分析：模拟系统如何对激励和指令做出响应的行为模型；

3）跟踪分析：低层次要求反推到顶层目标的独立工作；

4）故障树和失效模式分析：用以确定设计中潜在的软肋和要求缓解的重点工具。

这些模型除用于制定要求之外，以后还可用来（或者用它们衍生的模型）验证要求，不管是单独试验还是作为整个试验活动的一部分。在要求的制定、确认和验证以及最终的系统确认中，系统行为模型都有关键的作用。因此，我们必须确认这些模型。

11.2　确认模型

空间任务的验证与确认几乎与地面上任何系统工程的做法都不同，因为前者的验证非常依赖于分析、仿真和建模，在地面上通过试验重现空间环境只能产生粗略的近似，而且，空间环境的很多方面，比如自由下落及与之相关的对姿态动力学的影响，是不可能在地面上精确重现的。因此，在很多情况下，我们必须几乎完全依靠模型。

因为我们如此依靠模型，所以我们必须证明它们是可靠的。当分析是测试"验证链"的关键环节，即支撑这项分析的模型中含有的错误有时会直接导致任务失败时，模型确认显得尤为重要。在系统行为无法感知，或者不精确将导致严重后果的情况下，我们必须保证模型是可靠的。模型确认的目的是为关键决策提供客观证据，用这些证据说明我们用来分析任务系统和产品的模型足够精确地反映了真实世界。我们说"足够精确"而不是"尽可能精确"，因为，所有的验证与确认活动中都存在一个回报衰减点，超过这个点之后，需要的资源越来越多，而模型可靠性的提升却微乎其微。

模型及其所支撑的分析有很多类型，有粗略计算，也有完整的硬件回路仿真。模型是所关注的真实系统（航天器、仪器、地面段、分系统或者全系统）的简化表示，我们强调"简化"是为了说明没有哪个模型（即使是那些经过确认的）能够完美表征真实事物。表 11-5 列出了我们使用的四类模型及其实例。需要在空间工程中加以确认的模型有：

1）结构有限元模型（FEM）（如 NASTRAN）；

2）光学设计模型（如 Code V）；

3）热控系统模型（如 SCIDA）；

4）天线（电磁）模型（方程式）；

5）指向控制系统模型（如控制算法）；

6）轨道蒙特卡洛仿真（传统工具）；

7）仪器性能模型（如电子数据表性能权衡模型）；

8）飞行软件行为模型（如 Simulink 软件资源模型）。

表 11 - 5　模型类型[①]

物理模型	图形模型	数学模型	统计模型
· 风洞模型	· 功能流程图	· 动力学运动模型	· 蒙特卡洛模型
· 实体模型（不同的保真度）	· 行为图	· 结构分析，有限元或多项式拟合	· 后勤保障
· 工程模型（局部或完整的）	· 附加功能流程图	· 热分析	· 过程建模
· Hangar queen	· N×N 图	· 振动分析	· 制造布局建模
· 测试平台	· PERT 图	· 电气分析，波形式或连通性	· 序列估计建模
· 模拟板和试验板	· 逻辑树	· 有限元	
· 原型机	· 文件树	· 线性编程	
· 质量/惯性模型	· 时间轴	· 成本建模	
· 部组件成比例模型	· 瀑布图	· 网络或节点分析	
· 激光平版模型	· 布局规划	· 决策分析	
· 结构试验模型	· 蓝图	· 运行或生产力分析	
· 声学模型	· 电路图	· 流场研究	
· 训练器	· 典型图样	· 热模型	
	· 地形图表示	· 工作流分析	
	· 系统或部组件的计算机辅助草图	· 流体力学研究	
		· 控制系统建模	

①在整个系统生命周期中，我们使用各类不同保真度的模型来进行系统分析。

复杂系统大都无法用简单的黑盒模型来表示，真实系统往往不能简单划分为整齐的小块，接口与界限通常是模糊的。由于以上这些原因，我们必须保证，要求表述的应是功能性能力（横向来说），而不是简单的陈述个别硬件和部组件的规范，这一要求说明了第 5 章中关于逻辑分解之所以重要的论述。过早将要求分配到物理方案通常会导致没有机会进行鲁棒性设计。

对于更复杂的事物，真实系统具有多维度复杂性。在图 11-6 中，宽度方向上是端到端的数据流，深度方向上是从顶层到底层的性能，长度方向上是运行时间。由于不同模型是分别利用这些维度的，所以也要分别确认。同时我们应认识到，需要有机会交叉确认不同维度间的模型。事实上，我们应当找出这些机会。

表 11-6 简要描述了模型确认活动。模型确认的起点就是它在生命周期中出现的时间。在方案中，模型确认开始时，至少应就相关系统，对初步的任务、系统或者产品要求有一定的认识。但是，单个产品级行为的模型，尤其是在空间环境中，可能主要取决于任务级关于环境的规定，这在环境任务级模型中得到了反映。如何根据计划需要建立这些模型已经超出了这里讨论的范围。行业标准文献，如《空间任务分析与设计》[11]或者《空间发射与运输系统》[10]，给出了在系统级和分系统级分别为航天器和运载火箭建模的详细技术过程。根据所需模型的类型和精确度，建模可能会耗费大量的时间和资金。下一节产品验证，将描述推动工程模型理念的因素。对于这些模型的详细要求及交付时间，是第 13 章关于技术策划的核心内容。有了要求和未确认的模型，就可以开始进行模型确认。

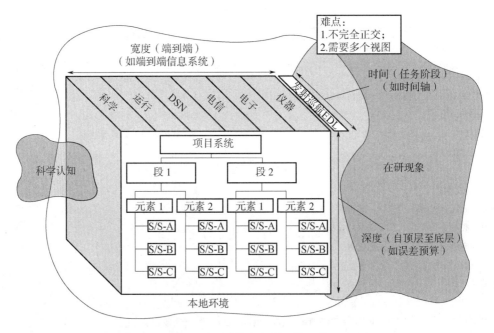

图 11-6　系统定义的三维元素

我们用三维图画出了真实系统的复杂性。对于科学任务来说，研究一个或多个现象扩展了我们的认识。

这里的"深度"方向表示物理系统分解为段、分系统和元素。"宽度"涵盖系统结构的所有元素。最后，"长度"代表从发射到进入、下降和着陆的整个任务生命周期（EDL—进入、下降和着陆；S/S—分系统）

表 11-6　模型确认的输入、输出和相关活动①

输入	模型确认活动	输出
・未确认的任务模型 ・初步的产品要求	・准备模型确认 　—确定关键模型 　—制定模型确认计划 ・实施模型确认 　—获取模型确认数据 　—确认模型 ・记录与迭代 　—更新模型确认矩阵 　—记录并改正模型与任务文件之间的偏差 　—确定并记录模型不确定因素 　—迭代	・确认的模型 ・模型不确定因素 ・模型特征清单

①模型确认活动将未确认的模型转化成已确认的模型，并提供关于系统相互依赖关系和行为特征的信息。

11.2.1　准备模型确认

为准备确认模型，首先需要确定对任务有关键意义的模型和仿真，然后制定确认计划来实现模型和仿真。模型对于建立验证计划（我们称之为通过分析的验证）中各种试验之间的联系常起到关键作用。模型确认的资源必须集中关注那些对任务成功影响最关键的模型，对于任务关键的模型是指，模型中的错误被掩盖则将导致项目在运行阶段失败的模型。火星极地登陆者号事故调查中的一个例子："整个系统性能验证与确认中，推进系统将分析代替了试验……当用来研制或确认模型的试验没有达到为保证系统的鲁棒性所需的保真度时，系统通过仿真和其他分析的端到端的系统确认在某些方面被潜在地妥协了"[9]。为了避免此类失败，我们必须严格确认那些用于任务设计和分析的模型。

关键模型的确认很早就已开始，是验证与确认规划过程的一部分。一个有用的办法是开发验证和系统确认的"串连图板"，来说明模型和仿真与其他设计及验证与确认活动相比有何不同，是在哪里和如何纳入到整体计划的。例如，考虑 FireSAT 有效载荷的角分辨率要求：

FireSAT 的有效载荷在 $4.3~\mu m$ 波长上角分辨率 $< 4.0 \times 10^{-5}$ rad。

成本和物理的约束通常使得这种有效载荷不能进行真正的类飞行测试。作为替代，我们通过试验来验证低层次的要求，用得到的信息来确认各种模型，再通过分析，综合结果，来验证高层次的要求，过程如图 11-7 所示。我们首先测量这种仪器的光学设计，得到经试验确认的模型，再用相同的方式处理反作用飞轮跳动、航天器结构有限元模型和热模型，将得到的经试验确认的模型用于仿真仪器指向的闭环控制。将这个仿真与仪器的光学设计相结合，就可预测仪器最终在运行中的角分辨率。

由于成本和物理的各种限制，指向控制仿真中使用的模型和仪器响应的最终模型都没有通过试验确认（由于无法在真空室内使集成的航天器和仪器进行自由落体悬挂试验，所以没有在地面上进行真正的类飞行闭环成像试验）。作为替代，我们接受一定的风险，用其他方法确认了那些模型（例如，物理和计算机代码的同行评审）。

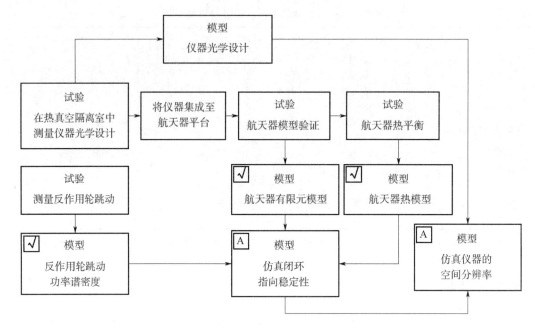

图 11 - 7　验证过程串连图板（以 FireSAT 为例）

这样的验证串连图板有助于规定组合的试验程序和分析有效载荷性能要求。

图中，方框中的"√"说明这个模型已经或将要被试验所确认；"A"表示该模型将只通过分析确认

　　验证串连图板有两个用途：1）它指出哪里没有经试验确认的模型；2）它指出在哪里可以"以试验代飞行"。在这两种情况中，这些信息可以指导风险评估、哪里是有保证的、哪里可以缓一缓（比如附加的独立同行评审和交叉检查）。这些工作的结果也有助于定义、改善和确认对这些关键模型的功能、能力和精度的要求。

　　我们现在讨论制定模型确认计划，大部分项目都有模型确认计划，作为整个系统验证与确认活动的一部分，但是考虑到某些模型的关键性和较长的保质期，将这项活动至少从概念上分离出来是有用的（航天飞机项目在最后阶段应用的运行规划模型就是在系统研制初期建立的最初的一代模型）。表 11 - 7 给出了模型确认矩阵中所含信息的示例，我们也必须为每个模型提出具体的要求，然后将试验、检查或独立分析所产生的信息需要与每个模型的每个要求进行对比。在某些情况下，我们使用模型来确认其他模型。在使用模型生成结果之前，了解每个模型背后的基本假设，并比照现实情况进行完备性检查是很关键的。

表 11 - 7　FireSAT 模型确认策划示例[①]

模型	模型描述	确认方式	确认时间
轨道规划模型	商业现货数学模型，用于运行规划中预测轨道参数	对之前确认活动中的供货商数据进行检查	任务基线之前

续表

模型	模型描述	确认的方式	确认的时间
航天器结构有限元模型	用于预测结构状态（强度、刚度和稳定性）的数学模型	检查代码以确认假设与结构模型的符合性 振动试验活动（模态测量、静载荷和随机振动试验）	设计基线之前的研制性测试
航天器结构 工程研制单元	用于确认有限元模型中模拟预测质量特性的物理模型	检查设计以确认每张图样中的设计和建造	设计基线之前的研制性测试
航天器姿态确定模型	使用多次蒙特卡洛法预测定姿态误差的统计模型	检查代码以确认假设与飞行硬件配置和预测噪声描述的符合性 经验性确认，比较预测结果和类似任务的实际飞行数据	制造基线之前

① 在 FireSAT 系统的设计和研制中，我们需要使用不同方法在系统生命周期的不同时间点确认不同的模型。

11.2.2　实施模型确认

有经验的分析人员认为模型确认在定量和统计意义上并不明确，他们会更注重相对主观、定性的技术[2]。补充一些模型确认的方法能够减小出现错误的风险。这些方法如下所述[22]。

1）表面效度：专家对系统或相似系统模型结果进行检查，作为一个完备性的检查，来确认输出的合理性，并且体现了所要求的操作性功能。他们可以用粗略的计算或之前已确认模型作为比较。

2）同行评审：独立评审逻辑依据，并详细检查模型的内部组件。

3）功能分解和测试，或称逐段确认：将测试数据注入个别的代码模块，比较真实输出和期望输出。

4）对比或经验确认：将模型的性能与建模中的物理系统（或者类似系统）性能相比较。

对比或经验确认是首选的方法，在理想情况下，可以通过希尔不等式系数（TIC）和多元统计学[3,20]等成本方程定量评估模型的可信度和精确度，但实际中，这种方法受到几个因素的限制，其中最主要的是，我们在项目初期使用模型进行要求确认的时候，被建模的系统尚未最终形成，通常，我们在项目后期用真实系统进行测试时，才对以上情况进行弥补，并借以支撑模型改进。进行对比时，我们必须将测试制品引起的噪声和系统固有噪声分离开。在项目初期，我们有时通过以下方法将模型与真实系统进行比较：修改模型的性能来描述一个已有的类似系统，分析其中的差异，然后对模型作必要的调整。

对于那些任务关键性的模型，我们通过压缩形式验证工作来管理项目成本。系统工程师须决定足以满足需要的可信度，并平衡可信度与模型成本、实用性要求之间的关系。我们更愿将项目资源投入到综合性的试验上，而不要为改善某一具体模型的可信性和实用性而花费更多资源。遗憾的是，航天工业中有很多过分依赖某些模型的例子，而这些模型实际上是不够精确的。阿里安 V 运载火箭首飞的失败，就是导航、制导与控制模型没有充分考虑真实硬件回路问题的实例，阿里安 V 由于使用了原本是为阿里安 IV 开发的差别很大的导航代码，导致制导系统失效，最终造成火箭在发射后不到 40 s 就自毁[1]。

11. 2. 3　记录模型确认结果

模型确认可能得到以下几个结果：

1）它如所期待的那样揭示模型的行为，误差可以忽略；

2）它揭示模型应作必要的修改，以更加准确地反映真实系统（之后要进行重新确认，以保证这些修改是正确的）；

3）它揭示模型和真实系统之间的差别不能被完全修正，但是差别对于模型的量化很重要（认知对控制）。

我们必须理解这些差别，并将其作为模型不确定因素（MUF）的一部分记录存档，在模型确认矩阵和个案分析的总结中获得这些模型不确定因素，它们实际上就是模型结果中的误差线，并有助于引导对设计裕度或其他裕度的需求，但记录活动必须不限于获得模型不确定因素。我们还必须管理模型技术状态（以及其他所有任务关键性的软件），以保证模型未来的客户理解模型演变以及验证与确认活动中暴露出来的特质。

举例说明，预测地球与冥王星之间深空通信链路的模型。在项目初期，这样的模型对于指导系统设计和分析十分必要，12～15 年之后，当航天器到达太阳系边缘的目的地时，我们会再次需要这个模型来进行运行规划。到那个时候，找到原来建立这个模型的所有无线电工程师几乎不可能，也许更糟的是，软件和硬件平台已经历了好几代，维持原来的软件模型更为困难。所有这些都强调了首先确认，然后严谨地记录结果，以便在整个生命周期中指导任务的设计、分析和运行。

11.3　验证产品

前面介绍了要求确认和模型确认两种活动，让我们做好准备进行下一项，可能是最耗费资金和时间的活动，即产品验证。验证在一般情况中都是指产品验证。NPR 7123.1a 中产品验证的定义为：证明设计方案规范符合描述性文件的方法[13]。JPG 7120.3 将验证称为：证明相关系统符合要求的方法（应当）。验证在系统体系的各个层次上实现[16]。欧洲空间标准化合作组织 ECSS-P-001 指出：符合要求的验证往往是"客户按照合同验收产品"的基础[5]。

产品验证乃是验证与确认活动的核心，并耗费了大量的精力和资金，我们将进行详尽的阐释。产品验证的目的分为两类。

1）例行产品验证：在装配、总装和测试（AIT）直至包括运载火箭集成的各阶段中的很多节点上执行。它验证基本功能及运输系统没有损坏或其他事件。

2）正式产品验证：在装配、总装和测试中的某节点执行，以验证产品满足给定的设计要求或规范。

策划和执行这两种产品验证的过程是相似的，因此我们将更多注意力集中在正式产品验证上。图 11-8 给出了总体流程的全图，表 11-8 列出了组成产品验证的顶层活动。这些活动可以归为两大类，准备产品验证和实施产品验证。我们从已确认的技术要求着手，辅以使能验证产品，如已确认的模型、试验设备、人员以及其他资源（时间和资金是最重要的），在项目验证理念的基础上制定验证要求，然后，用这些验证要求来指导界定更加详细的试验与验证要求（TVR）。这些要求连同详细的计划和程序，以及设施、设备、训练有素的人员，还有待验证的产品，一起开展验证活动（测试、演示、分析、检查，或建模和仿真，或以上各项的组合）。

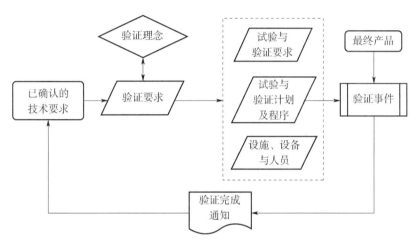

图 11-8　产品验证过程的流程框图

这幅流程框图表示了技术要求是如何被最终验证并形成闭环的

表 11-8　产品验证活动[①]

输入	验证活动	输出
• 已确认的要求 • 验证使能产品（例如经确认的模型）	1. 准备产品验证 2. 实施产品验证	• 经验证的最终产品 • 验证计划（按已执行的） • 验证产品（数据、报告、验证符合矩阵、验证完成通知、工作成果）

①验证活动为最终产品满足系统要求提供了证据。

验证活动交付已验证的最终产品，该产品已通过一种或多种方法客观地证明满足规定要求。已执行的验证计划和一系列文件产品，包括验证完成通知、试验报告以及其他重要证明，支撑这一结果。

图 11-9 展示了我们在整个项目生命周期中怎样实施验证活动。在每一阶段，项目经理和系统工程师必须监视产品验证活动依照验证计划和确定的程序进行。这些程序根据每项要求收集数据，并特别注意有效性测量。

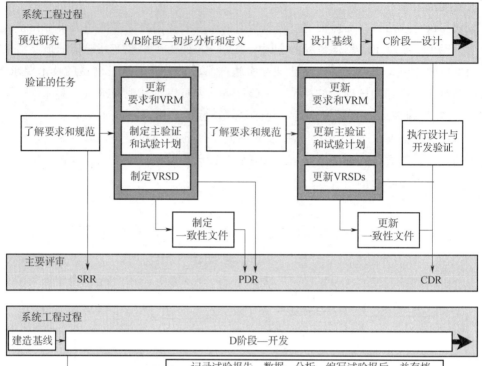

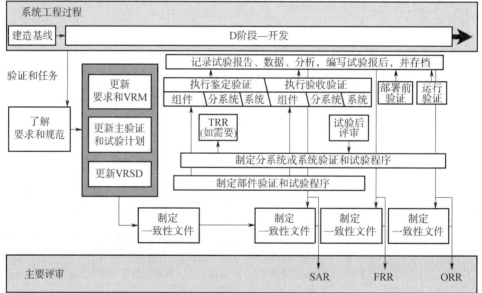

图 11-9　项目生命周期中的验证与确认[15]

此图说明了在系统要求评审（SRR）之后，验证活动如何马上纳入项目生命周期。

（VRM—验证要求矩阵；VRSD—验证要求和规范文件；PDR—初步设计评审；

CDR—关键设计评审；SAR—系统验收评审；FRR—飞行准备评审；ORR—运行准备评审；

TRR—试验准备评审）

　　所有军事领导人都知道"没有任何作战计划在遇敌之后还会有效"。当产品验证全面开展后，问题是难以避免的。对于与计划的产品验证程序或计划的环境不符的环节（包括设备测量或数据采集故障），产品经理和系统工程师必须与利益相关方一起要求重做。

　　在装配、总装和试验环节，我们定期在每个重要步骤（由集成验证鱼骨图确定，后述）进行系统集成评审（SIR）。系统集成评审是认证飞行诸元素与系统为集成作好准备的正式评审，包括认证设施、辅助人员、计划和程序都作好了支撑集成的准备（见第 10 章）。系统集成评审主要关注将由客户验收的飞行诸元素与系统的集成。大多数任务都有数次系统集成评审。

11.3.1　准备产品验证

成功的产品验证项目依赖于充分的准备工作。第 13 章强调详细的技术策划对整个系统工程过程的重要性，对于验证尤为如此。我们要从 A 阶段前开始进行充分的策划，不断更新，直到 D 阶段验证开始，否则，项目中的资源就不足以交付经充分验证、满足预定要求的产品。缺乏完善的策划也难以应对装配、总装和测试阶段出现的不可避免的周折。表 11-9 总结了产品验证准备阶段的输入、活动和输出。

表 11-9　验证准备阶段的输入、输出和活动[①]

输入	验证准备活动	输出
• 经确认的要求 • 支持验证的产品（例如，经确认的模型、试验设施）	• 建立项目或工程验证理念 • 为每项要求制定验证要求（确定验证方法、明确验证事件和成功准则） • 获得试验和验证要求、计划、程序和支持要求 • 编写主验证计划	• 验证要求（例如，验证矩阵） • 支持验证产品的要求得到满足（例如，GSE、测试/模拟器） • 验证计划 • 详细的试验和验证要求 • 详细的试验与验证流程（例如，验证逻辑网络、主进度） • 主验证计划，包括详细验证所需的支持（例如，设施、设备、产品可用性、人员、时间、资金）

[①] 初期验证策划对于保证准备好系统验证所需的测试条例、设施及其他长周期项来说是很重要的。

验证准备的输入如表 11-9 所示，而其输出全部为充分验证每项技术要求所需的方法和事件，以及详细的计划、程序和辅助性要求。下一节将依次阐述每项验证准备活动。

11.3.1.1　建立产品验证理念

对于给定的要求，验证活动的理念提供了基本途径确定证明的数量和种类来进行客观验证。这一理念决定了：

1）为验证所选的一种或多种方法；

2）为验证和飞行所研制模型的数量和类型；

3）试验的数量、类型及相应的级别；

4）实施验证过程的项目阶段和事件。

工程验证理念与风险的容限有关，验证少意味着（但并不一定造成）风险高，验证多意味着（但并不一定保证）风险低。第 8 章论述了广义风险管理，这里我们关心的是制定验证程序过程中的风险管理。在制定验证程序的过程中，风险经理和验证工程师必须考虑：

1）系统或单项的类型：载人还是无人，试验性有效载荷还是商用有效载荷，硬件还是软件，零件、组件、分系统、整个运载器，或者系统的系统；

2）待验证系统的数量：单件生产，多件生产，单次使用；多件生产，多次重复使用；

3）硬件或软件的重复使用

4）商业现货或非开发项（NDI）的使用；

5）成本和进度约束；

6）可用的设施；

7）采办策略。

当我们考虑这些因素时，有两大类验证程序：传统的和原型飞行的，还有很多基于这些主题的其他因素。它们之间的根本差别是，传统方法明确区分了用于鉴定的验证活动和用于验收的验证，而原型飞行方法中一般没有这种区别，这种差异反映在研制模型的数量和种类上。在使用任何一种方法之前，我们通常进行某种层次的研制试验。研制试验对于降低初期风险和验证方案是必要的，但是，由于研制试验在实验室环境中进行，缺乏严格的质量保证，因此通常对实现最终的要求不起作用。

在传统方法中，鉴定活动验证的是设计的稳健性。因为要求主要是针对设计，鉴定项目过程中收集的证据通常被定义为正式的实现要求，并记录到类似验证完成通知（VCN）的文件中。用于鉴定的验证要求与设计性能或设计研制规范相关。验证之后，鉴定要求树立了信心，即设计方案满足功能或性能的规范要求（符合功能基线）。我们往往只完成一次飞行鉴定活动，或者在做出的修改未经确认，或未包含在原来的验证范围内时，才进行飞行鉴定。

鉴定活动是使用专用的模拟飞行鉴定硬件和验证所需的基本飞行软件进行的。用于鉴定的硬件应与飞行硬件具有相同的图样、材料、制造工艺、生产过程、人员胜任力。对于现有的商业现货和非开发项，鉴定产品理论上应从一组产品中随机选取（抽检）。运载器或分系统鉴定试验对象应尽可能由鉴定单元组装而成。如果有必要，可以按试验要求进行适应性修改。例如，可能要添加的仪器或记录功能参数的端口、测试控制限制，或工程评估用的设计参数。

对于鉴定来说，我们设置的试验级别要为真实飞行留出充足的裕量，这些条件包括飞行环境及允许某些组件在验收试验和再试验中积累的最长时间或最大循环次数。但是，鉴定活动不能超过适用的设计安全裕度，也不能造成不实际的故障模式。例如，在整机级，鉴定试验的随机振动级一般设为运载火箭引起的飞行级期望值的 4 倍（+6 dB），时间为 2 min。

在传统方法中，我们遵循正式的鉴定大纲，其中飞行硬件单独验收。验收验证保证符合规范要求，并针对加工缺陷和材料缺陷提供质量控制保障。验收验证的是工艺，而非设计；验收要求与建造有关，或与向客户交付并由客户验收的产品的规范和成熟度有关。验收要求通常包括子集和由鉴定要求衍生出的非极端试验要求。一旦经过验证，验收要求就确认，硬件与软件是按照建造要求加工的且没有工艺缺陷（符合功能基线）。我们按惯例对每个可交付的最终产品进行验收验证。验收包括承包商或供货商向客户交付，也包括政府供应者（例如，美国国家航空航天局或者美国国防部）向项目交付政府供应装备。

验收活动旨在对产品进行充分测试，促使潜在的零件、材料和工艺缺陷引起的初发故障出现，不能超过适用的设计安全裕度或造成不实际的故障模式。验收硬件的环境试验条件仅为飞行期望级，不附加裕量。仍以运载火箭为例，在整机级，飞行产品验收试验的随机振动级一般设为运载火箭引起的飞行期望级（＋0 dB），时间为 1 min。

传统方法具有一个额外优势，常被人低估，即鉴定活动可以作为确认后续验收大纲的一次有价值的演练，这包括试验技术/程序、训练、逻辑、设备、仪器和软件。

与传统方法相比，纯原型飞行（又称飞行证明）策略在于，所有的飞行件都只经受增强的验收试验，不研制专门的鉴定件，这样带来的风险是飞行件在以后生命周期内没有得到正式的演示验证。这一风险在一定程度上可由以下事实来减轻，因为在超过常规级的验收试验中，每个飞行件都满足了要求，这些试验级别大部分都低于鉴定级，但高于验收级。原型飞行策略的试验期限通常与验收期限相同。选择使用原型飞行策略，应当进行广泛的研制性试验以获得信心，即产品的承受应力在经过增强级验收试验中达到最大之后，仍具有足够的裕量，尤其是对于疲劳和磨损。再举上面的例子，在整机级，原型飞行试验的随机振动级可定为运载火箭引起的飞行期望级的 2 倍（＋3 dB），时间为 1 min，介于鉴定级和验收级之间的对比。

如今的自动航天器最常用的是混合方法，有些产品（如航天器结构）使用传统方法研制，有些产品（如有效载荷或单独的分系统）则使用原型飞行方法。这些方法可能都以某种程度的飞行继承性为基础，来减小组件级风险。

不管使用何种方法，得到的结果都是经认证的产品。产品经鉴定满足或者超出所有设计规范，正式地结束合同或其他要求，不存在零件、材料和工艺缺陷，因此被认为可以飞行。这一过程中所收集的大量证据将与航天器一起进入最后一系列的项目评审中，以决定是否批准飞行。我们将在 11.6 节认证的主题中探讨这些最后的活动。

产品验证活动贯穿于整个项目生命周期。在策划阶段，我们确定不同验证事件的时间。在航天工业中，最终的航天器技术状态（例如与固体火箭上面级集成的卫星）通常都是在与运载火箭集成前不久才完成的，这意味着某些接口或者功能要求可能要拖到发射前夕才能充分验证。其他性能要求，尤其是那些新功能或与运行环境互相作用的要求，可能只有在在轨测试或演示期间进行验证。

附加的活动主要是装配和检查要求，与飞行准备过程中的飞行元素与系统的集成相关。一旦被验证，这些要求就确认已为进入高一级的系统集成作好准备。

最后，还有运行要求与飞行中的运行具体相关。通常，运行要求纳入详细的飞行规划活动，且成为任务的核心。例如，FireSAT 在进入常规运行前有一项对在轨传感器进行校准的运行要求。校准活动是用来验证传感器在发射过程中没有发生故障，在空间环境中运行良好，能完成任务。一旦被验证，运行要求就已为进入飞行阶段（如常规运行）作好准备。

现在我们探讨图 11 - 10 所示的编制鲁棒性产品验证程序的三维表示。验证程序的深度维包含了自上而下的系统分解结构；长度维是不同程序阶段的验证活动，从而建立产品全生命周期中验证证据的组合；宽度维是可使用的多种验证方法，不同的方法大致适用于生命周期不同节点和系统的不同部分。

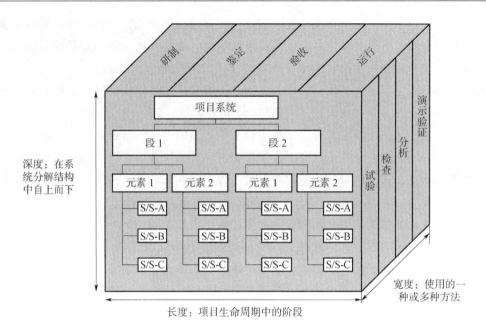

图 11 - 10　产品验证程序的三维表示

验证活动贯穿于整个系统及全生命周期（S/S 指分系统）

11.3.1.2　制定验证要求

验证计划开始于一组已确认的要求。它们一般包含在系统或段的规范文件（如依据 MIL‑SPEC‑961c）中或存放于电子数据库中，该数据库构成了编写验证要求的基础。不管我们怎样定义和管理这些要求，实用的输出都是简要的要求矩阵，我们将它作为验证计划的起点。

设计要求或性能要求表述我们该做什么、如何做，而验证要求说明我们如何了解系统是否实际上满足那些要求。理想情况下，我们应当在编写原始要求的同时就编写验证要求，但这经常由于几个实际原因而无法做到，通常，紧张的进度使得计划人员不得不推迟对验证的详细考虑。此外，编写设计或性能要求的人员或组织，也许并不精通要实施的最佳验证方法，应由具备设计和验证两种专业知识的人员合作，尽早编写验证要求。

让我们详细考查验证要求。如第 4 章所述，编写好的要求具有一定的挑战性，而编写好的验证要求则可能更加费力。验证要求为证明系统符合规定的要求确定方法、建立标准。编写验证要求的一种技术方法是把要求分成以下三个部分。

1）验证方法（检查、分析、仿真与建模、试验或演示验证）。

2）对验证工作的描述：

·对于仿真和建模，待建模的项和待仿真的特性；

·对于检查，待评审的项及质量要求；

·对于分析，所需数据的来源及关于分析的描述；

·对于演示验证，待演示的行动；

· 对于试验，顶层的试验要求。

3）确定验证完成的成功准则。

编写验证要求开始于评审初始要求，简要说明待验证事项。如果我们不这样做，初始要求就可能无效，而需要重新讨论或重写！这时一定不要急于转到验证方法。简单写下验证工作描述和成功准则有助于制定最合理的方法。

接下来，我们描述开展验证活动所需的工作或过程（在高层次上）。虽然不同活动选取的程序不同，但我们为每项活动只规定一个顶层程序。下面是一些程序的示例。

1）依照 x（标准、另一项要求、约束）进行；

2）包括 x，y 和 z（给定的局部目标或次级方法）；

3）使用 xyz（具体的工具、模式或数据、硬件或软件）。

成功准则应定义为，当我们提交产品及正式的验证完成通知时，客户将认可。在理论上，我们应该收集关于验证活动的各种想法并陈述我们选择某些方法的理由，接下来我们回到第一句话，并确定在该验证级别要使用的方法，不一定所有方法在每项验证要求中都会用到。如果将这些要求分解到低层，我们就可以使用其他方法。

图 11-11 给出了一个编写验证要求的简单模板。编写要求并形成文件之后，在验证要求矩阵中将这些要求总结出来，这使我们可以将初始要求和验证要求对照地看。验证要求还可以包括验证级别和排序。

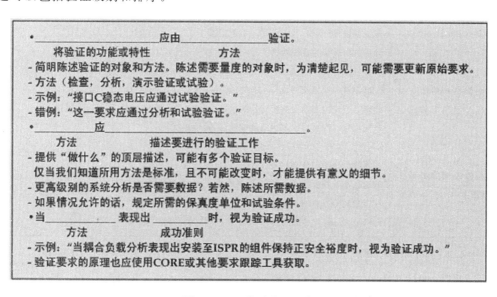

图 11-11　编写验证要求

好的验证要求定义了待验证的要求，包括验证方法及验证结束时用于判断的成功准则

设计师不应把验证要求未经交流，直接抛给验证工程师。验证要求应当反映出系统工程"V"的两分支之间的思想交汇，而且我们还应注意，不要把隐含的设计要求或承包商对工作方向的表述嵌入验证要求。设计与验证分离的一个例子是"测试中应将诊断设备连接到测试端口上"，而设计要求中却没有规定测试端口。工程与合同分离的一个例子是

"使用随机振动级加 6 dB 的鉴定模型进行验证",而工作说明中并没有关于供货商要生产鉴定模型的合同要求。为了避免这样的问题出现,有些组织采用了通用的验证要求,简单描述要使用的方法,按验证要求矩阵给出验收标准。表 11 - 10 说明了 FireSAT 任务中的一个局部验证要求矩阵。验证矩阵对于简明扼要地总结初始要求、验证要求和其他信息是很有用的。

表 11 - 10　FireSAT 验证要求矩阵摘录[①]

要求	验证要求	方法	级别
空间运载器的一阶模态固有频率应大于 20 Hz	空间运载器一阶模态固有频率应通过分析和试验验证。分析应研制出多节点有限元模型来估计固有模态。试验应使用振动测试平台对航天器进行模态测量(正弦扫描)。若估计和测量的一阶模态大于 25 Hz,分析和试验就应被认为是成功的	分析和试验	运载器
结构部件应标示轴线方向和组件标记	应通过检查验证所有系统结构组件的标记是否适当。该检查应确定轴线和标记的标示是否正确。若所有结构部件都已被正确标记,验证应被认为是成功的	检查	零件,部件,子件,组件
姿态确定系统的估计精度应小于 0.01°(3σ)	姿态确定系统的估计精度应通过分析验证。分析应使用预期传感器精度的蒙特卡洛仿真加上噪声,来决定误差统计分布。若预报误差小于或等于 0.01°(3σ),分析就应被认为是成功的	分析	分系统
电池供电的地面支持设备应显示当前的充电状态	电池供电地面支持设备的充电状态显示应使用演示验证。当连接到典型载荷时,演示应显示出充电状态。若充电状态得到显示,演示就应被认为是成功的	演示	系统
结构组装间的机械接口应使用 4 - 40 不锈钢紧固件	紧固件类型应使用检查来验证。检查应评审供货商的记录来找要使用的紧固件类型和尺寸。检查还应评审紧固件材料的证明文件。若所有接口使用的紧固件都是 4 - 40 尺寸的不锈钢,验证应被认为是成功的	检查	零件

①验证要求矩阵给出初始要求、验证要求("什么"、"何时"和"怎样")以及每项验证所在的级别。

　　我们现在把注意力转向已通过验证要求鉴定的验证方法。针对验证任一要求,我们可以给出 4 种基本方法:检查、分析、演示和试验。(有些组织,例如欧洲空间标准化合作组织对这些方法的分类略有不同,但它们与这里所使用的类别是等价的;其他组织还增加了仿真和建模,我们在这里将其归入分析。)表 11 - 11 描述了验证方法并给出例子。图 11 - 12 绘制了在给定情况下选取正确方法的决策树。

表 11 - 11　验证方法[①]

验证方法	描述	典型表述
检查（包括设计评审）	工程检查通过使用标准质量控制方法评审图样和数据，确定符合要求。只要图样、文件或数据能够证明产品体现了单项的物理特性要求，检查都是适用的	系统或单项要求中，对检查验证的典型表述有："应长 27 cm……"、"每……应作零件标记"、"应有与……一致的标示牌"
分析（包括利用相似性验证）	这种方法可能包括工程分析、统计与定性分析、计算机和硬件仿真以及模拟建模。以下情况适于使用分析验证：1) 有可能进行严格和精确的分析；2) 试验不符合成本效益；3) 通过检查验证不够充分 　利用相似性验证分析系统或单项中硬件配置和应用的要求，如果系统或单项与先前已经过图样或更严格的要求鉴定过的系统或单项在设计、制造过程和质量控制等方面相似，那么就可以避免类似的重复试验。如果先前的应用是相似的，但在严格程度上不同或更高，那么附加的鉴定试验应只针对新的或提升的要求上	系统或单项要求中，对分析验证的典型表述有： 　"应按照……设计"、"应按照……研制"、"应有……的可能性"
演示	演示通过对试验对象运行、调整或再审查，确定符合系统或单项要求。只要我们在具体情景下设计了功能可观察某些特性（如人体工程学特征和服务、访问特性以及可移植性），我们就可以使用演示。试验对象可能是受控、定量测量受限或性能受监控的，但记录的是检查单而不是性能数据。演示一般是试验流程的一部分	系统或单项要求中，对演示验证的典型表述有： 　"……应是可达到的"、"……用时应不超过一小时"、"……应在……运行的 X 模式中提供如下显示"
试验	试验通过技术手段，如特殊的设备、仪器、仿真技术，同时应用评估组件、分系统和系统的已有原则和流程，确定符合系统或单项的要求 　试验是要求验证的首选方法，在以下情况使用：1) 分析手段不能提供充足的结果；2) 存在可以影响乘员安全、对飞行系统或有效载荷运行产生不利影响或者导致任务目标无法完成的故障模式；3) 所有与关键系统接口直接相联的元器件 　对于试验数据的分析是试验程序的主要组成部分，不应与上面定义的"分析"相混淆。试验确定与定量要求的一致性，并提供定量结果	系统或单项要求中，对试验验证的典型表述有： 　"……直流条件下应不超过 2.5 mW，1 MHz 时应不超过 100 mW"、"……应除去 98% 大于 3 μm 的微粒"、"……在试验压力下不应出现超过 0.2% 的永久变形"

①每种方法及其典型应用的描述。

　　设计和验证要求的主要来源是发射和自然空间环境，这给空间系统施加了独特的要求，需要特别注意。发射通常对航天器产生严重的机械应力，然而，约 25% 的航天器异常记录都可追溯到与空间环境的相互作用。知名的空间环境问题如下。

　　1) 波音 702 卫星：由放气造成太阳电池翼收集器受到污染；

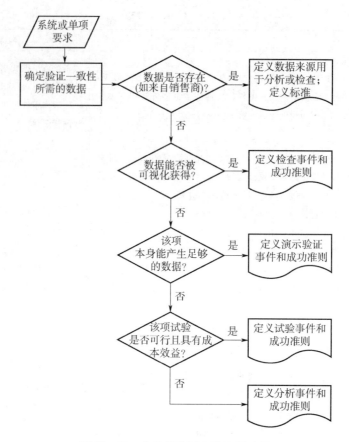

图 11-12　广义的验证方法选择过程

我们根据数据的可获得性，包括直观、系统运行、系统测试
或分析系统模型获得数据，来决定首选的验证方法

2）星尘号彗星飞掠：太阳辐射爆发导致航天器进入待机模式后，持续 4 天失去联系；

3）坦普（Tempo）2 和泛美 6 卫星：砷化镓太阳能电池出现了等离子充电短路；

4）全球定位系统：太阳电池翼上沉积污染物；

5）金星先锋号：与银河宇宙射线有关的存储器出现异常；

6）天空实验室：由于大气阻力导致再入。

预期发射环境以及相关的设计和试验要求通常可在运载火箭的客户指南中查到。推动设计和验证的关键发射问题如下。

1）机械和电气接口；

2）力学环境；

3）热环境；

4）无线电频率和电磁环境；

5）污染物和清洁度。

表 11-12 归纳了由上述每个问题引发的要求，以及验证方法和技术。

表 11 - 12　发射环境问题、设计要求和验证方法汇总[①]

发射环境问题	相关设计要求	验证方法
机械和电气接口	航天器和运载火箭之间的接口一般通过 Marmon 包带或轻型包带分离系统连接。运载火箭接口的设计要求包括： 1) 机械接口（螺栓孔式样）； 2) 静态和动态包络； 3) 重心和转动惯量的范围； 4) 电气接口（连接器类型、针脚的数量和排布、功率调节、指令遥控、接地）； 5) 展开 ΔV 和倾斜转矩（弹簧刚度和失准）； 6) 可访问性	1) 分析（间隙、分接头转矩）； 2) 检查（使用 CAD 或纸质的机械图样）； 3) 演示（配合检查）； 4) 试验（分离或展开试验、端到端电气测试、重心和转动惯量的旋转台试验）
力学环境	1) 稳态加速度； 2) 低频振动； 3) 声振动； 4) 冲击	1) 分析（强度、刚度、耦合载荷）； 2) 试验（静载荷、冲击、随机振动、声振特性、模态测量）
热及其他环境	1) 温度（整流罩内、发射前及飞行中）； 2) 整流罩分离时的气动热流量； 3) 湿度； 4) 通风率	1) 分析（通风、热模型）； 2) 检查（接口图样、运载火箭接口的部分可交付成果）
无线电频率和电磁环境	电磁环境（靶场至航天器及运载火箭至航天器）	1) 分析（射频通量）； 2) 检查（射频抑制链）； 3) 试验（EMC 和 EMI）
污染物及清洁度	1) 清洁度等级（如 10 000 级）； 2) 需要氮气或已有的氮气净化	检查（航天器存放要求）

[①]有效载荷-运载火箭的接口要求和验证要求包括在第 15 章中所述的接口控制文件（ICD）中。接口验证保证航天器和运载火箭能够协同工作（CAD—计算机辅助设计，EMC—电磁兼容性，EMI—电磁干扰）。

一旦进入太空，卫星就要承受各种反作用力。我们将其分为 6 大类：

1)"自由下落"环境会对地基验证造成真正的困难。

2) 地球大气，又被称为中性大气，以区别于带电粒子大气，甚至会影响在轨航天器，主要是由于大气阻力。在较低高度，原子氧也成为问题。

3) 外大气层的真空带来了放气、热控及其他难题。

4) 太阳电磁辐射为电源提供了光能，但也造成了暴露面的过热和长时间紫外线辐射引起的退化。

5) 来自太阳和宇宙射线的带电粒子会引起表面带电、单粒子事件现象，以及总剂量效应引起的太阳电池翼和电子元器件的长期退化。

6) 微流星体和轨道碎片（MM/OD）环境虽然是一个威胁，但由于可能性很低，实际上在无人飞行任务中都被忽略了，因此，它对验证规划的影响很小甚至没有。但最近一段时间，关于空间碎片普遍扩散的担忧，使得人们必须为寿命终止处置考虑额外的设计和运行要求。这些能力也必须验证。

表 11 - 13 归纳了应对空间环境严重挑战的设计要求和相关验证方法。

表 11 - 13　空间环境问题、相关设计要求和验证方法汇总①

空间环境问题	设计要求	验证方法
自由落体	1）液体管理：使用主动挤压方法或利用毛细作用原理； 2）机构两难：在无重力（或微重力）环境下工作时应尽可能地轻，但同时要足够牢固以进行地面试验；由于建立演示验证的复杂性，通常只进行很少几次（可能只有一次）	1）分析载荷和无重力应力； 2）试验或演示
中性大气	1）材料：选择具有理想热学性能且抗原子氧腐蚀的材料； 2）构型：对敏感表面进行防护，将原子氧的影响降到最低限度；设计低阻力系数运载器； 3）运行：以最小横截面沿运动方向飞行使气动阻力降到最低；提高飞行高度使大气作用尽可能小	1）分析以支持材料选择、构型选取及轨道动力学； 2）检查记录和设计以验证使用的材料和构型
真空	1）材料选择：选择长时间暴露于真空和太阳紫外线时保持稳定且只产生极少量污染的材料和涂层； 2）构型：设计以保证排水、气体净化和航天器通风远离敏感表面； 3）裕量：允许敏感表面的热学和光学性能在轨时有一定的退化； 4）材料预处理：对会产生污染的材料在生产和安装之前进行真空烘干； 5）发射前处理：对敏感镜片用干燥氮吹洗； 6）飞行和地面运行：在运行初期，为污染物的在轨烘干提供时间；为低温表面提供升温和薄膜排放污染物的机会	1）分析热模型以支持材料选择和构型选取； 2）检查记录和设计以验证使用的材料； 3）在热学/真空舱内进行试验以确认热模型并表征系统行为
带电粒子（等离子体）	1）保证整个表面具有均匀的传导率（搭接）以避免表面充电电位差；使用导电表面涂层； 2）将所有导电元器件都接到同一地线上； 3）对所有电子器件同时进行物理性和电气性防护； 4）使用滤波器保护电路免受放电感应电流影响； 5）保证所有外部表面至少部分导电，并有足够的厚度来抵抗介电击穿	1）分析传导率和接地方案； 2）检查搭接方案、屏蔽和滤波设计； 3）测试传导率
辐射	1）屏蔽：在环境和敏感电子元器件（及乘员）之间放置结构物，使辐射剂量和剂量率的影响降到最低； 2）元器件规范：使用满足总剂量裕量、能够抵抗闭锁和翻转的元器件； 3）软件实现：实现错误检测和校正（EDAC）算法，能检测错误及使系统从单粒子翻转事件中恢复	1）分析（总任务剂量）； 2）设计评审（以验证屏蔽、软件架构、元器件选择）； 3）检查（检查记录和设计以验证使用的元器件）； 4）试验（在元器件或部件级进行总剂量极限、软件应力试验）

①空间环境的不同作用对系统设计造成了不同限制，从而形成我们必须加以验证的设计要求形式。

11.3.1.3　导出试验与验证要求、计划及程序

如果验试要求是一项战略计划，为了获取要求已得到满足的客观证据，那么试验与验证要求（TVR）则为战术计划。对每项试验与验证要求，我们获取以下信息。

1）试验与验证要求版次或识别号；

2）识别上层要求和来源（如 11.4 节验证要求）；

3）支持执行试验与验证要求的硬件和软件汇编级别及保真度（如飞行、模拟器），必

要时应包括零件编号；

　　4）负责规定和控制试验与验证要求的机构；

　　5）负责实施试验与验证要求的机构；

　　6）支持执行试验与验证要求所需的输入产品和条件（如模型的分析数据、单独测试的数据）；

　　7）与执行试验与验证要求相关的输出产品（如试验计划、报告、分析模型），以及关于如何使用这些产品来支持验证的细节；

　　8）满足试验与验证要求的成功准则。

　　试验与验证要求详细地列出了必要的试验计划和试验报告，以及验证这些要求所需的全部支持数据。试验计划指出如何实施试验与验证要求，试验报告则显示实施结果。试验计划应包含以下内容（引用或直接说明）。

　　1）每个环境试验区域的环境规范或生命周期环境全貌；

　　2）技术状态或环境水平可能改变的情况下，对单独状态或模式的识别［如试验、发射、上面级转移、在轨、（日/月）食或再入过程中］；

　　3）所需的试验设备、设施和接口；

　　4）所需的试验工具和测试平台，包括计划好的对工具和平台的鉴定试验，以演示它们可以代表的运行系统环境，并验证仿真的接口是正确的；

　　5）在计算机适用的电子介质上记录数据的标准，以便自动积累和整理数据；

　　6）对试验计划和程序及对已批准改变项的评审和批准过程；

　　7）试验的主进度应与工程进度一致，包括试验样品、试验设施、专用试验设备和程序的预计可用性。

　　试验与验证要求引导我们从原始要求系统地过渡到描述如何实现验证要求所认定的验证方法，试验与验证要求帮助我们组织支持所有验证事件所需的计划和数据。验证事件是指任何具体的正式活动（试验、检查、分析、演示或其组合），目的是为某项要求得到满足提供客观证据。单个的试验与验证要求通常涉及单个或几个验证事件，但我们通常在一个验证事件中满足多项试验与验证要求。19.4 节详细介绍了针对一组 FireSAT 要求的试验与验证要求实例。

　　在装配、总装和试验阶段，有几个关键事件对大多数空间任务是通用的。它们在第 10 章中被引用，并包括（按照通常的执行顺序）：

　　1）压力/泄漏试验（振动/声学和模态测量之后重复进行）；

　　2）电磁兼容性和敏感度试验；

　　3）质量特性，即质心和转动惯量的测量；

　　4）配合度检查（可与分离试验结合）；

　　5）模态测量（在每级的冲击、随机振动或静载荷试验后重复进行）；

　　6）冲击试验；

　　7）静载荷试验；

8）声学或随机振动试验；

9）分离试验；

10）热循环试验（如果要求进行热循环验收试验，则是必需的）；

11）热平衡试验（可与热真空试验结合）；

12）热真空试验。

图 11-13 给出了一个耦合计划的例子，计划必须规定 FireSAT 航天器要研制的单元的数量和类型，以及每个单元要做的试验和级别。

工程研制单元的保真度较低，并支持系统设计；鉴定单元是用于系统验证的高保真度模型或原型；飞行单元要接受验收试验，以验证工艺并演示是否适用于任务运行。实际上没有哪个系统完全依靠鉴定或原型飞行模型，大部分系统都是专门的鉴定硬件研制与更多依赖于原型飞行硬件的混合式组合。

在以上事件进行中或过程之间，我们还进行硬件检查和功能试验。这些例行检查可以验证，在某个验证事件中或为验证某个事件移动或配置单项时，所有事物都完好无损。表 11-14 总结了主要的环境试验、试验目的与所需的设备或设施，以及试验的基本流程。

表 11-14　主要空间环境试验汇总①

试验	目的	所需的设备或设施	过程
振动和冲击试验	1）保证产品能够在发射后继续使用； 2）符合发射部门的要求； 3）确认结构模型	1）三轴试验振动台和夹具； 2）声学室	1）进行低水平随机振动测量（模态测量）以确定振动模态并建立基线； 2）根据运载火箭提供的环境，进行规定级别（鉴定或验收级）的随机振动； 3）重复低水平测量以查找变化； 4）将结果与模型进行比较
热和真空试验	1）诱导并测量放气以保证符合任务要求； 2）保证产品能在真空极端飞行温度中工作； 3）确认热模型	1）热或热/真空室； 2）（如需要）探测放气的设备（如冷凝管或气体分析仪）； 3）测量产品关键点上（如电池）温度的仪器	1）在室温和常压下运行并描述性能； 2）在热浸和冷浸条件下于热或热/真空室中运行； 3）在冷热交变条件下监测性能； 4）将结果与模型进行对比
电磁兼容性/电磁干扰	1）保证产品产生的电磁能不会干扰卫星其他部件、运载火箭或发射场安全信号； 2）验证产品对发射场电磁环境干扰不敏感	1）辐射试验：灵敏接收器、吸波室、已知增益的天线； 2）传导敏感度相符的"盒子"	1）探测发出的信号，尤其在时钟频率的谐波处； 2）在注入信号或功率有损耗时，检查常规运行

①在系统组件或盒级进行试验，如果设施能力允许，也在更高级组件上进行。系统级环境验证通常在组件或盒子试验结果的基础上通过分析完成。

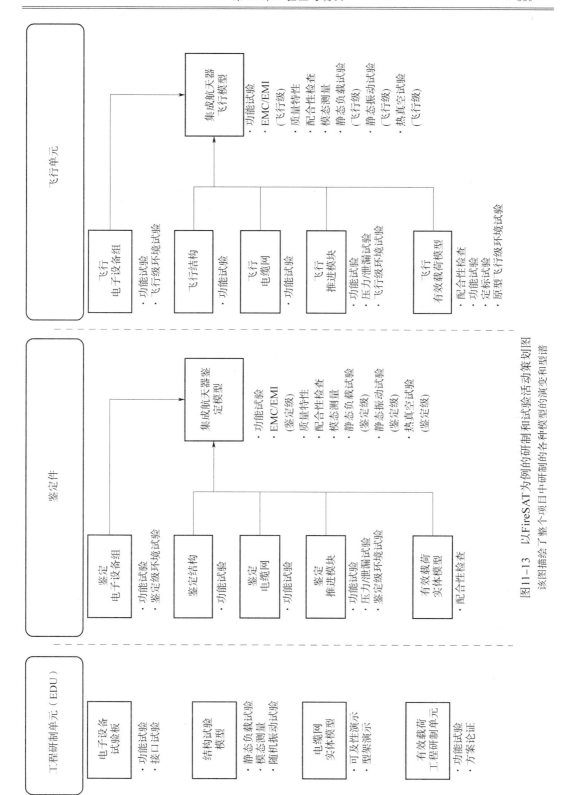

图11-13　以FireSAT为例的研制和试验活动策划图

该图描绘了整个项目中研制的各种模型的演变和型谱

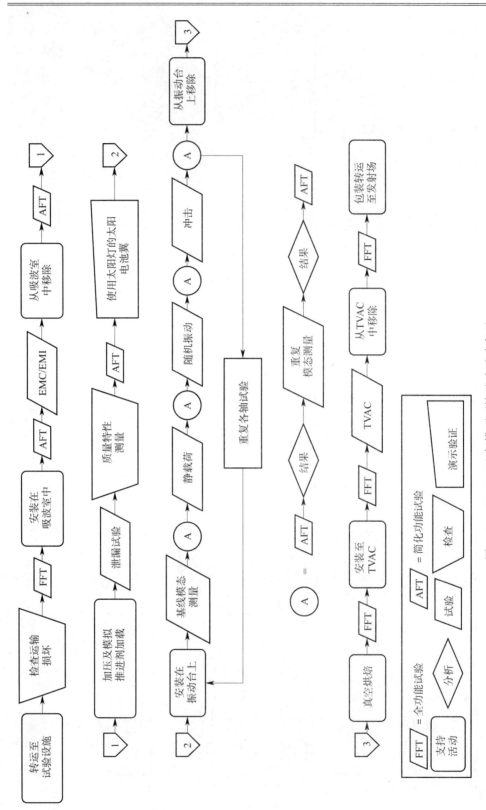

图11-14　FireSAT飞行模型环境试验活动序列

这幅流程图图例展现FireSAT环境试验活动中主要事件的理论序列

图 11 - 14 描述了 FireSAT 在整星级的设想的环境试验活动序列（假设所有事件都在同一试验设施上发生）。每个事件都使用已验证的特定的系统或专项技术状态（硬件或软件）及支持设备，并实施详细程序以精确执行事件。每个事件的结果都写入验证报告和其他文件（如一份验证完成通知）中，作为该要求的正式结束。

每个事件的试验与验证要求数量应尽可能多，因此认真策划很重要。为所有的活动制定合理的流程，将事件更好地分组，是一项实用的策划方法。集成验证鱼骨图定义并记录了系统集成不同阶段中与集成相关的试验与验证要求（例如，项目到项目、项目到工程），它利用"自上而下"、"左倾"的方法。集成验证鱼骨图与 PERT 图相似，说明各集成试验与验证要求之间的逻辑关系；集成验证鱼骨图还可能包括 PERT 图中通常没有的信息，如工程里程碑、设施位置等。集成验证鱼骨图可以帮助策划人员聚焦在最终产品上，并完成与最终系统集成相关的所有活动，如：

1）与鉴定要求相关的试验与验证要求；

2）与验收飞行硬件与软件及为验证其正确装配与检查相关的试验与验证要求；

3）与验收、检查和运行要求相关的试验与验证要求。

集成验证鱼骨图本身并未说明时间顺序，而是表示了事物的逻辑顺序。只有完成所有的鉴定和验收活动，才能使最终产品得到充分的验证。图 11 - 15 举例说明 FireSAT 的集成验证鱼骨图，重点阐述推进模块事件的逻辑流程。

接下来，我们针对每个事件制定详细的程序，以及所需设备、人员和设施的清单。每个单项的试验程序应至少包括以下几项。

1）准则、目标、假设和约束；

2）试验设置（设备）清单、设置说明；

3）初始化要求；

4）输入数据；

5）试验仪器；

6）试验输入或环境级别；

7）期望的中间试验结果；

8）关于记录输出数据的要求；

9）期望的输出数据；

10）关于认定试验成功的有效数据的最低要求；

11）用于评估结果是否通过的准则；

12）安全考虑和危险情况；

13）操作人员的操作细则。

然后，我们将试验与验证要求纳入每个事件，再并入项目的集成主进度（IMS），从而给出了验证什么、如何验证及何时验证。显然，逻辑上下一个问题就是"多少"。了解进行多少试验才"足够"是策划过程的一个主要内容，最好的回答是：视情况而定。例如，随机振动试验的试验级别和持续时间取决于：

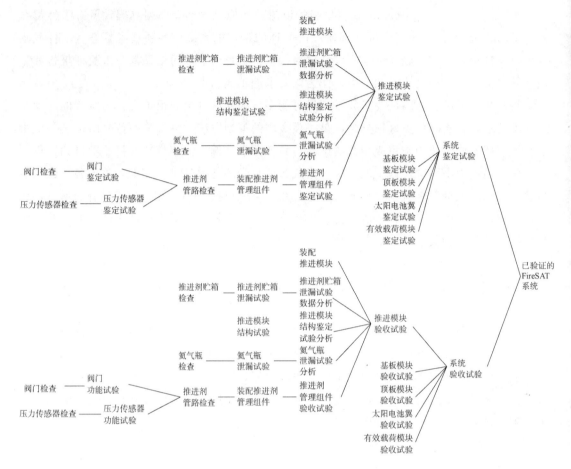

图 11 - 15　FireSAT 集成验证鱼骨图示例

此图描述了集成验证鱼骨图在 FireSAT 推进模块中规划装配、总装和验证活动序列的使用

1）被试验的单项（单元或系统级）；

2）其模型类型（鉴定、原型飞行或验收）；

3）预期的发射环境（来自运载火箭的客户手册）；

4）组织的标准或指南。

对于 FireSAT，完整的系统验证取决于鉴定模型和验收模型。对于每个模型，我们先检查其组件，再进行试验，然后将其集成为高层次的组件。表 11 - 15 比较了几个主要环境试验中 3 种模型的试验级别。

表 11 - 15　航天器级的典型环境试验级别和持续时间[4,6,17]①

试验	模型设计鉴定试验级别	原型飞行验收试验级别	飞行模型验收试验级别
结构载荷	1.25 倍极限载荷	1.25 倍极限载荷	1.0 倍极限载荷
噪声级别 （持续时间）	极限级＋6 dB （2 min）	极限级＋3 dB （1 min）	极限级 （1 min）

续表

试验	模型设计鉴定试验级别	原型飞行验收试验级别	飞行模型验收试验级别
随机振动级 （持续时间）	极限级＋6 dB （2 min）	极限级＋3 dB （1 min）	极限级 （1 min）
机械冲击	2 次冲击 1.4 倍极限级 每轴 2 倍	2 次冲击 1.4 倍极限级 每轴 1 倍	1 次冲击 1.0 倍极限级 每轴 1 倍
热真空和热 循环复合	高于验收温度极限 10 ℃， 持续 8 个热循环	高于验收温度极限 10 ℃， 持续 4 个热循环	高于验收温度极限 0 ℃，持续 4 个热循环
压力/泄漏	1.5 倍 MEOP 5 min（3 个循环）	1.5 倍 MEOP 足够出现泄漏	MEOP 足够出现泄漏

①根据模型，行业标准几乎都会推荐严格的试验级别。这些级别只是有代表性的。对于实际试验级别，每个项目应参考其自身的指导标准而制定（MEOP—最大期望运行压力）。

11.3.1.4　编写主验证计划

前面的论述详细说明了关于支持验证工作的人员、过程和设备的要求。在编写验证要求和试验与验证要求的同时，系统工程师制定主验证计划（MVP），又称试验与评价主计划（TEMP，美国国防部）。主验证计划与系统工程管理计划（见第 14 章）一起，在系统工程工作中为全部的产品验证提供理念和实用方面的指导。表 11－16 列出了典型主验证计划的示例目录。

表 11－16　主验证计划大纲①

1.0　引言	5.2　分析
1.1　范围	5.3　检查
1.2　引用文件	5.4　演示
1.3　文件维护与控制	6.0　系统验收验证
2.0　工程或项目描述	6.1　试验
2.1　工程或项目综述与验证主进度	6.2　分析
2.2　系统描述	6.3　检查
2.3　分系统描述	6.4　演示
3.0　集成与验证（I&V）的机构和人员配置	7.0　发射场验证
3.1　工程或项目管理办公室	8.0　在轨验证
3.2　基地或现场中心集成与验证机构	9.0　任务后及处置验证
3.3　国际伙伴集成与验证机构	10.0　验证文件
3.4　主承包商集成与验证机构	11.0　验证方法
3.5　分承包商集成与验证机构	12.0　支持设备
4.0　验证小组运行关系	12.1　地面支持设备
4.1　验证小组进度安排及评审会	12.2　飞行支持设备
4.2　验证与设计评审	12.3　运输、装卸及其他后勤保障
4.3　数据差异报告与解决程序	12.4　跟踪站和任务运行中心支持
5.0　系统鉴定验证	13.0　设施
5.1　试验	14.0　主验证进度

①主验证计划描述项目团队成员在项目验证活动中的角色和职责，以及全面的验证方法。

主验证计划是由详细的实施计划支持的，反映了验证要求、试验与验证要求及其他相关计划和程序之间的关系。我们应在系统要求评审时完成草稿，并随着项目逐渐成熟根据每条基线对其进行更新，经关键设计评审认可的最终版本将用于指导关键的装配、集成和试验阶段。项目集成主进度的输入是该策划过程中的一项关键产品，体现了装配、集成和试验阶段的细节。图 11-16 列出了一份进度表，该图以图 11-14 给出的试验序列为基础。

试验工程师必须估计那些不易受控事件的持续时间。X 轴振动从开始到结束要多长时间？如果预定的试验设施无法使用或需要重新配置怎么办？空间试验工作中有很多影响进度的事物，包括如下内容。

1）发射延期：这一点任何任务策划都无法回避。延期导致规定交付期限的改变，其中包括最后时刻进度的变化，这种改变实际存在但并没有得到正式承认。

2）不受控的过程：例如未知试验设施中的配置，或使数据采集系统打通接口。

3）危险操作：例如给推进剂和烟火药加载，或移动大型贵重仪器。进度中未优先考虑安全性。

4）依赖于基础设施：如果设施没有准备好，我们只能等待或另找设施。

5）故障：我们抱最好的希望，但作最坏的打算。

系统工程师和项目经理制定详细的项目验证进度，必须依靠专家经验，并留出足够裕量。从某种意义来说，策划永不结束，为应对不可避免的进度影响，就必须不断地重新调整计划。任何计划都不完美，但在某些时候，进度的压力会迫使我们将注意力从策划转移到执行上。

11.3.2 实施产品验证

第 13 章的重点是项目对好的技术策划的需求。如果由于硬件延期交付或设施发生故障，认真安排的试验序列没有按计划执行，系统工程师则必须迅速做出调整。如果工程团队十分理解最终目标、权衡及由项目风险驱动的总体验证理念，接受并执行这种调整，这样的灵活性就会产生好的结果。表 11-17 总结了与实施验证相关的输入、输出和活动。

表 11-17 与实施验证相关的输入、输出和活动[①]

输入	验证实施活动	输出
· 验证要求（如验证矩阵） · 主验证计划（按照计划的，包括不可压缩试验清单） · 试验与验证要求，以及相关计划和程序 · 未验证的最终产品 · 使能验证产品（如已确认的模型、试验设施）	· 执行试验与验证要求计划和程序 · 跟踪每项试验与验证要求的完成过程（或例外） · 审核（抽样检查）低层次的验证事件 · 确定回归测试的需要 · 确定试验不确定性因素 · 将结果写入文档	· 已验证的最终产品 · 验证计划（实际执行的） · 验证产品（数据、报告、验证符合矩阵、验证完成通知、工作成果）

①对鉴定用的分析模型与物理模型和验收用的飞行件，我们采用分析、检查、演示、仿真和建模及试验的验证方法。上一阶段的输出都作为本阶段的输入。得到的结果是经验证的最终产品，以及证据主体——这些证据向利益相关方正式确认该单项符合已确认的要求。

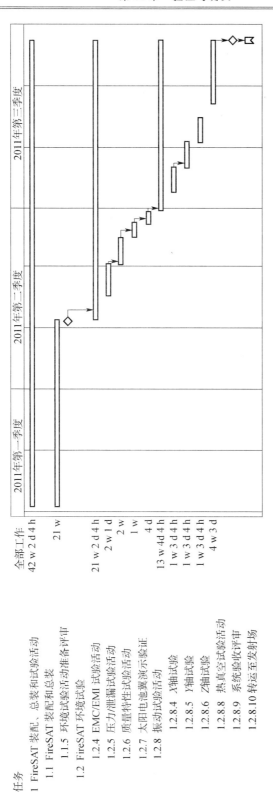

图11-16 FireSAT顶层装配、总装和试验（AIT）进度

这幅甘特图图表示了FireSAT装配、总装和试验阶段的设想进度。我们门为系统集成和基线测试安排约3个月的时间，接下来是约4个月的环境试验。环境试验序列依照图11-14中所示的流程进行

在执行试验与验证要求计划和程序过程中，项目系统工程师或验证领导者必须跟踪每项 TVR 完成的过程，记录所有的例外或异常。但是，当验证活动进行到零件级时，项目级工程师就不参与到数以千计的各个事件中。职责必须认真分派，并通过适当的审核和抽查加以监督。

如 10.3.4 节所述，回归测试是指重复已成功的测试，比较新旧结果以确认这段时间内没有出现差错。在集成的每个阶段，或在系统移动到新设施（或出现任何可能引入错误的变化）之后，有必要建立检查和功能试验，作为回归测试整合到装配、集成与测试序列中。例行的回归测试可以发现三类问题：1）局部问题，变化引入了全新的问题；2）暴露问题，变化揭露了已有的问题；3）远程问题，改变单项的一部分引入了其他错误。当遇到任何一类问题时，我们不得不迅速制定并实施额外的回归测试，以排除问题。

实施验证计划的一项重要工作是了解其极限。验证的目的是尽可能多地了解系统的行为。验证中收集的证据记录了各种条件下的行为，这些是系统"众所周知"的。同样重要的是试验不确定因素（TUF）或"已知的未知"，系统的这些方面没有或不能被测量或演示。确定知识的范围对飞行认证起着重要的作用。（11.5 节探讨了"一无所知"。）

收集了产品验证数据之后，必须加以分析来确定是否已经取得期望的结果。如果是，则把数据作为证据来正式表示已满足所涉及的要求。此外，应尽可能多地获取系统行为的其他信息，这对随后的回归测试及最终的运行过程会有所帮助。如果获得的结果未达到我们的期望，即产品未通过验证成功准则，我们将面临某些重要的项目决策。根据异常的严重程度，有的只需对验证程序作少许改变，有的可能要对产品进行全部重新设计。

只有完成文件编写后，工作才算完成。在完成这些事件及其后续的分析后，我们必须准备详细的验证报告。报告应包括：

1）为制定技术要求而引用的基线文件中的有关段落；

2）技术要求和利益相关方期望；

3）这些来源间的双向可追溯性；

4）采用的验证方法；

5）所用到的任一特别设备、条件或程序；

6）验证结果；

7）变化、异常或不符合的结果；

8）采取的纠正措施；

9）纠正措施的结果。

我们可将这些信息在验证报告中以验证符合矩阵（VCM）的形式表示。在我们获得利益相关方关于其期望的承诺之后，为实现可追溯性要求，通常建立并维护验证符合矩阵。

最后一步是从产品验证中获取工作成果。它们包括验证结果，与计划程序对比的实际程序步骤记录，计划的验证程序、设备或环境中出现的所有故障或异常，关于是否满足验证准则的记录。还应列出：

1）规范和技术状态文件集的版本；

2）已验证的最终产品的版本或技术状态；

3）所用工具和设备的版本或标准，以及引用的校准数据；

4）每项验证的结果，包括是否通过的说明；

5）实际结果和期望的不合格之处；

6）观察到的特殊情况或行为异常，这在规定范围内，但在运行中发现可能很重要；

7）吸取的教训。

11.4　确认产品

产品确认应回答下列问题：

1）我们是否建立了正确的系统？

2）端到端的系统（包括硬件、软件、人员、过程和程序）是否满足运行目标？

3）系统行为是否可预测且具鲁棒性？

图 11-17 表示了验证与确认之间的细微差异。验证证明产品满足技术要求，而确认证明产品满足原始的客户期望。如果确认完成得好，就满足了期望的核心并说明"这东西在太空中会按预期的要求工作"。

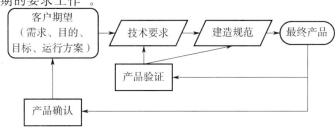

图 11-17　产品确认和产品验证[18]

这幅流程图表明了产品验证和产品确认之间的主要区别

产品确认闭合了产品和客户期望之间的回路，而产品验证闭合了产品和要求间的回路

在执行中，系统确认事件通常与产品验证事件同时发生（有时也互相混淆）。事实上，我们可以进行如下推理。

如果……在项目中，以下所有条件都是真的：

1）所有驱动的需求从要求中获得；

2）所有要求都有效，没有遗漏或错误；

3）所有要求都随设计的进展而不断得到适当的更新；

4）所有模型都是有效的，没有剩余的模型误差或不确定性；

5）所有的要求经过验证且没有错误；

6）不存在意料外的系统行为或设计特征。

那么……系统确认几乎就是必然发生的。

遗憾的是，在现实情况下这些条件从来不会成为现实。首先，现实系统是有机体，无论写了多少要求，也只是在生产一个真实产品的近似物（比方说有 95% 的保真度），对一项设计的完美描述需要无限的要求，但就是这缺少的 5％（通常是没有经过对假设的认真交流而作出的假设）决定了任务的成功与失败。

此外，制造出完全没有缺陷的系统实际上是不可能的，与其他很多原因有关。由于利益相关方通常并不完全清楚他们真正的期望，或者研制方不完全获悉利益相关方的真实期望，或者两种情况同时存在，使得将客户需求转化为可验证要求的过程也是不完全的。而且任何项目本质上在细化系统规定及制定需求的同时，要求不可避免地发生变化。在这种情况下，研制方和利益相关方之间无法完全一致。

另一个问题是，有些客户期望根本上就是主观的（如航天员舒适度或工作量），无论我们如何努力地将其转化为设计要求，都不能被充分确认，除非用集成系统在类飞行运行情景下付之实践。例如，汽车只有在目标市场或客户代表进行试驾后才算经过确认，载人空间系统在运行部署之前要经过大量"人参与其中"的试验。

另外一个难题是，随着系统越来越复杂，先验设计和分析预测系统行为也变得越来越困难。软件，一般情况下，特别是序列引擎和故障防护，都易于呈现出设计师所意想不到的行为。我们只能以满载荷类飞行的方式，严格运用集成的系统，来暴露缺陷。

最后一个原因是试验和其他验证方法不完善，设计不合理的试验或试验设备的校准误差都可能产生虚假的期望结果，让事情更为复杂的是，在正常功能状态下测试，非理想情况下的异常行为不一定出现。例如，火星极地登陆者号事故报告发现"飞行软件没有进行完整的故障注入测试，系统软件测试必须包括在合适的仿真环境中进行应力试验故障注入，以确定能力极限并查找隐藏缺陷"[9]。遗憾的是，用于注入故障并查找隐藏缺陷的确认程序的设计难度大，实施起来通常也花费巨大。

下一节将讨论在飞行系统、地面系统和发射系统共同执行任务的情况下对项目系统的确认，有一些方案可以推广到所关注的其他系统。表 11-18 总结了与产品确认相关的基本活动。

表 11-18 系统确认输入、输出和相关活动①

输入	产品确认活动	输出
• 经验证的最终产品 • 客户期望（如需求、目标、目的、任务要求） • 确认使能产品（如运行方案、任务时间线、操作程序、飞行系统和地面系统接口控制文件、指令和遥测手册、故障树、故障防护手册）	• 准备产品确认 • 实施产品确认	• 经确认的产品 • 确认产品（如试验报告、工作成果）

①系统确认从已验证的最终产品和已形成文件的利益相关方期望开始。这项活动将确认系统满足利益相关方的期望。

11.4.1 准备产品确认

如表 11-18 所示，产品确认活动从已验证的最终产品（虽然它在验证与确认并行的基础上，可能只经过部分验证）开始。确认的成功依赖于了解真正的客户期望，尤其是有效性测量和成功的准则。我们使用使能产品来进一步细化这些准则，详细说明产品在实际情况下将如何使用（如第 3 章中描述的运行方案）和如何工作。图 11-18 说明了 Fire-

SAT 的运行方案。

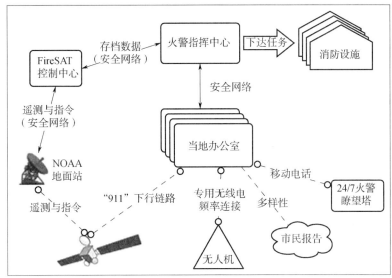

图 11 - 18　FireSAT 运行方案

任务的运行方案是确认策划过程的关键输入。如果不知道如何飞行，我们就不能"像飞行一样测试"

　　工程师从该运行环境中获得重要的信息，支持确认策划，如故障树（或成功树，其概念性补充）。故障树帮助确认策划师开发在实际条件（不过通常是极端条件）下测试系统的有效途径。我们必须知道客户关于成功的定义，才能知道产品是否有效。图 11 - 19 表示了 FireSAT 任务顶层故障树示例。

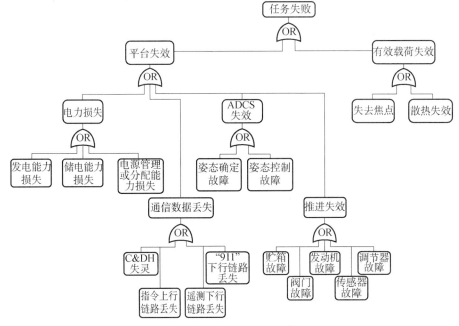

图 11 - 19　FireSAT 的故障树

我们根据对任务运行方案和系统基础功能的理解，推导出故障树。运行方案

与故障树共同指导了总体确认规划（ADCS—姿态确定和控制分系统；C&DH—指令与数据处理分系统）

有了这些输入，系统工程团队就可以制定详细的确认计划，以获得最主要的输出，即有客观证据支持的已确认的产品。这类证据类似于部分验证活动生成的试验报告，它在飞行认证和随后的运行中非常有用，能够让客户深入了解系统的真实行为。表 11 - 19 总结了与准备产品确认相关的输入、输出和活动。

表 11 - 19　准备产品确认①

输入	确认准备活动	输出
• 已验证的最终产品 • 客户期望（如需求、目标、目的、任务要求） • 使能确认产品（如运行方案、任务时间线、操作程序、FS/GS ICD、指令与遥测手册、故障树、故障防护手册）	• 建立项目或工程确认理念 • 为每项验收准则制定确认要求（确定确认方法、具体的确认事件和成功准则） • 编写主确认计划	• 确认要求（如确认矩阵） • 导出的使能产品要求（如 GSE、测试/模拟器） • 确认计划（按计划的） • 详细的确认支持要求（如设施、设备、产品可用性、人员、时间、资金）

①确认策划确定了如何客观地保证系统将满足客户期望。FS/GS ICD—飞行系统/地面系统接口控制文件；GSE—地面支持设备。

系统确认有时看起来像是在重复产品验证，但实际上，它往往超越了验证本身。验证应用于部件到系统的多个级别上，可以采用多种方法，包括试验、演示、分析、仿真和建模或检查。与之相反，确认一般集中于所关注系统的顶层，且基本上只采用试验和演示（即使我们使用模拟器或工程模型来确认）。这里主要的差别是，确认针对的是整个系统，旨在发现不能预料的状态，所以模型和分析在确认中是没有用的，因为它们在建立时受到我们当时的知识的限制。

产品确认的焦点，并不过多地集中在要求上，而是放在实际需要发生的事物上。这是一种构造上的方法，而非算法上的。系统确认计划应包括以下方法。

1）端到端信息系统测试：说明项目信息系统（指令、数据、定时等）的兼容性；

2）任务情景测试：在类飞行条件（标称和应急）下演示执行任务的飞行硬件和所有软件，但不一定精确地按照时间线飞行；

3）运行准备试验（ORT）：地面段所有要素（软件、硬件、人员、流程和设施）共同工作，并按真实的时间线完成任务计划的演示。这些时间线应在至少一次运行准备试验中包括飞行段，以在整个发射（标称和应急）序列内确认飞行段和地面段间的接口。跨系统兼容性测试或"分组对抗"可以作为有用的前兆来补充运行准备试验。

4）应力试验和仿真：评估系统对于性能变化和故障情况的鲁棒性。如图 11 - 20 所示，鲁棒运行区域指出了应在哪一区域测试系统性能。同样，系统故障树分析和概率风险分析的结果将告诉我们应做哪些有故障注入的任务情景测试。

5）分析：分析以上没有包括的内容。

应力试验确认设计，使系统在扩大的参数范围内（超出标称）运行，演示系统的鲁棒性。应力试验确定能力界限，演示设计的鲁棒性，以保证健全和安全，为项目确认提供证据。它也必须考虑会导致多故障现象的单一故障、在故障状态又出现另外的故障等情况。只要有足够安全和经济的保障，我们就应对集成的飞行段进行应力试验；不然，我们就应

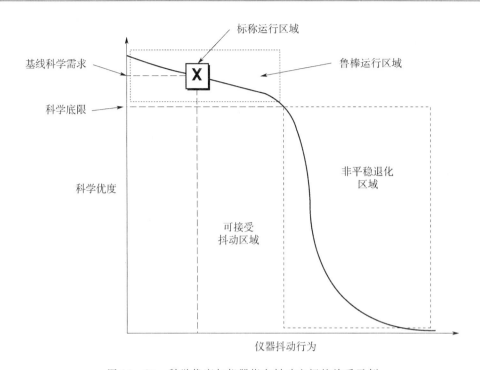

图 11-20　科学优度与仪器指向抖动之间的关系示例

了解系统性能中的"突降"在哪，对于指导确认规划是有帮助的（科学底限是任务成功的最小科学回报）

在系统测试平台上进行，重现飞行段达到高保真度。但是，应力试验不是对飞行硬件施加物理上的压力，重点在于硬件/软件在正常和极端（但并非不合理的）飞行条件下的相互作用。

应力试验策划需要排序（在风险和资源间权衡），以决定要进行哪些试验。确定排序有两种基本方法：

1）机制上的：和知名的工程师及学科专家举行"头脑风暴"会议，确定"假设的情况"；

2）算法上的：使用故障树分析、状态分析或性能敏感性分析等方法进行分析，确定"软肋"之处。

应力试验和仿真的重要性在 WIRE 故障报告中引用为："只测试正确功能状态的试验应补充大量以测试异常行为为目的的工作"[21]。一些项目不能对飞行系统进行充分的故障注入试验，也不能承受过多的风险和成本，解决方案是软件测试平台。通过初期的验证与确认计划，确定对异常行为测试的需求及所需的测试平台能力。

喷气推进实验室已在深空任务中积累了几十年的经验和教训，包括一套设计原则和飞行项目实践。除了本章已讨论的验证与确认原则，他们提出了以下几项。

1）对各种任务使能情景（如科学操作、轨道修正机动、安全保障、巡航）进行任务设计验证试验，以确认端到端的飞行-地面系统；

2）对于飞行器使用的飞行软件发射版本，确认发射序列和初期飞行操作；

3）"像飞行一样测试，像测试一样飞行"（例如使用飞行序列、类飞行操作条件以及相同的软件功能）；

4）对于单一故障引起多故障现象和故障状态下再出现故障的，要进行涉及这些情况的应力试验；

5）用最小数量的试验设备连接，进行系统级电气"不插电"测试；

6）在认定单项已确认或已验证之前，执行全面的非实时试验数据分析，作为实时数据分析的补充；

7）将试验作为设计验证与确认的首选方法；

8）为所有由建模、仿真或分析得到的验证与确认结果安排独立评审；

9）对系统的任何改动进行回归测试、重新验证，以处理试验中出现的问题；

10）在环境试验之前和之后，对最终生产的硬件进行目测验证，尤其要检查结构间隙和裕量（例如隔热层在真空中膨胀后可能会缩小间隙）；

11）在所有可展开或可移动的附件和机构的验证中包含万向关节；

12）由独立的学科专家进行同行评审，确认导航设计；

13）在飞行系统的系统试验中采用任务运作能力（例如飞行序列、指令和遥测数据库、显示器）。

产品确认使用的工具和产品验证计划是相似的，确认矩阵将客户期望和关键运行状态用图表的方式表示出来，但是，确认的回溯与验证回溯不同，验证计划回溯到设计要求，而确认必须回溯得更远，直至产品的最初意图。如第 2 章所述，这种回溯表明，尽早获取任务需求、目的和目标以及任务级要求是非常重要的。有效性测量或关键性能参数，连同运行方案和故障模式与影响分析，一起指导确认策划师起草切实可行的"像飞行一样测试"计划。该计划旨在发现产品在真实环境中的计划外或不需要的行为。表 11 - 20 指出了 FireSAT 任务中的从原始意图中截取的局部确认矩阵。

表 11 - 20　FireSAT 确认矩阵示例[①]

性能	任务情景试验	运行准备试验	端到端信息系统试验	应力试验	其他系统测试
探查森林火情并向最终客户通报位置和强度	X	X	X		X
优化载荷光学焦点	X	X	X		X
当主要电子数据链失效时，执行、启动并实现安全的正电源可控制状态	X			X	X
在持续的太阳耀斑活动中（航天器出现 24 h 的计算机重置和内存混乱），且有陀螺同时发生故障时，维持安全的卫星状态				X	

①FireSAT 确认矩阵的摘录说明我们在准备产品确认时所需的信息。

由于确认计划的细节与验证计划非常接近（且除意图之外可能几乎无法区分），我们在此不再论述相同层次的细节，相同的工具和技术也易于提供。因为确认主要关注系统级行为，而不是组件或分系统级行为，所以通常不需要像策划装配、总装和试验一样制定集成验证鱼骨图（IVF）。但我们必须注意技术状态控制（见第 15 章），因为并不是所有的飞行要素（尤其是软件）都可以在地面确认事件中获得。

这项战略规划的主要内容之一是制定项目的不可压缩试验清单（ITL），项目资源是紧缺物品。随着发射日期的临近，进度被压缩，预算被耗尽，所以对于如何将资源最好地分配给验证与确认活动，我们必须做出艰难的决定。这种资源再分配通常造成巨大的压力，迫使减少甚至取消一些已计划的试验。认识到了这种可能性，项目领导人应规定一个不可压缩试验清单，明确规定在某些项目里程碑（如发射）之前必须绝对完成的最少数量的试验，不管进度或预算是否有压力，系统工程和项目管理必须许可对该清单的任何改动。我们应拒绝那种以"如果最小的不够好，就不是最小"的理念为借口，立即把整个工程简化为最小清单的企图。相反，如果在生命周期初期就向项目顶层正确提出并得到同意，清单就能成为抵制擅自减少或取消验证/确认活动的有力手段。对于不可压缩试验清单中所列的所有试验，应客观地考虑以下一项或几项内容。

1）安全、可靠地发射；

2）飞行段健全和安全；

3）成功执行任务；

4）成功完成发射后的任务关键性活动；

5）科学数据的成功收集和返回操作。

不可压缩试验清单中的主要试验包括：

1）环境试验（如振动、冲击、电磁兼容性、电磁干扰和热真空）；

2）集成、功能和性能试验，包括用于建立初始系统行为的基线测试，以便与之后的回归测试进行对比；

3）故障防护试验；

4）序列和情景测试，包括标称和应急；

5）运行试验和训练；

6）端到端信息系统测试；

7）应力试验。

表 11 - 21 给出了 FireSAT 不可压缩试验清单中包含的关键项。

表 11 - 21　FireSAT 不可压缩试验清单示例[①]

编号	标题	描述	地点	备注
1	FireSAT 所有分系统的集成与功能验证	验证每个分系统的接口和功能要求	FS，STB	——
2	FireSAT 全部遥测测量的确认	保证确认遥测功能和校准每个遥测的工程数据点	FS，STB，SWTB，GS	不包括全部遥测数据包的置换和科学数据的校准（在飞行中完成）
3	所有指令的生成和功能的确认	保证确认在 GS 通过 FS 上功能转换的指令，包括关键参数设置的变化	FS，STB，SWTB，GS	确认飞行指令库中的指令

续表

编号	标题	描述	地点	备注
4	系统级环境设计验证和工艺测试，包括"不插电"测试	按照环境试验矩阵，针对飞行预知环境进行可接受裕量的演示验证，包括：热-真空、振动、声学、分离冲击和 EMC/EMI（辐射敏感度和放射）测试。自身兼容性测试应通过"不插电"完成	FS	—
5	FireSAT 中所有执行机构、敏感器、推力器、框架、加热器和通信系统在飞行技术状态下进行分阶段验证	对所有设备分阶段进行功能性至/自物理性阶段的端到端验证，至少包括一次使用飞行软件（发射版本）对执行机构、ADCS 传感器和推力器进行分阶段验证。分阶段应在充分对照技术状态下进行验证，以确定所有技术状态中的分阶段都是正确的。电信系统的分阶段应通过试验和分析的组合验证	FS	—
6	防尘罩弹射试验	环境试验之后，在集成的飞行段上验证防尘罩弹射首次运动	FS	—
7	飞行段功能（基线）试验	演示验证卫星平台、光度计分系统和设备的 FS 功能试验，在环境试验之前和之后以及发射场中进行	FS	—
8	端到端信息系统（EEIS）测试	UHF 和 S 波段电信系统与 NOAA 地面站设备间的兼容性功能验证，包括 FS 和 GS 之间通过无线电频率连接和 NOAA 设备的指令和遥测数据流的端到端测试；至少一项试验包括多任务资源加载	FS, GS, KSC	—
9	运载火箭接口测试	发射技术状态下运行 FireSAT 的能力验证，应包括所有运载火箭接口和包含遥测数据流的发射台接口	FS, LV, KSC	—
10	飞行软件重载测试	在地面和飞行中更新或重载飞行软件能力的验证	FS, STB	—
11	对准验证试验	系统环境试验之前和之后的 ADCS 敏感器、推力器和有效载荷等的对准验证	FS	有效载荷只同卫星对准。在低级别环境试验之前和之后检查内部有效载荷的对准
12	测试平台和仿真保真度确认	确认测试平台和仿真相对于飞行段的保真度，尤其是 STB 中缺失硬件的软件仿真	FS, STB	—

续表

编号	标题	描述	地点	备注
13	故障测试实例	在任务故障树中被识别的故障得到有效抑制的演示（用于仅由试验单项的验证）	FS，STB	—
14	应急操作程序确认	为发射和试车阶段确认所有 A 类应急程序，并在科学操作中确认与健全和安全相关的应急程序	FS，STB，GS	—
15	GS 总装和试验	完成 GS 发射版本的 GS 总装和试验	GS	—
16	FSW 长时间测试	演示在长时间试验（至少 169 h 不间断）中，不出现意外的计数器或寄存器溢出、意外错误或终止，或与其他软件发生相互作用，同时 FSW 执行正常任务运行（至少一个与地面站失去联系）	STB	—
17	独立飞行工艺验证	由独立小组对飞行系统工艺进行验证分化，包括但不限于覆盖层、电缆网、供电回路、关键间隙等；在封装之前于发射场进行	FS	—

①根据进度和硬件安全性的需求，FireSAT 的飞行段（FS）是首选的试验场所。只要试验环境具有足够的保真度来演示所要求的功能或特性，试验可以在系统测试平台（STB）上进行，也可以在飞行软件的飞行鉴定测试（FSWFQT）期间在软件测试台（SWTB）上进行（改编自 JPL 提供的 Kepler 项目 ITL。）（GS—地面系统；KSC—肯尼迪航天中心；LV—运载火箭）。

11.4.2　实施产品确认

表 11-22 总结了产品确认活动，我们在这里强调指出验证事件与确认事件之间的一个关键区别。对于影响要求收尾的验证活动，它必须得到独立质量保证小组的证明。在确认事件中，另一个关键的见证者（或多个见证者）就是客户。产品确认客户的期望已经实现，体现在需求、目标、目的上，并通过有效性和关键性能参数的测量得到细化，旨在说明（通过试验、分析、仿真和建模、检查或演示验证）这些期望已得到满足。在主要确认事件期间，客户或其代表应在场。

表 11-22　与实施产品确认相关的输入、输出和活动①

输入	确认实施活动	输出
·确认要求（如确认矩阵） ·主确认计划（按计划的） ·未确认的最终产品 ·使能确认产品（如已确认的模型、试验设施）	·执行确认计划和程序 ·跟踪确认矩阵中每项的完成（或异常）情况 ·确认回归测试需求 ·识别试验不确定因素 ·记录结果	·经确认的最终产品 ·确认计划（实际执行的） ·确认产品（数据、报告、确认符合矩阵、工作成果）

①以总体确认计划为指导，确认的实施活动将已验证的最终产品转化为已确认的最终产品，客观的逻辑依据是这一转化的基础。

正如验证事件一样，我们必须将确认结果连同试验报告和其他数据完整地记录，作为执行计划的一部分。现在，经过验证与确认的最终产品，以及在此期间收集的大量数据，进入验证与确认的最后阶段：飞行认证。

11.5 飞行认证产品

验证与飞行认证之间存在着不易区分的差异。由于这个原因，我们要分别处理这两项独特的活动。产品验证通常以验证完成通知而告终，或按照利益相关方和系统研制者同意的正式设计、建造和测试要求而结束。此外，产品验证满足或超出全部建造规范，即其中的零件、材料和工艺均无潜在缺陷，因此认为可以接受飞行认证。

验证过程中收集到的大量证据用以表明单项的起源和总体飞行适应性，图 11-21 描述了验证、确认和飞行认证间的主要区别。验证与确认反馈技术要求和客户期望，而飞行认证前馈支持任务运行的有效实施，它是产品已知的特性和行为向任务操作者的技术转移，他们必须掌握产品的特性和行为才能实施任务运行。

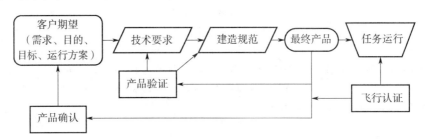

图 11-21 验证与确认活动大回路中的飞行认证

此图表示飞行认证和产品验证与确认间的关系

飞行认证是指那些通过对大量验证与确认数据进行筛选，从而正式地（通常也是独立地）确定已完全集成的航天器（硬件、软件、支持设备、人员和进程）是否为飞行作好了准备的活动。飞行准备评审之后的"飞行就绪证书"确认了集成系统已经通过恰当的测试和处理，为发射作好了准备，也就是说，系统已与其他主要组件成功集成，并且性能也已经得到验证，有充分的客观证据验证全部系统要求和规范，且产品验证中发现的所有异常和差异都已得到满意处置。最终的飞行系统认证术语在各个机构中有很大不同，这里使用的术语采用美国国防部和美国国家航空航天局项目所使用的术语。总之，基本的含义是通用的——正式评审客观证据表明飞行系统已为飞行作好了准备。

飞行认证确认了最终产品满足操作者或客户要求，它利用了产品验证与确认过程中收集到的所有数据，以及对任务运行方案的详细理解。表 11-23 总结了支持飞行认证的主要活动及其输入和输出。

表 11 - 23　飞行认证的输入、输出和相关活动[①]

输入	飞行认证活动	输出
· 已验证与确认的产品 · 验证与确认产品 · 最终产品的真实运行环境	· 确认已完成系统集成活动 · 确认已完成产品验证活动 · 确认已完成系统确认活动 · 评审验证与确认成果以导出认证基线 · 进行最终评审（DCR，FCA，SAR）	· 已认证的产品 · 认证产品［如认证基线、已签署的 DD250（材料检查和验收报告）、已完成的 FCA、PCA、任务和飞行条例、吸取的教训、产品特质］

①飞行认证活动将已验证与确认的产品转化成经认证可以成功运行任务的产品（DCR—设计认证评审；SAR—系统验收评审；FCA—功能配置检查；PCA—物理配置检查）。

集成任务的每个阶段都生成重要的数据。数据产品包括验证计划、数据和报告，问题报告和历史（记录），差异（豁免和偏差），材料评审委员会的处置，验收数据包等。其他重要的制造数据也被记录下来，如有限寿命项的循环计数和运行时间、维护历史（记录）、相容但"无法归类"的异常等。对于任何项目，要在其生命周期中有效而高效地规划、执行并得以持续，则必须维护历史材料记录并保证随时可以查询，尤其是当任务生命周期跨越整个进程时。

用文件记录的历史材料在研究和处置任务中出现的问题时起着极为重要的作用，因此，项目必须要求其主承包商和分承包商提交各级装配的历史材料记录，以便随时储存、查询和使用。完整的材料记录不仅花费太大而且收集起来也不太实际，但如果太晚才决定需要某些东西，就会产生更高的开支和更大的困难，所以项目必须预先认真地（在初步设计评审之前）确定需要哪些历史材料记录来支持运行和持续运行，并明确指出这些产品是正式的合同可交付物。详细的飞行认证包括以下内容（改编自喷气推进实验室的飞行准备认证）。

1　关键活动完成情况文件

1.1　完成系统和分系统设计评审，包括行动项的关闭

1.2　系统和分系统环境设计与试验要求已用文件记录并且已满足要求，发布了试验报告

1.3　系统和分系统设计分析（故障树、故障模式与影响分析、可靠性、时序裕度、功能性模型、质量特性、误差范围等）已完成，并根据试验结果进行更新，已经过评审

1.4　完成硬件图样（接口控制文件、零件、组件、电路图、电路数据表等）和设计评审文件，包括任务项的终止

1.5　完成软件设计说明、源代码、指令和遥测信息库及设计评审文件，包括任务项的终止

1.6　经运行准备评审完成地面数据系统和任务运行系统的设计评审（包括任务设计和导引），包括任务项的终止

1.7　完成硬件和软件认证评审、验收数据包，检验报告、工作日志、差异报告、待

定分析项目和问题报告，所有待定项目都已结束

2　影响任务成功的剩余风险文件

2.1　记录正在实现的全部和最低限度任务成功（包括行星防护）的功能和性能要求

2.2　与机构要求、设计原则及项目实践的矩阵一致，且已接受认可的独立技术权威的审核和批准

2.3　完成验证与确认要求符合矩阵，包括校准、对准和阶段测试以及实际执行程序和测试/分析报告，并已通过认可的独立技术权威的评审

2.4　完成测试平台与飞行系统的等效性认证，所有差异都已有文件记录并加以考虑

2.5　完成不可压缩试验清单中的试验，包括利用飞行软件和序列的运行准备试验，并接受了评审，所有差异都已得到认可的独立技术权威的批准

2.6　完成"像飞行一样测试"异常清单，并通过认可的独立技术权威的评审

2.7　所有的安全一致性文件都已经被批准

2.8　完成并评审飞行任务活动、飞行条例、发射/延迟准则、特质、应急计划，并交付给了飞行小组

2.9　已完成审核弃权和高风险问题报告，并已批准

2.10　完成了所有外部接口（如通信网络、运载火箭、国外合作伙伴）设计并解决运行问题

2.11　飞行硬件已被认证，所有关键事件准备的不足事项都经认可的独立技术权威确认、评审和批准，以准许发射后开发

2.12　所有发射后的开发工作已经完成策划、评审和批准

2.13　发射活动中所有待完成的工作已经完成策划、评审和批准

2.14　完成并评审剩余风险清单，且得到认可的独立技术权威批准

除了关注由模型确认和产品验证得出的初步证据之外，飞行认证还规定了应如何操作系统。在项目初期，利益相关方明确他们的期望并制定出一整套运行方案。研制方根据利益相关方的期望和方案，从上到下直至导出每个系统组件和零件的详细性能规范，但客户和操作者必须接受系统实际的状态，而不是期望的状态。

以温度限制为例。近地轨道运行航天器的任务设计决策很大程度上决定了系统将要经受的热环境。考虑到这种情况，出色的系统工程师应规定每个组件的生存和运行温度范围指标，争取到最大的运行裕量。通过热节点分析和热真空测试等验证，确定给定的部件能否在预期的热环境中可靠运行，并留有裕量。

这个例子采用了简单的是否准则。在热真空测试中或测试后，组件或者在指标范围内工作，或者无法在指标范围内工作。对于设计师和试验工程师，该准则是完全可以接受的，但对于操作者（主要的利益相关方之一）来说，这个结果也许不能满足最优运行的需要。例如，发射机可以在 $-20\sim+40$ ℃ 的温度范围里工作，但最优性能可能在 $5\sim15$ ℃之间。对于单个部件，这种行为可能是独一无二的，不同航天器上的同一个模型的最优区

间也可能稍有不同，空间硬件就像人一样通常表现出不同的个性。

如果在选择故障防护报警极限等参数时，没有考虑模型的不确定性，可能会导致卫星在关键的初期运行中，由于不大的温度偏移而启动不必要的安全模式响应。确认试验，尤其是应力和情景测试，对于选择和认证关键运行参数很有价值。飞行认证包括将观察到的系统行为转化为飞行或任务规则，以指导操作者设法得到系统在轨时的最佳性能。

其他作用涉及分系统和有效载荷的相互作用。系统确认应揭露系统行为的"一无所知"。例如，我们可能会在系统确认中发现，由于某种原因，当有效载荷 B 与有效载荷 A 同时处于校准模式时，有效载荷 A 会生成乱真数据。鉴于此，我们可以采用可接受的应急运行措施：在飞行规则中添加一条"如果有效载荷 B 处于校准模式，不得从有效载荷 A 采集数据"，从而不用重新设计、重新建造和重新验证整个系统。控制这两个有效载荷的主要研究人员可能不太满意，但与为解决这个相互作用问题带来的成本增加和延期相比，这个办法可能更容易接受。

飞行认证是研制方和操作者之间的实际交接，尽量用实际开发的系统实现最好的结果。上面的几个例子涉及对运行性能的限制。但通常，操作者和研制方会共同努力，发掘提高性能的方式，甚至创造出全新、远远超出设计师或利益相关方预料的性能。全球定位系统就是一个范例，系统提供了最初设计师万万意料不到的服务。

实际建造基线（也称为认证基线，尤其是在重复生产多个系统时），连同支持性验证数据，规定了硬件或软件合格的认证界限，它处理从飞行线的换件到整个运载器的不同装配级的认证；它也对相应的装配级设定限制，以保证性能与期望及鉴定结果相符。这些限制包括：

1）运行限制（如热、压力、工作周期、负载），可能高于或低于设计性能规范限制；

2）用于鉴定的预防性维护限制（如滤波器变化频率、润滑频率、检查）；

3）用于鉴定的生产或制造过程限制。

实际建造基线可以是与设计或建造性能规范分开的独立文件。最初，其限制可能与原始技术规范的限制一致，但这只是因为验证结果支撑了那些限制条件。实际建造基线可能也规定了设计或性能规范中没有的"衍生的"限制条件。工程图样与模型、分析工具与模型（如热、负载）以及差异（与相关的限制和扩展）也构成了实际建造基线的一部分。认证限制条件的扩展或产品技术状态基线（如制造工艺）的改动，要求对所有参与认证的组件进行严格的检查，以确定何处有必要增加额外的验证活动，如增量鉴定或修改分析。任何经批准的改动都是针对实际建造基线的，而不一定针对设计或性能规范。我们仅在确定改动生产或制造工艺、验收过程或与验收相关的交付物时，才修改硬件或软件规范。

按惯例，给定分系统中的每个"箱体"都具有设计或性能规范。例如，热控分系统中的散热器和热交换器可能要在不同压力和温度限制下进行认证。有时，如果箱体特定的制造过程（如钎焊、固化）发生了变化，会使其认证失效，则需要重新认证。当我们将这个箱体装配为大组件时，可能额外需要分系统级或更高级的运行限制。例如，散热器和热交换器的工作温度上限可能分别为 200 ℃和 180 ℃，但是温度可能由它们之间的某个传感器测量，为了保护分系统组件，可能需要将分系统最高工作温度限制为 150 ℃，因为试验或热建模表明，传感器 150 ℃的读数相当于散热器工作时的 200 ℃，从而分系统温度的认证限制设为 150 ℃，而散热器和热交换器的认证限制保持不变。我们用来定义限制的热模型是认证基线的一部分，我们还可能需要建立整星级的运行限制（如姿态和定向）以避免超出系统、分系统或低级别的认证限制。

设计认证评审（DCR）专注于制定验证要求和试验与验证要求的过程中所确定的鉴定要求和初次使用要求，这是由客户和其他利益相关方代表主持的正式评审，以认证技术状态项（CI）、合同最终项（CEI）或计算机软件配置项（CSCI）已经满足其特定的设计性能要求，认证设计已为运行使用或在任务流程中的进一步集成作好了准备。我们可能会对软件、现场可更换单元（LRU）、组件、分系统、要素、系统、运载器和体系结构等单项进行设计认证评审。

设计认证评审是下面讨论的功能技术状态审核过程的扩展，其主要目的是保证实现以下内容。

1）该项的所有鉴定要求已经得到满足和验证，或差异得到了批准；

2）该项的所有操作限制已经建立了基线并受到技术状态管理（CM）的控制；

3）与该项相关、可能影响鉴定和验收的所有生产或制造限制，已经建立了基线并受到技术状态管理的控制；

4）所有与该项认证相关的维护要求已经建立了基线并受到技术状态管理的控制；

5）所有异常和不合格已经成功处置；

6）所有危险已经得到处置并成功得到减轻；

7）与产品和认证基线相关的所需历史材料记录已经交付给客户，并受到技术状态管理的控制；

8）客户和供应商通过正式的认证过程确认以上所有步骤已经完成，且被认证的单项已为运行使用和下一阶段的装配作好了准备。

与此相反，在承包商交付单项之前（在关键设计评审之后、系统验收评审之前），客户要进行功能技术状态审核，以保证设计满足相应的功能或性能要求，这是鉴定过程中最后一步，一般情况下，对每个技术状态项、合同最终项、计算机软件配置项或重大修改只进行一次。它与设计认证评审的区别表现在以下几个方面：

1）功能技术状态审核不要求将材料历史数据作为认证包的一部分向客户交付；设计认证评审有这样的要求；

2）当只进行功能技术状态审核时，数据保留的责任属于供应商；

3）功能技术状态审核是对要求的审核（0%～100%），而设计认证评审要求客户确认每项要求已得到满足，支持一致性的数据已提供；

4）功能技术状态审核只与承包商向客户交付的单项相关，不包括对客户进行的后续的装配和总装工作的设计合理性的评审。在单项交付给客户之后，设计认证评审要对任务集成的每个阶段进行评估。

根据项目的范围和性质，可能同时需要这两类评审。功能技术状态审核对于客户和承包商来说必不可少，以保证低级别组件（如现场可更换单元、配件）在集成为可交付的要素或系统之前，满足设计要求；客户也需要这些审核来获得信心，即承包商设计和制造的较低级别组件符合架构级和系统级提出的设计（性能）要求。这些审核使客户了解承包商工作的效率，使客户相信在设计认证评审过程中不会出现重大问题（如性能问题、历史材料缺陷）。

系统验收评审在验证、确认和认证之后进行。系统验收评审是正式评审，用于认证技术状态项、合同最终项、计算机软件配置项已经按照建造要求（产品基线）制造，没有工艺缺陷，且为运行使用或在任务流程中进一步集成作好了准备。我们可以对软件、现场可更换单元、组件、分系统、要素、系统、整星和大系统在内的所有单项进行系统验收评审。系统验收评审主要关注验收要求，它被认定为产品验证规划过程的一部分。对任务的每个要素可以进行多次系统验收评审，但是在将责任移交给政府、工程或项目之前，对于待集成为高级别组件的单项，一般不进行系统验收评审。系统验收评审实际上相当于客户的验收评审，只有当分系统或较低级别组件和部件是给单独交付给客户时，才对它们进行系统验收评审。评审的主要目标是确定以下内容：

1）所有验收和装配及检查要求已得到满足和验证，或差异已得到认可；

2）所有异常和不合格都已经成功处置；

3）所要求的与产品基线相关的历史材料记录已交付给客户，并受到技术状态管理的控制；

4）客户与承包商通过正式认证确认已完成以上所有步骤，且经认证的单项已为进入下一阶段的任务集成作好了运行性使用和集成的准备。

系统验收评审专注于完成生产和装配过程，并不是要取代或重复日常的客户监督和集成。所有的验证与确认活动都通过系统验收评审完成也是不可能的，许多验证与确认活动，尤其是那些涉及最终技术状态变化的，直到发射前夕才会进行（如隔热层安装、推进剂加注）。第 12 章将这些活动作为系统转换的一部分进行了论述。

至此，我们从常规研制全新的硬件单项的角度论述了验证与确认，但空间系统越来越多地由现有单项组成。此外，软件的验证和确认过程与硬件有所不同。11.6 节将讨论商业现货和非开发项的问题，11.7 节将讨论软件的验证与确认问题。

11.6 应对商业现货和非开发项验证中的特殊挑战

空间系统产品验证中的一个特殊挑战是，常见的应用单项在设计过程中不需要研发，有的可以在商业市场中获得，有的内部已有现成的设计。我们使用以下定义：

1）商业现货（可购买到）；

2）非开发项（已经拥有）。

将现有设计做有限的修改，通常被视为商业现货或非开发项。实现所有航天器都含商业现货或非开发项有重要意义。例如，波音 702 商业卫星平台构成了美国空军先进极高频卫星的支柱，整个卫星实际上就是一个商业现货项；航天器数据处理系统是由现有的微处理器发展而来的；定姿敏感器、推力器和其他执行机构在很多供货商那里都是现成产品；零件级的航天器电子设备（电阻、电容、运算放大器、导线、连接器等）事实上都是商业现货。

未充分考虑商业现货和非开发项所需的验证程度，已经导致了很多备受瞩目项目的失败。欧洲空间局的阿里安 V 运载火箭在首次飞行中突然转向，接着发生爆炸，就是由于使用了较早的阿里安 IV 火箭中的非开发项制导、导航与控制系统出现导航错误。美国国家航空航天局的刘易斯（Lewis）航天器由于姿态控制问题，在发射后不久就发生了故障[8]。这两个任务都依赖于经飞行证实的商业现货或非开发项硬件或软件。本节将重点讨论商业现货和非开发项带来的验证难题，以避免将来再出现类似的失败。

从产品验证的观点来看，商业现货和非开发项的普遍可用性既有有利的一面，也有不利的一面。好的方面是它们是现成的，我们不用再创造，它们很可能已经过飞行继承性验证，性能得到证明，但不排除这些情况需要额外进行某些级别的验证，尤其对于新应用。由于商业销售商不愿意或无法提供我们所需级别或类型的详细设计或先前验证数据，这种验证可能会比较复杂；更深一层的复杂性来源于决定使用给定商业现货或非开发项的从上向下的要求，所有单项都带有已定义的、其他系统不得不适应的接口，因而需要进行更多验证活动。

在系统设计工作从上向下开展时，我们可能会在设计的任何位置插入商业现货，但是最好在初步设计评审之前进行，这样极可能将系统再设计工作减至最少的同时最大限度地节约。如果我们直接使用某一单项，仍必须了解新应用对它的要求。如果我们修改了商业现货，流程向下的要求会对被修改的商业现货项提出新要求。

在我们选择了商业现货或非开发项之后，衍生的要求需要流入其他分系统，如电源分系统、热控分系统、数据处理分系统。第 9 章中描述的继承性评审（HR）有助于识别新设计中重新使用特定组件的问题。表 11 - 24 总结了一组继承性评审的论题。继承性评审最好在初步设计评审之前完成，其目的是：

1）评价继承项或商业现货项对项目要求的兼容性；

2）评估使用商业现货的潜在风险；

3）评估修改或增加测试的需求；

4）使继承性设计要求与目标分系统的要求相匹配，一致性矩阵对此很有用；

5）确定当前设计要求的变化。

表 11 - 24　系统继承性评审（SHR）论题①

论题描述

描述和先前历史记录
- 被继承的单项是按照一定的要求、工艺问题和条件开发的
- 原始设计，如果可用
- 性能历史记录
- 故障历史记录和故障趋势
- 做过的试验和试验结果，代替试验所进行的分析，对不合格的豁免
- 使用的问题/故障报告（PFR）系统，所有问题/故障报告和危险问题/故障报告的汇总，对不合格的豁免、产品系列代表和重设计框架收尾的充分性

目标项目中的预定应用
- 应用的冗余度
- 单点故障理念
- 可靠性分析结果及其独立评审进度

与项目要求的兼容性
- 设计、鉴定和环境要求
- 项目使用所需的变化程度
- 零件分类、继承硬件或继承设计的零件清单、所用零件的规格、所用的非标准件、非标准件授权申请及豁免
- 材料和加工要求、所用的标准和控件、包装设计、保形涂层
- 操作系统接口
- 编程语言
- 与主机的兼容性
- 来自供应商的支持
- 运行环境
- 技术状态控制：与"实际建造"相比较的设计、变化控制要求、开始的时间、豁免
- 鉴定之后的设计变化、上次飞行之后已进行或计划的变化
- 成本

①此表列出了一系列论题，可以作为系统继承性评审的一部分进行探讨。正式的系统继承性评审可用来处理审议项的具体设计和构造，并充分审查其对于新应用的适应性。

继承性评审促使我们系统地考虑单项的历史及其对新项目的适应性。最后，一个技术成熟度（TRL）开始被认为是 9 的单项，对于新应用来说其技术成熟度可能只有 7 或 8，所以在飞行前需要进一步的验证。

继承性评审的结果有助于确定对单项的附加验证要求及验证级别。如 10.7.1 节所述，商业现货的复杂性在于，我们无法在最低装配级使用和验证与确认相同的严格标准，那是因为销售商很可能无法提供所需的可追溯性及规范中规定的严格标准，还可能存在所有权问题。通常，我们不得不退而求其次，接受较高级别的单元验证，并接受一定的风险（如，对一些可牺牲的单元实施应力加工、振动、热真空、辐射和其他的试验来确定它们是否足够好，即使我们可能并不知道箱中的确切情况）。这里重点要指出的是为了提供足够裕量以补偿较低级别标准的不足，有必要采用高级别、较苛刻的验证标准，如最坏情况分析、部件强度分析或故障模式影响与危害性分析。

到目前为止，使用商业现货和非开发项最大的决策风险是，在空间使用为地面使用而设计的硬件。发射环境和空间环境构成了特有的挑战，在地面完全合适的组件在太空中可能就无法正常运行；而且即使它们能正常运行，我们也只有在广泛的环境鉴定项目之后才

能确定。在仔细分析之后，我们可能认为进行环境鉴定所需的附加时间、成本和复杂性，超过了最初商业现货和非开发项带来的好处。

表 11 - 25 提供了对组件继承性进行分类的方法，来确定对鉴定大纲的需求及其范围。对于避免某类鉴定大纲的准则是相当严格的，但对商业现货的重要评审对于任何系统的全面考虑非常重要。如果航天工业选择使用商业现货组件，它就将受商业市场的控制，这意味着，它所需要的替换组件，即使有可能获得，也很难得到（一些单项只能通过在 eBay 上搜索来找到替代品）。即使有单项可用，使用的零件编号相同，供应商也不一定能提供完全相同的单项。相同零件编号的一个销针的定义变化就需要完全替换猎鹰- 2（Falcon-SAT - 2）卫星的电源板。在空间系统中使用商业现货组件是强制性的，不可避免的，但必须借助严格的验证，小心处理。

表 11 - 25　商业现货和非开发项的鉴定要求分类[6]①

类别	描述	鉴定大纲
A	该项是未经修改的现成产品，并且 · 已经受的鉴定试验大纲的严格程度至少与项目规范（包括环境规范）相同，并且 · 该产品是由相同的生产商或供货商生产的，使用完全相同的工具、材料和生产过程	无
B	该项是未经修改的现成产品，但它…… 　· 已经受的鉴定试验大纲的严格程度低于项目规范（包括环境规范），或 　· 是由不同的生产商或供货商生产的，或使用了不同的工具和生产过程，或 　· 是由具有相同可靠性的替代零件或材料制造的	"Δ" 鉴定大纲或调整后的鉴定大纲，具体个案具体分析
C	该项是经过设计改进的现成产品	"Δ" 鉴定大纲或全面的鉴定大纲，视其改进效果具体个案具体分析
D	该项是新近设计和研制的产品	全面的鉴定试验计划

①对各单项，我们根据其继承性利用此清单来进行分类，以确定对改进的或全面的飞行鉴定大纲的要求。"Δ" 鉴定大纲是一种非全面的鉴定大纲，它填补了先前鉴定合格的单项与新应用之间的缺口。

11.7　验证与确认软件

软件的验证与确认带来了独特的挑战，因此有必要进行单独讨论，本节将探讨这些难题以及处理的方法。

在现代空间任务中，软件应用非常广泛，如航天器、地面数据系统、运行规划和控制系统、测试台和模拟器、地面支持设备、行为建模和分析工具等。图 11 - 22 举例说明了 FireSAT 任务中的软件架构，从例行的数据存档到对任务有重要意义的火情探测，软件对于每个功能都是必需的。

由于软件的功能很多，我们要根据软件的重要程度，对包括验证与确认在内的软件开发过程进行调整，软件的重要程度在项目生命周期初期规定顶层系统设计时就确定了。此后，软件依照高度严格的开发过程，被分为安全关键性和任务关键性两类。NPR 8715.3b[14] 将任务关键性和安全关键性定义为：

1）任务关键性：对于任何单项或功能，必须保持具有运行能力以保证任务不会失败；

2）安全关键性：任何条件、事件、操作、过程、设备或系统一旦执行或建造不当，或被允许维持未校正状态，可能引起或导致严重伤害、重大损坏或任务失败。

这些定义清楚地以任务成功准则为基础，不同的公司或政府机构使用不同的重要程度或分类系统，但每个系统在根本上都与任务成功准则相关。

我们将项目级软件故障分析作为软件重要程度的基础，其中既包括所有的项目系统，也包括人为操作过程。由于安全关键性和任务关键性软件所需的附加的开发过程非常严格，初期的系统设计方案要尽量减少这种关键性软件。对于现代的无人空间系统，安全关键性和任务关键性软件包括如下内容。

（1）飞行软件

1）可执行映像：源自软件源代码的可执行二进制映像，长久存储在航天器上；

2）技术状态参数：机载、长久存储、用于调整飞行软件功能的参数值；

3）指令块：长久存储体现通用软件功用的指令序列，常用于故障防护响应。

（2）地面软件

1）上行链路工具：一旦我们确定数据正确，用于生成、打包或传输上行链路数据的所有软件；

2）航天器健康与安全工具：用于向下传输、解包和分析数据，确定航天器健康与安全的所有软件；

3）导航工具：用于确定或预测航天器位置和轨道的软件；

4）数据存档：保存任务关键性或安全关键性作用的工程或科学数据的所有软件；

5）关键地面支持设备：任务成功所需的所有地面支持设备软件；

6）模型：对任务成功具有关键性作用的行为建模的所有软件，且如果没有这些软件我们就无法正确地评估航天器行为。

这里关注的是被划分为任务关键性或安全关键性的空间任务软件，因此它们需要严格的开发过程和相应的验证与确认。

11.7.1　软件特有的验证与确认挑战

任务软件呈现的独特难度来自：

1）软件功用性的跨度之大；

2）软件日益增长的规模和复杂性；

3）在空间应用中需要独特的品质。

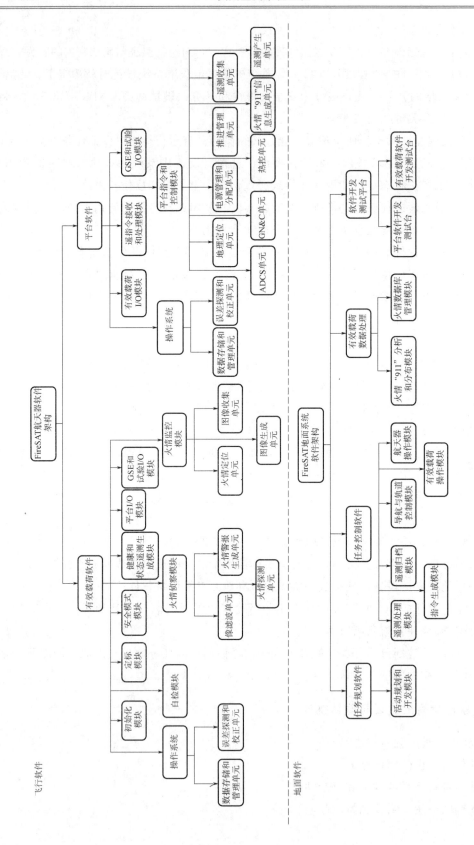

图 11-22 FireSAT 飞行与地面软件架构

FireSAT 任务软件（飞行和地面）的复杂性表明软件在任务各个方面的广泛性（GSE—地面支持设备；I/O—输入/输出）

我们先来讨论软件功用性跨度大带来的问题。软件为飞行和地面系统提供了主要的用户界面，并与这两个系统中的几乎每个组件相互影响，几乎所有的硬件接口和用户界面功能及软件内部接口，都增加了复杂性。由于空间功用的复杂组合，使得全面测试无法实行。用户界面功能，如飞行系统指令和序列，在设计时就具有支持未知空间和运行环境的灵活性，这种灵活性从本质上就限制了全面测试；功能复杂性要求系统和软件工程师们必须设计出易于管理的流程和测试集，以保证任务能在更多的项目约束下取得成功。

软件复杂性的急剧增长也提出了很多挑战，这种增长至少部分是由于实现任务环境的复杂性、故障防护范围的扩展及科学回报期望的最大化，软件设计的某些方面，如多线程软件任务控制架构与实现语言，也增加了这种复杂性。表 11 - 26 列出了 1989～2004 年间由美国喷气推进实验室负责的 10 项空间任务的源代码行数。软件复杂性的日益增长影响到软件验证与确认活动的规模和范围以及对保障性资源的要求。

表 11 - 26　美国喷气推进实验室负责的空间任务中源代码的行数[①]

年份	任务	源代码行数
1989	伽利略	25 000
1992	火星观察者	25 000
1996	火星全球勘测者	50 000
1996	火星探路者	100 000
1997	卡西尼	125 000
1998	深空 1 号	175 000
2001	火星奥德赛	110 000
2003	空间红外望远镜设施（SIRTF）	180 000
2003	火星探险漫游者	325 000
2004	深度撞击	140 000

①这里举例说明任务中的源代码行数逐年增加的大体趋势（引用 G. Holzmann 的私人信件，JPL，2008.）。

空间任务软件的独特性在很大程度上是由几种常见软件品质决定的。这些品质是对以下因素的响应：空间环境的严酷特性、系统间极远的距离产生的导航与通信的挑战、在任务生命周期内维持功用所需的自主性。有些品质由任务硬件实现，而有些就纯粹与软件相关。空间任务软件要求的最通用品质包括如下方面。

1）可靠性：航天器要在严酷环境中长时间可靠地工作。我们需要管理软件资源，如动态内存，以保证航天器的健康和安全。故障防护、姿态控制和其他自主的软件活动需要将航天器维持在或恢复到一个安全的、自我保护的状态。

2）可操作性：软件需要提供操作员界面，一般通过指令和序列，这样即使在目标、空间环境和航天器状态发生变化时，也可以安全、有效、一贯地满足任务目标。

3）可见性：软件需要提供航天器各系统的所有情况，以支持航天器状态的重构，保证硬件或软件的远程调试。

4）可维护性：软件需要支持对其功能的操作性升级。对航天器而言，这种升级需要通过空间数据链进行，且不能威胁到航天器的健康和安全。

空间任务软件中的通用品质通常来自软件开发过程或软件工程师的经验，尽管可接受，但对于安全关键性和任务关键性的软件都是不够的。它们从来没有整套的要求，对于任务成功很关键的要求也少得可怜，这意味着我们无法对软件进行与硬件测试类似的全面测试。

没有明确的要求，这些品质的传统验证是成问题的，因此我们必须依赖于多级别、多测试点、多开发阶段的软件确认，来演示验证软件对于任务应用的适用性。

11.7.2　软件验证与确认的开发方面

验证与确认活动贯穿于整个软件开发的生命周期，普遍作为软件开发过程必不可少的一部分。这种现场（in - situ）验证与确认是软件开发的最优方法，其基本目的是尽早识别缺陷。

我们将典型的软件开发生命周期各阶段建模为瀑布图，如图 11 - 23 中所示的路径 A。无论哪种路径，所有软件开发都包括以下几个阶段。

（1）要求分析

该阶段根据客户对产品能力、功能的要求，确定软件开发的范围。要求分析通常随软件要求评审的成功完成而结束。该阶段引入的软件缺陷有：要求受制于多重解释、无法测试的要求及过分限制软件设计的非必要要求。

（2）架构设计

这里我们详细说明整个软件开发中的顶层设计，即架构设计。软件架构必须适合于所需的功能、品质和其他限制。该阶段引入的软件缺陷有：性能瓶颈，复杂且无法维护的模块接口和依赖关系，过分限制没有考虑详细设计方案的架构理念，在详细设计上可变性过大的架构理念没有约束，资源处理与冲突前后不一致，软件内部状态能见度差，测试接口少。

（3）详细设计

此阶段将架构设计进一步分解为较小的软件块，通常以软件设计评审为结束。该阶段引入的软件缺陷包括：多进程冲突、算法选择不当导致的性能退化、不合适的资源管理方案、过多的任务开支、分配给代码或数据空间的内存过多及界面解释错误。

（4）实施

该阶段包括软件组件代码的生成、此代码的单元测试和由多组件集成为可执行构造版。实施过程经常在软件特有的模拟场所进行，它通常包含代码评审，并以试验准备评审为结束。该阶段引入的软件缺陷有：多进程紊乱情况和死锁、定态或动态维护的数据被损坏、内存泄露或其他资源管理错误以及边界条件遗漏。

（5）软件测试

在该阶段中，软件团队根据客户规定的要求、功能和能力，验证并确认可执行的软件构造版，通常以测试完成评审为结束。该阶段常被忽略的软件缺陷有：要求错误、硬件接

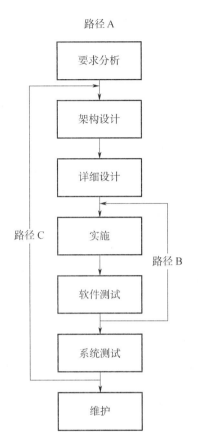

图 11 - 23　软件开发中的瀑布路径

路径 A（自上而下、无回路）表示软件开发中传统的单路径瀑布生命周期。路径 B 表示一种适于发展的
生命周期，重现软件要求、软件架构和详细设计，但缺少增量式系统测试。路径 C 表示由多个详
细设计和系统试验阶段组成的生命周期，这类路径在空间任务软件开发中十分常见

口错误、硬件性能问题、有限的寿命以及异常行为的正确性。

（6）系统测试

在该阶段中，软件开发客户对交付的软件功用进行验收试验。系统测试可能在多个场所进行，每个场所都是针对测试系统的某项特定功能设计的。最终的测试平台是空间系统。该阶段中易被忽视的典型软件缺陷有：要求错误、有限的寿命和异常行为的正确性。

（7）运行

客户在此阶段使用交付的软件功能，软件开发团队将该阶段作为软件维护的开始，在此阶段发现残留的软件缺陷。

通常，简单的瀑布生命周期模型对于安全关键性和任务关键性软件的开发是不够的，很大程度上是由于早期无法见到开发计划所要求的软件品质和性能，问题可能要到进程后期才能发现，从而导致重大的成本、进度和性能风险。

改进瀑布生命周期模型的办法是多次重复这个过程，如图 11 - 23 中的路径 B 和路径 C 所示。因逐步添加功能，或必要的返工，导致交付进度反复，对于每一次交付，项目管理层可按项目要求评估产品品质和软件团队的表现，这种方法可以大大降低风险。然后我们调整分配给每个软件构造版的功用，来处理项目风险［无论风险是存在于软件中还是项目内的其他地方（如用于测试关键硬件功能所需的软件）］，但这种反复和递增的开发方法给与项目的其他研制（如硬件研制）的集成带来了不便。

在反复的软件开发生命周期中，我们可进行多次验证与确认。例如，每次测试软件时就可验证软件要求；确认在所有阶段反复进行。高效的软件开发过程就是要截断在生命周期的某个阶段引入的缺陷或在多个阶段传播的缺陷，从而减少所交付软件中的缺陷。本节描述了系统地减少缺陷嵌入率的同时增加缺陷发现率的软件验证与确认机理。表 11 - 27 总结了这些方法。在生命周期阶段中，不是每个技术方法都应用于暴露错误。

表 11 - 27　适用于生命周期各个阶段的验证与确认方法①

生命周期阶段	验证与确认方法
要求分析	· 初期试验用例生成 · 双向可追溯性 · 带客户反馈的原型设计 · 增量式交付 · 压力测试 · 半实物试验
架构与详细设计	· 重新使用 · 设计约束 · 面向品质的原型设计 · 复杂性量度 · 可行性分析 · 正式验证与逻辑模型检查工具
实施	· 重新使用 · 源语言约束 · 连续集成 · 静态分析 · 自动代码生成 · 软件运行资源评估
软件与系统测试	· 全路径覆盖 · 独立测试员 · 差分测试 · 边界条件 · 随机重启注入 · 硬件离线故障 · 寿命评估 · 多故障同时注入 · 多任务过载
运行	· 发射后软件检查 · 软件升级演示 · 可执行映像有效性检查

①不同阶段采用不同的验证与确认方法，此表突出了最为有效的一些方法，有些适用于多个阶段。

有的验证与确认方法适用于任何阶段，其中之一是正式技术评审。在生命周期评审中，如软件要求评审，由软件利益相关方评估软件开发产品；同行评审，如代码评审，利用与开发无关的软件专家评估开发产品。成功准则包括完整的体现软件最佳实践的清单。

另一个运用于全生命周期的软件验证与确认方法是，提高软件开发产品中的严格度。传统的软件开发过程存在的问题是，很多设计产品采用自然语言，易受错误判读的影响。反之，如果设计产品基于严格的语义，以机器可读的形式出现，我们就能使用自动化工具，客观地分析这些产品。语义严格方法的第二个优点就在于它可以让我们直接从源头上得到详细的设计产品。例如，在软件或系统测试阶段使用的测试序列，就有可能从严格的要求说明中生成。我们也可以将那些要求嵌入到高层设计过程中，从而可以考虑系统地验证设计决策的稳健性。现在让我们详细分析表 11 - 27 所示的验证与确认方法。

（1）要求分析

要求分析中的缺陷，包括引出和解释，通常会在软件开发的大半生命周期中传播，只会在系统测试阶段或运行过程中作为剩余缺陷而暴露。校正这种错误的花费很大，因为它们发现得较晚，要解决这些错误可能需要全生命周期返工。

在 11.1 节我们探讨了要求确认，应用该节所述的 VALID 准则，可以形成几种识别软件要求中缺陷的方法。

1）初期测试用例生成：迫使系统、软件和试验工程师理解要求说明，以便编撰测试用例并借此发现要求描述中的薄弱环节。

2）双向可追溯性：保证所有要求及其实施构件是相互关联的，这种相互关系可以使我们识别没有任何实现过程的要求，或识别不需要的要求或实施。

3）带客户反馈的原型设计：使客户能够在软件开发生命周期初期，就评估系统的正确性。原型应强调端到端、面向客户的行为。

4）增量式交付：使我们能够在软件开发进度的初期，就进行全范围的验证与确认活动，包括系统测试。初期递增过程中，对要求中的缺陷进行根源分析，有时可以发现要求分析阶段的系统性错误，随后的增量式软件构造版应能消除这些错误。

5）压力测试：检查要求说明的"边界条件"，这里指要求说明中的认识误区和薄弱环节。

6）半实物试验：可以防止软件开发仿真环境中的缺陷承受相同或相关的要求错误，从而防止隐藏于软件产品中的缺陷。

要求阶段并不使用上述全部方法，有些可能只在软件达到某个阶段之后才会使用，很多软件开发工具都会对要求分析、文件证明和验证与确认有所帮助。（适用于要求分析的工具包括 Telelogic 的 DOORS、Vitech Corp 的 CORE 和 3SL 的 Cradle。）在要求规范中增加严格度，对于消除要求缺陷及形成正确设计尤其有帮助。

（2）架构与详细设计

在确定了有效的要求后，架构和详细设计将软件分解为模块，这些模块应具有递归性结构并根据其大小或复杂性进行设计，设计的主要结果就是这些模块、模块间的互联性以及模块接口规范，该设计必须正式说明已满足要求。在设计中避免缺陷的方法如下所述。

1）重新使用：利用先前设计，如有可能最好是架构设计而非详细设计，以减少和简化验证与确认。采用不适于当前产品的架构或设计，会引入很多影响重新使用的设计问题。采用重新使用方法来减小项目风险，需要细致认真的系统工程处理。

2）设计约束：限制设计方案的范围以推进其他开发工作。这种推进能够支持或实现设计的正式分析、减小测试的复杂性、适应软件工程师技能上的局限性、为远程调试保证适当的可见性等。常见例子为禁止使用先占式多线程系统和动态内存分配，从而避免由这类系统造成的实现错误。

3）面向品质的原型设计：为架构中与产品通用品质（如可靠性）有关的优势和劣势提供了初期反馈。这种原型设计把注意力放在促进产品品质，而不是面向客户的行为上。例如，原型要有助于评估设计在关键任务事件（如行星着陆或进入轨道）中满足严格的时限要求的能力。

4）复杂性量度：评估设计模块的复杂性。在生命周期后期，复杂的设计在规定的量度的基础上或者需要设计返工，或者需要额外的软件开发资源。常用量度是根据软件设计中模块间的互联性决定的。

5）可行性分析：使用由要求衍生的高级方案保证了设计满足其要求。方案，至少在概念上贯穿于整个设计中以确认实现任务的能力。这种分析往往可以识别被忽视的模块及其之间的相互关系。如果设计是可执行的，我们就直接执行该方案以产生最终的可行性结果。

6）正式验证与逻辑模型检查工具：如果以严格的语义方式表达要求，我们就能应用逻辑模型检查工具，采取与实现无关的方法来验证设计。（Spinroot 网站上有一个软件工具可以对分布式软件系统进行正式验证。）

设计阶段验证与确认活动的结果是产生一个含有很少的剩余误差的软件设计，让我们更有把握在实施阶段生成正确的软件代码。

（3）实施

在实施阶段，详细的设计被转化为二进制可执行代码，以为目标平台编译的软件源代码为基础。设计和要求中的错误很容易传播到可执行代码中。使用计算机语言表达的源代码易于出现语法和语义错误，其中，语义错误更难消除。虽然不断出现更高级的语言，但常用的软件源语言只包括 C、C＋＋和 Java。Mathworks 与 Telelogic 网站有更多相关信息。在实施阶段避免缺陷的方法如下所述。

1）重新使用：使用已证明可执行的软件或软件库，由于其实施已经完成，可以直接避免实现错误。但这种方法并不能解决所有问题，因为重新使用的软件可能被不正确地使用，或给其他的可执行软件引入细微的误差。对于重新使用这一实施的权衡应以风险评估为基础。

2）源语言约束：一些软件源语言提供的编程结构容易引起错误和误用。消除错误的有效方法是直接禁用这种结构并在代码评审中强制执行，例如使用代码清单或在编译过程中使用工具或有编译者的支持。

3）连续集成：大型软件开发要集成很多单个的构件。如果一次性将所有构件集成在一起，或到开发后期再集成，那只有到后期才能发现接口或行为错误，那时这些错误通常已经存在于关键路径中了。相反，如果我们对单个构件完成一个就集成一个，错误会更早地浮出表面。

4）静态分析：源代码静态分析人员检查源代码中的一般语义错误。在开发过程中，我们会更加需要他们来加强源代码的编译。每项分析的复杂程度不同，但大多与数组边界检查、变量初始化和多进程锁等相关的错误都能被静态地发现。在没有成熟的静态分析人员的情况下，可以把相关的分析步骤逐条写入源代码编译人员的注意事项中。只要简单增加一下编译人员的注意力，就有利于识别出潜在的错误。在撰写本书时，这类工具中主要的例子有 Coverity，KlocWork 和 CodeSonar，在它们各自的网站上都能找到相关信息。

5）自动代码生成：使用生成源代码的工具是更高级的软件重新使用形式。与其他形式相比，这些工具适用于重复的源代码架构，如遥测或指令。我们应把自动生成的代码当作人工编写的代码来处理，需要对其进行全面的软件验证与确认。

6）软件运行资源评估：考虑到在现场运行环境中利用资源的复杂性，运行软件的资源利用越来越需要监控代码。这些内部的监控器像其他所有的系统监控器一样，可以根据与期望值的偏差确定异常状况，并在需要时启动恢复功能。这里的偏差是指来自运行环境或软件设计或实现中的错误。

软件验证与确认活动对于捕获实施阶段的错误，或捕获在更早阶段未发现而传播到实施阶段的错误，是有效的。实施所要求的细节程度和可用于实施分析的方案，常常迫使对生命周期初期的软件产品进行重新检查，这可以暴露潜在的错误，而软件和系统测试则能够暴露其他错误。

（4）软件与系统测试

软件与系统测试阶段的目标是识别所有期望行为与所交付行为之间的差异。期望的行为很少会被完全记录，因而不应将期望行为和文件中的软件要求相混淆。验证专注于软件和高层次的要求；确认则致力于两个主要方面：确认软件作为一个组件的完整系统功用和确认通用软件品质。

通用软件品质的确认类似于硬件环境试验。硬件系统按等级被分解为多个部件，从零件到电路板再到整机。我们对这些硬件组件进行全面的测试，包括系统测试中无法实现的寿命和压力测试等；对每个软件组件进行全面测试是软件确认的主要内容。

系统功用的确认有助于捕获软件要求中的错误，就其本质而言，软件验证试验无法识别要求错误，只有确认，尤其是压力和情景测试能够做到这点。在软件与系统测试中识别缺陷的方法如下所述。

1）全路径覆盖：软件源代码包括为代码引入了多条路径的分支结构。常用分支结构包括若-则（if-then）、若-则-否则（if-then-else）和"switch-case"等语句，它们分别引入了 1 条、2 条或 N 条路径。利用全路径覆盖，代码中的每条路径都在完整的测试包中至少被执行了 1 次，这种测试对暴露错误大有帮助。

但全路径覆盖很少能被正确地应用。考虑 2 个连续的"若-则"语句。全路径覆盖测试需要四种测试用例：两个假设（if）条件语句均为真或均为假，还有一真一假的两种情况。而对全路径覆盖的常规理解只需要两种情况：均为真或均为假。更糟的是，用来追踪这一类覆盖的工具会造成对实现情况的虚假信任，遗漏的路径肯定是有潜在错误的路径。此外，常规的飞行代码中有相当多的条件语句和非确定性外部中断和多进程任务进度。

在实践中，我们只对部分空间任务软件进行真正的全路径覆盖，重点为安全关键性的软件或最重要的任务关键性的软件，特别是故障防护、资源管理和姿态控制类软件。

2）独立测试员：由于研制方的不正确假设，软件开发者测试的软件可能存在错误。例如，研制方假设某个接口包含了从 0 到 7 的值，则源代码和测试代码就只能处理 0 到 7 的值，即使实际值是 0 到 9。独立测试员引入不同的假设，因此生成可以暴露研制方错误的测试用例。

3）差分测试：如果存在一个经试验证明是正确的绝对标准实施，例如已有的基线数据或来自重复使用的软件的结果，我们则可在绝对标准下对受测软件运行测试用例进行差分测试，然后比较其结果。全软件系统的一小部分中存在这种实现。

4）边界条件：存在于预期飞行条件的最边缘处。测试所有边界条件的测试用例可以增加捕获潜在错误的机会。

5）随机重启注入：由于空间环境条件（主要是带电粒子和硬件相互作用），星载计算机通常不给软件任何准备机会就关机，这种自发的关机会导致软件的永久存储器处于一种不协调进而损坏的状态。包含随机重启注入的测试可以帮助识别导致存储器损坏的错误。

6）硬件离线故障：航天器软件会与大量不同的硬件传感器、执行机构和控制器之间发生相互作用，这些设备有时会发生故障，或者它们的通信路径会被中断。模拟硬件随机离线故障的测试可以识别与硬件故障有关的软件错误。

7）寿命评估（浸泡测试）：长时间运行的软件通常可以暴露细微的资源管理漏洞。一种常见错误是内存泄漏，这会导致有限的内存资源最终被耗尽。那些涉及永久存储的资源管理错误是非常隐蔽的；这些错误只有在很长时间、可能在多次重启之后才显现出来。遗憾的是，由于所需的期限和测试平台的限制，寿命评估在实践中的实施是很困难的。长时间通常被定义为预期的计算机两次重启间隔时间大大延长的部分；但是，对于隐蔽的永久存储错误，这个时间甚至还会更长。

寿命测试的一个有效方法是将任务活动压缩为一段较短的时间，然后反复执行这些活动，同时监控内部的软件资源。在多次迭代之后，我们应将软件资源使用情况和预期的行为进行比较，并识别其中的差异。例如，如果系统内存被监控并预计在迭代中保持恒定，那么任何增长都说明存在内存泄漏。

8）多故障同时注入（严峻测试）：向软件注入多个故障是边界条件方法的扩展。观察软件如何试图对存在多故障的恶劣情况作出响应，通常很能说明其处理标称功能能力的弱点。

9）多任务过载：边界条件法的另一种扩展，这种方法是有意让一个或多个任务停滞，随后我们借助软件的其他部分评估停滞任务的影响。任务会被意外情况或参数拖慢，延长了所需的 CPU 时间，接着，这种拖延会扩展到整个系统，比如，导致关键指令序列无法执行。

并不是所有这些用于软件与系统测试的验证与确认活动都在航天器上进行，甚至也不全在半实物测试平台上进行。特别是通用软件品质的测试，它们对于正确的软件行为极为重要，很可能包含不适于硬件的测试平台配置或情境。因此我们必须在软件特有的测试环境中进行很多测试，必须保证不给正在测试的系统引入错误。这里有两个典型的软件示例。

1）过度使用寿命有限的硬件。如果测试会造成硬件的大量循环累加，硬件的可靠性就受到了危害。在强化软件测试或其他测试中，开关和闪速存储器是两种会发生损耗的硬件设备。

2）永久存储的改变。有时为便于测试，永久存储会进行专门的修改。一个常见的例子是，减小故障防护监控器的阈值，以保证在测试用例中故障防护响应易于触发。该永久存储在测试后必须进行恢复，这种变化不符合"像飞行一样测试"，并因此会表现更常见的试验计划问题。

（5）运行

在运行中测试软件，最好把它视为"系统检查"，这就意味着要在关键需求之前，在运行空间环境中实现软件功用。有很多类似于这种软件方法的硬件检查。我们通常在航天器具有高数据率输入，并因此具有高可见性时，进行这些检查。为了使运行中的缺陷在任务可能失败之前显现出来并加以识别，可采用以下方法。

1）发射后软件检查：先于需要实践运行任务，同时监控软件内部资源和其他状态来确定期望的行为；

2）软件升级验证：在不要求修补航天器或未出现软件异常行为的周期内，演示验证在飞行中修补软件的能力；

3）可执行映像有效性检查：确认二进制可执行映像，以确定它们没有损坏从而可以用于星载计算机的重启。

与其在关键航天器事件中发现错误，不如在受控的运行期内捕获软件错误。

11.7.3　软件验证与确认在系统级的几个问题

软件被交付给飞行系统或地面系统的系统测试环境以后，测试的性质就发生了显著变化。上述系统测试阶段用的软件专用的验证与确认方法依然适用，同时重点转移到了整个系统层面，而软件只作为其中一个方面。接下来两节将阐述系统集中的本质和影响以及系统级测试场所。

（1）系统中软件的环境

从软件验证与确认的观点来看，下列这些差异及其影响表征了系统测试环境。

1）真实硬件：系统环境使用飞行、工程模型或地面支持设备硬件。这些硬件是不可替代的，因此软件错误造成的后果将成为任务关键。系统环境中的仿真通常隐藏在真实的硬件接口后面，正如软件开发环境中，仿真是通向软件以外所有对象的主要接口。因此，被交付的软件可以看到真实的数据率、中断率、寄存器布局、指令协议和硬件的相互作用，这个事实通常可以暴露软件开发平台中的错误。此外，真实的硬件和相关的仿真与环境往往具有真实的闭环行为；潜在的软件错误会在系统表现出闭环行为之后显现出来。

2）缺席的软件工程师：软件放到系统环境中后，软件开发者就不再操作"他们的"系统，而软件行为中包含的所有假设得以暴露，潜在的错误也被发现。没有了软件工程师，软件设计及使用的文件变得很关键，但软件开发中经常缺少足够的文件。软件开发者由于被明确地排除出项目，或者被限制接触系统及其测试环境，于是就不复存在了。

3）人员与程序：系统环境用真实的测试场所来辅助人员、操作人员和相关操作程序，软件开发者的假设不再适用。从人身安全的角度来讲，软件错误造成的后果现在可能成为安全关键性的问题。以非标称甚至危险的方式使用软件的操作程序中可能含有错误。

为避免这些问题，我们需要在合适的测试场所进行附加的测试。软件开发团队根据他们自己的鉴定测试要求完成软件，这只是得到合格的用于飞行或地面运行的可执行软件的第一步。

（2）系统测试场所

有几个场所用于进行系统级软件确认，之前在产品确认的讨论中介绍了一些，但在这里还是要提出几个针对软件的特殊考虑。

1）端到端信息系统（EEIS）测试。运用端到端指令和数据流来证明飞行系统与地面系统所有软件产品在基本数据传输能力和性能方面（延迟、吞吐量等）是兼容的，并证明最终产品的适当组合的可用性。从以往任务中得到的一个很深刻的教训就是，我们必须慎重使用与多任务设施（如通信中继卫星和地面站）相关的软件。对这些设施的测试应包含在真实加载情景下的使用，包括其他客户同时上行/下行传输。

2）任务情景测试（MST）。保证使用最终发射版本的飞行软件、指令、参数表及其他由地面软件生成的产品的航天器，在标称和非标称条件下都能正确地实现任务目标。执行如发射和部署等任务关键性事件要比严格遵循任务进度更重要，这时，我们必须特别小心地使用故障探测与响应及关键参数。

3）运行准备试验（ORT）。保证所有飞行任务与地面任务的硬件、软件、人员、过程和程序，在标称和非标称条件下都能正确地执行正式任务进度中的关键事件。我们应结合任务情景测试，至少进行一次飞行硬件的运行准备试验，但大部分试验应使用合适的测试平台和硬件模拟器，以允许适当地向遥测注入模拟异常来训练地面软件和操作员。软件提供了用户与航天器接口，为了正确地使用它，我们也必须训练操作员。

4）压力试验或风险降低试验。保证任务关键性和安全关键性的软件均具有鲁棒性，且没有隐蔽行为（先前试验中没有暴露的）。现代软件的复杂性使我们不可能完成所有的测试组合，软件环境中使用的验证与确认方法是必要但不充分的。对发射版本的软件进行系统级压力试验有助于捕获任何残留的缺陷。对于试验阶段尤其适用的方法有：边界条件、寿命评估、多故障同时注入、多任务过载。

11.7.4　其他验证与确认论题

在此，我们总结系统工程和总体验证与确认大纲中，其他一些以软件为中心的重要论题，每一个论题都能独立成章。

（1）独立验证与确认（IV&V）

到目前为止，描述软件验证与确认方法和测试的工作，都是由项目组织主持，并由软件、系统和试验工程师执行，这种验证与确认通俗地被称为 iV&V（或"小 i"V&V），在面临来自项目统一的纲领性要求时，会引发验证与确认工作的独立性问题。一种方案是使用不受该项目控制的、完全独立的组织，即 IV&V（或"大 I"V&V）。例如，美国国家航空航天局租用了专门的 IV&V 设施，总部在西弗吉尼亚，该设施在财务、管理和技术上都是合乎理想、独立的，它根据重要程度，为特定的空间任务进行软件验证与确认。但是，它的工作规模要比项目导向的 iV&V 工作小得多，因此这只是项目活动的增量，而非替代物。

（2）软件重新使用

软件设计和实施的重新使用具有诸多优点，但也不无缺陷。在很多情况下，会发现重新使用继承性软件可以节省大量的成本（从组件级到多航天器工程的大规模飞行映像），但继承性软件会带来风险，即软件甚至其先前的验证与确认大纲所设置的假设，不适于新的应用，重新使用是"相似性验证"的例子，因此具有重大风险，系统工程团队需要考虑这种风险因素。关于商业现货和非开发项的很多问题在这里也适用。

（3）回归试验

软件经过设计或经过漏洞修复，在空间项目中要进行多次交付，而每次交付的基本问题是必要的回归试验的范围。理想情况下，回归试验应包括完整的试验内容，但实际上我们很少有足够的资源这么做。验证与确认工作必须评估软件改动带来的影响，然后适当地删减试验内容来适应资源的限制。试验必须仔细，因为漏掉的一个试验工况就可能会掩盖导致任务失败的潜在错误。

（4）不完备的发射加载

飞行软件的基本优势是它可以在飞行中修改，而硬件却不能，将这个优势应用到极限，则航天器软件就可以在发射时并不完全具备所需的功能，而是在以后的某个时间上传至航天器。在一些应用中，尤其是在深空任务长达数月到数年的巡航阶段，项目可以通过推迟软件开发来利用这段时间。但是，未来的构造版需要按照发射构造版的严格度进行开发和试验。

（5）发射后软件构造版

发射后构造版决策的基本权衡是考虑仅在测试平台上进行发射后的验证与确认活动是否充分。对权衡至关重要的是，在发射前比照航天器对测试平台进行交叉确认，在交叉确认中量化可能妨害飞行中验证与确认的差异和品质。如果在发射前不能完成交叉确认，之后的任务会出现高风险！

　　（6）系统安全

　　安全关键性的软件是系统总体安全性的一个方面。安全的系统通常需要多重约束，而软件最多只能作为其中一项约束，其他的系统约束例如推进系统点火头。在发射准备的最后阶段，航天器的推进系统通常已加注危险物质，且其部署条例（火工品起爆器）已就位并随时准备应用。从这一时刻开始，航天器的任何带电试验都会引发推进系统或火工品起爆器潜在的意外点火，给人员和航天器安全带来风险。此时，包括飞行、地面和 GSE 软件在内的安全关键性软件必须完整并得到充分的鉴定，这样才能预防意外发生。

　　下面将介绍 FireSAT 飞行软件测试流程示例，其顶层架构如图 11 - 22 所示。图 11 - 24 举例说明了这个软件从单元到模块、再到集成功能级标称试验流程。流程中也包含了集成的功能试验、端到端信息系统测试和任务情景测试的预留位置。与 11.3 节介绍的集成验证鱼骨图相似，这张图可以帮助系统工程师和软件工程师完善他们的试验规划。

11.8　文件与归档

　　我们执行验证与确认，使我们确信正确建造了系统，从而建造了正确的系统。在空间领域，我们通常不会"重做"，只有一次做好的机会。除了纯粹的运气，要确定我们可以成功发射，同时为数百万甚至数十亿美元的财产以及人员安全做出保证的唯一途径，是借助严格的验证与确认。空间领域不存在完全确定的事情，风险总是存在的，验证是一种风险降低和管理工具，有助于减少"已知的未知"；确认帮助我们树立信心，剩下的"一无所知"不会导致任务失败。

　　归根到底，验证与确认活动必须积累大量的客观证据，来说明产品是按照其要求建造的，且提供了客户所需的能力；同样这些证据对于飞行认证的现实运行策划是很关键的，验证与确认活动生成的文件是非常重要的输出。这项工作给工程师增添了沉重的负担，既要细致地策划，又要严格地记录。编写得很差的流程执行起来也可能很差，没有完整记录的试验（或者数据检查不充分的）从本质上来说就等于没有做过。

　　本章的重点是验证与确认范畴的相关活动，这些工作连同已验证与确认的产品，生成了主验证计划、验证要求矩阵，及其他很多成果，这些文件绝不是为文件堆增添的一叠纸，它们是系统工程师用来规定和指导验证与确认过程并最终证明发射决策正确性的工具。组织和管理这些文件是第 17 章中所述的技术数据管理过程的目的，与技术数据密切相关的是第 16 章中所述的技术状态管理。验证与确认活动从最低级别开始，随着不断复杂的装配而发展，直到最后的集成状态。但是，硬件与软件的进度和可用性通常使产品无法达到准确的最终技术状态。理解并管理与这些差异相关的风险，需要在每一级严格控制技术状态，如果我们不知道试验的内容，我们就不会知道如何处理试验结果。

　　最后值得指出的是，目前应用于空间系统验证与确认活动中的大部分实践、程序和技术都是从 20 世纪 50 年代以后发展起来的，有时还伴随着惨痛的磨练和过失；在空间时代初期，发射和空间环境的严酷极少被人真正认识到；其他的只能从一次次的沉重打

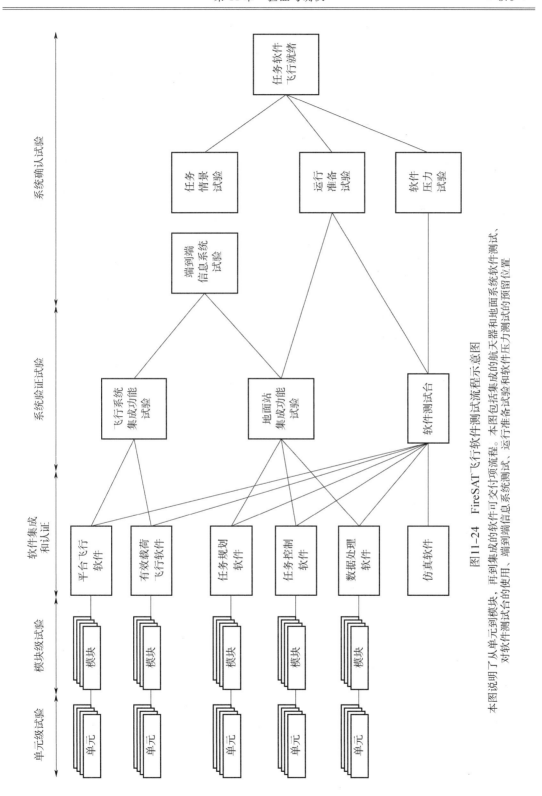

图11-24　FireSAT飞行软件测试流程示意图

本图说明了从单元到模块，再到集成的软件可交付项流程。本图包括集成的航天器和地面系统软件测试、对软件测试台的使用、端到端信息系统测试、运行准备试验和软件压力测试的预留位置

击中学习。

　　有时系统会发生故障，很多是因为设计存在缺陷，验证与确认的目的是发现这些设计缺陷。潜在的、可能导致任务终结的缺陷很大程度上是由默默无闻的幕后工作者在发射之前发现的，但有些故障却是验证与确认不足的结果，这些故障经常让我们说"要是我们做了这个简单的试验……就好了"。因为验证与确认非常依赖于经验，所以验证与确认工程师必须从之前的好的和坏的任务规划和各种执行活动中吸取经验和教训。

　　因此，验证与确认最后的责任就是认真评审从各种项目中吸取的经验和教训，从而避免在下一个项目中重复相同的错误并杜绝重塑最佳实践。在互联网上搜索"航天器验证"可以得到超过 200 次点击，美国国家航空航天局在其网站上维护着一个很大的关于经验与教训的数据库。表 11 - 28 给出了一个来自该网站的示例，它强调了我们在本章中强调的"像飞行一样测试，像测试一样飞行"的理念。

　　如果我们最终的责任是获取经验与教训，那么我们的首要责任就是认识这些得来不易的经验与教训。所有的系统工程师，尤其是负责验证与确认的工程师，都理应根据先前经验采取最优的方法。验证与确认是范围很广泛的课题，足以写成一本书。经过成功的验证与确认过程，项目就可有把握继续进行，并最终把产品交付给客户。

表 11 - 28 经验与教训示例^①

公开经验与教训条目： 1196

经验与教训信息

经验与教训编号：1196

经验与教训日期：2002—01—24

提交机构：JPL

提交者：戴维·奥伯黑廷格（David Oberhettinger）

主题： "像飞行一样测试，像测试一样飞行"与演示裕量（1998）

摘要： 火星极地登陆者号（MPL）没有遵循"像飞行一样测试"原则。该原则要求地面测试和仿真准确地反映规划的任务剖面，外加裕量，应执行系统级"像飞行一样测试，像测试一样飞行"的测试原则，并认真评估任何与计划相违背的情况。在系统级验证中采用仿真时，应确认模型并在仿真中包含足够的参数变量来保证有足够的裕量

推动事件的描述： "像飞行一样测试"原则的意思是，地面测试和仿真应准确地反映规划的任务剖面，外加裕量和适当的偏离设计参数。虽然火星极地登陆者号的系统级试验与验证过程得到了充分规划和执行，但在降落伞、末段下降和着陆阶段的试验项目中存在缺陷。火星极地登陆者号的测试缺陷如下

1）着陆传感软件没有与飞行技术状态下的着陆器一起试验，是导致火星极地登陆者号任务失败的可能原因（参见教训 JHJ 0938）

2）飞行软件故障注入测试不够彻底，从而未能发现着陆后故障响应算法中所有的逻辑错误（参见教训 JHJ 0939）

3）由于热模型中存在错误，推进分系统的热设计在系统热-真空试验中没有火星极地登陆者号正确显示，导致发射后才发现推进热设计有重大错误

4）深空 2 号（DS-2）探测器与火星极地登陆者号一同发射，却没能到达火星，因为其试验与验证过程也在端到端测试与分析中偏离了"像飞行一样测试"的原则

5）当时决定不进行带减速伞的探测器系统级冲击试验，认可并接受了由减速伞与探测器间动力学相互作用造成的结构故障风险

6）虽然深空 2 号设计以 200 m/s 的速度撞击火星表面，但没有进行通电的完整系统的冲击试验

7）飞行蓄电池组未进行冲击试验。对 8 单体蓄电池飞行组进行的试验没有提供统计上的令人信服的结果，结果出现了一处结构故障

　　火星极地登陆者号末段下降控制系统测试中，没有对系统裕量进行演示验证。这些裕量是为弥补推进系统动力学（由水锤作用或热效应引起的脉冲变化）、推进剂质心移动、缺乏高保真度的燃料晃动模型及非线性脉宽调制等造成的性能下降，没有在各种效应存在的情况下对系统的真实裕量进行充分显示

参考文献

　　[1] Report on the Mars Polar Lander and Deep Space 2 Missions，JPL Special Review Board（Casani Report），JPL Internal Document D—18709，22 March 2000，Sections 3.4 and 5.2

　　[2] JPL Corrective Action Notice No. Z69164，Mars Program Investigation Results："System Engineering/Risk Management/Error Detection," 1 May 2000

　　[3] JPL Corrective Action Notice No. Z69165，Mars Program Investigation Results："Verification and Validation Process," 1 May 2000

附加关键词： 再入、下降与着陆，环境试验，故障防护，总装与试验，风险评估，鲁棒性设计，仿真精度，软件试验，航天器试验，技术裕度，试验与评价，试验误差，试验保真度，试验计划

经验与教训： 当端到端系统验证过程（通过试验、仿真或分析）与任务剖面（外加裕量和适当的偏离设计参数）不合格时需要折中考虑

建议：

1）执行系统级"像飞行一样测试，像测试一样飞行"的测试原则。认真评估计划中任何违反该原则的情况；如果有必要，采用如独立确认等替代措施。对该原则的偏离必须反映在项目风险管理计划中，同时向上级管理层通报，并在评审中报告

2）在系统级验证中使用仿真时，模型必须已经被确认（如由试验支持）；且仿真中必须采用充分的参数变量，保证有足够的裕量

　　① 美国国家航空航天局经验教训网站有大量类似的关于各种主题的经验与教训。这个例子只说明与航天器验证有关的数百个主题中的一个。所有的系统工程师，尤其是那些从事验证与确认的工程师，都理应吸取这些经验和教训，从而不再重复先前的错误。

参 考 文 献

［1］　Ariane 501 Inquiry Board. 1996. Ariane 5 Flight 501 Failure—Report by the Inquiry Board. URL：sunnyday. mit. edu/accidents/Ariane5accidentreport. html.

［2］　Arthur，James D. et al. 1999. "Verification and Validation：What Impact Should Project Size and Complexity have on Attendant V&V Activities and Supporting Infrastructure?" Proceedings of the IEEE：1999 Winter Simulation Conference，Institute of Electrical and Electronic Engineers，P. A. Farrington，ed. pp. 148 – 155.

［3］　Balci，Osman. March 1997. "Principles of Simulation，Model Validation，Verification，and Testing. " Transactions of the Society for Computer Simulation International，14（1）：3 – 12.

［4］　Department of Defense（DoD）. April 10，1998. MIL-STD-340（AT）— Process For Coating，Pack Cementation，Chrome Aluminide. Washington，DC：DoD.

［5］　European Cooperative for Space Standardization（ECSS）. July 14，2004. ECSS-P-001B —Glossary of Terms. Noordwijk，The Netherlands：ESA-ESTEC.

［6］　ECSS Requirements and Standards Division. November 17，1998. ECSS-E-10-02-A—Space Engineering：Verification. Noordwijk，The Netherlands：ESA-ESTEC.

［7］　Feather，Martin S. ，Allen P. Nikora，and Jane Oh. 2003. NASA OSMA SAS Presentation. URL：www. nasa. gov/centers/ivv/ppt/172561main _ Feather _ ATS _ RDA _ v7. ppt.

［8］　Harland，David Michael and Ralph D. Lorenz，2005. Space Systems Failures：Disasters and Rescues of Satellites，Rockets and Space Probes，Berlin：Springer.

［9］　JPL Special Review Board（JPL）. March 22，2000. "JPL D – 18709—Report on the Loss of the Mars Polar Lander and Deep Space 2 Missions. URL：spaceflight. nasa. gov/spacenews/releases/2000/mpl/mpl _ report _ 1. pdf".

［10］　Larson，Wiley J. ，Robert S. Ryan，Vernon J. Weyers，and Douglas H. Kirkpatrick. 2005. Space Launch and Transportation Systems. Government Printing Office，Washington，D. C.

［11］　Larson，Wiley J. and James R. Wertz（eds. ）. 1999. Space Mission Analysis and Design. Dordrecht，The Netherlands：Kluwer Academic Publishers.

［12］　National Aeronautics and Space Administration（NASA（1））. March 6，2007. NPR 7120. 5d—NASA Space Flight Program and Project Management Requirements. Washington，DC：NASA.

［13］　NASA（2）. March 26，2007. NPR 7123. 1a—NASA Systems Engineering Processes and Requirements. Washington，DC：NASA.

［14］　NASA（3）. April 4，2007. NPR 8715. 3b—NASA General Safety Program Requirements. Washington，DC：NASA.

［15］　NASA（4）. December 2007. NASA/SP – 2007 – 6105，Rev 1. NASA Systems Engineering Handbook. Washington，DC：US Government Printing Office.

［16］　NASA. March 2004. NASA/JPG 7120. 3 Project Management：Systems Engineering & Project Control Processes and Requirements. Washington DC: NASA.

[17] NASA Goddard Space Flight Center (NASA/GSFC) . June 1996. GEVS-SE Rev. A—General Environmental Verification Specification For STS and ELV Payloads, Subsystems, And Components. Greenbelt, MD: GSFC.

[18] Perttula, Antti. March 2007. "Challenges and Improvements of Verification and Validation Activities in Mobile Device Development. " 5th Annual Conference on Systems Engineering Research. Hoboken, NJ: Stevens Institute of Technology.

[19] Sellers, Jerry Jon. 2005. Understanding Space. 3rd Edition. New York, NY: McGraw - Hill Companies, Inc.

[20] Smith, Moira I. , Duncan Hickman, and David J. Murray - Smith. July 1998. "Test, Verification, and Validation Issues in Modelling a Generic Electro-Optic System/' Proceedings of the SPIE: Infrared Technology and Applications XXIV, 3436: 903 - 914.

[21] WIRE Mishap Investigation Board. June 8, 1999. WIRE Mishap Investigation Report. Available at URL http: //klabs. org/richcontent/Reports/wiremishap. htm

[22] Youngblood, Simone M. and Dale K. Pace. "An Overview of Model and Simulation Verification, Validation, and Accreditation", Johns Hopkins APL Technical Digest 16 (2): 197 - 206. Apr-Jun 1995.

第 12 章　产品转运

兰迪·利弗（Randy Liefer）

教育科学技术公司

凯瑟琳·厄利克（Katherine Erlick）

波音公司

杰亚·贝杰帕伊（Jaya Bajpayee）

美国国家航空航天局总部

产品转运是系统工程的一个过程，是指将一个可运行的产品交付给终端用户。在计划和执行产品转运过程中出现的主要问题包括：

1）什么是产品？

2）需要运送到哪里？

3）我们如何运送到那里？

4）产品何时完成？

5）转运何时开始？

6）转运何时结束？

7）转运之后会发生什么？

任何空间项目都包括设计、制造、测试，然后将不同种类的产品转运到上一级进行集成，或转运给终端用户进行发射或运行。产品可能是文件、数据库、软件程序或模块、物理模型、演示验证样机、地面站、飞行硬件或完整的航天器。第 9 章介绍了将分系统或支持组件转运到工作分解结构的上一级，第 10 章讨论了将这些部组件组装成更高级的装置，直到相关系统。

本章重点介绍如何将一个完成的产品转运给终端用户。卫星集成和测试项目的结束即是转运过程的开始。经过初期轨道测试之后将卫星交付给任务运行商为结束，从这一时刻起，卫星开始进入日常运行。因此，产品通常需要进入地球轨道或太阳系某一星球的轨道，要通过发射运载火箭完成其中的至少一部分行程，卫星发射进入运行轨道，经测试、认证可进行日常运行之后，我们将其交付给终端用户。表 12 - 1 是转运活动的结构框架。

产品转运包含一系列正式里程碑，包括：运行就绪评审、装运前评审、飞行就绪评审，以及最后的发射后评估评审。后续各节和 18 章的深入讨论对这些事件进行了介绍，并给出了各事件准入和放行的准则。

卫星在产品生命周期的后期转运给终端用户，如图 12 - 1 所示[5]。在卫星总装、测试完成并准备好进行发射和在轨运行之后，即 D 阶段末期，卫星的转运工作开始，标志着 E

阶段开始的发射后评估评审结束之后，转运工作完成。根据任务的复杂性，这一过程需要
3～6个月。NPR7123.1a[5]将转运过程绘制成一系列的输入、活动和输出，如图12-2
所示。

表 12 - 1　组织进行转运活动的框架①

转运活动		
步骤	描述	讨论章节
1	制定转运计划	12.1 节
2	验证产品具备转运条件	12.2 节
3	准备将产品运输到发射场	12.3 节
4	运输到发射场	12.4 节
5	产品卸货和储存	12.5 节
6	与运载火箭总装	12.6 节
7	将运载火箭转运到发射塔架	12.7 节
8	在发射塔架上总装	12.8 节
9	产品发射和早期运行	12.9 节
10	转交给终端用户	12.10 节
11	记录转运	12.11 节

①产品转运的通用流程，以及讨论的相关章节。

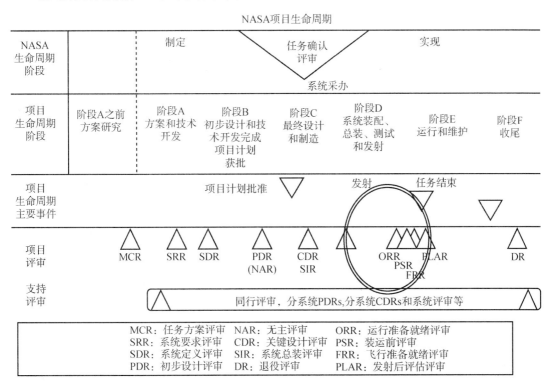

图 12 - 1　项目生命周期

此处，绘制了美国国家航空航天局项目的生命周期。商业和其他政府机构对

生命周期有不同的划分，名称也不相同，但本质是一样的

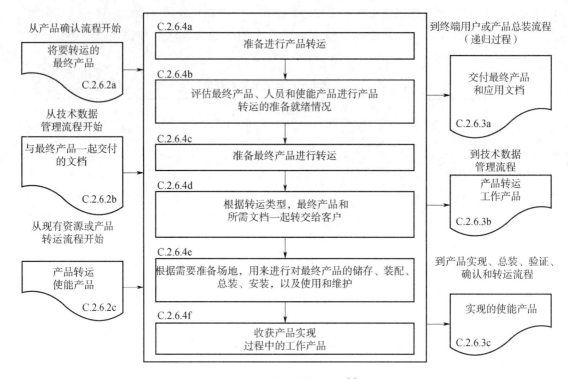

图 12-2　产品转运流程[6]

这一流程结束时，系统开始进入日常运行

12.1　制定转运计划

转运适用于各类产品和文件，并伴随大量不同的活动。除了空间产品，还包括将后勤保障要素的责任从开发商那里转交给终端用户，这些要素至少包括：后勤保障分析报告的正式交付，包装、搬运、储存和运输（PHS&T）要求，运行和储存设施需求，备份和存货管理系统，技术手册，运行和管理所需要的支持设备和人员需求。确定这些要素是制定产品转运计划的基础。

12.1.1　确定转运流程

在开始转运计划之前，我们必须回答下述问题：我们要转运什么产品？我们为什么相信它已准备好转运？产品要交付给谁？产品将转运到哪里？产品转运完成之后应处于什么技术状态？这一流程的主要步骤如下所述。

1）验证卫星满足装配级别的要求；

2）确保卫星已准备就绪可以与运载火箭接口；

3）将卫星包装并运送到发射场；

4）在发射场打开包装，如果需要的话进行储存；

5) 与运载火箭集成;

6) 确认在需要的情况下备用件和程序可用;

7) 进行发射和早期在轨测试;

8) 向终端用户转移运行责任。

航天器和有效载荷(遥感器、通信有效载荷等)一旦总装好,我们就把这一较高级别的装置称之为观测站或卫星。我们必须在产品生命周期早期就选择好运载火箭,因为所选择的运载火箭会对产品设计和测试提出很多要求;卫星必须适应发射环境,在运行轨道部署之后开始运行,并在运行期间与地面站进行通信联系;只有在卫星完成详细测试,证明已经满足其对应级别的所有需求,并可以与运载火箭对接时,转运过程才可以开始。

在进行产品转运的初期,转运机构应识别所有的利益相关方,并正式记录他们的需求和期望。利益相关方包括客户、总装方、设计方、制造方、运输方、发射方、维护方和运行方。这些人的需求、由产品导出的需求以及后勤保障分析(LSA)的输出结果将有助于确定所有特定的转运程序,包括包装、储存和搬运要求。

12.1.2　转运后勤

理想情况下,所有利益相关方在早期就认识到需要对任务空间段和地面段的后勤保障进行规划和预算。在转运期间,这一计划和获取设施、备件和人员的过程最终导致交付下述各项内容。

(1) 后勤保障分析报告

作为产品后勤配套的支柱,后勤保障分析是用于制定后勤需求的分析工具,可以采用货架式计算机建模工具,建模的输入数据是所有产品的工程分析数据(如可靠性、存活性、测试数据、权衡、航天器件尺寸等)和设计图纸等,建模的结果包括:备件剖析、设计图纸、软件、可靠性数据、维护任务、培训任务、包装、搬运、储存和运输文件、设施需求、保障设备需求、维护和运行程序和人员需求。向用户可交付项包括大量的后勤保障分析记录,分析了所有的可交付硬件,包括地面站,因为地面站对任务有影响,其生成的报告贯穿了设计和测试阶段,并在运行和支持阶段进行定期更新。MIL-STD-1388-2B标准给出了后勤保障分析指南,虽然最佳商业实践更受欢迎。

(2) 包装、搬运、储存和运输指令

这些指令详细说明了所有物品在运输过程中应如何有效地搬运,考虑了物品的安全性和有害材料的处理,同时还记录了所有长期和短期的储存要求以及储存期间的维护要求。

(3) 运行和储存的设施要求

这些要求明确给出了设施类型或设施改进、位置、能力要求,环境要求以及转运和运行期间需要的设备。需求分析和确认基本上明确了航天器交付之后所需的设施,该分析包括所有地面站和任务运行事件。但是,在航天器制造和测试阶段,我们需要考虑备份件(一旦组件失效时使用)储存,以及航天器组装、测试和处理所需的设施。

（4）备件和存货清单管理

任务要求供应系统提供备件采购的数据和接口以及计划流程，以确保在正确的地点和时间获得合乎质量的正确备件，并确保成本效益。数据源自后勤保障分析报告并奠定了备件模型的基础，从而得出运行和维护中使用的备件配置文件。我们必须对备用件存货清单进行管理，这个存货清单通常适用于地面网络和任务运行。虽然在航天器制造和测试阶段，我们也需要有适当的备用件，以备在组件失效时使用。

（5）技术手册（或运行和维护程序）

必须制定全套文件用于指挥维护人员如何对产品，包括支持设备，进行运行、安装、维护及服务的指令进行响应，并转交给客户，由他们进行配置控制。鉴于一致性的考虑，大部分项目都使用同一系列的军用标准，如 MIL－STD－38784，它对书写格式和技术手册内容给予了指导。

（6）培训手册和课程教材

我们使用这些文件对人员进行培训和资格认证，来维护转运的产品。源数据是后勤保障分析报告，经过培训的专家引导制定的计划流程，明确培训要求和培训对象，他们同时还为这些培训对象制订合适的课程目标以及模拟和培训课程。

（7）保障设备

包括维护和运行产品、系统或设施所需的所有设备，以及航空航天地面设备和专用的保障设备——硬件和软件，我们可能还需要设计设备来支持产品独特的维护要求。

（8）运行和维护的人员需求

我们必须选拔、雇用和培训技术人员在系统生命周期内运行和支持系统。产品转运期间，在进行后勤保障产品正式交付时，我们在重要技术里程碑，如初步设计评审和关键设计评审时，应制定初步文件或草案文件，作为总的产品技术设计中公开的一部分内容。通常在关键设计评审之后，后勤保障产品趋于成熟。

12.1.3　确定产品转运输入

（1）产品

本章重点是终端产品（如：FireSAT 航天器）转运给用户。在产品按照第 11 章介绍的流程成功完成验收评审之后，产品则作为实际建造基线输入。

（2）文件

所有的验收数据包构成部分实际建造基线，在文件没有完成或没有经过适当程序确认之前，任何一个产品都不算完成，一些产品文件在产品转运过程中也进行转运。这些文件包括手册和产品包装、储存、运输、运行、维护和总装的程序（我们将在 12.5 节进行更详细介绍），这些数据随着设计的成熟而逐渐成熟，直至最终测试和试验。测试阶段之后，是关于产品运行和保障的后勤确认阶段，我们通过程序文件对技术手册和流程进行确认。我们在测试过程中开展了一些工作，但大部分是在产品交付前完成的，随后文件可以转运给终端用户。文件通常包括（详见第 12.1.1 节）：

1) LSA 报告；

2) PHS&T 说明；

3) 运行和储存的设施需求；

4) 技术手册（运行和维护程序）；

5) 培训手册和课程教材。

上述产品，作为实际建造基线的一部分，在系统验收评审批准之后，可作为交付产品。

（3）保障设备

保障设备可能包括包装材料、搬运设备、运输和储存容器、环境控制设备和仪器。大部分设备都是现有的或商业现货产品，但也有一些设备是专门为该产品设计和制造的。比如，航天飞机外储箱从位于美国路易斯安那州的米丘德卫星总装中心通过驳船运送到位于佛罗里达州的肯尼迪航天中心；或在装运之前，对微小卫星用塑料包覆进行封装。在任何情况下，这些设备都要经过验证与确认，其验证与确认的流程与产品验证与确认流程是相同的。保障设备也需要有自己的技术手册和备件以确保无缝操作，我们必须将保障设备视同终端项，其校准和维护要求与主产品相同。由于设备转运需要保障性的基础设施，因此设备的保障要素也应转运给终端用户，其中包括：

1) 备件和存货清单管理；

2) 运行和维护的人员要求；

3) 运行和储存的设施要求。

12.1.4　明确产品转运输出

（1）运行性产品

转运完成之后，该产品归终端用户所有，可进行正常运行。但是，我们必须仔细协商和明确确定交付组织和接收组织之间的接口。重要的问题包括：

1) 部署和测试运行何时结束？

2) 交付组织和接收组织之间的法律责任何时交接？

3) 如何确定部署和测试阶段出现的异常问题已彻底解决？

4) 日常运行何时开始？

5) 日常运行包括哪些内容？

（2）文件

所有为了产品转运准备的文件也应转交给终端用户，产品转运时的附加文件应记录发送和接收日期、环境条件、地面运输和发射时的力学载荷、技术状态变更等信息。发送和接收组织必须协商所有文件的信息格式和媒介。我们应该尽早确定各种问题，包括保密信息和知识产权以及《国际军备交易管理条例》所限制的信息的转移和保护。在产品转运的时候，大部分文件都应包括在技术手册中。在客户验证并确认这些技术手册之后，手册就归客户所有，客户有责任对其进行技术状态控制，未来的任何变更、更新都需要进行分析、升级、验证与确认，并进行验收。

（3）保障设备

所有与产品一起运送到发射场的保障设备必须进行储存、维护、重新使用或处置。通常，当产品和其相关保障设备、运行和保障能力经过终端用户验收后，设备将由终端用户所拥有，终端用户有责任对其进行维护和处置。

12.2　验证产品具备转运条件

产品转运流程的第一步是确认产品已经具备转运条件，那么，我们如何知道卫星已经准备就绪了呢？当卫星完成研制，经过严格的系统级测试、验证和确认，符合所有直接和间接的要求，终端-终端数据流测试确定卫星可以与地面系统进行通信，详细的文件确认卫星与运载火箭接口正确，这时我们就认为卫星具备转运条件。实际上，当卫星可以运输到发射场进行发射前测试时，卫星就具备了转运条件。

在产品及其保障设备和文件进行包装运输到发射场之前，我们要进行装运前评审。在装运前评审时，任务系统工程师向评审小组汇报研制情况，说明卫星已经完成研制，后勤运输（容器和计划）已经就绪，发射场已准备接收卫星。卫星到达后，发射场将准备开始进入运行的下一个阶段。一次成功的装运前评审应确定如下事项：

1）产品已经准备就绪可以运送到发射场或交付给集成商；

2）已经获得合适的保障设备，并且实用，无论是专门设计、研制或通过商业现货购买的；

3）已经获得必要的备用项；

4）产品和保障设备的技术手册已经完成，并经过验证和确认；

5）经过培训的人员已经就绪；

6）发射场已经准备就绪，可以接受产品、保障设备、备件、人员和文件；

7）包装、搬运、储存和运输材料和程序已经准备好，并根据产品、保障设备和备件进行验证和确认。

在某些任务中，终端用户（如美国国家航空航天局）负责卫星与运载火箭的总装，在这种情况下，我们必须明确终端用户在哪个环节接收卫星。卫星销售方通常试图将装运前评审视为验收评审，但美国国家航空航天局哥达德航天中心的项目经理和系统工程师通常将验收节点定义为在发射场交付并完成功能测试之后，这意味着卫星供应商将负责对运输容器进行正确设计，选择正确的运输方式并负责卫星运输。当终端用户在装运前评审时进行了硬件验收，那么则由终端用户负责硬件的运输，卫星供应商则不负责合同之外的活动。

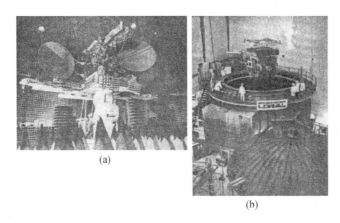

图 12 - 3　卫星转运前的测试

（a）一颗 DirecTV 电视直播卫星进入小型天线测试场，位于劳拉空间系统公司一个巨大的吸波室，卫星在此进行广播
性能试验；（b）卫星下降进入热真空室进行试验（Palo Alto 在线提供）

12.3　准备将产品运输到发射场

将精密的航天器或航天器组件包装并在工厂之间或全球范围进行运输是复杂、耗时和昂贵的。产品和所选择的运输方式决定产品的包装要求，产品的技术规范应明确产品在包装容器中可以接受的环境和应力条件范围，运输方应遵守转运期间包装产品的环境和应力限制。将这些限制条件综合在一起，也就是产品可接受的环境条件和产品包装将面临的环境，这些决定了包装材料和容器的设计。我们应重点关注：

1）表面的物理破坏；

2）腐蚀；

3）电线或电缆的破坏；

4）冲击和振动破坏；

5）热应力；

6）可能引起敏感器或活动部件接口损坏的湿度和污染；

7）其他因素还包括经济性以及搬运和运输的难易程度、责任（如：在运输过程中，通过压缩包装将所有部件和手册包装在一起）、保密性和开包时的安全性。

在产品和相关文件（技术手册）包装完成之后，发送方或将它们搬运到运送地点或允许运输方进入他们的工厂，此时，应仔细协商和确定交接细节，比如运输方对产品承担的责任是从制造商的装货地点开始还是从飞机的装载地点开始。

12.4　运输到发射场

转运包括大型硬件项（如：航天飞机外储箱）进行数英里的搬运，也包括将小型电子组件交付到发射场进行组装。在任何情况下，运输方式可能会影响产品如何设计、制造和试验以及在哪里进行设计、制造和试验。图 12-4 是典型的一些运输方式。

（a）　　　　　　　　　　　　　　　　　　（b）

图 12-4　典型运输方式

（a）首颗 MetOp 气象卫星由安东诺夫（Antonov）-124 运输机于 2006 年 4 月 18 日运抵哈萨克斯坦，
2006 年 10 月 19 日从位于哈萨克斯坦的拜克努尔发射场，由联盟-ST 火箭发射升空（来源：ESA）；
（b）洛克希德·马丁公司和美国国家航空航天局人员在新奥尔良米丘德卫星总装中心将代号 ET-118 的航天
飞机外储箱装载到美国国家航空航天局自由之星运输船上进行海运（来源：NASA/米丘德卫星总装中心）

12.4.1　空间系统运输

在我们了解了所有利益相关方的要求，并完成包装、搬运、储存和运输分析之后，我们选择适当的运输方式将产品运送到发射场。可选择的运输方式包括：空运、海运和陆地运输（公路运输或铁路运输）或上述运输方式的组合。我们选择的交通方式可以提供技术上可接受（质量、体积和环境）的解决方案，价格、风险和进度合理适中。对于大型产品，如运载火箭和推进剂箱，制造地点将限制运输方式的选择；相反，运输方式也可影响产品制造或总装的地点。比如，航天飞机外储箱（直径：9.8 m，长 30.5 m）只能通过驳船运输到肯尼迪航天中心，受这种运输方式的影响，选择了位于密西西比河深海港口的米丘德总装中心来制造航天飞机外储箱。

商业运输公司通常提供陆地运输，这需要专用的容器和运输车，仔细规划运输路线，减少通过桥梁和小的隧道以及减少急转弯来避免运输过程中出现的问题。空运对产品的限制包括：尺寸、质量、靠近机场以及有大型的运输机（有些是专用的）。对于任何运输方式来说，在转运过程中，我们必须确保产品或装有产品的容器在运输工具中的安全，容器通常需要记录转运期间所承受的载荷，表 12-2 中的决策分析工具可以帮助明确交通方式的选择。关于对空运、海运和陆地运输的选择，我们建议参考《空间发射和运输系统》的第 4 章[2]。

在产品交付之前，发送机构和接收组织必须确认接收地点的设施以及储存设施都已经准备就绪，开包和安装程序都已经完成编制、存档并进行预演，各个步骤的责任都已经明确。

表 12 - 2　选择运输方式的取样决策矩阵[2]①

运输决策支持										
分类目标	方案 A			方案 B			方案 C			方案 D	
必须	（描述）										
长度/m											
直径/m											
质量/kg											
期望值	Wt.	Sc.	Wt. Sc.	Sc.	Wt. Sc.	Sc.	Wt. Sc.	Sc.	Wt. Sc.		

	期望值	Wt.	Sc.	Wt. Sc.	Sc.	Wt. Sc.	Sc.	Wt. Sc.	Sc.	Wt. Sc.
1	成本风险			0		0		0		0
2	进度风险			0		0		0		0
3	性能风险			0		0		0		0
4	生命周期成本			0		0		0		0
5	运输时间			0		0		0		0
6	运输可获得性			0		0		0		0
7	温度：在可接受范围			0		0		0		0
8	湿度：在需要范围			0		0		0		0
9	压力：在需要范围内			0		0		0		0
10	噪声水平：低于要求			0		0		0		0
11	加速度：在可接受水平			0		0		0		0
12	冲击：在可接受水平			0		0		0		0
13	速度：按要求在可接受范围内			0		0		0		0
14	门可提供的额外间隙			0		0		0		0
15	规格安装			0		0		0		0
16	推进剂安装			0		0		0		0
17	许可			0		0		0		0
总　计				0		0		0		0

①运输方式的选择可以通过对上述 17 个因素进行加权得出，然后根据这些因素对竞争运输方式的节点进行打分（Wt.—权重；Sc.—分数；Wt. Sc.—权重×分数）。

转运进度安排应该允许在转运过程的适当节点进行测试。每次当产品的技术状态发生变化以及产品到达不同的场所，都需要进行一些功能性测试以确保产品未发生损坏，技术手册应包括这些数据。

最后，我们应对产品转运的保障设备，例如运输容器、包装材料、驳船或飞机的部署或返回作好计划，该计划应记录在产品和相关保障设备技术状态控制手册中。

12. 4. 2　产品转运演练（探路）

确保产品转运过程的所有参与方明确其职责，进行充分准备的最佳办法是用一些不是实际产品的物体进行演练，这些演练将成为"探路者"。我们应从转运策划开始就进行计划、进度安排和提供资助。

探路活动包括：将一个工程模型装进运输容器中确保其匹配，将运输容器（权衡总质量和重心）从制造地点运送到发射场，或将巨大的运载火箭从总装车间运送到发射塔架等。

铱星（Iridium®）计划广泛地使用了"探路者"进行星座部署准备，利用它们演练将卫星平台和分系统运送到位于菲尼克斯（Phoenix）的制造工厂。联邦快递进行了运输演练，将一个空的运输容器从菲尼克斯空运到拜克努尔发射场；该计划随后将铱星的物理模型运送到美国、中国和俄罗斯的各发射场；最终，他们利用在各个发射场的"探路者"演练卫星进行燃料加注以及将卫星装载到运载火箭中。经过这样详细的计划、探索和演练，使得铱星计划在大约 12 个多月的时间内通过 15 次发射将 67 颗运行卫星发射入轨。

12.5　产品卸货和储存

当产品到达接受方的厂房时，所有卸货、储存、组装、总装、安装、测试、使用和维护所需要的人员和设备必须到位，合理的备件和修理件必须备好待用。

伽利略探测器转运到肯尼迪航天中心的过程说明了接收方有必要对接收设施进行详细计划、准备和人员培训。由于探测器的放射性同位素加热器在运送到肯尼迪航天中心之前已经安装，因此运输容器需要进行有源冷却。当伽利略探测器到达肯尼迪航天中心时，供气管路从运输车上转移到肯尼迪航天中心大楼上，两者温度不同，由于温度突然变化，导致包装容器内部凝结，又恰逢圣诞节假期，伽利略探测器在包装箱（有温度指示但没有湿度监测）里放置了数个星期。当包装箱打开时，包装箱底部有积水坑，伽利略探测器的部分外表面也开始出现腐蚀[4]。

我们也需要在转运过程中对产品进行储存，而且有可能是很长一段时间。国际空间站上的太阳电池阵就是一个很好的例子，它们运送到肯尼迪航天中心后储存时间长达 5 年，比原计划长了很多，如果事前预期到这种情况，转运流程肯定会有所不同。

运行卫星，如气象卫星或 GPS 卫星通常需要在转运期间进行储存。NOAA 的极轨环境业务卫星（PSES）通常制造然后进行储存，直到需要替换失效卫星时进行发射；而 NOAA 的地球静止环境业务卫星（GOES）有一颗在轨备份星，可以在需要的时候转移到运行位置。

12.5.1　在发射场进行产品接收和测试

现在我们将产品及其相关文件、备件和保障产品运送到发射场，专门培训的人员和支持设备应该到位，发送和接受地点的设施必须准备好，必须明确整个程序、双方的作用和职责，进行协商和演练。

发射场通常有组装和测试设施，系统工程师可以对产品进行测试以确认产品在运送过程中没有损坏，仍能满足所有性能要求。在到达发射场之后，接收和检测操作如下：

1）目视检查包装箱；

2）研究传感器数据；

3）打开包装；

4）目视检查卫星和有效载荷；

5）将卫星运送至有环境控制的组装和测试车间；

6）进行功能测试。

测试过程从包装箱的目视检查开始，验证在运输过程中包装箱外部没有受到损坏。包装箱从运输工具（轮船、飞机、货车）上卸下来时就几乎要同时进行这项检查工作。

其次，我们将检测加速度计、温度监测器、清洁度检测仪等传感器数据，确认卫星在运输过程中经历的真实环境。在设计初期，我们在确定卫星设计环境时就考虑了运输环境，理想情况下，在产品运送到发射场后，所有传感器数据应显示运输环境在卫星设计环境范围内；如果数据超出了设计环境的范围，系统工程师必须召集工程团队评估运输环境对卫星的影响，决定必须进行哪些试验以确认产品的完整性，需要进行哪些拆卸工作，在哪里进行拆卸，是否需要将这些产品送回卖方厂房。

下一步是在打开包装箱之后进行目视检查。系统工程师希望包装箱内不出现压痕、污点和松散的部件，否则事情就会很麻烦。现在，系统工程团队必须确定发生了什么问题，是如何发生的，对产品有什么影响，需要做些什么来为产品发射作准备，应该在哪里做。

在打开包装并进行更全面的检查后，我们将卫星放置到有环境控制的厂房进行功能测试。测试程序应当是验收数据包的一部分，确保在系统转运到发射场期间没有发生损坏。功能试验（相比验证试验）通常需要与空间系统配套的地面保障设备连接，如果测试显示出现异常，我们要按照在安全和任务保障计划中描述的"问题与纠正措施"（PRACA）系统进行问题的记录和追溯；根据异常的严重程度，发射场的工作人员将按照与产品配套的技术手册解决问题；第 11 章也讨论了试验期间的功能测试和问题的解决。在测试成功的基础上，空间系统开始与运载火箭进行集成。图 12-5 显示地球同步轨道环境业务卫星-N（GOES-N）历时 2 个月对成像系统、仪器、通信和电源系统进行测试，在这一过程结束后，产品及其技术手册和保障设备在发射场的设备配置下应满足所有利益相关方的要求。

12.5.2　运行准备状态评审

在发射准备阶段的某一时间，我们对空间系统飞行操作的准备完成情况进行运行准备状态评审（ORR），该评审应在发射准备阶段的后期进行，因为我们通常要与任务运行商一起对空间系统进行实物仿真。该评审也可在出厂前进行，但这种情况非常罕见，比较常见的是在空间系统与运载火箭总装期间进行。

图 12 - 5　GOES－N

2005 年春天，GOES－N 卫星在肯尼迪航天发射中心的 Astrotech 进行测试

运行准备状态评审对系统特性和系统运行程序进行审查，确保所有系统和保障设备，（地面和空间）硬件、软件、人员和程序都已准备就绪，同时确定使用手册完全反映了系统部署。当系统及其相关人员、运行和保障设备已经准备就绪时，就可以进行运行准备状态评审。成功进行运行准备状态评审的条件如下。

（1）科学运行准备就绪

所有运行和应急程序就位，可以处理卫星数据并生成科学数据产品，与科学界分享科学数据，进行数据存档。为此，航天器和地面所有参与科学运行的硬件和软件必须就位并作好准备，同时所有人员必须进行运行培训，包括进行失效模式培训。

（2）地面系统准备就绪

数据可以送达科学运行中心（SOC）。对有些任务，卫星将所有数据下传到一个任务运行中心（MOC），然后再发送到科学运行中心。在这种情况下，必须对任务运行中心和科学运行中心之间的网络进行确认，确保网络可以传输仿真数据。对其他任务，科学运行中心直接从卫星接收数据，在这种情况下，必须对接收天线和数据流的系统进行测试。地面系统准备需要制定安全计划、风险管理计划和应急计划，并进行人员培训。

（3）制定任务运行计划，任务运行团队进行演练

任务运行中心必须准备就绪；硬件和软件必须与在轨卫星的硬件和软件相兼容，任务运行团队必须准备就绪。确保任务运行准备就绪的工作是对各个阶段（发射、分离、展开、捕获、机动进入运行轨道、正常运行和应急情况）进行仿真。任务运行中心通常每周进行一次轨道机动仿真，并建立培训矩阵对每个团队成员的培训进展进行追踪，对所有地面系统和跟踪网络进行仿真。任务运行中心执行多任务运行仿真，解决所有可能面临的问题，对应急和发射取消流程进行演练。

（4）地面跟踪网络准备就绪，可以提供在轨运行保障

在全球建立了大量地面接收和跟踪站点，保障卫星运行。例如，NOAA 位于弗吉尼亚和阿拉斯加的指令和数据获取地面站可以跟踪低地球轨道的卫星。深空网络的站点位于加利福尼亚、西班牙和澳大利亚，可以跟踪行星际和其他非常遥远太空的航天探测器的

数据。

在早期计划阶段，任务架构师必须根据航天器的轨道和轨迹决定使用哪些地面跟踪站，以及其他可用的地面站点。当航天器飞过一个地面站上空时，将与地面站建立通信联系，然后向地面站下传数据，卫星控制人员通过地面站的天线向卫星发送指令。一旦我们安排好每个地面站的使用时间、协议签定，并对站点进行数据传输测试之后，跟踪网络就准备就绪了。

（5）空间网络（如果适用）准备就绪

如果需要空间网络，如美国跟踪与数据中继卫星系统（TDRSS），系统工程师必须确认其已经准备好，并可提供在轨运行保障。这就意味着我们必须签署空间网络使用时间的协议，确认可以通过空间网络通信接收航天器数据。

（6）任务时间顺序清晰易懂

该计划包括发射前、上升段和初始轨道运行的时间顺序。卫星在进入运行轨道之前通常需要进行轨道机动，我们必须记录轨道机动的时间顺序，开发软件以及在端对端测试中进行轨道机动操作演习。轨道机动操作团队要对应急程序进行记录和测试。

（7）所有任务阶段的应急理念清晰易懂，特别是发射倒计时和初始轨道测试阶段

在任务的各个阶段，应对异常的反应时间都非常短暂，任务成功取决于应急计划的鲁棒性和团队执行应急计划的能力，大部分团队都根据应急理念来制定应急计划。

应急计划不充分是 1997 年路易斯任务（NASA 行星地球事业的一部分）失败的一个重要原因。航天器发射几小时后出现一系列异常，导致航天器进入安全模式，回想起来，这很难理解。这时，控制人员已经下班回家，9 小时后，发现航天器已处于无法恢复的自旋状态，电池几乎耗尽[3]。可能挽救路易斯航天器的应急计划指南包括：

1）对威胁任务的故障制定应急程序；

2）每个应急程序制定一个流程图；

3）制定应急计划应对故障（对于载人任务，考虑两种故障）；

4）需要地面参与；

5）增加星上自主操作确保整体安全。

12.6　与运载火箭总装

卫星经过发射场功能测试确认其性能在运输后没有发生变化，卫星可进入下一步，即与运载火箭进行总装并进行发射前准备。对于某些项目，卫星与运载火箭是在发射塔架总装；另外一些项目，卫星和运载火箭是在总装大楼总装，然后转运到发射塔架。根据运载火箭接口模拟器和仿真器的可获得性，大部分接口验证是在系统验收评审之前进行的，大大简化了发射场的总装活动。控制运载火箭接口验证的流程与第 11 章介绍的流程类似。运载火箭和有效载荷的接口需求文件包括必须要验证的需求，我们制定的接口验证计划与其他要求的验证计划一样，通常我们参考所选运载火箭的有效载荷用户指南。

　　在运载火箭和卫星总装之前，卫星系统工程师要对卫星进行最后一次检查。首先是将卫星和运载火箭进行机械和电连接，也称为对接，包括将卫星仔细地安装在运载火箭上，将所有机械连接连上，接插件适配，并安装卫星和运载火箭在轨分离的分离机构。在设备提升过程中要格外小心，避免卫星与运载火箭发生碰撞。

　　每个机械连接都需要进行测试，确认其完整性。电气通断检测确认电连接已经连通，并按设计运行；如果使用电爆装置（EED）执行分离功能，应使用模拟装置测试其电性能，技术人员要确认飞行用电爆装置安装了合适的安全机构，安全机构标有"飞行前拆除"安全标识。

　　在执行上述每一步时必须仔细遵守计划的程序，并有质量保证（QA）人员在场，每一步骤完成之后，至少需要两名工作人员——技术工程师和质量保证代表签字。每一步骤进行的重复功能测试，与第10章和第11章描述的总装和测试流程一致。

　　卫星和运载火箭总装的最后一步是将有效载荷整流罩安装在总装好的运载火箭上，用于保护有效载荷。在有效载荷整流罩安装好之后，进入卫星的机会就非常有限。策略上设置的门可以允许接触到安全关键项（如：防护火工品电爆装置、高压容器排气、危险材料如肼的处理），并允许监测卫星温度和压力，以确定是否维持正常的环境条件。

　　图12-6的系列照片显示了欧洲空间局的金星快车（Venus Express）探测器与运载火箭总装过程，装有整流罩的有效载荷与联盟－弗雷盖特（Soyuz－Fregat）运载火箭在MIK－40总装厂房进行总装。

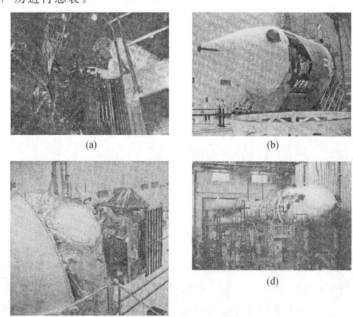

图 12-6　金星快车探测器与运载火箭总装

此图显示了2005年秋天，金星快车与运载火箭总装期间的情况。(a) 2005年10月30日，总装前对金星快车进行检查；(b) 2005年10月30日，总装前对整流罩进行检查；(c) 2005年10月30日，金星快车探测器和弗雷盖特上面级在MIK－112总装厂房；(d) 2005年11月4日，联盟运载火箭与金星快车探测器在MIK－40总装厂房进行最后总装。运载火箭和有效载荷进行了充分的组装，并准备运送到发射塔架（来源：欧洲空间局）

图 12-7 显示 GOES-N 与运载火箭在发射塔架进行总装，在此过程中，只有有效载荷模块转运到发射塔架，在发射塔架与运载火箭连接。

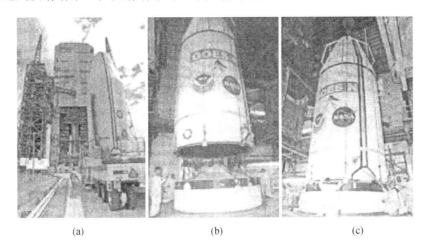

(a)　　　　　　　　　　(b)　　　　　　　　　　(c)

图 12-7　GOES-N 卫星与运载火箭总装

(a) 2005 年 6 月 8 日，卫星安放在运输车上，封装的 GOES-N 到达位于佛罗里达州的卡纳维拉尔空军基地第 37 号发射塔架。卫星提升到移动服务塔并与等候的波音德尔它 IV 火箭连接；(b) 2005 年 6 月 8 日，位于 37 号发射设施移动服务塔上层的 GOES-N 降低到德尔它 IV 火箭第二级的高度；(c) 波音工作人员将卫星与德尔它 IV 火箭第二级连接
（来源：美国国家航空航天局肯尼迪航天中心网站）

12.7　将运载火箭转运到发射塔架

卫星与运载火箭总装之后，将转运到发射塔架。总装好的运载火箭通常由运输车安全地运送到发射塔架，并竖立在发射塔架上。有些运载火箭（如联盟、飞马座）是水平运输，而其他的（如航天飞机和阿里安 V）是垂直运输，运输车上有空气调节装置可以维持有效载荷整流罩内的温度、湿度和清洁度，将运载火箭缓慢地运送到发射塔架。对于航天飞机来说，从总装大楼到发射塔架的 6.8 km 路程要用 7.75 h；运输装有金星快车探测器的联盟号运载火箭几百米的路程要用 45 min。

12.8　在发射塔架上总装

运载火箭到达发射塔架后，将运载火箭竖立在发射塔架上，运载火箭与发射塔的连接要充分精确，因为发射塔将在初始发射的几秒对运载火箭进行导引，发射塔的类型和连接精度取决于运载火箭。负责项目这一流程的系统工程师在选定运载火箭之后应立刻阅读运载火箭用户指南，并熟悉整个流程。图 12-8 和图 12-9 显示了运载火箭运输和与发射塔架总装的几个场景。

运输航天飞机的履带运输装置上安装有一个激光制导对接装置，可以使驾驶员准确地将巨大的有效载荷与发射塔架对接，偏差在 6.4 mm 以内。航天飞机竖立后的最大高度为

8 m，美国国家航空航天局的两个履带运输装置宽 34 m，长 40 m，能装载 25 名工程和技术人员，在装载航天飞机发射塔架和发射平台时能搭载 8 000 t 的质量。

联盟号运载火箭运输时处于水平位置，与发射塔架连接后，再竖立起来，如图 12 - 9 所示。

(a)
(b)
(c)

图 12 - 8 转运至发射塔

此图显示了将运载火箭运输到发射塔架的多种方法。（a）2005 年 11 月 5 日，欧洲空间局的金星快车探测器水平运送到发射塔架。在到达发射塔架后，航天器竖立进行发射（欧洲空间局提供）；（b）2005 年 5 月 26 日，美国国家航空航天局的履带运输车将发现号航天飞机的发射架运送到火箭总装大楼。航天飞机外储箱与另一个装有冗余加热器的储箱进行交换，加热器可以在发射时减少冰碎片对发现号航天飞机的撞击（由美国国家航空航天局肯尼迪航天中心提供）；（c）2007 年 3 月 9 日，阿里安 V 火箭与 INSAT 4B 和 Skynet 5A 卫星一起滚转出总装大楼（来源：EFE，西班牙新闻局网站）

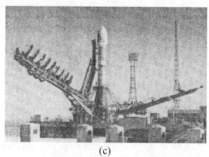

(a)
(b)
(c)

图 12 - 9 联盟号运载火箭在发射塔架上

联盟号运载火箭水平总装后垂直竖立。（a）2005 年 11 月 5 日，准备将总装后的联盟号火箭起吊使其垂直放置在发射塔架上；（b）2005 年 11 月 5 日，将运载火箭起吊至垂直状态；（c）2005 年 11 月 5 日，联盟号运载火箭携带金星快车探测器垂直竖立在发射平台上，由四个支撑臂支撑（欧洲空间局提供）

　　在航天器与运载火箭对接之后，系统工程师要对其进行测试以确保新总装的系统及其保障设备已经作好飞行准备，确认接口相互匹配，可以工作；技术手册（程序）已进行演练和确认；操作人员已经培训完毕。随后，系统工程师要对待飞状态评审（FRR）的这些步骤进行评审、确认和记录。

　　待飞状态评审更新任务状态，完成关闭先期评审中的行动项目，证明发射倒计时准备就绪。待飞状态评审在任务进入发射技术状态后，大约在发射场发射前三天进行。

　　此时，系统包括空间段（运载火箭和卫星），发射场，航天器遥测、跟踪和控制系统，通信系统（包括遍布全球的接收网站）。系统功能测试确保发射场、空间段、通信系统以及指挥和控制系统之间的接口可以顺利工作。空间段功能测试包括：

　　1）确认运载火箭的每级能在正确的时间点火和分离，同时对飞行中止系统进行测试，确保其能响应控制中心发射场安全人员的指令。当然，在这些测试期间，火工装置不会真正点火。通过机械安全和火工装置把点火器与电路隔离，使火箭处于安全的位置。电路中放置安全插座使其短路，可进行连接性测试。

　　2）通过确定是否能发送指令，确认发射控制台的功能，如给蓄电池充电、保护电路、关闭电源和接收数据。

　　3）确保任务通信系统可以运行。当航天器飞过接收站点上空时，与地面站建立通信联系，然后向地面站下传数据。控制人员必须能通过地面站的天线向航天器发出指令。我们通过将数据从卫星（通常是卫星与运载火箭连接前）传送到遍布全球的接收站来验证通信系统的性能。航天器控制人员同时向各地面站发送指令，看地面站是否能发送这些指令。

　　当遥测、跟踪和控制系统进入发射状态，人员经过培训后可以处理正常和异常情况时，地面段就准备就绪了。地面段功能测试包括：

　　1）作为通信试验的一部分，我们要确认卫星遥测、跟踪和控制系统的功能，遥测、跟踪和控制系统接收卫星数据并向卫星发出指令。

　　2）为确认人员和操作程序，我们要对正常、偏离正常和异常情况下操作人员的反应进行评估。在发射操作阶段出现问题时，同时也会出现其他许多问题，人员的反应时间很短，出现错误后的代价很高。因此，在这一关键阶段制定计划避免错误是非常关键的，我们必须制定全面的程序，使团队能顺利执行。这将直接影响发射操作的质量。

　　表 12-3 确定了待飞状态评审的进入准则和成功准则。

12.9　产品发射和早期运行

　　航天器发射和早期轨道运行阶段从航天器发射倒计时开始，经过发射事件，到航天器进入轨道正常运行为止（图 12-10）。对于美国国家航空航天局科学任务，正常运行从科学数据采集开始。对于载人月球任务，还没有正式转入正常运行这一阶段。

表 12 - 3 待飞状态评审进入准则和成功准则[5]①

待飞状态评审	
进入准则	成功准则
1. 已取得认证，飞行在可接受的风险范围内运行 2. 系统和保障元素已经证实技术状态正常，可进行飞行 3. 接口兼容，达到功能预期 4. 根据发射/不发射的决定，系统状态可支持发射决定 5. 以前经历的飞行和评审中的故障和异常问题已经解决，结果已融入所有保障和使能运行产品中 6. 系统已置于飞行技术状态	1. 飞行器已经作好飞行准备 2. 确认硬件安全，可进行飞行（即满足设定的可接受的风险水平，或已经被项目经理或 DGA 签署） 3. 飞行和地面软件已准备好，可支持飞行和运行 4. 接口经过检测可以工作 5. 待办事项和超差放行项经过审查可以接受 6. 飞行和恢复环境因素在约束条件内 7. 所有遗留的安全和任务风险项已经得到处理

①以上的检测表可以确定系统是否可以进行待飞状态评审，并确定系统是否准备好进行飞行（DGA—授权进行管理）。

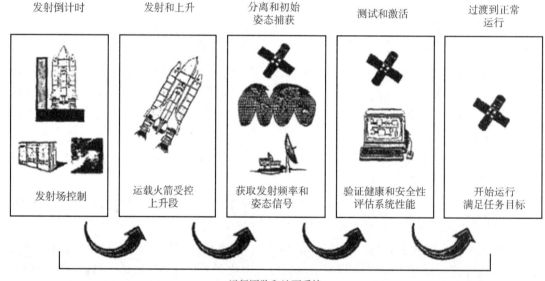

图 12 - 10 发射和早期运行段[1]

描述了从倒计时开始，到正常进行的发射和早期运行

我们将发射和早期轨道运行分为不同的阶段：倒计时、上升、分离和初始捕获，激活和检测，然后过渡到正常运行阶段（图 12 - 11）。表 12 - 4 描述了各个阶段相关的步骤。

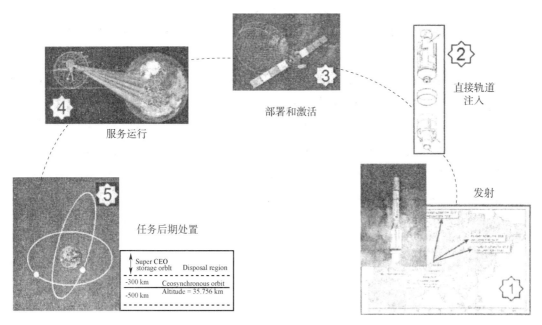

图 12-11　发射和运行阶段的描述

图中的第 4 项工作由终端用户完成（来源：NASA）

表 12-4　发射和早期轨道运行阶段说明[1]①

子阶段	步骤	描述
发射倒计时	· 航天器供电 · 航天器功能测试 · 地面系统准备就绪测试 · 确定是否发射 · 系统监测	包括端到端系统的最后发射就绪测试（简短的存活性测试），支持项目管理团队最终确定发射决定。在决定发射之后，将系统置为起飞的最终技术状态
发射和上升	· 起飞 · 上升并经过大气层	利用事先计划的有动力飞行段到达轨道。在这一阶段，航天器大部分运行为被动操作，其中有一些自主操作由计时器完成
分离和初始轨道获取	· 航天器分离 · 分离后开始工作 · 初始姿态获取 · 从地面系统获取初始信号 · 转移到运行轨道	包括航天器与运载火箭分离和与初始姿态获取、进入主动供电模式、与地面系统进行日常通信联系和航天器附属部件展开相关的关键操作。计时器、分离开关或储存的指令通常自动控制航天器的分离活动
激活和测试	· 激活分系统 · 激活仪器 · 系统性能检测	激活航天器分系统和仪器；设置为轨道运行技术状态；调整偏置、设置和漂移速率；进行测试。测试必须包括模态和技术状态验证，并进行初始标定。验证整体系统性能并与预期性能进行对比，调整地面模式，修改操作计划和运行程序
过渡到正常运行	· 进入正常运行状态 · 开始正常运行活动	航天器平台和仪器进入日常运行状态，满足任务目标

　①该表列出了发射和早期轨道（L&EO）运行各阶段的主要步骤。

12.10　转交给终端用户

当卫星发射并进入预定轨道开始执行任务时，将进行早期轨道测试。在这一阶段，航天器的工程人员和有效载荷（科学仪器、遥感器、通信系统等）将在运行环境下进行详细的系统测试，确认其满足所有的运行要求。早期轨道测试阶段的长短取决于任务的复杂程度，通常为1～3个月，随后，研制团队将卫星转交给运行团队，开始日常运行。发射后评估评审（PLAR）完成之后进行卫星交接。

12.10.1　发射后评估评审

发射后评估评审是转运流程的最后一步，也是生命周期D阶段结束的标志。现在，航天器可以在轨正常工作，所有正常运行所需的产品和文件已经测试完毕并已交付，用户和运行商已经完成培训，并准备承担航天器的控制任务。

发射后评估评审是航天器部署之后的评审，要对航天器是否准备好进行全面、日常的运行进行评审，目的是验证卫星系统（航天器和有效载荷）在运行环境下可按计划工作，能满足所有的要求；应急计划有效；运行团队可以在所有模式（正常和紧急）下成功运行卫星；系统准备就绪可以进入运行阶段。以下是发射后评估评审成功的条件。

1）发射和轨道注入阶段已经完成，并特别记录了计划与实际事件的偏差，系统工程师必须为每个偏差对整体任务的影响进行分析和解释。比如：如果进入轨道需要进行额外的轨道机动，系统工程师必须解释为什么需要进行这些轨道机动，需要多少推进剂，还能剩余多少推进剂。

2）航天器平台和有效载荷成功地通过所有功能测试，包括所有运行模式的测试，系统工程师必须解释测试结果和程序中的所有偏差。在总体运行计划中应该包含一个表格，表格中列出所进行的每项试验、试验结果、与预期结果的偏差、每项偏差对运行的影响、每项偏差所获得的经验教训。在19.1.3节中详细列出了FireSAT案例的偏差分析。

3）制定并了解应急计划，重点是和发射前阶段相比所发生的变化。运行团队已经准备好，可以准确地发现应急事件和执行适当的应急计划。

4）我们已经对项目计划进行了评审，评估了运行团队在任务运行阶段的运行能力。为准备这一阶段的评审，系统工程师必须重视近期的运行和任务关键事件。

表12-5确定了发射后评估评审的进入准则和成功准则。

12.10.2　产品转运后的保障

在成功进行发射后评估评审之后，航天器已经属于用户，但研制方参与航天器运行将可能贯穿整个任务阶段。根据研制方和运行用户之间的关系，研制方可能参与日常、周期性的功能活动，如趋势分析和任务规划。当然，研制方还将参与一些不在预先计划内的活动，如问题的解决和事故的调查等。在研制方的计划和预算过程中通常低估或忽略这些

表 12 - 5　发射后评估评审的进入准则和成功准则①

<table>
<tr><td colspan="2" align="center">发射后评估评审</td></tr>
<tr><td align="center">进入准则</td><td align="center">成功准则</td></tr>
<tr><td valign="top">

1）发射和早期运行性能，包括早期推进机动结果，可用；
2）检测航天器和科学设备性能，包括设备校准计划和状态，可用；
3）运载火箭性能评估和任务应用，包括发射序列评估和发射运行经验和教训，已经完成；
4）任务运行和地面数据系统经验，包括跟踪和数据获取支持和航天器遥测数据分析，可用；
5）任务运行机构，包括人员、设施、工具和任务软件（航天器分析和操作顺序），可用；
6）对飞行异常和采取的相应措施，包括航天器自身所采取的自主故障保护措施，或不明的航天器遥测，包括警报进行记录；
7）程序、接口协议、软件和人员进行重大变更的需要进行记录；
8）文件进行更新，包括源自早期运行经验的更新；
9）制定未来的研制和试验计划

</td><td valign="top">

1）检测航天器和科学有效载荷性能与预计性能的一致性；如不一致，则对此有充分的认识，从而可有信心对未来行为进行预测；
2）记录了所有异常情况，并对运行影响进行了评估，对影响航天器健康和安全或关键飞行运行的异常进行适当的处置；
3）任务运行能力，包括人员和计划可充分保障实际的飞行性能；
4）在运行准备就绪评审中如果对运行有保留意见的话，这些意见得到了满意的解决

</td></tr>
</table>

①该表列出了决定航天器准备好正常运行前的检查表。

持续的活动，当任务持续时间比预期时间长很多时，对研制方来说将是一个很大的负担。旅行者号（Voyager）探测器以及勇气号（Spirit）和机会号（Opportunity）火星探测器就是典型的例子。

12.11　记录转运

最后，我们必须对所有转运过程中的工作产品进行记录和存档，包括：技术手册或程序（计划、执行和技术状态控制）的描述、决策的依据、遇到的问题、采取的校正措施、获得的经验教训，以及对未来转运活动的建议。转运过程（装载、卸载、连接、加注等）应进行拍摄和录像，这些视频记录通常是我们如何执行程序和安装硬件的最终凭证。该文件在反馈给后期保障分析报告时非常重要，同时也是未来制定产品转运计划的重要资源。

参 考 文 献

[1]   Boden, Daryl G. and Wiley J. Larson. 1996. Cost Effective Space Mission Operations. New York: McGraw - Hill.

[2]   Larson, Wiley J. , Robert S. Ryan, Vernon J. Weyers, and Douglas H. Kirkpatrick. 2005, Space Launch, and Transportation Systems. Government Printing Office, Washington, D. C.

[3]   Lewis Spacecraft Mission Failure Investigation Board. 12 Feb 1998. Final Report. Washington, DC: NASA.

[4]   National Aeronautics and Space Administration (NASA) . January 30, 1995. Lessons Learned website, Public Lessons Learned Entry 0376.

[5]   NASA (1). March 26, 2007. NPR 7123. 1a, NASA Systems Engineering Processes and Requirements. Washington, DC: NASA.

[6]   NASA (2) . March 6, 2007. NPR 7120. 5D, NASA Space Flight Program and Project Management Requirements. Washington, DC: NASA.

第 13 章　计划和管理技术工作

L·戴尔·托马斯（L. Dale Thomas）

美国国家航空航天局马歇尔航天飞行中心

> 这不是计划，这是策划——德怀特·D·艾森豪威尔
>
> 一旦第一枪打响，作战计划就过时了——诺曼·施瓦茨科普夫

系统工程流程模型为技术策划提供了一个通用的框架，许多组织为该流程制定了标准，并有很多共同点。任何通用的标准都可用于技术策划。本书中我们使用了《NASA 程序要求 7123.1a》（NPR 7123.1a），它与《国际标准化组织/国际电子技术委员会（ISO/IEC）15288》[15]密切相关。

《NASA 程序要求 7123.1a》讨论了 17 个流程，并将其分为 3 大类：系统设计、技术管理和产品实现。技术策划流程使我们可以用统一、稳定的方法应用和管理其他 16 个流程，并生成一份关键文件，称为"系统工程管理计划"（SEMP），该计划描述了如何将 17 个流程应用到系统研制中。本章介绍了技术策划以及我们如何应用技术策划，为项目启动并步入正轨提供至关重要的信息，更为重要的是可以从不可预见的情况中恢复信息，表 13-1 介绍了技术策划流程。对于面向管理的项目策划处理，我们建议阅读《实用空间系统项目管理》[5]的第 3 章。本书第 14 章将介绍如何根据策划信息制定系统工程管理计划，如何在系统研制的整个过程中对变更项进行管理。

表 13-1　技术策划流程[①]

步骤	描述	所在章节
1	准备技术策划	13.1 节
2	定义技术工作	13.2 节
3	技术工作的进度安排、组织和成本	13.3 节和第 7 章
4	准备系统工程管理计划和其他技术计划	13.4 节和第 5、8、9、11、12、14、16 和 17 章
5	使利益相关方认可技术计划	13.5 节和第 2、14 章
6	执行技术计划	13.6 节和第 18 章
7	编制文件和归档	13.7 节和第 16、17 章

①策划工作、制定计划、使利益相关方认可计划并执行计划的步骤。

任何计划都包括：做什么？谁做？工作什么时候必须完成？有多少资源可用于这项工作？因此我们在计划策划中有 4 个主要目标，见表 13-2。

表 13-2　与技术策划的 4 个主要目标相对应的关键活动①

目标	描述	活动	所在章节
1	做什么	定义技术工作	13.1~13.2
2	谁做	明确作用和职责	13.3.1~13.3.3
3	工作什么时候必须完成	划分阶段和安排进度	13.3.4
4	有多少资源可用于这项工作	详细制定技术工作	13.3.5~13.3.6

①这些活动生成计划，必要时我们进行重访。

我们的最终目标不是制定计划，而是完成技术工作，对于本书而言就是研制一个航天系统并转交给任务运行商投入运行。技术管理活动将应用技术计划并完成工作，包括调整技术计划以应对实际状况和计划状况之间的偏离。图 13-1 描述了这些活动，并在 13.4~13.6 节中进行了介绍。

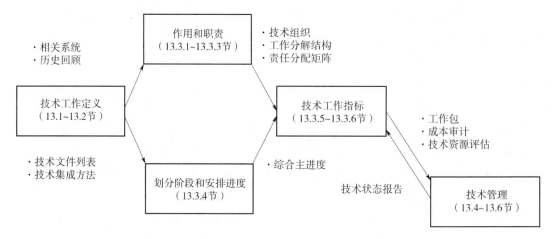

图 13-1　技术策划活动的流程

本章讨论了构成技术策划的 4 个主要活动，以及执行策划的技术管理。

图中包含了策划产品并显示了这些活动之间的相互关系

13.1　准备技术策划

技术策划从理解观点的含义开始，比如，制定 FireSAT 姿态控制系统推力器研制计划就不同于制定 FireSAT 卫星的研制计划。13.1.1 节引入相关系统的概念来解释观点的含义，13.1.2 节对类似系统的研制进行总结，建立技术策划的基准点，这两节内容为我们在 13.2 节介绍技术工作做了铺垫。

13.1.1　明确相关系统

《NPR 7123.1a》和《ISO/IEC 15288》都建立了相关系统的概念来描述技术工作的范围。我们如何认识和定义系统、系统体系和系统元素，取决于我们的利益和责任。一个人的相关系统可能是另一个人在不同相关系统中的系统元素，或者只是另一个人相关系统的部分运行环境。图 13-2 说明了飞机及其运行环境中众多可认知的相关系统，从中我们看出，我们可以把层次结构中任一级的实体看成是一个系统、系统中的一个元素或系统的一个运行环境，系统工程的 17 个流程可适用于任何相关系统。以图 13-2 为例，说明：

1）全球定位接收机系统在其他导航系统元素的环境中运行；

2）导航系统在飞机系统元素的环境中运行；

3）飞机系统在航空运输系统元素的环境中运行；

4）航空运输系统在地面运输和海洋运输系统所定义的环境中运行。

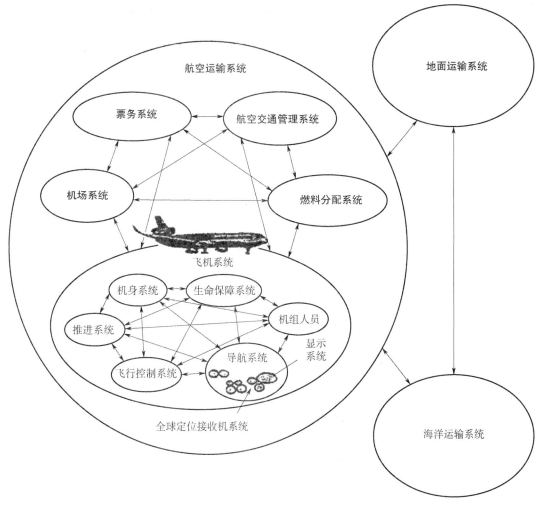

图 13-2　典型的飞机在运行环境中应用的系统图[15]

我们可以把层次结构中任一级的实体看成是一个系统、系统中的一个元素或系统的一个运行环境

明确相关系统有助于确定技术工作的范围，在开始计划这项工作之前我们必须清楚了解它。这项工作包括 4 个主要阶段。

1）确定系统背景的影响，其中系统背景（如自然环境）能影响系统，但系统无法影响背景；

2）明确系统与外部元素的相互关系，如外部接口（如卫星地面通信网络）；

3）明确系统性能满足我们研制系统的目标；

4）系统的设计、研制和集成满足适当的环境和背景下所要求的性能。

通过建立相关系统，我们规定了在某一工作地点的工作范围，因为技术策划人员只需要考虑系统层次的上面一级和下面一级。比如，在图 13 - 2 中，导航系统的技术策划人员只在飞机系统特定的背景、环境和系统性能范围内工作，他们不需要考虑航空运输系统的环境和背景。类似地，导航系统的技术工作确定了导航系统元素（如 GPS 接收机、显示器等）的背景、环境和系统性能，但技术计划的重点是将这些元素集成在一起，而不是详尽描述各个元素的技术工作。

我们还是以 FireSAT 卫星为例。图 13 - 3 描述了不同的相关系统的内涵，包括系统总体（项目）、FireSAT 系统（航天器和有效载荷的集成）、航天器、航天器电源分系统。实际上，FireSAT 系统工程管理计划的相关系统只是 FireSAT 系统，项目的其他元素，如地面系统，则提供背景和环境方面的考虑。同时，系统工程管理计划只描述航天器和有效载荷系统中某一层面的详细工作。比如，当确定将航天器和有效载荷作为系统元素，就不

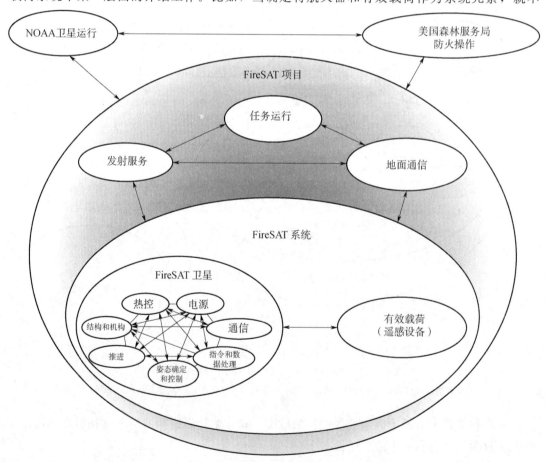

图 13 - 3　FireSAT 的相关系统图，描述了 FireSAT 项目、FireSAT 系统
和 FireSAT 卫星的不同系统环境和元素

会关注电源分系统部件。系统工程管理计划中的技术计划只包含电源分系统的总体技术工作，而将详细内容留给技术策划。

该方法的结果是，随着我们深入系统体系的各个层次，我们会了解更多的东西。在了解 FireSAT 系统之前，我们从图 13 - 3 对 FireSAT 项目就有了很好的了解，与第 2 章所讨论的是一致的，这一过程不是严格意义上的瀑布型，因为任何系统工程师都知道系统的定义是可迭代的；相反，技术策划是从系统体系的高层向低层推进，虽然并行推进能够开发更高效的系统，但要以反复迭代为代价。

13. 1. 2　对相似的研制进行总结

准备是技术策划的关键组成部分，对系统研制也至关重要。技术策划的准备工作首先是收集计划者之前用于相似系统的成功和不成功的计划，这些计划来自自己的部门或其他业务部门，通常是来自他们的系统工程管理计划。对过去的工作进行回顾，努力寻找技术策划的先例，来帮助我们制定系统研制的技术计划框架。

从历史调查数据中得出的最有信息价值的结果可能就是对技术产品进行的初步列表，以及这些技术产品在生命周期中的产生进度，这些可交付的工作产品是技术工作的内容和各个阶段的工作进度。（我们在 13. 2 节中全面定义这些技术产品。）这项历史调研也帮助我们确定其他技术工作元素的范围。

1）技术报告要求，包括有效性测量（MOE）、性能测量和技术性能测量（第 2 章讨论了有效性测量的发展）；

2）关键技术事件，以及评审所需要的信息或满足系统生命周期管理阶段进入、放行准则所需的信息（在 13. 2 节中对用于技术里程碑评审的技术数据包进行了简要介绍，并在第 18 章中进行了详细介绍）；

3）产品和过程度量，用以估计技术性能、成本、进度流程。给出初始的定义和技术产品的进度安排，我们在第 7 章中描述了资源需求，然后依据技术计划跟踪技术进展（13. 6 节描述）；

4）数据采集和储存，如何分析、报告，以及需要时储存测量数据作为联邦记录的方法（第 16 章和第 17 章分别讨论了技术状态和数据管理）；

5）我们应该如何管理技术策划中的技术风险（第 8 章）；

6）技术工作中将使用的工具和工程方法（第 14 章介绍了如何将其纳入系统工程管理计划的制定）；

7）集成系统分析和跨领域集成的技术集成方法（13. 2. 3 节）。

以上几条内容虽然不是非常详尽，但给出了基于历史调研得出的基本技术策划。对近期已研制的对地观测卫星的技术计划进行总结，可使技术计划人员对 FireSAT 项目有深入的认识。我们不是从头生成所有策划信息，而是通过细化这些基本技术，从而节省时间和减少工作量。

13.2 定义技术工作

一旦我们具有策划的基础，就可以确定技术工作的范围。

13.2.1 明确可交付产品

系统研制的技术工作的重点是系统工程，但几乎项目的每一部分也需要参与[2]。例如，编制预算不是技术工作，但预算和技术工作是相互影响的，预算受技术工作的阶段划分和内容的影响；同样，项目的进度安排和采办策略受系统工程结果的影响非常大。虽然，计划人员通常将研制工作分为计划和技术两部分，但界限也不是非常清晰。因此，我们必须明确和调整技术工作与其他工作元素之间的关系。

除了运行系统，一个项目的可交付产品包括系统工程过程中的计划、技术指标、图样和其他技术产品。不同系统研制生成的产品不同，采取不同的采办策略，如产品是自己制造还是从供应商那里采购，导致可交付产品不同。采取标准的流程，例如技术状态管理中已有的方法，可以大大减少可交付产品的范围，特别是计划。

同样，相关系统的规模也影响可交付产品。一个非常大的项目，如美国国家航空航天局的星座工程，需要制定大量的计划来描述技术工作。星座计划系统工程管理计划[19]的一项功能就是对计划进行有力的整合，但工程中每个项目的系统工程管理计划将主要侧重项目自身的技术策划。随着系统规模的减小，技术产品和不同计划的数量也相应减少。美国国家航空航天局的一些项目在项目计划中包含了技术策划，但省略了单独的系统工程管理计划。这些小的项目使用了美国国家航空航天局的标准流程，或是母工程计划的分支计划，这样系统工程计划需要细微的变化，而不需要做单独的计划。

我们根据《NPR 7123.1a》附录 C 中 17 个技术流程的 63 个输出数据列出一个系统研制的技术可交付产品，对这个通用列表进行改进以适应特定的项目。列表包括技术产品，特别是系统研制中合成的技术产品，比如一个运行方案；同时还包括集成形成的单一技术但分开确认的产品，因为是不同流程生产的，因此可以将它们分离开。比如，《NASA 程序要求》列出了有效性测量、性能测量和技术性能测量作为 3 个独立流程的不同输出，但我们通常将它们集成在一个单一的技术产品中。

《NASA 程序要求》同时列出了某些类型的输出，组成多个技术产品。比如，技术策划的一个输出是"系统工程管理计划和其他技术计划"，其他技术计划取决于项目的规模。这些输出仍是明确特定项目技术产品的一个好的起点，如图 13 - 4 所示。表 13 - 3 列出了所有 FireSAT 的技术产品，图 13 - 4 描述了我们如何相互参考这些列表来处理输出。

修改采办来适用于各种策略是常有的，而不是个例，一个项目的采办策略对其技术产品影响巨大。如果所有东西都是自己生产，则表 13 - 3 中的技术产品将满足 FireSAT 系统元素的技术工作；如果所有东西都是购买，就可以得到表 13 - 3 中黑体字标识的项目。在这种情况下，我们就要规定为了从供应商那里获得这些项所需的技术工作范围，然后对主

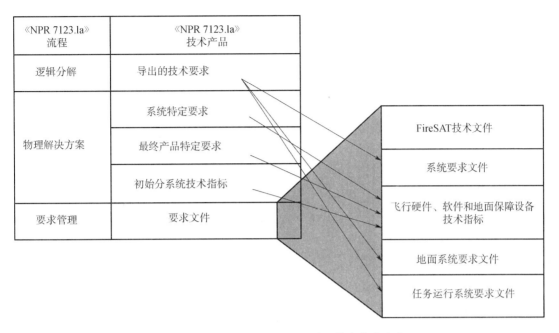

图 13-4 以《NPR 7123.1a》流程输出作为参考

《NPR 7123.1a》附录 C 的流程输出是确定 FireSAT 技术产品的起点

承包商进行监督，主承包商将生产表 13-3 中白体字标识的项目，只有在极个别的情况下，所有产品才采用全部制造或全部购买这种单一的采办策略。如，TRW 是美国国家航空航天局钱德拉（Chandra）X 射线望远镜的主承包商，负责：

1）航天器研制和光学实验台；

2）将上面级集成在航天飞机上进行发射；

3）根据美国国家航空航天局独立的采办合同，对史密斯森（Smithsonian）天文观测台的仪器进行集成。

13.2.2 使技术基线不断成熟

布兰查德（Blanchard）[2]指出"系统设计是一个渐近的过程，从抽象的概念到具备一定形式和功能，直到固定下来，可以按规定的数量进行重复生产，满足特定客户的需求。"自然而然地，项目环境驱动了适者生存，项目的淘汰率很高。20 世纪 90 年代初，在美国工业界，产品研制只有 1/4 获得成功，其余的在进入市场前就被取消，或市场太小无法进行规模生产。

为此，工业界采用"时段-门"系统（stage-gate system）提高产品研制效率，对于有市场吸引力的产品，缩短其从概念到市场投放的时间。"时段-门"系统将研制分为由规定活动、相关活动和并行活动组成的各个时段，每个时段通常都比上一个时段成本要高。

典型的"时段-门"系统有 4~7 个时段和门，如图 13-5 所示，但还没有硬性和快速的规则。每个时段的入口是一个门，门的功能好像制造过程的质量控制检测点，高级管理

表 13－3　FireSAT 技术产品[①]

需求、目的、目标	处置计划
任务要求	技术评审计划
运行方案文件（包括地面系统和任务运行策略）	技术研制计划
技术测量计划和报告	发射运行计划
系统要求文件	有效载荷-运载火箭集成计划
飞行硬件、软件和地面保障设备技术指标	技术工作指南
地面系统要求	工程变更请求和通告
任务运行要求	超差放行
自然环境定义文件	**外部接口控制文件（ICD）**
要求验证矩阵	航天器-有效载荷接口控制文件
逻辑分解模型	航天器-运载器接口文件
功能分析文件	运载器-地面系统接口文件
主验证计划	地面系统-任务运行接口文件
运行程序	指令和命令列表
激活和飞行中测试计划	接口变更请求
用户手册	技术风险报告
运行极限和限制	硬件和软件配置项列表
集成图	基线技术状态文件
备件供应列表	技术状态管理报告
集成主计划	技术规范树
集成主进度	图样树和工程图样表
系统工程管理计划	技术数据电子交换格式
系统分析计划	设计发布
软件管理计划	技术测量报告
安全和任务保证计划	质量特性报告
技术状态管理计划	设计和分析周期报告
数据管理计划	技术报告
质量特性控制计划	权衡研究和决策支持报告
制造和组装计划	一致性检验报告
电磁兼容性/接口控制计划	一致性确认报告
航天器系统分析计划	航天器和有效载荷集成
能力保障计划（包括培训计划）	航天器和有效载荷集成的验收数据包
航天器设计和分析周期计划	任务运行系统
	地面系统

①在系统工程过程中生成的，除运行系统外，FireSAT 项目的可交付产品还包括：计划、技术指标、图样和其他技术产品。

人员对这些门进行控制，有权批准所需要的资源和决定产品是否满足质量标准。换句话说，由高级管理人员根据这个门所规定的质量标准，决定产品是通过、淘汰、暂停生产或返修[6]。

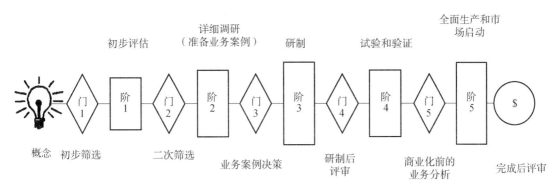

图 13 - 5　系统研制的"时段-门"过程[6]

典型的"时段-门"过程模型系统研发，类似于制造过程，在各个过程时段之间的质量控制检查点或门

　　"时段-门"系统研制概念在工业界的应用可以追溯到 20 世纪 60 年代，政府的应用，特别是美国国防部的应用则可追溯到 20 世纪 40 年代和 50 年代。今天，空间系统研制使用了多种"时段-门"过程。美国国家航空航天局根据空间系统的种类，使用了 4 种不同的"时段-门"流程，例如，飞行系统研制采用了 7 个时段，或阶段（phase）；美国国防部系统采办"时段-门"过程则使用了 5 个阶段；IEEE - 1220 则使用 6 个阶段[14]。虽然，阶段的个数好像是任意的，但其总是取决于在研系统，就如制造取决于系统一样。我们并不期望 Proctor 和 Gamble 研制新的客户产品采取的 5 个严格的时段与美国国家航空航天局空间系统研制的"时段-门"过程一样。

　　空间系统设计从一个任务的抽象方案演变成一个可运行的系统。正如 13.2.1 节所介绍的，技术工作包含大量的各类文件，某些文件必须比其他文件提前完成。例如，工程图样必须在产品制造之前完成，所以技术文件必须足够完整或成熟，可以为后续的文件提供基础并成为技术基线的一部分。一旦以一份技术文件作为技术基线，那么就只能通过正式的变更控制程序（见第 16 章）才能进行变更，因为变更将影响正在研制的技术工作产品。

　　在系统生命周期的任何一点，基线把已完成的工作与正在进行的工作分开，每个技术产品的基线推动项目完成技术基线，这样，在我们一个个地建立技术产品基线时，一个项目在其研制的生命周期中可能有数十个，甚至数百个技术基线。空间项目的技术基线通常与系统的研制阶段相对应，因此是由 7 个分离部分组成的。

　　1）任务基线：表述完整，并由利益相关方确认任务需求和目标以及满足这些目标的方案；

　　2）系统基线：执行任务方案的系统应具有的功能和性能要求；

　　3）功能基线：系统设计，将功能和性能要求分配给各个部分；

　　4）设计基线：全面、详细的系统设计，将功能和性能要求与设计或建造标准完全分配和下拨到各技术状态项（硬件和软件）层面；

　　5）建造基线或编码基线：按照工程图样或计算机辅助设计模型，软件设计文件，制造、组装、集成和试验计划，完成系统设计；

6) 实际建造或实际编码基线：已经实现的系统，经过验证、确认和认证，已经准备就绪可进行部署；

7) 实际部署基线：运行系统，经发射或其他方式部署、激活和检测（包括校准），已经准备就绪，可以进行全面、常规的运行。

图 13-6 说明了技术基线是如何演变的。对于关键的技术活动，我们通过综合评审建立每一条技术基线，确保技术活动与已有的技术基线相符合，此类技术活动总是发生在生命周期某一阶段的末期。此时，管理人员根据计划对进度进行评估，考虑技术风险，决定是进入下一个阶段，还是将现阶段维持一段时间，或者可能由于性能差而取消项目。

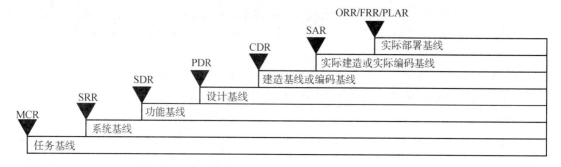

图 13-6　技术基线的演化

每个后续技术基线是以上一个基线为基础，并向建成运行系统方向发展（见图 13-7 缩略语定义）

图 13-7 是基于《NPR 7123.1a》附录 G 描述的评审目标以及进入和成功准则，第 18 章对技术评审和评估进行了详细介绍。

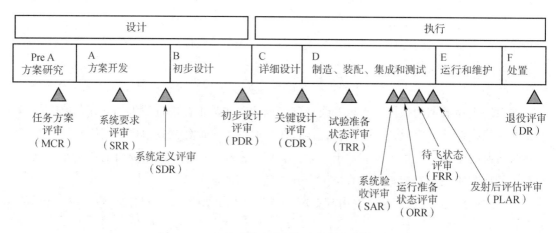

图 13-7　飞行系统生命周期中的关键技术活动

项目必须经过这些评审才能继续进入生命周期的下一个阶段

评审的进入准则和成功准则可以将各个关键技术活动的技术产品具体化，帮助我们细化技术基线，比如，美国国家航空航天局战神 1（Ares I）运载火箭的系统要求评审。表 13-4 列出了成功准则，摘自于《NPR 7123.1a》附件 G，对技术产品进行评审，目标是为完全满足准则提供客观证据。

表 13 - 4　美国国家航空航天局战神 1 系统需求评审的技术工作产品[20]①

成功准则	评审数据
1. 总体方案合理、可行、完整，满足任务需求，与可利用的资源（如进度、质量或功率）相一致	要求验证矩阵、战神系统要求文件、要求可追溯性矩阵、集成运载火箭设计方案、星座体系和要求文件
2. 项目通过正确的流程向各个层面控制和分配了系统要求，已制定了一个在进度规定的时间范围内完成系统定义的计划	系统工程管理计划、项目计划、技术状态管理计划、数据管理计划
3. 项目已经确定顶级任务要求、与外部实体的接口及主要内部元素之间的接口	战神系统要求文件、接口要求文件、功能方块图、星座体系结构和要求文件、设计参考任务
4. 计划人员已对要求进行分配，并将主要的要求分解到各元素	可追溯性矩阵、功能方块图、战神系统要求文件
5. 已有系统和各元素的设计方法和运行方案，并符合要求	运行方案文件、集成运载火箭设计方案、设计参考任务
6. 计划人员明确用于验证需求和确认元素级需求的初步方法	主验证计划、战神系统要求文件、接口要求文件
7. 计划人员已经识别主要风险以及处理主要风险的方法	风险管理计划、战神系统风险表、功能失效模式和影响分析
8. 项目技术成熟度和策划充分，可进行初步设计评审	委员会预评估和委员会评估，技术计划

①第一栏是系统需求评审的成功准则。第二栏是技术产品作为满足成功准则的客观证据中的应满足技术目标的技术数据。

图 13 - 8 说明了如何对技术产品建立概念性的技术基线。实际部署基线要经过 3 次相

基线	有代表性的技术文件	在哪个阶段建立
任务	需求、目的和目标　　任务要求	MCR
系统	运行方案　系统要求　SEMP　IMP　自然环境定义　安全和任务保证计划	SRR
功能	基线技术状态　接口要求　分配的要求　测试和评价主计划　软件管理计划　技术开发计划	SDR
设计	部件技术指标　软件技术指标　地面保障设备技术指标　接口控制文件　验证计划　制造计划	PDR
制造	工程图　运行极限和限制　制造流程要求　验收计划和标准　验证程序　集成和组装计划　试验计划　培训计划	CDR
实际制造	最终产品　使能产品　验收数据包　运行流程　飞行测试计划	SAR
实际部署	集成和测试异常及解决方案　任务保障培训和仿真结果　科学设备标定结果　系统激活结果	ORR FRR FLAR

图 13 - 8　技术基线的渐进发展

技术基线是通过关键技术事件、技术产品的不断增加而逐渐成熟

（MCR—任务方案评审；SRR—系统需求评审；SDR—系统定义评审；PDR—初始设计评审；CDR—关键设计评审；SAR—系统验收评审；ORR—运行准备就绪评审；FRR—飞行准备就绪评审；PLAR—发射后评估评审）

关的评审，但这主要取决于系统的类型。比如，航天飞机任务是将 3 项评审结合起来进行。相反，用一次性运载火箭发射的卫星，我们可以按顺序进行 3 次评审。

1）运行准备状态评审主要是对卫星的准备状态评审其是否可以进行发射。由于我们可以在发射之后才加载软件和标定设备，因此不一定必须针对运行准备进行评审。

2）待飞状态评审包括有效载荷和运载火箭组合体的发射准备状态情况。

3）发射后评估评审包括对部署后才运行的元素的运行准备状态评审。

每次评审采用成功准则促进了各个阶段技术基线的形成，如图 13-9 所示。例如，为支持系统需求评审，必须准备好所有 6 个系统基线文件。如果评审通过了，这些技术产品就成为其对应基线的一部分。

离散技术基线、研制阶段和相关主要技术事件同步进行不是偶然的，而是经过多年的发展才建立起来的，在系统研制期间根据技术活动的特性而不再同步。离散地发展技术基线的方案非常重要，这是因为：

1）基线为安排技术产品顺序提供逻辑基础，我们必须知道这一顺序，以便计划和安排技术工作进度；

2）审查评审的进入标准和成功标准，可显示组织的期望值：研制团队必须产生何种技术产品、什么时间生产、如何评估产品的质量。这些信息对技术工作的详细策划和进度安排都是非常有用的（见 13.3 节）。

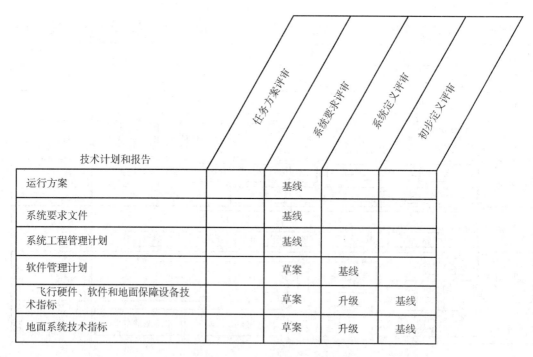

技术计划和报告

	任务方案评审	系统要求评审	系统定义评审	初步定义评审
运行方案		基线		
系统要求文件		基线		
系统工程管理计划		基线		
软件管理计划		草案	基线	
飞行硬件、软件和地面保障设备技术指标		草案	升级	基线
地面系统技术指标		草案	升级	基线

图 13-9　FireSAT 技术基线的发展

根据技术工作产品，分析每个关键项目的成功标准，使我们可以开始识别形成技术基线的技术产品。

这里只显示了前 4 个里程碑评审

13.2.3 决定技术集成方法

空间系统要求各个系统元素之间有大量互动，这也是火箭科学的核心，使该学科的研究难度加大。各工程行业之间的协调生成了大量非正式或二级工程产品，从而帮助我们研制正式的技术产品。我们如何集成这些非正式的产品，将对正式产品的质量以及整个项目的效能产生巨大的影响。

各工程专业和行业之间的协调促成了空间系统的技术集成。分系统包括不同的学科：结构和机构、电源、推进、通信等，这些分系统之间的相互作用构成了系统本身。例如：推进系统产生动力，结构分系统遍布整个航天器。我们描述项目各元素之间的相互作用，如航天器和有效载荷，以及它们各自的分系统之间的交互关系。

下述情景描述了空间系统中分系统之间复杂的相互关系。卫星通信要求依赖于我们必须传输的信息量、可用于信息传输的时间和信息传输的距离。根据特定的数据速率，通信分系统的设计人员必须对天线增益和广播功率进行折中分析。高的增益意味着窄的天线波束宽度，因而需要有更高的指向精度和天线稳定性；反过来则要求结构刚度，从而影响结构的质量和材料选择等。

作为选择，广播功率增加意味着电源功率增加，需要更大的太阳电池面积，从而影响电源系统的质量等。电源功率消耗增加将影响热分系统，因为电产生的热必须通过热分系统散发[11]。因此，空间分系统之间的相互作用将更加紧密，必须进行集成系统分析。

为编制技术集成计划，我们必须明确任务，从项目的工程学科开始。运载火箭的工程学科形成了 $N \times N$ 矩阵的主对角线（见图 13-10）；左上角的运载火箭将要求、结构元素和限制在各工程学科中进行了分配，矩阵的第一行就是这些分配；对角线上各元素的输出数据在该元素所在行中，输入数据在该元素所在列中；第二行第一列的小方格表示热分析所需的气体动力学的输出。汉弗莱斯[13]和布莱尔[1]等人完成了运载火箭的 $N \times N$ 矩阵，全面描述了分系统之间的技术集成。

对与 FireSAT 类似的项目进行分析总结认为，我们必须将 $N \times N$ 矩阵对角线中的 13 个工程学科集成在一起，如图 13-11 所示。13.3.4 节详细描述了矩阵是如何工作的，$N \times N$ 矩阵说明了在设计和分析周期中各工程学科之间的相互依赖性。

现举例说明，为支持 FireSAT 的初步设计评审，我们考虑建立一个设计与分析周期（DAC）的集成主进度（IMS）。图 13-11 中的 $N \times N$ 矩阵明确了各工程学科之间数据流的相互依赖关系，并建立了前后之间的关系。比如，根据任务定义，空气动力学和环境元素确定了 FireSAT 的轨道，任务定义同时也使通信分析人员确定数据传输速率，但他们同时还需要根据气体动力学和环境元素确定轨道高度和倾角，才能开始分析满足数据传输速率的天线构型和功率要求。此外，所有分系统的功率要求应作为电源系统分析的输入，以确定太阳阵的面积、蓄电池大小和电功率分配计划；反过来，热分析也需要电功率消耗参数，来评估热控系统是否满足散热的要求。热分析结果将影响主动或被动热控方

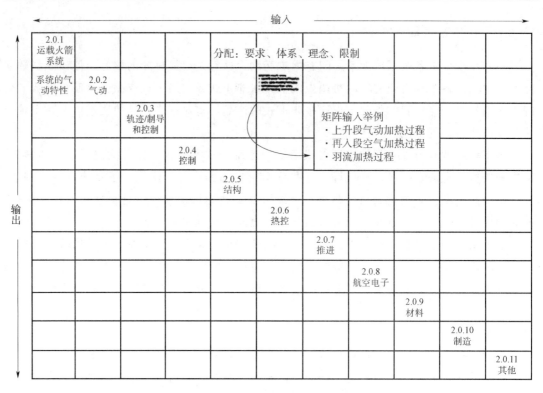

图 13 - 10　运载火箭的 $N \times N$ 矩阵[1]

为进行热分析和设计，热专业需要空气动力学的分析数据，包括上升段与再入段加热、分离流速率和羽焰加热环境

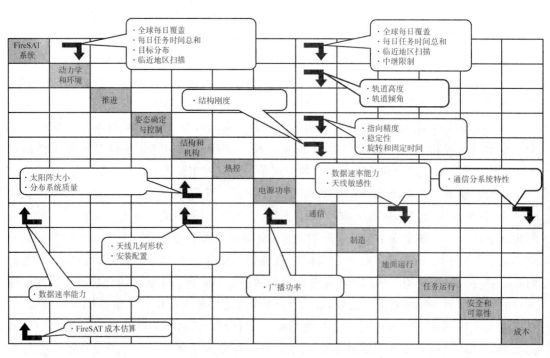

图 13 - 11　FireSAT 系统的 $N \times N$ 矩阵

通信分系统设计和分析中所选学科之间的相互作用

式、热辐射器面积和材料的选择。

这些热系统特性以及其他所有分系统的特性都作为成本分析的输入，用于评估系统成本，并与预算进行比较。然后，它与任务分析形成闭环，决定任务目标的成本和效益，特别是在预计成本高于预算成本的情况下。

图 13-2 显示了技术策划需采用的相关系统图。FireSAT 系统（航天器和有效载荷）的技术集成需要重视所列的所有 13 个工程学科，但是 FireSAT 项目集成只考虑了其中黑体字部分。《星座计划系统集成分析计划》[21] 和《探索发射项目系统分析计划》[22] 是工程计划或一个项目的实际系统分析计划的样例。

FireSAT 的系统分析计划必须描述在航天器渐进设计过程中如何处理集成系统分析，包括力学设计和分析周期。这种分析是非常必要的，因为航天器各分系统之间是高度相互依赖的，质量和电源功率等技术资源是受到严格限制的。相比而言，有效载荷研制通常不需要集成系统分析，因为航天器或运载系统的分析包括了对集成参数限制，如结构载荷或电源功耗。但是航天器的集成系统分析需要有效载荷技术工作的数据和信息，因此相关合同或技术指令必须提供该数据。

以 FireSAT 为例，相关系统对技术集成有重大影响，因此在技术集成策划中必须考虑相关系统。比如，如果采办策略规定由供应商提供密切相关的分系统，那么我们必须计划适当的集成机制。我们可能在合同要求中包括技术集成策划，或者我们可能不得不考虑项目进度分配给设计和分析周期的时间。设计和分析周期将跨各学科迭代进行，集成工程分析如图 13-11 的 $N \times N$ 矩阵所示。计划人员通常把设计和分析周期安排在各种正式评审的后期，以更好地支持技术基线的发展。

图 13-12 通过战神 1 运载火箭的系统研制，描述了设计和分析周期进展，这种进展支持了每个关键技术事件中可交付的技术产品，如 13.3.4 节所述。布朗[3] 描述了国际空间站研制中所采用的设计和分析周期的过程。

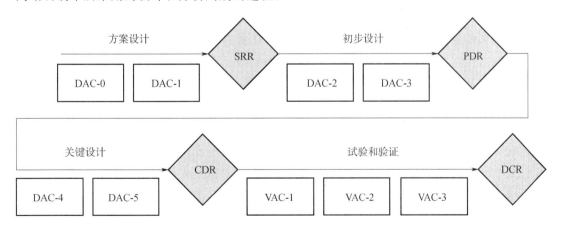

图 13-12　战神运载火箭项目对评审的支持[22]

设计和分析周期与验证分析周期对关键技术事件提供支持，并对技术基线的决策提供客观证据，验证分析周期提供
分析验证的结果（SRR—系统需求评审；PDR—初步设计评审；CDR—关键设计评审；DCR—设计认证评审）

总之，技术集成策划明确了工程学科之间的相互依赖关系，从 3 个方面推进项目的成功。

1）确定了在正式技术产品开发期间必须在工程功能组织之间相互交换的大量非正式的数据（二级数据）和信息产品，从而保证我们能全面地定义技术工作和恰当地进行资源估计。

2）对工程学科和管理学科的相互依赖关系进行跟踪，可以使计划人员制定和管理集成主进度中的工程进度。

3）描述了二级数据和信息的相互依赖关系，以此作为技术数据体系的基础，从而也奠定了项目的数据管理计划的基础。

13.2.4　计划硬件和软件集成

系统集成包括将不同供应商提供的组件集成在一起，建立完整的系统，这在第 10 章中已进行了详细介绍。空间系统研制中硬件和软件集成特别具有挑战性，因为软件开发通常是与运行计算机系统研制并行进行的，在大多数情况下，还与该软件监测和控制的系统硬件的成熟是并行的。不同供应商的软件开发是各自并行进行的，研制环境只能模拟最终的运行环境。空间系统，如 FireSAT，其软件可以大致按照 13.2.3 节中介绍的分系统进行划分：

1）推进；

2）姿态确定和控制；

3）结构和机构；

4）热控制；

5）电源；

6）通信、指挥和数据处理；

7）地面和任务运行。

姿态和轨道控制分系统（AOCS）研制人员开发 AOCS 软件，与 AOCS 硬件一起执行姿态和轨道控制功能。一个项目通常有几个软件开发团队，并行开发软件的不同部分，这些软件最后都要与其他软件和航天器进行集成。图 13-13 介绍了航天器软件开发的一个典型例子，给出了国际空间站 14 个递进的软件体系，这个复杂的软件体系包括了 21 个软件单元，分布在 3 个层次的 45 台计算机（包括冗余）中。该计划建立并执行了前后一致的配置管理软件阶段计划，用于连接过去、现在和未来的在轨国际空间站的软件配置。这个计划非常重要，因为清楚了解在轨运行的软件配置对机组人员的安全和任务成功非常关键。这个例子说明在航天器整个生命周期内都存在软件升级集成的挑战。

软件管理计划（见 13.4.3 节）必须重视进度，包括：开发和发布的数量、硬件和软件的相互关系以及任务的排序。比如，如果没有指令和数据处理（C&DH）软件的开发就无法进行姿态和轨道控制系统飞行软件的开发测试，因此，在软件开发的进度安排上，应首先完成指令和数据处理软件的开发。我们在安排软件开发的进度时，如果可能，应先进行

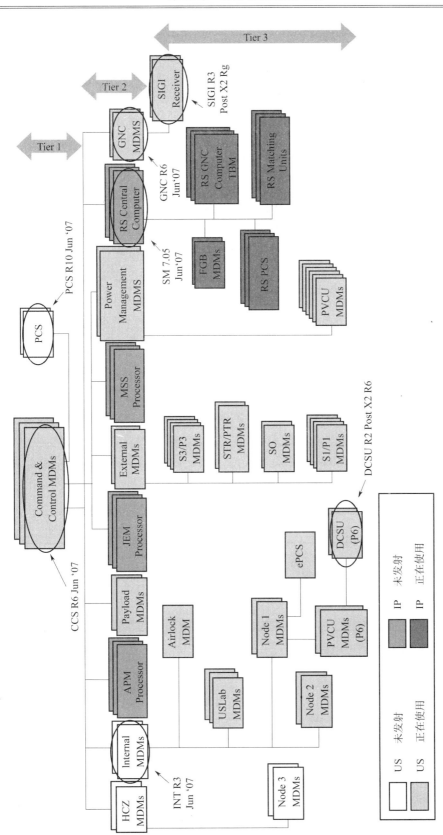

图13-13　国际空间站递增的14个软件体系 [25]

这些分散的软件部件进行适当、及时的集成，对国际空间站的安全和成功运行至关重要。由于本图只为了说明软件体系的复杂性，因此图中没有给出缩略语的定义

复杂性高的软件的开发，将要求不完全或不稳定的软件延至软件开发的后期，并在整个周期中尽可能早地进行全闭环开发。

此外，高效的飞行硬件集成和测试需要成熟的飞行软件支持，因此飞行软件必须在飞行硬件之前完成，姿态和轨道控制软件必须足够成熟才能与硬件组件集成（10.2.3 节详细介绍了姿态和轨道控制分系统与 FireSAT 的集成）。推进分系统也一样，如果软件没有准备好，推进分系统的验证将无法进行。

硬件和软件的集成策划的实质就是使得软件集成方式和硬件集成方式相一致。图 11-15 所示的集成验证鱼骨图有助于我们了解如何将硬件组件合理地集成到高一级组件，直至最终集成航天器；按照相关的顺序和合适的操作将软件组件合理地集成到更高一级组件，直至将完整的软件集成和安装到航天器中；如软件集成顺序和硬件集成顺序不一致，我们必须进行仿真。图 13-14 描述的航天器计算机的高保真度仿真，提供了一种软件开发和测试环境，该仿真支持硬件和软件的集成。我们可以用硬件工程单元替换部分计算机仿真，这就产生了 10.2.3 节中介绍的姿态和轨道控制系统的半实物仿真。典型的航天器研制包括对各个分系统进行半实物技术仿真，特别是姿态和轨道控制系统可能包括多个半实物仿真状态。半实物仿真技术状态与真实航天器之间的差异程度，决定了软件功能开发和在航天器上进行验证的工作范围（软件补丁、回归测试等）。

测试考虑：
飞行软件测试环境

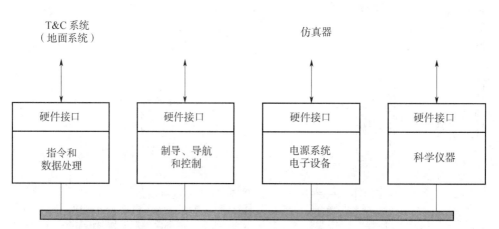

图 13-14　飞行软件的基本测试环境[23]

软件和硬件的每一个接口，包括与地面系统的接口都需要一个仿真器

每个新的仿真技术状态和在该状态下进行测试操作，要花费成本，仿真度越高，成本就越高。仿真试验次数越多、仿真度越高，试验效果越好，但多少合适呢？没有充分的保真试验计划，就没有任务的成功。阿里安 V 首飞失败是由于在制导和控制软件的集成测试中，仿真试验的保真度不够[26]；但成本超出控制范围也会导致大量项目被取消。技术计

划人员谨慎地制定测试策略时，必须平衡成本和风险。第 8 章介绍了几种风险管理的方法和技术，有助于进行成本和风险的权衡。

13.3　技术工作的进度安排、组织和成本

13.2 节通过对先前系统研制的详细描述和说明为例，使我们对技术工作有了一般性的了解。本节将对 FireSAT 技术工作的内容进行详细的叙述。

13.3.1　制定工作分解结构

工作分解结构通过将系统和产品分配到产品的体系结构，组织系统的研制活动。分析人员对这些体系结构和其相关服务如项目管理或系统工程，按分层树状结构进行组织和描述。虽然工作分解结构不是技术性的产品，但它是从物理系统体系中直接得出的，如图 13 - 15 所示，一个高质量、有说服力的工作分解结构有利于高效地组织技术工作。完整的工作分解结构，包括对 3 个层次的细化，是 FireSAT 系统工程管理计划的一部分。

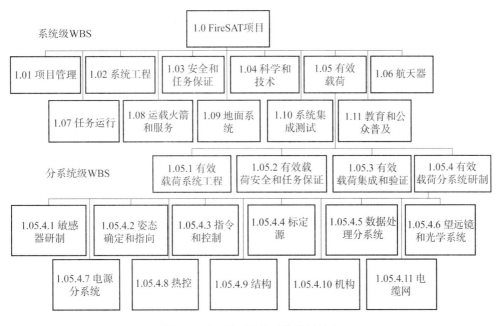

图 13 - 15　FireSAT 工作分解结构

工作分解结构包括终端产品和使能产品，计划人员逐步细化 WBS，精确描述系统研制的所有工作

项目的工作分解结构包括终端产品要素和使能产品要素。终端产品的基础是根据运行要求制定的物理体系；使能产品是指在整个项目生命周期内需要研制、生产和支持系统的产品和服务。工作分解结构是所有项目活动的基础，包括：项目及其技术活动的策划，各个事件的进度安排，系统技术状态、风险和数据的管理，技术指标和工作说明的准备，状态报告和问题分析，成本估算和预算制定。

为了说明工作分解结构是如何组织项目的，我们考虑将表 13-3 中的技术产品与工作分解结构相对应。运行方案和系统需求文件通常是系统工程的产品，因此它们对应于工作分解结构 1.02；1.05 和 1.06 对应于制造和装配计划，因此我们必须决定是为有效载荷和航天器分别制定计划，还是制定一个整体的计划，如果我们将整体计划分配给 1.05 或 1.06 中的一个，那么另一个将对计划有一个输入——某一个技术产品。图 13-16 显示了表 13-3 中 FireSAT 技术产品和图 13-15 中工作分解结构的部分对应关系。

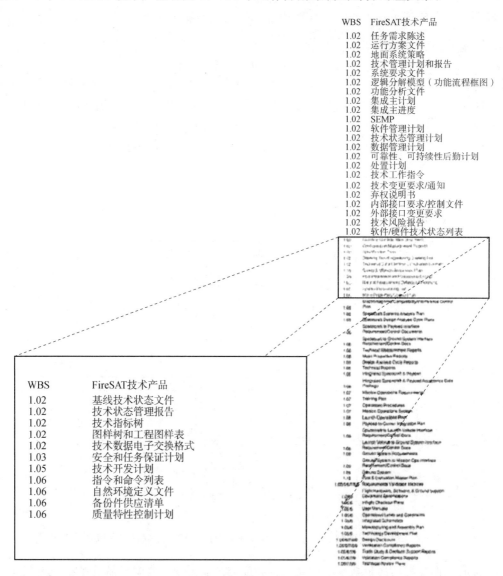

图 13-16　根据工作分解结构对 FireSAT 项目的技术工作产品进行的分类

13.3.2　组织技术团队

我们将涉及的政府机构和工业部门组织分为 3 类。

1）项目组织：每个项目成员由该组织直接分配工作和管理的组织；

2）功能组织：工作人员在机构或公司部门从事专业工作，如工程或质量控制；

3）矩阵组织：是上述两类组织的综合。

规模小一些的组织通常采用功能组织或项目组织结构，规模大一些的组织则基本都采用矩阵式组织结构。矩阵式组织将工作人员分配到与功能组织类似的功能性部门，这些部门向项目组织提供高素质的人员、工具和标准程序，然后，项目组织将功能部门的人力资源融合组成若干高效的跨功能团队，专门研制特定的产品，并对这些团队进行管理[10]。

美国国防部倾向于采用跨部门团队的方法，被称为产品和工艺一体化开发（IPPD）方法，研制团队称为产品一体化团队或工艺一体化团队，其名称根据团队是研制一个终端产品（如卫星通信分系统）还是使能产品元素或流程，如卫星运行商的培训计划[8]。该方法有两个主要的组织原则：按工作分解结构进行组织和按并行工程实施。

13.3.1 节中介绍的工作分解结构为建立项目（技术）组织提供了基础，项目组织应为工作分解结构中的产品建立高效的管理结构，这对于终端产品容易实现，但对于通常注重开发和交付流程的使能产品则比较困难。开发流程有助于制造一个均衡的产品，但不面向用户，比如：技术集成（13.2.3 节）、试验和评估、软件开发和生产。在研制过程中，必须有人提供也必须有一个管理结构对其进行管理和改进，其形式取决于任务的大小和流程的重要性。

我们应为用户制定可交付的流程并交给用户，其中典型的例子是保障、培训和维护的流程。以某些项目为例，流程是唯一可交付的。对于研制流程，必须决定如何进行管理。

在通常情况下，面向产品的元素和面向流程的元素都应该反映在组织结构中。最通用的流程管理策略是建立一个组织，如办公室、部门或分部，然后将可交付的产品集中在一个清晰、高效的系统中。该组织的通用名称为"系统工程和集成办公室"，该办公室将各个产品团队的工作集成在一起，确保他们之间的沟通，并有效地将公认的系统工程原理应用到产品研制中。系统工程和集成办公室发布产品集成流程，我们通过集成产品是否在成本、进度和性能最佳平衡的情况下满足全部系统要求，来衡量该流程的有效性。

项目的采办策略对组织结构有重要影响，组织结构通常与主要供应商的产品和流程相关。终端产品和使能产品元素（过程）供应商越是不同，他们对项目组织的影响可能就越大。一个典型的例子是 13.2 节中介绍的钱德拉 X 射线观测台的采办策略。虽然采办组织可能将各种要素集中在一个单一的组织，对供应商进行清晰的管理，但是供应商为了反映他们各自独特的要素可能会对组织结构进行细化。

我们以 FireSAT 的项目组织为例进行说明。根据 FireSAT 项目的系统工程管理计划，采办策略主要依靠主承包商，并以美国国家航空航天局哥达德航天中心作为采办组织；主承包商生产、集成 FireSAT 系统（航天器和有效载荷）并支持发射服务的集成，政府提供发射服务；在与政府的联合研制中，主承包商还提供任务的运行、指令、控制和通信体系中的一些要素，政府则提供地面要素，包括通信和任务运行基础设施以及发射场，包括发射流程和发射操作。FireSAT 项目要求 3 种不同的采办方式：

　1）从主承包商那里采购可交付项；

　2）从政府那里获得地面系统和发射服务；

　3）雇用主承包商和政府部门进行任务运行。

从图 13-15 的工作分解结构开始，利用工作分解结构要素 1.05 和 1.06 的主承包商，我们可以把这两个要素合成一个能涵盖政府与主承包商合同的组织要素；同样，政府提供地面系统（WBS 1.09）和发射服务（WBS 1.08），因此有必要建立管理这些活动的组织。美国国家航空航天局哥达德航天中心为美国森林服务局防火办公室采购 FireSAT 项目，美国国家海洋和大气局则负责运行 FireSAT 系统。

由 3 个政府组织（美国国家航空航天局、美国国家海洋和大气局及美国森林服务局）和主承包商联合执行任务运行，为此建议成立用于任务运行（WBS 1.07）的组织要素；系统工程、安全和任务保证、科学和技术以及系统集成和测试（WBS 1.02，1.03，1.04 和 1.10）都是终端产品的使能要素（研制流程），一个单一的系统工程和集成办公室就可以处理；同样，单一的管理保障办公室能够处理项目管理、教育和公众普及（WBS1.01 和 1.11）等活动；图 13-17 给出了项目办公室的结构。

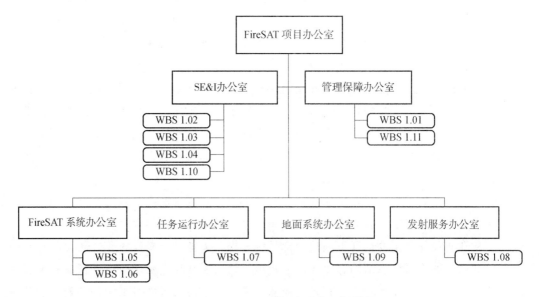

图 13-17　FireSAT 项目办公室组织结构

每个办公室的项目责任与工作分解结构图的元素相对应（SE&I—系统工程和集成）

13.3.3　制定责任分配矩阵

责任分配矩阵将项目技术工作与组织要素进行对应，其中一种矩阵采用 RACI（负责任的、可解释的、可咨询的和可获得信息的）形式。

　1）负责任的：做这项工作或对完成这项工作负责。每一项活动都应该有且只有一个责任组织。如果一项活动有多项内容，则工作应进一步细化。

　2）可解释的：批准已完成的工作。

3）可咨询的：具有完成工作所需的信息和能力，可对责任组织提供支持。

4）可获得信息的：接收有关计划、进展和结果的信息。

这些矩阵在估计组织要素所需资源方面是非常有用的，因为这些矩阵给出了组织对每项活动的职责[24]，我们在高层面（WBS 要素）或详细的层面（各个工作产品）构造矩阵，并将它们纳入到体系层次中。由参与项目的组织共同构造矩阵，能使组织的作用和责任更清晰，特别是面向过程的组织要素。

对于 FireSAT 项目，我们需要对表 13-3 中技术工作产品构造责任分配矩阵，为此，我们将它们与图 13-17 中的组织相对应，表 13-5 给出了相关结论。由于这个矩阵是针对技术工作产品的，因此对管理支持办公室的职责描述不多；项目办公室对主计划和最终产品的验收有批准的职责；系统工程和集成办公室则负责其他办公室开展的大多数技术工作。矩阵显示了办公室的责任范围：办公室必须制定大部分项目的关键策划文件。

作为采办组织，哥达德航天中心将自己的职责转向工程和安全及任务保障，对系统工程提供支持，因此，可用细化责任分配矩阵来明确团队成员的作用和职责（见表 13-6）。

表 13-5　FireSAT 项目的技术责任分配矩阵①

WBS	技术产品	组织作用						
		FireSAT 项目办公室	管理保障办公室	SE&I 办公室	FireSAT 系统办公室	地面系统办公室	任务运办公室行	发射服务办公室
1.02	运行方案	A		R	C	C	C	C
1.02	系统要求文件	A		R	C	C	C	C
1.02	系统工程管理计划	A	I	R	C	C	C	C
1.02	软件管理计划			A/R	C	C	C	C
1.05/6	飞行硬件、软件和地面支持设备的技术指标			A	R	C	C	C
1.09	地面系统要求			A	I	R	C	C
1.07	任务运行要求			A	C	C	R	C
1.03	安全和任务保证计划	A		R	C	C	C	C
⋮	⋮	⋮	⋮	⋮	⋮	⋮	⋮	⋮
1.06	集成的航天器和有效载荷	A		I	R			
1.07	任务运行系统	A		I			R	
1.09	地面系统	A		I		R		

①该矩阵分配组织在技术产品研制中的作用（SE&I—系统工程和集成；R—负责任的；A—可解释的；C—可咨询的；I—可获得信息的）。

表 13-6　项目的系统工程和集成办公室制定的细化责任分配矩阵[①]

WBS	技术产品	组织作用				
		SE&I项目办公室	SE&I项目办公室	工程	S&MA	主要中心
1.02	运行方案	R	I	R		C
1.02	系统要求文件	R	I	R	C	C
1.02	系统工程管理计划	R	R	C	C	C
1.02	软件管理计划	A/R	I	R	C	C
1.05/6	飞行硬件、软件和地面支持设备的技术指标	A	A	I	I	R
1.09	地面系统指标	A	A	I		I
1.07	任务运行指标	A	A			C
1.03	安全和任务保证计划	R	I	I	R	C
⋮	⋮	⋮	⋮	⋮	⋮	⋮
1.06	集成的航天器和有效载荷	I	I	I	I	R
1.07	任务运行系统	I	I			
1.09	地面系统	I	I			

①S&MA—安全和任务保证；SE&I—系统工程和集成。

13.3.4　安排技术工作进度

上一节确定了系统研制需做哪些技术工作，由谁来做这些工作，下一步则是什么时间做。技术活动由集成主计划和集成主进度安排顺序和进度。集成主计划侧重于明确获得主要成果的事件，并在研制周期中，随着进度的推进，体现系统的成熟程度。研制中的关键技术事件包括：里程碑评审（如系统设计评审或初步设计评审）、系统试验或试验飞行、样机交付等。集成主计划对每个事件进行了精确的定义，以便参与方能够：

1）对他们在该事件中承担的技术工作进行充分的计划；

2）当事件完成时取得一致意见。

主进度直接源自主计划，并增加了细节，包括每个技术事件的各项任务；每项任务的描述又包括任务的周期及前后任务之间的关系；而任务的周期必须在任务开始前描述清楚，前后任务之间的关系需要任务完成之后才能开始。任务周期以及前后任务之间的关系可以使我们建立一个综合任务的逻辑网络，当网络与总体起始日期关联之后，就形成了一个集成主进度，我们必须对集成主进度进行足够的细化，以便进行系统的日常研制。图 13-18表示集成主计划和进度之间的关系。

在制定集成主计划时，我们使用了图 13-5 中所示的关键里程碑。方案和要求评审通常是从高层向低层发展，而设计和准备就绪评审是从低层向高层发展，因此，项目的系统要求评审在整个系统、地面系统和任务运行的系统要求评审之前进行，而这三个要素的关键设计评审都要在项目的关键设计评审之前进行。有时也有例外情况，比如：前置时间长

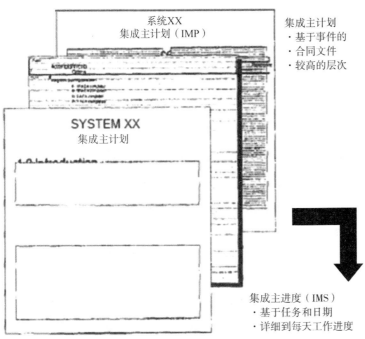

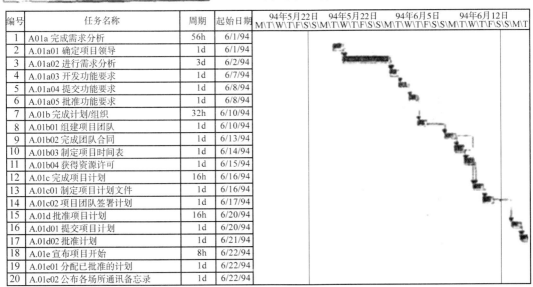

编号	任务名称	周期	起始日期	94年5月22日　94年5月22日　94年6月5日　94年6月12日 M\T\W\T\F\S\S\M\T\W\T\F\S\S\M\T\W\T\F\S\S\M\T\W\T\F\S\S\M\T
1	A.01a 完成需求分析	56h	6/1/94	
2	A.01a01 确定项目领导	1d	6/1/94	
3	A.01a02 进行需求分析	3d	6/2/94	
4	A.01a03 开发功能要求	1d	6/7/94	
5	A.01a04 提交功能要求	1d	6/8/94	
6	A.01a05 批准功能要求	1d	6/8/94	
7	A.01b 完成计划/组织	32h	6/10/94	
8	A.01b01 组建项目团队	1d	6/10/94	
9	A.01b02 完成团队合同	1d	6/13/94	
10	A.01b03 制定项目时间表	1d	6/14/94	
11	A.01b04 获得资源许可	1d	6/15/94	
12	A.01c 完成项目计划	16h	6/16/94	
13	A.01c01 制定项目计划文件	1d	6/16/94	
14	A.01c02 项目团队签署计划	1d	6/17/94	
15	A.01d 批准项目计划	16h	6/20/94	
16	A.01d01 提交项目计划	1d	6/20/94	
17	A.01d02 批准计划	1d	6/21/94	
18	A.01e 宣布项目开始	8h	6/22/94	
19	A.01e01 分配已批准的计划	1d	6/22/94	
20	A.01e02 公布各场所通讯备忘录	1d	6/22/94	

图 13 - 18　集成主计划和集成主进度的关系[9]

集成主计划 IMP 包括关键事件及其发生的时间；集成主进度详细规定了为实现集成主计划需要开展的所有活动

的单项要求评审可能在系统要求评审之前完成。当评审顺序发生变化时，管理人员必须对风险进行识别和控制（见第 8 章）。

图 13 - 19 介绍了美国国家航空航天局战神 1 运载火箭的集成主计划。除技术评审是里程碑节点外，项目还包括其他关键事件：

1）试验件的交付，如为第一级火箭研制的发动机 1 和发动机 2；

2）上面级发动机主推进试验件的冷点火和热点火；

3）交付飞行要素，支持发射集成以便进行试验飞行和运行飞行；

4）试验飞行和运行飞行。

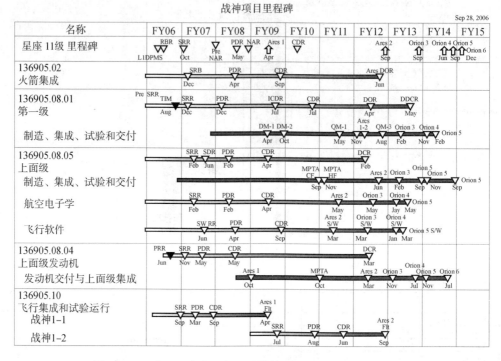

图 13 - 19　美国国家航空航天局战神 1 运载火箭的集成主计划

集成主计划明确了项目的里程碑，项目经理可以根据该计划安排技术工作的进度。

（TIM—技术交流会；RBR—要求基线评审；SRR—系统需求评审；NAR—不主评审（non-advocate review）；

PDR—初步设计评审；CDR—关键设计评审；MPTA CF—主推进试验件试验；MPTA HF—主推进试验件热流试验；

SRB—常务评审委员会；ICDR—初始的关键设计评审；DCR—设计认证评审；DDCR—演示设计认证评审；

DM-1—研制发动机 JHJ1；QM-1—鉴定发动机 JHJ1；SWRR—软件需求评审）

FireSAT 项目有自己一系列的关键里程碑事件，如 FireSAT 系统、地面系统和任务运行，这些关键事件在进度安排上相互支持，并支持集成的 FireSAT 项目。图 13 - 20 介绍了多层次的集成主计划，其中包括采办里程碑、技术评审、发射日期、运行能力里程碑和系统退役。

集成主计划中的事件为技术工作规定了时间进度。由于每个技术事件都有明确的期望值，因此将事件的描述与相关的技术工作产品对应起来是制订集成主进度的第一步。虽然任务的数量太多，看起来无法管理，但制定一个结构合理的集成主进度可以有效地引导管理人员控制日常的技术工作。

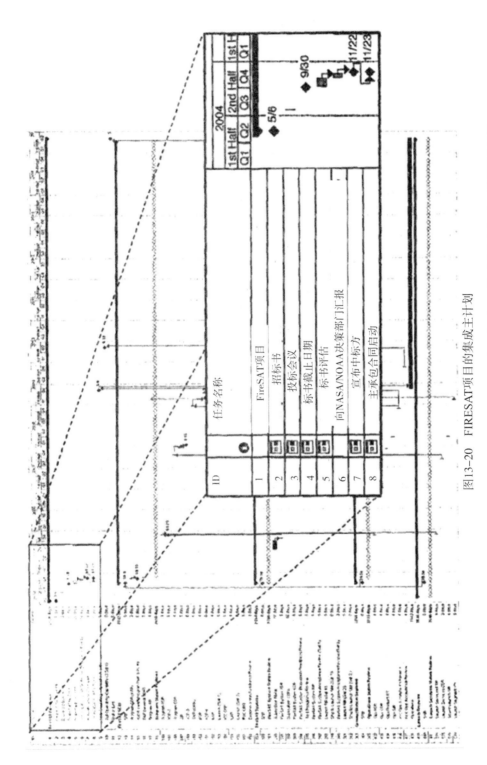

图13-20　FIRESAT项目的集成主计划

集成主计划包括采办里程碑、里程碑评审，如：系统需求评审、初步设计评审、系统试验或试验飞行以及样机交付等为了制定一个高效的集成主进度，我们要利用与工作分解结构相对应的集成主计划的分层体系。每个工作分解结构要素要按产品进行细化，每个产品有数十个甚至数百个任务，但在结构上是清晰的，工作分解结构和产品分层还帮助我们明确前后任务之间的关系。对于一个给定的产品，产品主管或产品经理通常要确定任务之间的关系。在下一个层次，单一工作分解结构的所有产品的经理必须共同确定相互之间的关系，在工作分解结构各层次都要这样做。

对于给定离散任务的集合及其前后任务之间的相互关系，可以建立一个进度网络，对任务进行组织，并协调任务之间的关系。图 13 - 21 介绍了 FireSAT 设计和分析周期的部分进度网络，是从图 13 - 11 的 $N \times N$ 矩阵中推导出的。

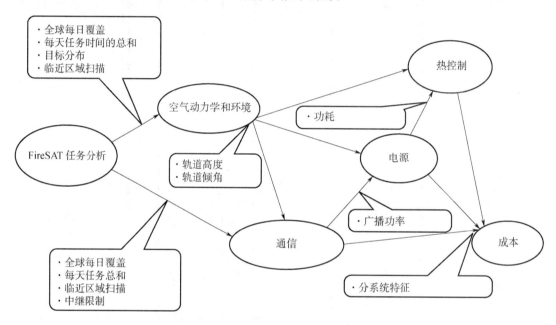

图 13 - 21　FireSAT 设计和分析周期的进度网络

这部分进度网络支持了初步设计评审，并描述了图 13 - 11 中部分任务之间的关系

进度网络包含每项任务的时间周期，同时通过下述方法对项目进度提供支持：项目评估和评审技术、箭线图法（也称为关键路径法）、前导图法或图形评审技术。参考文献 [12，16，24] 介绍了网络进度法。图 13 - 22 显示美国国家航空航天局战神 1 运载火箭设计和分析周期的进度安排。

最后，与所有实际的技术策划一样，集成主计划和主进度也是通过反复迭代制定的，技术工作的进度（反映在集成主进度中）影响着主计划的时间和内容。

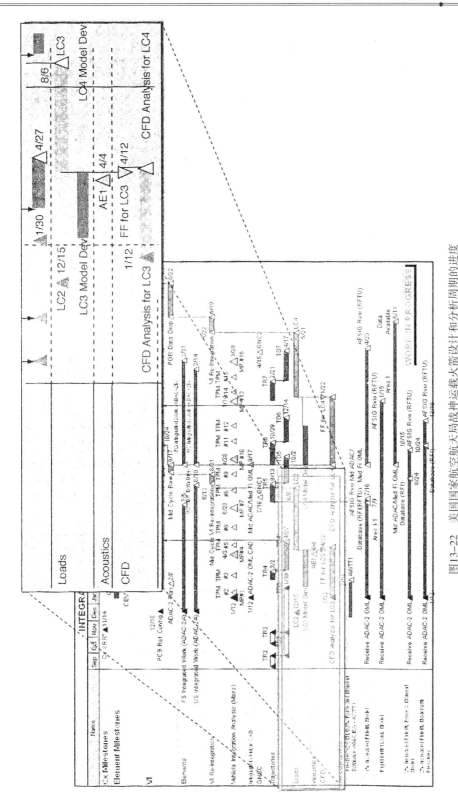

图13—22　美国国家航空航天局战神运载火箭设计和分析周期的进度

这个主进度说明了各学科分析的时间和相互关系。集成的飞行载荷分析基本上依赖于计算体动力学分析结果。集成的飞行载荷
包括：发动机推力向头产生的结构载荷，推进剂兄动，反作用控测系统的运行等。计算流体动力学分析是对上升阶段的空气
动力学进行计算机仿真（FF—最终的有限元模型；LC—载荷循环；AE—声学环境）

13.3.5 确定工作包

如果我们按照前述各节中所介绍的步骤，我们现在可以知道项目必须做什么，由谁做，什么时候做。现在我们可以明确各个工作包，工作包是项目工作的不同子集，描述了组织的工作，并有助于监测和报告工作。主承包合同就是工作包的一个例子，虽然是一个非常大的工作包，但它明确了主承包商作为指定团队的成员必须做的工作。

确定项目的工作包可使我们研究和策划技术工作所需的资源。工作包应是整个项目的自然组成部分，我们应根据工作是如何完成的来确定工作包，根据责任分配矩阵来确定技术工作一级工作包的定义。以 FireSAT 项目为例，在 FireSAT 项目办公室的管理下，哥达德航天中心利用其应用工程和技术部（AETD）以及安全和任务保证部（SMA），进行系统工程和集成的技术工作，通过细化该矩阵，我们可以清晰地看出哪个组织做哪项工作，表 13-5 介绍了细化的矩阵。

在这个例子中，系统工程和集成办公室至少有 3 个正式工作包，一个属于办公室本身，另两个分配给哥达德航天中心 2 个任务部（AETD 和 SMA）。我们可能还想为分配给系统工程和集成办公室的 4 个工作分解结构要素各制定一个工作包，总共是 12 个工作包。如果将同一执行组织中的一些小的工作包合并，工作包数量会减少一些，如图 13-23 所示。

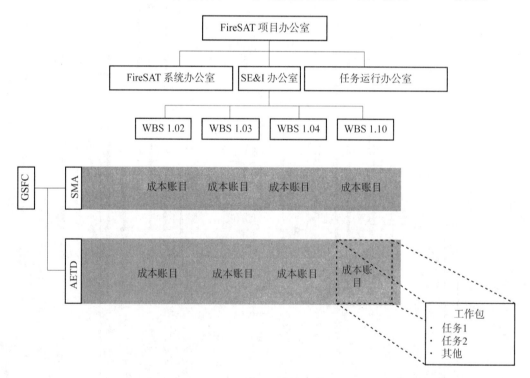

图 13-23　FireSAT 系统工程和集成办公室的工作包

WBS 要素和功能组织要素的交叉点定义工作包（GSFC—哥达德航天中心；SMA—安全和任务保证部；

AETD—应用工程和技术部）

虽然细化的矩阵明确了作用和职责，我们还需要更详细的信息来确定工作包。仍以 FireSAT 项目为例，我们假设哥达德航天中心的工程部门以及安全和任务保证部门通过研制如 FireSAT 等科学卫星项目积累了经验，因此工程部门只需要制定系统需求文件的进度；另一方面，我们需要考虑让工程部门承担质量特性报告的职责，这一职责包括对误差和质量特性计划执行情况进行非正式的评审，以及对结果进行独立分析和比较。针对这一工作范围，所需的资源变化很大，因此我们需要精确地陈述工作包的内容。在系统工程管理计划方面，工程部门也起着许多潜在的作用，因此项目经理必须准确、清楚地陈述他们的意图。为说明这一点，我们给出了采办方和供应方之间对意图发生误解的实例。

1）任务陈述中要求至少进行 15 次试验来确定某种新物质的材料特性。供应商是按 20 次试验和一些利润定的价，但在 15 次试验之后，由于试验结果不确定，采办方要求再进行 15 次试验，这些增加的试验导致超支 4 万美元。

2）任务描述要求样机在"水"中进行试验。供应商是按在游泳池中进行样机试验定的价，但采办方（本案例中为美国海军）是要求在大西洋的海水中进行试验。供应商将试验人员和试验设备运到大西洋进行试验，就需要增加 100 万美元的额外开支。

这些案例表明，工作包陈述所需的详细程度很难有一个标准，无论我们如何精心准备，任务陈述总会出现一些误差，但清晰和精确的任务陈述可以大大减少误解的次数和由此带来的影响，为了避免彼此之间的误解，我们采取如下策略：

1）避免任务、技术指标、批准和特定指令之间发生混淆；

2）避免使用不准确的语言，如近似、最佳、最小、最大或大概等；

3）所有任务陈述使用相同的形式、结构或时间顺序；

4）所有任务按一个类似的模式定义；

5）所有任务陈述采用一致的风格；

6）要求第三方评审。

如果一个组织有丰富的经验，他们就会非常容易了解给定的职责，在这种情况下，和往常一样从业务开始描述比细节描述更加重要。在回答"应详细到什么程度"这个问题时，答案非常简单："应详细到使所有参加人员对技术工作有一致的了解"。我们通常所需要的信息只是指正式制定的工作流程文件。如果工作流程是非正式的、未形成文件，那么唯一的规则就是"信息越详细越好"。

系统工程管理计划对技术工作包进行了总结，将其作为责任分配矩阵描述的一部分，最终，这些数据包成为正式文件的技术工作指令（见 13.6 节）的一部分。换言之，我们最终并没有正式的工作包文件，但我们仍然对我们应该获取的信息进行分类，从而描述工作包的特性。

1）基准工作分解结构工作包：包括技术工作包的工作分解结构要素；

2）请求组织工作包：客户，指执行组织为他们开展技术工作并向他们交付技术工作产品的那些客户；

3）执行组织工作包：必须完成技术工作，并向提出请求的组织交付技术工作产品的组织；

　　4）任务陈述工作包：叙述性描述，类似工作说明，汇总需要开展的工作，包括地面规则或有助于解释任务的假设；

　　5）可交付项工作包：工作包中有可交付的技术产品表；

　　6）进度工作包：每个交付项的交付时间，必要时可包括用于评估技术进展的中间交付项。

　　要注意，对中间交付项来说，进度工作包包括可能的产品成熟度日期。通常，交付日期是关键事件里程碑，如系统需求评审或初步设计评审，而不是简单的日期。一旦主进度更改时，该方法可以很容易地修改详细的进度。

13.3.6　对技术资源进行评估

　　我们利用工作包对技术工作所需的资源进行估算，因此必须仔细地建立完整的工作包，如果工作包没有对技术工作进行全面的描述，资源估算就不会包含工作包中遗漏的技术工作；相反，工作包之间的重复将导致资源过估算，因为两个或更多的供应商将资源消耗在相同的工作上。不过，重复通常不会发生，因为工作包定义已将技术工作进行了明确的划分。

　　第7章描述了如何对技术工作进行资源估算，这是项目资源估算的一部分。资源估算涵盖了顶层的每个工作分解结构要素，如7.1节所述，有时还必须包含较低层的工作分解结构要素。我们要对 FireSAT 航天器进行资源估算，其仪器设备作为 FireSAT 系统的要素。这样，确定与工作分解结构一致的技术工作是对技术资源进行精确估算所必不可少的。13.3.5 节中技术工作包的描述为第7章介绍的资源估算流程提供信息，如果技术工作包描述是必要和充分的，那么资源估算将没有偏差，不确定性也很小。

　　我们将工作包中的技术工作，根据《NPR 7123.1a》的要求，按17个系统工程流程的一个或多个进行分类，这样我们就能够近似地估算资源需求随时间的变化。例如，项目开始时（A 阶段之前），技术工作几乎包含了所有利益相关方的期望值，如第2章所述。在任务有了基线之后，我们对此领域关注减少，更多的工作是定义技术要求，建立逻辑分解流程。我们用这种方式描述构成技术工作的工作包，随着时间的推移，相关资源要求可能会被估算。相反，在项目生命周期内，如果我们在资源任意分布的情况下分析一个特定资源的分阶段利用，我们会发现对逻辑关系缺乏深入了解。

　　图 13-24 说明资源估算工作在系统的全生命周期内是如何随17个系统工程流程而变化的。这样，如果我们对利益相关方的期望值按项目周期 Y 年中投入 X 人一年进行估算，我们就可以对这一流程确定逐年的预算。只要我们在集成主计划中确定里程碑和日期，对各个阶段进行界定，这种方法就可使用。

　　所得出的成本预算总是导致技术工作范围的变化。由于空间系统非常复杂，必须在极端环境下工作，在很多情况下会出现故障，因此空间系统工程师需要规避风险。比如，在合理的资源情况下，FireSAT 系统工程和集成办公室的负责人希望通过全面、独立的分析，确定工程安全和任务保证的"Ⅰ"（被告知的）任务的范围，虽然不是所有的技术工作

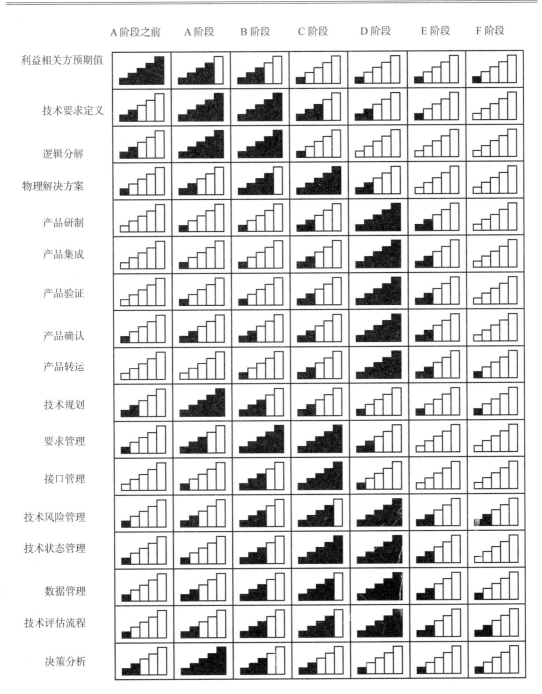

图 13-24 项目各阶段系统工程流程中资源使用的强度

与移动电话信号相似，零个黑色柱表示资源要求为零或很少，5 个黑色柱表示资源需求最高。我们必须注意，
虽然不同流程中黑色柱的数量相同并不意味着所需资源水平相同

都具有相同的挑战性。FireSAT 项目经理应记住，系统工程和集成办公室负责人都有保守
倾向，应对综合分析提供足够的资源。风险管理（见第 8 章）应使任务范围与资源估算相
适应，必要时，可缩小任务范围，使项目风险保持在可接受的水平。

对于 FireSAT 项目，我们假设可以从几个卫星平台中任选一个合理地制造卫星。这一假设显著地简化了集成系统分析，减少了评审其报告是否与集成系统分析计划一致的工作量。FireSAT 的有效载荷包括一个可能需要低温冷却的敏感器，这种敏感器在供选的卫星平台中都没有使用过。因此，我们需要对有效载荷的低温冷却系统进行完全独立的系统分析，包括航天器热分析，以保证卫星平台在热环境中正常工作。如果集成系统分析的技术工作包中没有包括这种情况，那么，在相应的工作分解结构中的技术资源估算就不会考虑完成这项工作所需的资源。

另外一个例子是美国国家航空航天局刘易斯（Lewis）航天器的故障，其姿态控制系统的设计继承了已经过验证的"臭氧总量测绘航天器"姿态控制系统的设计，但与所继承的设计有细微的但是本质上的不同。根据继承航天器的工具和模型所做的姿态控制系统分析，无法准确预测控制系统性能。在航天器成功进入轨道后，卫星产生旋转，导致太阳能丢失，蓄电池电力耗尽，最终导致任务失败[26]。

13.4　准备系统工程管理计划和其他技术计划

技术计划为要求分配矩阵、集成主计划和本章所述的其他技术策划文件中要完成的技术产出物提供了背景，给出了能满足利益相关方期望、技术工作计划、预算和进度的方法、假设、地面规则的说明。

13.4.1　确定分散的技术计划

系统工程管理计划是主要的技术计划，集成了各种分计划，如软件管理计划和主验证计划，分计划的个数取决于项目的规模和采办策略。比如，美国国家航空航天局的星座工程规模就非常大，在系统需求评审这一关键事件中就制定了 22 项不同的技术计划，另外还有系统工程管理计划。虽然计划看起来非常多，但就星座工程规模和周期而言，23 项计划并不算太多，其包括将航天员运送到国际空间站的运载火箭和飞船项目，还将包括2020 年前用于月球和火星探测的其他运载火箭、航天器和居住舱。相比之下，FireSAT项目的规模就很小，只需要包括系统工程管理计划在内的 13 项技术计划。表 13 - 7 列出了这些计划以及所在章节。

项目技术计划的数量反映了项目的风格和倾向。比如，在星座工程中我们可以很容易地将 23 项技术计划合并成一份非常厚的技术文件。我们是否要针对一个问题编制一个独立的文件，如技术集成策划，或是将其包含在系统工程管理计划中，这点不重要，重要的是执行技术计划并将其做好。

13.4.2　准备系统工程管理计划

系统工程管理计划将项目的技术方法、资源和关键的技术任务、活动和事件，以及衡量指标和成功准则编制成文件并进行传递，列出了技术团队、管理人员、客户和其他利益相关方的技术工作。本章，特别是 13.3 节所描述的技术策划工作产品是制定系统工程管理计划的基础，第 14 章将全面介绍如何制定、维护和应用系统工程管理计划。

13.4.3　准备软件管理计划

虽然大多数系统工程师都强调系统主要包括相互紧密依赖的硬件和软件，但他们大都同意硬件和软件必须分别研制。很多研究，例如基于模型的工程方法，已使系统的硬件和软件可以顺畅地并行研制和集成[5]，但最终，凡包含重大研制内容的项目都需要一个独立的软件管理计划。普法尔（Pfarr）和奥本沙因（Obenschain）[23]指出，该计划通常描述了 3 个主要的领域：

1）系统接口，包括要求、进度、可交付项、验收标准、运行人员培训、用户供应要素和交付后的维护；

2）如何管理软件，包括工作结构分解、组织结构和团队负责人及成员的作用、项目监测和控制流程；

3）使用的技术种类，包括研制流程、采办策略、验证与确认流程、产品保证。

软件管理计划与系统工程管理计划类似，是用于软件的主要计划文件，通常包括软件配置、风险和安全等的管理。根据项目的大小和复杂程度，软件的配置、风险和安全等管理计划可以各自形成独立的文件。第 19 章将给出 FireSAT 软件管理计划的内容。

表 13 - 7　FireSAT 的关键技术计划①

FireSAT 技术计划	所在章节
电磁兼容/接口控制计划：描述设计流程和技术，保证分系统和设备的电磁兼容性，包括管理流程、设计、分析和研制试验	第 5 章
质量特性控制计划：描述研制周期的各个阶段用于质量特性控制和验证的管理流程	第 5 章
风险管理计划：总结项目的风险管理方法，包括风险减轻措施和项目分解计划，包括技术研制计划。对于技术密集系统的研制，可以分解成若干个独立的计划	第 8 章
制造和装配计划：描述制造策略、设施需求、组织执行、质量保证、关键装配步骤、主要组件研制表和制造数据采集，包括问题报告和纠错措施（PRACA）	第 9 章
主验证计划：描述为保证项目成功应采取的验证与确认的方法，给出对硬件和软件验证与确认的要求	第 11 章
可支持性计划：包括初步建立后勤需求，执行保障性分析活动，制定可支持性确认的要求。通常可与可靠性计划和可维护性计划综合在一起，也包括培训计划	第 12 章
激活与测试计划：提供对系统进行工程测试所需的信息，以确认系统对全面任务运行状态的准备度。信息包括：激活要求、工程测试计划和数据评估任务	第 12 章
卫星系统分析计划：功能/逻辑和物理系统设计的集成工程分析的方法和阶段划分，功能要求的分解和性能需要的分配，在整个系统工程工作中的有效性的评估（MOE，MOP 和 TPM）、决策支持、风险因素评估和技术裕度	第 13 章
软件管理计划：确定技术团队的软件管理流程，规定所有软件活动中的职责、标准、步骤和组织之间的关系	第 13 章
安全和任务保证计划：给出为保证任务成功，确保公众和项目工作人员、系统研制和部署所使用的昂贵设备和资产等的安全所开展的活动和采取的步骤	第 13 章
系统工程管理计划：主技术计划，描述项目的技术工作，给出所有分技术计划的集成框架	第 14 章

FireSAT 技术计划	所在章节
技术状态管理计划：描述技术状态管理组织结构和管理工具。该计划明确技术状态识别、技术状态控制、接口管理、技术状态可追溯性、技术状态审核、技术状态现状和沟通。指出如何将供应商的技术状态管理流程与采办组织的技术状态管理流程集成起来	第 16 章
数据管理计划：明确项目团队必须获取的数据以及数据的可获得性，包括数据权限和服务，明确需要进行各方利益权衡的问题（例如采办方和供应方，执行和管理）	第 17 章

①简要介绍了 FireSAT 项目的 13 项独立的技术计划及其所在章节，一些计划所包含的内容可以分别形成独立的计划（如：可支持性计划包含培训计划），同时有些文件也可以合并成一个（MOE—有效性度量；MOP—性能度量；TPM—技术性能度量）。

13.4.4　准备安全和任务保证计划

安全和任务保证计划阐述了在项目生命周期中安全和任务保证的功能和活动。在安全和任务保证组织的支持和指导下，该计划用文件形式表述项目特有的任务保证流程图和矩阵中相关组织的作用、职责和相互关系。

该计划包括采购、管理、设计和工程、设计验证和试验、软件设计、软件验证和测试、制造、制造验证和试验、运行和飞行前验证和试验等方面。包括的重点领域有：

1）安全；

2）质量保证；

3）一致性验证；

4）审核、安全和任务保证评审；

5）安全和任务保证流程；

6）软件安全性和质量保证。

该计划描述项目如何编制和管理闭环问题报告和解决方案，主要针对空间系统制造、装配和集成过程。该方法确定了数据采集系统对硬件和软件出现的问题或异常进行报告、分析和纠正的流程。

13.5　使利益相关方认可技术计划

利益相关方是对相关系统感兴趣或受到相关系统影响的各方，2.2 节确定了主动或被动的利益相关方，赞助方是每个利益相关方特定的子级。

为了使利益相关方认可技术计划，我们必须区分哪些技术计划是由技术策划获得的，哪些是系统的技术计划。第 2 章已重点介绍了用于系统的技术计划，这里我们将介绍由技术策划获得的技术计划。13.3.3 节所述的利益相关方及其在项目中的作用，可作为确定技术策划的利益相关方的依据，有负责、审计或被咨询的组织是主动利益相关方，而被通知的组织则为被动利益相关方。

（1）主动利益相关方

技术计划中的主动利益相关方是与技术计划有相互作用的组织，这些组织通常必须：

1）观察团队是否能满足或管理计划；

2）按照计划的资源和时间节点开展工作；

3）对按照技术计划生产的产品有极大的贡献或消耗这些产品；

4）通过研制技术计划工作产品而参与技术策划编制，如 13.3 节所述。

如果主动利益相关方具有参与组织的作用，该组织的代表必须协调其作用，否则，项目在寻求技术工作指令批准中，我们会追悔莫及。责任经理作为主动利益相关方，在得到组织内适合人员（也是主动利益相关方）同意之前，将拒绝批准技术工作指令。因此，技术策划团队必须使主动利益相关方参与制定技术计划，批准技术策划文件和技术工作指令，从而保证主动利益相关方对技术计划的认可。

（2）被动利益相关方

技术计划中的被动利益相关方，如决策组织，通常主要关注技术工作如何开展。比如，通常计算航天器的质量、确定质量裕度和管理质量裕度有一个标准的流程。项目的质量特性控制计划通常包含一些不同于标准流程中的规定，这些不同的规定源自项目的独特性，例如一定数量的商业现货硬件、其技术风险等，通常代表非常慎重、切实可行的技术方法。不过，坚持标准流程的组织仍必须对计划进行评审，并达成一致意见。否则，这些计划可能还需要经过批准和应用，但是组织管理方，如国际标准化组织，最终将揭示政策和计划之间的差异。总之，主动利益相关方必须参与技术策划产品的制定，而被动利益相关方只需要参与评审和批准。

（3）赞助方

技术策划工作产品的赞助方通常是客户，客户主要关心产品是否满足期望、是否按进度完成、是否在预算范围内，因此，技术计划人员必须从项目启动、项目研制直到项目交付的整个过程中，对客户的期望进行管理。计划人员通过签署正式的采办合同在交付项、进度和资源等方面获得客户的认可，但空间系统的运行方案和顶层要求会随着系统设计的成熟而变化，因此我们必须在整个研制过程中维护客户的认可。同样地，客户必须定期评审进度和预算状态，并同意对实际或预期的偏差进行修正。

FireSAT 项目的客户是美国森林服务局防火办公室，因此美国国家航空航天局和美国森林服务局签署的机构间协议，应详细说明用户将怎样参与 FireSAT 项目。为了清楚说明双方对项目的期望，项目经理必须与用户密切合作，使运行方案和系统要求文件获得批准，用户也应该协助制定和批准主进度和预算。

项目经理应与客户一起讨论在设计和分析过程中得出的结论，以显示 FireSAT 项目逐步改进的设计是如何满足系统要求的。项目经理必须让客户参与解决那些可能影响系统要求的技术问题，并进行风险管理，从而使客户了解那些有可能改变预期结果的事件。客户同时也希望定期得到进度和预算报告。

FireSAT 项目的主动利益相关方包括哥达德航天中心、美国国家海洋与大气局和主承包商。美国国家航空航天局和主承包商之间的合同明确双方都对项目负责，正式的机构间协议明确了哥达德航天中心和美国国家海洋与大气局的作用和职责。联邦通信委员会是被动利益相关方，因为他们对 FireSAT 卫星与地面系统通信联系的频谱进行管理；由于卫星地面系统的指令需要加密，美国安全局也是被动利益相关方。

最后，各个组织根据其成功和失败的经验教训、技术进步带来的流程和程序变化，以及人员的去留，确定各自的作用和行为。技术策划的被动利益相关方随时间而增减，主动利益相关方的变化则较少，但主动利益相关方有时会变成被动利益相关方。因此，我们必须持续确认利益相关方的承诺，而不只是假设我们能打勾确认。

13.6　执行技术计划

最终，我们完成策划，并开始执行计划，但空间系统研制具有动态特性：由于重新策划非常频繁，所以技术策划一直贯穿在项目研制的整个阶段。本节，我们要讨论如何应用分散的技术计划并开始报告研制进程。《实用空间系统项目管理》[5]一书的第 14 章从项目管理的角度深入讨论了项目的评估和监督。

13.6.1　发布经批准的技术工作指令

技术工作指令是组织批准工作启动，按照进度和预算交付产品的指令。供应方和采办方都必须批准这项工作，并联合发布。

采办方和主承包商之间的合同与技术工作指令类似，但工作指令通常是在一个特定的组织内部（比如，项目办公室和功能型矩阵组织之间）批准开展工作并同意采办成本。发布技术工作指令意味着我们已经完成技术策划，并正在实现工作产品。因此，工作指令包括 13.3.5 节的工作包陈述和 13.3.6 节的成本估算。目前美国国家航空航天局马歇尔空间飞行中心所使用的指令（见本章附录）是大型机构常用的指令，表格中有几个栏目为工作包和资源的信息，其他栏目包括如下几个方面：

1) 需要访问机构业务办公室的工作人员代码；

2) 需求方和提供方相关技术工作的联系人名单；

3) 需求方和提供方批准人员名字。

通常，批准人员的级别取决于与技术工作指令相关的资源。组织中（甚至小组织）谁能批准技术工作指令都有自己的政策，因此，我们事前必须知道这些政策，并使利益相关方参与进来。同时，在指令批准之前，可以在任何时间对技术工作描述、进度和资源进行更改。在指令批准之后，对指令的修订则需要进行正式的更改。

以 FireSAT 项目为例，在哥达德航天中心，应用工程与技术部和安全与任务保证部接收技术工作指令，执行相应工作包中确定的工作。哥达德航天中心决定批准人员，例如 FireSAT 项目经理以及应用工程与技术部和安全与任务保证部的主任。

13.6.2　报告技术状态

在技术工作开始之后，需求方和提供方应跟踪工作的进度，项目办公室对计划的工作与实际所做工作进行定期工作状态评审（通常是每月进行一次）。工作团队对状态偏差进行分析，必要时进行纠正。严格或正式的评审包括关键技术事件，如：系统准备就绪评审或初步设计评审（第 18 章）以及其他的机构管理评审。

功能性组织，如工程部门，通常进行定期的状态评审来跟踪组织内技术工作的进展。状态评审一般是每月进行，但通常是针对特别具有挑战性的技术工作或对关键的技术事件的处理，侧重技术问题及按进度完成工作的相关风险。评审一般不考虑资源的问题，只有在解决技术问题需要更多资源时才考虑。

技术状态评审与项目状态评审不同，其目的是在导致成本和进度发生变化之前，使这些技术问题暴露出来，并加以解决。通常，功能组织的负责人应该是该行业的专家，在需要的时候，技术状态评审将会征求该专家的意见。表 13 - 8 所示的方框图对技术状态进行了汇总，并在必要时提供可用来描述技术问题或风险的备用资源。精明的功能管理人员可以从表格中获取未在表中列出的大量信息，比如，下一个技术状态点的计划成果较粗糙或缺乏进度里程碑，这表明计划考虑不充分或计划被事件所淹没——任何一种情况都值得关注。

表 13 - 8　技术状态四方表[①]

项目或任务名称 名称或组织代码	
成果 ·列出前次状态评审后取得的成果	问题和关注 ·列出所有技术问题和关注，需要时提供更多的信息备份图
计划 ·总结下次状态评审所需的计划成果	进度里程碑 ·列出技术工作的关键进度里程碑，例如初始文件完成、分析开始、接收数据等

①此类表格有助于功能管理人员了解技术工作的进展和问题的概貌。

13.7　编制文件和归档

第 17 章中结合技术策划工作产品介绍了技术数据的管理。如 13.2.3 节所述，技术集成计划确定了二级数据产品，组织之间必须相互发送二级数据产品来执行技术工作；反过来，二级产品也影响技术数据结构。制定技术计划的人员确定工作包，将工作包纳入技术指令，然后将上述两个产品存档；他们还将把不同的技术计划存档，虽然大部分技术计划来自系统工程其他流程。

以 FireSAT 为例，工作包定义、技术工作指令、主合同和机构间协议是我们必须存档的技术工作产品；在该项目的 13 项计划中，只有系统工程管理计划和用于系统分析、软件管理与安全和任务保证的计划是技术策划的输出产品，可进行存档；其他系统工程流程生成其他计划，如：技术状态管理流程生成技术状态管理计划（见第 16 章）。

存档的工作产品，包括系统整个研制周期中的修改和更新，对于夯实技术策划知识的基础非常重要。空间系统研制是动态的，技术策划将贯穿系统研制的整个过程，因此，

《NPR 7123.1a》要求将更新系统工程管理计划作为每项关键技术里程碑评审的基本准则。细致彻底的归档工作为更新、修改以及未来系统的研制开辟新道路。

13.8　总　结

本章描述了空间系统的技术策划流程。任何计划都包括：做什么？谁来做？什么时间必须完成工作，以及做这项工作能获得多少资源。技术管理重视的是正在执行的计划，将已经完成的工作与计划的工作进行比较，技术策划和管理将对两者之间的偏差进行修正，并对工作计划进行相应的更新。在描述如何制定计划来完成系统研制的技术工作中，本章着重介绍了以下几个方面的内容。

1）根据对类似系统研制的历史调研，生成技术计划框架，包括技术产品的初步列表和生命周期中技术产品生产时间阶段的划分；

2）相关系统及其采办策略和系统工程指南，如《NPR 7123.1a》，帮助我们细化计划产品表，形成技术工作；

3）空间系统技术基线在整个项目生命周期中包括对应不同研制阶段的 7 个离散步骤；

4）技术集成计划重点是确定空间系统工程各学科之间的相关关系，加强技术产品的协调统一研制；

5）工作分解结构是一切项目活动的基础，包括：策划和组织项目，策划和组织技术工作，确定进度和估算成本；

6）集成主计划包括关键项目里程碑，集成主进度详细描述需要完成集成主计划中的各项任务；

7）工作包的描述必须与工作分解结构一致，必须充分反映技术工作的特点；

8）系统工程管理计划将技术途径、所需资源、关键的技术任务、活动和事件（衡量标准和成功标准），形成文件并加以交流，其功能之一是将各分技术计划进行集成；

9）技术工作指令表示技术策划结束，并说明如何应用在技术策划工作产品中所定义的技术计划；

10）技术状态评审主要关注技术问题及按计划完成技术工作存在的风险，一般在解决技术问题需要更多资源时，解决资源问题。

本章所述的技术策划方法已经有所发展，已根据成功和失败的经验教训进行了修正。如果计划人员务实地使用该方法，他们将能根据项目团队的需要，制定一个可信的技术计划。

参 考 文 献

［1］　Blair，James C. ，Robert S. Ryan，Luke A. Schutzenhofer，and William R. Humphries. 2001. Launch Vehicle Design Process：Characterization，Technical Integration，and Lessons Learned. NASA/TP－2001－210992，NASA Marshall Space Flight Center.

［2］　Blanchard，Benjalmin S. 2004. System Engineering Management，3rd edition. Hoboken，New Jersey：Wiley.

［3］　Brown，Gary L. 1996. Design Analysis Cycle Application to the International Space Station Design，in Proceedings of the 6th Annual International Symposium of the International Council on Systems Engineering (INCOSE) . Boston，MA.

［4］　Chesley，Bruce，Erik Daehler，Michael Mott，and L. Dale Thomas. 2007. Model Driven Systems Development for Space Systems，in Proceedings of the 58th International Astronautical Congress (ref. IAC－07－D1. 3. 04) . Hyderabad，India.

［5］　Chesley，Julie，Wiley J. Larson，Marilyn McQuade，and Robert J. Menrad. 2008. Applied Project Management for Space Systems. New York，NY：McGraw－Hill Companies.

［6］　Cooper，Robert G. 1990. "Stage－Gate Systems：A New Tool for Managing New Products. " Business Horizons，Volume 33，Issue 3，pp. 44－54.

［7］　Department of Defense (DoD) . January 2001. Systems Engineering Fundamentals. Fort Belvoir，VA：Defense Acquisition University Press.

［8］　DoD. August 1998. DoD Integrated Product and Process Development Handbook，Office of the Under Secretary of Defense for Acquisition and Technology. Washington，D. C. ：Government Printing Office.

［9］　DoD. October 2005. Integrated Master Plan and Integrated Master Schedule Preparation and Use Guide，Ver. 0. 9. Washington，D. C. ：Government Printing Office.

［10］　Grady，Jeffrey O. 1994. System Integration. Boca Raton，Florida：CRC Press.

［11］　Griffin，Michael D. ，and James R. French. 2004. Space Vehicle Design，2nd ed. Reston，VA：American Institute of Aeronautics and Astronautics.

［12］　Hillier，Frederick S. ，and Gerald J. Lieberman. 1995. Introduction to Operations Research，6th edition. New York：McGraw Hill.

［13］　Humphries，William R. ，Wayne Holland，and R. Bishop. 1999. Information Flow in the Launch Vehicle Design/Analysis Process. NASA/TM－1999－209887，Marshall Space Flight Center (MSFC)，Alabama.

［14］　Institute of Electrical and Electronics Engineers (IEEE) . 2005. IEEE Standard for Application and Management of the Systems Engineering Process，IEEE Standard 1220－2005.

［15］　International Organization for Standardization (ISO) . 2002. Systems Engineering—System Life Cycle Processes，ISO/IEC 15288.

[16]　Kerzner, Harold. 1998. Project Management: A Systems Approach to Planning, Scheduling, and Controlling, 6th ed. Hoboken, New Jersey: Wiley.

[17]　Monk, Gregg B. 2002. Integrated Product Team Effectiveness in the Department of Defense. Master's Thesis, Naval Postgraduate School.

[18]　NASA. March 2007. Systems Engineering Processes and Requirements. NPR 7123. 1a. Washington, DC: NASA.

[19]　NASA. 2006 (1). Constellation Program System Engineering Management Plan, CxP 70013. NASA Johnson Space Center (JSC), Texas: Constellation Program Management Office.

[20]　NASA. 2006 (2). Constellation Program System Requirements Review (SRR) Process Plan Annex 2. 1 Crew Launch Vehicle, CxP 70006−ANX2. 1. MSFC, Alabama: Exploration Launch Office.

[21]　NASA. 2006 (3). Constellation Program System Integrated Analysis Plan (SIAP) Volume 1, CxP 70009. JSC, Texas: Constellation Program Management Office.

[22]　NASA. 2006 (4). Exploration Launch Project Systems Analysis Plan (SAP), CxP 72024. MSFC, Alabama: Exploration Launch Office.

[23]　Pfarr, Barbara, and Rick Obenschain. 2008. Applied Project Management for Space Systems. Chapter 16, Mission Software Processes and Considerations. New York: McGraw Hill.

[24]　Project Management Institute (PMI). 2004. A Guide to the Project Management Body of Knowledge, 3rd ed. Newton Square, Pennsylvania: Project Management Institute.

[25]　Schaefer, William. 2008. Non‐published presentation entitled "ISS Hardware/Software Technical Planning," NASA Johnson Space Center, 2008.

[26]　Thomas, L. Dale. 2007. "Selected Systems Engineering Process Deficiencies and Their Consequences," Acta Astronautica 61: 406−415.

附件 A－1　美国国家航空航天局马歇尔空间飞行中心的技术工作指令（第 1 页/共 4 页）[①]

技术任务协议		1. TTT 号	2 日期	3. 页数 1/
任务信息				
4. 任务名称		5. 项目计划		
6. 联系点（需求方）	7. 中心	8. 邮政编码	9. 电子邮箱	10. 电话号码
7. 联系点（提供方）	12. 中心	13. 邮政编码	14. 电子邮箱	15. 电话号码
业务负责人				
16. 参与机构				
17. 任务描述（包括指标描述和引用的参考文献）				

19. 要求日期	20. 政府提供的数据项	21. 交付日期
22. 交付项目	23. 政府提供的设备项	24. 交付日期

①MSFC 格式 4421（2005 年 9 月）——为一次性运载火箭修正用。

附件 A-2　美国国家航空航天局马歇尔空间飞行中心的技术工作指令（第 2 页/共 4 页）①

技术任务协议（TTA）			25. TTA 号		26. 日期		27. 页数 2/	
28. 受 UPN 和中心影响 采购	FY06	FY07	FY08	FY09	FY10	FY11	FY12	总计
	$K	$K	$K	$K	$K	$K	$K	$K
29. 受 UPN 和中心影响	FY06	FY07	FY08	FY09	FY10	FY11	FY12	总计
非采购	$K	$K	$K	$K	$K	$K	$K	$K
总计	0.000	0.000	0.000	0.000	0.000	0.000	0.000	0.000
人员工资								0.000
人员差旅								0.000
设施使用								0.000
服务中心								0.000
G&A								0.000
30. 劳动力 UNP 和中心	FY06	FY07	FY08	FY09	FY10	FY11	FY12	总计
	FTE WYE	FTE WYE	FTE WYE	FTE WYE	FTE WYE	FTE WYE	FTE WYE	FTE WYE
总计	0　0	0　0	0　0	0　0	0　0	0　0	0　0	0　0
								0　0
								0　0
								0　0
								0　0

计划活动/里程碑
31. 当前年（活动/里程碑）
32. 未来年（活动/里程碑）
批准签字（每个需求组织对预算签字）

需求方		
33. 技术经理/领导	34. 技术经理/领导签字	35. 日期
36. 业务经理/领导	37. 业务经理/领导签字	38. 日期
39. 部门经理	40. 部门经理签字	41. 日期
42. 项目要素主管	43. 项目要素主管签字	44. 日期
供应方		
45. 项目经理/领导	46. 项目经理/领导签字	47. 日期
48. 业务经理/领导	49. 业务经理/领导签字	50. 日期

①MSFC 格式 4421（2005 年 9 月）——用于一次性运载火箭修正。

附件 A－3 NASA 马歇尔空间飞行中心的技术工作指令（第 3 页/共 4 页）

技术任务协议	44. 技术任务协议号	45. 日期	46. 页数 3/
续表			

继续填写信息项栏目的序号

续表

	技术任务协议	
	填写技术任务协议表格的说明	
1	任务名称	给出所要进行工作的简要名称
2	技术任务协议号	由需求组织给出的编号
3	修正号	由需求组织给出的修正基准号
4	项目	正在执行工作的项目
5	项目工作分解结构/UPN	由需求组织给出的独特的项目编号（用于跟踪所用资源的编号）
6	劳动力编号	用于跟踪所用劳动力时间的编号
7	需求中心	正在开展工作的中心
8	需求组织	负责确定协议要求的中心组织，供应方产品或服务的接收者
9	联系地点	需求组织的联系地点
10	组织编码	技术任务协议工作开始的组织编码
11	电话号码	需求组织联系地点的电话号码
12	提供组织	负责向需求方提供产品和服务的中心组织
13	联系地点	供应组织的联系地点
14	组织编码	供应组织的组织编码
15	电话号码	供应组织联系地点的电话号码
16	参与组织	除供应组织和需求组织外，其他参与技术任务协议的组织
17	任务描述	所提供的项目和/或服务的简要描述
18	要求报告	列出供应商将提交的所有报告。明确频率、交付日期和特定要求。如果需要特殊格式，应在技术任务协议后附加特殊格式复印件
19	数据要求	明确供应商交付产品的所有数据要求
20	政府提供的数据项编号	如果适用，为每个数据要求提供一个识别编号，也就是政府提供的数据（GFD）项
21	交付日期	合同要求的交付日期，包括政府向承包商提供的由政府提供的数据项编号
22	交付项	供应方向需求方提供的特定的产品或服务
23	政府提供的设备编号	如果适用，为每个交付项提供一个识别编号，也就是政府提供的设备项
24	交付日期	合同要求的交付日期，包括政府向承包商提供的设备项编号
25	项目成本（$K）	按每个财年报告的项目成本（$K）
26	项目劳动力	按每个财年报告的项目劳动力
27	当前年	由需求方和供应商确定的当年开展的技术活动和里程碑
28	未来年	由需求方和供应商确定的未来数年开展的技术活动和里程碑
29	续表	如果需要提供更详细的信息，可以将这些信息记录在续表中，并填上需填写项的栏目序号
	需求方签字	需求组织应指定负责签署ITT人员的名字。注意，预算需要双方签字
	供应商签字	提供组织应指定负责签署ITT人员的名字，该负责人对资源批准也具有全权签署权。如果需要多个组织，则需要多方签字。注意，预算需要双方签字

第 14 章　技术指导和管理：研制中的系统工程管理计划

彼得·A·斯旺（Peter A. Swan）

教育科学技术公司

埃里克·C·昂纳（Eric C. Honour）

Honourcode 公司

系统工程管理计划的主要目的是使技术团队能够理解、开展和执行复杂空间系统采办所必须的活动，我们应该尽早编写这个文件（大多数情况下，在系统要求评审之前），针对项目进行裁剪，在进行所有主要的评审之前对其更新，同时保证该文件兼有管理和工程两个学科的特点。

14.1　系统工程管理计划简介

系统工程管理计划必须是灵活的，而且必须是对项目生命周期中所有其他计划的补充，它为工程团队提供指导、明确技术工作、介绍使用的技术过程，并且给出工程任务的组织、进度和成本。协作计划有助于从 4 个主要的方面推进项目的实施，如图 14 - 1 所示。

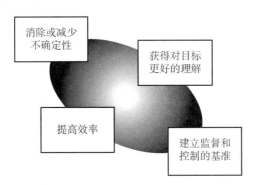

图 14 - 1　计划的依据

计划能从 4 个主要的方面促进项目的实施。系统工程管理计划

团队由总工程师、首席系统工程师和系统工程团队的其他成员组成（Honourcode 公司提供）

系统工程管理计划规定了空间系统工程工作以及技术团队其他人员的角色和职责，它必须说明沟通活动，至少包括垂直和水平的集成、团队的沟通、决策当局的范围和系统工程人员（强调何时-哪一个领域）。基于团队的积极的沟通对于成功非常重要。

14.1.1　目的、目标和任务

系统工程管理计划是多层面的，它必须支持工程工作，并且与项目的所有管理活动都存在接口；它应该是一个单一的集成的计划文件，涵盖了整个生命周期中的技术工作；它是计划和执行的蓝图，包括对合同、管理和技术方面控制的指导。特别是，它：

1）明确技术工作；

2）给出技术过程的选择和描述；

3）描述将要完成的任务；

4）定义必需的资源（人员、组织和资金）；

5）给出技术进度及其所有外部接口；

6）建立工程与管理之间的沟通；

7）为项目的每一个阶段建立进入和退出准则。

系统工程管理计划着重指出空间项目采办的每个阶段有不同的工作。表 14-1 就是这样的一个例子，表中列出了在方案制定的早期阶段和系统级试验阶段的技术活动。

表 14-1　不同项目阶段的系统工程管理计划活动①

方案制定的早期阶段	系统级试验阶段
·项目生命周期中的技术活动	·确立试验的优先级
·使技术团队参与到征询建议书（RFP）的准备中	·确立试验的时间顺序
·使技术团队参与到源头的选择中	·为每一个试验制定成功的指标
·提供一个初步的标准列表	·为每一个试验定义进入的技术状态

①系统工程管理计划是理解项目各阶段的关键。

14.1.2　时间线

所有有经验的空间系统工程师们都知道，在重要采办项目的早期，主进度支配着他们的生活，所以，系统工程团队应该尽早地建立一个可实现的技术进度。集成主计划应该与初始的采办进度一致，但不应该过于严格以至于不能在指定的时间内完成工作，第 13 章讨论了进度管理。图 14-2 显示了星座序列的例子。

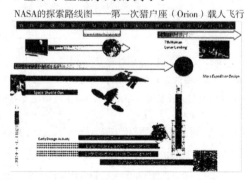

图 14-2　星座序列
及早制定项目进度能使系统工程师了解他们的长期任务

14.2 确定系统工程管理计划的内容

图 14-3 显示了系统工程管理计划的提纲。系统工程管理计划是一个项目策划技术过程的基本文件，本章描述了空间系统系统工程管理计划应该包括哪些内容，不该包括哪些内容。

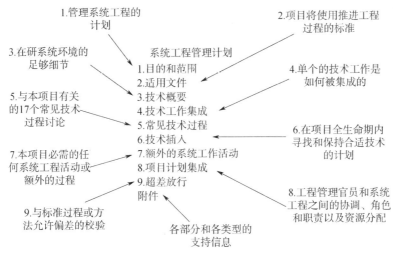

图 14-3 系统工程管理计划大纲

14.2.1 通用结构

通用结构描述采办空间系统所需的主要系统工程过程，它反映了技术领导团队对如何研制、发射和运行这个空间系统的想法。本章中系统工程管理计划结构对应于《NASA程序要求 7123.1a》，其列出了 17 项系统工程过程。

14.2.2 扩展大纲

（1）目的和范围

系统工程管理计划描述技术途径的要素，并帮助团队回答那些必然出现的难题。早期建立系统工程管理计划以便管理者和系统工程团队能够回答这些难题（见表 14-2），这些问题在重要项目的早期似乎是难解的。

表 14-2 纲领性元素和问题①

技术途径的要素	难解的问题
·描述空间系统技术基线	·技术问题和风险是什么
·明确系统工程过程	·谁负责和主管执行技术项目
·明确资源需求（资金、组织、设备）	·我们应该使用哪些流程和工具
·明确关键技术任务和活动	·哪些流程必须得到管理和控制
·为每一项主要任务明确成功准则	·技术工作如何与外部力量联系
·为技术开发工作确立进度	·项目有多少必须进行的试验计划
·明确参考文献	·项目各个部分有哪些主要接口
·明确特别的工程任务	·所有的专业知识将从哪里获得

①关键"难题"的早期评估可以降低风险。右栏的条目与左栏的条目并不是一一对应的。

（2）适用文件

在同一组织中，本节内容通常是从过去的系统工程管理计划文件中"复制和粘贴"来的。如果这样，首席系统工程师必须保证每一个文件都是项目需要的，因为各方（政府、承包商、分包商、零部件供应商和运营商）都要按这些文件要求执行。不必要的文件要求会延长采办进程，所以我们必须仔细地裁剪文件清单。

（3）技术概要

系统工程管理计划中的这一部分依赖现有的数据。在邀请建议书（RFP）发布之前，方案是软性的，邀请建议书启动之后，技术描述就被冻结。一开始，技术概要应该是对我们需要解决的问题作简要的说明。例如铱星（Iridium）的目标："通信—任何地点—任何时间—任何人！"随着时间的推移系统在发展，系统工程师需要更新系统工程管理计划，以使参与项目的每个人都以相同的方式来审视设计特征。一旦我们确立了设计，技术状态管理就要控制其变更，以便在所有主要的里程碑事件之前，更新系统工程管理计划所需数据。

（4）系统描述

系统描述应该在足够高的层次上描述所有的接口，同时描述组织和技术活动。描述系统的有效方法是基于工作分解结构的结构性系统级图（如图 14-4 和图 14-5 所示）。首席系统工程师必须保证系统描述数据对于参与项目的每个人来说都是可用的，以便使用一致的方法来应对问题。设计之初，宜有灵活性，但是，到一定时间和阶段，设计需冻结，我们必须坚持这一点。

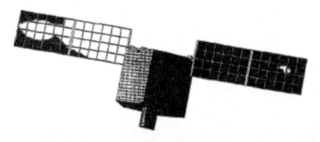

图 14-4　FireSAT 系统早期的图片[5]

早期对形状进行评估有助于提高团队对问题的理解

（5）系统结构

本节描述工作分解结构，以使我们了解所有的技术工作并认识所有接口，还给出系统的结构产品以及规格树和图形树。工作分解结构完成后，介绍了接口规格以保障设计团队有全面的了解。

（6）产品集成

产品集成从零部件到组件、分系统、系统再到系统中的系统的整个过程，必须用技术术语、组织结构、产品流及确认和验证活动的试验进度等形式表示。本节介绍了项目集成产品流的验收过程。

（7）策划背景

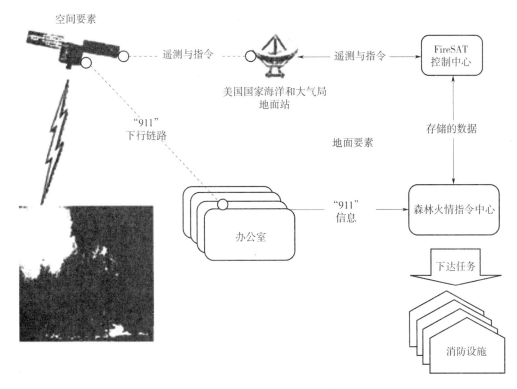

图 14-5 FireSAT 运行方案

高层的运行方案给出了系统的功能和系统级接口

本节通过进入和退出准则以及项目约束条件描述了生命周期各阶段。我们依据以下原则开展工作：1）里程碑决策门；2）主要技术评审；3）关键中间事件；4）生命周期阶段；5）基准产品流。但是，首席系统工程师的真知灼见是对主进度技术的输入。

（8）技术工作的边界

系统工程管理计划的这一部分定义项目经理和总工程师的权限。划定权限的目的是使他们能在适当的级别执行项目或者处理问题。如 13.1.1 节讨论的那样，对相关系统的清晰描述有助于建立技术工作的边界。

（9）交叉引用

我们需要了解所有会影响技术活动的非技术因素。如果有必要的话，我们也必须保证承包商使用的是与项目进展相同的输入变量。

（10）技术工作集成

在重要空间采办项目中，主要的困难是进度、产品流、试验和验证活动及设施可用性的及时协调。技术工作集成对于产品已经交付但试验设施仍未就绪的项目，往往会发动调度人员和计划人员，要求每个团队为此付出艰巨的努力，同时花费时间和成本，反之亦然。对于星座项目，企业之间存在的有关项目在体系结构和技术工作集成中的高度复杂性是显而易见的，如图 14-6 和图 14-7 所示。

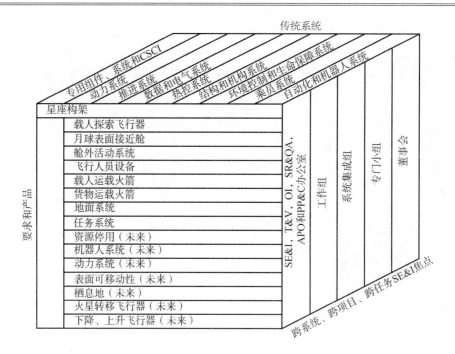

图 14-6　星座计划的体系结构集成模型[4]

这里我们显示如何将复杂的项目分解成可以定义的部分。(CSCI—计算机系统配置项;

SE&I—系统工程和集成;T&V—试验和验证;OI—操作集成;SR&QA—安全性、可靠性和质量保证;

APO—高级项目办公室;PP&C—项目计划和控制)

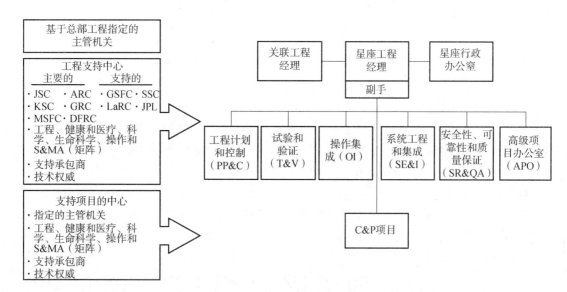

图 14-7　星座工程的技术工作集成[4]

这里我们显示了星座工程的领导如何将项目分解为便于管理的工作。(JSC—约翰逊航天中心;

ARC—艾姆斯研究中心;GSFC—哥达尼德航天中心;SSC—斯坦尼斯航天中心;KSC—肯尼迪航天中心;

GRC—格伦研究中心;LaRC—兰利研究中心;JPL—喷气推进实验室;MSFC—马歇尔航天飞行中心;

DFRC—德赖登飞行研究中心;S&MA—安全和任务保证;C&P—合同和价格)

（11）责任和权力

本节给出了组织如何使团队能够完成项目，为受技术活动控制的各个团队指定资源分配（项目经理和总工程师的职责）和技术混合的组合。它包括：1）每项技术活动的角色、责任和权力；2）为决策者服务的组织或专家组；3）多学科团队工作的方法；4）突破按照学科、专业水平和领导角色划分的技术人员规划；5）技术人员训练的进度。

（12）承包商集成

本节随着项目的发展而变得成熟，最初的挑战是定义技术领域内承包商的角色。一个美国国家航空航天局执行的项目按常规的合同将顾问和产品开发者集成到项目办公室，但是如果承包商是负责整个系统的话，团队的集成就要根据用户（美国国家航空航天局）的意愿来决定。我们必须制定明智的合同，以便承包商和政府都能去做他们最擅长的事情。随着项目的进展，用技术备忘录规定承包商和政府之间的关系，需要尽早讨论的事情是：1）如何处理技术状态管理（CM），例如谁来主持审查委员会；2）谁有权执行或批准技术状态管理的更改；3）谁批准最终的设计；4）谁具体完成这 17 项过程；5）谁批准验证和确认报告；6）谁审批通过试验结果。真正关键的是尽早明确谁对全过程负责（或在分担责任的情况下负责部分过程）。

（13）支持集成

系统工程管理计划的这一部分描述支撑全部工作的集成支持设备，包括数据库（共用部件等）、计算机设计工具和制造工具、计划管理信息系统和建模与仿真设施。

（14）一般技术过程的实现

适当地裁剪后，系统工程管理计划逐项介绍 17 项常见的技术过程。过程实现包括：确定生命周期中每个阶段符合进入和退出准则的结果以及其他技术过程的主要输入。每一个过程都从以下方面对方式、方法和工具进行描述。

1）识别和获得合适的人力和非人力的资源，以完成该过程，取得工作成果以及为该过程提供服务；

2）为了完成该过程、取得工作成果和为过程提供服务，分配责任和权力；

3）根据需要，培训执行或支持这个过程的技术人员；

4）将指定的该过程工作成果置于适当的技术状态管理下；

5）确定过程的利益相关方并使其参与其中；

6）监督和控制过程；

7）客观地评估该过程、工作成果及服务是否符合适当的要求、目标和标准；处理不符合问题；

8）按合适的管理水平评审过程的活动、状态和成果，解决存在的问题。

（15）技术插入

所有空间项目在一开始，就要把格言"不需要奇迹"视为标准，但是，为了完成任务，不可避免地需要一些技术插入。表 14-3 给出了以往因技术插入导致空间系统高风险的例子。

表 14 - 3 需要的奇迹①

空间项目	需要的奇迹
铱星	高速处理芯片（电源 PC3 芯片）
DirecTV	压缩技术
火星探测器	降落伞和安全气囊技术
开拓者和旅行者	放射性同位素热电式发电机
日冕（卫星）	再入飞行器、真空薄膜
空间运输系统	再入段防热瓦
哈勃空间望远镜	精密制导
钱德拉 X 射线天文台	大型 X 射线反射镜

①风险降低包括了解主要系统部件的技术成熟程度。

系统工程管理计划的这一部分介绍了项目中每一项所提出的技术，包括接受该技术相关的风险和准则。美国国家航空航天局技术成熟度（TRL）帮助我们评估所需的技术，以确定该技术是否可用，或者我们是否应该同时开发另一项替代技术。表 14 - 4 对技术成熟度各等级进行了比较，并给出 FireSAT 许多必要技术的技术成熟度估计。重要技术的开发需要制定单独的技术开发计划，这一节还以单独计划为例概述了技术开发工作的细节。

表 14 - 4 FireSAT 的技术成熟度①

技术成熟度	描述	FireSAT
9. 成功的任务运行验证了实际系统的飞行	绝大多数情况下，实际系统研制中最后一次的故障修复，该 TRL 不包括在研或可重复使用系统按计划进行的产品改进	已在空间任务飞行过的红外载荷
8. 实际系统已完成，并通过试验和演示（地面或空间）获得飞行鉴定	本级是实际系统中大多数技术要素开发的结束，可能在现有的系统中集成新技术	FireSAT 方案的空间系统终端对终端试验初样
7. 系统初样在空间环境中演示	本级比 TRL6 上升一大步，要求实际系统初样在空间环境中演示。初样应该是接近或达到计划运行系统的尺寸，同时演示必须在空间进行	在通信网络中，带有硬件支持的有效载荷整体系统方案
6. 系统或分系统工程样机或初样在相关环境中（地面或空间）演示	继 TRL5 完成后，技术演示使可信度上升了重要一步。在 TRL6 中有代表性的工程样机或初样系统或系统（已远远超出了临时组件、"跳线组件"或分立组件级演示板）通过相关环境的测试。在本级，如果只是相关的空间环境，那么模型或原型必须在空间进行演示	有效载荷光学系统在飞机飞过森林火情区域时进行试验
5. 组件或试验板在相关环境中确认	在本级，被测试部件或试验板的可信度显著提高。基本技术要素必须与适度真实的支持要素相结合，以使全部的应用级（组件级、分系统级或系统级）可以在模拟或部分现实的环境中试验	有效载荷光学系统在实验室工作台模拟的森林火情中进行试验

续表

技术成熟度	描述	FireSAT
4. 组件或试验板在实验室环境中确认	成功的方案验证工作后，基本的技术要素必须集成，所有要素共同工作达到组件或试验板方案要求的性能等级。此项确认必须支持先前制定的方案，也应该满足潜在的系统应用要求。这个确认与最终系统相比，可信度较低：它可由实验室中的专用分立组件组成	基于实验室部件的有效载荷光学系统进行火情识别试验
3. 方案关键性能或特征得到分析性和实验性的证明	在这一步，积极的研发（R&D）活动已经启动。必须包括：将该技术置于合适环境中的分析研究和基于实验室的研究，以从物理机理上确认分析预测是正确的。这些研究和实验应该构成对 TRL2 中制定的方案和应用的确认和方案的证明	带有覆盖时间和再访次数的星座设计
2. 形成技术或应用方案	一旦基本的物理原理被阐明，这些特性的实际应用就能够被发明。应用仍然是推测性的，没有实验室证明或详细分析来支持这一推测	与卫星选项相关的需求分析
1. 基本原理被发现和阐述	这是技术成熟度的最低等级。科学研究开始转变为应用性研究和开发	从空间观察 1 000 ℃ 火情的物理现象

①及早确定成熟度等级能降低风险（根据《NPR 7123.1a》表 G－19 改编）。

（16）额外的系统工程功能和活动

本节将涵盖之前没有讨论过的所有重要过程。一个常见的内容是管理或工程专业的发展需求，例如团队构建或对各学科工程师的系统工程培训。本节也可包括以下内容。

1）系统安全：事故或违反安全规定必然导致项目进展停滞。我们必须明确规定安全的方法和各种技术，并指派人员负责安全计划。

2）工程方法和工具：本部分叙述了之前没有讨论过的工具和方法，例如特种有效载荷的处理要求。

3）专业工程：这部分通常是一个处理工程特性和基于 WBS 的产品描述的矩阵，可以包括安全性、可靠性、人机工程、后勤、可维护性、质量、制造、操作性和可保障性。

（17）项目计划和技术资源分配的集成

本节描述了项目管理的角色和责任，强调了技术性工作，包括资源（时间、资金、人员）的分配和我们计划如何协调这些资源的变化。

（18）超差放行

本节确立了符合当前组织政策的获得超差放行的方法，特别强调标准的过程文件（例如：美国国家航空航天局各种程序要求）。

（19）附录

本节包括术语、首字母缩写和缩略语表，与多个主题有关的信息、图表或专有数据，以及技术计划的汇总。

FireSAT 的系统工程管理计划显示在表 14－5 中。

表 14 - 5 FireSAT 的系统工程管理计划[①]

FireSAT 系统工程管理计划的增量 A（在方案制定阶段）			
	节	例子	FireSAT 子集的例子：方案制定
1	管理系统工程的计划	· 建立技术内容 · 提供技术工作的细节 · 描述技术流程 · 说明项目组织 · 建立关键事件的技术进度 · 充当技术和管理之间的沟通桥梁	目的：FireSAT 项目的目的是，提供美国境内野外火情的近实时探测和报告，来保护生命和财产的安全 任务目标：美国需要工具来探测和监控潜在危险的野外火情 技术工作突破：参见 FireSAT 初步架构和操作方案 FireSAT 组织：小型项目办公室（两名经理、系统工程师、卫星工程师、地面系统工程师和财务） 主进度：尽快开始、研制 5 年、交付 6 年、6 个月内进行系统需求评审 技术可行性：可行，在 5 年的研制进度中，不需要创新技术
2	驱动系统工程管理计划的文件	· ICD · CDD · SSS · TEMP	此时，文件的草案仍处于准备当中
3	技术概要	· 系统描述 · 系统结构 · 产品集成 · 计划背景 · 技术工作的边界 · 交叉引用	如图 14 - 5 所示。在这个阶段，了解方法是至关重要的，利益相关方的参与是必不可少的。我们将方案、操作方法、项目的范围、进度和经费估算立足于附有操作方案的系统架构布局。我们应该在 SRR 和第一次完成的系统工程管理计划之前完成这项工作
4	集成技术工作	本节介绍如何将各种输入集成为协调的技术工作，以满足成本、进度和性能的要求。 · 4.1 责任和权力 · 4.2 承包商集成 · 4.3 支持集成	在主进度内估计技术工作。我们已经起草了 WBS，提出团队人员的职责范围。我们还处理了一些重大的问题，例如： · 我们是自建还是购买 · 哪个组织将研制主要分系统 · 谁将运行地面段 · 我们是否将使用正在运行的操作中心 · 开发过程中，我们必须协调哪些外部组织
5	工程过程	17 项一般技术过程的每一项，都有一个单独的小节，它包括了经恰当裁剪的执行过程活动的计划。执行过程包括：1) 产生符合相关生命周期阶段进入和退出准则所需的结果；2) 产生其他技术过程必要的输入。本节包含方式、方法和工具的描述	在这个早期阶段，我们列出了 17 项过程及其所属阶段，然后我们起草了这些过程初稿，包括： 1) 识别和获得执行计划的过程，研制工作成果和提供过程服务所需的充足的人力和其他资源。我们必须要知道整个主进度的主要活动，这样我们可以将工作分摊，便于技术管理； 2) 为执行计划的过程、研制工作成果和提供过程服务分派责任和权力（包括交付这些内容的日期、初稿和终稿）； 3) 培训技术工作人员； 4) 指定工作成果，并将其置于整个主计划的技术状态管理下； 5) 识别利益相关方，并使其参与； 6) 监督和控制这些过程

续表

		FireSAT 系统工程管理计划的增量 A（在方案制定阶段）	
	节	例子	FireSAT 子集的例子：方案制定
6	技术插入	本节介绍识别关键技术及其相关风险的途径和方法，建立评估和插入技术准则，包括技术开发项目的关键技术	我们通常使用美国国家航空航天局的 TRL 方法来确定某项技术对于该项目来说是否准备就绪。我们需要立即确定是否需要任何的"创新技术"。对于 FireSAT，在这个初始阶段，我们假设系统的所有部分都已经至少发展到 TRL8。系统集成是技术开发的关键。这种集成肯定对于系统项目办公室是一项难题，但不是技术难题
7	系统工程活动	本节介绍前面几章节没有明确介绍，但对计划和执行技术工作至关重要的其他领域	在设计方案的发展阶段，确定必要的系统工程工作是最重要的。时间安排，人员、工具和方法的要求至少包括： •7.1 系统安全 •7.2 工程方法和工具 •7.3 特种工程
8	项目计划集成	本节介绍技术工作是如何与项目管理集成的，并定义了各自的角色和职责。它处理技术需求如何与项目计划结合以分配时间、资金和人力等资源，以及如何协调这些分配的变化	在这个早期阶段，在首席系统工程师的协助下，项目计划被整合在了一起。首席系统工程师负责保证项目计划与系统工程管理计划保持一致。成功的关键是管理团队和工程团队在 WBS、主进度、人员估计、承包商内部工作突破和基本财务预算等方面保持一致
9	超差放行	本节包含系统工程管理工作需要的系统工程执行计划中所有批准了的超差放行。其中有一小节说明被裁剪的系统工程 NPR 要求，这与系统工程管理计划没有关系，也不能纳入系统工程管理计划的其他部分	及早确定超差放行能使过程避免不适当的开支。我们通过评审与 FireSAT 类似的项目（类似的客户、类似的轨道、类似的时间表）及其超差放行来说明超差放行。我们应该在完成系统工程管理工作初稿前列出所有的超差放行，因为它驱动所有的过程和许多的项目管理活动
A	附录	为了文件维护的方便，附录提供了术语、首字母缩写和缩略语表以及其他分别公布的信息	及早发现整个项目的工程问题是项目能平稳推进的关键。这部分的工作包括客户、需求、词汇、缩略语等信息。此类信息的分类是： •可能与多个主题领域相关的信息 •技术工作适用的图表和专用数据 •技术计划概要

①本表描述了系统工程管理计划的构成，每一节都以 FireSAT 为例（ICD—接口控制文件；CDD—常用数据字典；SSS—源选择说明；TEMP—试验和评估主计划；SRR—系统需求评审；NPR—美国国家航空航天局流程要求；WBS—工作分解结构）。

14.3 制定系统工程管理计划

编写系统工程管理计划最好的方法就是尽可能使用以往成功项目的系统工程管理计划。如果项目来源于母组织以外，我们可能需要进行大量修改。但是，如果我们的空间项目类似于本组织内的在研项目，不妨共用在研项目的文件。本节描述如何编写系统工程管理计划，如图 14-8 所示。

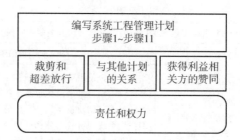

图 14 - 8　系统工程管理计划的编制流程

系统工程管理计划是建立在职责和权力的基础上，可通过对既定流程的裁
剪和超差放行，并与其他的技术计划和利益相关方的赞同相关

14.3.1　责任和权力

由执行项目的工程团队来编写系统工程管理计划，效率是最高的；我们也可以邀请专家来写但是由总工程师负责还是由首席系统工程师负责由组织决定，这种责任和权力取决于组织结构，也取决于主要利益相关方或原则制定者的意向。系统工程管理计划制定之后，首席系统工程师或总工程师必须保证流程得以遵守，资源合理分配，因为这项强制要求与项目管理密切相关，所以必须在适当的时间找到适当的技术专家。

14.3.2　编写系统工程管理计划

编写的启动是重要的，我们不能坐等所有的信息，尤其是对于一个新的、充满挑战性的项目。我们必须构建团队，开始编写，并一直继续下去直到系统工程管理计划获得批准。建议采用如下方法。

步骤1：准备编写。由于系统工程管理计划必须在系统需求评审前完成，因此集合不同输入的能力是重要的。一种好的方法是由总工程师要求团队来决定各章节的编写人。

步骤2：指定领导及支持成员。系统工程管理计划编写团队对于项目的成功来说是至关重要的，所有17个过程的负责人和项目管理者们都需要输入，确定系统工程管理计划编写工作的领导是非常重要的。

步骤3：确定系统工程管理计划编写进度。由于系统工程管理计划涉及所有的项目活动，设定截止日期是必要的。进度包括完成以下过程的时间：大纲、内容输入、初稿、给项目经理和总工程师的最终稿以及向整个项目（包括管理和技术）团队做报告。

步骤4：识别技术插入的需求。这部分评审标准的技术，包括项目插入高风险技术的建议。为了降低风险，我们应该对高风险技术制定一个并行的研发计划。

步骤5：制定技术进度。技术团队必须与项目管理团队保持一致，决定什么时间、在什么地方、由谁来执行技术活动。这项主进度的输入应有灵活性，必须处理不可预见问题以及给技术问题留有裕度。我们必须列出全部过程，然后按整个进度分配资源，为每个过程提供支持。

步骤6：确定并行计划。重要空间系统的研制需要一整套的计划。系统工程管理计划应该标注出各个计划是如何工作的，并描述保证兼容性的方法。至少要包括：项目管理计划、试验计划和验证以及确认计划。

步骤 7：确定需要的技术专业。我们必须尽早明确项目研制需要哪些专业，然后按需要制定进度。许多时候在整个项目期内都需要某种专业，但却是间断性的。精细地计划和安排专家的时间是保证专业有求必应的最好方法。

步骤 8：执行草稿评审。制定系统工程管理计划需要许多来自项目办公室内部或外部源头的输入。在制定系统工程管理计划的过程中，这些源头必定会多次评审系统工程管理计划，保证其出版前已包含所有必要的输入。

步骤 9：提交系统工程管理计划的最终稿。空间项目的领导团队必须评审系统工程管理计划初稿，然后将最终稿送给领导团队等待批准。

步骤 10：提出系统工程管理计划。我们应该在系统需求评审之前一个月提出系统工程管理计划的最终稿汇报，以便所有技术计划参与者有时间对系统工程管理计划进行评审，以保证它符合了利益相关方的要求。

步骤 11：持续改进实施。由于系统工程管理计划在所有主要的里程碑事件之前都要经过多次评审和更新，因此，我们必须对其进行持续改进。持续改进一个行之有效的方法是指定专人负责系统工程管理计划的改进和更新。项目办公室内部和外部参与者不断地提出变更，我们应及时将进度更新插入系统工程管理计划和主进度中，技术过程的更新需要相应负责人批准。这个方法使所有的参与者能够了解从哪里能得到最新版的系统工程管理计划，并且如何来使其得到改进。系统工程管理计划的输入确定流程应该需要一个单独的附件。

14.3.3　裁剪和超差放行

系统工程管理计划对于裁剪和超差放行来说很重要，因为它是规范裁剪和超差放行的文件。编写系统工程管理计划时，作者必须通过计划来确定有哪些是必要的裁剪和超差放行。

（1）裁剪的概念

裁剪是改编标准的流程，以使流程能直接适用于项目的要求；超差放行是关于放松项目应达到的某项要求的书面协议。

系统工程是将复杂产品工程化的一个常用过程，可以用于研制简单产品如烤面包机，也可以研制复杂产品如国际空间站。《NPR 7123.1a》附录 C 提供了一套完整的可用于复杂空间项目的系统工程过程，但是大多数的项目都是比较小的。裁剪允许我们为自己的项目规定一系列技术过程，这对于项目计划（及系统工程管理计划的编写）是至关重要的。

裁剪不仅仅是"选择正确的过程"，而且是对每项任务应付出何种程度的努力做出明智的决策。合适的努力程度由诸多因素决定，见表 14-6，策划者在评估每一个过程步骤时必须考虑所有这些因素，才能确定合适的努力程度。裁剪并不是因预算或进度压力而免除某些活动的方法，也不是舍弃那些我们不喜欢的过程的方法，它并不适用于所有过程，也不意味着要破坏好的系统工程的意图。

裁剪能变更过程，以更好适应空间项目的目的、复杂度和范围。根据复杂度、不确定性、紧迫性和接受风险程度的不同，不同项目之间裁剪也是有区别的。如果大型项目在系统工程过程中错过了任何一步的话，将其恢复是极其昂贵的——比如 1999 年火星气候轨道器的失败——甚至根本恢复不了；反之，如果小项目过程、步骤、手续都完整齐全，将会承担不必要的负担，而且可能因分析细节而失败。裁剪力图在成本和风险中寻找平衡。

表 14-6　裁剪中的因素①

组织因素	项目因素
· 系统工程过程的组织要求 · 基准过程和裁剪指南	· 项目的目的和约束
系统因素	· 必要的成功因素
· 系统情景和任务	· 成本目标
· 有效性测量	· 可接受的风险水平
· 已知约束	· 任务的方向和限制
· 关键技术及其成熟度	· 示范和确认的技术事件
· 性能问题	· 详细程度
· 限制技术	

①裁剪时应该利用判断和经验。

（2）特定项目的裁剪

美国国家航空航天局的《NPR 7120.5》指定了几类特定的空间系统项目。根据项目类型的不同，表 14-7 给出一些适用的裁剪指南。裁剪时必须考虑所有这些因素的影响，以使过程能适用于该项目。

表 14-7　根据项目类型的裁剪指南①

项目类型	是否需要系统工程管理计划	重点节	非重点节
基础和应用研究	通常不需要	6—技术插入	大多数
先进技术项目	需要	3—技术概要 6—技术插入	5—常见技术过程 7—额外的系统工程活动
飞行系统和地面支持（新开发）	需要	4—技术工作集成 5—常见技术过程 8—项目计划集成	没有
飞行系统和地面支持（逐渐采办）	需要	4—技术工作集成 5—常见技术过程 6—技术插入 8—项目计划集成	没有
研究性的（属性）	不需要	不适用	不适用
研究性的（信息技术）	如果开发，需要	4—技术工作集成 5—常见技术过程 8—项目计划集成	6—技术插入 7—额外的系统工程活动
研究性的（其他首创功能）	如果开发，需要	4—技术工作集成 5—常见技术过程 8—项目计划集成	6—技术插入 7—额外的系统工程活动
监控类型项目（工作不在内部完成）	如果开发，需要	按项目类型确定重点，加上4—技术工作集成，特别是技术的选择和监督	不按项目类型设重点

①首席系统工程师需要了解空间系统项目所属的类型，确定它与系统工程管理计划中哪些部分最相关，从而开展相应的工作。

（3）裁剪的源头

系统工程过程是随着组织和项目的不同而变化的，因此，系统工程管理计划应基于组织特定的过程，但是通过评审其他组织的文件，可能会发现一些过程的差异，我们可以通过观察其他项目中类似的模式，找出其他裁剪的可能，将其用于我们的项目，这些项目应该与我们的项目在范围、复杂度和风险承受能力方面类似。在美国国家航空航天局，这类源头的一个极好的资料库就是带有学习模式数据库的美国国家航空航天局经验门户网站，图 14-9 显示了此系统典型的进入页面，每一个入口都提供可以帮助我们裁剪类似项目系统工程管理计划的知识。表 14-8 给出了从国防部的项目和系统工程管理计划实施过程中学到的经验教训。

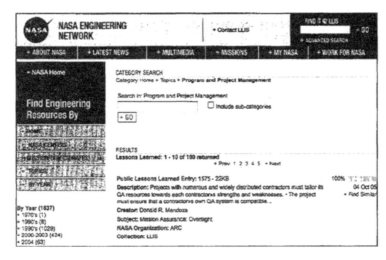

图 14-9　美国国家航空航天局经验教训信息系统（LLIS）

在此数据库中进行仔细搜索能帮助我们将当前的复杂项目化为一般性问题

表 14-8　国防部项目中系统工程管理计划的经验教训[3]①

经验	学到的经验教训
1	一个管理良好的项目需要一个在项目整个生命周期中使用、协调的系统工程管理计划
2	系统工程管理计划是一个活的文件，必须随着项目的变更及时更新，并保持与项目计划的一致性
3	一个有意义的系统工程管理计划必须是该项目所有领域专家的成果
4	缺乏系统工程专业的项目通常会有重大的问题
5	较弱的系统工程，或系统工程在组织中层次过低，无法实现所需的功能
6	系统工程的工作必须巧妙地管理并很好地传递给所有项目参与者
7	系统工程的工作必须反映用户和承包商的利益

①项目领导团队应该在系统需求评审前先审阅此表。

系统工程过程以各种形式存在于我们身边，尽管美国国家航空航天局已经详细说明了系统工程的类型，其他的标准也给出可能用于项目的不同过程。表 14-9 列出了一些有用的标准文件，所有这些参考文献都提供了裁剪计划时可替换的过程。

表 14 - 9　系统工程标准参考文献①

政府流程标准	国际系统工程协会（INCOSE）
·美国国防部——系统工程基础，由国防采办大学出版 ·FAA——集成的能力成熟度模型（iCMM） **行业标准** ·软件工程研究所——能力成熟度模型集成（CMMI） ·ISO/IEC 15288 ·ANSI/GEIA 632 ·IEEE 1220	·系统工程手册 ·INCOSE 过程资产库（IPLA） ·《系统工程》，INCOSE 的期刊 ·INCOSE 学术会议论文集

①许多组织都提供过程、标准和方法的源头（FAA—美国联邦航空局；ISO—国际标准化组织；IEC—国际电工委员会；ANSI—美国国家标准学会；GEIA—美国政府电子与信息技术协会；IEEE—美国电气和电子工程师协会）。

（4）系统工程管理计划在裁剪和超差放行中的角色

编写系统工程管理计划过程中，裁剪是重要的，因为系统工程管理计划描述和授权裁剪。系统工程管理计划与标准的组织过程有差别的地方就是待放行的超差，指定的主管机关清楚地记录下这些差别，批准系统工程管理计划的同时也是对它包含的超差放行的批准。

14.3.4　与其他计划的关系

重要空间系统的技术计划是研制方法的核心，为了最大限度地减少中断，协调和融合众多计划是非常重要的，进度安排是跨多个不同组织的空间系统采办项目能够顺利完成的关键。

集成的主进度将所有项目要素集成为了一个易管理的流程，基本上不再改变。系统工程管理计划作为最重要的技术管理文件，与技术进度配合，以保证与其他工作的兼容性。项目发展到生产中期，调度室（现在是每个人的台式电脑或笔记本电脑上的文件）变得极为重要，系统工程管理计划必须与其他诸多计划（参见以下所列）配合，其中最重要的是项目计划、软件管理计划和风险管理计划。

（1）项目计划

项目计划有以下特征。

1）它是整个项目管理的主文件，系统工程管理计划是其中的一部分；

2）它详细介绍技术工作如何与项目管理相结合，并定义各自的角色和责任；

3）它包括项目的系统工程范围和方法；

4）它列出适用于项目的技术标准；

5）它是技术策划工作的结果，应该进行总结并作为项目计划技术概述部分的输入。

（2）软件管理计划

软件管理计划有以下特征。

1）它在技术工作的范围内被制定，是系统工程管理计划的一部分；

2）系统工程计划保证软件开发立足于系统要求；

3）以软件形式表现或实施的系统方面都应包含在所有的技术评审中；

4）它描述了软件活动是如何与系统工程管理计划保持一致的，软件活动是如何全部被集成为技术工作的一部分的。

（3）风险管理计划

风险管理计划有以下特征。

1）它由项目团队制定，一般与系统工程管理计划属于同类文件，是项目计划的一部分；

2）它列出了技术风险源及其分类；

3）它识别潜在的技术风险；

4）它描绘了技术风险的特征并对技术风险进行了排序。

其他技术计划可能包括：技术团队组织，责任分配矩阵，技术状态管理计划，数据管理计划，电磁兼容性或干扰控制计划，人因工程计划、接口控制计划、制造与装配计划，质量特性控制计划，可靠性计划，软件开发计划，可靠性、可维护性和可支持性计划，系统分析计划，设计和分析滚动计划，安全和任务保证计划，技术度量计划，训练计划，飞行中检查计划，试验和评估主计划，处置计划，技术评审计划，技术开发计划，发射操作计划和有效载荷-运载器集成计划（见第 13 章）。

协调其他所有计划的关键在于将系统工程管理计划作为项目技术过程的主导计划。为保持一致性，凡处理工程事项的计划都应遵循系统工程管理计划。系统工程管理计划的工程事项有：

1）控制产品要求、产品接口、技术风险、技术状态管理和技术数据；

2）保证一般技术过程的实施符合系统软件方面的要求；

3）提供技术视图的全景图像。

14.3.5 获得利益相关方的承诺

制定系统工程管理计划的一个重要内容是获得该项目利益相关方的认可，否则，这个计划就是无效的。利益相关方是受到该项目结果影响或以某种方式对项目结果负责的所有团体或个人。第 2 章详细论述了利益相关方的概念。

（1）系统工程管理计划的利益相关方评审

技术计划远不如利益相关方的协议有效。大多数的利益相关方并没有签署审批系统工程管理计划的权力，因为这项权力属于执行经理，但是，他们可以通过拒绝为该计划投资来否定项目。例如，一个反对某些技术过程的发展中的承包商，可能会被动或主动地攻击这些技术过程，从而可能会导致整个技术计划失败；或者，执行经理的期望与计划要素不符时，他可能会要求我们反复解释该计划的意图达到阻碍项目进程的目的。这样的政治性问题通常是技术过程主要的障碍，预防此类问题的方法就是获得利益相关方对技术计划的赞同。

获得利益相关方赞同的最好的办法就是让其经常参与技术计划评审。随着系统工程管理计划的发展，我们需要通过例如面对面交谈、电话和文件评审等方式交流技术的特点，经常性的简短交流是最佳的方式，因此我们应该努力寻找各种机会来询问计划，建立合作关系，以及就发展计划征求他们的意见。我们还必须记住，利益相关方也包括按计划执行项目的研制团队。

有了这种关系作为基础，系统工程管理计划最终稿成功地通过正式评审通常就变得简单而顺利。在系统工程管理计划即将完成之际，我们应该向利益相关方提供一份完整的版本，以便于他们阅读和详细评审。如果项目足够大的话，我们应该安排一次专门演示和正式评审，以使利益相关方和计划者之间相互交流；对于某些重要的利益相关方，可以考虑专门为他们进行演示；作为评审的一部分，我们应该找出利益相关方不满意的部分，与他们一起讨论可能的更改方案。

（2）系统工程管理计划协商和修改

制定有效的技术计划与其说是一项技术任务倒不如说是一项政治任务。在计划工作的过程中所建立起的关系，将决定在项目开展过程中所能获得支持的多少。

获得利益相关方赞同的最困难的方法是希望在从未向利益相关方展示前，制定一个完美的技术计划。最好的技术计划并不是将所有的要素都进行设计，而是代表技术需求和所有的利益相关方意愿的最好的折中计划。当被问到与诺曼底登陆计划有关的情况时，乔治·S·巴顿（George S. Patton）将军说道："在两天的时间里，我想出了两个完全不同的计划，但它们的可行性却是相同的。我试图表达的观点是，一是不做计划而是努力使战况适应这些计划，另一个是，努力使计划适应当时的战况。"

系统工程强调的是安全地实现利益相关方对功能、物理和操作性能方面的要求，我们必须协商和修改这些技术计划来满足利益相关方的需求。与利益相关方的协商是一个相互让步的过程，通常包括以下步骤。

1）我们提出一个初始想法，这里要说的是，技术计划的某些方面；

2）我们与利益相关方一同探讨这个想法，直到他们完全理解；

3）利益相关方们决定他们是否赞同这个想法；

4）如果不同意，他们对反对的部分做出解释；

5）我们与他们进一步沟通，达成一个令人满意的想法。

通过以上过程建立有效的协议，讨论过程中双方都有机会来影响计划，同时促成良好的合作关系，相互之间学会了信任。合作关系是建立在信任基础上的，而信任又是建立在履行承诺的基础上，因此，我们必须慎重地做出承诺。当我们与某个利益相关方协商时，必须考虑到并真诚对待对其他利益相关方造成的影响。我们必须避免过度承诺，而是应该提供满足利益相关方需求的足够的承诺。技术计划过程中建立起的合作关系乃是之后许多技术工作的基础。

14.3.6　项目过程中的持续改进

工程工作对于团队就像及时进行资源分配一样重要，这里指的是工程方面的大量计划，我们必须尽早获得一个完整的系统工程管理计划。随着项目的进展，这个问题会日益复杂，同时接口的问题开始占主导地位，因此，从整个方案来看需分为需求、分解、集成、验证和确认及最终运行诸阶段，这些阶段之间的转换会变得越来越复杂。在项目发展过程的各个阶段中，核心团队应该相对固定，而辅助的工程支持团队则可以在不同的项目之间轮替。系统工程管理计划应使这些临时性的工程团队理解总工程师推荐的方法，必须持续地改进。

14.4　好计划和差计划的特征

一个好的系统工程管理计划具有以下 5 项主要特征。

1）清晰：一个好的系统工程管理计划是容易理解的，以便项目参与方迅速地适应该计划；

2）简洁：一个好的系统工程管理计划提供必要的信息，但又不会给读者造成过度的负担；

3）完整：一个好的系统工程管理计划应包含所有必要和具体的内容；

4）时效：一个好的系统工程管理计划是既适用于当前工作阶段，又包含对后面阶段的合理计划；

5）正确：一个好的系统工程管理计划能准确地获取和传递潜在的技术计划。

本节描述好的和差的技术计划编写方法并给出例子。第 19 章中 FireSAT 终端到终端的实例研究也是一个好的例子。

14.4.1　清晰

必须让所有阅读系统工程管理计划的人都能够理解它。因此，一个好的系统工程管理计划应该使用人们熟悉、具有一定信息量的语言来编写，其语言和语法应该适合于计划，而不是适合规范。表 14 - 10 给出了好的和差的写作风格的例子。系统工程管理计划是正式文件，其编写风格应严格审核，如果不反复起草和修改而仓促完成，就可能传递不了必要的信息，项目团队成员会感到困惑，或者根本不去看它，导致在执行过程中出现技术困惑。语法看起来似乎是个小问题，但是差劲的语法造成的影响却一点也不轻，系统工程管理计划的书写风格应该以较短的句子为特点，并使用主动语态来表达信息。科技人员写作习惯于使用被动语态、解释性短语和过度的精确性，我们则需要避免这些做法。

不同的语法时态适用于不同的表达目的。复述项目或计划的历史时，我们使用过去时；描述产品、项目、计划或组织时，我们则使用现在时，甚至描述产品未来的结构，也使用现在时，如同这个产品结构已经出现在读者眼前；将来时只有在描述将来的某一组行动时才是合适的。通常都采用现在时，否则会误导读者。

表 14 - 10　书写风格的例子[①]

好的书写风格	差的书写风格	差在哪里
首席系统工程师对系统工程管理计划的内容负责	当管理指南是必要的时，这个 SEMP 应该是在控制的时间，由指派为对首席系统工程师负责的人控制、管理、执行和维持	句子过长，使用被动语态，增加了解释性的短语，过于精确
项目在 2006 年 1 月完成了方案开发阶段	该项目将遵循图 3－1 中预定的阶段里程碑	因为里程碑事件会过去，时间在推移，将来时态失效
对地观测卫星系统向地面支持站提供了地质数据	对地观测卫星系统将向地面支持站提供地质数据	将来时态是多余的，模糊了基本的意思。即使是在将来交付产品和其他计划，用将来时态传达本意也是不必要的
每次设计评审时，首席系统工程师负责收集和分发行动项	每次设计评审时，首席系统工程师将负责收集和分发行动项	
卫星将在火箭总装阶段装到运载火箭上	卫星已在火箭的总装阶段装到运载火箭上	这是未来某一特定时刻将要发生的具体活动

①初稿完成之后，应将其与此表对照。

14.4.2　简洁

系统工程管理计划是一项工作计划，记录并向技术团队提供必要的指导信息，文中信息的结构应便于读者迅速找到和吸收所需的信息；应着眼于与标准流程的偏差，根据参考文献来解释和引用这些偏差，而不是完全地描述它们。采用"样板"文件一般是不恰当的，一个常见的错误就是制定项目系统工程管理计划时，照抄前一个项目的材料。14.3 节曾提到，借鉴已经成功项目的系统工程管理计划是编写新项目系统工程管理计划的最好方法，但是，借鉴和照抄是两回事，照抄会导致技术计划的一般描述基本没有什么变化；相反，我们首先应该花点时间写出计划，然后再将计划的详情写入系统工程管理计划当中。

系统工程管理计划应该有足够的细节描述技术工作，但是也不能太多，以至于超出团队成员的需求范围。细节不足可能源于计划的层次过高，技术风险考虑不足，使用了样板，或者描述过简，按幻灯片演示要求编写的计划通常缺乏足够细节；相反，过多的细节可能来自于计划者过多的控制，或者工作分解结构中的工作要素过多。表 14 - 11 给出了好的和差的详细程度的例子。

表 14 - 11　详细程度的例子[①]

好的详细程度	差的详细程度	为什么是差的
项目技术概要详细描述了主要组件、工作任务和它们的关系	项目技术概要详细说明了每一个人的工作任务和产品	不利于变更
	项目技术概要只提到项目及其目的	不能帮助读者理解工作任务的范围
组织结构图显示了起主要作用的组织和团队，并指定了领导责任	组织结构图，显示了每一个个体的名字	不利于变更
	组织结构图停留在组织或中心的级别，没有描述到团队的级别	不能有效地分派责任
技术人员按组织、技能类型、月或季度分级	技术人员按团队、经验水平、周或者其他过细的水平分级	产生过多的追溯和管理负担
	技术人员只按组织，或者只按技术类型，或者按较长的时间周期来分级	组织管理者安排资源所需要的细节不足

[①]初稿完成后，我们使用这些例子来校订初稿的详细程度。

　　系统工程管理计划文件的结构也应该简洁。尽管《NPR 7123.1a》等标准提供了基本的提纲，但是每个系统工程管理计划必须将其内容在基本提纲范围内划分为小节。通过这些小节的合理编排，使不同项目之间系统工程管理计划有所区别。紊乱的章节和不合理的流程通常是一个较差系统工程管理计划的标志。

14.4.3　完整

　　一个好的系统工程管理计划是完整的，它涵盖了所有必要的主题，《NPR 7123.1a》中的提纲确定了这些主题，系统工程管理计划应按提纲中的每个主题充分应对项目必需的细节和裁剪。

　　保持基本提纲的完整是一个很好的做法。《NPR 7123.1a》根据具体内容列出了 9 个主要章节，每个主要章节都应有与标准中相同的标题，以便读者理解其的内容，另外主要章节应该按顺序涵盖全部指定的主题。NPR7123.1a 规定了提纲的二级标题（如 3，4，5 节所示），系统工程管理计划的二级章节也应该与标准中的二级标题一致。与标准保持一致是一个合作的和有经验的标志，而且使读者相信该技术计划是值得阅读和遵守的。

　　如果一个章节不适用，或如果技术计划仅使用了某个主题的标准过程，那么系统工程管理计划应该记录下这个情况；如果包含超差放行决定，那么我们必须提供放行的理由。对于这样的章节，可采用合适的措辞是 "《XX》项目使用了《MWI 8060.3》所规定的技术评审的标准过程" 或 "本节不适用于《XX》项目，因为……"

　　系统工程管理计划的第 5 节包含了常见的 17 个技术过程。《NPR 7123.1a》的附录 C 为指导计划编写，充分详细地描述了每个过程，作者可能试图忽略这一节，或重复标准的细节，这两种情况都是不合适的。本节应该包含所有 17 个过程，但是要把重点放在每个过程的独特性和实现性上。

　　系统工程管理计划可能还包括附录，一个包含术语、首字母缩写和缩略语的表是必不可少的。技术人员配置水平，由于可能需要的信息量大，通常单独安排一个附录，其他附录则是帮助指定章节达到所需求的背景详细程度。

14.4.4　时效

一个好的系统工程管理计划应是当前的，而且是有针对性的。它是一个"活"的文件，应该保持其时效性。在早期编制阶段，刚完成时，它可能是相当简短的，可能只有几页纸，而且许多章节可能只包含最基本的信息。在每个研发阶段末期，我们都应该"滚动地"更新系统工程管理计划，为后面的阶段作准备。每个主要的项目评审，都要处理下一个阶段计划的充分性问题，因此我们至少需要在以下评审前更新计划：系统要求评审或任务定义评审、系统定义评审、初步设计评审、关键设计评审、实验准备评审或系统验收评审、飞行准备评审和操作准备评审。在项目有任何重大变化，如技术突破、资金变化或优先级、重点变化等情况下，我们也都应该去更新系统工程管理计划。

系统工程管理计划的每一次修订都应该有文件记录，并通过审批。标题页之后紧接着的修订页应显示本次修订的时间、修订的理由和修订的范围。系统工程管理计划修订本的审批遵循与原稿审批相同的途径，包括获得利益相关方的赞同（见 14.3.5 节）以及指定的主管机关的审批签署。

14.4.5　正确

最后，一个好的系统工程管理计划应该能准确反映技术计划，如果系统工程管理计划不能像我们在前几节所述的那样，具有清晰、简洁、完整和时效的特点，那么不管技术计划的质量如何，它就是一个差的系统工程管理计划；相反地，它可以是一个清晰、简洁、完整和时效的文件，但是也可能因为它掩盖了技术计划的缺点和差距而会误导读者。尽管在通常情况下，"错进，错出"的格言是正确的，但是，编写一个比潜在技术计划看起来更现实的系统工程管理计划是有可能的（见表14-12）。

表 14-12　系统工程管理计划是技术计划质量的指示器①

系统工程管理计划的作者及主要的读者要问以下问题：我们如何知道系统工程管理计划反映了良好的技术计划？良好的技术计划具有：

· 没有技术突发事件出现
· 试验的时间安排与我们验证和确认的计划相匹配
· 其他项目文件均与系统工程管理计划一致
· 建模和仿真工具在需要的时候是可用的，而且是被验证过的
· 技术成本的估计不会显著超出预算
· 没有人会说："这是愚蠢的！"

①我们应该谨慎地研究系统工程管理计划来确定整个技术计划活动的质量。

14.5　执行系统工程管理计划的必要元素

高级项目管理者和系统工程师已经识别出决定项目成功的 5 项主要系统开发元素，它

们是：1）领导；2）技术管理准则；3）协作环境；4）范围控制；5）利益相关方的参与。本节讨论各元素是如何成为执行系统工程管理计划所必须的要素。

14.5.1　领导

在大多数的项目中，系统工程师不是一个由组织授权的职位，但却承担着系统技术性能的全部责任，因此技术管理必须通过领导力来实施而不是通过授予的权力。为了更好地执行系统工程管理计划，首席系统工程师必须帮助技术团队成员朝着共同的目标通力合作。在技术团队，由于被领导人员的特点（他们都是典型的工程师）技术管理工作比较难，工程师往往是各自领域内的专家，他们知识丰富，有独立见解，自信心强，还往往性格内向，喜欢自己一个人工作而不是在团队中工作，他们的自信心往往会使他们在技术上有傲气，确信自己的方法才是唯一正确的途径，这些性格特点让领导力变得更加重要。

领导不仅仅是告诉别人去做什么，而是要引导别人追随他，成为团队的一员，领导力要求的是支持的态度而不是权力的态度。领导者既要支持和鼓励团队中其他全职人员，同时，也要与可能会为项目出力的其他人员建立、获得支持的良性关系。支持的种类各不相同，视情况而定，通常包括创造平稳的人际关系、应对冲突，以及使别人的工作变得更容易、更有价值。

> 执行系统工程管理计划的必要元素 1——技术领导必须领导项目的技术任务

图 14-10 显示技术管理、项目管理和系统设计三者之间的关系。项目管理专注于成本和进度控制、企业管理以及利益相关方的关系；系统设计侧重于开发符合要求的系统所需的创造性技术问题；技术管理的重点是工作量的技术集成。这样它们才能结合在一起，建立一个工作系统。

14.5.2　技术管理准则

技术管理在所有的系统工程标准中都占据重要位置，一些标准涉及技术管理专业的词语比任何其他系统工程活动都多。如果没有技术管理，富有创意的设计工程师们都按照自己的意念活动，他们所做的假设可能与其他工程师的不兼容。如果到系统集成和试验时，团队才首次发现假设是矛盾的，那么结果可能是颠覆性的。

> 执行系统工程管理计划的必要元素 2——出色的技术管理应始终关注操作目的和技术目的，通过风险处理使变更最小

技术管理可以由不同的人来执行，图 14-11 显示了几种可能的人员配置情况，对于给定的项目，选取合适的人取决于项目领导人的能力水平和人际关系。能力强的项目经理或系统工程师可以执行所有的技术管理工作；他们也可能会分担这项工作，或者其他人也可能会参与进来，项目工程师可能会被专门指派扮演这个领导角色。适合技术管理的工具和技术是：1）一般的管理方法，如沟通和谈判；2）产品知识和技能；3）状态评审会议；4）技术工作指令系统；5）组织流程；6）技术追踪数据库。技术经理通过技术信息与技

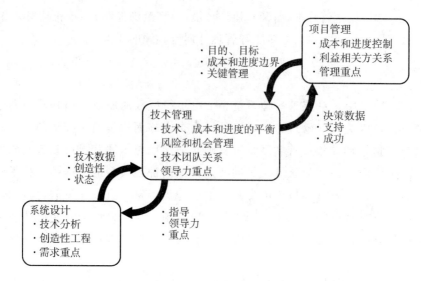

图 14-10　技术管理准则

熟练的沟通技巧能够调动管理和设计团队的能力

术专家沟通。系统和分系统级的体系结构和设计为技术专家提供了应用其专业知识的环境，系统、分系统领域和组件、零件领域的沟通决定了系统的成败。团队协作和管理是至关重要的。表 14-13 举例说明好的和差的团队的某些特征。技术领导者在使用系统工程管理计划时必须保证团队发挥他们最大的潜能。

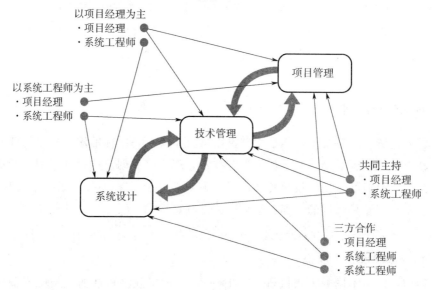

图 14-11　谁执行技术管理

几种关系中的任何一种都可能成功（Honourcode 公司提供）

表 14 - 13　有效和无效团队的特征①

有效的团队	无效的团队
·充满积极的合作氛围 ·团队内部信息交流通畅 ·没有任何工作会被认为是超越了个人的工作描述 ·人际交往是自发的、积极的 ·团队的集体能量很高	·存在猜疑和不信任的气氛 ·信息被保留或隐瞒 ·相互指责和防备心理蔓延 ·形成内耗的小群体和派系 ·害怕失败使个人避免或推迟作出重要的决定

①成功的关键是发现团队在什么时候是最薄弱的。

14.5.3　协作环境

因特网使团队合作的环境发生了永久地变化，如今团队在空间和时间上的合作方式，在几年前甚至都是不可能的。由于空间系统通常具有国际性、多文化性，这使合作变得困难。过去几十年间，团队的性质在快速地变化，形成前所未有的动态结构。在今天世界各地，虚拟团队和成功团队的组建要求对支持团队的系统进行认真的思考。有效的计划应考虑到技术过程和社会及团队的人际关系等各个方面。

> 执行系统工程管理计划的必要元素 3——技术领导人必须善于创造协作环境，并使其贯穿整个项目

今天，技术团队已经拥有有助于制造有效合作环境的强大工具。合作工具的种类有数据仓库、共享信息工具、会议支持和决策支持。

14.5.4　范围控制

系统工程管理计划有助于范围控制，即将技术范围控制在空间、时间和技术方案的范围内。不仅要求在增加，利益相关方、投资者和团队成员的期望也会增加。范围控制确保该项目包括且仅包括所有完成该项目所需的工作。

> 执行系统工程管理计划的必要元素 4——系统工程管理计划和技术领导人必须约束项目的范围

如果妥善安排计划，系统工程管理计划就能确定项目所需的工作，当我们通过谈判、技术工作指示和领导力来实施这项工作时，该项目应该会成功。在执行过程中还会出现挑战性问题，因为没有哪个计划是完美的。19 世纪德国上将冯·莫特克（Von Moltke）说过："没有任何计划能一成不变"，这同样适用于技术计划。随着项目的进展，未计划的事件会出现，未预见的问题也会出现。范围控制的目的是保证项目适当地反映这些问题，而不过多影响原始计划。

14.5.5　利益相关方的参与

与利益相关方的关系是效率范围控制的重要内容。由于不同的利益相关方有着不同的目的，他们对项目的期望往往会相互矛盾。某个利益相关方希望花费更多的时间分析可能

的风险，然而另一个可能希望降低项目成本，这些矛盾构成了必须进行范围控制的环境。

> 执行系统工程管理计划的必要元素 5——有效地执行系统工程管理计划需要与利益相关方建立和保持良好的关系

有了与利益相关方良好的关系，技术经理就能保持对利益相关方情况的了解，以可控的方式处理项目变更。为了建立关系，我们需要理解利益相关方的需求，进行换位思考，从他们的立场、用他们的视角审视项目，我们必须使用他们的语言和术语。例如，对于用户，我们应该向其说明技术问题对运行造成的影响，而不是说明技术问题的深度。我们仅需要将问题的解释达到利益相关方需要的程度，定期、高质量地与每一个利益相关方沟通。沟通应该是不间断的，保持积极的接触，一旦有关利益的任何问题出现，我们就应该与利益相关方进行沟通。发展与利益相关方的关系的目标之一就是没有突发情况，常用的做法是"交通灯"报告法，如图 14 - 12 所示。

红灯——存在重大的问题、可能会影响成本、进度、
范围和性能，赞助商的参与是必须的

黄灯——存在潜在的问题，应该通知赞助商，但是这
时没有必要让赞助商采取行动

绿灯——工作正在按计划进行，赞助商没有必要参与

图 14 - 12　"交通灯"报告法
项目经理和技术经理用这种"交通灯"方法按月向上级经理和其他高层
的利益相关方报告项目的状态（Honourcode 公司提供）

上级经理通过他们的组织为项目提供赞助，但是他们通常并不参与项目的日常工作。这些赞助商们能够觉察到他们的所有权并保持对该项目的关注，即使他们很少参与项目，可能几个月一次，而一切也会都进展得很顺利。尽管如此，技术经理和项目经理仍必须使这些赞助商能够了解项目和项目需求的信息，使用"交通灯"报告就是一种简单的方法。如图 14 - 12 所示，项目的每个主要元素的状态用颜色表示出来，使赞助商们了解项目的状态和项目团队认为合适的参与情况，月度"交通灯"报告是最常见的。

14.6　国防部系统工程计划简介

国防部采办使用的系统工程计划（SEP）是项目办公室的有力工具。"系统工程管理是技术功能，保证系统工程和所有的其他技术功能恰当执行。如何在规定的约束条件下设法实现项目目的和任务，这通常在项目计划中进行定义。政府的系统工程计划是一个指导性文件，它规定项目如何在规定的约束条件下进行技术性的管理。"[1]这个文件显示了政府是如何开展技术管理的，其监督应要求每个承包商都应有自己的系统工程管理计划，描述他们将如何根据顶层系统工程管理计划规定的方向进行管理。承包商与项目办公室之间的这种联系必须保

证双方的一致性，并及时更新系统工程计划和系统工程管理计划两个文件。

系统工程计划的规定方法如下（全部引用参考文献 [2]）。

1）"系统工程计划是项目经理的计划，但往往由政府及项目承包商（们）联合制定"；

2）"系统工程计划是'活'文件，它规定了项目当前及发展中的系统工程策略、系统工程计划与整个项目管理工作的关系。系统工程计划的目的是指导项目所有的技术事务。"

系统工程计划提出下列问题，且必须回答这些问题。

1）我们必须处理什么样的系统性能、要求和相关的设计？

2）为了应对这些要求，需要什么样的组织集成，包括系统工程组织和基础设施？组织集成包括工作人员、个人和组织的职责和权力以及培训需求。

3）我们需要什么样的工程工作、工作产品和进度以达到这些要求？

4）谁来管理技术工作，如何管理？管理包括技术基线的实施和控制、技术评审，包括指标、驱动事件的进入准则和退出准则。

5）系统工程计划如何与其他技术及其他规定的计划工作联系？

如果用这个方法回答下列问题，我们还可获得技术方所需的信息。

1）技术问题和风险是什么？

2）谁有责任和权力来管理技术问题和风险？

3）我们处理技术问题和风险时使用什么样的过程和工具？

4）这些过程将如何被管理和控制？

5）技术工作是如何与项目的整个管理联系在一起的？

上面所提的具体问题对于任何空间开发项目来说都是非常宝贵的[2]。我们用《系统工程计划准备指南》来为项目的不同阶段制定系统工程计划，表 14 - 14 给出了 50 个《系统工程计划准备指南》详细问题中的 5 个。

表 14 - 14　系统工程计划问题举例①

项目阶段	关注领域	问题
方案细化	项目要求	技术方法如何体现项目团队对用户期望的功能和方案的理解
	技术工作人员	技术方法如何描述在项目中实施授权的
生产	技术管理计划	技术方法如何描述谁来负责管理技术基线
	技术评审计划	技术方法如何描述谁来负责技术评审的整体管理
减少后勤活动	与整个管理集成	技术方法如何描述项目经理使用现有的评审来管理技术工作和整个运行及支持成本控制

①制定政府系统工程计划的方法所使用的问题，已被历史证明是制定完善的技术计划的重要条件。

系统工程计划的提纲与系统工程管理计划非常类似，但是更强调等式中的项目管理一边。

系统工程计划的提纲[2]

标题和修改页

目录

1. 简介

　　1.1　项目描述和应用文件

　　1.2　本系统工程计划日期下的项目技术状态

　　1.3　系统工程计划更新的方法

2. 系统工程在生命周期阶段的应用

　　2.1　系统能力、要求和设计考虑因素

　　　　要实现的能力

　　　　关键性能参数

　　　　法律和规章要求

　　　　认证要求

　　　　设计考虑因素

　　2.2　系统工程组织集成和技术授权

　　　　集成项目团队（IPT）的组织

　　　　组织的职责

　　　　将系统工程集成到项目集成项目团队中

　　　　技术人员和雇用计划

　　2.3　系统工程过程

　　　　过程选择

　　　　过程改进

　　　　工具和资源

　　　　权衡方法

　　2.4　技术管理和控制

　　　　技术基线管理和控制（策略和方法）

　　　　技术评审计划（策略和方法）

　　2.5　与整个项目管理控制工作集成

　　　　采办策略

　　　　风险管理

　　　　集成主计划

　　　　挣值管理

　　　　合同管理

　　上述内容给出了系统工程计划和系统工程管理计划中的技术计划之间的不同，两种方法都在项目的较低层级水平上依靠系统工程管理计划；两者都有巨大的优势，同时强调出色的系统管理和项目的专业工程。为了实现如此高级的技术领导，项目必须拥有优秀的人员和高效的过程。在项目的早期完成系统工程管理计划和系统工程计划对于正确指导工程元素是至关重要的。

国防部方法

1）美国系统计划处（SPO）级的主国防部系统工程计划；

2）支持政府系统工程计划的低级承包商系统工程管理计划。

美国国家航空航天局方法

1）来自政府系统计划处的分层系统工程管理计划；

2）支持政府领导的承包商系统工程管理计划。

我们必须尽早制定系统工程管理计划，并在项目的生命周期过程中不断改进。本章通过举例说明了这个过程中的一些关键要素，还将其与国防部 SEP 方法作比较。成功的系统工程师们侧重于早期的参与，专注于技术细节（特别是要求），尽早地发现和应对进度问题，必要时进行重大权衡研究，并始终关注风险权衡。一个好的系统工程管理计划能保证项目平稳进展，同时有助于尽早发现问题，在项目约束条件下应对问题。

参 考 文 献

[1]　Department of Defense (DoD) . 2004. Systems Engineering Plan Preparation Guide, Version 0. 85. OUSD (AT&L) Defense Systems/Systems Engineering/Enterprise Development.

[2]　DoD. 2006. Systems Engineering Plan Preparation Guide, Version 1. 02, OUSD (AT&L) Defense Systems/Systems Engineering/Enterprise Development, ATL – ED@osd. mil.

[3]　National Aeronautics and Space Administration (NASA) . 1995. Systems Engineering Handbook, SP – 6105. Washington, D. C. : NASA Headquarters.

[4]　NASA. August 31, 2006. Constellation Program Systems Engineering Management Plan, CxP 70013. NASA.

[5]　Teaching Science and Technology, Inc. (TSTI) . 2006. FireSAT Systems Image.

第 15 章　管理接口

罗伯特·S·瑞安（Robert S. Ryan）

工程咨询公司

乔伊·D·谢尔顿（Joey D. Shelton）

TriVector 服务公司

如许多系统工程师所说："将接口处理好，其他一切就都正常了"。管理接口对于空间系统的成功与否非常关键，并且是设计的基本组成部分。当我们决定如何划分系统时，我们自然就会选择接口，确定接口必须做的事情。接口可以有多种形式，包括电气、机械、液压和人-机接口，我们的选择还包括与其他系统的通信（电磁信号）和计算机（软件代码）接口。图 15-1 给出了空间系统的典型组件及其接口。

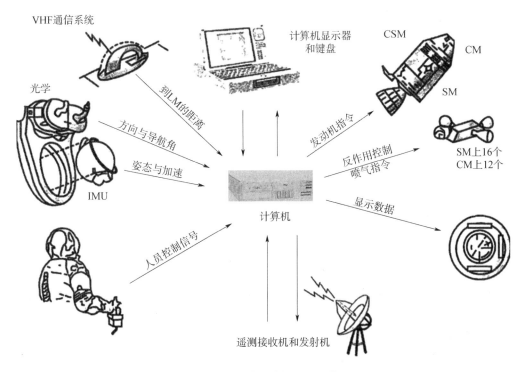

图 15-1　阿波罗计划的顶层接口

此处，我们给出了人-机接口以及制导、导航和控制的计算接口；其他控制接口和遥测接口

（CSM—指令服务舱；CM—乘员舱；SM—服务舱；IMU—惯性测量单元；LM—月球舱；VHF—甚高频）

科斯夏科夫和斯威特[7]认为管理接口的内容包括：1）接口的识别和说明，作为系统方案定义的一部分；2）在功能开发、生产和后续系统增强期间用于维护系统完整性的接

口协调和控制。他们还认为定义"内部接口是系统工程师的职责，因为内部接口处在各组件工程师的职责范围之间。"同样，根据能源部的文件[9]

"接口管理包括识别系统接口、各系统接口边界处要求的定义，以及贯穿各个系统工程阶段的接口管理（控制）。接口需要在任务或项目开始之初就确定，并且在任务的整个生命周期内连续进行管理。"

要想定义和应用接口，我们通常必须考虑影响接口两端组件的设计权衡。内部互动和外部互动，例如运输、用地面支持设备（GSE）的操作、通信、人-机互动，以及自然环境和诱发环境，都体现了这一思想。

表 15-1 给出了简要的管理流程，这对产品能否成功非常重要，并且是系统工程的基本组成部分。我们推荐《NPR 7123.1a》用于接口管理要求。

表 15-1　接口管理的流程①

步骤	定义	文件	讨论章节
1	准备或更新接口管理程序	工作分解结构，组织结构图	15.1 节
2	从物理上和功能上分解系统	物理体系框图，功能流程框图	15.2 节，第 5 章
3	列出接口并准备初级接口要求文件	接口列表，接口要求文件	15.3 节
4	开发 $N \times N$ 和 $I \times I$ 框图	$N \times N$ 矩阵和 $I \times I$ 矩阵	15.4 节，第 13 章
5	开发针对生命周期接口设计与验证任务的分级工作分解结构	工作分解结构	15.5 节
6	为每个接口开发接口控制文件	ICD	15.6 节
7	在产品集成期间管理接口	接口控制计划，接口控制工作组会议记录	15.7 节，第 10 章
8	设计接口、迭代与权衡	分析报告，接口要求文件和接口控制文件更新	15.8 节
9	建造接口	接口图，生产加工计划	15.9 节，第 9 章
10	验证接口，包括接口与系统的集成	验证要求，验证关闭数据，程序文件	15.10 节，第 11 章
11	记录、迭代与控制技术状态	标准	15.11 节
12	开发操作程序和培训	操作顺序图，培训程序	15.12 节

①本书中其他章节也涉及了其中某些步骤，见讨论章节一栏。

下面的章节我们将介绍管理接口的各个步骤，我们将这些步骤总结在图 15-2 中，我们从要求开始，将系统分解为多个元素，将此作为对潜在接口的第一次定义。利用这些元素和潜在接口，我们：

1）开发接口功能，并定义接口；

2）对诱发环境进行裁剪，使得接口和方案可满足要求；

3）利用基于敏感性和风险的权衡研究，选择接口方案并进行设计；

4）制造接口并进行验证；

5）制定操作约束条件、程序和计划。

我们用标准、指导方针、准则、理念和经验教训来指导流程，利用接口控制文件对流程进行管理和控制。

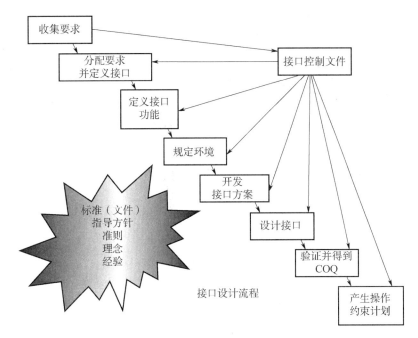

图 15 - 2　接口设计的流程图

标准和理念等为整个流程提供指导，但我们利用接口控制文件对流程进行管理

（COQ—鉴定认证）（图片来源：美国国家航空航天局）

15.1　准备或更新接口管理程序

　　我们从顶层工作分解结构开始，开发接口管理和控制计划。其后，工作分解结构描述详细设计任务，或引用参考接口管理计划（IMP），接口管理计划是在系统工程团队选择体系和方案（见第 3 章）时产生的。当我们在分析体系的物理组件和功能组件时，我们必须尽可能地定义简单的接口，接口专家必须参与体系和方案的定义，这种合作应当在接口控制计划一开始就说明。这一步骤之后，经过适当的权衡，我们再开发接口管理计划。接口设计是第 2 章～第 5 章所讨论的设计过程的一部分。

　　开发接口管理的过程包括与任务整体支持基础结构的互动。例如，空间运载器和运输、装配、处理、测试、发射和任务操作都有接口，其中许多接口涉及人-机连接，以及电气、能源、液压、机械和其他功能；第二类接口包括自然环境和诱发环境，很大程度上在技术系统集成（见第 3 章）时就确定了；最后一类接口——内部接口，至少 4 类划分中的组件都有这样的接口：结构和机械、电气、数据和软件，以及流体。

　　接口管理计划包括项目控制（决策授权）、管理元素和工具。一般情况下，接口控制工作组就接口控制计划、变更等问题向项目委员会提交建议。工作组一般通过记录硬件和软件控制的接口要求文件和接口控制文件协调接口管理，并审视接口是否得到了适当的管理。初步接口修改通知是一种正式的建议变更的方式。监管接口的相应项目级别决定最终的控制。工作分解结构中确定的接口管理流程是在工作组和项目首席管理官控制下的要求、流程和设计三角关系。该流程基于接口控制计划，使用接口要求文件、接口控制文件、数据库和认证文件。

当产品的开发工作分配在多个团体之间时，例如政府、承包商和地理分散的技术团队，那么接口管理就可以协助控制产品开发过程。它定义和维持了相关产品的一致性。图15-3（来自于《NPR 7123.1a》）给出了处理流程，确定了流程的输入、输出和活动。在开始对接口进行管理之前，我们需要下列5类主要的信息。

1）系统说明：使我们了解并检查系统的设计，从而可以确定系统接口在什么地方，并将系统接口包含在承包商协议中。

2）系统边界：物理边界、组件和分系统可帮助我们确定接口。

3）组织结构：任务组织必须说明接口，特别是当不同团体需要在系统共享接口的参数达成一致时。项目群和项目的工作分解结构也说明了接口边界。

4）委员会结构：系统工程管理计划必须给出组织接口及其位置。

5）接口要求：对系统的功能要求和物理要求进行定义可建立内部接口和外部接口。

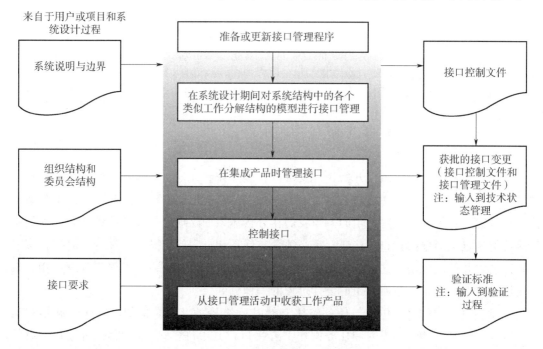

图15-3　接口管理的处理流程

此处，我们定义了接口管理必需的输入和输出。关键的输入来自于系统、工作分解结构和要求。
输出则集中在接口设计、变更控制和验证

在运行方案形成期间（见第3章），我们必须对其进行分析，以确定外部接口和内部接口。该分析确定了我们必须记录和维护的接口的起点、终点、激励和特殊的特性。在系统的结构和体系出现后，我们会增加或变更接口以匹配系统结构和体系，在这一阶段，管理接口就与定义要求（见第4章）和管理系统技术状态（见第16章）等领域密切相关。

接口工作组（IWG）通常会在团队成员之间建立沟通和交流，而成员必须与系统、最终产品、使能产品和分系统进行互动。接口工作组要确保执行团队计划、安排进度并完成所有的接口活动。他们通常是技术团队，其成员来自于互动各方，例如项目方或承包商。

在产品集成期间，接口管理支持集成评审和装配程序，以确保所有接口都正确地标注，而且与规范和接口控制文件相兼容，在此期间，管理接口与集成（见第 10 章）、验证和确认产品（见第 11 章）密切相关。我们使用接口控制文件和获批接口要求变更来对产品进行验证和确认，特别是当我们需要验证试验约束和接口参数来设定试验目标和试验计划时。验证接口要求在验证整个系统过程中非常关键。

15.2　从物理上和功能上分解系统

第 5 章讨论了分解分析。第一步是基于产业、学术和其他专业，并利用功能分析（见第 3 章和第 4 章）得出的要求，将硬件系统分解为分系统、元素、组件和元器件，我们也可将这些元素分为设计功能和专业功能。将设计任务分解为多个分段意味着我们必须着重强调接口和互动的技术集成，必须对其进行适当的管理和控制。分解任务时的"怎么做"和"是什么"会对接口产生一定的影响。例如：在阿波罗计划和现在的战神 1 中，系统工程师决定运载火箭必须包括制导、导航和控制系统，在推进段使用；而指令舱也必须包括制导、导航和控制系统，在其他任务段使用。这两个系统间简单的接口可提供许多关键信息。

指令舱可提供所有的制导、导航和控制，但是这种设计将极大地增加硬件和软件的复杂度，将所有的信号都传送到运载火箭的各分系统；若将这两个功能分开，那么工程师就可以设计和研制更简单、更鲁棒的系统，还可以实现更高的灵活性，因为运载火箭可支持指令舱以外的其他有效载荷。为航天员增加人-机接口、发射和任务控制，将会增加设计、验证和训练的复杂度。比埃德（Buede）在文献[3]中给出了划分功能，并且定义输入、输出和接口要求，并提供示例。

将系统分解后，我们还需要将硬件与其接口处的电气件相分离，并设计专用的接口器件。例如，电气连接未能将惯性上面级的第一级和第二级分离就会导致任务失败，无法将卫星送入地球同步轨道。第一级和第二级的电缆束通过销钉连接器相连，这要求两级相向移动，释放耦合器，从而允许两者分离。但是，工程小组在各级上都缠绕了绝缘材料，导致两个部分无法移动，耦合器无法释放，电缆未分离导致两级一直耦合，从而致使任务失败。目前有多种级间接口可提供一级燃烧期间的刚度和传力路径，同时也可提供两级的分离。分解可得出各种接口：从压紧，到流体或电气，到人-机接口。表 15 - 2 给出将项目分解到系统、要求和接口的示例。

在对项目进行分解时，我们可得到系统及其接口。图 15 - 4 给出了一个通用的接口平面，以及必须从一个系统传递到另一个系统的数据示例，表 15 - 3 列出了接口的类型及其说明和注释。

表 15 - 2　将项目分解到系统、要求和接口的结果①

项目规范	接口要求
· 为项目功能和性能分配要求	· 分配到接口性能的要求 · 接口性能的导出要求
· 最终项设计的约束条件	· 分配到接口设计的约束条件 · 接口设计的导出约束条件
· 自然环境的要求 · 诱发环境的要求	· 诱发环境的接口要求
· 来自产业、政府和机构的标准和规范	· 产业、政府和机构标准以及关于如何应用规范的协定 · 关于导出组件的标准和规范的协议
· 软件处理的要求	· 软件输入和输出要求
· 分配的功耗 · 电源标准	· 分配到接口电压、电流、电源质量的要求
· 分配到最终项的物理约束	· 关于物理接口设计约束的导出协定
· 分配到热产生和消耗的要求	· 分配到热传输的要求的约束条件 · 热传输的协定

①左侧一栏列出了项目级的要求、规范、标准和约束条件，右侧一栏列出了在分解过程中有哪些接口是我们必须考虑的。

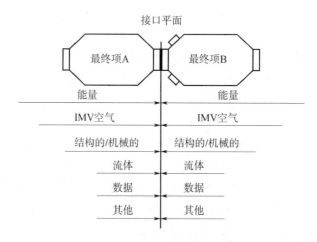

图 15 - 4　元素对元素的接口通用平面

该通用接口平面可传递能量、空气、数据和其他能量。接口在结构上必须连接在一起（IMV—舱间通风）。

第Ⅰ部分接口控制文件定义了分配的导出功能接口的性能要求，这对于确保元素对元素接口的综合性能是必要的

　　我们利用 FireSAT 项目来说明如何对系统接口进行定义。图 15 - 5 给出了 FireSAT 航天器的分系统，并说明了如何将航天器分解到技术状态项，以便进行技术状态管理。航天器的实施计划要求 Acme 航空航天公司担任卫星的主集成商，该公司通过其分包商 PN 测试系统公司提供推进舱，作为一项单独的技术状态项。因此，我们必须仔细地定义推进舱与卫星其他部分的接口。图 15 - 6 给出了推进舱与基板组件之间关键接口的位置，它们之间的结构-机械接口取决于两者之间物理接口协议的设计。电气接口可启动阀门和电火工装置，它们负责测量压强和温度，为遥测提供数据；流体接口定义了推进剂（一甲基肼）和增压气体（氦）如何在推进舱和基板（火箭发动机）之间流动。在后面的章节中，

我们将讨论如何对这些接口以及两者间的其他接口进行分析和定义。

表 15 - 3　接口的类别和功能[①]

类别	功能	类型/示例	注释
Ⅰ. 结构和机构	1）元素、分系统和组件之间的结构完整性 ・传力路径 ・刚度 ・强度 ・耐久性 2）按任务时间线要求分离元素	1）a. 法兰 b. 螺栓 c. 焊接 d. 连接 e. 紧固件 f. 胶接 2）a. 火工品 b. 弹簧 c. 液压	1）接口匹配零部件之间的方式和配合是非常关键的，而且是多个问题的来源 2）分离系统的故障会导致许多问题，分离系统的验证是一项主要活动，也是一项挑战
Ⅱ. 流体和液压	1）元素间推进剂的流动 2）元素间空气的流动 3）控制力和分离力	1）管道和法兰 2）管道和法兰 3）执行机构和连接构件	1）要求防止泄露，同时具备分离的能力 2）要求防止泄露，同时具备分离的能力 3）具备处理点载荷和变化动力学的能力
Ⅲ. 电气	1）元素间传输能量 2）元素间通信 3）元素间信息流动	1）1 针、2 针和 3 针连接器 2）电线 3）总线 4）发射波	1）提供足够能源，同时具备分离的能力 2）提供清晰的通信，同时具备分离的能力 3）提供信息，同时具备分离的能力
Ⅳ. 环境	1）EMI 和 EMC 2）资源环境 3）诱发环境	1）电线屏蔽和分离 2）系统在周围环境下发挥功能的能力 3）系统在人造环境中控制、管理和工作的能力	1）面向电子或电气信号的完整性进行设计 2）系统必须在环境下工作（例如温度、风） 3）系统必须在其导致的环境下工作（例如，推进器羽流、热防护系统、结冰）

① 该表列出了接口的类型、功能、示例和注释（EMI—电磁干扰；EMC—电磁相容性）。

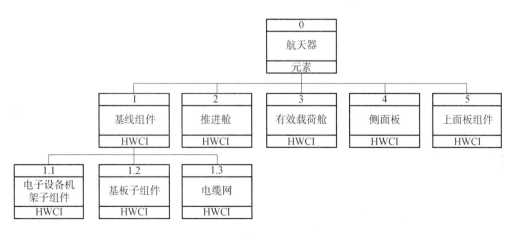

图 15 - 5　FireSAT 航天器的技术状态管理图

图中将 FireSAT 航天器的主要元素以硬件技术状态项形式给出（HWCI—硬件技术状态项）

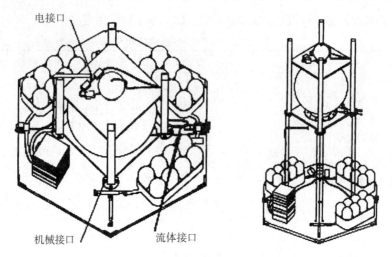

图 15 - 6　FireSAT 推进系统及其接口

电接口连接蓄电池和电源系统；燃料从加压容器流到推进分系统需要一个流体接口；机械接口与结构物理连接

15.3　列出接口并准备初级接口要求文件

在物理和功能分解完成后，下一步就是列出所有的接口及其功能和要求，这项工作也要求我们并行开发 $N \times N$ 和 $I \times I$ 框图。首先，我们要给出接口功能的准确陈述，在此基础上得出其他所有要求。功能说明了做什么和怎么做，此外，要求还必须包含形式和配合、运行（包括排序）、自然环境和诱发环境。这一步对于最终产品的要求的验证是非常关键的，包括系统通过该接口的所有互动。在给出接口列表之前，我们先定义四类主要要求[9]。

1）接口功能：详细说明接口要做什么。关于该要求的示例有：提供刚度和运载器两个元素之间的负载，提供元素在正确的时间进行分离的方法，为任务控制提供中止飞行的途径，以保护乘员；

2）性能接口要求：详细说明接口维持某项参数到何种程度，参数可包括压力、温度、流速、气体成分、批次数量、传递频率、电压、电源、纯度和水质量等；

3）设计接口约束：详细说明可应用于接口、具体设计、运行或维护配置，以及关键特性和材料的代码和标准；

4）物理接口要求：详细说明接口边界处组件的物理相关特性，例如材料、尺寸、公差、光洁度、质量、动态极限、设备包络、安装面、布局位置、对工厂参考标记的方向要求等。

人-机接口需要特殊考虑，主要出于两个原因。

1）流经接口的信息有两种途径：从机器到人，从人到机器。

2）人必须根据接收到的信息进行决策。

决策需要接口以及保证正确决策的系统性能的明确定义。接口可以多种方式工作。例如，如果我们正在开车，那么接口就是连续的；如果我们正在装配零部件，那么接口就是可见的；如果我们利用排队性能信息来决定如何中止或改变航天器，以实现任务成功或保障乘员生命安全，那么接口就是借鉴的。

在收集到所有信息后，我们就开发、设定基线并控制要求文件。要求文件并不说明接口如何做，但是会明确定义接口做什么。要求包括性能规范和接口必须工作的环境条件。

在接口要求文件是应当与接口控制文件相独立还是应当作为接口控制文件组成部分的问题上存在不同的意见。尽管将接口要求文件放在接口控制文件中具有可追溯性和可控制性等优点，但是我们认为将两个文件分开处理更加明智，两者有可能会有部分关键陈述是重复的。

15.4 开发 $N \times N$ 和 $I \times I$ 框图

$N \times N$ 框图是一个非常好的工具，可确保我们考虑了系统工程流程中的所有的接口、互动和数据流（详细内容请参见 13.2 节）。$N \times N$ 框图用于接口互动时就称为 $I \times I$ 矩阵，图中将系统元素列在对角线上，对角线以外的单元格包含同一层（与矩阵对角线元素同处一层）对等分系统间接口的定义和说明。对于这种分系统，有两个并行发生的接口信息流（插入框中的两个阴影部分），其中一个信息流为分系统 A 对分系统 B 的接口要求，再加上 B 的接口说明反馈到 A；另一信息流为分系统 B 对分系统 A 的要求，再加上 A 的接口说明反馈到 B。

此外，我们也需要低层框图，但是低层框图也采用相同的格式。例如，推进和结构的 $I \times I$ 矩阵可包括表 15-4 中的部分项，但是通常我们对各个分系统都产生相同类型的信息，例如电子设备分系统、热控制分系统和制导、导航与控制分系统。

表 15-4 $I \times I$ 矩阵元素示例[①]

对角线项		非对角线项
推进系统对结构系统	要求	1) 将推力载荷向上面级转移所承受的推力 2) 发动机对用于控制的框架的调节能力 [出射角/（°）] 3) 输入到发动机的流体推进剂（流速）
	说明	1) 发动机诱发环境（热、声、振动、推力） 2) 发动机的尺寸 3) 质量特性 4) 流速
结构系统对推进系统	要求	1) 机构安装 2) 诱发环境 3) 推进剂管道安装 4) 电气安装
	说明	1) 推进剂管道弯管波纹管 2) 万向架连接法兰的说明 3) 推进剂管道法兰的说明 4) 容积约束条件 5) 接口匹配区域详细绘图

①此处，我们给出了典型的推进和结构系统 $I \times I$ 矩阵中对角线元素的示例，及其对其他对角线元素的影响。

下表（图15-7）为 FireSAT 卫星的 N×N 矩阵。受原图为旋转排版的大型接口矩阵所限，现按矩阵结构尽可能还原各单元格内容。

	FireSAT卫星	森林火灾IR信号EM辐射	GPS信号RF辐射	指令RF上行链路	太阳光EW辐射	太阳IR EM辐射	发射耦合负载LV适配器		
FireSAT卫星			力矩	遥测,有效载荷数据 RF下行链路					
	有效载荷	当前导航数据 数据线	当前指向数据 数据线		有效载荷数据 数据线	电接地 电源线	负载 航空电子束 机械I/F,传导	有效载荷数据 数据线	
力矩	姿态确定与控制 当前导航数据与时间	当前导航数据 数据线	制导、导航与控制	通信分系统	ADCS数据和遥测 数据线	电接地 电源线	负载,热 航空电子束 机械I/F,传导	ADCS数据和遥测 数据线	
	当前导航数据,时间		GNC遥测 数据线	有效载荷指令数据,遥测 数据线	GNC遥测 数据线	电接地 电源线	负载,热 航空电子束 机械I/F,传导	GNC遥测 数据线	
遥测,有效载荷数据 RF下行链路	有效载荷指令 数据线	GNC指令 数据线	通信分系统	指令 数据线	指令 数据线	电接地 电源线	负载,热 航空电子束 机械I/F,传导	指令 数据线	机构指令 数据线 / 推进分系统指令数据线
	电源 电源线	电源 电源线	电源 电源线	数据处理分系统	数据处理分系统	EPS指令,电接地数据线束,电源数据线	负载,热电子设备航空电子束机械,传导号,焊接	电源EPS遥测 电源线,数据线	电源 电源线 / 电源 电源线
热 EM辐射			电源 电源线	电源 电源线	电源EPS遥测 电源线,数据线	电源分系统 (EPS)	热控制	结构	温度测量 数据线	负载机械接口 / 机构
	载荷机械接口	载荷机械接口	载荷机械接口	载荷机械接口	电接地 电源线	热传导	航空电子束负载,热 机械I/F,传导	载荷机械接口	负载机械接口
		机械遥测 数据线						机械遥测 数据线	
		推进遥测 数据线			电接地 电源线		航空电子束负载,热 机械I/F,传导	推进遥测 数据线	推进分系统

（图中左下角图例：通信分系统、数据处理分系统、电源分系统(EPS)之间，通过 有效载荷数据、遥测、数据线；指令数据线；电源EPS遥测电源线、数据线；电接地、电源线；EPS指令、数据线、电源地；载荷机械接口 等相互连接，以箭头表示输入输出方向。）

图15-7　FireSAT的N×N矩阵

在描述系统元素之间或给定系统的分系统之间的接口时，N×N矩阵是一个非常有用的工具。

$I \times I$ 矩阵数量很多，因为它们与树上划分到较低层次的各系统或分系统相联系。（较低层次为非对角线元素，与对角线元素共享接口特性和信息。）然而，树最后一层上的零部件都很简单，不需要再进行详细的划分。图 15-7 给出了 FireSAT 的 $I \times I$ 矩阵。

$N \times N$ 矩阵表示设计功能和专业功能之间的信息流，例如运载火箭系统及其相关的设计功能和专业功能。需注意，矩阵左上角的元素表示运载火箭系统的平面，其他对角线元素表示低层设计功能的其余平面。

将 $I \times I$ 矩阵和 $N \times N$ 矩阵包含在分系统树和设计功能栈中，可为设计过程中必须在参与方之间流动的技术信息提供位置或预留位置。（分系统树是将系统分解到较低层元素；设计功能栈说明了与该树相关的活动。）同时，它还给出了电子信息和通信框架的建议，可支持高效、并行的互动。

这些框图是定义项目分解和所有关键信息、互动及要求的非常有效的工具，它们对设计和系统工程来说非常重要，是技术集成活动的摇篮。我们必须对其进行准确定义，对其回顾以确保完备性，并且在项目生命周期内定期更新。

我们再回到 FireSAT 接口的示例，推进系统的主要功能是产生推力，图 15-8 给出了两项子功能，都处于可以描述详细接口的层次。我们需要对控制推进和管理流体之间的输入和输出进行分析，其中流体包括氨增压气体和一甲基肼推进剂。

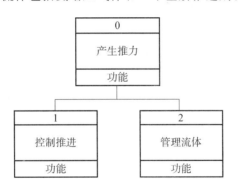

图 15-8　FireSAT 产生推力功能

此处我们给出了如何将推进系统功能"产生推力"分解为两个需要接口的子功能

在分析子功能时有一种有效的方法，即仅为子功能建立 $N \times N$ 框图，并研究各框图的输入和输出。图 15-9 给出了具有适当互动的矩阵。

下面我们将两项子功能分配到航天器硬件。在这个案例中，控制推进功能分配到基板组件，管理流体则分配到推进舱。考虑到这两项主要子功能的输入和输出，我们将其列入输入-输出分配表（见表 15-5），各个输入和输出功能都分配到一个硬件技术状态项。图 15-10 给出了"控制推进"和管理流体功能的分配情况。为了从 $N \times N$ 矩阵获得接口控制文件-接口要求文件输入，我们使用分配表元素来定义基板组件和推进舱之间的连接。

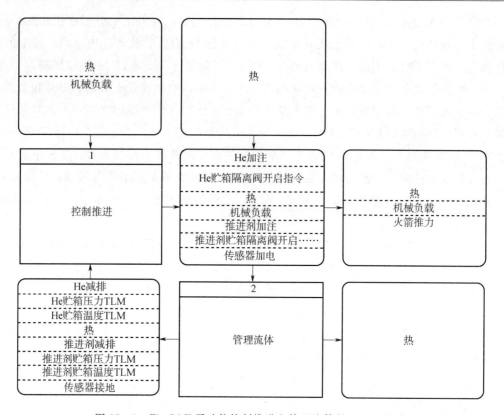

图 15 - 9　FireSAT 子功能控制推进和管理流体的 $N \times N$ 矩阵

此处，我们给出了管理流体子功能的输入，例如 He 加注和 He 贮箱隔离阀开启指令；另外也给出了控制推进子功能的输入，例如 He 减排或 He 贮箱压力遥测。此外，图中还给出了子功能的输出（从子功能方框指向右侧）和其他输入，例如热和机械负载（TLM—遥测；He—氦）

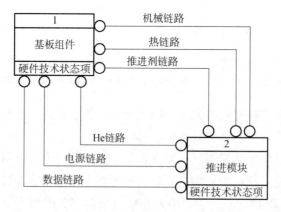

图 15 - 10　FireSAT 基板组件与推进舱之间的链路

此处，我们给出了两个硬件技术状态项之间代表物理连接的链路。各个连接表示表 15 - 3 中列出的一类接口，各个接口必须有成文的要求，说明其物理设计和功能

　　再下一步就是定义各条连接的接口要求。航天器对推进舱的要求文件包括了各条连接的接口要求，而控制接口图（图 15 - 11）给出了具体细节。由于 Acme 公司是主承包商，

他们要向其分包商 PN 测试系统公司编写接口要求，带有"将"一字的语句表示 Acme 公司计划提供的接口，而带有"应"一字的语句则表示 PN 公司必须满足的要求。关于接口要求的形式可参见下列几个示例。

表 15 - 5　FireSAT 输入-输出和分配表①

功能	输入	输出	执行的硬件
控制推进	He 减排 He 贮箱压力 TLM He 贮箱温度 TLM 热 机械负载 推进剂减排 He 减排 推进剂贮箱压力 TLM 推进剂贮箱温度 TLM 传感器接地	He 加注 He 贮箱隔离阀开启指令 热 机械负载 推进剂加注 推进剂贮箱隔离阀开启指令 火箭推力 传感器电源	基板组件
管理流体	He 加注 He 贮箱隔离阀开启指令 热 机械负载 推进剂加注 推进剂贮箱隔离阀开启指令 传感器加电	He 减排 He 贮箱压力 TLM He 贮箱温度 TLM 热 机械负载 推进剂减排 He 减排 推进剂贮箱压力 TLM 推进剂贮箱温度 TLM 传感器接地	推进舱

①该表列出了分别分配到基板和推进舱的控制推进和管理流体子功能的输入和输出（TLM—遥测；He—氦）。

1）推进舱与航天器应采用机械接口相连，按 ICD XYZ 中规定的采用 16 个 10 号的螺栓孔形式的紧固件。

2）推进舱承包商应为推进舱提供 10 节点的热模型。该模型必须与 SCINDA Thermal Desk Top 软件相兼容，以便进行热耦合分析，包括表面积、热传导率，以及传导界面的热电容。

3）航天器将为推进舱的电源和数据接口提供一个 15 针的 D 型连接器（ABC 类型），针脚定义服从 ICD XYZ。

4）推进舱应采纳 Mil—Std 1553[4] 中下列建议：氦贮箱隔离阀开启，推进剂贮箱隔离阀开启。

5）航天器将提供一条（28±1）V 的电源线，推进舱传感器的电流应限制在 1 A 以内。

6）推进舱应提供 2 条接地线。

7）对于氦加注和减排，推进舱应按照 ICD XYZ 规定的位置提供一个 1/4 英寸的 AN 内螺纹管。

8）对于推进剂加注和减排，推进舱应按照 ICD XYZ 规定的位置提供一个 1/4 英寸的

AN 内螺纹管。

9）对于轨道控制火箭的推进剂供应，推进舱应按照 ICD XYZ 规定的位置提供一个 1/4 英寸的 AN 内螺纹管。

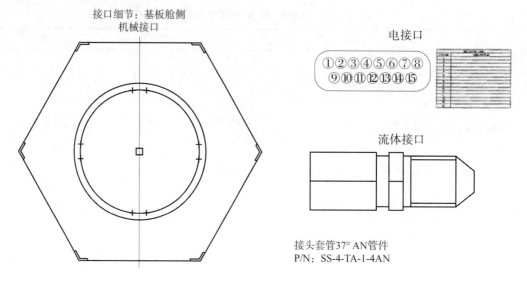

图 15 - 11　FireSAT 基板组件和推进舱间接口的控制图

图中给出了 3 个接口图，包括孔的布局（机械）、针的标识（电气）和配合设计（流体）

15.5　开发针对生命周期接口设计与验证任务的分级工作分解结构

在这一步中（表 15 - 1 中的第 5 步），我们将更新接口的工作分解结构，将流经第 1 步至第 4 步中的相关信息都包括进来，并确认这些都是需要设计、验证和使用系统接口的任务。详细的工作分解结构与任务有关，要么是接口数据的接收方，要么直接来自于接口管理计划。系统级接口就是一个示例，我们从系统级接口可向下导出组件级的详细设计接口。

接口验证过程包括接口设计（与验证标准相符合）和验证目标之间的连接。如果采用试验进行验证，则接口的设计细节就规定了试验目标、硬件和程序。在物理和功能技术状态审核期间，接口设计和要求是符合性检查清单中必要的组成部分（见 16.6 节）。

15.6　为每个接口开发接口控制文件

接口控制文件定义和控制接口设计的要求和细节（见图 15 - 12），这些文件代表了各参加方之间的三种正式协议。

1）文件必须在接口间或接口中适当分配要求；

2）接口连接的硬件、软件或设施的设计必须符合接口控制文件；

3）不同接口的设计必须功能兼容和物理兼容（如图 15 - 13 所示示例）。

接口控制文件

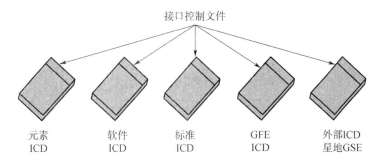

| 元素
ICD | 软件
ICD | 标准
ICD | GFE
ICD | 外部ICD
星地GSE |

图 15 - 12　系统接口典型的接口控制文件

我们必须将设计系统所需的所有接口的接口控制文件准备好。此处给出的接口为主要的类别

（ICD—接口控制文件；GFE—政府提供的设备；GSE—地面支持设备）

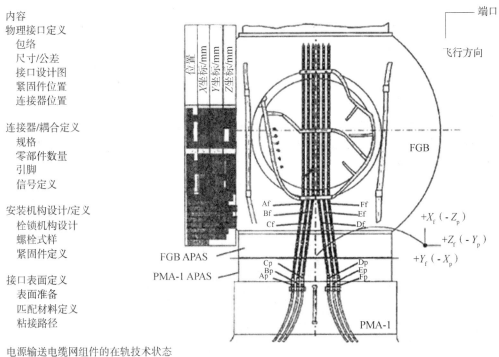

内容

物理接口定义

　包络

　尺寸/公差

　接口设计图

　紧固件位置

　连接器位置

连接器/耦合定义

　规格

　零部件数量

　引脚

　信号定义

安装机构设计/定义

　栓锁机构设计

　螺栓式样

　紧固件定义

接口表面定义

　表面准备

　匹配材料定义

　粘接路径

电源输送电缆网组件的在轨技术状态

图 15 - 13　典型接口控制文件的特性

此处，我们给出了接口控制文件文件可详细到什么程度，指出了为国际空间站某个舱段提供电源的电缆线

的各连接器的位置（FGB—功能能量块；APAS—中性外围组件系统；PMA—压力匹配适配器）

接口控制文件一般包括两部分：第一部分定义了所有接口的性能要求，第二部分定义了如何应用它们。

例如，固体火箭发动机（SRM）段与段间接口的控制文件可以是：

要求：

  1）维持发动机压力，保证无泄漏，组装完成后对密封性进行验证；

  2）发射场要有简单的组装连接；

  3）段间结构承载路径；

  4）固体火箭发动机贮箱横向和纵向刚度的连续性；

  5）连接器与发动机推力器之间热绝缘。

实施：

  1）使用复合双 U 形夹结构连接器作为 O 形密封圈的备份，O 形圈有凹槽。压力 O 形圈检查一个端口或多个端口。

  2）带锁销的复合 U 形夹连接器。

  3）带锁销的复合 U 形夹连接器。

  4）箱体厚度。

  5）连接器压力密封热瓣。

15.6.1　软件接口控制文件

  软件接口控制文件通常是单独的文件，与硬件接口控制文件分开处理，应包括流经两台计算机或器件间接口的软件数据字和指令结构。这些文件说明了操作系统、编码语言、运行速度、帧结构或其他的计算机参数。我们就计算机-计算机、远程终端或其他数据器件等方面来定义软件接口。元素或组件内的器件有内部接口，外部接口则是跨越了系统内接口边界或开发边界的接口。

  图 15-14 给出了 FireSAT 航天器的软件接口，接口是软件集成实验室试验以及硬件

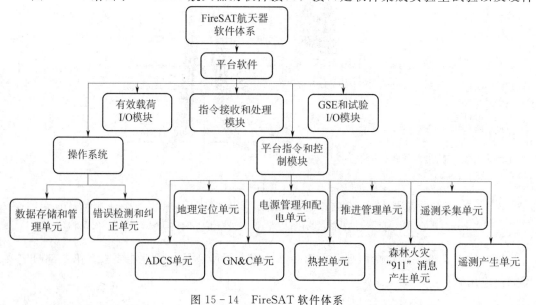

图 15-14　FireSAT 软件体系

——本图为图 11-12 中的平台软件部分，说明了 FireSAT 航天器的软件接口

与软件集成试验的组成部分。导出要求（见表 15 - 6）来自于初始要求，对系统接口有较大的影响。

表 15 - 6　接口导出要求①

导出要求的种类	示例
功能要求	装置的分离、控制、监控和防护职责 装置的路径（内部或外部） 声学噪声阻尼
产业协议、政府或机构标准，以及如何应用规范	RS - 170 • 视频-指令加密 • 视频-同步技术 MIL - STD - 1553B • 1553 总线耦合 • 协议选项 • 终端失效标志 • 1553 总线"棚车" • 1553 总线扩展寻址 • 总线控制器或远程终端分配 • 1553 总线数量和命名
焊接	接口黏接类别 表面准备要求
关于组件标准或规范的协定	流体快速断开源控制盒包络图 光纤接收机和发射机的规范
关于物理设计约束的协定	保留区和禁入区 • 装置接地技术 • 管道类型和尺寸 • 校准和标引 • 装置供给和连接的数量 • 安装和配合负载 • 标准连接
热交换的要求和约束	通过接口的最大热通量 冷却剂环路连接性

①这些要求与其他导出的功能要求、产业标准和协议都会影响接口的设计。

15.6.2　接口控制文件模板

在完成了接口控制文件并与相关各方协调之后，我们将分发文件以供评审，然后再将其设为基线，以便开始正式控制（见 16.4 节）。接口控制工作组（ICWG）负责大部分工作，这在后面以及控制项目技术状态的方法中一起进行探讨。尽管接口控制组和接口工作组可能同时产生，但是 ICWG 通常要比 15.1 节提及的接口工作组更加正式。我们在开发接口控制文件过程中，常常会出现冲突和不一致，因此我们必须进行平衡、权衡和在系统中进行迭代，来获得一个平衡的解决方案，最终的接口控制文件必须反映出这种平衡。

标准接口控制文件模板可帮助我们避免混淆并且在不同开发团队间建立共同的理解，它也可以保证接口定义的完备性。文件可以有多种不同的形式，但是下面为国际空间站开发的大纲和通用定义给出了接口控制文件的主要内容。我们可根据项目需求对模板进行裁剪。

接口文件模板

1.0　引言

1.1　目的和范围

说明本文件的目的，并简要指出此处定义的接口。例如，（"本文件定义并控制_____和_____之间的接口"）。

1.2　优先级

定义本文件与其他项目文件的关系，规定当出现冲突时哪个文件负责控制。

1.3　职责和变更机构

说明负责本文件及其内容开发的接口组织的职责。定义文件的批准机构（包括变更批准机构）。

2.0　文件

2.1　适用文件

列出本文件规定范围内涉及到的有约束力的文件。应列出最新或最近版本的文件。更高级别文件（更高优先级的文件）强制的文件和要求在此不应重复。

2.2　参考文件

列出本节文字中引用的所有参考文件。

3.0　接口

3.1　概述

后面的小节给出了详细的说明、职责、协调系统和与接口平面相关的数值要求。

3.1.1　接口说明

本小节说明系统规范中定义的接口，使用和引用图、图纸或表格来说明数值信息。

3.1.2　接口职责

定义接口硬件和接口边界职责来说明接口平面。在适当的情况下可使用表格、图或制图。

3.1.3　协调系统

定义接口各侧所使用的协调系统。

3.1.4　工程单位、公差和换算

输入所有接口文件的数值数据都应为英制单位（英寸-磅-秒），且具有一定的公差。接口文件中国际单位制（SI）等效值应放在圆括号中。例如，THA-9 lb（4.1 kg）。英制单位和 SI 单位之间应使用标准的换算。

3.2　接口要求或设计

定义接口处的结构限制值，例如接口负载、强制功能和动力学条件。其他数据可参见结构设计负载数据书。

3.2.1　接口平面

记录后面小节中接口平面每侧的接口。

3.2.1.1　包络
定义接口两侧的线性尺寸、面积、体积、连接器件运动和其他物理特性。

3.2.1.2　质量属性
文件的本小节包括基于适用分段规范中的分配的导出接口，与接口那一侧相关。例如，应包含接口这一侧的元素的质量，以磅或千克的形式给出。

3.2.1.3　结构和机械的

文件的本小节包括基于适用分段规范中的分配的导出接口，与接口那一侧有关。例如，应包含安装、刚度、闭锁装置、机构和其他结构或机构接口。

3.2.1.4　流体

文件的本小节包括基于适用分段规范中的分配包含属于接口那一侧的导出接口，与接口那一侧有关。例如，应包含流体接口，例如热控制、液态 O_2 和 N_2 的控制和流动、饮用水和废弃水的使用、燃料电池水的使用、空气采样控制和其他所有流体。

3.2.1.5　电气（电源）

文件的本小节包括基于适用分段规范中的分配包含属于接口那一侧的导出接口，与接口那一侧有关。例如，应包含电流、电压、瓦数、电阻水平和其他所有电接口。

3.2.1.6　电子（信号）

文件的本小节包括基于适用分段规范中的分配的导出接口，与接口那一侧相关。例如，应包含各种信号类型，例如音频、视频、指令数据处理、导航和其他所有电子信号接口。

3.2.1.7　软件和数据

文件的本小节包括基于适用分段规范中的分配的导出接口，与接口那一侧相关。例如，应包含数据标准、消息时序、协议、错误检测与纠正、功能、初始化、状态和其他所有软件和数据接口。

3.2.1.8　环境

文件的本小节包括基于适用分段规范中的分配的导出接口，与接口那一侧相关。例如，应包含元素的动态包络测量，应以英制单位或等效于接口这一侧数值的公制单位的形式给出。

（1）电磁效应

①电磁兼容性

最终项 1 和最终项 2 的接口应满足 SSP 30243，Rev E——《空间站电磁兼容性要求》[2] 中的要求。

②电磁干扰

最终项 1 和最终项 2 的接口应满足 SSP 30237，Rev C——《空间站电磁辐射和易感性要求》[8] 中的要求。

③接地

最终项 1 和最终项 2 的接口应满足 SSP 30240，Rev D——《空间站接地要求》[6] 中的要求。

④粘接

最终项 1 和最终项 2 的结构和机械接口应满足 SSP 30245，Rev E——《空间站电焊接要求》[2] 中的要求。

⑤电缆和电线设计

最终项 1 和最终项 2 的电缆和电线接口应满足 SSP 30242，Rev F——《空间站面向电磁兼容性的电缆/电线设计和控制要求》[6] 中的要求。

（2）声学

接口各侧的声学噪声水平应满足工程或项目的要求。

（3）结构负载

最终项 1 和最终项 2 匹配各自必须容纳的负载。

（4）振动声学

考虑振动声学负载。

3.2.1.9　其他类型接口的要求

文件的本小节包含其他适用的特殊类型接口的要求。

15.7　在产品集成期间管理接口

接口管理的步骤并不要求是顺序进行的，事实上，有多个步骤（包括本步骤在内）是并行开展的。此处，我们必须确保项目团队正确地设计、研制、验证和运行空间系统及其接口。我们依靠分析和设计工程，但是必须加强技术状态的沟通交流和控制。图 15 - 15 给出了接口设计基本生命周期流程的参考框架。

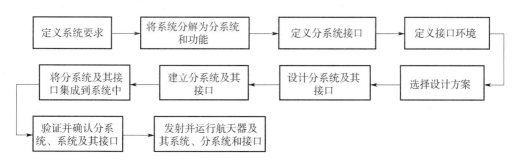

图 15 - 15　接口管理的典型流程

从第一份系统要求定义到航天器运行，我们在标准、指导方针、准则、理念和经验教训的基础上，
使用接口控制文件对整个过程进行控制

这一过程通常以工程开始，建立接口控制工作组，然后作出最终决策，并在每个适当的工程级别上利用工程要求控制委员会（PRCB）对技术状态进行管理，图 15 - 16 给出了这些关系。

接口控制工作组是一个提供建议的组织，其成员包括来自美国家航空航天局各研究中心、相关承包商和设计专家的关键人员。《NPR 7123.1a》C.3.3.4 节说明了接口管理活动，具体细节问题我们在此不再重复，但是我们将探讨应用管理要求的方式。接口控制工作组提供了一个论坛，可对所有的互动、风险、设计成熟度、权衡等方面进行评估，还就设计过程中出现的问题向工程要求控制委员会提供决议。组长或联合组长负责

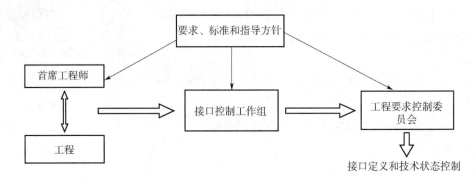

图 15 - 16　控制接口技术状态的方法

此处，我们给出了设计师（首席工程师和工程）和控制方（接口控制工作组和工程要求控制委员会）的关系。
要求、标准和指导方针适用于项目中的每个人

协调会议和工程中涉及的各项活动，该工作组可看到项目使用了最佳实践、确定了全部
主要风险，以及平衡系统的最佳方式，将所有专家聚集在一间屋里可保证开放和自由的
讨论，实现最佳评估。接口控制工作组还负责处理其他重要的、复杂的接口：关键专业
和元素间的沟通。

　　这种接口设计流程要求成员不仅要考虑自己的专业，同时还要考虑如何与其他人互
动，因此工程要求控制委员会通过在适当的级别做出正确的项目决策来实现项目的平衡。
任何变更或决策都必须服从技术状态控制（见第 16 章）。这样，我们就可以成功地设计、
控制和运行接口。图 15 - 17 给出了国际空间站接口控制工作组成员的示例。

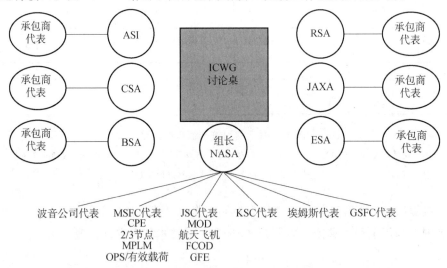

图 15 - 17　国际空间站接口控制工作组的成员组织

接口控制工作组包括空间站项目所有重要的参与方（ASI—意大利航天局；RSA—俄罗斯航天局；CSA—加拿大
航天局；JAXA—日本宇宙航空研究开发机构；BSA—巴西航天局；ESA—欧洲空间局；MSFC—马歇尔航天飞行中心；
JSC—约翰逊航天中心；KSC—肯尼迪航天中心；GSFC—哥达德航天中心；MPLM—多用途指令舱；
MOD—管理操作理事会；FCOD—飞行乘员操作理事会；OPS—操作；GFE—政府提供的设备；CPE—变更包工程师）

15.8　设计接口、迭代与权衡

接口设计和第 5 章讨论的设计过程一样，遵循相同的通用方法。首先定义要求，然后选择方案，确定自然环境和诱发环境，再推导出要求，包括执行什么功能，同时在一定风险和敏感度上不断进行迭代和权衡。一旦完成权衡研究，各项功能就会产生图纸、规范和受控的设计，使用这些规范，我们就可以建造、验证和运行产品。随着过程的继续进行，其他系统元素间的冲突和互动要求对设计进行更新，包括功能变更和物理变更。经过迭代就可以得到更新的接口要求文件和接口控制文件，这是技术状态管理的组成部分（见第 16 章）。

所有情况涉及形式、配合和功能。两块硬件放在一起有可能不匹配。螺栓孔的式样可能有所不同，公差有可能取消了，有可能突然出现许多其他的问题。如果元素在工作期间未分离则有可能导致许多问题。我们需要严格的接口设计过程，至少包括下列 4 个主要阶段：

1) 定义并理解接口必须做什么，以及由此产生的要求；
2) 定义形式和满足要求；
3) 定义自然环境和诱发环境；
4) 建立并控制验证过程。

例如，运载火箭两级之间的接口有多项功能和多种接口类型，我们必须对其进行设计。我们有结构完整性和运载器反应接口，电力传输接口，制导、导航和控制接口，分离功能接口，在某些情况下还有流体和液压接口。因此，设计要求我们理解功能，推导出正确的要求，满足形式和匹配的要求，包括形状、尺寸和式样，对接口进行裁剪以便能够在全部设计环境中工作。各类接口的设计都有一些经验原则，但是我们在设计时必须以下列要求为目标：

1) 功能简单性；
2) 装配简单性，包括工艺性；
3) 易于检验、测试和验证。

而且，机械接口还要求：

1) 配合公差控制；
2) 负载路径明确定义，连接件定义。

此外，人-机接口要求：

1) 简单的通信；
2) 对人的友好性。

接口控制工作组负责协调这些设计活动及相关权衡研究，通常是政府或承包商的工程师来完成这些工作。一般情况下，首席工程师的主要贡献在于确保产品满足要求而且是成熟的。

15.9　建造接口

接口的制造采用第 9 章讨论的通用方法，而且必须在全面工艺控制下进行，换言之，团队必须根据规范正确地设计和建造接口。设计团队中必须包括制造专家，以确保设计是可制造的，并且确保产品的质量。有许多接口有一些特殊的制造要求，包括分离装置、火工品和人-机互动。此处我们不对具体过程进行描述，但是在整个生命周期内都必须特别注意这些要求，设计还必须是可检验的，易于测试和验证。因此制造必须是设计过程的基本组成部分，从而使接口在各个任务方面都可正常工作，如第 5 章所述。要想建造接口，我们必须：

1）选择接口方案（设计方法）；

2）选择材料；

3）选择并设计制造方法；

4）建立检验方法；

5）确定验证方法。

图 15 - 18 给出了标准的材料和工艺。

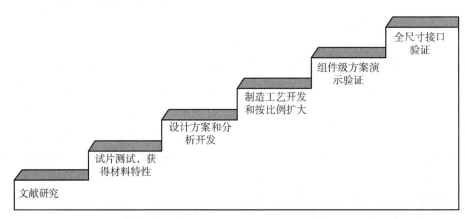

图 15 - 18　制造工艺

此处我们给出了使用金属和复合材料进行研制的步骤，包括选择和描述设计方法、制定并验证研制工艺、
设计和建造材料及制造方法、验证硬件或工艺（试片是经过专门成形、适合于测试机器的一小块样品）

我们不仅设计制造方法，而且还开发装配计划和程序，以确保适当的匹配等。装配简单性和制造、验证和确认的简单性同等重要。我们必须将整个工艺完整地记录下来，并且对员工进行培训，正确地应用它们。航天硬件产品中发生的许多问题都是因为工人不清楚、没有遵循建造和检验程序。例如，前面提到的将卫星送入地球静止轨道的任务中，惯性上面级的第一级和第二级无法分离，就是因为工人在两级之间电连接上包裹了过多的绝缘物，导致两级无法分离。若采用了正确的培训和检查就可避免任务失败。其他各类接口也遵循相似的过程，例如电接口、火工品、人-机互动和通信等接口。

15.10　验证接口，包括接口与系统的集成

第 11 章介绍了通用的验证要求和方法，但是接口通常需要特别注意，我们必须使用全部组合环境来对接口功能进行验证。经验表明，如果我们未考虑所有的环境，那么我们就会得到错误的答案。同时，针对异常或部分失效情况进行验证也是很明智的。

针对不同类型的接口设计试验方法对许多工程师的创造力和独创性极具挑战，只有试验飞行才能确定系统对分离系统接口的所有影响，但是其他的试验和仿真也非常重要，可获得对产品的认识，增加对产品设计和研制系统的信心。混合了硬件、软件和分析的电路板和仿真对接口验证来说非常关键，人-机互动需要这些和其他的仿真，以及人员控制行为的培训，从而对接口进行验证。此外，我们必须使用积木式方法：完成已知的组件试验技术，例如振动和声学，然后在系统试验中对其进行验证。验证需要一份详细的计划，包括试验、分析和检验，如图 15 - 19 所示。

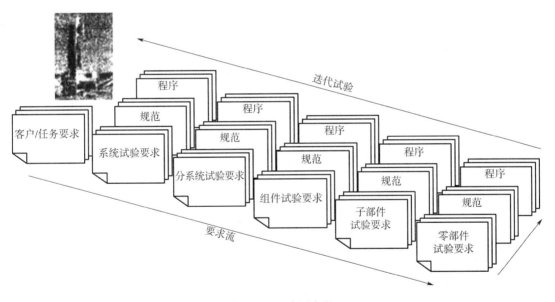

图 15 - 19　验证流程

验证活动从系统级开始，贯穿分系统和组件，甚至到零部件级。验证必须与规范、程序和其他指导方针相一致。
验证过程是不断迭代的，当系统经过验证并获得了鉴定认证（COQ）后才能完成

15.11　记录、迭代与控制技术状态

我们必须记录所有的步骤，并放在技术状态控制（见第 16 章）中，针对控制基线不断进行迭代。通过表 15 - 1 所示的第 7 步的接口控制过程实施变更。图 15 - 20 给出了典型的变更过程，使用敏感度分析、故障分析和风险评估（见第 8 章）以最佳的方式对系统进行权衡和平衡。我们使用 4 个关键的工具和其他工具对制造工序进行设计和管理。这 4 个

关键的工具分别为：

　　1）定义影响设计和响应的全部参数的不确定性；

　　2）分析并定义系统对参数不确定性的敏感度；

　　3）设定裕度，覆盖我们在不确定性和敏感度中无法定义的未知因素；

　　4）开发上述 3 个工具的相关风险，协助系统的管理。

　　所有的设计决策和变更都必须包含此类信息。在设计阶段初期，设计团队、工作组、工程团队和项目集成委员会都要协助保持系统的平衡。

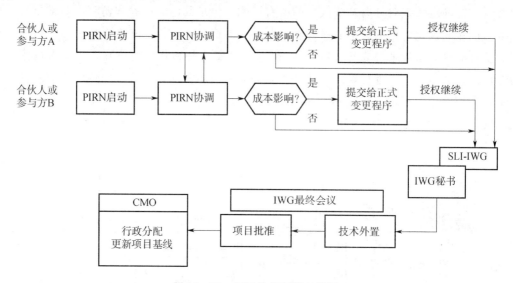

图 15 - 20　记录并控制接口设计

接口设计的每个变更都要求有一份初步接口修改通知。指定的团队成员必须评估 PIRN 对成本、风险、性能和
进度等方面的影响。各个工作组必须决定该变更是否值得提交给首席任务官（CMO）

（SLI—IWG—系统级集成－接口工作组；PIRN—初步接口修改通知）

　　图 15 - 20 给出了在项目逐渐成熟过程中我们使用的过程，而且设计处于严格的技术状态控制下。这种情况下，我们先准备一份初步接口修改通知，其中包含来自敏感度分析的所有信息，例如风险、成本和进度，以及设计特性的变化。我们通过设计和项目组织对初步接口修改通知进行协调，确定其对成本的影响，然后将初步接口修改通知提交给接口工作组，以便进行讨论和审批。在许多项目中，初步接口修改通知可提交至项目控制委员会，供最终审批。

15.12　开发操作程序和培训

　　利用接口设计、建造和验证的结果，我们就可以对操作程序进行修改，并将其确立为基线以保证任务成功。操作必须是设计的组成部分，但是验证活动通常会产生一些特殊的任务或系统约束。我们必须将这些约束加入操作中，主要包括以下三个方面。

　　1）操作功能：搬运运输、发射准备（分析，硬件和软件）、发射控制、任务控制、维护、后勤、培训；

　　2）操作设计：上述功能的任务和支持结构的规划和设计；

　　3）可操作性：操作设计执行的效力和效率。

　　各个部分和整体都同样重要。首先，我们必须将硬件和软件系统安全可靠地运送到发射场（见第 12 章）。一般来说，运输系统的环境不应对硬件设计有所影响。因此，运输设计师必须了解全部系统特性和设计附件、环境控制等方面的要求，保证系统在搬运、运输和装配期间都处在设计限制内。在发射场，团队必须在这些限制条件下进行接口的装配、检查和验证，同时要保证接口满足所有功能要求。

　　在整个生命周期内，系统性能都与任务控制相关。这项复杂的任务要求有面向设计和功能的详细规划和程序，包括接口的设计和功能，以确保任务取得成功。后勤对操作也非常重要（见第 12 章），因为它确定了硬件、软件、数据、通信和其他元素的最佳组织方式，从而确保一切都可高效地工作。

　　在完成所有工作后，我们必须制定培训计划，包括运输、装配、测试和任务操作，从而控制接口、保证任务成功。计划中必须包含执行各项功能的功能特性、限制和程序。培训必须密集且完整。以往的经验表明，任务能否成功取决于培训项目的质量，因为不论是在航天系统的建造、测试过程，还是在航天系统的运行过程中，人-机互动决定了大部分接口的设计和功能。图 15 - 21 给出了各操作顺序和特性。

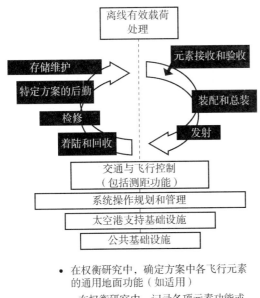

图 15 - 21　操作的功能定义框图

此处，我们给出了航天系统在到达发射场后的流程，包括可重复使用系统的维护和地面支持

（图片来源：美国国家航空航天局）

15.13　小结

我们已经认识到了接口设计和管理对产品成功的重要性，也已经开发了接口定义、设计、控制、验证和操作的过程。接口设计的首要秘诀是系统各元素间以及与系统的沟通，然后通过不确定性、敏感度、裕度和风险的严格质量控制来实现对整个接口的严格控制。经过这一过程就可以得到有质量的接口，这对项目的成功非常关键。

参 考 文 献

[1] Brueggeman, James, Linda Crow, Kreg Rice, Matt McCollum, and Adam Burkey. 15 October 1999. NASDA SSP 30245, Rev E - Space Station Electrical Bonding Requirements. Fort Belvoir, VA: DAU.

[2] Brueggeman, James, Linda Crow, Kreg Rice, Matt McCollum, and Adam Burkey. 1998. NASDA "SSP 30243, Rev E - Space Station Requirements for Electromagnetic Compatibility." Fort Belvoir, VA: DAU.

[3] Buede, Dennis. 1992. The Engineering Design of Systems. New York, NJ: John Wiley and Sons, Inc.

[4] Department of Defense (DoD). 1973. Military Standard (Mil Std) 1553B: Structure for Bus Controllers and Remote Terminals. Washington, DC: Government Printing Office.

[5] Jablonski, Edward, Rebecca Chaky, Kreg Rice, Matt McCollum, and Cindy George. 31 July 2002 (1). NASDA SSP 30240, Rev D - Space Station Grounding Requirements. Fort Belvoir, VA: DAU.

[6] Jablonski, Edward, Rebecca Chaky, Kreg Rice, Matt McCollum, and Cindy George. 31 July 2002 (2). NASDA SSP 30242, Rev F - Space Station Cable/Wire Design and Control Requirements for Electromagnetic Compatibility. Fort Belvoir, VA: DAU.

[7] Kossiakoff, Alexander and William N. Sweet. 2002. Systems Engineering: Principles and Practices. New York, NY: J. Wiley.

[8] National Space Development Agency of Japan (NASDA). 31 May 1996. SSP 30237, Rev C - Space Station Electromagnetic Emission and Susceptibility Requirements. Fort Belvoir, VA: Defense Acquisition University (DAU).

[9] US Department of Energy (DOE). July 2006. DOE P 413.1, Program and Project Management Policy. Washington, DC: DOE.

第 16 章　管理技术状态

马里·简·卡里（Mary Jane Cary）

塞伯业务指导方案公司

获取完整、准确、及时的信息能使研制快速、有序，技术管理效率提高。技术状态管理能使我们与团队成员快速、准确地沟通，了解有关系统不断变化的信息，以保证系统在整个生命周期内都能达到设计目标。

16.1　技术状态管理流程

在项目生命周期内，特别是跨越数年的项目，最初确定的系统要求很可能因意想不到的变化而偏离设计意图，而在很长时间后，责任人才认识到设计意图已经改变。总之，我们清楚，长期项目往往可能会变更，但是硬件和软件设计都必须能跟踪系统要求，具有明确、具体的接口和相应的变更，同时系统与系统文件之间保持经过验证的关系。

技术状态管理由一系列流程组成，包括策划、标识、管理、沟通和验证[2]，见表 16 - 1。与所有技术策划流程相同，技术状态管理流程也是分层次、反复迭代的。我们通过技术状态管理流程就系统要求和定义，包括在发生变更时，与所有利益相关方进行沟通。分系统利益相关方和系统工程师必须对分系统级变更进行评审和批准，以保证分系统级变更符合系统要求。我们定期对要求、设计、主要部件、分系统及系统的规范进行评审和批准，

> 技术状态管理使我们能够：
> 1）预防和减少错误、漏洞和重复工作；
> 2）改善为客户服务的质量和速度；
> 3）更快速地识别和解决问题；
> 4）加强项目控制和后勤保障。

表 16 - 1　技术状态管理流程①

步骤	描述	讨论章节
1	制定技术状态管理计划	16.2 节；第 1 章、第 13 章和第 15 章
2	建立技术状态标识	16.3 节；第 19 章
3	管理变更	10.6 节和 16.4 节；第 13 章和第 18 章
4	沟通技术状态现状	16.5 节；第 17 章
5	进行验证和审核	16.6 节；第 11 章和第 18 章

①这里我们列出了 5 个主要的技术状态管理流程及相应的讨论章节。

将其作为后续项目活动的基线（基准点），这对成功进行技术管理非常关键。有效的技术状态管理能促使任务成功，因为我们对系统技术状态了解得越多，越能更有效地管理技术状态。

更重要的是，了解和执行技术状态管理，使我们能够掌握变化中的系统与系统设计意图之间的关系。在项目生命周期内维持两者平衡，能够提高任务成功率，降低风险，减少系统采办、成本和生命周期保障方面所需的精力。

技术状态管理的最初目的是确保项目对功能、物理及接口技术等要求进行定义、控制和验证。但是，目前的世界级组织将技术状态管理原则用于管理影响质量、安全、环境、进度、成本和财务绩效的各种资源。在整个项目生命周期内用文件记录要求（包括变更），并保证准确结果，可使我们有效管理每种资源，从系统和设施到技术和管理流程。技术状态管理是管理全部业务性能的有力工具。

近年来，随着采办改革及信息技术快速发展，更加重视不断改进绩效，技术状态管理方法也不断发展和变化。技术状态管理方法已经从"建造后"项目检查转变为"过程中"控制，同时增强了我们提供与项目利益相关方合作所需的基础设施和信息的能力。

任务成功的一个关键因素是利益相关方之间共享技术状态管理的作用和责任，所有团队成员都有责任为同事提供完整、准确、及时的信息，在一些技术状态管理性能标准中都确定了这一原则，包括国际标准化组织（ISO）10007 针对技术状态管理的质量管理指南，ISO 9001 质量管理体系标准指南（这 2 个指南都由 ISO 发布），软件工程研究所发布的集成能力成熟度模型和电子工业协会发布的 EIA649A CM 国家统一标准。技术状态管理 5 个流程的每个阶段都需要依靠系统工程师、项目经理、质量保证团队成员和其他利益相关方提供完整、准确、及时的信息，见表 16 - 2。

技术状态管理流程应用于整个生命周期阶段，与任务规模、范围、复杂性、要求和风险无关。对于组织，标准化的、经时间证明的技术状态管理流程增强了流程的严密性和连续性，但我们仍应该对其进行剪裁，以满足特定项目的需求，这样能够节省时间、资源和成本，仅仅增加了一点风险。本章中，我们将讨论技术状态管理流程标准化和流程剪裁的方法。

表 16 - 2　技术状态管理流程和参与者[①]

流程	参与者	输入	输出
16.2　制定技术状态管理计划	· **技术状态经理** · 项目经理 · 系统工程师 · 质量保证工程师 · 数据经理 · 客户 · 承包商 · 供应商和分包商	· 利益相关方期望 · 技术要求	· 组织的技术状态政策和计划 · 项目技术状态计划

续表

流程	参与者	输入	输出
16.3 建立技术状态标识	**· 技术状态管理经理** **· 系统工程师** · 技术团队成员 · 项目经理 · 质量保证工程师 · 数据经理	· 技术状态管理计划 · 运行方案 · 技术计划 · 要求分析 · 接口管理	· CI 清单 · 系统部件和文件标识符 · CI 层次
16.4 管理变更	**· 技术状态管理经理** **· 系统工程师** · 质量保证工程师 · 项目经理 · 项目团队成员 · 接口经理 · 数据经理 · 客户 · 供应商和分包商	· 技术状态管理计划 · 工程变更建议和请求 · 变更和影响评估 · 工程发布请求	· 基线 · 工程变更建议 · ECP 处理 · CCB 会议记录 · 批准、暂缓、否决变更 · 实施计划 · 工程发布
16.5 沟通技术状态现状	**· 技术状态管理经理** · 系统工程师 · 项目经理 · 质量保证工程师 · 项目团队成员 · 数据经理	· 技术状态管理计划 · 当前基线 · CCB 会议记录和指示	· 现状报告 · 未解决的变更请求 · 发布现状 · 当前使用的图样版本
16.6 进行验证和审核	**· 技术状态管理经理** **· 质量保证经理** **· 系统工程师** · 项目经理 · 客户 · 承包商 · 数据经理	· 技术状态计划 · 验证与确认计划	· FCA 结果 · PCA 结果 · 流程审核结果

①本表介绍了技术状态管理流程每个阶段的参与者、输入和输出。每个阶段中典型的主要参与者用黑体字标出（CI—技术状态项；ECP—工程变更建议；CCB—技术状态控制委员会；FCA—功能技术状态审核；PCA—物理技术状态审核）。

16.2　制定技术状态管理计划

核心业务流程必须进行技术状态管理，必须明确规定并用文件记录步骤，设立流程责任人以便有效执行，还应定期进行性能验证。技术状态管理比工程学科要多，是一个组织级的全流程的控制和改进工具。实现技术状态管理的第一步是制定一个全面的技术状态管理政策和计划。

经验教训

改进组织的技术状态管理性能

维持技术状态管理性能的团队，由技术状态管理流程责任人、高层管理者和其他利益相关方组成，他们负责技术状态管理的计划和执行。通过整合技术状态管理的范围、流程、风险和资源，改进技术状态管理性能。

16.2.1　建立组织的技术状态管理政策和计划

当高层管理者了解目的、方案、利益和风险，并为之提供资源实施时，建立技术状态管理计划是非常容易的。组织内的通用方法是保证所有的技术状态管理计划，无论是组织还是项目的，都能实现全部业务目标。这些方法必须处理硬件与软件的固有差异。例如，接口标识和功能性一般出现在较低部件的软件中，开发方法使串行和并行开发活动得以实施。项目生命周期内的所有阶段都需要进行技术状态管理，只是形式、方法和职责有所不同而已。

最有效的组织技术状态管理计划应由技术状态管理流程责任人和既定利益的利益相关方组成的跨职能团队负责开发和维持。高层管理者指导委员会或技术状态管理性能团队负责评审技术状态管理性能，提出变更建议，确保项目能够满足所有目标。最终的技术状态管理计划，明确组织技术状态管理的目的，指出整个生命周期各阶段内技术状态管理的范围及应用，引导组织行为。

对每个人的行为来说，组织的技术状态管理计划都是不可或缺的，其可以应用到其他技术状态管理流程计划中。例如，技术状态管理计划是《NPR 7123.1a》《NASA 系统工程流程和要求》的一部分。组织的技术状态管理计划是管理企业内所有项目技术状态的基础，同时可以对其剪裁，以满足特定的项目需求。

16.2.2　剪裁项目技术状态管理，满足特定的项目需求

组织的技术状态管理计划为整个企业内建立了统一的流程，但是根据特定的项目需求对其剪裁，能够改进项目和风险管理。剪裁包括撰写活动文件，阐述偏离标准实际的原因或超差放行要求。最终的项目技术状态管理计划，包括偏差和超差放行由负责监督技术管理的机构，一般是高层管理者指导委员会或技术状态管理性能团队批准。通过这种方法，技术状态管理计划既与组织目标相符合，又明确了项目的特定目标。

制定项目技术状态管理计划与制定系统工程管理计划（见 14.3.1 节）类似，由所有的项目利益相关方、系统工程师、技术状态管理和计划经理，以及提供主要输入的质量保证经理共同参与制定。

16.2.3　确定项目技术状态管理计划内容

虽然所有的技术状态管理计划都包含类似的内容，但是这里我们以项目级计划为例说明制定技术状态管理计划的步骤。

经验教训
改进项目技术状态管理绩效
结合系统工程管理计划、项目计划、其他技术计划及组织的技术状态管理计划，制定独立的项目技术状态管理计划。该计划突出项目技术状态管理的要求，允许参考项目技术状态管理方法，并促进责任制。

（1）概述项目目的和范围

根据客户合同和技术要求计划，确定项目的主要目标和系统的技术状态项层次。概述包括关键术语定义、首字母缩略语表，以及所有客户或承包商给定的标准、规范和程序。

（2）确定技术状态管理的作用和职责

组织的技术状态管理计划确定了实现技术状态管理目标所需的资源。由于这些资源随着项目规模、范围、风险和复杂性而变化，因此每个技术状态管理计划都应说明实现目标的最佳方法。下面对技术状态管理的主要作用和职责加以介绍。

项目团队成员与项目经理一起负责制定和实施计划。他们完成技术状态标识活动，准备接口控制指南，评估和批准规范变更，参与技术状态审核。

技术状态管理经理负责组织的技术状态管理流程和标准，指引计划实施，管理和报告技术状态管理流程绩效，并对参与和接受技术状态管理活动的人员进行教育和培训。

技术状态管理资料员或技术员负责项目文件库和数据库的维护，为项目成员提供状态信息，准备报告，提供存档记录、负责访问控制和安全。

技术状态管理工具技术员负责支持和维护所有的技术状态管理工具，通过自动化提高生产力。

技术状态控制委员会（CCB）与项目团队共同对项目成果负责。技术状态控制委员会一般由技术状态管理经理任主任，由主题业务专家和熟悉业务、项目及技术的人员组成。他们具有以下权力：批准和修订技术状态项和规范；评估接口控制问题；批准、否决或推迟变更提议；监督硬件、软件和固件的集成；管理系统审核；建立和协调工作；批准、否决或推迟技术评审委员会的建议。

材料、技术或软件评审委员会由一些提供专门的技术、工具、设施或其他资源的主题业务专家组成。他们可以定期或根据实际需要与项目团队一起举行会议。他们关注的是技术要求，例如技术状态项的相互关系，对问题的确定、分类和变更建议的评估进行同行评审。他们为技术状态管理政策和文件撰写提出建议。与技术状态控制委员会一样，材料、技术或软件评审委员会保证对每次会议记录和他们编写的项目文件都进行技术状态管理。

> **经验教训**
> **有效利用技术资源**
>
> 维护情况列表。识别经常需要使用特殊技术资源的情况。
>
> 维护技术资源网络。宣传并鼓励利用专门技术、工具、模型和设施发现、评估或解决问题。包括关键领域的其他资源。
>
> 向网络提供新闻。对项目进度、性能和趋势进行报导。
>
> 提供奖励。通过适当方式对在公众认可、技术协作机会和教育会议中提供帮助的人表示感谢。

当系统、部件或接口（见 15.7 节）涉及多个承包商、机构或组织时，接口控制工作组就显得特别重要，它由系统工程师和其他技术人员组成，这些技术人员必须具有必要的技术经验和权利，同意将其组织的资源用于技术计划和解决方案，如合同、协议所规定的一样。接口控制工作组负责编制接口控制文件，使接口要求的定义、设计和控制问题简单化，对接口和集成问题进行评审，提出解决方案。

供应商和分包商对软件和硬件的技术状态管理性能来说至关重要。在合同投标过程中，技术团队通过与这些利益相关方沟通技术状态管理要求，来保证实现最佳性能。工作说明应包括以下各项：项目技术状态管理计划、合同数据要求清单（含所有所需数据项）和数据项说明（描述每个可交付数据项），提供这些信息只是管理外部组织提供的软件和硬件部件技术状态的第一步。我们必须继续共享信息，包括设计变更预先通知、待定报废和那些将影响项目的变更通知。

项目的规模、范围、阶段划分、风险和复杂性都会显著影响技术状态管理。一些组织将规模小、相较简单的项目或处于方案设计和研制阶段的项目，委托给技术项目团队成员进行变更管理和技术状态纪实，这些团队成员担任技术状态管理经理和技术员的角色，对技术状态管理绩效负有责任。

那些比较复杂或已超越设计和研制阶段的项目，应采用正式、集中、网络化的技术状态管理。图 16-1 给出了技术状态管理功能，利用标准和工作流程图、通用的编号和修订方法、数据字典、负责管理必要数据要素的团队成员名字，并采用其他技术状态管理和数据管理方法，以此来支持系统工程、分系统项目团队和各个分布式的技术状态管理团队。系统技术状态控制委员会也为所有分系统的技术状态控制委员会和技术团队提供集中的指导、指示和协调。

图 16-1　复杂项目的组织结构

本流程图说明了组织利用网络化的技术状态管理设计复杂系统

（CCB—技术状态控制委员会；QA—质量保证；CM—技术状态管理）

（3）确定生命周期里程碑和事件

在每个生命周期阶段结束时，项目团队和利益相关方将进行技术评审，确定是否可以发布项目规范并开展后续活动。根据利益相关方协议，每个评审的结论应包括批准并发布技术状态基线（见13.2.2节）。国防部的许多机构和承包商将技术状态基线进一步分解成系统级技术状态的功能基线、分系统的分配基线，以及物理设计详细技术状态的产品基线或建造基线。但是，他们都采用相同的分阶段评审和发布流程，来管理技术开发。

我们经常利用相同的分阶段评审方法来管理项目业务。许多国防部、美国国家航空航天局和私有工业的组织都同时进行项目评审和技术评审。项目评审批准后，发布项目基线，该项目基线将项目的成本、进度和风险管理计划及状态与批准的技术状态基线相结合。当系统工程师参与评审和批准项目基线时，项目经理主要负责整个流程以及成本、进度和风险基线要素。系统工程师和项目经理之间分别负责，从而保证技术活动与采办管理目标相一致。

生命周期阶段、评审和基线的数量因组织不同而有所不同。同一组织内对硬件和软件技术状态管理的描述不同，或不同组织间的联合技术状态管理的描述也不同。第1章给出了美国国家航空航天局使用的生命周期的7个阶段，以及相应的技术评审和技术状态基线。

组织的技术状态管理计划描述项目的发展过程，包括重复研制、技术评审、技术状态基线批准和发布。一些规模小或简单的项目不具备图1-5所示的生命周期的所有阶段。在同一系统中，硬件和软件在研制和生产阶段存在固有的差异，也进一步影响评审、批准和发布的时机。项目技术状态管理计划可以为任意不需要的生命周期阶段活动的要求超差放行，或者描述任一技术状态管理要求。

在生命周期内，项目范围有时会发生变化，技术状态管理活动的范围和宽度也会随之改变。因此，我们必须在整个生命周期内对技术状态管理流程性能进行监控，根据需要调整技术状态管理计划，使其与项目目标保持一致。

（4）描述技术状态管理核心流程

本章详细描述建立、定义、管理、沟通和验证项目工作的每一个流程，包括：

1）技术状态标识，描述我们怎样确定、命名和保存技术状态项。

2）变更管理，解释怎样发起、评估、发布和实施变更。

3）技术状态纪实，描述我们怎样记录、访问、报告和分配技术状态项的现状。

4）技术状态验证和审核，描述项目审核、内部流程审核、供应商或分包商的验证和审核。

（5）确定技术状态管理接口管理要求

组织的技术状态管理计划描述确定接口要求的方法，包括硬件、软件、固件、商业现货项和政府提供设备之间的接口，还确定了我们能够建立的接口协议类型，参与接口控制工作组的成员，以及如何评价、批准接口项并将其集成到系统中。我们甚至可以对相似的功能、技术或设计加以分组，简化接口管理问题，改进项目控制。项目技术状态管理计划以组织技术状态管理计划为指导，确定其特定的接口管理要求，而超差放行其他所有的要求。

越来越多的供应商和分包商使用接口管理，说明接口管理越来越受到重视。技术状态管理计划描述我们怎样吸纳他人提供的技术状态项，在生命周期所有阶段怎样对提供的技术状态项实施技术状态管理。第 15 章对接口管理进行了详细论述。

（6）描述技术状态管理数据管理流程

在组织的技术状态管理计划或与组织计划有关联的单独的组织数据管理计划（见第 17 章）中，应该包括维护和保存技术状态数据完整性的方法，以及为客户提供必要的技术状态数据的方法。项目技术状态管理计划中应包括对特定项目的 CM 数据的要求、维护和保存，以及有关任意数据管理要求的超差放行。

（7）确定技术状态管理指标

我们需要对技术状态管理性能进行评估。组织的技术状态管理计划描述了测量、收集和报告的方法，以及评估组织技术状态管理性能的重要指标。项目技术状态管理计划确定了项目最关心的指标。

16.3　建立技术状态标识

技术状态标识确定了项目的层次和项目中所有定义和技术状态信息间的相互关系。技术状态标识为整个生命周期内技术状态的定义、维护和控制奠定基础。有效的技术状态标识能够保证在项目和组织内及项目和组织之间，建立和维护相互兼容的文件集。系统工程师在技术状态标识流程中起到重要作用。技术状态标识流程包括 3 个阶段。

1）选择和指定适当等级的技术状态项。

2）分配专用的标识符，例如图样标识符、文件标识符、零件标识符，以及硬件、软件、固件和文档建立与修订等的命名。

3）建立项目层次，确定必要的基线和文件。

16.3.1　选择和指定技术状态项

该流程为对项目的所有组件及其技术状态文件进行技术管理奠定基础。技术状态项是由利益相关方根据技术管理目的指定的单一实体，为硬件项、软件项或固件项。高管理级的技术状态项可能包含低管理级技术状态项的一些要素，这些技术状态项为系统提供了重要或独特的端功能，其规模、组件数和复杂性可能会有所不同，但是我们可用同样的方法记录、评审、管理和批准这些技术状态项。

技术状态项的最佳数量是使技术、风险和资源诸因素达到平衡，由系统工程师组成的综合项目团队应与客户、技术项目经理、后勤人员和技术状态管理相关人员一起工作，确定技术状态项。为此，他们要利用利益相关方的期望和技术要求定义、逻辑分解、工作分解结构、接口要求、技术策划文件和可用的技术（主要的）部件清单。技术状态项的确定准则包括：

1）技术状态项故障将严重影响任务的安全性、可靠性、环境或成本。

2）技术状态项可独立、单个地应用。

3）设计包含新开发、高风险或未经验证的技术。

4）技术状态项将与现有部件或其他组织控制的组件建立接口。

5）技术状态项预期是个标准、可重复使用或现场可更换的组件。

6）技术状态项在生命周期内需要升级或修改。

例如，FireSAT 集成项目团队将 FireSAT 航天器指定为技术状态项，并将以下 6 个组件指定为分系统级技术状态项（见树形图）：基板舱、推进舱、有效载荷舱、边板、顶板和太阳能电池阵驱动组件（SADA），还将基板舱组件技术状态项细分为 3 个技术状态项：电子设备子组件、基板子组件和电缆网。这 9 个技术状态项可帮助团队实现：

1）将每个技术状态项作为独立实体进行管理，因此要对每个技术状态项的基线技术状态进行观察、评审、批准、发布和管理。

2）通过在系统内确认几个主要的技术状态项，将其作为独立实体进行管理，简化复杂系统的技术管理问题。

FireSAT 团队用 HWCI 代表硬件技术状态项，CSCI 代表计算机软件技术状态项，图 16 - 2 给出了 FireSAT 的物理组成图。

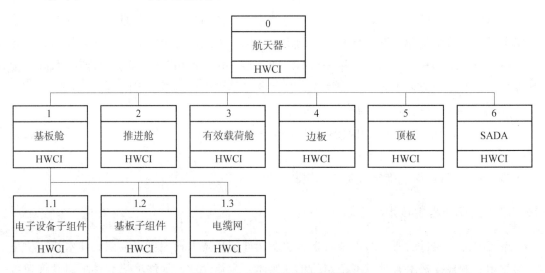

图 16 - 2　FireSAT 物理组成图

图中给出了 FireSAT 航天器、6 个分系统级技术状态项和基板舱的 3 个技术状态项（SADA—太阳能电池阵驱动组件）

FireSAT 团队利用该方法从技术、风险和资源角度来确认几个主要的技术状态项，经批准后，发布技术状态项清单，其中确定了 FireSAT 任务系统技术状态项和其下层技术状态项，包括卫星和辅助系统的交付物。所有技术状态项必须能够直接追溯到工作分解结构。FireSAT 团队提出了一个包含 300 个技术状态项的技术状态项清单，用于管理由超过30 万个组件组成的系统。

技术状态项中每个组件的技术文件应包括功能规范、原理图和试验要求。所有技术文件都通过设计和工程发布实现技术状态控制。但是通过指定一个技术状态项或技术状态项组，来制定规范、离散标识符、变更批准、鉴定试验、设计评审和批准，以及技术状态项基线发布等要求，团队利用这些要求更好地管理技术活动的规模和速度。

> 经验教训
> **建立技术状态项技巧**
>
> 在下列情况下，技术状态项指定为相同的技术状态项：
> ・子组件分担共同的任务应用。
> ・子组件具有共同的装备和部署要求。
> ・技术状态项具有高度相互依赖的功能。
>
> 在下列情况下，技术状态项指定为独特的技术状态项：
> ・技术状态项的数据输入率和输出率差异较大。
> ・经批准，对设计要求和变更进行额外控制的技术状态项。

政府提供的设备和商业现货项（包括商业可用软件）的使用越来越多，为技术状态管理带来挑战。在项目生命周期内，指定技术状态项，以便更好地管理和控制技术状态和变更，已经逐渐成为通用的做法。技术状态控制包括管理软件或硬件的形式、配合和性能规范、商业现货图样和产品版本等文件。尽管文件类型可能是商业产品描述，或是详细的性能规范，但是设计特性文件是必需的。

采购协议应包括适当的约束和提出的变更通知，在签订协议前，项目团队应对供应商或分包商变更的潜在影响进行评估。客户往往建议系统工程师和项目经理尽可能利用现有的商业部件；与专用或详细的设计规范相比，确定现有商业部件的配合、形式、性能和接口等要求能节省时间和资金。

在项目的设计定义阶段，我们确定许多技术状态项，但是有些技术状态项，例如软件或维护手册、试验或保障设备只能到后来才能确定和开发的。

16.3.2 分配专用的标识符

分配专用的标识符使得在生命周期内管理组件及其技术状态文件更加容易。部件技术状态文件包括组件的性能、功能和物理属性，所有其他产品文件，例如试验计划、装配图和维护手册都来源于技术状态文件。对给定组件的每份文件以专用标识符保证其与技术状态文件准确结合。我们规定，一个具体的文件版本由来源、文件类型、文件标识符和修订标识符 4 个要素组成。

我们一般用商业与政府机构（CAGE）代码，来标识所有的技术状态项及其下属组件和子组件的文件的来源，CAGE 代码也是组件技术状态信息的一部分。下面给出的是图样的标识符，包括版本、相关的产品序列号、批准和发布的变更。

CAGE 代码	PN	序列号	文件号	修订	变更号
81352	810810—01	SN2120	34875555	A	C3655001

文件类型可根据一些因素来确定，例如硬件或软件类型、组件运行的情况和环境。美国国家标准协会（ANSI）、美国机械工程师协会（ASME）和美国电气与电子工程师协会（IEEE）等工业协会提供了硬件和软件的最低可接受的性能、质量和接口要求规范。

文件标识符及其修订标识符告诉我们，当前正在使用的或已发布将使用的文件存在什么问题，可能有多种不同方案，但是客户通常指定一种方案，并由系统工程团队确定文件类型。

为了确保准确标识，我们还为每个硬件项、软件项或固件项分配专用的标识符。专用标识符一般由名称、商业与政府机构代码、零部件号或项号、版本号或标签号组成。这种分配专用标识符的方法，能够区分每个产品的技术状态，将技术状态项与其技术状态文件以及其他相关数据联系起来，便于对行动进行跟踪。

项目团队还可能为技术状态项及其组件分配另外的标识符，例如模型号、批号或序列号，以表示每个技术状态变更的时间，方便团队成员之间进行沟通。当一个特定的过程或事件使用一组组件时，通常需要为每个终端项建立模型号、批号或日期代码。在技术状态项中，下级组件通常使用批号，批号的控制方法与序列号类似。当需要区分单机时，我们为每个单机分配一个序列号。零件号给出了该零件的制造图，为每个已制造的零件分配专用的序列号，以区分使用同一制造图制造的相同的零件。零件号使我们能够参考图样和设计文件，序列号使我们能够参考特定零件的专用的质量控制和验证文件。

16.3.3 建立项目层次

建立项目层次为管理项目要求和数据提供了一个框架。技术状态层次包括标识符、内部结构以及部件的相互关系和文件。在设计定义阶段，我们把系统体系分解为同一级别，以便客户能够规定和控制分项的性能。与第 19 章 FireSAT 类似，规范或树形图以及工作分解结构给出了项目分解视图。

工作分解结构确定所有可交付项和服务，从顶层系统到底层描述硬件、软件、固件和数据等产品；工作分解结构定义技术状态项，并将技术状态项通过零件号与应用类型、标识符和修订等级表示的保障文件相链接。项目团队成员对每个技术状态项和工作分解结构中的每个组件负责。在技术状态管理技术员的协助下，项目团队成员管理技术状态文件，并负责必要的变更管理，发布规程。这种分层次方法使得硬件和软件项目团队能够分别管理各自的技术状态项，而由系统工程师监控和协调系统内各级的接口管理和集成。

经验教训

提高数据清晰度的技巧

考虑为每个文件指定两个负责人——作者和用户，以提高数据清晰度和完整性。

16.4 管理变更

项目团队需要在一个具有创造性、灵活性、稳定性的环境中进行合作。技术状态管理面临的挑战是建立并维护表达清楚、简单、快速又准确的流程，便于进行变更管理。变更管理包括：

1）建立变更准则、程序和职责；

2）接收、记录和评估变更请求；

3）在执行变更前获得相应批准；

4）在技术状态项中纳入已经批准的变更；

5）发布已修订的技术状态文件，以供使用；

6）跟踪变更请求；

7）监控变更执行情况，确定变更是否达到了预期的效果。

16.4.1　建立变更准则、程序和职责

建立变更准则、程序和职责，首先应认识到不是所有的变更都是平等建立的。好的方法是：

1）提供变更政策报告，明确在什么情况下可以变更或不可以变更。例如，我们可以在研制初期建立非正式的技术状态管理方法，建立图样、变更评审和批准的方法，并向技术项目团队成员发布。该方法加快了早期项目阶段的设计创新和变更。

2）坚持由文件作者负责文件内容。

3）保证最受影响的利益相关方拥有协调和估计变更影响的职责。

4）提供简单、准确的程序，防止技术状态文件进行未经协调或非授权的变更。

5）定期对项目团队进行技术状态管理培训。

6）确定技术状态管理性能测量指标。

技术状态管理经理负责提供能够反映项目生命周期的变更管理方法。在早期阶段，项目团队需要能够快速变更的方法，但是随着项目的发展，变更的影响扩大，变更的实现变得日益复杂、风险大、费时和昂贵。FireSAT 的成本模型可参见第 19 章的表 19 - 16 和表 19 - 26，利用该模型可在早期 A 阶段分析后进行成本估计。对于高性价比任务，在整个生命周期内管理这些成本至关重要。技术状态经理必须不断改进技术状态管理系统形式，使每个阶段系统工程团队都有设计完善的变更管理流程。

16.4.2　接收、记录和评估变更请求

在早期研制阶段，我们通过技术交流和讨论，以非正式方式接收、记录和评估变更请求，给出技术图样或文件修订，上面带有日期、时间和项目工程师的签名。但是，初始技术状态基线批准和发布后，将执行更加正式的变更过程，包括工程变更建议、偏差或超差放行。管理这些变更的技术状态管理流程本质上是相同的，但是对技术状态基线的影响却不同。

偏差或超差放行是指允许暂时偏离设计或性能要求，通常是指特定数量的单元或特定时间段，两者的主要差别是使用的时机不同。受影响单元在总装前出现的不符合问题，称为偏差；在总装或验收试验期间或之后出现的不符合问题，称为超差。不管是偏差还是超差，它们都是暂时的，不会影响批准的技术状态基线。当评估提出的不符合项是否适合作为备选方案时，系统工程师发挥关键作用。在技术状态控制委员会批准任何暂时的设计偏

差前，技术团队成员必须保证系统和支持运行不受影响，也不需要进行修正。

工程变更建议（ECP）或软件问题报告（SPR）提出对技术状态基线进行永久变更，这一请求一般由组织内部产生，而由客户或供应商提交。提交工程变更建议或软件问题报告的理由包括：

1）增加新的客户要求；

2）修改性能或功能；

3）回应监管要求；

4）确定问题、错误或缺陷；

5）改进可生产性、运行或维护。

工程变更建议文件应说明待分析的问题、提出的解决方案及受影响的部件和图样的文件。提出人向技术状态管理技术员提交工程变更建议，由工程变更建议技术员负责记录，为进行变更跟踪分配专用的标识符，确定变更的类型及与变更相关的项（包括从组件级到系统级）；然后，技术状态管理技术员将工程变更建议文件提交给相应的项目团队进行评估，流程如图 16-3 所示。在技术状态控制委员会评审和批准前，软件项目团队向软件评审委员会或软件技术状态管理经理提交软件问题报告，进行初步筛选。

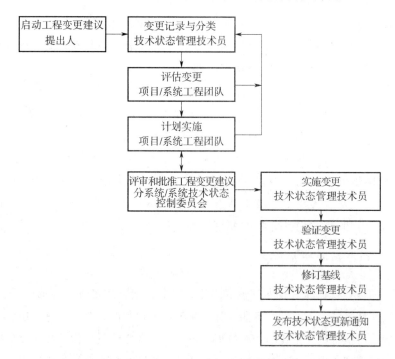

图 16-3　工程变更建议流程

该流程给出了工程变更建议的步骤及相应的参与者，包括工程变更建议提出、接收、记录、评估、批准和发布

系统工程师和项目利益相关方对工程变更建议或软件问题报告的价值进行评估，包括提出的每个解决方案对整个项目的影响。I 类变更是指影响已批准的技术状态基线，包括安全性、接口或任务成功性的变更，需要客户计划办公室批准，变更实现时应生成产品版

本标识变更。与 I 类变更相比，II 类变更通常不影响形式、配合或功能，由技术状态控制委员会内部批准，也不需要产品版本标识变更。当评估变更影响时，我们必须确定：

　　1）所有可能与变更发生冲突或受其影响的要求。

　　2）若拒绝、推迟或按计划实施变更对项目进度、成本、资源风险的影响[1]。

　　我们根据影响、规模、复杂性和要求的批准级，对变更进行分类，项目级技术状态控制委员会负责批准主要变更，低级别的技术状态控制委员会或项目团队负责批准内部组件的小变更及将变更分类，也简化了安排优先序的工作。例如，改正可能导致任务失败的错误的软件问题报告，比改进可互换性变更的优先级高。

经验教训

设置有效的优先级技巧

工程变更建议和软件问题报告按以下变更分类：

　　　1）处理安全性或可靠性问题；

　　　2）客户或法规提出的请求；

　　　3）影响使用、运行或支持；

　　　4）影响可互换性；

　　　5）提高性能；

　　　6）没有合适的其他方案；

　　　7）需要现场更换或改装；

　　　8）在目前存货用完后实施。

这样分类能使得变更优先序的安排简单、公平。软件问题报告用于报告软件问题。

　　在组织的技术状态管理计划中，变更分类准则和变更批准级增强了安排优先级的公平性，也简化了组织的批准流程。系统工程师在评估变更对项目的潜在影响时具有领导作用。在评估变更和影响分析、协调实施计划以及评审提议的技术准确性和完整性的过程中，系统工程师必须考虑所有受影响的利益相关方，然后，系统工程师向技术状态控制委员会提交变更。技术状态控制委员会批准后，系统工程师与技术状态管理技术员一起发布技术状态基线变更，以供所有的利益相关方使用。

经验教训

有效的变更影响分析技巧

工程变更建议和软件问题报告涉及的所有潜在的变更影响包括：

1）下一个产品的装配、接口或流程；

2）软件或固件的接口或功能；

3）工具或固定装置；

4）编码或制造流程；

5）试验设备或试验流程；

6）装卸或支持设备；

7）供应商交付物或运行。

　　我们必须保证向所有受影响的利益相关方发布工程变更建议和软件问题报告，包括项目和接口的领导者，以便他们进行影响分析，从而促进交流与沟通，改进整个系统的变更影响分析，协调制定有效的实施计划。

　　如果技术状态控制委员会拒绝或推迟工程变更建议或软件问题报告，那么技术状态管理技术员应记录技术状态控制委员会处置结果、拒绝或推迟的理由。如果是拒绝变更，那么应记录有关的评估文件，作为历史依据；如果是推迟变更，那么应在文件上标记上具体日期，方便跟踪及以后再审。工程变更建议或软件问题报告编号作为变更跟踪和可追溯性的共同线索，列入技术状态纪实清单和报告中，经批准与实施后，最终出现在图样的修正栏中。

16.4.3　获得批准

　　系统工程师负责评估变更的影响，技术状态控制委员会负责最终确定变更对系统的综合影响，并批准变更和实施。技术状态控制委员会成员组成是由项目复杂性和客户要求等因素确定，并随项目发展而有所调整。技术状态管理经理经常担任技术状态控制委员会主席，并根据系统需要定期调整成员。例如，在系统定义阶段，技术状态管理经理将技术状态控制委员会职责委托给系统工程师和质量工程师；在初步设计阶段，CCB 增加了制造、单元和可靠性试验等方面的经理。

　　变更控制委员会对所有技术状态项、分系统和系统的硬件和软件集成拥有决策权力。它密切监控所有各级的物理接口和功能接口，协调变更。进入最终设计阶段后，由技术状态管理经理担任主席，与项目经理和后勤保障利益相关方一起执行正式的技术状态管理。我们必须与软件技术评审委员会、其他技术评审委员会或接口控制工作组合作，以保证对所有技术性能问题和"使用"影响都进行恰当的评估。

　　技术状态控制委员会主席还负责安排会议、准备议事日程和协调变更包评审，监督形成会议文件，记录讨论、决策及必要的行动项。会议产生的决策作为技术状态控制委员会指令发布，将决策和实施告知所有的利益相关方。系统工程师在制定指令内容时发挥主导作用，指令内容包括：

　　1）实施计划确定有责任的利益相关方所要求的全部行动、行动顺序、相关成本和完成日期。

　　2）每个要求的变更的有效日期（有效性）规定每个技术状态项及其合同的图样、文件、软件或硬件实施变更的时间。我们将其表示成纳入日期、块号、批号或单元号。

　　3）所有受影响的文件、图样及其变更的有效性。

　　4）任何必须发布的相关指令或命令。

当变更对客户批准的基线造成影响时，必须在客户技术状态控制委员会批准这些变更后，才能执行变更指令。

　　当变更数量为常态时，定期举行技术状态控制委员会会议就可有效处理变更，技术状态控制委员会主席可能召开特别会议，评审紧急变更。技术状态管理经理和技术状态控制委员会成员的工作乃是组织的技术状态管理性能的有力标志，技术状态控制委员会成员应积极出席会议、参与并指导变更评估以取得最佳结果，以此促进最优的技术性能。复杂、繁琐或低效的技术状态管理流程会迫使项目团队设法变通，对有效的变更管理需求的说明不能夸大，但是技术状态管理经理必须权衡正规性和简单性，以达到最佳效果。

16.4.4　纳入批准的变更

技术状态项变更经常需要新的或修订的技术文件，标识符也相应变更。可以变更的文件包括规范、图样、技术手册、零部件清单、软件控制图、试验与评估程序。系统工程师经常在制定实施计划中发挥领导作用，确定所有必要的行动、每项任务的责任和时间安排，技术状态管理经理或技术员可以协助系统工程师制定实施计划，项目经理负责监督计划的实施。基于分发目的，工程变更建议或软件问题报告等文件为利益相关方提供了大量的必要信息，通常只包括设计文件中受影响的几页，以及注明要求日期的引用的支持文件，在需要时确保其可用性。

16.4.5　发布修订的技术状态文件

在发布了变更批准和修改好文件之后，发布修订的技术状态文件。技术状态管理技术员负责对所有组件文件的各个版本进行发布和维护，包括解释替换以前版本的理由，并发布授权书。技术项目团队成员成为他们自己开发的数据的用户。发布是反复迭代的，并授权组件或技术状态项的活动进入下一个生命周期阶段。下面论述生命周期阶段、设计评审和基线发布之间的相互关系。

在 FireSAT 系统定义阶段，系统工程师制定技术性能规范、图样和零部件清单，形成了实际设计系统技术状态的第一次迭代，在这个阶段，技术状态管理组织可以委托系统项目团队对这些主技术文件及其变更进行控制。FireSAT 技术状态管理计划规定，该阶段的文件修订需要相关系统、硬件、软件、组件负责人和质量工程师签署，并标记日期和时间。然后，技术团队才能进行后续的系统要求评审。

系统要求评审的目的是评估进展、技术适当性和设计方法风险。系统工程师、技术状态控制委员会和所有利益相关方对项目技术状态文件，包括截至目前的所有变更进行评审。在 FireSAT 所有技术状态项与其他设备、软件、硬件、设施和用户之间建立物理接口和功能接口，还对工程模型、软件构造和试验结果进行评估。在系统要求评审后，发表工程发布（ER）文件，告知利益相关方 FireSAT 系统基线已经批准，经授权可以进入下一个生命周期阶段。系统基线作为验证和确认的参考点。

在后续各阶段中，工程项目团队将主控文件和变更命令的控制权转交给技术状态管理组织。技术状态管理组织利用 3 个软件库管理软件项、文件和所有变更。动态库包括软件项以及正在建立和修改的文件，由开发者负责技术状态管理。控制软件库包括基线、系统建造文件，以及开发、维护软件必需的所有编译器、操作系统和其他工具。软件以及技术员负责管理控制软件库，验证和确认由推广政策规定的所有新的或修订的项目意见书，并保证所有变更都已授权。根据发布政策的规定，静态库是一个档案库，包括为一般用途发布的所有基线和其他软件项或文件。

部署准备阶段快结束时，FireSAT 系统团队已经完成满足设计要求的稳定设计，已准备好进行运行状态评审，功能和物理技术状态审核保证项目满足所有的性能和物理规范。

审核活动是对最新版本的实际建造的基线技术状态、所有批准的变更、完成的试验单元和结果、项目进度和合同交付物进行评审，评审后，系统工程师发布工程发布文件、批准的实际部署基线，以及授权 FireSAT 项目可以部署使用。

在生命周期的其他阶段，所有组件、技术状态项及其文件变更都需要正式的技术状态管理批准。技术状态管理计划中，为了改正不足或提高项目性能需要进行变更，我们仍需要遵守规定的变更通知、批准和发布的流程。

16.4.6　跟踪变更请求

根据变更类型跟踪变更请求，能够进一步掌握技术状态控制。I 类变更最重要，因为它经常处理安全性或关键性的问题，或者使项目满足规范、可靠性或维护等要求。我们通常认为，I 类变更比 II 类变更的优先级高，II 类变更只是增强使用或操作，或是减少项或修复其零部件的生命周期成本。I 类变更和 II 类变更的控制本质上同等重要，不过 I 类变更的技术状态控制步骤较复杂。

组件的 I 类变更通常会影响其形式、配合或功能。当新版组件与旧版不再具有可交换性时，新版必须有专用标识，因此我们为其分配一个新的零件号。如果该组件是上级组件的一部分，那么我们将为所有上级组件分配新的零件号，直到能够重新建立可交换性为止。将可交换级的零件号修改为下一个修正级，以表示文件变更（如图 16-4 所示）。由

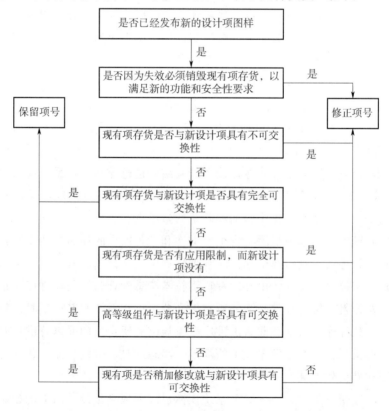

图 16-4　产品号修正过程，该流程图介绍了保留或修正项号的决策过程

于 II 类变更不会影响形式、配合或功能，我们通常只将其修改为下一个修正等级，而达到改变零件号的目的。

每次软件变更都在变更文件中标注修正标识符表示已修改，我们在记录文件或数据库中保存所有软件变更的历史记录。软件源代码文件版本作为完整文件版本或文件增量存档，表示只有版本之间的变更。

对单一系统使用的已批准变更的组件进行跟踪相对简单，但是对于多系统应用的组件，实施过程可能随着每次使用而发生变化。设置变更实施有效性可使我们管理不同的实施，采取以下两种方法中的其中一种：日期有效性或单元有效性。对于日期有效性，我们为使用新的组件选择一个变更实施日期，该日期应该以给定批次部署为基础，进行批次技术状态控制，或者与批次内的特定单元部署相关。日期有效性方法能够在小批量生产环境下，维持复杂组件的技术状态控制。

单元（序列号）有效性的原则基本相同，只是特定的终端项序列号单元要变更。单元有效性方法能够预先确定每个终端项序列号的技术状态，使得技术状态变更免受进度调整的影响。技术状态经理保留包括有效性信息在内的变更实施记录，以便跟踪特定的终端项。

16.4.7　监控实施

监控实施依靠部件的零件号与终端项产品零件号、批号、序列号，以及所有技术状态文件的相互关系，只有所有的变更已经批准并发布使用，我们才允许相关的软件或硬件版本进行变更，但是有时部件可能不符合其图样规范。当我们发现设计不符合问题时，需要质量保证工程师发挥重要作用，评估根本原因，解决问题，防止问题再现。

当评估不符合问题时，我们可能得出这样的结论：这次暂时超差放行设计规范要求是合理的。在质量保证和变更控制委员会批准后，我们可以发布一个偏差或超差放行文件，允许暂时放宽设计要求。16.4.2 节给出了偏差和超差的区别，但是我们使用偏差或超差的条件是相同的。偏差或超差：

1）规定涉及的单元的数量或时间段；

2）当单元数量或时间段满足时，要求回到规定的基线设计；

3）要求质量保证批准实施；

4）采取纠正措施，发现根本原因，解决根本问题；

5）被技术状态管理技术员接收、记录和保持，作为项目历史的一部分。

目前政府要求的偏差和超差标准（MIL-STD973）已经取消，但一些组织仍然继续使用这两个暂时变更工具，另一些组织选择偏差或超差之一作为工具。有时项目团队认为，不符合对设计不会造成重大影响，因此，可以对设计规范进行永久变更，作为未来的验收条件。

项目团队也可能认为，产品不符合是重大问题，不符合的技术状态项不能再使用。在这种情况下，负责该项的工程师发布不良材料清单，对不符合产品进行物理隔离，防止使用，由适当的项目团队对这些不符合产品进行评审和处置。这些不良材料可能退还供应商，由供应商销毁或再加工进行废物利用。客户、供应商和质量保证工程师经常为处置方法提供建议，并正式设立材料评审委员会，负责监督补救和预防措施的实施，以及不符合报告文件的编制。技术状态管理技术员接收、记录和维护不良材料清单，将其作为项目历史的一部分。

在项目生命周期中，我们必须保证技术状态基线始终满足功能和物理性能要求，还必须证明已交付的硬件、软件和固件的实际建造技术状态与批准的实际设计技术状态一致。有效的技术状态标识和变更管理方法为技术状态项的可追溯性奠定了基础。理想的情况是，在整个生命周期内，项目、设计定义和技术状态文件之间完全匹配。

16.5　沟通技术状态现状

每个项目及其技术状态项的技术状态文件的连续、准确的可见性是体现有效技术状态纪实的重要标志。技术状态管理团队成员利用技术状态纪实（CSA）记录、存储、协调和报告在项目生命周期内技术状态项的状态。技术状态纪实具有可追溯性，共同解决正面和负面的问题，保证每个技术状态项及其技术状态文件的准确性和完整性。如果想实现可靠的技术状态纪实性能，必须：

1）开发和维护技术状态管理数据库，用以在整个项目生命周期内，存储和访问所有技术状态文件。

2）提供工具和流程，为系统及其技术状态项的所有技术状态管理活动进行可靠的识别、记录、跟踪和报告。

16.5.1　开发和维护技术状态管理数据库

开发和维护技术状态管理数据库是一个连续的过程，应根据客户要求和使能技术而变化。系统工程师是技术状态管理数据的常用客户，可帮助选择数据库工具（见第 17 章）。技术状态纪实数据库应该是一个电子化的数据库，所有数据在接收后进行验证，以中性或非专有格式进行储存，防止非授权访问或更改，经批准的申请可以访问或更改。技术状态纪实数据库包括系统工程管理计划、工作分解结构和规范树、系统分析文件、装配图样、要求定义文件、基线设计、试验规范和数据及与图样更改和发布相关的状态报告。

开发电子数据库的组织通常首先处理文件控制活动，具有电子登录和退出能力。在早期阶段，这些活动能够为项目提供支持，但是后续阶段我们需要其他支持能力，特性如电子文件编辑和标记、技术状态控制委员会任务在线策划、连续采办以及生命周期保障数据发布，从而提高了功能和生产力。在具备这些能力后，我们就能对设计工具、业务软件和企业资源计划系统进行整合，获得额外的生产力，促进承包商提供交互式的集成技术信息服务。

如第 17 章所述，数据库设计和数据管理方法取决于多个技术状态管理实际情况。首当其冲的是，不同合同可能具有不同的技术状态管理数据要求，例如生命周期阶段的数量或应该完成的任务，以及规定的作用和职责。技术状态纪实活动和所需的文件格式也可能根据合同不同而有所变化。数据库设计必须具有足够的灵活性，以适应这些变化。

16.5.2　为共享技术状态管理数据提供工具和流程

为技术状态纪实活动提供工具和流程，首先应该确定用户要求。在系统状态管理策划过程中，我们确定了信息系统和所需的工作流管理流程，还确定了必要的技术状态纪实文件，包括系统部署状态信息、变更建议、请求申请和批准、批号和序列号跟踪要求。这些信息将进入第 17 章所述的技术数据管理流程。

为满足项目交付物要求而制定的每个文件，均须实施技术状态管理，因此项目团队为每个文件设立责任人，控制版本的变化；有些组织设立由文件作者和主要终端用户组成的文件共同责任人，以保证数据的完整性和清晰度。根据项目技术状态管理方法，团队成员还被授予接收、修正和发布文件的权力。技术状态管理技术员接收和记录不断发展的产品技术状态信息。表 16-3 列出了验证技术状态项现状的最终报告。

表 16-3　技术流程的典型信息源和输出报告^①

信息源	CI 技术状态现状输出
· 系统性能规范 · 接口控制文件 · CI 性能规范 · 工程图样 · 试验计划和程序 · ECP 或 SPR · 偏差和超差放行请求 · 审核计划	· 目前每个系统的 CI 清单 · 功能基线、分配基线或产品基线 · 以前的基线 · CI 的每个图样和文件的发布和批准状态 · 每个 ECP 和 SPR 状态 · 技术状态审核结果

①这里，我们列出了技术状态管理数据的几个信息源和通用状态报告（ECP—工程变更提议；SPR—软件问题报告）。

建立技术数据包（TDP）所需的信息来源于技术状态纪实记录。技术数据包通常包括一个历史记录，描述产品的材料、物理和性能特点及特性，以及装配和验收试验程序。在方案阶段，系统工程师、质量保证工程师和其他项目团队成员向客户和其他利益相关方咨询，以建立所需数据、数据格式，以及数据经理和责任人。

其他的项目团队成员，例如项目经理或质量保证团队成员，经常需要根据需求剪裁收集的数据和报告。例如，项目经理需要对所有位置上的所有系统技术状态项的技术状态变更的有效性和部署状态进行监控。质量保证团队成员利用技术状态管理记录，对来源于技术状态项的原始基线技术状态的所有变更的可追溯性进行监控。技术状态管理和质量保证团队还利用技术状态纪实数据，监控技术状态管理流程质量和测量整个组织的绩效。

指标可以帮助我们找出技术状态管理流程可以提升的优势和区域，管理相关风险，达到一致的技术状态管理性能。完善的测量对未来提高绩效具有积极的作用，不仅是业务记录，而且起到记录历史的功能。性能测量应该：

1) 集中时间和精力，实现几个最重要的技术状态管理目标；

2) 利用简单、清晰的因果关系说明发展趋势；

3) 支持利益相关方之间对技术状态管理流程进行深入了解；

4) 通过易于收集、更新和理解的数据，达到方便、快速了解的目的。

为了保证持续的提升，我们必须从过程使用者那里取得认可，把重点放在技术状态管理流程的最薄弱环节，找出问题，并确定其根源，删除不必要的流程步骤，执行任务，提高沟通的准确性和速度，从而达到改进性能的目的。但是，我们必须清楚地记录下经验教训，包括变更原因，以保证连续改进性能。我们应该记录技术状态管理计划中发生的流程变更，进而将记录文件转化成实现技术状态管理计划的有力工具。

技术状态纪实活动的结果是支持所有项目活动的技术状态信息的可靠来源，包括项目管理、系统工程、硬件和软件开发、制造、试验和后勤。高性能的技术状态纪实流程为项目团队成员提供所需的信息，以快速、准确、有效地进行技术状态管理活动。

16.6　进行验证和审核

技术状态审核使我们相信，组织的技术状态管理流程对项目技术状态执行了必要的控制，此审核确认了技术状态文件的完整性，验证了技术状态文件与产品的一致性。

功能和物理技术状态审核是运行状态评审的一部分（见第 18 章），验证产品符合其所有的功能和物理规范。功能技术状态审核和物理技术状态审核有一些相似之处，例如都涉及将要使用的原始单元，都发生在承包商的设施中，都建立了产品基线。我们对这两种审核分别制定审核计划；发布审核记录，其中包括所有不符合问题、行动事项和解决方法；撰写记录审核结果的最终认证包。系统工程师负责审核性能，经常担任审核小组组长。项目经理、技术状态管理经理、技术团队成员及其客户参与评审及解决不符合问题。第 11 章对验证与确认活动进行了详细介绍。

功能技术状态审核与物理技术状态审核有几个不同点。功能技术状态审核验证技术状态项是否达到所要求的性能和功能能力，对试验计划、试验方法和试验数据进行联合评审，项目团队保证所有功能参数都已经过试验，并达到要求。对每个技术状态项、技术状态项组或系统只进行一次功能技术状态审核，但是类似功能技术状态审核的活动可以进行多次。成功的功能技术状态审核认证包包括以下确认活动：

1) 按照验证程序，确认结果是准确的，其设计满足所有技术状态项要求；

2) 确认用于采购长周期产品的图样和文件满足所有设计要求。

物理技术状态审核与功能技术状态审核同时进行或在其之后进行，以保证技术状态项的实际建造技术状态（包括组件的物理位置和版本）与其实际设计技术状态一致，包括确认所有相关的工具和文件。软件数据库的符合性检查，验证和确认所有软件版本都是正确的，软件和文件已经按程序完成发布，所有变更已经准确地确定、控制和跟踪。审核团队和项目团队通过对工程规范、发布的工程文件和质量保证记录进行联合评审，确认其匹配性通过验证。

随着项目的不断发展，项目规范会随之发生变化，因此功能技术状态审核和物理技术状态审核之间出现任何文件或产品差异，都需要进行说明和确认。为了避免发生这种情况，有些项目同时进行功能技术状态审核和物理技术状态审核。对于不能同时进行功能技术状态审核和物理技术状态审核的情况，我们可以在功能技术状态审核中纳入以下 4 项活动，以降低复杂性：

1）比较功能技术审核状态和功能技术状态审核中的审核技术状态，记录所有差异，包括评审针对解决差异进行的物理技术状态审核会议记录。

2）在物理技术状态审核会议记录中，记录文件和产品之间的所有差异，或记录功能技术状态审核和物理技术状态审核技术状态之间的所有差异。

3）确定以前的功能技术状态审核和当前的物理技术状态审核的有效性，以及对当前活动产生的影响。

4）接受经批准和试验的变更产生的差异，只要这些经批准和试验的变更与批准的规范和工程数据记录保持一致即可。仅由测试仪器引起的差异也可接受。

成功的物理技术状态审核认证包一般包括以下 10 项确认。

1）技术状态项产品基线规范准确地定义了技术状态项及其所需的试验、可运输性和包装要求；

2）描述设备的图样是完整和准确的；

3）软件规范清单与交付的软件介质一致；

4）验收试验程序和结果满足所有规范要求；

5）软件版本描述文件完整，准确地包含了有关软件运行和支持的所有必需文件；

6）软件介质满足其预期的合同要求；

7）装载、操作和支持软件技术状态项的软件手册准确反映了当前的软件版本；

8）偏差请求流程包括所有不足、非接受的变更和其他缺陷；

9）技术状态项包括可用项目零件选择清单中批准的零部件；

10）工程发布和变更控制程序充分控制了工程变更的处理和发布。

经验教训
成功审核的技巧

审核计划包括：

　　1）审核目的；

　　2）执行人和参与人员；

　　3）时间进度安排和频率；

　　4）范围：文件数量、流程、样本选择的方法和规模；

　　5）质量要求：怎样对结果分类；

　　6）报告要求：内容、方法、格式、职责、分配和时间进度；

　　7）解决方案要求：根本原因分析应用和结果预期。

为了保证成功进行技术状态审核，我们采取了一些步骤，首先是审核策划。由于每次

审核都是一个学习和改进的机会，我们通过借鉴以前成功审核的经验教训，制定新的审核计划。一套标准的审核文件简化了记录保存过程，可以更方便地进行历史数据检索。技术状态经理经常提前几周发布审核计划，这有助于对所要求的单元进行讨论和批准，也为项目团队提供了足够时间，用于安排团队后勤，准备设施、文件和产品。

为了保证准备工作，我们还安排筹备会议。记录具体活动及日常活动，有助于进一步实现审核目标，为解决行动事项提供足够的时间和资源。在审核过程中，项目和审核团队成员可能分为若干小组，对具体活动进行评审。每天会议结束后，项目团队成员分享这一天的会议记录，这些会议记录明确所有关注的问题，列出第二天的事项，分享建议。

在审核结束时，我们撰写正式的审核评审报告，包括所有审核会议记录、确定的所有不符合问题以及采取的解决措施。每次审核过程确认的清单可以帮助解决文件不符合问题，确保不遗漏相关的行动项。发现不符合项的工作者，按项和受影响的技术状态文件分别确定不符合问题，记录问题的描述和不符合要求，以及提出解决方案建议。技术状态管理团队成员记录每个不符合问题，然后将其分配给项目团队相应的成员；这些成员评审，并分析问题的根本原因，制定解决方案计划，获得必要批准后，实施解决措施。解决方案可能很简单，只需另外提供一些说明和解决问题的信息，或者也可能事与愿违。这里，可以应用技术状态管理变更控制流程，包括由系统技术状态控制委员会或类似的审核执行专门小组批准和监管，以保证成功解决所有不符合问题。

目前，大多数功能技术状态审核和物理技术状态审核都是迭代、分层次的。审核小组经常将这些审核安排成"滚动"评审，首先是最低级的技术状态项审核，逐步进行高一级的技术状态项审核，最后是系统级的技术状态项审核。对项目团队来说，这种有计划、有序的审核方法是更为有效的方法，对系统生命周期管理造成负面影响小。

当我们集中全力进行技术状态审核，确保技术状态项满足其项目要求时，其他人则进行技术状态管理流程审核，以保证相应的技术状态管理性能，并引导不断改进工作。这些审核可由质量保证团队成员、客户或独立的技术状态管理审核员按自我评估的方式完成，也可以由这些成员组成的团队完成，但是其目的完全相同，确保我们的技术状态管理程序足以满足组织的合同和政策义务。

流程审核的重点是4个技术状态管理流程之一：请求、变更、建造和试验，或发布。书面审核计划规定每次审核的目的、范围、时间和参与的项目团队成员；审核活动包括发布审核会议记录、查明不符合问题，给出解决方案。纠正措施可能包括修订技术状态管理政策和程序，以及为保证连续的技术状态管理质量性能而进行的培训。

参 考 文 献

［1］ Hass，Anne Mette Jonassen. 2003. Configuration Management Principles and Practice. Boston，MA：Addison‐Wesley.

［2］ Office of the Undersecretary of Defense for Acquisition，Technology and Logistics（OUSD（AT&L））. 7 February 2001. MIL‐HDBK‐61 A‐Configuration Management Guidance. Fort Belvior，VA：Defense Acquisition University（DAU）.

第 17 章　管理技术数据

彼得·C·肯特（Peter C. Kent）
联合空间联盟

有效的空间系统工程已完全实现电子化。在数字环境下进行硬件、软件和系统设计竞争性的开发可加快产品的设计和制造周期，而建模、仿真、精益制造以及其他技术的应用，极大地降低了系统的生命周期成本。数字化方法对于正确管理用于描述、建造、部署和运行系统的大量技术数据而言十分关键。

本章反映了建立流程和基础设施来管理重大项目技术数据的系统工程师的观点，同时也考虑了利用技术数据管理（TDM）工具和基础设施来开展工作的项目工程师的观点以及在这一基础设施下进行操作的承包商的观点。表 17-1 列出了与空间系统工程相关的技术数据管理流程。在顶层，我们通过两种形式来创建、管理和使用数字信息。

1）提供标准访问和检索的数据库管理系统或其他系统中的结构化数据；

2）各种数据库中的数字化内容。

我们用关系数据库这种精确定义的方式来创建、存储和管理结构化数据，这种关系数据库一般由逻辑定义的行列、栏目的各种表格组成，并存储了数据实例。结构化数据是通过界面（通常是用户界面）进行明确交易的一部分，我们开发各种界面来进入、更新和使用它。制造订单和财务交易是产生数字信息并存储为结构化数据的典型的例子。另一方面，内容是我们以多种形式创建的数字化信息，例如，文件、数字图像（或视频）、电子数据表、业务演讲稿、电子邮件、网页以及网络博客等。

表 17-1　实用空间系统工程的技术数据管理[①]

步骤	描述	讨论章节
1	管理技术数据准备策略	17.1 节
2	收集和存储工程生命周期内必要的技术数据	17.2 节
3	维护存储的技术数据	17.3 节
4	向授权方提供技术数据	17.4 节
5	有效利用系统和流程产出物进行协作	17.5 节

①本表列出了管理空间系统工程有关技术数据的五个主要步骤，并给出了相应讨论的章节。

在数字工程中，产出物（artifact）是指在系统工程生命周期中创建的、与待研制系统或生命周期本身有关的数据或内容，不仅包括系统要求规范、计算机辅助设计制图和规范、工程材料清单和交互式电子技术手册等，还包括设计评审的评论和结论以及完成生命周期要求阶段所需的劳动小时数等指标。电子产出物是系统定义、规定、评审和特定情况下交付的方式，有效创建、管理和使用电子产出物的系统对于空间系统的快速、高效费比交付具有十分重要的支持作用。

17.1　管理技术数据准备策略

　　管理技术数据的成功策略与组织单位的目的和目标息息相关。要取得成功，系统工程师应掌握工程流程及其相互关系，优化每一个流程，并使之与组织单位的目的和目标相匹配。

　　例如，假设一名系统工程师所在组织单位的主要工作是保证缩短产品生命周期，将产品快速推向市场以获得更大的竞争力，他制定了与强调不惜一切代价保证可靠性的组织单位不同的策略，虽然两种策略都涉及相同的空间系统工程流程，但是每种策略使用的方法都最适合于该组织单位。为了更清楚地了解空间系统工程流程及其相互关系，我们开展了一些归纳和分层活动。图 17-1 举例说明了这一方法，在该方法中，系统工程师对支持其

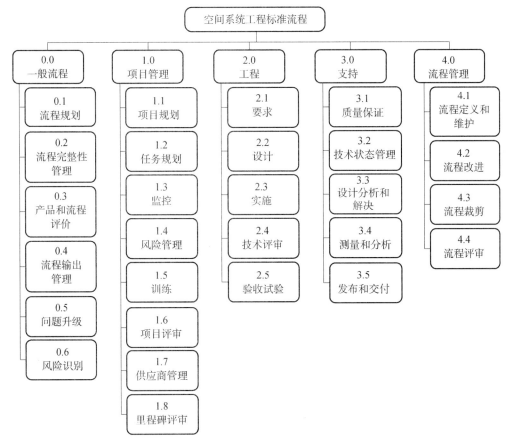

图 17-1　空间系统工程体系

此为一家空间运行公司空间系统工程流程层次的示例，显示了围绕主流工程活动（2.0 工程栏）的一些流程。

每个框图都有记录流程结果的产出物，技术数据管理系统存储了这些产出物并可以访问

（本章的图和表来源于联合空间联盟公司《工程政策和程序》2007 版，许可使用）

项目的技术数据管理流程和基础设施进行了定义和沟通。这些流程为工程师提供了数字工程环境，使他们在这一环境下操作、创建、共享各种规范和工程产出物，并且相互协作来设计和生产最佳的产品。

17.1.1　确定技术数据的工程生命周期要求

空间系统工程生命周期决定了系统工程师应交付或采用的技术数据和产出物。目前，成本和预算对空间系统工程生命周期要求的影响越来越大，因此，目标的重点在于精益流程上。精益流程具有灵活性、敏捷性和时间响应性，这些都是工程组织单位在将产品推向市场或提供服务时所需具备的。

高效的工程组织单位在空间系统工程生命周期中使用条理、系统的方法，其流程涉及产品生命周期各阶段中的利益相关方以及因研制系统或解决问题而受影响的各个组织单位。客户参与是通过具体的互动或客户监督来实现的。

空间系统工程生命周期要求的一种裁剪方法可以使系统工程师灵活采用适当的程序，同时保证所有的产出物和协调正确无误，保证项目成功。表 17-2 为裁剪指南示例，定义了三种工程级别，从 1 级到 3 级，协调度递增。活动越大（由其可见性确定），审批层次越多，所需要的手续和协调就越多，也带来了风险（包括安全、任务成功或技术性能、进度、可支持性和成本）。表 17-2 将项目的规模和系统工程产出物及技术数据所需的级别联系起来。

表 17-2　空间系统工程裁剪指南[①]

级别 因素	1	2	3
	（最高级决定特定活动的空间系统工程总量）		
可见性	限制在部门级或更下级，包括客户对应的部门级别	限制在公司元素或指挥部级别，包括客户对应的部门级别	跨公司内多个元素或要求级别，或多个客户
审批	主任级或以下	组级	工程级
风险识别[②]	绿色级	黄色级	红色级

　　①该矩阵包含了有关项目可见性、审批和风险的准则，工程师利用这些准则可确定其在项目生命周期中开发、评审和维护产出物所需采用的裁剪精确度。我们采用表 17-3 所确定的裁剪度来建立技术数据的管理要求。

　　②用适当的评分流程来评估风险。

通过表 17-2，我们可评估空间系统工程中所需的精确度，其由最高因素级别来确定。表 17-3 定义了各种空间系统工程级别下技术数据的管理要求。

表 17-3　空间系统工程管理技术数据要求[①]

级别 特征	1	2	3
利益相关方参与（可使用类似于表 17-4 的检查单）	审批前工程产出物的协调处于部门级组织单位范围内，包括客户对应的部门级别	向跨职能的利益相关方分配工程产出物并进行评审，然后提交给委员会评审或管理评审	让所有利益相关方进入研制队伍，他们应在委员会评审或管理评审之前了解工程产出物

续表

级别　　特征	1	2	3
产品文件材料和控制	系统工程产出物可能没有正式的文件材料	提供委员会或管理审批所需的系统工程产出物正式文件材料（如有必要审批）。系统工程包括评估和减轻风险的非正式计划	提供所有系统工程产出物的正式文件材料，包括中期结果、原理、风险评估和减轻计划，以及应用效果证明
流程文件材料和控制	系统工程流程可能没有正式的文件材料	提供系统工程流程的文件材料，工程流程的更改需得到正式审批	提供系统工程流程的文件材料，并将其置于计划经理的控制之下。流程更改需得到计划经理或指定人员的审批
进展报告	系统工程状态评审很少	与所有利益相关方一起对系统工程状态进行定期的非正式评审	与所有利益相关方一起对系统工程状态进行定期的正式评审

①该矩阵确定了利益相关方的参与要求以及文件材料和控制要求等，这些要求是我们在项目工程生命周期中应满足的。我们根据项目的特征，通过表 17-2 确定裁剪度（1 级、2 级或 3 级）。

表 17-4 为确定利益相关方参与的检查单示例，是我们用于详细阐述生命周期要求的模板方法，便于利益相关方评审。

表 17-4　利益相关方检查单示例[①]

利益相关方	1 级	2 级	3 级
设计工程师	×	×	×
制造工程师		×	×
后勤专业人员		×	×
维护工程师	×		
维护技术人员			×
安全工程师			×
飞行操作工程师		×	×
软件工程师			×
财务分析师			
技术经理		×	×
工程集成			×
可靠性工程师			×
质量工程师			×
系统工程师		×	×
质量控制			×
人的因素			×
材料和流程		×	×

①"×"表示在空间系统工程对应裁剪度下需要利益相关方参与。

17.1.2　根据国际标准或协议，确定所需的数据内容、格式和电子数据交换接口

　　项目组成员在研制项目的系统或组件、工程产出物时，应满足 17.1.1 节确定的技术数据要求。但对于所有的流程步骤，我们应确定每个工程产出物所需的内容和格式，以及用于共享和传输产出物的数据交换接口。

　　每个流程的标准定义规定了利益相关方、输入和输出以及流程要求。定义为具体说明输入和输出以及数据和内容流程提供了一个框架。图 17 - 2 为标准流程规范示例，对这一框架进行了阐述。

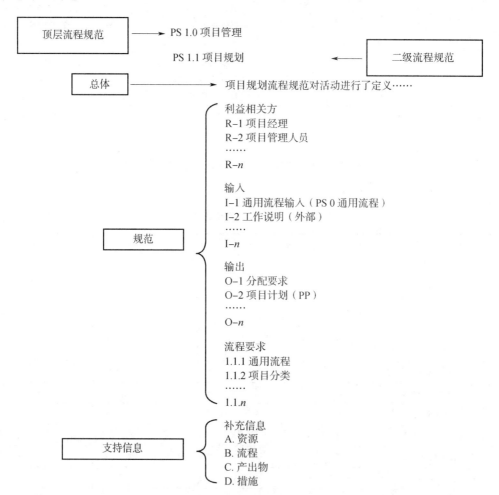

图 17 - 2　标准流程规范示例

此类规范有助于我们在空间系统工程生命周期内确定流程以及产出物和流

　　流程开发队伍（PDT）一般在工程或项目开始之初就建立规范，这些队伍由具有重大领域经验及有效流程构建能力的系统工程师和其他专家（如技术状态或发布管理的专家）组成。一旦流程开发队伍确定了系统工程流程，他们就把重点转移到监控和维护上来，或者项目可能解散流程开发队伍，代之以流程改进队伍，用于优化这些领域。图 17 - 3 阐述

了图 17－1 所示体系的设计流程，并具体采用了图 17－2 中的框架。

PS 2.0　工程

　PS 2.2　设计

　设计流程规范将详细的功能要求转化为设计方案（高级设计），将设计方案转化为详细设计，并确定实施计划。

　　利益相关方

　　定义：

　　D－1　项目队伍——按项目计划开展项目的队伍成员；

　　D－2　工程师——负责设计、实施和维持工程工作产品的人员；

　　D－3　其他定义。

　　职责：

　　R－1　项目队伍——建立高级设计和详细设计文件；开展同行评审、初步设计评审和关键设计评审；更新
　　　　　　　　技术数据包；

　　R－2　工程师——作为项目队伍的一部分，开展高级设计和详细设计工作；

　　R－3　其他职责。

　　输入

　　I－1　已审批的项目计划；

　　I－2　已审批的系统要求规范；

　　I－3　其他输入。

　　输出

　　O－1　已更新的工作要求；

　　O－2　已更新的软件设计文件，根据需要，包括初步设计文件和详细设计文件。

　　流程要求

　　2.2.1　通用流程——执行通用流程活动；

　　2.2.2　产生初步设计（高级设计）——项目团队分析要求规范，改善运行方案，开发具体的可选方案和
　　　　　　设计原型，开发或更新设计方案；

　　2.2.3　进行同行评审——如项目计划需要，项目团队可针对高级设计开展同行评审；

　　2.2.4　进行初步设计评审——如项目计划需要，项目队伍可开展初步设计评审；

　　2.2.5　其他流程要求。

图 17－3　设计流程规范示例

该示例针对图 17－1 所示体系，采用图 17－2 所示流程规范框架

17.1.3　在项目的技术流程中建立与承包商之间的技术数据流框架

我们利用流程中确定的资源、流、产出物和措施的信息，补充图 17－2 中的流程规范框架。资源是进一步定义流程或帮助流程执行的标准、规范或其他外部信息源。流程图描述了应用流程的步骤。图 17－4 为一流程图示例，描述了图 17－3 所述的设计流程。

为了进一步了解这一流程的应用方法，我们以 FireSAT 的关键设计评审（图 17－4 中 2.2－9 步）为例进行介绍。为了具体介绍这一评审流程，我们确定了如下步骤：向评审专家递交产出物初稿，评审初稿内容，提交评审项差异（RID），评审、处理与合并评审项差异，批准和发布最终设计文件。采用这一流程的系统工程师可采取任意的几种方法，包括基于工作流、系列评审、协作（并行评审）、特设（依靠独立评审和截止日期）或一些组合。FireSAT 团队做出一些流程决策，按系统要求文件或系统设计文件（见第 13 章和 19 章项目文件树）来评审这些项，成为技术数据管理的一个重大驱动因素。

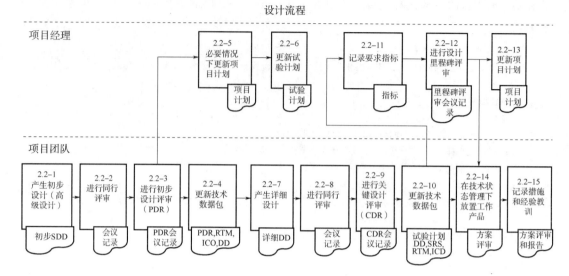

图 17-4　设计流程图示例

我们逐一确定每个步骤及其输出，例如，2.2-3步的初步设计评审输出评审会议记录，并触发了2.2-5步的项目计划更新和2.2-6步的试验计划（SDD—系统设计文件，SRS—系统要求规范，RTM—要求可追溯性矩阵，ICD—接口控制文件，DD—设计文件）

产出物是空间系统工程的产品，包括计划、规范、图纸、模型、分析、评审记录和其他文件、数据集，确定和描述我们所研制的系统或组件的内容以及我们使用的生命周期模型等。表17-5介绍了图17-4所示的设计流程的一套产出物示例，表17-6详细介绍了设计评审包所需的产出物。

表 17-5　图 17-4 中设计流程所需的一套产出物示例[①]

所需产出物	主要负责人
更新的工作请求	项目首席工程师
更新的系统设计文件，根据需要，包括初步设计文件和详细设计文件	项目首席工程师
初步设计评审记录或会议记录（如适用）	项目首席工程师
关键设计评审记录或会议记录（如适用）	项目首席工程师
同行评审记录或会议记录（如适用）	项目首席工程师
设计里程碑评审记录或会议记录（如适用）	项目经理
更新的系统要求规范（如适用）	项目首席工程师
更新的接口控制文件（如适用）	项目首席工程师
更新的要求可追溯性矩阵（如适用）	项目首席工程师
初样（如适用）	项目首席工程师
更新的试验计划	项目经理
产品和流程测量	项目经理

①我们给出了每种产出物的主要负责人，所有产出物将保留到系统生命周期之后2年。

表 17 - 6　设计评审包所需的产出物示例[①]

所需产出物	主要负责人	初步设计评审	关键设计评审
项目要求文件	项目经理	×	
设计要求说明	系统设计工程师	×	
进度准备	项目经理	×	×
设计图	设计工程师	按需要	×
设计规范	设计工程师	按需要	×
设计计算书	设计工程师	按需要	×
设计软件	设计工程师	按需要	×
工程成本估算	系统设计工程师/设计工程师	×	×
故障影响与模式分析（如需要）	任务保证工程师	×	×
危害分析（如需要）	任务保证工程师	×	×
关键项清单	任务保证工程师	×	
系统保证分析（如需要）	任务保证工程师	×	
系统危险性分析（如需要）	任务保证工程师	×	×
安全评估（如需要）	安全负责人	按需要	按需要
材料要求清单（预订单清单）	后勤计划和可支持性负责人	按需要	
材料要求清单	后勤计划和可支持性负责人		按需要
系统机械原理	系统设计工程师	按需要	按需要
机电控制图	设计工程师	按需要	按需要
先进的电气原理图	系统设计工程师/设计工程师	按需要	按需要
电缆互联图	系统设计工程师/设计工程师	按需要	按需要
权衡研究	系统设计工程师/设计工程师	按需要	
方案和草图	系统设计工程师/设计工程师	×	
接口控制文件更改	系统设计工程师		按需要
环境评估	系统设计工程师	×	按需要
认证要求计划	系统设计工程师	×	

①我们给出了每种产出物的主要负责人，以及如何应用到初步设计评审和关键设计评审中。

　　根据组织单位对工程生命周期的定义，流程包括制造和生产系统及其维护工程。我们将制造和生产的输出按照一个产品而不是流程产出物来管理。但是，这些流程一般都有产出物：质量控制记录、产品差异、材料评审委员会评审结果等。我们根据组织单位的流程规范来确定各类产出物如何分类和处理。

　　测量是表示流程性能的可计量属性，在超出确定的阈值时可引起离散的行动。表 17 -

7 为一个设计流程定义了跟踪里程碑的示例指标。我们建立决策准则，每当进度落后时，即向项目经理或项目主管提出警示，充分提醒他们评估根本原因并纠正问题。我们通常在整个系统工程生命周期内对项目健康情况测量进行图示和监控。

表 17-7　设计流程的进展测量示例①

指标：监控设计流程			
描述	测量计划	测量、阈值和响应	测量规范
项目经理和项目主管需每周查看设计进度，解决可能阻碍基线里程碑完成的因素	根据实现的重大和较小里程碑，监控设计进度	·实现重大里程碑的变化 ·实现较小里程碑的变化 如果变化超过 7 天（一个报告周期），确定根本原因并采取纠正措施 如果一个重大里程碑变化超过 14 天（两个报告周期），向所有利益相关方报告变化情况，并召集利益相关方评价纠正措施以及评估延迟对项目的影响	测量目标： ·交付物的进度日期和工作进度状态 描述测量： ·里程碑类型 ·预定完成日期 ·实际完成日期 收集技术： ·在项目进度里记录里程碑预定和实际日期 计算： ·比较预定日期和实际日期，确定变化量 结果： ·完成重大里程碑的变化（±天） ·完成较小里程碑的变化（±天）

①我们跟踪一个项目重大或较小里程碑，显示其设计阶段的进度情况以及及时完成设计的任何风险。

17.1.4　为技术数据管理分配职责和权限

这些职责和权限一般由信息技术基础设施提供商、系统运营商以及技术数据管理系统（TDMS）使用者承担，包括技术数据工作产品的产生、建立、捕获、归档、保护、保密和处理。

系统工程师的角色取决于组织单位或企业，用来创建、管理和使用技术数据的体系。图 17-5 介绍了一种数据体系的分层方法，将功能和职责分层或分区，使组件和工具有效集成到一个健全的数字环境中。

图 17-5　数据体系分层方法

此方法可灵活建立具有成本效益的数字工程环境和技术数据管理系统

该体系取决于包含服务器、工作站、数据存储网络和通信网络等要素的技术基础设施，这些要素支撑了数字工程环境和技术数据管理系统；第二层包括基础设施中含有的数据、内容和元数据（数据定义）；建立在数据和基础设施之上的系统、应用和服务构成第三层；再下一层包括数据实践、方法和工具，如集成数据管理、信息生命周期管理、知识管理、数据仓库和协作，帮助我们在整个空间系统工程生命周期内提供数据。体系的顶层包含运行实践和程序，通过它们将数据、内容和技术连接到组织单位的工程流程中。

两个关键的体系要素贯穿这些层：数据安全和数据管理。数据安全定义了在整个数据基础设施内安全地访问、更改和移动数据的标准、结构和技术；数据管理定义了建立全生命周期数据和内容的人、流程和程序。这两个要素对于管理工程项目风险而言至关重要，也成为所有信息保证实践的基础。

系统工程师在技术基础设施中的作用有限，他们为基础设施支持的系统和应用提供功能要求，为创建数据和内容的活动提供输入，这些工作使经理能依据基础设施规模来处理用户产生的数据和内容。工程师在较高层发挥的作用要大得多，如主持数据和内容，系统、应用和服务，数据实践和程序，运行实践和程序，这些层产生、存储、保护和处理工程产出物。系统工程师要干什么，取决于他们在空间系统工程生命周期中是否是贡献者、用户或管理员。

贡献者是指产生或更新空间系统工程部分产出物和工作产品的工程师，如表 17 - 7 所示。在创建和更新技术数据管理系统库时，他们按照建立的程序来检查出入库的产出物，也根据产出物的属性对其进行分类，如文件号、标题、文件名、作者姓名或责任部门。技术数据管理系统的自动化特点通常切断产出物的身份、分类或工作流，来控制访问、隐私和处理。贡献者在设置这些属性或执行工作流中扮演重要角色，防止产出物因不慎访问而损坏。

用户是指需要访问并查看产出物的工程师、项目主管或其他项目团队和组织单位成员，他们一般采用门户网站或搜索网站从数字工程环境和技术数据管理系统库中检索数据和内容，其职责包括遵守访问和隐私控制规定，在访问只读光盘时防止数据和内容不适当公开。

管理员是指建立和执行数据管理的工程师、主管、经理或配置经理，是数据或系统的责任人，定义和管理程序与控制规定，保证空间系统工程产出物和工作产品的完整性、可用性及质量。在这一角色中，系统工程师定义了 17.1.2 节所述及图 17 - 3 和图 17 - 4 所示的工程流程。

在一个项目中，系统工程师一般既是贡献者，又是用户，他们独自或作为队伍成员创建产出物，并以其他人创建的产出物作为输入或参考。在某些情况下，他们提供行政支持。例如，他们可能审查访问请求，并对具有合理技术和组织原因的请求进行审批。

17.1.5　为保留、传递和访问技术数据建立权利、义务和承诺

这些要素是图 17 - 5 所示数据体系模型管理的一部分。数据管理着重于为这些要素建立政策，并监控和强制服从。政策应反映组织单位对影响技术数据保留、传递和访问的任何事物的响应，如图 17 - 6 所示。

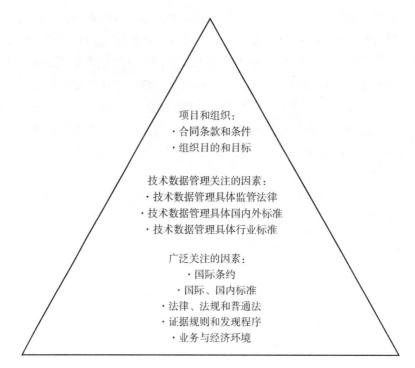

图 17 - 6　技术数据项的权利、义务和承诺

确定数据管理政策和程序的系统工程师应考虑各种广泛、具体的因素

　　最广泛的考虑是从国际条约、国家法规和普通法中提取，形成组织、产品和系统运行的合法业务环境，这一合法的框架确立了由产品或系统故障、过失索赔或专利索赔等带来的诉讼关系。产品责任、侵权行为和证据发现的规章制度，如美国联邦证据规则，影响组织单位创建、管理和毁灭工程数据与产出物的政策。

　　另一个更集中的因素是从保留、控制数据及内容的条约、条例及法规中提取。这些法律和标准大多强调数字内容，但其他许多条例也影响系统工程师。美国政府制定的与国防相关的货物或服务的进出口控制条例经常影响航空航天项目。美国《国际武器贸易条例》（ITAR）旨在保护美国国家安全利益和促进外交政策目标的实现。

　　《国际武器贸易条例》的范围由"美国军品清单"确定，该清单概括了相关货物和服务。一个组织单位管理运载火箭动力装置制造工程项目的政策和程序应符合《国际武器贸易条例》限制，如不允许他国人员访问这些信息。

　　最具体的因素一般出现在合同条款和条件中以及组织单位对数据或内容的目的和目标中，合同条款和条件通常明确了数据所有权，规定了组织单位如何使用数据和内容。软件许可证日益成为源代码所有权的标志，开放源代码运动催生了通用公共许可证（GPL），该许可证包含了复制、修改以及为其他产品或系统重新分配通用公共许可证授权软件的条款和条件。

　　组织单位的目的和目标非常明确地推动了数据管理政策和程序的制定，它们体现了组织单位管理数据或内容的态度和策略。例如，一些组织单位按照商业秘密来管理诸如关键设计等重要数据和内容，牢牢控制着这些数据；另外一些组织单位申请设计专利，并在获得一定补偿的前提下许可他人使用。

不论是何种因素推动数据管理政策和程序的制定，我们应与项目团队进行有效沟通，使之严格服从这些政策和程序。我们也应在数字工程环境和技术数据管理系统范围内将它们反映在系统控制中，17.3.3 节详细介绍了这一思想。

17.1.6　为存储、转化、传递和展示数据建立标准和约定

我们在政策、协议和立法约束中如何对待这些要素对于应用数字工程及技术数据管理系统非常重要，应仔细考虑自身的策略，因为后续的行动依赖于此。在决策中，考虑的主要因素是成本、灵活性、对变化的响应性以及风险。

成本包括系统生命周期内初始的采办和安装成本，以及后续的维护和升级成本。灵活性是在技术（如出现新工具和新技术）发展并进入市场的基础上，系统全部或部分升级的能力。对变化的响应性要求我们快速修改系统，满足不断变化的业务要求。比如，从单份合同的业务向多份合同转化。风险包括如下因素：

1）易用性、可操作性、可支持性、可扩展性等；

2）技术过时或供应商无法提供或保持技术；

3）技术和经营策略不匹配。

建立、提供数字工程环境和技术数据管理系统的系统工程师应与软件系统架构师、技术领域专家和业务分析师等紧密合作，对各种策略进行评价，并选定一种对其组织和情况而言最佳的策略。

图 17-7 显示了一种可能的策略：物理分布在组织各个要素和项目位置中的通用逻辑数据和内容库，这表示在不同位置的数据中心（或服务供应商支持的）有两个以上物理库。通用逻辑库表示不同的物理库之间沟通和同步数据内容，同步发生在各个不同的层，包括：

1）物理层，在各物理库之间对内容进行复制；

2）应用层，用户可在任意物理库中存储和访问数据；

3）元数据（数据定义）层，由一个通用的元数据库来保存每个数据的信息，所有的复制品位于库集中。

该策略也需要将构成数字工程环境和技术数据管理系统的软件工具划分成层。这些工具通过存储在逻辑数据库中的数据和内容进行交互，并在必要时通过企业范围内的信息平台（未显示）进行相互沟通。这一策略将各种工具和数据松散耦合起来，其中数据独立于特定工具。

图 17-7 所示策略旨在利用基于非专有或开放格式的有利工具，最小化生命周期成本。这一方法减少了竞争，也通常防止专有厂商锁定。由于竞争驱动价格下降，它可使项目用较低价格的工具替换较高价格的工具，从而降低系统整个生命周期的升级成本。这一策略不需要花费重金来使数据内容从一种专用格式或数据结构转换到另一种专用格式或数

据结构，当然，较低成本的工具仍可提供必要的功能、可支持性和性能。

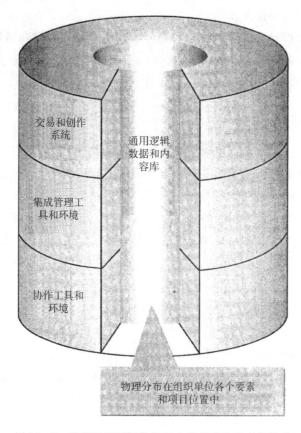

图 17 - 7　基于通用逻辑数据和内容库的数据存储策略

这一物理分布的排列方法有许多好处。成功的数据存储策略应考虑生命周期成本、灵活性、对变化的响应性以及风险

　　灵活性表示可酌情增减物理位置（体系设计的一部分）和工具。响应性是通过松散耦合工具和数据，采用开放标准或行业标准，利用企业范围内的元数据得来的，组织单位在使用时可看见数据和内容。图 17 - 7 所示策略也通过多种方式限制了风险。

　　1）使多个物理库之间更加多样化和更多冗余，以解决系统单点故障问题；

　　2）从多家厂商选择工具实现多样化，但如果厂商数量太多或难于管理，要避免较差的集成和支持带来的风险；

　　3）通过技术升级减少使用过时的技术，而不必替换整个系统。

　　我们可对上述策略进行修改，或构思其他策略，但成功的策略应满足组织的目的和目标，符合项目团队的需要，并做到与时俱进。

17.1.7　为技术工作的方法、工具和指标以及管理技术数据制定策略

　　如果不考虑用于创建、管理与使用数据和内容的工具，我们无法建立 17.1.6 节所述的存储和访问数据的策略，因此，我们应根据组织单位的特点来评价和选择工具。组织单位可开发自己的工具（做），向软件厂商购买商业现货工具（买）或买来商业现货工具后

根据自身要求和喜好对其进行修改（修改商业现货工具）。

组织单位一旦决定了是做工具还是买工具，应定义某些方面的要求，包括正式的功能要求、"必须"和"想要"检查单以及松散组合的营销材料（厂商用于表征各种产品）。组织单位的风格和实践也对这些要求产生影响。由于特别、非正式的方法往往在偏见和喜好的基础上产生主观结果，我们推荐使用结构化、正式的定义流程。

在定义了工具要求后，我们可采用多种决策形式来选择工具，可以由一位或多位组织管理人员进行决策，来形成正式的决策分析方法，如凯普纳-特里戈（Kepner - Tregoe）决策分析法，优势、劣势、机会和威胁法（SWOT）或决策树；也可以采用团体决策方法，如一致同意法、多数票决法、范围票决法、多次票决法、建立共识法或步梯法等。不管过程如何，最终的选择都要应用和部署数字工程环境和技术数据管理系统。

一些组织单位正式规定了选择流程，如联邦采办条例（FAR）确定了美国联邦采办的承包流程，第 15 部分第 3 子部分规定了如何选择最佳产品源。其他情况下，"做"与"买"决策方法适用。在许多情况中，可选的方法是结构化，因此具体的方法存在于单个决策流程中。无论流程是确定性、启发性还是主观性的，所有的决策最终包括评价针对准则或要求的可选方法。人们常常试图省略要求定义，但这种做法显著地提高了风险，数字工程环境和技术数据管理系统将远远达不到他们的预期目标。第 4 章详细讨论了要求的定义。

17.1.8　制定培训策略

数字工程环境和技术数据管理的培训应覆盖系统工程生命周期内的工程项目队伍成员、功能和 IT 支持人员以及各领域经理。培训策略应包括：

1）在知识和技能、预期的熟练度以及经验等方面的培训需求；

2）记录并确认知识、技能和熟练度的认证方法和毕业标准，如认证测试、召集评价委员会或检查鉴定；

3）提供培训的方法，如讲座、远程视频会议、计算机教学、一对一指导或培训师技能培训会；

4）按照课程或主题确定培训内容大纲，使授课专家根据组织单位的要求准备课程内容；

5）培训课程的关系和预备知识，确定出席人员标准；

6）培训支持，包括主题专业知识和咨询；

7）不及格人员的再培训标准。

17.2　收集和存储工程生命周期内必要的技术数据

系统工程生命周期的产出物存储在技术数据管理系统的数据库和内容库中。数字工程环境提供了创建、修改和使用这些产出物的工具，如用于画图和运动学分析的计算机辅助设计软件，创建和分析结构、热载荷与疲劳等模型的有限元软件，以及数值分析包。

17.2.1　确定作为通用技术流程输入的技术数据的来源

第1～3章所述空间系统工程生命周期和17.1.2节所述组织的流程规范确定了要产生哪些数据产出物，项目规划和估算阶段从较高层次确定了这一工程内容，包括相关基线产出物的更新。这些基线反映了当前项目依赖、增加或有接口关系的硬件、设施或系统的实际设计或实际建造技术状态；或者它们也可能反映了为给当前项目让路而必须退役或拆除的项或系统，有时这些系统非常陈旧，甚至其工程数据都不是电子格式。

项目经理和主管应考虑组织的数字工程环境和技术数据管理系统待更新基线的形式和格式。CAD制图、2D和3D工程模型或仿真等产出物基线可能已经使用过早版本的工具集或工具，现在已经淘汰，因此，将其转换到当前的版本可能需要大量财力和人力，实际上，我们可能要利用现有工具重新建立基线产出物。项目计划和成本估算应考虑这一潜在的数据转换，避免当工程师使用或更新这些产出物时出现意外。

17.2.2　按照技术数据管理的策略和程序收集和存储技术数据

内容创建或捕获可采取多种形式，其取决于产出物、使用工具及其背景。由环境产生并与技术数据管理系统集成的工具可使系统工程师生成新的内容对象，并作为与用户接口的一部分检入到技术数据管理系统中。集成的工具可使我们很容易地检出技术数据管理系统中的对象，加以改变，并在版本控制方案下检入回去。

为了产生或捕获内容，我们可使用许多未集成到数字环境中的支持工具，这些工具产生的产出物或内容在库中移动需要不同的方式。举两个例子，一个是用于现场调查照相的数码相机，另一个是用于支持工程分析的商业购买的卫星图像。在这两种情况中，数据和内容通过一般用户接口转移到技术数据管理系统中，这些接口是由技术数据管理系统提供，用于对其内容结构进行导航及内容的输入、检出或检入。有时，可利用通用的渠道从任何可访问的位置将数据捕获并移入技术数据管理系统，如本地计算机的硬盘驱动器、共享的文件服务器或网站。

合作伙伴、分包商或附属的组织单位也可根据项目的合同或合作安排来传送技术数据，可以是CD，DVD和磁带等物理传送电子媒介，也可以通过文件传输协议（FTP）或加密的文件传输协议来传送文件，还可以在行业标准或定制数据交换结构下，采用正式的结构化接口来传输数据。电子、制造和航空航天等多个行业都有标准传输机制。比如：

1）ISO 10303：工业自动化系统和集成——产品数据表示和交换[3]；

2）EIA-836：技术状态管理数据交换和交替使用性[1]；

3）IPC-2578：材料和产品设计技术状态数据清单的供应链通信系统的分要求-产品数据交换（PDX）[2]。

17.2.3　记录和分配经验教训

为了满足流程改进的目的和目标，我们应评价实践经验教训，即图17-1所示的第

4.2 步——流程改进。为了改进流程，我们需要一种正式的途径，从已完成的项目中吸取经验教训，也要从异常、差异和故障原因调查与确定中吸取经验教训。数据库或知识库是获取和归纳经验教训的一种有效途径，将之集成到数字环境中，对于保证队伍成员访问和随时应用经验教训、经验法则和以往项目经验而言十分重要。

虽然内部经验教训对流程改进极其重要，我们也要从集体、国家和国际标准与实践中学习经验，用于整个行业。组织单位通过从行业和学术界中积累专业知识和经验教训，改进工程流程。下面将简要介绍一些用于系统开发的著名程序。

（1）ISO 9001 和 ISO 9004

国际标准组织定义的质量管理体系标准，包含在其 ISO 9000 标准系列中，这些标准规定了产品如何制造，并指导组织单位按照一致的流程来生产合格产品。ISO 9001 用于定义流程要求，ISO 9004 用于指导流程改进。

（2）精益 6σ

6σ 是摩托罗拉公司在 1986 年开发的一种旨在减少制造缺陷的业务改进方法。精益 6σ 显示了如何基于时间或生命周期，改进以服务为导向的流程。虽然 σ 是标准偏差的度量指标（此处应用于缺陷），但是计划依靠定义、测量、分析、改进和控制程序来改进流程。

（3）能力成熟度模型®集成（CMMI）

这是一种描述有效流程基本要素的系统开发方法，实际上，也是许多系统工程师得来的经验教训，其由软件工程研究所开发，该所成员来自行业和政府；其描述了 22 个领域的有效流程，覆盖系统工程、建造和维护。每个领域逐步描述了 1～5 级的有效实践，组织单位可据此评价其自身的流程。

（4）信息技术基础设施库（ITIL）

信息技术基础设施库包含了操作 IT 系统的最佳管理实践，它假设系统已经部署到位并投入运行，因此并不着眼于系统研制，但可为系统操作、基础设施和系统管理以及 IT 服务支持提供最佳实践。

17.2.4　检查收集的技术数据的完整性

在收集或捕获数据时，应同时对其完整性进行检查，确认数据和内容满足格式标准，描述产出物的元数据包含需要存储、管理和使用的信息。内容检查也包括：

1）证明所有权，如公共、授权或第三方专有的；

2）对内容做出标记，如分类、限制、所有人、版权或保密；

3）浏览数字版权的限制内容；

4）通过水印或其他手段来宣示组织单位对内容的所有权。

我们应将没有通过完整性检查的数字或内容发还提交者进行改正或返工，或根据已有程序将之送到再处理等候区。我们一旦在技术数据管理系统中收集和存储了数据内容，应建立内部程序进行抽查或随机审计。通过检查，保证完整的流程得到有效应用。

17.2.5　为收集和存储技术数据排序、评审和更新程序

在大多数组织单位中，系统工程生命周期内收集和存储技术数据的程序是定义和执行生命周期的政策和程序的一部分。因此，组织单位应：

1）按照正式流程的一部分，定期评审和更新这些程序；

2）建立正式要求，建立评审的基础和准则；

3）确认这些准则包含以下内容：

· 评审所要求的更改类型，如排版、内容和说明的清晰度以及实际应用经验；

· 评审的方式：会议评审、分散评审（通过电子邮件或维基等）或连续评审（通过电子意见箱等）；

· 更新审批，与更改性质相关。

以年度评审为例，该评审由归口的部门经理完成，并与政策或程序的最初发布日期相关。评审流程可能要求责任人针对政策和程序所包含的主题，确定主题专家，并通过电子邮件向他们索要更改或增加的材料。流程允许管理责任人进行排版更改，由更高管理层对内容和说明更改进行审批，并将流程更改审批分配给这些流程的责任人。

另一种方法是，我们在基于维基的互联网站发布需要评审的政策和程序，然后分配各方在评审窗口期内更新该政策。一旦评审窗口关闭，我们开启审批窗口，审批者可查看更改并在线签署。第三种方法是采用由年度评审计时器触发的电子工作流，该计时器为各方评审、更新和发布政策与程序制定了路线。

17.3　维护存储的技术数据

一旦我们创建、评审并建立工程产出物基线后，这些产出物便进入技术数据管理系统。要合理进行技术状态管理，应根据文件记录的发布情况来创建和管理基线，并采用修改控制方案来跟踪和管理产出物的更新情况。空间系统工程生命周期的任何迭代可导致部分或全部基线产出物需要修改或重新发布。在重大项目中，建立流程和基础设施来管理技术数据的系统工程师可选择多种工程产出物库和业务流程库来处理工程发布和修改，详见第 16 章。

17.3.1　评审和发布系统工程产出物

在我们的技术数据管理框架示例中，17.1.2 节中的流程规范包含了评审和发布工程产出物的要求。这些规范概括了流程应满足的要求，而工艺流程则介绍了详细的任务和步骤。对于数字工程而言，我们定义并采用的工艺流程为电子工作流。为建立工作流，我们采用专用的工作流引擎和工具或应用产出物库的工作流特征，我们也可采用业务流程执行语言（BPEL）来创建可执行的过程模型。

业务流程执行语言是由结构化信息标准促进组织所发布的编写语言，采用可扩展标记

语言（XML）、可扩展样式表转换语言（XSLT）等行业标准，可从多家厂商获取。业务流程执行语言中由一个结构数组来执行，如序列、if－then－else，if－else，while 等各种流以及其他与流相关的指令。

我们选择工作流程还是业务过程执行语言方法，取决于评审和发布流程的范围。一般来说，组织单位使用自己的数字设计工具，根据工具的工作流程特征，建立一个内部流程。组织单位使用业务流程执行语言来确定业务过程中需要发生的相互作用和转换，他们希望将该业务过程作为一个 Web 服务集合来组装和运行。Web 服务方法适合于处理具有不同数字环境、跨组织单位的流程，每个组织单位通过创建 Web 服务，捕获其与流程的相互作用，将其工程环境集成到评审和发布流程中。由于业务过程执行语言以多项标准为基础，它可轻松地运转跨组织单位、公司和机构的过程，即使它们采用不同的信息技术基础设施。

图 17－8 列举了采用工作流程或业务过程执行语言来评审和发布工程产出物的一个方案流程，这是采用统一建模语言建立的一个序列图，显示了评审和发布过程是如何相互作用的。图中每个参与者都有一条生命线（垂直运行），也有针对参与者的信息（水平运行），在特定情况下，信息中带有参数。

图 17－8 中的序列模拟了一个简化的、以成功为导向的情景，但是对于一个健全的生产过程而言，模型应覆盖所有的情景，包含处理错误的方式，处理异常、迭代和考虑许多其他具体细节，比如：

1）如何确定要修改的产出物；

2）确定评审人和审批人的准则；

3）通知和评论的采纳机制；

4）产出物是否带有有效性参数，如果有，是什么类型（日期、批号、序列号等）。

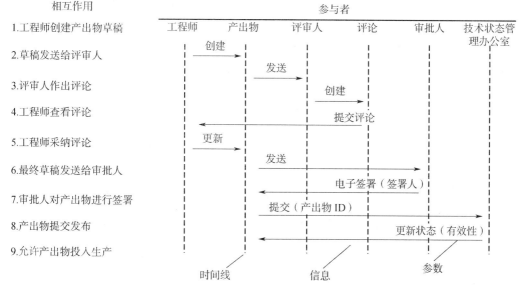

图 17－8　评审和发布工程数据过程示例，在统一建模语言中用序列图表示

图中列出了各个参与者，明确了参与者之间的相互作用

17.3.2　更新和修改系统工程产出物

在技术数据管理中，许多流程具有共同的基础。更新和修改系统工程产出物体现了评审与发布的每一个流程步骤。当然，它们强调的是更新而不是创建，这意味着，评审人对每个步骤的关注度、参与性和严密性有着巨大差异。但是，从技术数据管理系统的角度来讲，这些产出物的处理几乎是相同的。

在这种情况下，以服务为导向的体系与其他方案相比具有优势，它能轻松地从标准服务库中构建过程和流程，能使我们提取或概括这些服务，并以较少的成本和工作量轻松地创建衍生过程。图 17-9 为更新和修改工程产出物的方案流程，它与图 17-8 所示流程平行，只有较少的变化，显示了我们是在更新而非创建，我们可轻松地应用这一流程和手中的服务进行评审和发布。

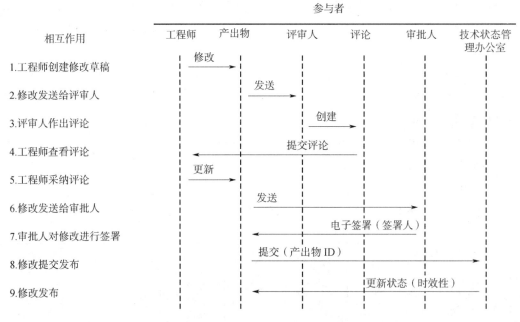

图 17-9　更新和发布工程数据流程示例

在统一建模语言中此序列图与图 17-8 所示的创建产出物流程几乎相同。

我们采用以服务为导向的体系，可轻松地应用这一流程

17.3.3　管理数据库的质量、完整性、安全性和对授权用户的可用性

管理技术数据管理系统和数据库要着重于授权用户的访问及其数据和内容。在系统投入使用时，我们便开始管理系统，但是需要进行大量的准备和规划，上线时要启动许多系统结构，包括 5 个重要方面：

1）设置用户账号；

2）设置群组、角色和权限；

3）建立存储方案和结构；

4）创建访问控制；

5）加载初始内容和数据。

为了上线，系统应设置用户注册功能。对于拥有许多初始用户的技术数据管理系统而言，最好是预先加载首个用户账号，确认注册功能正常。因此，项目队伍应在系统上线前收集用户账号数据，开发队伍应填充系统的用户账号结构。当初始用户数量超过几百个时，账号到位所带来的利益便超过了人工和协调的成本。

群组、角色和权限是任何超越狭隘、专业数据捕获和管理的技术数据管理系统的基本特征，它们是系统管理员用来创建具体实例、在上线时控制系统应具备的一般能力。设置群组和角色并在群组中加载用户账号时，如果群组和用户的数量太多，需要耗费大量时间；如果方案复杂的话，为角色分配权限也是耗费时间的，在这些情况下，我们应预先加载用户账号，因为没有账号的话，系统无法启动运行。在处理成百上千个用户的系统时，应采用一些自动化的形式为管理员提供支持，可以是一次性的系统升级或简化技术状态更改流程的管理界面。

技术数据管理系统使用的存储方案取决于设计，但任何健全的技术数据管理系统都是灵活、可扩展的。我们期望上线的存储方案和结构应加以调整，以适应初始内容和数据加载，以及预期的业务扩展。例如，如果内容存在于虚拟柜和文件夹中，我们应事先建立可保存上线内容的虚拟柜和文件夹。如果文件夹的名称取决于内容，由于更多的内容流入技术数据管理系统，我们应立即建立扩展方案。管理员应准备好这些结构，并可能需要自动化操作来及时完成扩展任务。

我们可使用大约 6 种模型来控制技术数据管理系统访问，其中一种较受欢迎的模型是采用访问控制表将用户和群组与实例或内容集合相关联，如一个文件夹中的所有内容。许多访问控制方案包含继承性，因此较高层的列表可向下流到较低层的列表中。与群组和角色一样，在上线时访问控制必须到位。

17.3.4　维护技术数据

为了运行数字工程环境和技术数据管理系统，我们应建立维护和运行计划。该计划定义了组织性、程序性和偶然性结构，保证系统的健康和可靠性。

（1）运行角色和职责

这些定义了在系统运行中谁干什么。以下列举了一些群组的示例。

1）网络通信：通过广域网（WAN）或局域网（LAN）建立技术数据管理系统访问通道，并监控技术数据管理系统的网络通信量。

2）基础设施服务：运行组成技术数据管理系统的服务器、数据存储场和应用服务，监控系统和其健康状况及性能。

3）信息技术（IT）安全：对黑客入侵或拒绝服务攻击等系统威胁做出响应，监控系统的安全控制。

4）信息技术服务台：为所有服务请求和问题提供与用户的单点联系；与用户一起解决由已知错误引起但已知解决方案的事件；通过技术数据管理系统中的程序上报其他事件。

（2）运行流程和程序

这是保证技术数据管理系统服务具有一致性和可靠性所必不可少的，它们定义了开展工作和对可预知情况做出响应的步骤。以文件记录的程序消除了歧义，并可对造成技术数据管理系统无法使用的情况做出快速响应，例如系统启动、关闭和备份的程序。

（3）运行测量和指标

这是技术数据管理系统的"脉搏"，我们应设计出支持每种角色或职责的指标，目前，许多商用现货解决方案可提供实时监控、警告以及测量和指标。要监控技术数据管理系统的健康状况，所需的指标包括系统正常运行时间或可用性、网络使用带宽、网络时延、平均和峰值响应时间以及解决问题的响应时间等。

（4）服务层次协议（SLA）

服务提供商和客户应就服务的层次和类型达成协议，协议可强调内部或外部的活动。技术数据管理系统的外部服务层次协议一般凸显用户的关注点。例如：

1）性能，如标准交互的平均和峰值响应时间；

2）可用性，如在99.9%的标准运行时间内可用；

3）事件解决方案，如在6个小时内对电子邮件中的问题进行回复。

内部服务层次协议主要关注基础设施和系统。例如：

1）恢复，如系统在12小时内从备用盘恢复；

2）发现问题，如在1小时内发现并调查高优先级的问题票；

3）维护，如保证维护中断不超过3小时，时间介于午夜至早上6：00之间，每月不超过一次。

（5）问题管理、上报和跟踪

用户向服务台报告的事件常通过跟踪已知错误和解决方案来解决。例如，用户报告称其正确输入了密码但无法登录，服务台让其检查键盘的大写锁定键，因为输入密码时要区分大小写，用户报告称其大写锁定键处于打开状态，将其关闭后可以登录。服务台无法解决的事件要作为问题记录下来，并上报至技术数据管理系统支持部门。在维护运行计划（MOP）中，跟踪、上报和管理问题的程序是至关重要的部分。一般来说，运行多个系统的组织单位拥有专用的文件来定义解决问题的程序，因此，维护运行计划应参考标准程序，并概括技术数据管理系统的特点。例如，维护运行计划应指示服务台将与技术数据管理系统问题相关的名称、类型和内容文件格式记录下来。

维护运行计划概括了运行和维护技术数据管理系统的程序，但内容也需要维护，内容的性质和容量决定了维护支持的结构和程序。维护一般注重于内容文件以及描述每部分内容的数据属性。我们在物理层和逻辑或管理层进行维护，物理层包含支持技术数据管理系统的服务器、磁盘驱动器、文件系统和数据库管理系统；逻辑或管理层包含允许和控制访问以及帮助人们使用系统的技术数据管理系统结构和构造，其维护一般通过技术数据管理系统本身或系统工具进行。

大多数技术数据管理系统设计为在计算机文件中存储内容，因此，内容维护归属于维护文件系统或文件共享的实践和程序，包括：

1）监控和解决文件存储碎片；

2）监控和释放存储空间，以存储更多内容；

3）监督文件的访问权，使之与技术数据管理系统的具体规定相匹配；

4）监控系统事件日志和文件系统元数据，以保护和控制基本内容文件的访问。

大多数健全的技术数据管理系统设计为将内容属性存储在关系数据库管理系统（RDBMS）中，我们采用相关的实践和程序对数据库进行维护。对于关系数据库管理系统而言，重要的维护活动包括：

1）管理支撑资源如硬盘空间、系统内存和系统总线配置；

2）定期收集或更新统计数据，优化查询和访问路径；

3）调整其性能，使之满足服务层次协议对系统性能、响应性和可用性的要求。

内容管理（在逻辑层进行维护）旨在防止人们对内容进行不当使用或访问。在特定情况下，如政府级别或出口管制等，未经授权的人访问内容存在重大后果。如果用户的流通量低、访问需求变化不大，内容管理相对而言比较简单，一旦建立之后，访问控制（群组、角色、权限等）所需更改很少，因此管理基本上变成监控；如果用户往来频繁、访问需求不断变化，计算机用户注册表（CURF）与类似系统可轻松地自动创建、销毁或停用用户账号；它们也可使用定义的工作流程来处理访问更改请求，使管理合理化，并生成标准的审计报告。

17.3.5　防止人们不当使用或访问存储的数据

我们应正确配置和应用访问控制，防止人们不当使用或访问数据内容，即配置系统功能，使之具有开放性、限制性和可维护性。技术数据管理系统的设计决定了系统工程师的访问控制，因此，这通常成为工程组织单位选择工具的一个决策因素。访问控制模型无论是采用强制的还是自主的角色或能力方法，都应符合组织单位的数据安全政策和体系。

图 17 - 10 显示了系统工程师管理工程产出物访问时所采用的典型控制方法，该方法是基于实施自主访问控制——允许"拥有"一段数据或内容的人自主更改其访问控制，或通过继承改变从一段转移到另一段的传输控制，图中概括了系统管理员和数据拥有者可以利用的访问控制特征。用户是一个基本的实体，是与系统进行交互的经过验证的主体，我们将用户划分为群组，便于访问控制管理。每个群组都有许多用户，一个用户可位于多个群组中。图中的核心是访问控制表（ACL），每个访问控制表调用一个或多个群组或个人用户，并赋予一种或多种权力或特权（如读访问、写访问、创建新版本的能力或删除对象的能力）。

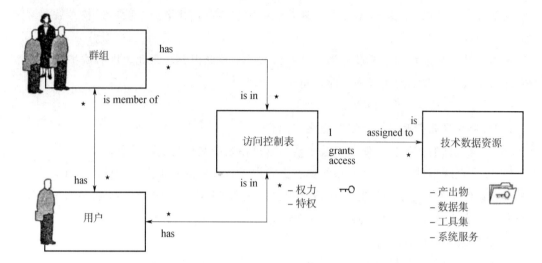

图 17 - 10　访问控制可在几种控制模型中任选

在本例中，访问控制表将用户（个人或群组）与技术数据资源（如产出物、数据集或工具）关联，

这些表也详细规定了每个用户对资源的权力和特权。钥匙符号表示可锁定访问，需要审批；

数字 1 表示只允许一个用户访问；星号表示在方框之间乘以 0 或以上数字

　　在本例中，系统管理或提供的技术数据资源包括数据、内容、工具或服务，当被赋值为这些具体的实例时，访问控制表可提供控制。每种资源与控制其访问和操作的访问控制表匹配，如创建新版本；默认的访问控制表可匹配任何未赋值的对象。反之，我们可将一个访问控制表分配给多个技术数据资源，使得每种资源都可重复使用，并便于访问控制管理。

　　图 17 - 10 有 4 种关联，3 种是双向关联，1 种是单向关联。星号表示"0 或以上数字"；"1"表示"只有 1 个"；末端箭头表示关联的方向；双向关联两端都有箭头。例如，群组和用户之间的双向关联表示"一个群组有 0 或以上个用户"以及"一个用户是 0 或以上个群组的成员"。

　　图 17 - 10 所示为当今数字工程环境和技术数据管理系统中许多访问控制配置中的一种，我们应使用健全的方案来有效管理技术数据，因此，我们应将访问控制作为一个独立的系统工程项目来对待。

17.3.6　维护存储的技术数据，预防可预见危险

　　技术数据管理系统耗资数百万美元，是组织单位日常依赖的数字工程环境的主心骨。当遭遇火灾、洪水、飓风、地震、暴动或恶意行为等事件时，系统很可能毁于一旦，因此，我们必须对这些事件做出防备。

　　灾害恢复与连续运行计划（DRCOP）为组织单位应对潜在灾害提供了方案，同时也为工程师意外删除工作文件或配置管理员删除文件夹结构等一般错误提供了解决方案。

　　灾害恢复与连续运行计划原则上非常简单。首先，它假设破坏性的事件已经发生（无论可预见或不可预见）；其次，它概括了继续开展业务运行以及恢复系统运行的流程和程

序，但是这些流程和程序必须在破坏性事件发生前就位！等灾害发生后再来思考系统备份或备用工作场所就太晚了。

为工程组织单位建立技术数据管理流程的系统工程师很少独自负责灾害恢复与连续运行计划。灾害恢复计划需要根据组织单位的技术数据管理系统采办策略，由信息技术基础设施提供商、系统运营商及其他可能的单位协作完成。系统工程师扮演了重要角色，他们明确了组织单位的工程流程需要什么样的技术数据管理系统服务层次，并明确了在不同的情景下系统的不可用性如何影响成本，我们利用这些成本影响因素来决定最有效的备份和恢复策略。

一个合理的灾害恢复与连续运行计划应反映技术数据管理系统的平台和系统架构，并平衡风险减轻的成本和利益，否则，实施成本难以承受。为保证灾害恢复与连续运行计划的有效性，必须定期进行测试和确认。再好的灾害恢复与连续运行计划如果不经检验，就好比烟雾探测器没有了电池，会使我们误认为安全。健全的灾害恢复与连续运行计划至少具有以下六个要素。

（1）数据和内容备份

当其他措施无法解决问题或使系统恢复时，备份提供了一条退路；我们也可用备份来恢复意外删除和崩溃的文件或文件夹。

（2）备份频率和进度

运行限制规定了：

1）运行时的备份频率和进度（当系统可用来支持用户时，当系统需要维护时等）；

2）备份系统的性能和配置（备份速度、是否包括检查备份介质等）；

3）任何时候系统的规模（规模决定运行备份所需时间，所有其他相同因素）。

（3）备份介质存储和恢复

在灾害恢复与连续运行计划中，存储备份介质非常重要。如果存储于与系统相同的地点，在发生飓风、地震、火灾或恐怖主义活动等灾害时，系统和备份可能"全军覆没"，因此，应将备份介质存储在距离较远的地点。存储地点与系统的距离以及获取备份介质的方式决定了我们利用备份恢复系统的速度。

（4）热备份和故障切换

如果技术数据管理系统对于企业任务而言至关重要，例如收入或安全原因，有可能无法接受通过备份来恢复系统的等待时间，在这种情况下，我们可安装热备份硬件或建立故障切换场所，复制系统的基础设施，从而在极短的时间内恢复运行。是否能快速切换到热备份硬件或故障切换场所，取决于技术数据管理系统的体系架构和替换支持要素的设计。一般而言，热备份和故障切换大大提高了技术数据管理系统的成本，分析成本与利益以及投资回报有助于确定采用何种解决方案。

（5）内容和数据恢复

如果我们不清楚如何使用备份、热备份或故障切换，那么这些措施就变得毫无意义。灾害恢复与连续运行计划应详细说明恢复程序的步骤，说明如何切换备份系统或恢复部分乃至全部系统，最好是按角色将程序的步骤分开，并提供一个集成过程，协调各个角色之间的行动。

（6）内容和数据恢复的测试脚本

在需要时，初次使用恢复程序有很大风险，往往会产生意外，因此要开发测试脚本，提前演练恢复程序。通过对系统操作人员和支持人员进行系统恢复训练，使之熟练掌握恢复程序，减少恢复系统所需时间，并提高用户对系统的信心。

17.3.7 为恢复和未来使用对产出物进行备份和归档

档案是在系统工程生命周期中创建并长期保留的记录。备份档案的数据和内容相比系统恢复备份，在流程和程序方面有 3 点不同。

1）档案记录的格式，相对于创建和访问的技术而言，一般有较长的寿命；

2）档案保存地点，一般是一个专门用于归档的独立的库，可长期保存数据存储介质；

3）档案访问程序，一般包括建立和维护档案的图书管理部门、组织或职能。

我们应编制归档程序，并确保得到数字工程环境和技术数据管理系统的支持。归档要求取决于组织单位的目的和目标、合同条款和条件、政府或行业法规，以及组织单位为减少诉讼和风险而保留档案的政策等几个方面，如《联邦法规汇编》（CFR）标题 36 第1234.30 部分——《电子档案创建、使用、保存和处置标准》。

我们应对项目历史和产出物归档的未来有效性以及建立和维护档案的成本进行平衡。由于空间系统工程的知识在快速变化，我们不可能在未来项目中应用大量档案文件，但是其经验教训、获得的数据和历史保存是有一定价值的。

17.4　向授权方提供技术数据

我们管理技术数据的目标是获取、管理并迅速有效地向得到授权的人提供技术数据。我们需要维护一个针对用户需求，包含工程产出物、内容和参考数据的库，因此，强大的用户界面对于快捷地查找、检索和使用信息而言非常重要。

17.4.1 维护信息库或参考索引，提供可用数据和访问说明

一个大型组织单位的技术数据管理系统和数字工程环境包含庞大的数据量和内容量，一般达到数千万个数据对象，占据几百万兆的硬盘空间；即使是一个中型组织单位，其库中也包含数以千计的图纸、文件和模型。幸运的是，我们有许多工具和技术可嵌入技术数据管理基础设施中，为数据交付提供用户界面，如基于 Google（谷歌）等网络搜索引擎或建立专门用于系统工程的门户网站。业务情报、数据采集、数据库、决策支持和知识管理等系统的使用提高了技术数据管理系统的基本搜索和检索能力。

如果工具难以使用，不能体现用户知识或行为，或提供不充分、不准确的结果，这样的工具不是好工具，因此我们的数据交付策略应注重可用性。图 17 - 11 显示了一个系统

工程门户，提供了基于图 17-1 所示层次的工程流程文件的索引，图中用色码标出了每个流程领域，并将流程划分为各个子流程；其次，图中还以内部操作程序（IOP）的形式列出了流程规范，也列出了运行工程任务时内部操作程序所调用的模板和表格。

　　每个内部操作程序、模板和表格通过用户点击超链接从技术数据管理系统中调用。在开展系统工程工作时，可以很方便地通过链接对其他门户、文件树、产出物树和模板进行访问。有关计算机培训和数字工程工具、其他网站和网络工具的链接有助于工程师更加有效地开展工作。

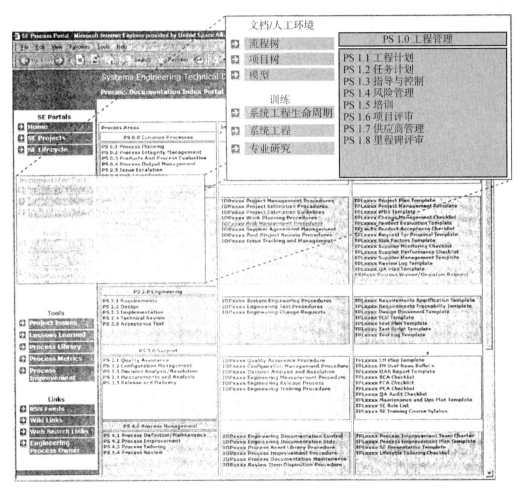

图 17-11　一个基于网络的门户，为系统工程师提供工程流程、内部操作程序、模板和表格的参考索引
每个程序、模板和表格通过超链接调用，最左边的超链接一栏提供对其他系统工程门户、
文件、产出物、在线培训、工具和相关网站的便捷访问

17.4.2　接收和评价有关技术数据和交付说明的请求

　　通过自动用户注册，接收和评价请求可以更加方便地管理用户账号以及对许多工具和数据集的访问级别进行管理。注册系统可为用户和组织单位提供以下功能。

1）为用户请求和更新访问提供单一的焦点。

2）为组织单位提供：

· 有关谁有权访问什么的总体情况；

· 控制程序框架，如账号审批工作流程、系统访问定期重新确认以及许可证管理（针对访问需要授权的商业现货软件的情况）；

· 在用户访问或注册账号时，通过协议与用户建立访问权力、限制、义务和承诺的方式，这对特定的政府设置而言至关重要，对其他设置也有用。

目前，系统工程或信息技术组织单位在自动注册方面有许多商用现货工具可供选择，用于身份管理，这包括用户账号、密码、基于政策和角色的访问以及目录服务等。在需要时建立或停用用户账号称之为配置或取消配置；身份管理工具通常提供工作流程来配置用户账号和访问，也根据需要提供取消配置和访问的工作流程和触发器。

图 17-12 至图 17-14 显示了设想的用户界面进行系统访问请求，这些系统组成了典型的数字工程环境和技术数据管理系统。流程最初是对申请账号或访问的人进行身份识别，没有账号的人（新用户）按提示输入身份信息，组织单位的经营政策和实践决定了所需要的信息。对于有账号的人（当前用户请求访问另一项服务），系统检索用户信息并显示出来，供用户确认。

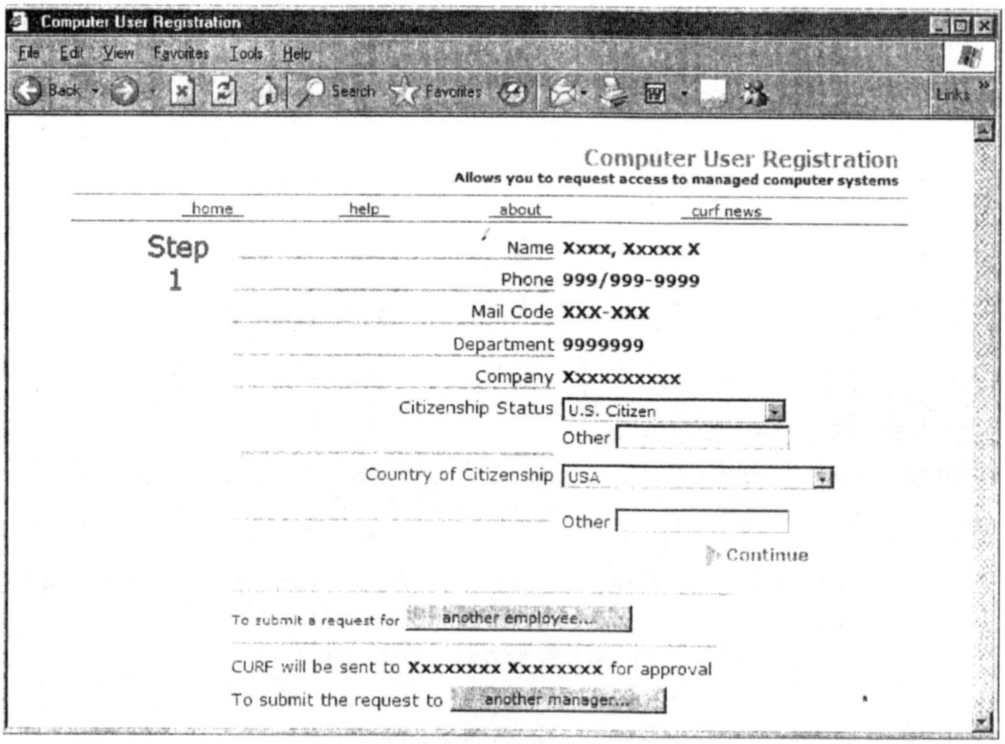

图 17-12　自动用户访问注册时的用户识别

身份管理系统采集或显示唯一识别人的身份属性数据。对于已经存在的用户，系统只需填写此信息

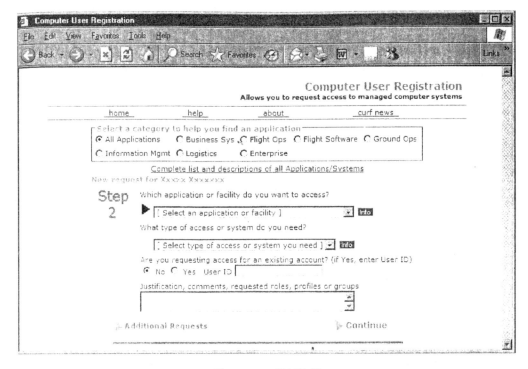

图 17 - 13　继续注册

用户继续选择应用或设施，并提供有关其角色、个人档案、群组和理由等信息

随后，系统提示用户请求访问的应用或设施，也可能询问请求的理由、用户要进入哪些群组或所需的配置文件；最后，用户确认输入的数据并同意遵守组织单位的政策和程序，提交请求，点击"提交"表明以电子方式接受这些职责。

提交请求后，工作流程启动，将请求发送给相关人员进行审批和实施。典型的步骤包括由主办方或代理审批、由监管数据和内容的责任人审批、由系统管理员处理或自动建立用户账号和权限。请求流程应向用户及审批工作流程中涉及的其他人告知请求正在处理。当审批通过时，应以安全方式向用户发送账号和访问证书；如审批未通过，应告知原因。

17.4.3　确认要求和请求的技术数据得到适当分配

通过确认，表明系统满足用户需求，并符合相关程序、指令和协议。账号管理应定期重新确认用户账号和访问权限，一般 1 年 1~2 次，要向主办方和数据责任人发送审批请求，由他们对每个活动账号进行审查和重新认证。组织单位应设计一套自动、高效的流程来重新确认账号，该流程至少应包括 6 项重要功能。

1）在线列出需要重新确认的活动账号，按审批角色过滤；

2）按具体准则过滤需要重新确认的账号；

3）显示账号信息、历史和权限；

4）重新批准或不予批准个人账号、选定列表中的账号或系列账号；

5）自动通知主办方或用户账号未通过审批；

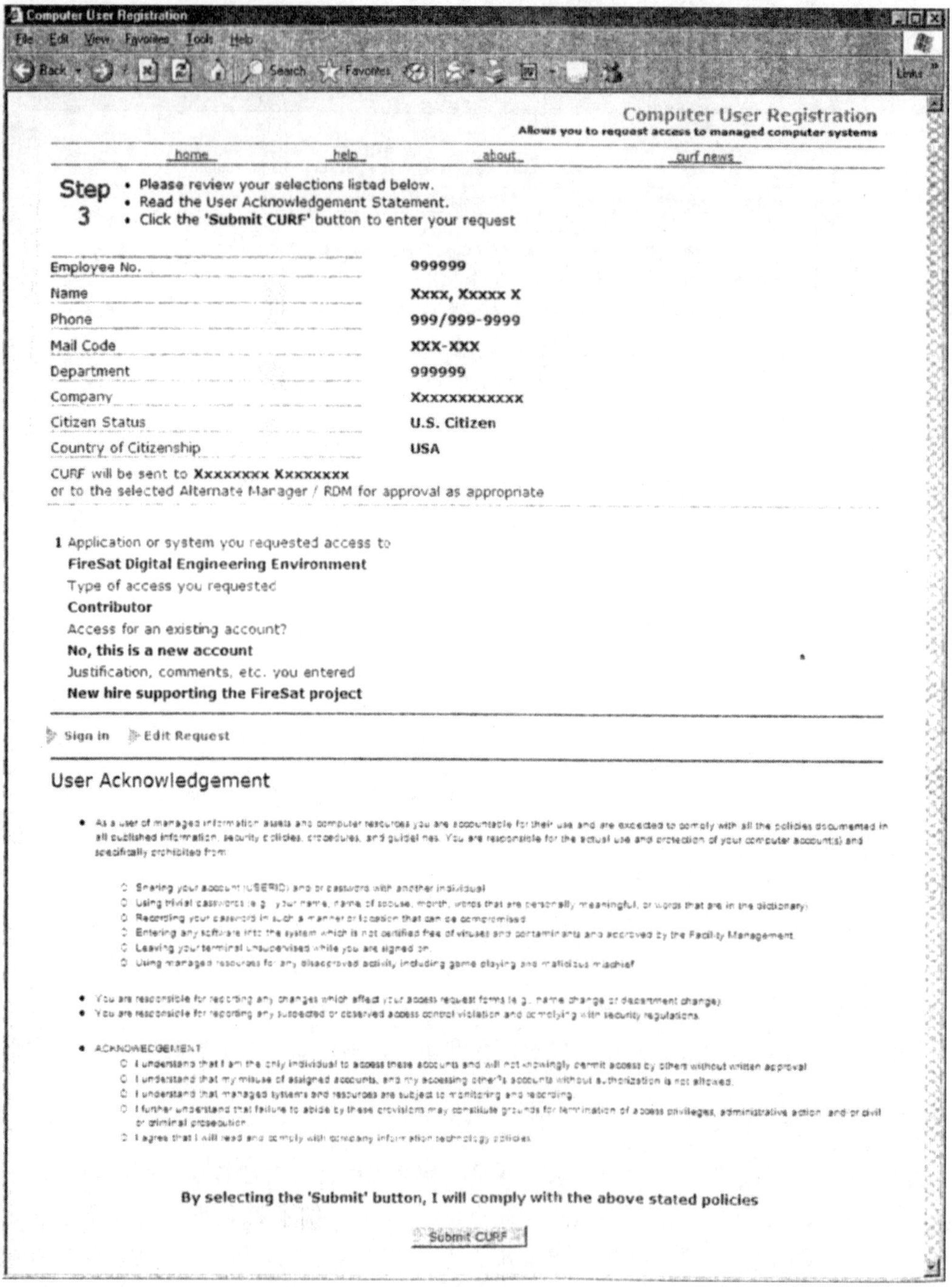

图 17-14　提交请求

通过点击"提交"，用户以电子方式同意遵守相关政策和程序

6）自动停用未通过审批的账号，可直接不予通过或作逾期处理（即从重新认证日期起在指定的期限内不对账号进行重新认证）。

图 17-15 显示了基于网络的重新确认页面，系统经理可查看需要重新确认的活动账

号，并批准或不予批准其继续使用。此页面显示了重新确认经理审批的访问请求，并允许他们轻松地更新每个账号。

在特定情况下，我们需要立即撤销访问，例如雇员因故被解职、事故调查或学生被开除等。管理用户账号的程序应提供立即撤销的准则、联系人和流程。

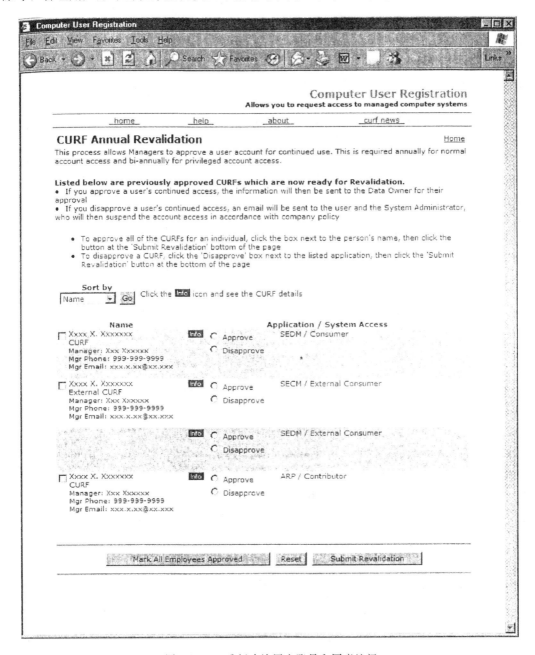

图 17-15　重新确认用户账号和同意访问

自动用户界面对这一流程进行了简化，尤其是当我们需要定期对数千个账号进行重新确认和同意访问时，
自动用户界面变得非常重要

17.4.4　确认电子访问符合规则

访问控制的设计和配置（17.3.5 节）以及访问请求和审批的程序（17.4.2 节和 17.4.3 节）应共同努力，保证工程数据访问符合组织单位的数据管理政策。特别是，在允许访问数据库以及发布或向请求者传送电子数据之前，系统必须确认遵守所有规则。同意访问牵涉到在技术数据管理系统访问模型中适当的群组、角色或控制结构增加审批的用户。一旦建立了用户账号，我们应根据人员往来或情况变化（如升职、角色变化或缺席），维护这些账号以及群组、角色和访问规则。

17.4.5　证明发送给收件人的技术数据的正确性、可靠性和安全性

通过审计确定人们是否遵守已有程序、指令和协议。系统工程审计对数字环境和技术数据管理系统中的系统及流程，以及技术数据管理系统所管理的项目或产品的样品内容和数据做出评价。

在大多数大型组织单位中，由内部审计部门进行审计，他们强调业务流程要符合所有标准和程序，以及普遍接受的做法；他们也评价支持系统和工具，保证产出物的正确性和可靠性。不具备内部审计部门的组织单位也可联系外部审计人员。

系统工程生命周期和技术数据管理系统的审计工作主要是评价系统工程实践、程序和系统，保证正确获取、管理和分配所需的技术数据，满足项目队伍和客户的需求；审计也对生命周期是否遵守已有程序、指令和协议进行检查。一般开展如下 8 方面工作。

1）评审内容和数据提交是否违反技术数据管理系统的质量控制和标准，评价内容和数据的精度与完整性，并判定输入编辑检查和确认功能的有效性。

2）评审异常处理流程，判定系统检测和解决异常情况的有效性。

3）评审数据备份和灾害恢复与连续运行计划的恢复程序，评审恢复计划下的定期检查结果。

4）评审用户的账号及评价系统管理账号的有效性；对计算机用户的请求进行随机采样审批和响应，判定系统是否能有效配置账号和取消账号配置。

5）评审访问控制和机制，采用随机取样访问控制来判定这些流程的有效性。

6）评审所有特权用户账号的理由和需要。

7）用文件记录所有审计结果和结论。

8）通过决议和复检对结论进行跟踪。

通过审计，评估技术数据管理系统中数据内容的正确性、可靠性和安全性，并为利益相关方提供技术数据管理系统服务和功能的置信度。

17.5　有效利用系统和流程产出物进行协作

系统工程不能靠"单打独斗"，而一般是集成产品团队和其他团队的形式。这些项目

结构将多个学科的技能和专业知识结合起来，构成一个数字世界中的复杂系统，现代数字工程环境和数据体系（见图 17 - 5）是通往成功之路所不可缺少的基础设施。但是，电子协作和集成数据管理系统，无论从物理线、功能线还是其他线，都增强了这一基础设施，为工程项目队伍提供支持。

协作工具和环境不仅包括电子邮件和分布式文件共享等广泛使用的分散工具，也包括专为协作设计和市场推广的高用现货包。高端包一般提供电子房间、共享柜和文件夹或虚拟空间等常见形式的集成工具，安装后即可使用；低端协作环境一般采用分散的组件或工具，我们需要将这些单个的工具集成到环境中。

17. 5. 1　使用协作工具和技术

有效的协作需要进行同步和异步沟通。在同步沟通方面，有电话、网上聊天或即时消息等方式；在异步沟通方面，有语音邮件、电子邮件或传真等方式。我们也需要进行群组互动和子群组互动，群组互动有音频-视频会议、虚拟白板或电话会议；子群组互动有维基、博客或互联网论坛。要将这一切协调起来，需要用到一些管理工具和技术，如调度系统，共享日历，任务、行动和问题管理工具，工作流程以及内容生命周期等。

随着网络的进步，第二代工具、技术和基础也可帮助我们进行协作。例如，社交网站通过由网站或用户确定的兴趣和主题，发展了网上社区，他们开展互动、形成群组和共享信息的方式迅速发展，为应用于系统工程提供了机会。

17. 5. 2　使用搜索和检索的工具与方法

为了获取和管理系统工程的数字产出物，并向经过授权的人提供数据和内容，我们必须有一个强大的用户界面进行空间系统信息的搜索、检索和使用。搜索和检索工具对用户而言十分重要，决定了系统的有效性。图 17 - 16 显示了美国国家航空航天局航天飞机计划中适用于系统工程政策与程序的网络搜索和检索门户。

在许多情况下，开发产品或系统的项目团队由不同学科的人组成，每个学科都带来了有关系统工程生命周期及其产出物的不同的技能、词汇和观点。这种差异为人们按照属性或关键词进行搜索和检索制造了难度。不同的人对同一术语或概念有不同的理解，因此，用户必须理解这些差异，并将它们反映在搜索中。

图 17 - 17～图 17 - 19 显示了应对这一难题的解决方案，让用户按照硬件插图或主题基线往下深入搜索。用户使用可视化的"仪表板"，设置搜索过滤器，再通过点击显示的热点结果进行检索。通过此种方式，用户不需要理解名称和标识符，通过可视化环境和过滤器，系统在后台创建完全合格的查询。

管理技术数据的流程、系统和技术从计算机时代开始就在不断演化。计算机时代播下了数字化基础设施的种子，用集成数字环境代替了绘图板，用计算机建模系统代替了计算尺，这些建模系统可精确地分析空间系统生命周期中几乎所有物理、经济和管理方面的内容。系统工程也从纸质产出物向数字化产出物稳步转化。成员面对面交互的面向功能组织已让位于遍布各地、利用网络工具协作的虚拟项目团队，这些变化正在快速地改变空间系统工程的运行方式，也在改变我们创建、管理和使用产品与交付物的方式。

　　工程流程和产品的这一根本性变化已经改变了技术数据管理，在正确设计、构建和应用的情况下，技术数据管理已从单纯的行政支持变成可转化为竞争优势、重要的普遍性功能。了解其潜力的人用它来完成似乎不可能完成的任务，而忽略它的人即使在最普通的任务中也要冒失败的风险。

图 17-16　基于可视化搜索和检索技术的集成数据管理网站

此门户网站通过建立可视化环境并设置过滤器以缩小搜索结果，支持搜索不同的数据和内容

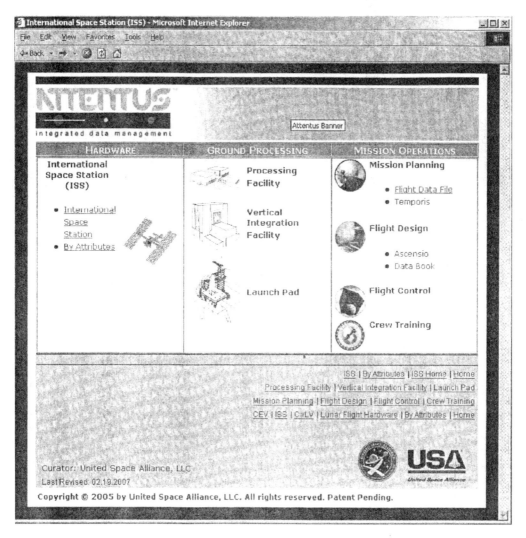

图 17 - 17　集成数据管理（IDM）网络门户

此集成数据管理门户用于为国际空间站搜索硬件基线、地面处理设施和任务运行主题。

用户可通过超链接或网页热点深入搜索每个基线的信息

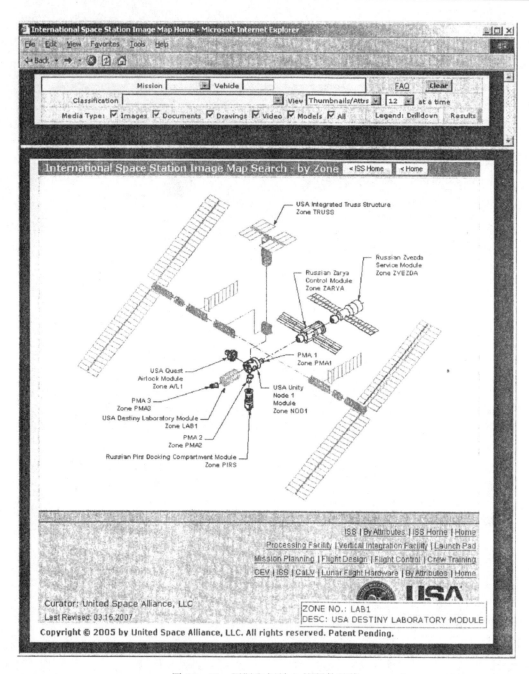

图 17 - 18　国际空间站上的硬件基线

该基线可以使用户深入搜索在轨或待发射的任何舱段或组件

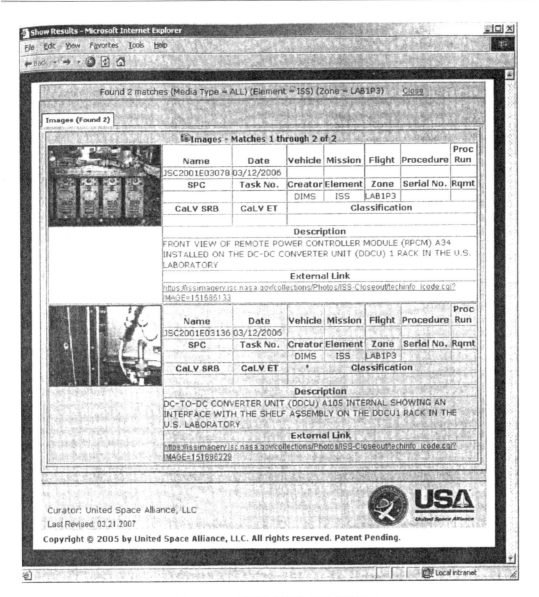

图 17-19 国际空间站数据搜索结果

搜索结果用表格表示，显示了系统中每一项的数据属性。通过每一项的缩略图，用户可点击查看相关内容

参 考 文 献

[1]   Government Electronics and Information Technology Association (GEIA) . 15 June 2002. EI A – 836 —
       Configuration Management Data Exchange and Interoperability. GEIA website: www. geia. org.

[2]   Institute for Printed Circuits (IPC) . November 2001. IPC – 2578—Sectional Requirements for Supply
       Chain Communication of Bill of Material and Product Design Configuration Data — Product Data eX-
       change (PDX) . Bannockburn, IL: IPC website: www. ipc. org.

[3]   International Organization for Standardization (ISO) . 1994. ISO 10303—Industrial Automation Sys-
       tems and Integration—Production Data Representation and Exchange, also known as Standard for
       the Exchange of Product Model Data (STEP) . ISO website: www. iso. org.

第18章　技术评估和评审

迈克尔·C·彭诺蒂（Michael C. Pennotti）

斯蒂文斯理工学院

马克·P·桑德斯（Mark P. Saunders）

美国国家航空航天局兰利研究中心

系统研制是高度迭代的，包含许多回归并当有新的可用信息时要对早先工作重访。几乎所有的流程都可划分为不同的活动期或时段（stage），并穿插有正式评审，称为"门"。重要项目里程碑的正式评审回答了3个基本问题[1]：

1）我们在前一时段的活动完成得好吗？

2）项目继续进行有意义吗？

3）提出的措施、资源和经费是否足以完成下一时段的活动？

系统设计的技术评审旨在解决这些问题，工程、项目和其他一些评审解决项目其他方面的问题。但是，所有的评审都得到相同的结果：整个队伍对项目现状的了解和下一时段是否继续实施达成共识。大多数项目注重正式评审，但是如果项目队伍认为有必要对进展情况进行独立评估的话，开展非正式评审也很有价值。非正式评审可提供一些见解、观点和候选方法，它们可能最接近于工作中错过的方法，通常可明确一些技术问题，并提出一些可能考虑不周的问题。表18-1显示了有效的技术评审流程。

表 18-1　技术评审流程①

步骤	描述	讨论章节
1	确定评审主题和范围	18.1节
2	建立进入准则	18.2节
3	确定和邀请评审团队	18.3节
4	进行评审	18.4节
5	保证系统满足成功准则	18.5节
6	明确和记录决策	18.6节
7	明确和记录行动项	18.7节
8	建立设计基线	18.8节
9	改进技术评审流程	18.9节

①此处列出了在生命周期中评审项目进展情况的流程步骤。

18.1　确定评审主题和范围

在技术评审策划中，我们首先要确定其目的——正式评审需要有明确的决策，见18.8节所述；非正式评审的目标通常更为广泛，没有那么明确。要进行有效评审，所有的参与人员在一开始就要明确想要的结果。

每一次技术评审都要检查一些系统，每一个系统都有其背景。系统由设计团队控制，但背景是对其产生作用的所有事物，且必须满足其目的。在评审策划中，我们应区分两者，以建立系统边界。例如，星座计划确定了支撑载人登月、登火星及更远星体的五大要素：猎户座乘员探测器、战神1运载火箭、地面操作、任务操作和舱外活动系统。评审人员和发言人应知道战神1评审重点是运载火箭，其他计划要素是一部分背景：约束运载火箭的固定要素。

另外一个考虑因素是系统在生命周期中的位置，这影响评审人员如何看待技术设计的成熟度。项目早期的不确定性反映了一个开放的设计过程，没有受到预想解决方案或现有系统的过分影响；而在项目后期，同样的不确定性则表示进展不充分或存在不必要的风险。

例如，在火星科学实验室的系统定义评审时，独立评审小组相对比较轻松，他们知道再入、下降和着陆的风险还没有得到充分评估，设计也没有进行充分验证和确认，但是进度允许他们在初步设计评审之前有大量的时间来解决这些问题。如果在关键设计评审时还存在这些不足，那就只能加班加点去赶进度了。

不同的系统工程流程要求所有的项目都必须通过技术评审。虽然流程不同，且一些组织单位使用不同的语句来表达同一个事物，但是它们的内容是相同的：要保证资源有序支出，在成本与进度限制内生产出用户想要的系统。本章主要介绍 NPR 7123.1a［NASA，2007（1）］中有关任务方案、系统要求、系统定义、初步设计和关键设计等重要评审（见图 18 - 1），我们在适当情况下给出其他术语。

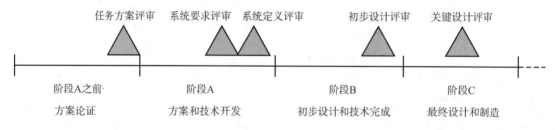

图 18 - 1　重要技术评审

美国国家航空航天局的生命周期模型（NPR 7123.1a）列出了重要开发节点的技术评审

（MCR—任务方案评审；SRR—系统要求评审；SDR—系统定义评审；PDR—初步设计评审；CDR—关键设计评审）

在18.8节中，我们讨论了其他一些正式评审，包括试验状态评审、系统验收评审、飞行状态评审、运行状态评审以及退役评审，也介绍了项目团队在必要时可进行的非正式技术评审。首先我们介绍一下评审流程以外的知识。

18.2 建立进入准则

进入准则列出了技术评审中应包含的输入或产品。对于正式评审而言，这些输入或产品是来自研制的上一时段的交付物[1]；对于非正式评审而言，输入或产品可以不用太正式，但也应具体明确。如果研制队伍未预先明确和达到这些进入准则，则技术评审可转变为设计会议。如果所需的工作产品不可用，而是按照日程来驱动评审的话，这样的评审往往是失败的。

例如，猎户座项目在 2007 年 8 月按期举行系统定义评审，但航天器的体系架构还不能满足其质量分配要求，因此评审不得不拖了 5 个多月，直到达到该里程碑评审的要求。这次延期增加了成本，耽误了进入下一时段的决策，并且还不能确定设计更改对其他项目有何影响。项目队伍应尽早完成所需的产出物，以便评审人员在召开评审会议之前有充足的时间去消化吸收它们。

定义和管理研制流程的人通常太过注重于活动而不是输出，如果他们重视每一个时段的交付物以及在下一个门完全评审这些交付物，他们的工作效率将会高得多。否则，队伍的活动就会没有重点，而在随后的评审中，他们就会因碌碌无为而无法提供要交付的产品。技术评审的目的不是要听他们讲述碌碌无为的故事，而是要评估设计的成熟度以及是否可以进入到下一时段研制。

18.3 确定和邀请评审团队

参与评审的人比评审安排重要很多。研制团队的主要成员应出席评审会，对交付物做出说明，并回答评审人员的提问。他们也要向其他研制人员传达评审人员的决策和指导。要进行有效的技术评审，与设计相关的制造、试验、后勤、保障或培训等组织单位应派代表出席，没有直接参与项目的其他专家应提供独立的观点[5]。例如：

1）具有总体设计经验的专家；

2）熟悉该技术的专家；

3）与本计划无关的其他项目经理；

4）应用领域的专家；

5）熟悉各方面体系原则的人，我们期望他们提出一些"古怪的"问题。

例如，火星科学实验室评审委员会包含了制导、导航与控制，推进，核电源，通信，机器人，科学仪器，系统工程等各个技术领域的专家；也有任务操作，项目管理，成本、进度和资源分析以及任务保证等方面的专家。

在某些情况下，项目团队以外的内行评审人员参与评审也可发现一些技术问题，如空间干涉任务的系统定义评审期间，在应用二维度量法建立镜面相对位置时发现了问题，但该问题不是光学专家指出来的，而是一位略懂该技术的评审人员发现的。因此，邀请外部评审人员通常能为评审过程带来有价值的观点。

正式评审也应包含那些可提供下一个研制时段所需资源的人[1]，他们一般是高级经理或高级管理人员，通常由于时间安排问题而难以参与，但是如果他们没有参与，评审过程中所做出的决策将不具有约束力，而他们的缺席也表示这次评审不是很重要；另一方面，他们的参与将大大增强正式评审的作用及其对项目成功的贡献。

18.4　进行评审

技术评审不是解决问题，而是应确认解决方案[4]。由于评审人员和报告人员互相对立，评审往往不够有效。报告人试图以最少的提问和无行动项来通过他们的材料，评审人则试图"在鸡蛋里挑骨头"，这一对立的关系干扰了想要的结果。评审人和报告人应记住他们是一边的，都想要为客户或其他利益相关方提供最好的产品、系统或解决方案，因此要互相支持以获得最好的结果。

凤凰号（Phoenix）火星任务例证了这一协作关系的瓦解。（凤凰号火星探测器用于研究火星表面水极区。）在系统定义评审时，独立评审委员会主席声称："没有我的同意，这一项目不会往前推进。"尽管后来迅速采取行动来缓和矛盾，但这一言辞伤害了项目团队与评审委员会之间的关系达数月之久，使得评审委员会更加难以从项目团队中获取精确、及时的信息，项目团队也抵制评审委员会的意见和建议，从而使双方浪费了大量宝贵的时间和精力。虽然后来形势逐渐改善，但如果一开始就没有损害这一关系，形势将会好很多。

评审人员可帮助防止对立关系出现。例如，指出报告中的所有缺陷难以建立信任和协作精神，大多数研制团队都能产生一些值得赞扬的想法，因此，评审人员应首先指出值得认可的地方，以增强团队的成就感，鼓励他们开展后续工作，也使他们易于接受建设性的批评。在表达批评时，用"我们希望你怎么怎么做"代替"你现在做的错在哪儿哪儿"，这也是保持友好氛围的一个方面。无论前面的工作做得如何，研制团队在以后还要做更多的工作。总之，重点是未来要做什么，团队该怎么做，而不是追究过去出了什么问题，这已经无法改变。

由于评审人员和报告人员之间的层次关系，高级经理可能扼杀争论和少数观点[6]，当领导有意或无意地表达了令其他人不敢挑战的观点时，这种情况就可能发生。有效的领导者在决策之前鼓励争论、少数观点、客观证据及所有可能的解释，他们重视其他人的意见，即使这些意见与他们自己的意见有矛盾或背离其决策方向。由于评审没有促进这种争论而导致的各种灾难时有发生，事实上，出于此原因，美国国家航空航天局的《空间飞行工程和项目管理要求》[3]提出要记录并考虑反对意见。

几乎所有的评审人员应对介绍的材料进行发言，但是往往更加困难的是对没有介绍的内容进行评论，这也是他们最大的贡献。有效的评审应包括以下几个方面。

1）对设计所建立的关键假设进行提问；

2）在选择方案之前，保证我们广泛考虑了多种方案；

3）检查每个结论，确定其背后的事实和数据；

4）探索系统要素之间以及不同报告之间的关系；

5）确定人们关注于细节而可能忽视的盲点。

例：自 20 世纪 70 年代海盗号（Viking）以来火星探路者首次成功进行了火星着陆，依靠降落伞控制探测器最终下降到火星表面。在关键设计评审时，一位评审人员质疑，当探测器接近下面不平的地形时，探测器摇摆是否会引起雷达高度计中卡尔曼滤波器的波动，这一质疑引起了强烈反响，通过开展大规模的试验，确认高度计工作正常。

18.5　保证系统满足成功准则

成功准则是评价交付物的标准，正如进入准则一样，我们应预先清晰地规定并让研制队伍和评审人员了解，成功准则应明确而不能含糊，因此我们应将其与交付物进行严格比较。在具体的准则下，交付物要么符合标准，要么不符合；含糊的准则导致主观、定性的评估，而不是强有力的评审。例如，喷气推进实验室的机器人任务设计原则就是很好的准则，因为它们根据设计的技术成熟度规定了满足特定裕度的要求。如在系统定义评审时，他们要求质量裕度为 30%。

18.6　明确和记录决策

正式评审最重要的输出是决定是否继续进入下一个研制时段，这一决策应当是明确的。根据库珀（Cooper）的研究，只存在 4 种可能的决策[1]：

1）通过（go）表示项目获得批准，下一个研制时段所需的资源已有保障；

2）封杀（kill）表示项目应终止，不再给予经费；

3）保持（hold）表示交付物满足技术成功准则，但项目应推迟一段时期或无限期推迟。继续进行所需的资源不可用，或出现了更高优先级的用途，或客户的要求已改变。在优先级变化或所需的资源可用之前，项目将被"束之高阁"。

4）再循环（recycle）表示交付物未满足成功准则或不足以支持明确的决策，因此，应重复前一个时段并在允许项目继续之前另行评审。

有些人则增加了第 5 种选项：在一定条件下继续进行。这表示，虽然交付物没有完全满足成功准则，但仍然让项目继续进行，因此一些交付物需要重做，并重新提交审批，尤其是在紧迫的进度之下，评审人员可能有强烈的动机来选择这一选项，特别是当"再循环"将导致重大里程碑无法完成或错失市场机会时，但这是一个危险的选择。通常，尽管目的非常好，但没人去修改这些有缺陷的交付物。虽然通过了死亡之门，但在紧张的进度压力之下，研制队伍可能简单地向前推进，而没有很好地完成评审人员认为非常关键的一些设计要素，除非有一套严格的流程使研制队伍负起责任，否则"在一定条件下继续进行"将使评审人员事与愿违。

例如，在火星科学实验室进行初步设计评审时，独立评审小组认为授权的经费不足以按计划完成项目，但研制队伍决定在略增经费的基础上继续进行。在关键设计评审时，有三大系统没有达到要求的成熟度，而授权的经费仍然不足，结果，项目授权继续进行，但项目范围大大缩小。如果这一决策是在初步设计评审时做出，那么会有更多的时间来应对。

18.7　明确和记录行动项

除了明确"通过"或"不通过"决策之外，每次评审还产生行动项。行动项是在评审时获得，并在评审最后进行重新评估，人们有时建议将不重要或不适当的行动项放在评审后期；有些行动项在最初获得时似乎很清楚，但后续评审发现它们仍是模糊的；因此在评审会最后评审所有的行动项是大家一致认可的。我们应明确记录每个行动项，包括完成这一行动项的负责人姓名和目标日期。如果没人承诺在具体日期内完成，该行动项就没有完全确定下来。在星座计划的系统要求评审中，行动项示例为：

1）分析需求、目的和目标，提高效率和减少任务之间的硬件处理的难度；
2）向计划团队中增加更多系统工程师；
3）增加一个独立代理，对马歇尔航天飞行中心的入轨飞行性能分析进行复核。

18.8　建立设计基线

除了明确"通过"或"不通过"决策之外，正式技术评审的另一个重要输出是技术基线。这是系统方面一个一致认可的定义，是技术状态控制和正式更改控制程序的基础。通过正式技术评审，表明设计足够成熟，这一基线是合理的，也表明所有的团队成员知道什么是新的基线。

技术基线的时间以及正式评审的时间对有效进行系统研制而言非常重要。过早地宣布基线可能会限制创新，当需要频繁更改基线时，会增加不必要的官僚作风；过晚地宣布基线则会导致过多的返工，可能导致设计错误而推动成本上升，在最坏的情况下，可能摧毁这个项目。

与技术评审一样，不同的系统工程流程确定了不同的基线，有些使用不同的术语确定了相同的基线。同样，我们重点介绍《NPR 7123.1a》中评审所产生的基线，并在必要时引用其他术语。基线通常包括任务或运行基线、要求或系统基线、功能基线、分配或组件基线以及设计基线。下面我们逐一介绍每种基线及其技术评审。

18.8.1　评审任务基线方案

任务基线定义了系统将要解决的需求和满足需求的运行方案，重点是系统在情景中的角色，并确定与之相关的外部系统。技术基线首先更多的是告诉我们要解决什么问题，而不是介绍方案本质。在开始设计之前，我们先要明确系统的目标。由于任务基线确定了系统的主要利益相关方以及各相关方的要求，我们也可将其称之为业务或客户基线，它代表了系统应满足成功标准的条件。

任务基线来自于任务方案评审。进入准则包括说明任务的目的和目标，确定有效性和性能测量，分析满足这些目标的方案，并为选定的途径建立运行方案。研制队伍也应评估风险和适当的减轻计划，试验、评价和生命周期保障的方案策略，以及完成下一个研制时段的初步技术计划。评估任务方案评审的交付物的成功准则分为 4 类。

1）我们明确此次任务的需求了吗？我们是否研究了满足需求的其他方案并选择了最佳方案？

2）我们是否明确了任务目标并取得了内部一致意见？任务目标是否可测量或可观察，以便我们及时掌握满足情况？

3）任务可行吗？提出的方案在技术和系统层面上可行吗？我们能以预算或可能利用的资源提供合理的解决方案吗？

4）我们是否为下一个研制时段做了充分的技术策划？我们是否确定了风险并制定了可接受的减轻计划？

如果我们满足这些成功准则，任务基线即可确定，系统进入到方案研制时段。表 18 - 2 完整地列出了任务方案评审的进入和成功准则。

表 18 - 2　评审标准示例①

任务方案评审	
进入准则	成功准则
· 任务目的和目标 · 其他方案分析，确定至少一种可行方案 · 运行方案 · 初步任务缩减范围方案 · 初步风险评估，包括技术和相关策略以及风险管理和减轻 · 方案性策略的试验与评估 · 实现下一时段的初步技术计划 · 确定的有效性测量和性能测量 · 方案性生命周期支持策略（后勤、制造和运行）	· 我们有清晰、内部一致的任务目标 · 系统初步要求将满足任务目标 · 项目的任务和技术解决方案可行，成本可接受（粗略估计） · 我们建立了评价候选系统的排序准则 · 我们明确了任务需求 · 成本和进度估计是可信的 · 我们进行了最新的技术搜索，以找到能满足全部或部分任务的设施或产品 · 技术策划完全可以进入到下一时段 · 我们在技术风险评估的基础上，确定了可接受的风险和减轻策略

①任务方案评审的进入和成功准则是具体和明确定义的。

18.8.2　评审系统基线和要求

系统基线有时也称要求基线，确定了研发系统应满足的功能和性能要求，这些要求将包含在任务基线中的利益相关方的要求转化为系统技术规范，将利益相关方的语言转变为设计工程师的语言，因此它必须直接追溯到利益相关方的要求并描述系统最高层次的特征。虽然要求基线有时包括低层次的规范，但我们建议将系统描述为一个没有分系统或组件的黑匣子，它必须确定系统的输入、输出和其他性能特征。

系统基线通过系统要求评审获得，其进入准则包括系统要求文件和描述系统要干什么的完整规范，一般产生一个顶层的功能体系，将系统要求分配为顶层功能，但我们应在分配顶层功能和分解底层要求之前，保证系统要求是正确的。系统要求评审的其他进入准则包括：

1）包含从任务方案评审（MCR）之后对任务要求和方案做出的任何更改；

2）具备初步的系统维护方案；

3）为下一个研制时段制定项目管理和系统工程计划。

评估系统要求评审交付物的成功准则重点包含 5 个方面：

1）我们已经圆满完成了任务方案评审要求的所有行动项吗？

2）系统要求是否完整并明确写下来？是否可追溯到任务基线中的利益相关方要求？每个系统要求是否可验证？我们有初步的验证计划吗？

3）有没有合理的流程来分配和管理各个设计层次的要求？

4）系统和分系统设计方法是合理的吗？系统是否能满足任务需求？如果我们已将系统要求分配给分系统，分配可追溯吗？产生的分系统要求是否明确？

5）我们为进入下一个研制时段做了充分的技术策划吗？我们确定风险并提出解决措施了吗？

如果我们满足了这些条件，系统基线就算完整了，可进行初步设计。表 19－18 列出了系统要求评审的进入和成功准则。下面列举一个系统要求评审策划的示例。

示例：总部位于约翰逊航天中心的美国国家航空航天局星座计划，管理、研制和集成飞行与地面基础设施、系统及支持要素，为人类持续进入空间提供能力。该计划是在航天飞机退役后实施载人登月、登火星及以远星球的任务，其交付物有乘员探索飞行器、探索发射项目、任务操作、地面操作和舱外活动系统等。

2007 年初，美国国家航空航天局采用了新政策并为其计划和项目建立了独立评审团队（IRT）。随着任务方案的完成（作为探索系统体系研究的一部分），团队开始进行独立的系统要求评审。新政策明确了独立评审团队的顶层范围，且每个独立评审团队都有参考条款，包括进入和成功准则，因此组员和经理都清楚评审的意图，每个人都接受这些条款，包括机构的利益相关方。通过制定条款，他们将技术和管理与每个项目关联起来，选择小组成员。

由于计划中的各个项目都是耦合的，在计划层面上，各个项目的系统要求评审同步进行，保证总体系统集成。各独立评审团队与这一结构相匹配，且各项目独立评审团队的主席是整个计划独立评审小组的主要成员。这一方法有助于我们保证在每个项目评审过程中注意到的优势和劣势都在整个计划层面上考虑到。

18.8.3　评审功能基线和系统定义

功能基线包含十分明确的功能体系，以及底层功能的全部要求，它详细阐述了为了完成任务，系统要做什么，以及任务之间的必要关系。功能基线来源于系统定义评审，系统定义评审的进入准则包括功能体系以及支持权衡分析和数据。为评估其交付物，我们考虑 4 种成功准则的主要类型。

1）我们是否完成了系统要求评审规定的所有行动项？

2）功能体系是否完整？我们是否可通过功能体系的每一级来追溯所需系统级的情景？我们是否分解性能要求至底层功能？

3）提出的功能体系是否能完成系统任务？技术途径是否合理？较低层任务的时间和顺序是否与较高层功能要求相匹配？

4）我们为进入下一个研制时段做了充分的技术策划吗？我们确定风险并提出解决措施了吗？

如果我们满足了这些准则，功能基线就算完整了，可继续进行初步设计。表 19 - 27 给出了系统定义评审的进入和成功准则。

18.8.4　评审分配基线和初步设计

分配基线是系统的完整体系模型，将功能基线中所有的功能分配给组件，所有的非功能性系统要求分解到底层功能和组件。（第 4 章和第 5 章详细讨论了功能和非功能性要求。）分配基线有时也称之为组件基线，它们通过初步设计评审获得。

初步设计评审的进入准则包括每个技术状态项的分系统设计规范（见第 16 章），这些组件的规范应与系统要求评审中的系统规范一样完整。设计工程师利用它们来进行详细设计，试验工程师利用它们来保证每个交付项满足要求。初步设计评审是通往详细设计的"门"，在研制中至关重要，后续的活动将要使用更多的经费和其他资源。

初步设计评审还要求有完整的接口规范，显示技术状态项的互连和交互作用，使产生的系统满足顶层要求。接口规范对于最终系统而言尤其关键，经验表明，大多数系统是在接口处发生问题（见第 15 章）。

磁层多尺度任务是处理接口规范的一个成功实例，旨在研究地球磁气圈中的磁重联。项目团队认为确定 4 个堆叠的航天器及其与一次性运载火箭之间的接口十分重要，因为在关键设计评审结束一年之后才决定是采用德尔它 4 还是宇宙神 5 运载火箭来发射，他们认为美国国家航空航天局应慎重考虑，在关键设计评审之前 9 个月就确定运载火箭，从而使项目小组无须制定两种运载火箭接口方案。

火星极地着陆器项目则是处理接口规范的一个失败实例。在该航天器上，有一个传感器是用于确定一旦航天器的腿接触火星表面时发出信号关闭发动机。但是，项目小组分开试验了所有的组件，而没有做端到端的试验。在着陆过程中，当航天器的腿展开时，产生了一个瞬时的触地信号，传感器对此做出响应，使发动机提前关闭，造成任务失败。

初步设计评审的第三个重要输入是软件设计初步规范，包括完整的软件体系和初步的数据设计。这一规范是进行详细软件设计的基础。为了评估初步设计评审的交付物，我们主要考虑 4 类成功准则：

1）我们已经圆满完成了系统定义评审要求的所有行动项吗？

2）每个人都同意这一系统级要求吗？初步设计满足这些要求吗？

3）我们有没有完全并适当地分解这些要求？所有的技术状态项要求是否可跟踪到系统要求并记录下来？

4）所有的研制风险都了解了吗？可接受吗？在有效的减轻计划中得到管理了吗？

如果我们满足这些成功准则，分配基线就算完整了，可继续进行详细设计。表 19 - 37 给出了初步设计评审的进入和成功准则。下面我们介绍一个有关初步设计评审和关键设计评审的示例。

示例：喷气推进实验室正在设计火星科学实验室任务，计划在 2009 年将下一代漫游车送往火星。他们在 2006 年 12 月进行了初步任务与系统评审（PMSR），亦即系统定义评审，独立评审小组包括喷气推进实验室、哥达德航天中心及其他外部单位的系统专家。项目小组向独立评审小组介绍了他们的设计和研制计划，并回答了评审小组的提问。

在评审中，独立评审小组发现几个技术领域有待提高。例如，他们认为项目小组没有完成火星再入、下降和着陆（EDL）的风险评估，并采用了不完善的方法进行验证和确认。独立评审小组还认为，设计所携带的单串（single-string）系统要多于所批准的 150 万美元的任务，建议对这些领域进行重新检查。

在下一个里程碑——初步设计评审时，独立评审小组针对上述进入和成功准则，对项目进行了重新评估。项目小组认真分析了初步任务与系统评审中提出的问题和行动，并在初步设计评审汇报中介绍了系统的更改情况，向独立评审小组介绍了再入、下降和着陆分析的结果，并向其保证其验证和确认方法能充分证明再入、下降和着陆的性能。他们同意独立评审小组对单串系统的评估，增加了电子设备硬件以提高航天器的冗余。

独立评审小组对这些更改表示满意，对其技术设计表示认可，但他们在上次评审中注意到进度安排太过紧凑，因此在此次评审后期，他们强烈建议提高进度裕度，将关键设计评审往前提，将软件交付物提前送往测试台，尽早交付执行机构，同时还给出了其他几项建议，项目主管均表示同意。

在关键设计评审时，独立评审小组再次评估了项目的进展情况及其研制与运行计划，详见 18.8.5 节。独立评审小组称，端到端系统设计具有充分的技术裕度（虽然比较紧凑），但一些关键系统还没有达到关键设计评审的水平。就在关键设计评审之前，项目团队发现执行器设计未满足设计规范，因此重新进行了设计，加上后续的软件开发和样品处理设备链的设计问题等，这一执行器问题增加了发射窗口的进度压力。独立评审小组建议采用几种独特的途径来解决这一进度压力，项目团队在后续策划中采纳了这些变通方法。

最终，独立评审小组认为项目团队理解了项目风险，并具备对应的解决措施，但他们没有充足的经费来完成航天器研制，评审小组在其报告中与管理层沟通了这一重要事实，使管理层增加了研制经费。

18.8.5 完成设计基线和关键设计

设计基线是完整的系统设计，包括所有的技术状态项、软件和接口。它通过关键设计评审获得，是制造、装配、集成和试验的输入。关键设计评审的进入准则包括每个硬件和软件技术状态项的建造规范以及制造、装配、集成、试验和验证的完整计划。为了评估关键设计评审的交付物，我们主要考虑 4 类成功准则。

　　1）设计满足所有的技术性能要求并有充分的裕度；

　　2）接口控制文件足以用来开始制造、装配、集成和试验；

　　3）验证和确认要求与计划是完整的；

　　4）每个人都了解任务风险，管理风险的计划和所需资源已就位。

　　如果我们满足这些条件，设计基线就算完整了，可开始制造、装配、集成和试验。表 19-44 给出了关键设计评审的所有进入和成功准则。

18.8.6　其他技术评审

　　通过上述评审，我们得到了研制的重要技术基线。如上所述，它们是几乎所有研制流程通用的，虽然任务方案评审和系统定义评审可能以其他名称出现，但是，《NPR 7123.1a》定义了其他几种经常在空间系统研制中出现的技术评审。

　　（1）试验状态评审

　　在验证试验之前进行，用于确认试验主题、试验计划、设施和人员是否就位，这对成本较大或使用稀有资源的试验而言特别重要。例如，高能太阳光谱成像仪在飞行前振动试验中毁坏，原因是振动试验系统发生故障，根本原因是没有制定程序，要求试验团队在进行试验之前检查振动试验系统的性能。

　　（2）系统验收评审

　　在出厂前或利益相关方同意交付之前进行，用于确认终端项满足利益相关方要求。系统验收评审一般发生在试验结束后，包括评审利益相关方已进行或监督进行的系统验收试验的结果。

　　（3）飞行状态评审

　　在航天器发射之前进行，证明航天器已作好安全、成功飞行的准备。除了航天器与运载火箭，相关的地面支持设备和人员也在评审范围内。

　　（4）运行准备评审

　　系统开始运行之前的最后一次评审，目的是检查系统，确认最终文件与建成并交付的系统相匹配。

　　（5）退役评审

　　批准系统退役，尤其注重操作的安全性。例如，在哈勃太空望远镜维修任务 4（截至本书编写时，计划于 2009 年 5 月发射）中，航天飞机乘员将与航天器上安装的软捕获机构对接，协助其在 2013 年再入地球大气层。

18.8.7　详细技术评审

　　上述讨论的技术评审都是具有特定目的和研制里程碑的正式评审实例。但技术评审可在项目中的任何时间进行——只要项目经理、总工程师或研制小组认为不同学科的人评估设计中的某些方面对项目有益即可。虽然这种非正式评审没有正式出版的规范，我们也可借鉴正式评审的步骤来建立非正式评审的规范。

1）确定评审目的并选择评审人员；

2）建立成功准则，规定期望的评审结果；

3）确定进入准则，规定评审人员应提交的内容；

4）在首次评审会议之前，向评审人员分配交付物清单；

5）按照正式评审流程开展非正式评审：汇报、提问、决定行动、为后续工作制定适当的行动项。保持讨论的开放性，使每个人都能表达意见。

规定和完成技术评审的流程是明确的，但严格实施起来并非易事。例如，跟踪与数据中继卫星的研制团队决定就系统定义和系统要求开展非正式评审，以解决过时元器件的问题。他们非常严格地增加了这些评审，即使这些"按图建造"的卫星所规定的首次评审为初步设计评审。

18.9　改进技术评审流程

如同所有重要的业务流程一样，我们应持续管理和改进技术评审流程。进入准则是技术评审的输入，它们是研制队伍产生的交付物，并在评审中进行汇报；评审的输出是通过/不通过决策、按成功准则对交付物进行的评估以及评估所产生的行动项。我们可对每个要素进行改进。

要想有效、持续改进，最重要的是要明确定义流程的衡量指标，这是我们持续监控并用来发现问题和制定改进措施的标准。对于技术评审的输入，衡量指标应包括满足进入准则的数量、交付物多久能提交给评审人员以及交付物中的缺陷数量。研制小组应在每次技术评审中收集这些指标，如果发现了问题，应分析根源并对最重要的根源进行整改。

评审流程中还有更多潜在的指标，尤其包括参与评审的人员数量和每个评审人员出席的时间百分比。如果评审人员在整个评审中均未出席，他们就不清楚来龙去脉，贡献就要大打折扣。此外，评审过程中的讨论应是开放性的，如果参与者不愿表达自己的意见，直接问他们可能会得到不可靠的数据，可以采用匿名调查或邀请独立的第三方来收集意见，获得有效信息。不论采用何种机制，开放式对话和可靠信息对于有效评审而言都很关键。

最后，对于输出，一个关键的指标是在评审的几周或数月内通过/不通过决策的人数。由于他们的重要性，如果没有这些决定，则削弱了评审的可信度和有效性，其他输出指标，则包括按时完成行动项的数量，甚至已完成的数量。

如果我们定期收集这些指标，有目的地对其进行分析，并利用它们坚持改进，评审流程必然会更加有效。同时，我们持续改进流程更体现了技术评审的重要性。

参 考 文 献

[1] Cooper, R. G. 2001. Winning at New Products: Accelerating the Process from Idea to Launch. Cambridge, MA: Perseus Publishing.

[2] NASA. March 26, 2007 (1) . NPR 7123. 1a – Systems Engineering Processes and Requirements. Washington, DC: NASA.

[3] NASA. March 6, 2007 (2) . NPR 7120. 5d – Space Flight Program and Project Management Requirements. Washington, DC: NASA.

[4] Naval Air Systems Command (NAVAIR) . April 10, 2006. NAVAIRINST 4355. 19C – (AIR – 4. 0/ 5. 0/6. 0) Systems Engineering Technical Review Process. Patuxent River, MD: Department of the Navy.

[5] Starr, Daniel, and Gus Zimmerman. July/August, 2002. "A Blueprint for Success: Implementing an Architectural Review System," STQE Magazine.

[6] Surowiecki, J. 2004. The Wisdom of Crowds: Why the Many Are Smarter Than the Few and How Collective Wisdom Shapes Business, Economies, Societies and Nations. New York, NY: Doubleday.

第19章 FireSAT 端到端案例研究

——七条基线的航天系统工程

杰里·乔恩·塞勒斯（Jerry Jon Sellers）

教育科学技术公司

乔迪·弗卢赫（Jody Fluhr）

Fluhr 工程有限责任公司

彼得·范·沃特（Peter Van Wirt）

教育科学技术公司

FireSAT 可以说是从未飞行的最著名的空间任务，这个虚拟任务的设想最初是在《航天任务分析与设计》（SMAD）[4]一书中作为执行示例，贯穿于每一章节，以此来说明如何将理论应用于具体问题；后来，《理解航天：航天学导论》[8]一书采用 FireSAT 这一设想来阐述空间系统工程和分系统设计的概念。此后，FireSAT 成为其他书本和全世界课堂上的主要研究对象。本章中 FireSAT 案例与上述两本书中的案例类似，但是作者已经得到学术许可，采用上述书中关于任务与系统定义，同时也是为了说明不同的技术要点。

本章使用 FireSAT 来阐述空间系统工程中科学与技术方面的重要思想和问题，其中科学问题通过展示多种系统工程产品如需求文件和验收计划来说明；对于每一类技术基线，我们提出问题和示例，以此来增加系统工程的艺术气息。这些例子来源于真实的实践，但是"为保护无辜者不用真名"。读者可能会问，为什么在生命周期的某一点而非其他地方来讨论某个产品或例子？当然，空间系统工程（以及任何关于空间系统工程的书）最大的挑战之一就是，在现实世界中，许多事件是同时发生的。事件并行发生，而书只能一页一页写。所以，作者只能选择生命周期的不同点阐述各种问题。

要在一本书中完全钻研透某个现实任务是不可能的，更何况一个章节，这就要求作者慎重挑选他所要展示的产品和问题。我们的目的是以足够的深度来使读者了解问题的现实复杂性（这种复杂性若非真正经历，通常无法了解），而不让读者陷入细节的描述。表 19-1 列出了本章所描述的内容及其他参考章节，本书的其他章节是从横向展示空间系统工程流程，而本章是按整个项目生命周期纵向地展示系统工程流程在每个技术基线如何应用。本章的目的是：

1）通过阐明系统工程流程在整个项目生命周期的应用，将所有 17 个系统工程流程联系起来；

2）提供某一独立的系统工程案例研究。

表 19 - 1　 本章内容[①]

内容	讨论的章节
认证实际部署基线	19.1 节
定义任务基线	19.2 节，第 2，3 章和第 13 章
创造系统基线	19.3 节，第 4 章
建立功能基线	19.4 节，第 5 章
达到设计基线	19.5 节
设置构造基线	19.6 节，第 6 章和第 9 章
完成实际建造基线	19.7 节，第 10，11 章和第 12 章

①本表列出本章所描述的内容及其他参考章节。

　 　 这里，我们试图在纸面上通过发射和早期的在轨运行，来掌握执行航天任务的严峻挑战。当然，这样的任务，即使是像 FireSAT 这样比较简单的系统，都将延续多年，而系统工程产品更是各式各样。我们的方法是概括地阐述覆盖整个项目生命周期的全部活动和产品，同时，针对某些所选事项、附件和事件重点介绍具体事例，使读者足够了解，明白项目研制中的关键点。

　 　 本章围绕 7 个技术基线展开，它们是所有系统工程流程的支撑。如第 13 章所描述的，这些基线一起完整地描述了系统的当前状态，它们遵循任务生命周期的时序，所以，每一个后续的点的设计成熟度都比前一个点高。表 19 - 2 展示了这些基线。

表 19 - 2　 项目主要技术基线[①]

技术基线	建立基础
任务基线	任务方案评审
系统基线	系统要求评审
功能基线	系统定义评审
设计基线	初步设计评审
建造基线	关键设计评审
实际建造基线	系统验收评审
实际部署基线	发射后评估评审

①这是项目生命周期的 7 个主要技术基线及为确定它们的评审活动。

　 　 我们先从 FireSAT 项目设计与研制的最后阶段，即转入正常运行前开始介绍。然后，我们回到项目研制的起点，跟踪项目从初始客户需求到发射交付的整个发展过程。

19.1　 认证实际部署基线

　 　 我们的讨论从最后的技术基线开始，实际部署基线代表运行者当执行在轨任务所必须要做的最后一步。该基线是 FireSAT 项目的最终结果，也是关注系统研制每个阶段的合适角度。

19.1.1　前提条件

为了进行发射后评估评审，为开始常规运行作准备，很多工作必须首先准确启动。运行的成功实现绝对是项目领导、熟练的项目管理、高效的系统工程和很多运气的有力结合。要实现这一点，卫星经过其 FireSAT 团队过去 5 年里的努力工作，FireSAT 必须：

1）按原始方案完成详细设计（包括螺母和螺栓）；

2）已建立或获得；

3）已装配与集成；

4）已验证与确认；

5）已转移到发射场并集成到运载火箭上；

6）已用运载火箭成功发射到停泊轨道；

7）已成功启动、传送遥测信号、接受遥控指令、展开太阳电池阵、生成能源、姿态已确定并受控，已机动到 700 km 高度的任务轨道上；

8）校准和操作来充分验证有效载荷在空间环境中的性能要求，例如，探测地面上的真实火情。

飞行控制人员现在可以在其任务配置范围内运行航天器，如图 19-1 所示，可以顺利完成对美国全境的日常观察，发现森林火情。

这一切完成后，我们就准备向日常操作人员交付系统的"钥匙"。现在是反思我们此前所做的工作、应对我们仍可能面临的问题的好时机。

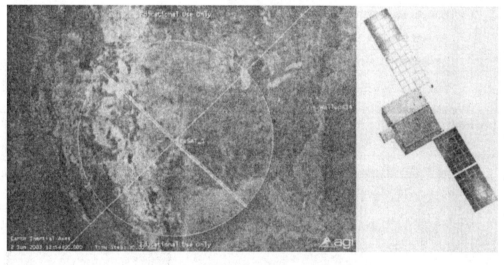

图 19-1　完成部署的 FireSAT 正在工作

此图展示 FireSAT 航天器部署后的技术状态及地面轨迹，并显示搜索森林火情时卫星覆盖的区域

19.1.2　最终结果——发射后评估评审产品

表 19-3 描述了发射后评估评审的进入与放行准则。为了完成发射后评估评审，我们

必须满足所有成功准则，这就意味着完成表 19-3 中所列的相关文件。下一小节是关于系统工程级的工作，以期望达到项目的这一点。

表 19-3　发射后评估评审的进入与成功准则[5]①

发射后评估评审	
进入准则	成功准则
· 已准备好发射与早期运行性能，包括（必要时）早期推进机动结果 · 已准备好航天器与科学仪器性能，包括设备标定计划与状态 · 已完成运载火箭的性能评估和任务问题，包括发射程序评估与总结的发射操作经验 · 已准备好任务运行与地面数据系统的经验，包括对获取跟踪和数据的支持，以及航天器遥测数据分析 · 已准备好任务运行的组织，包括人员、设备、工具和任务软件（例如，航天器分析与程序） · 已记录了飞行异常和所采取的应对措施，包括航天器采取的任何异常错误保护行为或任何不明的航天器遥测，包括警报 · 已记录了对程序、接口协议、软件和员工的任何重要变化的需求 · 文件已更新，包括对早期运行经验的任何更新 · 已制定未来发展和测试计划	· 观测到的航天器和科学有效载荷性能满足预期，或者，如果不满足，已充分了解，有信心预测未来的行为 · 完整记录了所有异常并评估了对运行影响。此外，影响航天器健康度和安全性或关键飞行运行的异常已适当处理 · 任务运行能力，包括人员和计划，已适应飞行性能 · 如果有任何运行方面的留置权需要在运行准备评审中确认，已得到了满意的处理

①包括成功完成每个准则所需的支撑文件。

表 19-4 总结了支持成功准则的每份文件并定义了其顶层目录。

表 19-4　发射后评估评审的主要顶层目录①

产品	内容
系统激活结果报告	· 发射与早期运行性能 · 轨道机动结果 · 航天器当前健康和状态 · 飞行异常与处理 · 激活的自动故障保护和处理 · 激活的航天器警报 · 地面异常与处理
有效载荷校准结果报告	· 设备标校结果与状态 · 实际性能与预期性能的对比
集成与测试中的异常及处理报告	· 在集成与测试阶段发生的异常 · 由于解决部分异常对设备的变更 · 在限定范围外使用的设备
支持任务的训练与模拟结果报告	· 任务运行能力 · 基线运行程序 · 任何出色的运行程序 · 员工认证 · 转换支持计划 · 异常跟踪系统与电路板 · 模拟事件、引入的异常和解决模拟异常时团队的表现

①表中列出了符合发射后评估评审成功准则所需的每个文件的顶层目录。

19.1.3　流程的工作量级

随着发射后评估评审的开展，大部分主要系统工程流程的工作将减少。系统工程持续关注的是航天器与地面系统的软件。根据任务的生命周期和项目的性质，我们也需要更新地面系统硬件，它要求所有系统工程流程回到高速运转状态。表 19 - 5 给出了这 17 个流程所对应的相对工作量级，此表以及本章类似的表格中，我们用类似手机信号的方法描述每个流程的工作级别——0 格代表不需要或需要付出很少的努力，而 5 格代表对于给定流程的最大努力级别。由于流程之间的工作量级不同，所以不应对比不同流程格子的数目，而用"信号强度"表示流程的相对工作量级。

表 19 - 5　发射后评估评审后系统工程流程的相对工作量级[①]

流程	工作量级	注解
1. 利益相关方期望定义	■□□□□	理想情况下，利益相关方不需要根据实际在轨性能改变其期望
2. 技术要求定义	■□□□□	获得和执行软件要求的一些工作继续贯穿于整个项目生命周期
3. 合理的分解	□□□□□	只支持正在进行的软件改进与研制
4. 物理解决方案	□□□□□	只支持正在进行的软件改进与研制
5. 产品实施	■□□□□	所有关于购买、建造和重复利用的决策已做出。运行合同，包括软件维护，也已到位。但是在整个任务运行阶段有地面站升级和其他持续的工程要求时，我们可能不得不重新访问它们
6. 产品集成	■□□□□	只支持正在进行的软件改进与研制
7. 产品验证	■□□□□	只支持正在进行的软件改进与研制
8. 产品确认	■□□□□	确认支持正在进行的软件改进与继续研制。真实最终产品的确认发生在项目的整个生命周期，向利益相关方演示系统的有效性
9. 产品移交	■□□□□	只支持正在进行的软件改进与研制
10. 技术策划	■□□□□	由运行策划替代
11. 需求管理	■□□□□	只支持正在进行的软件改进与研制
12. 接口管理	■□□□□	只支持正在进行的软件改进与研制
13. 技术风险管理	■■□□□	在这里，技术风险与缓解应主要包含在任务中或运行者的飞行条例中；额外的风险管理只是偶然情况
14. 技术状态管理	■□□□□	只支持正在进行的软件改进与研制
15. 技术数据管理	■□□□□	在项目的整个生命周期中进行，尤其是在存档与管理工程和有效载荷数据时
16. 技术评估	■■□□□	正式的技术评估大部分终止于发射后评估评审，但是周期性项目评审在最终处理阶段仍需作某一级别的评审
17. 决策分析	■□□□□	在这里，重要决策包含在运行者的飞行条例和其他程序中；额外的决策分析只是偶然情况

①该表描述了发射后评估评审完成后 17 个系统工程流程各自工作的级别。与手机信号类似，小方格为零时代表没有或者非常低的资源要求，而五个小方格代表最大程度的资源利用。资源要求只是相对一个特定的流程，具有相同数量的小方格的两个流程，并不代表它们具有相同等级的资源。

19.1.4 典型的问题、事项和事件

在理想情况下，任何异常和问题都在发射后评估评审阶段之前解决，有关开始常规运行的决策不存在争论或意外，但是，实际工作中不可能那么轻而易举。让我们看一下如果出现一个小的有代表性的异常，FireSAT 发射后评估评审委员会如何聚集各种要素来解决问题。

在集成测试期间，启动确定姿态用的磁强计。该启动操作是按照类似飞行测试的方法，即，在电磁兼容性和干扰测试期间进行，这是包括磁力矩器在内姿态确定与控制系统所有分系统例行检验的一部分。不幸的是，成功准则更注重实际的传感器输出数据，而不是姿态确定与控制系统软件将如何使用这些数据，由于这种狭隘的观点，关于集成与测试异常解决方案的报告不会说明任何磁强计异常。（图 19-2 给出了航天器内视图，展示了磁力矩器和磁强计的位置。）

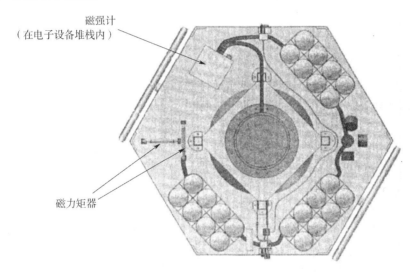

图 19-2 FireSAT 磁力矩器与磁强计
这些部件之间的异常相互作用需要长期和短期两种解决方案

然而，在发射后评估评审期间，磁强计和磁力矩器在运行操作环境下出现相互作用的问题，在航天器试运行过程中，会将磁强计的数据与根据地球磁场标准模型的预期数据相对比。幸运的是，试运行程序在扭矩杆不活动时收集到此数据，再次进行评估，磁强计数据是准确的，系统激活结果报告确定无异常。

但是，在有效载荷校准期间发生了一些奇怪的情况。大多数时候，当命令航天器指向并跟踪一个已知的地面火源时，指向稳定性是在预期参数内的，但是偶尔会突然出现 1° 大的指向振荡。有效载荷校准结果报告指出，这种反常行为可能会严重妨碍正常运行。

成立了一个专家团队来调查这个问题。发射后评估评审时，他们提出了其初步调查结果：当扭矩杆启动时（此时电磁铁通电，产生强磁场），现有软件阻碍磁强计进行测量。然而，启动后，软件立即允许进行测量；但是，残余磁场完全消退前有一个短暂的恢复时

间，如果扭矩杆启动后磁强计读数太快，就会产生错误数据。更糟的是，由于扭矩杆的操作，导航状态滤波器可能没有包含磁强计的某一段时间数据，滤波器可能会给这一错误数据更多权重（或按卡尔曼滤波器的说法称为"增益"），这将导致大的姿态偏移。

为了解决这一问题，专家团队建议对任务支持训练和模拟结果报告中的操作程序做一些短期的改变。此外，项目组提交了一份针对长期修复软件的工程变更建议书，要求在扭矩杆启动和磁强计数据收集之间有一个短暂的恢复时间。

19.1.5　结论

上述情况只是早期在轨运行阶段和整个任务生命周期中，项目经理和工程师必须努力克服的问题中的一个小例子。我们必须利用多年研制、集成与测试所获得的大量知识，确认在运行期间需要制定多少决策，在每次正式基线完成时，关于系统的知识都会增长。

在发射后评估评审阶段，决策层必须评审项目附件所包含的所有信息，要特别关注上述问题；然后，他们就必须慎重决定是否接受短期运行方案，并将 FireSAT 交付美国森林服务局。一旦投入全面服务，FireSAT 将最终实现其预期目的，满足利用更有效手段探测并监控美国全境野外火情的需求。

但是，我们怎么达到这一目的？我们怎样从需求开始，将其转化为复杂系统，准备投入使用搜寻火情？下面的章节，我们将返回到项目中，看看它是如何从方案发展到发射的。

19.2　定义任务基线

本章从近乎项目生命周期的终点开始讲述 FireSAT 项目，逐步确立使我们从这里到达那里的时段，但是也是为了让系统工程师在跨出新空间系统的初始第一步时始终记住这个最终系统。现在，我们回到原点来看看本书所描述的空间系统工程流程是如何开始应用的。我们必须从清理问题着手，进入 A 阶段，开始真实的项目。A 阶段前期的技术成果是第一个项目基线（任务基线）的基础，在任务方案评审时建立。

A 阶段前期是新项目试验阶段。它是对新想法与新方案的探索实验，用来判断哪些项目可以满足成本、进度、性能和风险（政策）要求。如果组织合理，许多潜在的项目都可以成功完成 A 阶段前期的研究，但是实际上只有少数项目进入 A 阶段。将"合适"的项目从许多候选项目中脱颖而出，一般取决于需求（例如国家安全或科学探索）、资金能力、技术状态、政治意图、项目领导、时间和运气。此时，我们通过观察 FireSAT 面对这些条件的探讨如何确保我们选定的项目能进入 A 阶段。

许多任务方案研究都以内部报告、技术刊物或会议论文的形式来完成。我们想要使我们的研究超越思考阶段，获得实在的经费来认真完成设计，就必须通过第 13 章所述的关键决策门。组织不同、潜在项目规模不同，决策门也不同。美国国家航空航天局，欧洲空间局和美国国防部都利用任务方案评审从 A 阶段前期通过的项目中批准可进入 A 阶段的项目。

19.2.1　前提条件

组织启动 A 阶段前期研究有很多原因。政府对行业的要求（无论资助或不资助），可以通过信息产业要求，或正式研究合同，如备选方案分析发布，这些要求可以组织内部完成，如美国国家航空航天局发布的机会公告，或者在行业内作为探索新业务机会的内部研发工作的一部分。

A 阶段前期研究是一种探索新观点与新方案是否可取的低风险方法。因为没有建立正式的项目（也没有相关的项目办公室和资金），如果取消 A 阶段前期的部分研究方式，或接受这些结果而没有做任何处理，通常也不会有什么政治后果。如果在 A 阶段前期投入了相当多的政治和金融资本，那么项目就进入 A 阶段但这并不是正常的情况。

我们指出关于用空间方法解决美国森林服务局需求的决策可能不明显，或许应在这些工作定义为项目之前指出会更好。美国森林服务局在内部和与其他机构合作，可能已进行过多次权衡研究，结论为"火情成像侦察卫星"又名 FireSAT 是最好的办法。这里，我们采取这样的结论。

对我们而言，我们可以想象美国国家航空航天局已经应美国森林服务局和国家海洋大气局的要求做了 FireSAT 项目 A 阶段前期研究，这类要求（和资金需求）最初是政府间的协议，如协议备忘录（MOA）和谅解备忘录（MOU），现在，该项目已经落实了：研制在轨火情探测系统的任务方案。我们从哪里开始工作呢？第一步就是通过设计满足 A 阶段前期成功准则的交付产品来定义该问题，然后，我们可以制定计划，使用系统工程工具，研制并交付这些产品。

19.2.2　任务方案评审产品

FireSAT 项目 A 阶段前期研究经理，仔细研究进入和成功指南，即任务方案评审，开始接受任务。表 19-6 列出了任务方案评审的进入与成功准则；表 19-7 列出了满足每一条成功准则的必要支持文件，这些文件必须在评审之前准备好；表 19-8 列出了每个文件的顶层目录。

表 19-6　任务方案评审的进入与成功准则[5]①

任务方案评审	
进入准则	成功准则
1. 任务目的与目标	1. 清晰定义并陈述任务目标，目标明确且内部一致
2. 分析可选方案来展示至少有一个是可行的	2. 初步需求令人满意，能提供满足任务目标的系统
3. 运行方案	3. 任务可行，确定的解决方案在技术上是可行的，大致的成本估算在可以接受的成本范围内
4. 初步任务范围选项	4. 已经确定候选系统评估使用的方案评估准则和优先顺序
5. 初步风险评估，包括技术和相关风险管理/缓解战略与选项	5. 任务需求已清晰定义

续表

任务方案评审	
进入准则	成功准则
6. 方案测试和评估策略	6. 成本与进度评估可信
7. 完成下一阶段的初步技术策划	7. 已进行了最新的技术搜索来确定目前的设施或产品可以满足任务或部分任务需要
8. 定义有效性测量和 MOP	8. 已有充分的技术策划进行下一阶段工作
9. 方案性生命周期支持策略（后勤、制造和运行）	9. 已经确认了风险与缓解策略，基于技术风险评估，风险可接受

①这些考虑都是新核准的项目所面临的额外计划性事项。

表 19-7　任务方案评审成功准则的支持文件①

任务方案评审成功准则	支持文件
1. 清晰定义并陈述任务目标，目标明确且内部一致	FireSAT 范围文件
2. 初步需求令人满意，能提供满足任务目标的系统	FireSAT 任务设计研究报告，包括多方案分析和成本估算
3. 任务可行，确定的解决方案在技术上是可行的，大致的成本估算在可以接受的成本范围内	FireSAT 任务设计研究报告，任务运行方案文件草稿
4. 已经确定候选系统评估使用的方案评估准则和优先顺序	FireSAT 任务设计研究报告
5. 任务需求已清晰定义	FireSAT 范围文件
6. 成本与进度评估可信	FireSAT 任务设计研究报告（由评审委员会判断其可信度）
7. 已进行了最新的技术搜索来确定目前的设施或产品可以满足任务或部分任务需要	FireSAT 任务设计研究报告
8. 已有充分的技术策划进行到下一阶段工作	FireSAT 系统工程管理计划草案（由评审委员会判断其是否满意）
9. 已经确认了风险与缓解策略，基于技术风险评估，风险可接受	FireSAT 风险管理策划

①从简要的分析中，我们将研究过程所需要研制的纸质产品和已确定的顶层目录，列了一个清单，其中包括进入标准要求的特定事项。

表 19-8　主要任务方案评审产品及其目录①

产品	内容
范围文档	·任务利益相关方 ·任务需求陈述 ·目的与目标（范围内的等级安排） ·约束与驱动假设 ·运行方案（例如 OV-1） ·引用的文件表

续表

产品	内容
任务设计研究报告	· 范围文档产生的初步任务阶段要求 · 关键性能参数 · 多方案权衡树分析，包括 　—可选任务方案 　—识别每个方案和体系的系统驱动因素 　—每个可选方案特性的结果 　—关键要求辨识或驱动 　—生命周期成本模型报告 　—方案或体系效用评估，包括成本、技术成熟度、有效性测量等的评估准则 · 建议的基线任务方案 · 初步任务阶段的系统要求文档，含已分配的系统要求 · 结论与建议
运行方案文档草案	· 设计参考任务（包括运行场景） · 时间线 · 数据流表格 · 组织与团队责任 · 给定输入的成本与复杂性驱动 · 需求与派生的需求 · 技术发展策划
风险管理策划草案	· 初步风险评估 · 技术与相关风险管理以及缓解战略与选项
系统工程管理计划（SEMP）草案	· 管理系统工程工作的计划 · 推动系统工程管理计划的文档 · 技术概要 · 集成技术工作（包括方案生命周期支持策略、后勤、生产、运行等） · 17 个系统工程流程 · 技术注入 · 系统工程活动 · 项目计划集成 · 超差放行 · 附录
主验证计划草案	· 集成与验证 · 组织与员工 · 验证团队操作关系 · 项目模型理论 · 发射场验证 · 在轨验证 · 任务后与处置验证 · 验证文件 · 验证方法 · 支持设备需求 · 设施需求
完成系统要求评审状态的计划	· 按顺序列出研究与权衡表 · 按项目进度提供安排工作 · 按项目进度安排缩小技术差距 · 要求更新与管理策划 · 待确定和待解决的问题（TBD/TBR） · 任务方案评审问题解决计划

①这些文件都与评审的成功准则相关。

19.2.3　流程的工作量级

一旦我们知道了需要什么，那么就回过来评估每个系统工程流程的相对工作量级。表 19 - 9 总结了本书所述的 A 阶段前期的 17 个系统工程流程及其所需的相对工作量级。

表 19 - 9　A 阶段前期的系统工程流程的工作量级①

流程	工作量级	注解
1. 利益相关方期望定义	■■■■■	在 A 阶段前期，定义利益相关方的期望是至关重要的，如果项目一开始就没有确定好，那么无论如何都不会满足他们的期望。关键是定义项目的最终成功准则
2. 技术要求定义	■■□□□	对所有进行到 A 阶段的项目，初始要求是最重要的交付物之一。在 A 阶段前期确认关键要求尤其重要，它对任务定义有最大的影响。这里所付出的努力不是 100%，原因是，项目还未真正确定之前不会过多投资于详细的需求定义
3. 合理的分解	■■□□□	这一阶段付出较小的努力，目的在于获得顶层功能
4. 物理解决方法	■□□□□	A 阶段前期的主要目的不是提出一个最终的物理解决方案，而是提出一个可能的物理解决方案，这个方案被证明是可行的。这个阶段的时间和资源通常不够，对详细设计投入太多努力也没有意义
5. 产品实施	■□□□□	在 A 阶段前期至少要检查购买、建造或重复使用的选项，建立部分可用技术的成熟度。如果无法重复利用或买不到，那么就不得不自己建造或从头发明
6. 产品集成	□□□□□	该流程只会花费最小的努力，主要是定义用于集成、影响周期成本的可用产品
7. 产品验证	□□□□□	该流程只会花费最小的努力，主要是定义用于验证、影响周期成本的可用产品
8. 产品确认	■□□□□	该流程是关键的却也常被忽略，它需要在 A 阶段前期进行某些处理。在关注利益相关方的需求、目的和目标定义的同时，我们必须处理最终的项目成功准则，为最终系统验证奠定基础
9. 产品转运	■□□□□	该流程只会花费最小的努力，主要是定义用于转运、影响周期成本的使能产品
10. 技术策划	■■□□□	对于 A 阶段进行的项目，初始技术策划产品是另一项重要的交付物，是定义 A 阶段将正式建立的项目属性的基础。A 阶段前期对于定义初始集成主要计划、系统工程管理计划（又称系统工程计划）和主验证计划（又称主要测评计划）来说都很重要。这里所付出的努力不是 100% 的原因是，项目还未真正确定之前，不会花过多投资用于详细的需求定义
11. 需求管理	■□□□□	项目在 A 阶段正式启动之前，不需要或需要付出很少的努力来正式管理需求，只要同步保持研究团队就可以
12. 接口管理	□□□□□	项目在 A 阶段正式启动之前，不需要或需要付出很少的努力来正式管理接口需求，只要同步保持研究团队就可以
13. 技术风险管理	■□□□□	在 A 阶段前期，应该完全确定顶层计划性与技术风险，以此避免无法预料或无法缓解的风险导致项目中断，但是，在这里不需要特别正式付出努力来积极缓解这些风险
14. 技术状态管理	■□□□□	项目在 A 阶段正式启动之前，不需要或只需要付出很少的努力来正式管理技术状态，只要同步保持研究团队就可以
15. 技术数据管理	■□□□□	项目在 A 阶段正式启动之前，不需要或只需要付出很少的努力来正式管理技术数据，只要同步保持研究团队就可以
16. 技术评估	■□□□□	A 阶段前期的技术评估最终会转为任务方案评审，所以我们必须为此进行准备
17. 决策分析	■■□□□	严格的技术决策分析是取得 A 阶段前期可信结果的关键。不可能对所有需确定事项进行权衡，所以高效的决策分析只能选择最关键的事项

①与手机信号类似，小方格为零时代表没有或者非常低的资源要求，而五个小方格代表最大程度的资源利用。资源要求只用于一个指定的流程；两个不同的流程具有相同数量的小方格，并不代表它们具有相同等级的资源。

19.2.4　结果

A 阶段前期的重要结果可见表 19-8 所列的主要文件。我们从整个任务定义的基础文件——范围文件开始，然后，可以获得 FireSAT 任务设计报告、操作方案文件草案、风险管理计划草案、项目文件树的系统工程管理计划和最终的系统要求评审计划等结果，其他的文件对主要任务方案评审来说重要，对后续阶段更重要。到目前为止，我们描述这些文件的详细目录，接下来的各小节将详细描述各主要文件。

（1）FireSAT 范围文件

第 4 章描述了对明确的项目范围文件的需求。工程师往往会习惯于"准备、启动、瞄准"，快速获得技术需求，以便立即开始工作。但是，如果在客户与其他利益相关方尚未划定完成项目范围之前，我们就确认需求，那么需求工程工作就只会被项目范围牵着鼻子走，而不能给出一个人们真正想要的清晰的需求。

我们遵循第 2 章和第 3 章描述的流程来定义项目范围。首先，我们找准客户预期，这与我们正在努力解决的目标、目的与需求（NGO）相同。经过与 FireSAT 项目客户——美国森林服务局的广泛讨论，确定需求、目的和目标，项目范围文件的基础见表 19-10，这些目的和目标构成任务级有效性测量的基础。

表 19-10　FireSAT 的需求、目的和目标[①]

任务需求：美国森林服务局需要更有效的手段来探测并监测潜在的危险	
目的	目标
1. 为潜在的危险森林火情提供及时的探测与监测	1.1 每天（最少）或每 12 小时（目标）探测潜在的危险森林火情 1.2 一小时内（最少）或 30 分钟内（目标）通知美国森林服务局探测结果
2. 对危险与潜在的森林火情提供持续的监测	2.1 对高优先级的危险与潜在危险的森林火情提供 24/7 的监测
3. 减少森林火情的经济损失	3.1 减少年灭火平均成本，以 2006 年平均成本为基准减少 20% 3.2 减少森林火情的年财产损失，以 2006 年为基准减少 25%
4. 降低消防员风险	4.1 减小火警规模，相比 2006 年基准小 20% 4.2 研制森林火情通告系统，要求用户满意度高于 90%
5. 收集森林火情爆发、蔓延、速度和持续时间的统计数据	
6. 探测并监测其他国家的森林火情情况	
7. 收集森林其他管理数据	
8. 向公众演示灭火的积极措施	

①这是了解利益相关方预期流程的起始。

在确定需求、目的和目标时，我们必须确定利益相关方。第 2 章已全面阐述了这方面的内容，表 19-11 列出了 FireSAT 项目的利益相关方。

表 19 - 11　　FireSAT 任务的利益相关方及其作用

利益相关方	作用
国会	赞助者，被动的
美国森林服务局	主动的
美国国家海洋和大气局	主动的
美国国家航空航天局	被动的
主承包商	被动的
纳税人	赞助者，被动的
森林附近居住的人们	主动的
州政府	被动的
野生动植物保护组织	主动的

　　在以需求、目的和目标的形式了解了用户和项目利益相关方的期望以后，我们将注意力转向运行。首先，我们必须搜索我们想要解决的各类问题，然后再将问题归纳起来。如第 3 章所描述的，背景图确定了系统的界限并帮助我们关注客户的输入（既有我们能控制的，也有我们不能控制的）和输出。图 19 - 3 介绍了 FireSAT 系统的简单背景图。

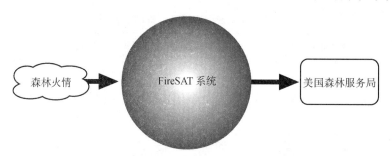

图 19 - 3　FireSAT 系统简单的背景图

这个背景图反映了系统和主动利益相关方的范围

　　该背景图清晰地展现了 FireSAT 系统的输入为森林火情，输出是将信息交付给美国森林服务局。这是一个良好的开端，就像它看起来这样明显，对得到所有利益相关方的同意非常有用。当然，这种简单的背景图仅仅探究了问题的表面，为了深入探究，我们需要描述顶层的任务体系结构。正如《空间任务分析与设计》[4]一书中描述的和图 19 - 4 所展示的，空间任务都有通用的结构元素，我们加以扩展，设计了概念性的 FireSAT 任务体系框图，如图 19 - 5 所示。

　　这项工作帮助我们更好地了解项目中起重要作用的潜在参与者（物理、人员和情景的）。但是，这多少有点"鸡与蛋"的关系问题。我们的目的是研制一个高效费比的体系，其每个要素的每个部分都要详细设计，然后向客户交付他想要的需求能力；但是，要确定问题的范围，我们又不得不根据经验与判断，假设一个概念性体系的解决方案框架，所以，这不一定是最终的解决方案。

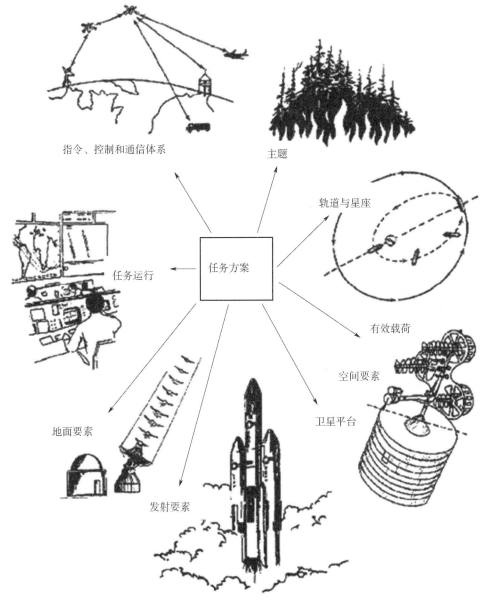

指令、控制和通信体系

主题

轨道与星座

任务运行

任务方案

有效载荷

空间要素

卫星平台

地面要素

发射要素

图 19 - 4　空间任务体系

所有空间任务都包括这些基本的元素。参见文中定义。系统流的要求来自

运营商、最终用户和研制者，并分配到各个任务元素

　　如同在设计流程中分析、权衡大量方案，我们可能必须增加、减少或综合元素来构建更有效的体系。有了这些基本的构筑元素和说明，我们现在就可以考虑怎样让概念性体系的各部分互动起来，完成任务。图 19 - 6 进一步研究该系统并显示了各个组成要素之间的关系。

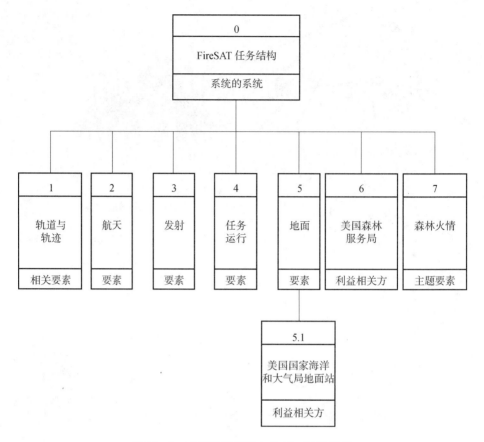

图 19 - 5　系统体系框图中的 FireSAT 系统

FireSAT 任务体系，或"系统的系统"，包含一些相互关联的要素，这些要素必须共同工作来完成任务

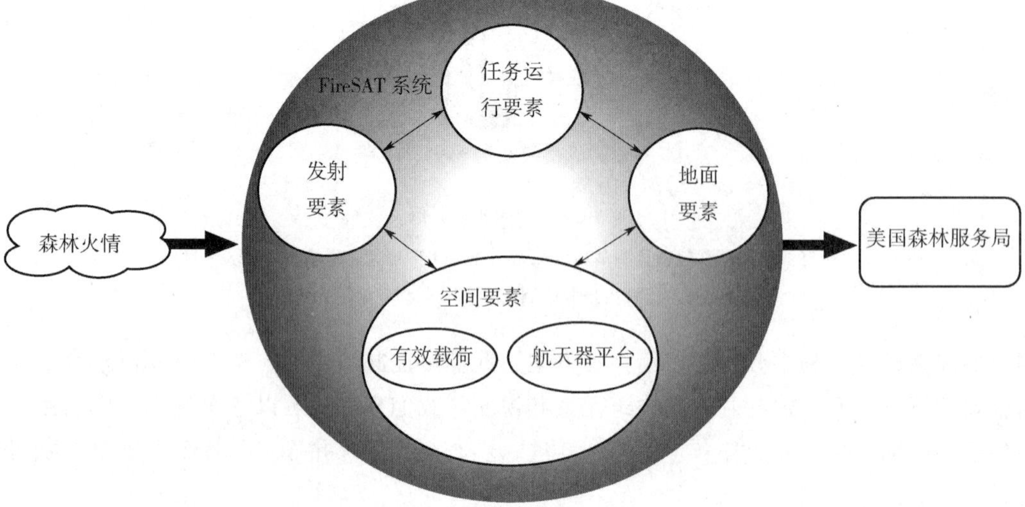

图 19 - 6　FireSAT 系统的背景图，包括可能的参考系统要素

如果我们有相关系统的参考体系，此背景图即可反映其内容

　　于是，我们设想一个由空间要素、发射要素、任务运行和地面要素的系统组成的以特殊方式相互作用的系统。下一步是要制定任务运行方案，我们会着眼于各种可替换的任务方案。《空间任务分析与设计》使用"任务方案"这个词组来描述关于数据交付、通信、任务分配、进度与控制和任务时间线制定的决策，决策的不同选择都可能导致对任务执行方式的不同看法。目前，为了探测森林火情，美国森林服务局使用消防瞭望塔的方式，让观测者用肉眼不断观察森林火情的痕迹，也通过一般民众的报告，甚至在高危险时期用无人机来探测。我们总结现有的运行方案，以运行视图 1（OV-1）为参考，如第 3 章所述，OV-1 提供了一种简单的方式来展现运行方案各要素之间的复杂关系。图 19-7 给出了现行森林火情探测运行方案，包括各个主要要素和其相互作用。

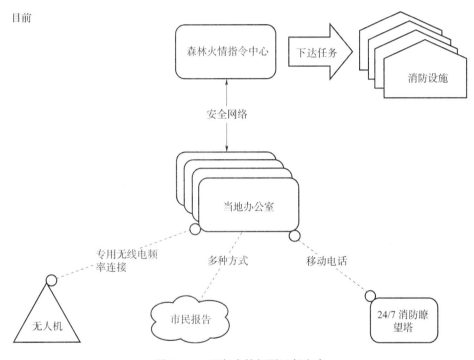

图 19-7　现行火情探测运行方案

该图给出了现行美国林业局火情探测运行方案概览，知道了我们在哪里，就可以确定我们想要在哪里配合 FireSAT 系统

　　除了了解我们有什么，我们还必须清楚约束我们行动的规则。头脑风暴和富有想象力的思维可能产生许多创新方式，提高我们现有的能力，但是，严酷的现实（技术、政策和预算）将限制实际运作的可能。对于 FireSAT，客户和其他利益相关方设置了以下约束：

　　1）C1：FireSAT 系统应在授权研制 5 年内实现初始运行能力，在授权研制 6 年内实现全部运行能力；

　　2）C2：FireSAT 系统全生命周期的成本，包括 5 年的在轨运行，不应超过 2 亿美元（2008 年美元）；

　　3）C3：FireSAT 系统应使用沃劳普斯岛、弗吉尼亚和费尔班克斯、阿拉斯加州现有的美国国家海洋和大气局的地面站，完成所有任务的指令和控制。详细的技术接口定义参见 NOAA GS - ISD - XYX。

在此背景下以及我们对概念体系的了解，我们获得的新任务方案见表 19 - 12 中所总结的。

表 19 - 12　FireSAT 任务方案分析[4]①

任务方案要素	定义	FireSAT 的问题	解决方案
数据交付	任务和星务数据是如何生成或选择、分布和使用的	1. 如何探测森林火情 2. 结果如何传输到救火中心	1.1 由卫星确认 1.2 由地面通过分析原始卫星数据确认 2.1 火情预警通过美国国家海洋和大气局地面站发送 2.2 火情预警直接发送到美国森林服务局野外办公室
通信结构	系统各个部分之间是如何交流的	1. 森林火情数据通过何种通信网络传输到野外的用户 2. 航天器何时观测地面站	1. 使用利益相关方指定的美国国家海洋和大气局地面站 2. 卫星可与地面站保持联系，这由轨道和星座设计确定
任务、进度和控制	系统是如何决定长期和短期的工作内容的。数据传输和处理过程中哪个传感器是激活的	1. 本月要注意哪片森林区域	1.1 连续监测整个美国 1.2 调整观察范围，集中观测潜在着火点
任务时间线	策划、建造、部署、运行、替补和结束的整个进度	1. 第一个 FireSAT 何时运行 2. 卫星替补的进度如何	1. 客户指定的初始运行能力 2. 项目范围之外

①任务方案是由 4 个任务要素的主要决策所确定[4]。

该分析有助于我们集中在有限的实际选项上，对所选项开展新的运行方案设计，图 19 - 8 展示了新的 FireSAT OV - 1。

建立了基本运行方案以后，我们准备正式阐述不同物理要素之间和不同任务功能之间的接口，分别如图 19 - 8 和图 19 - 9 所示。从某种意义上说，系统工程就是"有关接口的所有事"，所以，确定系统要素之间如何联系，是理解系统的第一步。仅关注于系统要素的事例，图 19 - 9 展示了空间要素之间信息和能量如何流入与流出。第 5 章描述了以这些输入和输出为基础，对系统本身的空间要素进行详细的功能分析，有了这个坚实的基础，项目会将重点转移到详细的任务技术定义上，完成任务设计研究报告。

设想

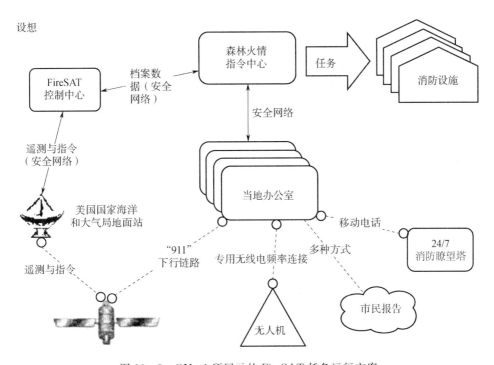

图 19-8　OV-1 所展示的 FireSAT 任务运行方案

FireSAT 允许美国森林服务局以空间资产的方式，整合现有的地面与空中火情探测设施，
以更高的效费比来探测并跟踪潜在的危险森林火情，挽救生命和财产安全

FireSAT 空间要素	遥测（数据包，RF 链接）		"911"信息（数据包，RF 链接）	
指令（数据包，RF 链接）	美国国家海洋和大气局地面站	遥测（数据包，安全网络链接）		
	指令（数据包，安全网络链接）	FireSAT 指令与控制	档案数据（存储介质，如 DVD）	
		区域办公室	建议与请求（电子邮件）	
	档案数据请求（电子邮件）		森林火情指令中心	布置任务（电子邮件）
				消防设施

图 19-9　I×I 图展示了设想系统要素之间的联系

这个图进一步明确系统要素之间的接口。第 14 章解释了这个矩阵，常规字体项目描述了要素之间"通过什么"
相互链接，括号中内容表示"怎样"连接（RF—无线电频率）

（2）FireSAT 任务设计研究报告

FireSAT 任务设计研究报告阐述并总结了推荐任务方案中多种技术假设、决策和权衡，那些不熟悉空间任务方案设计技术基础的人可以参考《空间任务分析与设计》。该书的第 4 章扩展了需求工程的流程，将利益相关方的目的和目标转换为可实现的技术需求。

项目范围明确以后，FireSAT A 阶段前期研究的下一个任务是，应用技术决策流程分析各种供选任务方案。为了更好地指导方案选择，设计师首先需要编纂一些初步要求，如第 2 章和表 19-13 中所示。有些要求适用于整个 FireSAT 任务体系（即包括空间要素和地面要素），而另一些要素则合理地分配给了空间要素。

表 19-13　初始任务需求和相关原理[①]

需求	描述	基本原理
1. 探测	FireSAT 系统应该探测置信区间为 95% 的潜在危险火情（直径大于 150 m）	美国森林服务局认为 95% 的置信区间对 FireSAT 系统来说是充足的
2. 覆盖范围	FireSAT 系统应该覆盖包括阿拉斯加和夏威夷的整个美国	对于美国政府基金项目来说，覆盖全部 50 个州是政治要求
3. 持久性	FireSAT 系统应该至少每 12 h 在覆盖区域监测一次潜在危险火情	美国森林服务局设定的任务目标是在 24 h 内（上限值）和在 12 h 内（目标值）探测火情。要求至少每 12 h 监测一次覆盖区域，观测区间的最大时间范围为 24 h
4. 及时性	FireSAT 系统应该在 30 min 内（目标值）或 1 h 内（上限值）给用户发送火情预警	美国森林服务局认为 30 min～1 h 的预警时间足够满足任务目标
5. 地理定位	FireSAT 系统应该在 500 m 内（目标值）或 5 km 内（上限值）定位潜在的危险火情	美国森林服务局认为 500 m～5 km 的火灾探测定位精度可以支持减少灭火成本的目标
6. 可靠性	FireSAT 空间要素对关键任务职能与美国国家航空航天局的 B 类任务一致，均为单容错（"弱选项"）	基于其优先度、国家意义、成本、复杂性和生命周期将 FireSAT 定为 B 类
7. 设计寿命	FireSAT 系统的在轨运行寿命为 5 年，系统在轨运行寿命为 7 年	美国森林服务局认为最少 5 年的设计寿命在技术上是可行的，7 年为设计目标
8. 初期与全部运行能力	FireSAT 系统的初始运行能力应为授权运行 5 年，全部运行能力为授权运行 6 年	灭火成本要求快速响应。鉴于 FireSAT 的复杂性与其他航天器相似，认为 5 年的初始运行能力是合理的
9. 生命周期终结的安排	FireSAT 系统的空间要素在生命周期终结时应该有足够的 ΔV 余量来降轨到小于 200 km（低地球轨道任务）的平均高度或大于 450 km（地球同步轨道任务）的地球同步轨道以上	美国国家航空航天局的政策规定了卫星生命周期终结时的处置
10. 地面系统接口	FireSAT 系统的所有任务指令和控制都应该利用位于沃洛普斯岛、弗吉尼亚州和费尔班克斯、阿拉斯加现有的 美国国家海洋和大气局地面站。详细的技术接口定义见 NOAA GS－ISD－XYX	美国国家海洋和大气局地面站在基础设施上有相当大的投资。通过使用这些现有设施，FireSAT 项目可以节省时间、金钱和工作量
11. 预算	FireSAT 系统包括 5 年在轨运行的总任务周期成本应该不超过 2 亿美元（2008 财年）	基于项目可用经费，各项目受限于预算约束

①A 阶段前期的需求就应该可以让我们足够了解该系统。粗体需求是指关键性能参数。

在系统研究这一阶段，我们没有详尽的或最终的需求清单，只有一些可供形成体系框架和确定任务可行性的相关需求。试图快速获得太多需求反而适得其反，如需求管理可以快速克服需求工程和系统设计。A 阶段前期的挑战是掌握足够的最相关的需求，从而了解系统的性质，但也不必太多而分散注意力。

系统工程团队与客户和其他利益相关方根据这些初步需求共同确定任务的关键性能参数。如第 2 章所述，关键性能参数代表系统必须具有的功能或特性的"5 加减 2"，这些是不可变更的任务要求。如果因为某些原因，系统不能完成一项或多项关键性能参数，我们就应考虑取消整个项目。至于 FireSAT，经过多次协商与谈判，利益相关方同意表 19 - 13 中的第 1～5 条和第 9 条关键性能参数要求。

通过关键性能参数，初步要求告诉我们系统应该做什么和应该是什么样，然后，设计工程师会将其注意力转移到怎样做。客户和运行方案范围文件已经定义了任务方案的大部分内容，在此基础上，设计团队开始头脑风暴，提出若干天基方案，但是最后缩减到两个相互竞争的任务方案：地球静止轨道火警塔和低地球轨道火警侦察，这两个方案因任务体系内的轨道和星座不同，所以通信体系有着根本的不同。地球静止轨道火警塔选择如图 19 - 10 所示，而低地球轨道火警侦察如图 19 - 11 所示，表 19 - 14 总结了它们的异同。

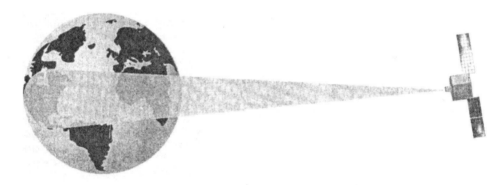

图 19 - 10　FireSAT 地球静止轨道火警塔方案

本方案的特点是用地球静止轨道上的单颗卫星实现对美国全天候的覆盖范围

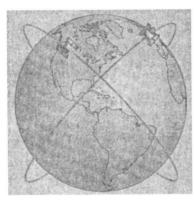

图 19 - 11　FireSAT 低地球轨道火警侦察方案

本方案的特点是倾斜轨道上的两颗卫星实现了美国的定期重访

表 19-14　两个 FireSAT 任务方案的对比[①]

方案	数据交付	任务分配、进度和控制	通信体系
地球静止轨道火警塔	航天器下行直接传输到美国国家海洋和大气局地面站	美国国家海洋和大气局地面站运行团队在美国森林服务局管理下执行	使用地球静止轨道上的单颗大卫星监视，并直接下行传输给美国国家海洋和大气局地面站。使用现有通信基础设施（例如，互联网）从美国国家海洋和大气局地面站向办公室和用户分发数据
低地球轨道火警侦察	航天器直接向美国森林服务局当地办公室广播"911"火警信息	同上	使用多颗低地球轨道小卫星监视并探测火情。直接向美国森林服务局当地办公室广播"911"火警信息。及时性不足，详细的火警信息将在轨存储，要到下一次经过美国国家海洋和大气局地面站时，才与健康度和状态遥测一起下行传输

①本表总结了地球静止轨道火警塔和低地球轨道火警侦察两任务方案之间的主要不同点。

有了初步的要求和两个可相互替换的任务方案，任务设计师需要系统化的方法来分析不同的任务体系。为了进行最有效的分析，工程师应用第 6 章阐述的技术决策方法。第一步是构建体系权衡树。构建权衡树时，要从体系要素开始，然后查看体系要素与其他各权衡要素之间的变化，可以以任何要素为起始。但是，FireSAT 项目轨道和星座的决策是最根本的，从逻辑上推动了许多其他决策。因此，我们以代表两种任务方案的两个主要分支作为权衡树的起始，然后研究其余的体系要素。图 19-12 给出了顶层的权衡和详细的地球静止轨道火警塔体系权衡，图 19-13 给出了低地球轨道火警侦察详细的权衡。

对于这两个方案，权衡树有些要素（如运行方案）没有显著的权衡余地，因为它们是由所选任务方案直接规定了的；其他要素，如发射运载火箭可以有几个选项。另一方面，在低地球轨道火警侦察案例中，轨道高度在最低实际高度（～300 km）与低范·艾伦辐射带（～1 200 km）边缘之间有无数选择。对于高度的权衡，我们在此范围内研究几个选项，以此来确定趋势或性能。对于森林火情，要描述它们，需要开展独立的权衡研究，观测烟雾、大气扰动、红外特征、大气衰减和其他可能的观测特征，这项研究得到的结论是，4.2 μm 的敏感器最利于森林火情探测，构成火警塔和火警侦察有效载荷设计的基础。最终，通过对逐个案例的研究，并基于其他选项所做的选择，我们得出了空间要素的基本特征。

权衡空间确定后，团队开始首次项目的设计和分析循环（DAC），第 13 章描述了项目的设计与分析循环的策划和进度，它要依靠一套复杂的工具和模型，以进行支持研制的计算及详细的综合模拟。对于初次 FireSAT 的设计和分析循环，工程师选用 Excel™ 电子表格（并使用离线计算和对现有系统的对比来验证）和卫星工具包™ 开发的集成系统设计模型，来做详细的轨道建模和模拟，该系统设计模型包括第 8 章所述的参数成本估算工具。

任何有效的任务设计报告的中心内容都是总结要考虑的各种供选方案和它们各自的优点。表 19-15 总结了初次设计和分析循环的结果，从如何满足初步系统要求的角度，对比两个竞争的任务方案。对于低地球轨道火警侦察方案，该结果为：经轨道覆盖与任务成本的权衡，700 km 高度 55°倾角的轨道是总体性能的最好选择，这表明，从性能的角度来看，这两个方案都在理论上满足任务要求。地球轨道火警塔一个确定的持久优势是，它可

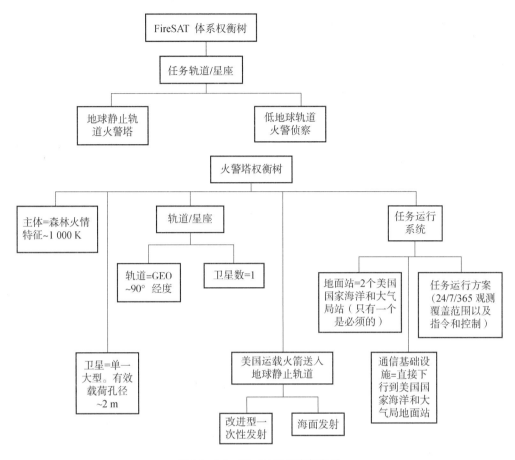

图 19 - 12 FireSAT 权衡树部分

FireSAT 任务体系权衡树第一部分内容展示两个竞争任务方案
（上图）之间的顶层权衡，下图是地球静止轨道火警塔方案的详细权衡树

以不间断地监视美国，这两个选项的主要差别在于价格和实用性。

  航天器的尺寸（和相应成本）由有效载荷大小来确定（见第 7 章）。有效载荷尺寸模型取决于必要的孔径，它服从于基本的光学规律（镜头越大，看到的越清楚）。为了有足够的空间分辨率以便能探测 150 m 大小的森林火情，地球同步轨道高度上有效载荷孔径要超过 2.4 m，这是哈勃空间望远镜的尺寸！简单的模拟成本建模就可知火警塔系统的价格达几十亿美元，远远超出了现有预算。此外，这样一个大型的项目可能不会满足初始运行能力要求，于是，在进一步审议后淘汰了火警塔方案。

  在选择了火警侦察方案后，工程师继续通过权衡树的各分支来比较每一个选项的特征。权衡主要集中在任务所需的轨道高度和卫星数量与尺寸之间；但是，A 阶段前期有限的时间和资源也迫使他们做出许多假设，包括一些实施细节；一旦项目进入实际的 A 阶段，所有这些假设必须加以分析并再次评价。下一节详细地阐述这些权衡的性质和决策细节，这是需求工程流程的一部分。

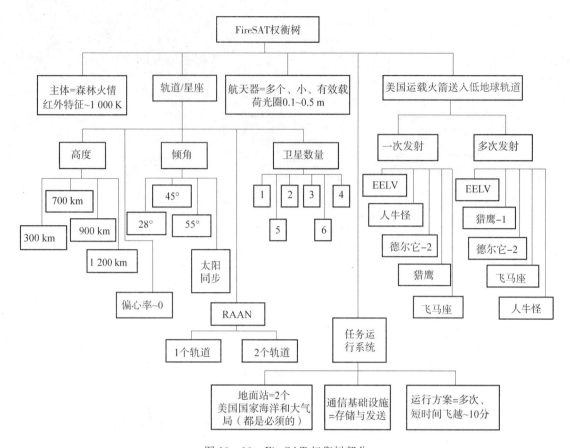

图 19 - 13　FireSAT 权衡树部分

FireSAT 任务体系权衡树第二部分展示了低地球轨道 FireSAT 方案的详细的权衡

（RAAN—升交点赤经；EELV—改进型一次性发射）

表 19 - 15　供选任务方案和初步要求的对比总结[①]

要求	地球静止轨道 火警塔	低地球 轨道火警侦察	要求	地球静止 轨道火警塔	低地球 轨道火警侦察
1. 探测	√	√	6. 设计寿命	√	√
2. 覆盖范围	√	√	7. 初期与全部运行能力	×	√
3. 持久性	√	√	8. 生命周期终结的安排	√	√
4. 及时性	√	√	9. 地面系统接口	√	√
5. 可靠性	√	√	10. 预算	×	√

①总结比较两个 FireSAT 任务方案的优点。

　　对于火警侦察方案的成本，项目经理利用与该卫星尺寸相适应的参数成本估算关系（CER）进行估算，表 19 - 16 给出了这些参数成本估算关系，表 19 - 17 给出了 A 阶段前期应用参数成本估算关系对生命周期成本估算研究的结果，表中的数字是 2000 年的美元（这一年参数成本估算关系经过了验证）。按 1.148 的通胀因子（《空间任务分析与设计》），换算为 2007 年美元的估算生命周期成本为 1.579 亿美元。因此，火警侦察方案使项目具有将近 25% 的成本裕度。

　　A 阶段前期研究产生了推荐的基线任务体系，如图 19 - 14 所示，该项目目前有了明确的基线任务方案，其设计是闭环的，即所有关键要素均已按照端到端进行了建模和分析，每个要素的必要性能都等于或低于已知值或现有技术可达到的值。工程师团队在开展设计工作的同时，与美国国家航空航天局、美国国家海洋和大气局、美国森林服务局和工业界的资深运行者协商，开始扩展研究初期所提出的基本运行方案。这样的合作对设计团队很有价值，帮助团队更好地获得并分配所有对任务要素的要求，我们将这些结果记录在"运行方案文件"中。

表 19 - 16　地球轨道小卫星的预研、研制、测试、评审和理论初始单元成本估计关系[①]

成本构成	参数 X（单元）	输入数据范围	分系统成本 成本估算关系 （FY00 \$ K）	系统工程标准误差 （FY00 \$ K）
1. 有效载荷	航天器总成本/（FY00 \$ K）	$1.922 \sim 50.661$	$0.4X$	$0.4 \times$ 系统工程平台
2. 航天器	卫星平台净重/kg	$20 \sim 400$	$781 - 26.1X^{1.261}$	3 696
2.1 结构	结构质量/kg	$5 \sim 100$	$299 - 14.2X\ln X$	1097
2.2 热	热控质量/kg	$5 \sim 12$	$246 + 4.2X^2$	119
	平均功率/W	$5 \sim 410$	$-183 + 181X^{0.22}$	127
2.3 电源系统	电源系统质量/kg	$7 \sim 70$	$-926 + 396X^{0.72}$	910
	太阳翼板面积/m²	$0.3 \sim 11$	$-210\,631 + 213\,527X^{0.006\,6}$	1 647
	电池容量/（A · h）	$5 \sim 32$	$375 - 494X^{0.764}$	1 554
	寿命开始功率/W	$20 \sim 480$	$-5\,850 + 4\,629X^{0.15}$	1 585
	寿命结束功率/W	$5 \sim 440$	$131 - 401X^{0.452}$	1 633
2.4a 遥测跟踪与指令（TT&C）	TT&C+DH 质量/kg	$3 \sim 30$	$367 + 40.6X^{1.35}$	629
	下行数据速率/kbps	$1 \sim 1\,000$	$3.638 \sim 3.057X^{0.23}$	1 246
2.4b 指令与数据处理（C&DH）	TT&C+DH 质量/kg	$3 \sim 30$	$484 + 55X^{1.35}$	854
	数据存储量/MB	$0.02 \sim 100$	$-27\,235 + 29\,388X^{0.0079}$	1 606
2.5 姿态确定与控制系统	姿态确定与控制系统净重/kg	$1 \sim 25$	$1.358 + 8.58X^2$	1 113
		$0.25 \sim 2$	$341 + 2\,651X^{-0.5}$	1 505
2.6 推进	定向精确度/（°）	$0.1 \sim 3$	$2\,643 - 1\,364\ln X$	1 795
	定向确认/（°）			
	卫星平台净重/kg	$20 \sim 400$	$65.5 + 2.19X^{1.261}$	310
	卫星体积/m³	$0.03 \sim 1.3$	$1\,539 - 434\ln X$	398
	推进器数量	$1 \sim 8$	$4\,303 - 3.903X^{-0.5}$	834
3. 集成、装配和测试	航天器总成本/（FY00 \$ K）	$1.922 \sim 50.661$	$3.139X$	$0.139 \times$ 系统工程平台
4. 项目级	航天器总成本/（FY00 \$ K）	$1.922 \sim 50.661$	$3.229X$	$0.229 \times$ 系统工程平台
5. 地面支持设备	航天器总成本/（FY00 \$ K）	$1.922 \sim 50.661$	$0.066X$	$0.066 \times$ 系统工程平台
6. 发射与轨道运行支持	航天器总成本/（FY00 \$ K）	$1.922 \sim 50.661$	$0.061X$	$0.061 \times$ 系统工程平台

　　①分系统总成本［单位为百万美元（2000 年）］是独立变量 X 的函数[4]。

表 19-17　FireSAT 生命周期成本估算[①]

	RDT&E 成本 (FY00 $ M)	标准误差	首台产品成本/ (FY00 $ M)	标准误差	额外产品成本/ (FY00 $ M)	总成本/ (FY00 $ M)
有效载荷	$7.07	2.97%	$4.71	1.98%	$4.24	$16.02
航天器平台	$17.69	7.43%	$11.80	4.96%	$10.61	$40.07
ADCS	$2.01	0.84%	$3.42	1.44%	$3.07	$8.50
C&DH	$3.51	1.47%	$1.50	0.63%	$1.35	$6.36
电源	$4.26	1.79%	$2.61	1.10%	$2.35	$9.22
推进	$1.24	0.52%	$1.24	0.52%	$1.11	$3.59
结构	$3.77	1.59%	$1.62	0.68%	$1.46	$6.85
热控	$0.30	0.12%	$0.30	0.12%	$0.27	$0.87
TT&C	$2.60	1.09%	$1.11	0.47%	$1.00	$4.71
集成、装配和测试	$0	0%	$4.10	1.72%	$3.69	$7.79
项目管理	$3.37	1.42%	$3.37	1.42%	$3.04	$9.78
地面支持设备	$1.94	0.82%	$0	0%	$0	$1.94
发射集成和早期在轨运行支持	$0	0%	$1.80	0.76%	$1.62	$3.42
空间部分总成本	$30.07		$25.78		$23.20	$79.05
发射成本						$28
运行成本（5 年）						$30.50
任务周期总成本						$157.90

[①] 本表给出了火警侦查方案的 FireSAT 任务生命周期成本估算。估算使用航空航天公司小卫星成本模型 (SSCM8.0)[4]（RDT&E—预研、研制、测试与评审；ADCS—姿态确定与控制系统；C&DH—指令与数据处理；TT&C—遥测跟踪与指令）。

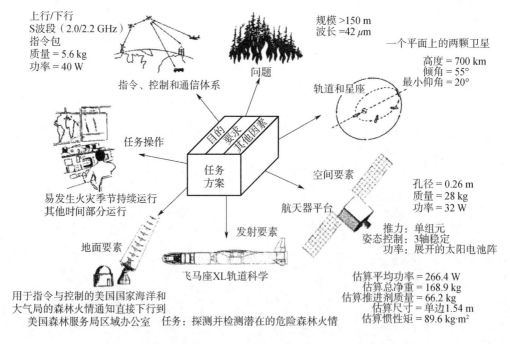

图 19-14　A 阶段前期权衡研究推荐的 FireSAT 任务体系

迭代权衡研究所得到的任务特性是定量且更为详细

（3）运行方案文件草案

第 3 章讨论了运行方案的制定，关于制定运行计划的详细论述参见《高效费比的空间任务运行》（CESMO）[1]。运行方案文件草案最初是从建立设计参考任务（DRM）序列开始，如图 19 - 15 所示。FireSAT 项目的设计参考任务与其他科学地球观测任务类似，正常运行之前要通过航天器和有效载荷的一系列调试，在未来多年后任务终止时要进行处置。

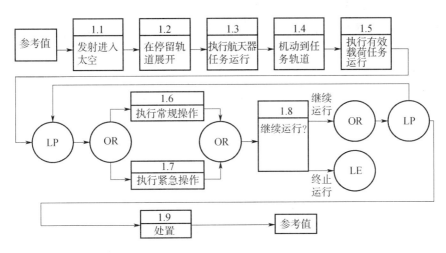

图 19 - 15　FireSAT 设计参考任务

设计参考任务体现了运行方案，是 FireSAT 项目比较标准的方案

设计参考任务的定义规定了任务自始（发射）至终（处置）的运行活动，但是，随着 A 阶段前期时间和资源的逐渐短缺，运行策划主要关注于每个人都希望的那些任务：正常运行，在正常运行下，重点就转向任务的主要功能——探测森林火情。集成设计与运行团队起初会提出一个大体的探测方案，如图 19 - 16 所示。此后，随着空间和地面要素之间的功能交换（如 19 - 17 中的框图所示），他们指出正式的功能序列，如图 19 - 18 所示，最终建立了该运行方案，扩展了图 19 - 16 所示的基本方案时间线，并制定了更为详细的时间线，如图 19 - 19 所示。该详细时间线为体系中的主要要素分配了 30 min 的通知时间，这些获得的响应时间，后来成为推动各任务要素要求的动力。

根据这些分析和其他分析，运行方案文件草案产生了额外的对地面系统的要求，包括运行中心指令与控制基础设施、必要的工作人员水平和培训计划。

（4）系统工程管理计划草案

系统工程管理计划草案的拟制和使用在第 14 章有详细描述，我们稍后在本章将探讨此关键项目文件的更多细节。这里，我们将解决系统工程管理计划中的一个技术策划难题：项目文件树。在本节和前一小节，我们已经集中讨论了按系统研制步骤的少数关键产品。项目文件树是一张大图，包括了我们必须生成的所有主要文件，是项目向前发展的重要的技术与管理基础。表 19 - 18 给出了 FireSAT 文件树并确定了交付进度和每个文件从基线到基线的系谱。

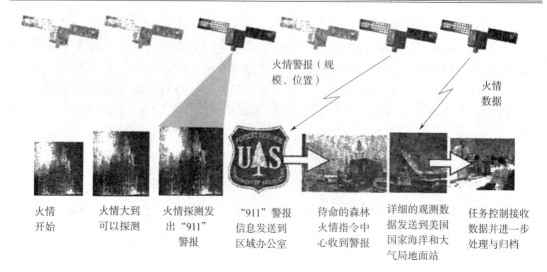

火情警报（规模、位置）

火情数据

| 火情
开始 | 火情大到
可以探测 | 火情探测发
出"911"
警报 | "911"警报
信息发送到
区域办公室 | 待命的森林
火情指令中
心收到警报 | 详细的观测数
据发送到美国
国家海洋和大
气局地面站 | 任务控制接收
数据并进一步
处理与归档 |

图 19 - 16　探测森林火情能力时间线的简单故事板

本图快速地描述了一个简单的过程，展示了火情如何开始，变大，被 FireSAT 系统探测到，
随后通知了美国国家海洋和大气局及消防员

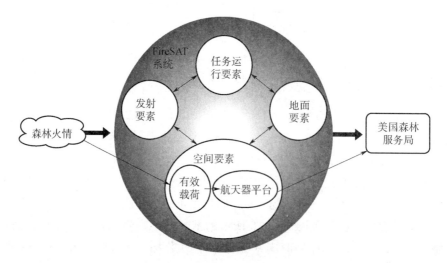

图 19 - 17　用背景图跟踪运行情景

这类图可以让用户和系统工程师共同理解所需要的能力和实现这些能力的系统

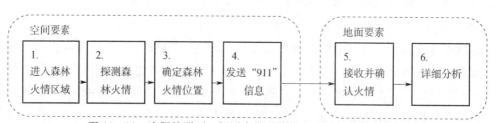

图 19 - 18　实际情形下，探测森林火情能力的运行情景方块图

我们使用许多非正式和正式的图解方法描述运行情景

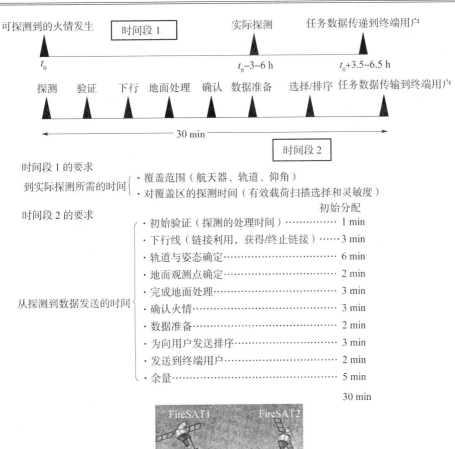

时间段 1 的要求
到实际探测所需的时间 ── ·覆盖范围（航天器、轨道、仰角）
　　　　　　　　　　　　 ·对覆盖区的探测时间（有效载荷扫描选择和灵敏度）

时间段 2 的要求　　　　　　　　　　　　　　初始分配

　　　　　　　　　　·初始验证（探测的处理时间）·············· 1 min
　　　　　　　　　　·下行线（链接利用、获得/终止链接）····· 3 min
　　　　　　　　　　·轨道与姿态确定··············· 6 min
　　　　　　　　　　·地面观测点确定··············· 2 min
从探测到数据发送的时间 ·完成地面处理··············· 3 min
　　　　　　　　　　·确认火情··············· 3 min
　　　　　　　　　　·数据准备··············· 2 min
　　　　　　　　　　·为向用户发送排序··············· 3 min
　　　　　　　　　　·发送到终端用户··············· 2 min
　　　　　　　　　　·余量··············· 5 min
　　　　　　　　　　　　　　　　　　　　　　　　30 min

图 19 - 19　火情探测与通知时间线

这里给出了运行情景下更详细的时间线分析，该输入对系统要素的评估与应用执行方案非常重要。

时间段 2 是时间段 1 的第二部分（改编自《空间任务分析与设计》[4]）

表 19 - 18　FireSAT 项目文件树[①]

文件名称	序号	MCR	SRR	SDR	PDR	CDR	SAR	PLAR
项目范围文件	FS - 10012	基线						
任务设计研究报告	FS - 10001	基线						
航天器系统设计研究报告	FS - 10005	草案	草案	基线				

续表

文件名称	序号	MCR	SRR	SDR	PDR	CDR	SAR	PLAR
运行方案	FS-80010	草案	基线	更新	更新	更新	更新	终稿
系统要求文件	FS-80020	草案	基线	更新	更新	终稿		
系统工程管理计划	FS-70010	草案	基线	更新	更新	终稿		
软件研制计划	FS-70050		草案	基线	更新	更新	更新	更新
飞行硬件、软件和地面支持设备规范	FS-8x000		草案	草案	基线	终稿		
地面系统规范	FS-84000		草案	草案	基线	更新	终稿	
任务运行规范	FS-81000		草案	草案	基线	更新	终稿	
安全与任务保证计划	FS-70070	草案	基线	更新	更新	更新	更新	更新
外部接口要求和控制文件	FS-8x010	草案	基线	更新	更新	终稿		
航天器有效载荷接口要求和控制文件	FS-8x020		草案	基线	终稿			
航天器与运载火箭接口要求和控制文件	FS-8x030		草案	基线	终稿			
航天器地面系统接口要求和控制文件	FS-8x040		草案	基线	更新		终稿	
运载火箭与地面系统接口要求和控制文件	FS-8x050		草案	基线	终稿			
地面系统与任务运行接口要求和控制文件	FS-8x060		草案	基线	终稿			
自然环境定义文件	FS-8x070	草案	基线	更新	更新	终稿		
技术状态管理计划	FS-70060	草案	基线	更新	更新	更新	终稿	
数据管理计划	FS-70070	草案	基线	更新	更新	更新	终稿	
电磁兼容与接口控制计划	FS-70080		草案	基线	更新	终稿		
质量特性控制计划	FS-70090		草案	基线	更新	终稿		
质量特性报告	FS-70091			更新	更新	更新	更新	终稿
制造与装配计划	FS-70075		草案	基线	更新	终稿		
航天器系统分析计划	FS-70076	草案	基线	更新	更新	终稿		
航天器系统分析报告	FS-70077		提交	更新	更新	更新	更新	更新
系统技术状态文件	FS-89000		草案	基线	更新	更新	终稿	
工程图样	FS-89xxx				草案	基线	更新	
风险管理计划	FS-70780	草案	基线	更新	更新	终稿		
风险管理报告	FS-70781		提交	更新	更新	更新	更新	更新
可靠性、可维护性和可支持性计划	FS-70073	草案	基线	更新	更新	更新	更新	更新
设备与指令清单	FS-98000				草案	基线	终稿	
主验证计划	FS-70002	草案	基线	更新	更新	终稿		
检验一致性报告	FS-90001						提交	
验收数据包	FS-95000						提交	

①这里我们可以看到主要的项目文件和它们是如何通过各种评审而成熟的（MCR—任务方案评审；SRR—系统要求评审；SDR—系统定义评审；PDR—初步设计评审；CDR—关键设计评审；SAR—系统验收评审；PLAR—发射后评估评审）。

（5）风险管理计划草案

A 阶段前期另一个重要任务是建立风险管理理念，为制定风险管理计划作准备。第 8 章详细阐述了风险管理。早期项目风险评估的主要活动之一是头脑风暴，经顶层风险排序，并提出风险减缓方法建议。图 19-20 的上图总结了前五项顶级风险，该计划的其他部分总结了项目的获取、报告、跟踪和风险处理的方法。

（6）为系统要求评审作准备的计划

制定任务基线的最终文件是一个全面的计划，它描述项目如何达到下一个技术基线，即 A 阶段系统要求评审时的系统基线。从技术角度来看，A 阶段前期结束时没有必要解答所有系统问题，真正的成果是确定哪些是主要问题，要提出权衡排序表，指导后续设计与分析循环的策划与执行。如果我们计划另一个设计与分析循环来支持系统要求评审产品的研制，那么该表将驱动对设计与分析循环资源的要求（例如，模型、人员和软硬件的研制）。

由于系统要求文件是系统要求评审基线的关键文件之一，所以许多分析和权衡研究重点是评估 A 阶段前期研究的假设和额外的系统与分系统的需求。我们的目的之一是识别并评估使能系统技术成熟度，能早期进行研发试验或制定其他风险降低战略。

最后，由于 A 阶段早期的重点大多在于开发需求，我们必须制定计划管理这些需求，并管理阶段初期快速产生的所有其他技术数据。第 4 章讨论了需求管理，第 17 章详细地介绍了技术数据管理。

19.2.5　典型问题、事项和事例

在 A 阶段前期的研究中，有限的时间、预算和资源严重制约了可以做详细权衡研究的数量和类型。虽然参与研究的工程师已推荐了引以为傲的任务体系和有扎实基础的建议，但是仍存在若干未解决的问题，可能会显著影响如何最好地实现客户预期。首先涉及的是初步任务需求 4 个方面的一些潜在的矛盾，具体表述如下。

1）FireSAT 航天器应该覆盖全美国，包括阿拉斯加和夏威夷；

2）FireSAT 航天器应该每天都监测覆盖区域；

3）FireSAT 航天器应该在探测到火情的 1 h（上限值）、30 min（目标）内提供火警通知；

4）FireSAT 航天器应该使用现有沃劳普斯岛、弗吉尼亚州和阿拉斯加的费尔班克斯的三个美国国家海洋和大气局地面站，来实现对所有任务的指令和控制。

基本轨道分析表明，研究团队提出的任务体系，可以轻松实现每天覆盖北纬 70°以南的所有美国领土（高于北纬 70°是冻原，不会产生森林火情）。此外，每天这个词有些模糊，因此难以核实。另外，由于目前设想的是两颗卫星组成的星座，所以只要星座作为整体可以完成充分覆盖，就不要求单颗卫星的每天覆盖。因此，在与利益相关方协商后，同意对该项目的初步要求作下述修改。

1）FireSAT 项目航天器应该覆盖北纬 70°以南的整个美国领土，包括阿拉斯加和夏威夷；

2）FireSAT 项目星座对覆盖区的重访时间应该少于 24 h。

当考虑火警通知限制的要求时，在面对修订的再访要求时，工程师起初认为，既然有修订的重访要求，火警通知限制就是多余的。既然我们每 24 h 或更短的时间内进行重访，为什么要强加另外的 30～60 min 的火警通知要求？但是，与利益相关方，尤其是有经验

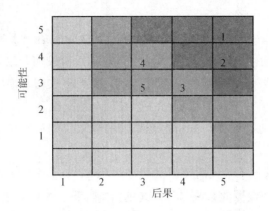

风险	编号	趋势	方法	标题
1	FS-023	⇨	R	有效载荷焦平面技术
2	FS-003	⇧	M	火情探测软件研制
3	FS-014	⇩	M	火情"911"预知方法
4	FS-120	▭	W	USFS, NOAA, NASA, MOA
5	FS-115	⇧	A	NOAA 地面站接口协议

临界点	L×C	趋势	方法
高	⇨	不变	M＝减轻
中	⇧	增加（恶化）	W＝观察
低	⇩	减少（改善）	A＝接受
	▭	上次报告后的新增项目	R＝研究

图 19-20　FireSAT 风险初步评估

我们可以很容易看到的这五项顶级风险及其可能性、后果和状态

（USFS—美国森林服务局；NOAA—美国国家海洋和大气局；NASA—美国国家航空航天局；MOA—协议备忘录）

的消防人员做进一步协商后，否定了工程师的意见。过去的历史证据有力地表明，仅仅让系统知道火情，而不要求系统及时发布火情信息，系统可能会因进一步研究或其他理由而不发布这些信息。更有实际意义的是，通知要求能促使整个团队合作，制定运行方案文件中关于火情探测、信息处理和发布的详细时间线。根据这些分析，火警通知要求仍要保留。

　　使用美国国家海洋和大气局地面站也存在一些受约束的问题。利用美国国家海洋和大气局地面站就无须单独采购这类设备，可节省可观的成本。但是轨道的初步分析表明，若只有阿拉斯加和弗吉尼亚 2 个站，就不能满足 30～60 min 的通知要求。例如，FireSAT 卫星在降交点经过夏威夷时，不可能与任一个美国国家海洋和大气局地面站进行联系。因此，如果探测到火情，火警通知将在轨道运行至少一圈以后才能传送到两个站之一，这就违反了 60 min 的要求。

此外，数据格式的初步分析表明，可能没有必要向地面发送完整的图像信息，航天器对每次火情探测可以生成简单的带有时间和位置信息的"911"火灾警告即可，这样做便于美国森林服务局立即通知当地的火情探测机构，快速验证每次火警，这种简单、低数据率的信息可以很容易地被遍布全美的设备简单的区域办公室所接收。因此，FireSAT 任何时间都在美国的视野中，被一个或多个美国森林服务局区域办公室观测到。要求这种简单的数据包首次传送必须通过两个美国国家海洋和大气局地面站之一似乎没有必要，它增加了不必要的支出，还延迟了时间的关键信息。所有利益相关方都同意，将接口要求规定如下：

FireSAT 航天器应广播火警通知，使美国森林服务局区域办公室直接接收这些信息，详细的技术接口定义见美国森林服务局的 GS – ISD – XYX。

该要求促使所有美国森林服务局区域办公室配备简单的 FireSAT 火警接收站，但是，火警接收站点的成本估计在项目预算范围内。

19.2.6　结论

FireSAT 研究团队将会顺利地通过任务方案评审，他们深信 FireSAT 系统是可行的，这一决策具有里程碑意义，很有可能在合理的预算范围内完成关键性能参数。由美国国家航空航天局、美国国家海洋和大气局和美国森林服务局的高层人士组成的联合项目委员会，已经签署批准了该项目的启动。但是，这只是向本章开始描述的发射后评估评审迈出的第一小步，A 阶段将实施接下来的关键步骤。

19.3　建立系统基线

在 A 阶段之前的工作完成后，正式命名为"新起点"项目的紧张气氛蔓延在整个办公场所。从 A 阶段起，实际的工作真正开始了。在这个阶段定义两个重要的技术基线，第一个是系统基线，是在成功完成系统要求评审后建立的；第二个是功能基线，将在下一节讲述。

当项目进入了 A 阶段后，就要执行系统工程流程的关键步骤来成功完成系统要求评审。在这一阶段中，我们要识别硬件和软件系统的要素，每一个要素都是根据评审所需的产品加以定义。系统要求评审小组根据评审项配置收集的输入，对这些产品进行分析。在这个阶段中：

1）我们进一步定义运行概念，得出运行要求。

2）运行要求推动创立新要求和改进已有的系统级的要求。

3）我们开发运行模型来获得高层流程，确定不同的应实现的运行。

4）我们开发每个系统的功能模型，并将它们与系统的系统（SoS）级功能模型相配合。

5）我们获得功能接口和物理接口。

6）我们为每个系统—系统对起草接口要求文件。

7）我们开始起草系统要求文件。

8）我们将系统的系统级和系统级的验证计划放在一起起草，这包括验证要求和技术状态、支持设备和设施以及验证进度。

9）我们为每个要素起草风险管理计划。

10）我们为每个要素制定技术计划，确定技术成熟度，并制定提高所需的关键技术成熟度的计划。

19.3.1　前提条件

这是一个十分艰难的任务。为了处理这个问题，要将其分解成几个小部分，首先要了解前提条件，然后定义所需交付物的范围。为了启动 A 阶段，项目首先必须：

1）完成可信的 A 阶段之前的研究，这可以使任务方案评审顺利通过。

2）保证资金和相关的政治承诺，从而推进了 A 阶段计划新起点。

参与 FireSAT 项目的机构（美国国家航空航天局、美国国家海洋和大气局和美国森林服务局）还必须签署一个关于职责分工和出资或非现金投资（如美国国家海洋和大气局地面站设施和人员、美国国家航空航天局航天器测试设施）承诺的机构间协议书。此外，这个项目应保证有一个或多个承包商支持系统工程与集成和其他任务。

显然，计划的采办细节对整个生命周期产生巨大的影响。合同的签约过程（如公开竞争或不确定的交付物、不确定量）、合同的性质（如固定价格或成本加成）、影响 A 阶段完成的其他因素，以及政府和承包商的任务和职责都要加以规定。在这里我们主要关注空间任务取得成功的系统工程流程应如何具体实施，因此，我们面临解决这些关键而又十分困难的承包问题。对于我们的讨论，我们假设独立的总承包商 Acme Astronautics 公司经过简短的（无竞争的）竞标和授予合同后，在 A 阶段早期就参与项目了。在整个讨论中，我们主要是处理面向工程的问题，回避了一些不可避免的合同问题，然而，读者不可就此推断，对于 FireSAT 或是其他空间项目承包问题是不重要的，实际上结果恰恰相反。系统工程任务主要是由承包决策形成的。

19.3.2　最终项——系统要求评审项目

A 阶段包含两个重要的关口：系统要求评审和系统定义评审，因此新的 FireSAT 首席系统工程师或项目经理要按进入和生存指南来闯第一道关——系统要求评审，如表 19 - 19 所示。

如同为系统案评审所做的，我们开始制定关于产品的成功准则，来回答每个准则的问题，见表 19 - 20。通过分析，我们将 A 阶段第一部分研制所需制定的纸质文件列表，并和其顶层目录放到一起，这包括上面确定的各项和进入准则所需的特殊项，见表 19 - 21。

表 19 - 19 系统要求评审的进入准则和成功准则[5]①

系统要求评审	
进入准则	成功准则
• 项目已成功完成任务方案评审，并对所有任务方案评审要求的行动和评审事项问题作出了响应 • 在系统要求评审之前，技术组、项目经理、评审主席通过了初步的系统要求评审议程、成功准则和委员会的责任 • 以下关于硬件和软件系统要素的技术产品可以提前提交给评审者： 　a. 系统要求文件 　b. 系统软件功能性描述 　c. 更新的运行方案 　d. 更新的任务要求（如果必要） 　e. 基线系统工程管理计划 　f. 风险管理计划 　g. 初步的系统要求分配给下级系统 　h. 更新的成本估算 　i. 技术开发成熟度评估计划 　j. 更新的风险评估和减缓（如可适用，包括概率风险评估） 　k. 后勤文档（如初步的维修计划） 　l. 初步的人员等级评定计划（如果必要） 　m. 软件开发计划 　n. 系统安全和任务保证计划 　o. 技术状态管理计划 　p. 初始的文件树 　q. 验证和确认方法 　r. 初步的系统安全分析 　s. 其他专业领域产品（如必要）	• 项目用合理的流程对所有的各级要求进行分配和控制，并制定按进度完成定义活动的计划 • 要求定义是完整的并考虑到顶级任务和科学要求，同时定义了与外部接口以及主要内部单元之间的接口 • 定义了分系统的要求分配和主要的推动性要求 • 确定了为检验和确认分系统级要求的初步方法 • 确定了主要的风险，对其进行了技术评估，同时规定了可行的减缓策略

①新批准的项目除了面对的纲领性问题外需要考虑的问题。

表 19 - 20 系统要求评审的成功准则①

系统要求评审成功准则	支持文件
1. 工程使用合理的分配和控制所有各级的要求的过程，并制定按进度完成定义活动的计划	系统工程管理计划，软件开发计划
2. 要求定义是完整的，已考虑了上级任务和科学要求，以及与外部实体的接口和主要内部单元之间的接口	任务设计研究报告，系统设计研究报告，任务级系统要求文件，接口要求文件，运行方案文件
3. 定义了分系统的要求分配和主要推动性要求的向下流动	系统级系统要求文件，硬件草案、软件和地面支持设备系统要求文件
4. 确定了为验证和确认分系统级要求的初步方法	任务级系统要求文件，系统级系统要求文件，主验证计划
5. 确定了主要的风险，同时规定了可行的减缓策略	风险管理计划

①每条标准需要一个或多个文件作为该项目符合标准的证明。

表 19-21　系统要求评审顶层产品的主要内容①

产品	内容	产品	内容
FireSAT 范围文件	·合并在系统要求文件内；见下面讨论	风险管理计划	·初步的风险评估 ·技术及相关风险管理和减缓策略与方案
任务设计研究报告（更新）	·多方案权衡树分析，包括 　—各种任务方案 　—对每一个方案或体系识别系统驱动因素 　—对每个方案特性的评定结果 　—被确定或派生的关键要求 　—方案或体系效用评估，包括成本、技术成熟度和有效性测量等评价标准 ·已提出的基线任务方案 ·结论和建议	系统工程管理计划（基线）	·管理系统工程工作的计划 ·推动系统工程管理计划的文件 ·技术概要 ·集成技术工作（包括方案性生命周期支持策略、后勤、制造、运行等） ·17 个工程流程 ·技术嵌入 ·SE 活动 ·项目计划整合 ·超差放行 ·附录
系统设计研究报告（对包括可行的任务体系在内的每一个系统要素）（草案）	·对体系中的每一个系统（包括航天器、地面系统等）进行多方案权衡树分析 ·各种系统方案 ·对每个概念或体系的系统驱动的确定 ·对每个选项特性的评定结果 ·已确定或派生的关键要求 ·方案或体系效用评估，包括成本、技术成熟度和有效性测量等的评价标准 ·详细的功能分析 ·提出的基线系统方案及功能分配	操作概念文件（更新）	·运行情景 ·时效性 ·数据流图 ·组织和队伍职责 ·对一定投入的成本和复杂性推动 ·要求和派生要求 ·技术研发计划
软件开发计划（草案）	见功能基线章节的讨论	FireSAT 任务级和系统级系统要求文件（基线）	·范围 ·引用文件 ·要求 　—主要事项定义 　—系统性能 　—系统特性 　—设计和建造 　—后勤 　—员工和培训 　—分系统要求 　—顺序 　—鉴定 　—标准样件 ·验证要求 ·备注 ·附录
接口要求文件	见功能基线一节的讨论	主验证计划	见实际建造基线一节的讨论
完成系统定义评审状态的计划	·研究和权衡结果的次序排列表 ·将后续工作绘制成项目进度表 ·将填补技术空白计划绘制成项目进度表 ·要求更新和管理计划 ·待定和待解决问题的计划 ·系统要求评审问题的解决计划		

①此表具体说明了表 19-20 中的文件内容。

表 19 - 22 系统要求评审所需的系统工程流程的工作量级[①]

流程	工作量级	注释
1. 利益相关方预期定义	■■■■□	利益相关方的预期是我们制定技术要求时始终要考虑的因素，这作为一项要求验证
2. 技术要求定义	■■■■■	这是为系统要求评审准备的主要焦点
3. 逻辑分解	■■■■■	这个流程支持要求开发
4. 物理解决方案	■■□□□	因为逻辑分解已完善，功能性分配可促进物理解决方案的定义。很多权衡研究开始进行，并在系统要求评审后继续进行，特别强调要避免对物理体系的草率定义，逻辑分解引导物理解决方案设计活动
5. 产品实现	■□□□□	确定现有的资产，评估现有系统的成本收益和风险降低，这些是本阶段标准的权衡，我们必须认真研究决定长期采购项的要求
6. 产品集成	■□□□□	在完成逻辑分解过程中，应考虑每个系统要素的生命周期所有阶段，我们确定利益相关方，并与他们协调保证我们确定所有的要求和接口
7. 产品验证	■□□□□	验证计划很重要，是为了保证：本阶段定义的要求是可测试的，成本和进度的估计存在于这个重要阶段。由于本阶段物理解决方案并没有完全确定，因此验证计划也不能完全确定
8. 产品确认	■■□□□	在本阶段确认策划已经成熟
9. 产品转运	□□□□□	本阶段产品转运工作很少，主要是确认使能产品转运，这个流程会影响产品生命周期的成本
10. 技术策划	■■■■■	本流程为成功的系统要求评审明确定义，因为它们决定我们怎样完成下个阶段项目
11. 要求管理	■■■□□	这些要求管理流程必须考虑充分，并准备好控制所出现的要求
12. 接口管理	■□□□□	接口管理在要求管理流程中说明
13. 技术风险管理	■■□□□	风险计划和管理保持在较高的等级
14. 技术状态管理	■□□□□	最终项控制和要求管理控制必须准备到位
15. 技术数据管理	■■□□□	要按照流程对工具和数据库进行全面安排，指导工程小组同时定义系统
16. 技术评估	■■□□□	为支持即将到来的系统要求评审和随后的评审进行初步策划
17. 决策分析	■■■■■	对于 A 阶段开发可信的结果，严格的技术决策分析是至关重要的。完成所有可能确定的大量的权衡研究是不可能的，所以好的决策分析是至关重要的

①与手机信号类似，小方格为零时代表没有或者只有很低的资源要求，五个小方格代表最大程度的资源利用。资源要求只是相对一个指定的流程；两个不同的流程具有相同数量的小方格时，并不代表它们具有相同等级的资源。

19.3.3　流程的工作量级

表 19 - 22 列出了在 A 阶段生产这些交付物的 17 个系统工程流程相关的工作量级。

19.3.4　成果

在某些情况下，A 阶段以在 A 阶段之前获得的要素开始，如果任务范围保持不变，且范围的缓慢变化也不影响 A 阶段之前研究结果的有效性，这些要素就可以维持不变。A 阶段随后开始，按照进度重新分析方案研究结果，以确定哪些结果依然有效，以及哪个任务方案需要重新审查。隐藏的范围类型或要求的缓慢变化很容易在 A 阶段（或几乎任何其他时间点）显现出来，这就是所谓的"只是"。这表现为"我们认同你们 A 阶段之前的所有观点，只是要用 XYZ 现有卫星平台代替。"或"现在的运行方案很好，只是必须对下行链路添加性能。"这些看似无关的附加物可能成为系统的主要约束，并且可能导致需要完全重新设计。

假设 FireSAT 适应了（或回避）主要范围或要求的缓慢变化，我们重新关注新的正式项目的第一个重要评审——系统要求评审。如上所述，系统要求评审不仅仅评审系统要求，获得和记录系统要求文件是此生命周期阶段的顶层活动之一。本节我们将更多关注 FireSAT 任务级和系统级系统要求文件。

（1）系统要求文件

即使像 FireSAT 这样较小的项目，任务级、系统级（如航天器）和分配的分系统级要求的数量很容易达数百项。实际上，我们不能对所有这些要求都进行评审，取而代之的是，我们可以从任务级、系统级、分系统级以及随之出现的相关问题和假设中，选出一些要求主线，来说明要求工程从上到下的流程。然后我们着眼于如何整理这些要求，以便更好地管理这些要求。

第 4 章讲述了要求工程的完整流程，我们应用这个流程来了解部分 FireSAT 航天器的要求是怎样明确的。为了明确讨论的 FireSAT 航天器，但也考虑如何将任务级要求分配给系统级。第 4 章提到两大类要求为：功能性和非功能性。为了定义功能性要求，需要追溯到系统背景。在 A 阶段之前我们研究了很多系统背景图，为了更好地指导我们的分析，这里给出的背景图略有不同。图 19－21 表示空间要素的背景图，我们从系统的最重要的功能要求，即发送"911"火警信息到用户开始，但我们仍需了解要求中的"什么"（what）、"什么时候"（when）、"怎么"（how）和"谁"（who）。为了获得这些细节，我们回顾几个利益相关方的任务目标，即前面提到的有效性测量：

1）成本降低：灭火成本平均每年减少约 20％，按 2008 年美元计；

2）财产损失：由于火灾造成的平均每年财产损失减少 25％，按 2008 年美元计；

3）初次接触的火情规模：消防员初次接触的平均火情规模降低 20％。

所有这些客户预期都与火情的规模、地点和火情报警的实效性有关，所探测的森林火情规模越小，则位置越精确；美国森林服务局发现得越早，越容易对其进行控制。因此，作为要求工程流程的一部分，我们可以将这 3 个有效性测量合并为一个"问题"，这个问题就是开展具体的权衡研究，即"FireSAT 森林火情定义研究报告"，来确定：

1）待探测的最小森林火情规模，实质是对潜在危险的火情的定义；

2）所需的定位精度；

3）消防员如何快速接到通知。

该研究产生了 3 个相应的派生要求，如图 19－22 所示，这构成了前面定义的 3 个关

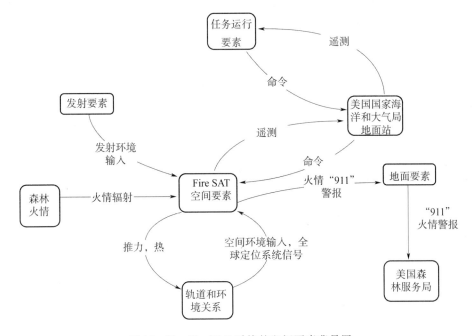

图 19 - 21　FireSAT 系统的空间要素背景图

这个扩展的背景图让我们关注空间要素并了解空间要素与任务中其他要素的主要接口

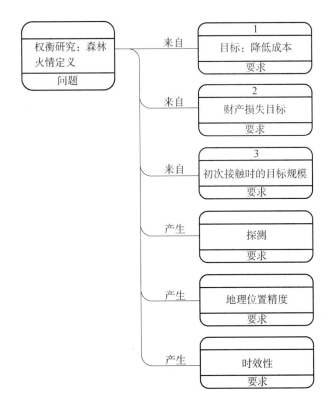

图 19 - 22　森林火情定义权衡研究和要求之间的关系

后 3 个要求来源于前 3 个要求

键性能参数的基础（这里的数字与表 19 - 13 中列出的要求相对应）。

1）关键性能参数 1：探测。系统应探测潜在的危险火情（定义为在任何方向上线性尺寸大于 150 m），置信度为 95%；

2）关键性能参数 3：时效性。FireSAT 系统应在 30 min（目标值）、1 h（上限值）内向用户发送火情警报；

3）关键性能参数 4：地理定位。FireSAT 系统对潜在危险火情地理定位精度为优于500 m（目标值）、5 km（上限值）。

在这里所提到的"系统"是系统物理体系组成的系统，包括空间、地面和发射三要素。这些分析有助于我们对"什么"（what）和"什么时候"（when）进行定义，但我们仍然需要判定"谁"（who）和"怎么"（how），单有空间段不能满足所有这些要求。即使第一次报警也需要地面的协调和确认，减少虚假报警的次数。因此，我们必须进一步细化这些任务级要求，并将其分配到系统级。我们挑选两条主线程进一步检验——探测和地理定位精度。

我们以探测关键性能参数开始，此时，火情尺寸和置信度已经由权衡研究确定。关键性能参数是一个很好的起点，但是工程师需要将其进一步分解成航天器有效载荷敏感器的设计要求。权衡研究决定，为了满足关键性能参数，需要派生出两项单独的有效载荷要求，一个是空间分辨率（有效载荷可以观察到的最小物体）要求，另一个是光谱分辨率（火灾的信号能量波长）要求，如图 19 - 23 所示。

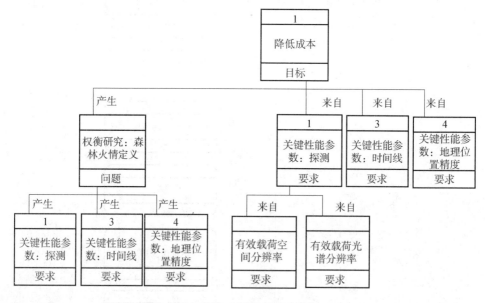

图 19 - 23　顶级和低级要求之间的关系

顶级任务希望产生权衡研究和更多以关键性能参数表示的具体要求，在本案例中顶级任务是实现

效果测量，降低灭火成本，这些具体要求又由组件级要求定义，如有效载荷空间和光谱分辨率

现在我们转向第二条主线，来自于精确定位火情的要求。如《空间任务分析与设计》

中所述，卫星遥感地理定位精度是下列变量的函数：

1) 卫星位置知识（对于 3 个轴）；

2) 卫星指向知识（对于 2 个轴）；

3) 卫星定时精度（星载时钟的精度）；

4) 对地面目标的固有高度误差（地球表面的三维地图的精度）。

地面高度误差依赖于地图数据库的精确性，这个要求甚至不能够在 FireSAT 系统的系统中分配，因为美国森林服务局依赖美国地质勘测局提供的地图。幸运的是，这些地图大多都是高精度的，因此只构成很小部分的误差，但是这个误差超出了 FireSAT 项目控制的范围。

现在讨论列出的第一个要素，3 轴卫星的位置。即使在任务计划中使用星上 GPS 导航数据，这是非常普通的做法，我们也需要任务控制进行监测，并利用地面跟踪作为备份。因此，必须将对卫星定位的精确要求同时分配给航天器和地面系统。

另外的两个误差原因——指向和定时只与航天器有关，但是为了提高精度要对指向问题进行深入探讨。在轨指向数据由软件评估决定，如卡尔曼滤波器，之后由一套姿态敏感器（星敏感器、太阳敏感器、地球水平敏感器、陀螺仪和磁力计）的输入驱动，因此无论对在轨指向的任何要求，最终都要进一步分配给姿态确定和控制分系统的软件和硬件。将要求从任务级分配给系统级，再到分系统级，最终形成组件级的具体规范，如图 19 - 24 所示。（在我们的讨论中，要求定义做"什么"，而规范定义"怎么"做。）

这个例子说明了要求管理的重要性，尤其考虑到可追溯性。例如，如果分配给星敏感器的规范，由于某种原因在系统研制过程中没有实现，我们需要了解对地理定位源要求的影响。系统工程师以此确定如何在系统其他部件之间最佳地重新分配精度预算。

完整的 FireSAT 航天器系统和分系统功能性要求由数十条线程组成，上述这些例子只说明了其中的两条。同样地，我们需要为非功能性要求，如发射载荷、热传导性、存储容量、质量、成本和冗余体系，研制额外的线程。在 A 阶段之前建立的结果的基础上，应用第 2 章和第 4 章所述的技术，系统工程师试图获得任务体系各个要素的所有要求。通过开发具体任务运行方案，我们派生出额外的功能和非功能性要求，来说明系统的可用性。表 19 - 23 总结了一些权衡、派生要求和 FireSAT 设计决策。每项技术要求通常都有很多关键属性，必须与要求同时进行管理。这包括：

1) 依据；

2) 来源；

3) 追溯；

4) 验证方法；

5) 验证阶段；

6) 优先权；

7) 增量；

8) 要求所有者。

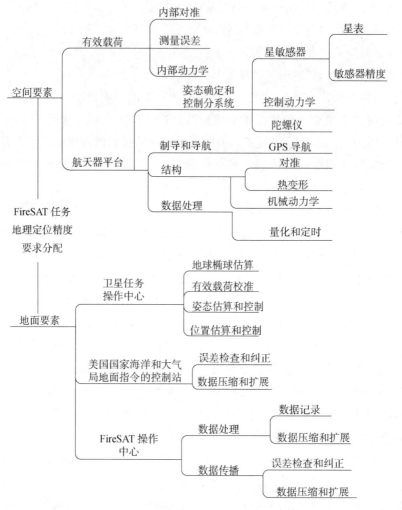

图 19-24　地理定位误差要求的要求分配树举例

此图表示了如何将单项要求——地理定位精度，先分配到空间和地面要素，然后再分配到硬件

和软件部分（选自《空间任务分析和设计》[4]）

随着这些要求和属性在 A 阶段得以定义、派生和修正，很重要的是要对它们进行有效的组织、管理和交流。定义要求文件通常被称为系统要求文件或系统/段规范（SSS），不同的组织有自己的编写这些文件的标准或实践。例如，Mil-Std-961C 广泛应用于航空航天工业，主要是因为民用空间项目也具有强烈的军事色彩。像许多项目一样，FireSAT 基本上采用了这些指导方针来编制空间段系统要求文件的大纲。

1.0　范围

2.0　引用文件

3.0　要求

3.1　主要项定义

表 19 - 23　基于初步和派生要求的 FireSAT 设计决策概要①

任务要求	描述	派生的系统要求	问题或权衡	FireSAT 设计决策
1. 探测	FireSAT 航天器应探测潜在的危险火情，具有 95% 的置信度	• 光谱分辨率 • 孔径尺寸	光谱分辨率取决于森林火情温度、大气窗口和孔径衍射限制	• $\lambda = 4.2\ \mu m$ • 假设高度为 700 km，孔径 = 0.26 m
2. 覆盖	FireSAT 航天器覆盖范围至北纬 70° 以内全美国，包括阿拉斯加和夏威夷	轨道倾角	高倾角降低运载火箭的运载能力	• 高度 = 700 km • 轨道倾角 = 55°
3. 持久性	FireSAT 航天器应每天跟踪其覆盖区域	• 轨道高度 • 卫星数量	• 较高的高度提高了持久性，但传感器尺寸要大 • 卫星数量增多使成本、复杂性和发射次数增加	• $h = 700$ km • 两颗卫星在同一个轨道面，真近点角相隔 180°
4. 时效性	FireSAT 航天器在 60 min（上限值）、30 min（目标值）内提供火情通知	地面站位置	• 仅用两个美国国家海洋和大气局地面站，这样限制了下行链路的接收 • 下行链路直接到美国森林服务局当地办公室，减少了中间过程	• 要求 FireSAT 航天器将 "911" 警报发送到美国森林服务局区域办公室 • 所有的区域办公室都配备必要的接收器
5. 地理位置	系统将提供误差小于 5 000 m（上限值）、500 m（目标值），3σ 森林火情地理位置信息	• 姿态确定 • 轨道确定 • 定时 • 目标高度误差	地理位置是下述参数的函数： • 轨道确定精度 • 姿态确定精度 • 定时误差 • 目标高度误差	派生的要求： • 轨道确定误差：沿着轨道 < 0.2 km，垂直轨道 0.2 km，径向为 0.1 km • 姿态确定误差：天顶小于 0.06°，天底 < 0.03° • 定时误差 < 0.5 s • 目标高度误差 < 1 km

续表

任务要求	描述	派生的系统要求	问题或权衡	FireSAT 设计决策
6. 最小仰角	航天器应支持有效载荷以大于 20°的仰角运行	· 敏感器参考视野（FOR） · 视野（FOV）	· 更大的敏感器参考视野提供更大的覆盖面和更好的持久性 · 更大的视野提高敏感器的数据速度和增加焦平面的复杂度	敏感器视野＝115°
7. 可靠性	系统的总体可靠性应达到 95%（上限值）、98%（目标值），符合 NASA NPR 8705.4 的 B 类任务要求	下分到系统	更高的可靠性使成本和复杂性增加	· 流程要求下分至分系统级 · 执行严格的故障模式和影响分析
8. 设计寿命	系统具有的在轨运行寿命应为 5 年（上限值）、7 年（目标值）	下分到系统	更长的寿命增加耗材	Δ－V 预算和功率预算，包括 5 年寿命及裕量
9. 寿命结束的处置	系统应有足够的寿命 Δ－V 裕量用以离开进入平均高度＜200 km 的轨道	Δ－V	Δ－V 提高使装载质量、推进系统复杂度增加	总 Δ－V 预算＝513 m/s
10. 地面站（GS）接口	FireSAT 应使用沃劳普斯岛、弗吉尼亚和阿拉斯加的费尔班克斯已有的美国国家海洋和大气局的地面站，来处理任务指令和控制。具体的技术接口遵守 NOAA GS－ISD－XYX 中的规定	上行链路和下行链路频率、数据速度、调制、方案、地面站等效全向辐射功率、系统噪声	约束通信分系统技术选择	使用兼容的上行链路/下行链路硬件，流程分至航天器通信分系统要求

①这些权衡有助于充实和详细说明系统设计。

　　在本文件的 1.0 节中，重申了项目的需求、目的、目标、运行方案，以及文件本身的范围，因此，它取代了 A 阶段之前制定的 FireSAT 范围文件，这份文件提供了重要的项目指导，并与要求一起管理。如前面所讨论的，范围的缓慢变化最容易背离要求。

　　表 19-24 列出了一个要求矩阵的例子，样本来自系统要求文件各节，除了 3.7 节分系统要求和 4.0 节验证要求以外。在功能基线讨论中更具体阐述了分系统要求，验证要求是本章后面关于建造基线讨论的主题之一。这个矩阵没有显示要求可追溯性，然而，通过使用要求管理工具，如 DOORS，或者系统工程工具，如 CORE 或 CRADLE，我们容易实现具体的逐级的可追溯性，如图 19-23 所示。

　　系统要求文件的每项要求在成为基线之前也必须通过验证，系统要求评审的主要内容是根据下述 VALID 准则严格地评估每项要求。该评估可以确定每项要求是：

1）可验证的（Verifiable）；

2）可获得的（Achievable）；

3）逻辑的（Logical）；

4）完整的（Integral）；

5）明确的（Definable）。

在第 11 章中描述了 FireSAT 要求确认实践的一个例子，当然，这项工作大部分要在正式的系统要求评审之前完成，所以结果包含待解决的开放项在内。如第 4 章所述，在这个时候通常都有很多的待定和待解决的项，包括正式要求陈述中的待定和待解决的项，解决这些待解决问题的切实可行的策略，必须在评审中将其作为技术策划工作的一部分提出来。

上面总结的系统要求文件和其他文件，以及任务和系统研究报告、系统工程管理计划、运行方案和风险分析报告都是供另外一个文件是系统要求评审使用的文件，有些文件，特别是系统工程管理计划会在每次重大评审中简单地循环使用，我们应该避免这种情况，应与时俱进修改这些文件，使其符合设计发展状态和其他不可避免的项目变化。另外一个文件是系统要求评审文件，它是软件开发计划，像其他文件一样，它也是在 A 阶段之前起草的，这是开展系统软件工作的另一个有用的工具，因为在建立系统要求文件过程中，软件问题非常重要，将在下一章进行讨论。

表 19 - 24　FireSAT 要求矩阵

SRD 各节	要求	基本原理	来源	优先级	主要职责办公室
3.1.3 主要项定义	空间飞行器包含 1）火情探测有效载荷和 2）航天器平台	这是关于航天器的公认的体系定义	FS - 10005	A	系统工程
3.2.1 空间分辨率	空间飞行器应具有 $\leqslant 2.14 \times 10^{-4}$ rad （0.012 3°）的空间分辨率	此要求来自 FireSAT 火情定义权衡研究，相当于从 700 km 达到 150 m 的分辨率	FS - TS - 004A	A	美国森林服务局
3.2.2 光谱分辨率	空间飞行器可探测到森林火情辐射的波长范围在 4.2 ± 0.2 μm	此要求来自 FireSAT 火情定义权衡研究，相当于火情温度为 690 K。火情温度为 1 000 K 时，最适宜的波长应是 2.9 μm；然而，在这个波长没有大气窗口，所以 4.2 μm 波长是一个很好的折中	FS - TS - 004A	A	美国森林服务局
3.2.7 有效性	空间飞行器运行有效性应达到 98%，不包括由天气原因引起的停用，故障持续时间最多不超过 72 h	美国森林服务局确定的平均有效性为 98%，能够满足工程目标。为了软件更新和站点保持机动，一些计划中的停用时间是必要的。停用 72 h 时间很短对任务的影响很小，尤其是在某些季节火情风险较低的时间段	USFS - TR - 086	B	美国森林服务局

续表

SRD 各节	要求	基本原理	来源	优先级	主要职则办公室
3.3.1 空间飞行器质量	空间飞行器装载质量应不超过 250 kg	这是由单个飞马座运载器将两颗卫星发射至倾角 55°、150 km 的停泊轨道上能达到的最大质量预算	GSFC - TIM - 043	B	系统工程
3.3.2 发射环境	卫星暴露在诱发的发射环境中应符合要求，如飞马座用户手册所规定的内容	从力学载荷的观点看，在发射中诱发的环境是特有、极其严峻的。空间飞行器在经历了这种环境后，必须能够运行	GSFC - TIM - 021	A	系统工程
3.3.2.1 空间飞行器固有频率	空间飞行器第一模式的固有频率应大于 20 Hz	这种限制是基于运载火箭诱发的环境。空间飞行器固有频率必须大于诱发的环境频率，以免发生共振	FS - 8×030	A	系统工程
3.3.4 在轨设计寿命	空间飞行器的在轨工作寿命应设计成 5 年（上限值）、7 年（目标值）	美国森林服务局确定的最小寿命值为 5 年是技术可行的，7 年是设计目标	USFS - TR - 054	B	系统工程
3.3.8 空间环境	空间飞行器暴露空间环境以后，在倾角 55°、700 km 平均高度上，应符合美国国家航空航天局空间环境手册中规定的要求	航天器必须设计和建造成可以在预期的空间环境中运行，并能够成功完成任务	GSFC - TIM - 021	A	系统工程
3.4.1 空间环境对材料选择的影响	应详细评估轨道路径和轨道空间环境对航天器材料选择和设计的影响	了解轨道路径和轨道环境对航天器的影响（如静电、辐射、原子氧）将消除昂贵的重新设计和安装，减少由环境和航天器材料互相作用而引起的在轨故障	GSFC - STD - 1000	A	美国哥达德航天中心
3.4.6 新技术的成熟度	所有的空间飞行器技术将达到初步设计评审技术成熟度 6°这不适用于技术演示	使用新的或未经验证的技术需要有全面的验证大纲，以便将风险降低到可以接受的水平	GSFC - STD - 1000	A	美国哥达德航天中心
3.5.1 供给	项目应详细制定必需的备用零部件（包括备用的电子、电工、机电零部件）的计划，这个计划应将可利用的资源和可接受的风险相容	一个不充分的备用零部件计划会导致研制阶段零部件短缺，并对潜在的工作和改进计划产生直接的影响	GSFC - STD - 1000	B	美国哥达德航天中心
3.6.1 维护人员	空间飞行器应由 2 级工程技术人员维修，在肯尼迪航天中心 WP - 3556 技术资格手册中有规定	这是对肯尼迪航天中心人员普通级别的训练	LV - TIM - 003	C	LV
3.7 分系统要求	在下节阐述				

续表

SRD 各节	要求	基本原理	来源	优先级	主要职则办公室
3.8.1 优先顺序	当发生矛盾时，FireSAT 工程级要求应优先于系统级要求	所有的工程级要求优先	项目经理	B	项目管理
3.9.1 继承飞行硬件的鉴定	空间飞行器继承的所有飞行硬件应经充分鉴定和验证，以便适应新的应用。在鉴定中要考虑到必要的设计修改、预期环境的改变、运行使用的不同	所有的硬件，无论是否是继承使用的，都需要按预期的环境和运行使用来进行鉴定	GSFC - STD - 1000	B	美国哥达德航天中心
3.9.3 结构鉴定	结构试验证明空间飞行器飞行硬件对预期的任务环境是适应的。结构试验应按美国国家航空航天局/美国哥达德航天中心一般环境验证规范（GEVS - SE Rev A 1996）执行	结构要求的证明是任务开发过程中一个降低风险的关键活动	GSFC - STD - 1000	A	美国哥达德航天中心
3.10.1 标准样	应提供两个空间飞行器	架构分析表明需要两颗卫星的星座来执行任务	项目经理	A	项目管理

19.3.5　有代表性的问题、项和典型事件

在建立 FireSAT 的系统准备评审时，小组对项目技术方面的大部分具体细节很满意。但他们仍然要面对有关技术策划和项目成本模型的棘手问题，这些问题主要集中在系统工程管理计划的一些段落中。系统工程管理计划的困难在于项目不同组织之间的不了解，这些组织及其主要职责归纳于 3.3 节系统工程管理计划—产品集成，如表 19 - 25 所示。

表 19 - 25　组织作用和责任的初始分配[①]

组织	地点	作用和责任
美国国家航空航天局/美国哥达德航天中心	格林贝尔特，马里兰	采购航天器和有效载荷的主要政府部门
美国国家海洋和大气局	华盛顿	负责运行的主要政府部门
美国森林服务消防队	科罗拉多斯普林斯市，科罗拉多州	客户和用户
Acme 宇航公司	哈伦，洛瓦	航天器和有效载荷项目的主要承包商

①表中所列 4 个组织是从 FireSAT 利益相关方的原始列表中选出，是对项目负有最直接责任的组织。

在项目的工作分解结构中，项目组织方是直接负责的，如图 19 - 25 所示。图 19 - 26 表示有效载荷的工作分解结构。在系统要求评审中出现的系统工程管理计划问题是围绕敏感器研制工作包的问题，该问题的表述如下：

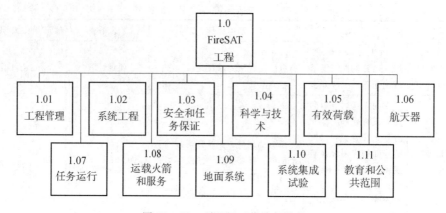

图 19 - 25　项目级工作分解结构

项目级工作分解结构包括计划要素和技术要素

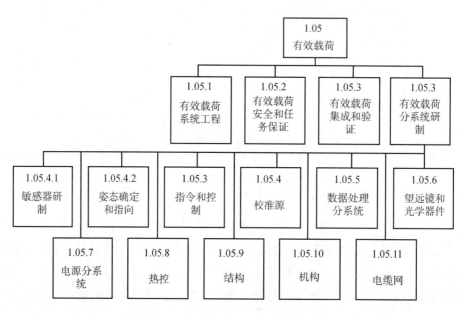

图 19 - 26　有效载荷工作分解结构

这个图表示在"有效载荷分系统研制"元素下的第 2 级有效载荷要素，

与其相关的所有的第 3 级有效载荷要素，以及第 4 级要素

· 1.05.4.1敏感器研制：此要素包括设计、研制、生产和试验所要求的设备、数据、服务和设施，并通过认证和验收，敏感器要符合所有分系统级和外部接口要求。有效载荷敏感器研制包括将分系统要求生成和分配给组件级，设计和研制原理样机及工程、鉴定和验收试验设备和设施，电缆网，飞行硬件，备件，飞行和地面软件，以及分系统试验和集成。

这个工作包已经派给主承包商，Acme 宇航公司和美国国家航空航天局/美国哥达德航天中心作为领导机关。美国国家航空航天局的项目系统总工程师与美国国家航空航天局和Acme 宇航公司的 FireSAT 小组骨干一起工作，探讨了一些现有的具有高飞行继承性的敏感器技术，他们希望硬件具有最高的技术成熟度，以降低风险。当另一个项目利益相关方，美国国家海洋和大气局，正式要求来领导敏感器工作时，这个问题才开始出现。他们正在进行一项具有几乎相同特性的敏感器的研制，用于 NPOESS 后续任务的天气设备，将这项技术用于 FireSAT，可以提高其敏感度和扫描速度，同时可以在 FireSAT 预算中显著降低有效载荷的研究和设计成本。美国国家海洋和大气局认为这是一个双赢的局面，FireSAT 项目可以改进性能、降低成本，同时 NPOESS 可以使他们的新设备降低早期风险。

美国国家航空航天局的 FireSAT 系统总工程师明白当一些事情听起来太好了，那么往往是不可信的。工作向下层部署就是要接受下级成本、进度和性能的重大风险，如果承诺的硬件没有按时交付（技术成熟度低的技术伴随高的风险）或者没有达到所承诺的高性能，项目将遭受风险。格言"更好是好的敌人"为系统工程团队所熟知，但由于一个新项目开始时经常出现的轻率和乐观（以及受到美国国家海洋和大气局、美国国家航空航天局和有关的国会议员影响），他们决定重建这个项目，以美国国家海洋和大气局提供的仪器为基线，原则是设备在初步设计评审时必须达到技术成熟度 6 或以上，他们重新定义系统工程管理计划的作用和责任，如表 19-26 所示。

表 19-26　修订后的组织作用和责任的分配①

组织	地点	作用和责任
美国国家航空航天局/ 美国哥达德航天中心	格林贝尔特，马里兰	采购航天器和有效载荷的政府部门
美国国家海洋和大气局	华盛顿	负责有效载荷研制和任务运行的政府部门
美国森林服务消防队	科罗拉多斯普林斯市，科罗拉多州	客户和用户
Acme 宇航公司	哈伦，洛瓦	航天器的主承包商，有效载荷的集成承包商

①这是基于美国国家海洋和大气局的领导有效载荷研制办公室的提议，从项目生命周期看，系统工程小组认为使用美国国家海洋和大气局设备的好处超过其风险。

认识到这个决策的潜在风险（公司的作用将为集成商，而不是有效载荷的总设计者），Acme 宇航公司募集了少量内部资金继续并行地开展敏感器的研制，虽然比之前计划的等级降低了；美国国家航空航天局工程小组对他们的决定表示支持；尽管美国国家海洋和大气局小组认为这个并行研制会分散注意力，但也不好正式表示反对。

任何一个项目，尤其是像 FireSAT 这样较小的项目，成本总是第一位的，以历史数据为基础，相似系统的成本模型和参数化成本模型相结合，可以估算 A 阶段之前和 A 阶段的项目预算。将有效载荷研制的职责分派给美国国家海洋和大气局这一决策，对项目底线有重要的影响。Aerospace 公司研制的小卫星成本模型（SSCM）[4] 用来对最初的项目成本进行估算，预测分项生命周期成本，见表 19-27。

如表 19-27 所示，有效载荷占航天器总成本的 40%，有效载荷的非重复性工程和重复性工程成本之比为 60/40，因此 FireSAT 项目通过将有效载荷的研制职责分派给美国国家海洋和大气局，可以为第一个航天器潜在地节省 24%（40% 中的 60%）的成本。总部预算监管人员希望尽快将这些可节省的成本从预算中去除，但是 FireSAT 项目经理认为美国国家海洋和大气局有效载荷是否介入要视其初步设计评审是否达到技术成熟度 6，只有项目达到这个里程碑时才可以减少预算。遗憾的是，项目经理的意见未被采纳，资金被移除，如果以后发生问题，需要一事一议地追加资金。

表 19 - 27　基于小卫星成本模型的卫星分项成本[4]①

分系统或活动	航天器平台成本的百分比	非重复性成本的百分比	重复性成本的百分比
有效载荷	40%	60.0%	40.0%
航天器平台总计	100%	60.0%	40.0%
结构	18.3%	70.0%	30.0%
热控	2.0%	50.0%	50.0%
电源	23.3%	62.0%	38.0%
遥测、跟踪和控制	12.6%	71.0%	29.0%
指令和数据处理	17.1%	71.0%	29.0%
姿态确定和控制系统	18.4%	37.0%	63.0%
推进	8.4%	50.0%	50.0%
集成、组装、试验	13.9%	0.0%	100.0%
项目等级	22.9%	50.0%	50.0%
地面支持设备	6.6%	100.0%	0.0%
发射和轨道运行支持	6.1%	0.0%	100.0%
总计	189.5%	92%	97.5%

①空间工程的成本包括远高于发射到空间的成本。

19.3.6　结论

在系统要求评审中，项目管理和系统工程小组只受到了轻微的抨击和挫伤，幸运的是，在 A 阶段之前打下的基础使项目方案顺利地转变到项目实现，这似乎是必然的，因为没有哪一个利益相关方想根本改变项目范围。以 A 阶段之前的方案为基础，任务级和系统级要求在系统要求评审时可以成为基线，为进行到 A 阶段的下一个主要里程碑——功能基线奠定坚实基础。

19.4　建立功能基线

系统要求评审是项目研制中的一个重要的里程碑，但它只是迈向终点的很长历程的第一步。在 A 阶段的第二技术基线，即功能基线，进一步定义系统设计细节，其目标是明确提出必要的系统工程和项目管理的依据，为系统转向 B 阶段初步设计作准备。在这个阶段中，我们继续分解系统的顶层要求，分解为建造基线用的系统的完整规范。

在这一方面，评审我们所了解的航天器要求，包括系统定义评审，有助于更好地了解我们在生命周期的这个阶段应如何使用系统工程流程。较为理想的是，系统定义评审的结果表示 A 阶段之前所作的设计决策合理成熟，并且成为系统要求评审建立基线要求的结果。

在 A 阶段之前，我们对总体的任务可行性进行全面了解，包括对可完成基本任务目标的航天器的概念设计的了解，这仅仅是概念设计，不是详细设计，甚至不是初步设计。在这一级，为了寻找适合一定范围的解决方案，我们必须进行很多关于设如分系统性能、质量和功率分配、接口及很多其他参数的大量假设。有些假设可以使要求成为系统要求评审的基线，从而使一些具体技术的使用成为必要，或者启动成熟的技术研制计划。A 阶段之前的研究，就其本质来说，是对项目进行全面的审视，包括几乎每个系统工程流程的某些方面，其目标是发现所有隐藏的阻碍，这些阻碍可能导致项目超出可接受的预算、进度、性能或风险范围。

随着进入了 A 阶段，我们的大部分工作是为了要求工程。传统的系统设计工作在A 阶段的这个部分不会停止（事实上，如我们将会看到的，一个完整的小型设计和分析循环已在系统要求评审之前完成），但是这些设计和分析工作的焦点在于支持要求工程。

在 A 阶段后期的系统要求评审，重点转移到用基线要求作为具体功能分析的起点，并且利用物理体系定义为 B 阶段的初步设计奠定基础。考虑系统工程的一种方式是将其分为如下 4 个领域，如图 19 - 27 所示。

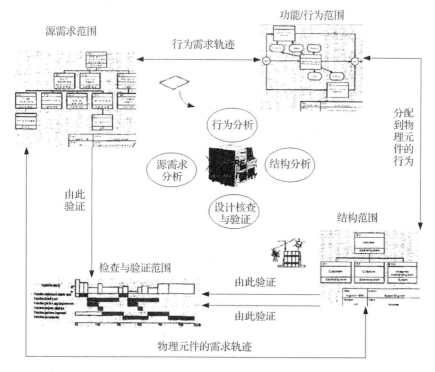

图 19 - 27　基于模型的系统工程的领域观点

尽管是分别描述的，但这 4 个系统工程领域是相互关联和重复的。摘自 Vitech 公司提供的一张图片。经允许后使用

1) 要求领域；

2) 功能领域；

3) 物理领域；

4) 验证和确认领域。

当然，所有这些领域都是高度相互关联的，但是他们的重点会在项目生命周期中发生改变。在到达系统要求评审之前，我们的焦点在系统要求领域；但是在到达系统定义评审之前，我们将注意力集中在功能领域。我们希望系统级没有不确定性，开始设计向下分解的工作。在这个阶段，我们承担主要的权衡研究，作为第二主要的设计与分析周期的一部分，进一步定义分配给具体分系统的系统功能行为。在 A 阶段的这个部分，我们：

1) 对系统到分系统级进行功能描述；

2) 定义系统软件功能要求；

3) 完成主要的权衡研究，确定最终的技术状态和功能分配；

4) 更新系统工程管理计划，强调技术开发、成熟度和评估计划；

5) 开发包括软件在内的接口控制文件；

6) 基于权衡研究结果和项目政策，更新风险评估和减轻策略；

7) 利用改进的安全分析信息更新安全和任务保证计划。

19.4.1　前提条件

为了开始功能基线的工作，项目首先必须完成成功的系统要求评审，它

1) 定义并验证了高级别系统要求；

2) 具体说明外部系统接口；

3) 为控制要求和风险建立计划；

4) 确认系统执行方法。

系统要求评审已建立了 FireSAT 系统要求的初始定义。在准备系统定义评审的过程中，我们必须随后通过功能分析和物理分解，来加深我们对这些要求的理解。

19.4.2　最终项——系统定义评审产品

在系统定义评审的最后，建立了用来设计流程必须的系统工程工具，确定了系统功能，并且分配给分系统级，我们对风险、权衡和技术开发的理解已经成熟。表 19-28 给出了系统定义评审的基本准则和成功准则。一些项目在系统定义评审之前或代替系统定义评审完成任务设计评审，可以裁减项目的两个评审中的一个或者全部，我们在这里只考虑系统定义评审，因为这两个评审之间有很多重叠。

表 19 - 28　系统定义评审进入准则和成功准则[5]①

系统定义评审	
进入准则	成功准则
1. 完成系统要求评审，并对行动和评审项差异的所有要求做出响应 2. 技术组、项目管理人员、评审主席同意初步系统定义评审议程、成功准则、委员会职 3. 可以预先让相关参与者获得下面列出的系统定义评审技术产品 　　a. 系统体系 　　b. 优先选用的系统解决方案的定义，包括主要权衡和选择 　　c. 按要求更新的基线文件 　　d. 初步的功能基线（含支持权衡的分析和数据） 　　e. 初步的系统软件功能要求 　　f. 系统工程管理计划的改变（如果有） 　　g. 更新的风险管理计划 　　h. 更新的风险评估和减轻（包括适用的概率风险分析） 　　i. 更新的技术研发、成熟度和评估计划 　　j. 更新的成本和进度数据 　　k. 更新的后勤文件 　　l. 更新的人员等级计划（如果适用） 　　m. 软件测试计划 　　n. 软件要求文件 　　o. 接口要求文件（包括软件） 　　p. 技术资源利用评估和裕度 　　q. 更新的安全和任务保证计划 　　r. 更新的初步的安全分析	1. 定义了包括任务成功准则和一些赞助者施加的限制在内的系统要求，该要求成为提出的方案设计的基础 2. 分配了所有的技术要求，并且到分系统的流程是充足的。要求、设计方法和方案设计将实现与可利用的资源（成本、进度、质量、功率）相符的任务要求 3. 要求流程是好的，并且可以为研制活动继续按时确定和履行细节要求 4. 技术方法是可信的，并对确定要求做出响应 5. 技术计划已经按需要更新 6. 权衡已完成，并且 B 阶段的权衡计划有充分的可选空间 7. 重要的研制、任务和安全风险已确定，并进行了技术评估，我们有方法和资源进行风险管理 8. 我们已经对任何使能新技术的发展做好了计划 9. 运行方案与提出的设计方案一致，并符合任务要求

①在生命周期的这个部分功能领域受到特别关注。

19.4.3　系统定义评审产品

我们现在把这些准则转化成明确的可交付的产品，见表 19 - 29。表中所确定的新产品表明，经过系统体系进一步开发和将功能基线向分系统级扩展，已经符合很多已有的标准，表 19 - 30 列出了这些文件的内容。随着我们对这些产品的开发，新的信息引发了系统工程管理计划，技术开发、成熟度和评估计划，风险评估和减缓计划等的更新。

表 19 - 29　系统定义评审成功准则的支持文件①

系统定义评审成功准则	支持文件
1. 定义了包括任务成功准则和一些赞助者施加的限制在内的系统要求，该要求成为提出的方案设计的基础	• 系统要求文件 • 系统设计研究报告
2. 分配了所有的技术要求，并且到分系统的流程是充足的。要求、设计方法和方案设计将实现与可利用的资源（成本、进度、质量、功率）相符的任务要求	• 系统设计研究报告 • 任务和系统级要求文件

续表

系统定义评审成功准则	支持文件
3. 要求流程是好的，并且可以为研制活动继续按时确定和履行细节要求	· 更新的系统工程管理计划 · 软件管理计划
4. 技术方法是可信的，并对确定要求做出响应	· 系统设计报告 · 更新的系统工程管理计划 · 软件管理计划
5. 技术计划已经按需要更新	· 更新的系统工程管理计划
6. 权衡已完成，并且B阶段的权衡计划有充分的可选空间	· 系统设计研究报告 · 更新的系统工程管理计划（包括设计和分析周期计划）
7. 重要的研制、任务和安全风险已确定，并进行了技术评估，我们有方法和资源进行风险管理	· 技术风险报告
8. 我们已经对任何使能新技术的发展做好了计划	· 更新的系统工程管理计划（包括技术研发计划）
9. 运行方案与提出的设计方案一致，并符合任务要求	· 系统设计报告 · 运行方案文件

①这个表是对表 19 - 28 第 2 列的扩展，这些文件是完成相关准则的必要文件。

表 19 - 30　主要系统定义评审支持文件的内容①

产品	内容	产品	内容
FireSAT系统设计研究报告（对包括任务体系在内的每一个适合的系统元素）（基线）	· 多方案权衡树分析，包括（对体系中的每一个系统）航天器、地面系统等 · 可选的系统方案 · 每个方案或体系的系统驱动因素的确认 · 每一种供选择方案的特性的结果 · 已确认和派生的关键要求 · 概念或体系的效用评估，包括评定准则，如成本、技术成熟度和有效性测量 · 详细功能的分析 · 提出的基线系统技术状态及功能分配	系统工程管理计划（更新）	· 系统工程工作管理的计划 · 系统工程管理计划的操作文件 · 技术总结 · 整体技术工作（包括方案生命周期支持策略、后勤、生产、操作等） · 17 个系统工程流程 · 技术嵌入 · 系统工程活动 · 工程计划集成 · 超差放行 · 附录
风险管理计划（更新）	· 初步的风险评估 · 技术和相关的风险管理、减轻策略和选择	Fire-SAT任务级和系统级系统要求文件（更新）	· 范围 · 引用的文件 · 要求 　—主要项定义 　—系统能力 　—系统特性 　—设计和建造 　—后勤 　—员工和培训 　—分系统要求 　—优先级 　—鉴定 　—标准样件 · 验证要求 · 注释 · 附录

续表

产品	内容	产品	内容
软件开发计划（基线）	见下面的讨论	运行方案文件（更新）	·运行情景 ·时效性 ·数据流图 ·组织和队伍职责 ·对一定投入的成本和复杂性驱动 ·要求和派生要求 ·技术研发计划
达到初步设计评审状态的计划	·研究和权衡排序表 ·将后续工作绘制成项目进度表 ·将填补技术空白计划绘制成项目进度表 ·要求更新和管理计划 ·待定和待解决问题解决的计划 ·系统要求评审的解决计划		

①这里将上面列出的最重要文件进一步具体化，用于 FireSAT 的示例。

19.4.4　流程的工作量级

表 19-31 列出了 A 阶段后期生产关键的可交付产品所需的 17 个系统工程流程的工作相关量级，它和系统要求评审前的主要区别是强调逻辑分解和物理解决方案活动。

表 19-31　系统定义评审中系统工程流程的工作量级①

流程	工作量级	注释
1. 利益相关方预期定义	■■■□□	利益相关方的预期是我们制定技术要求始终要考虑的因素，这作为要求验证
2. 技术要求定义	■■■■■	根据功能分析结果，我们提炼出低级别的要求
3. 逻辑分解	■■■■■	这是为系统定义评审作准备的主要焦点
4. 物理解决方案	■■■□□	因为逻辑分解已完善，功能性分配可促使物理解决方案的定义。我们完成附加的权衡研究，为系统定义评审作准备，逻辑分解引导物理解决方案设计活动
5. 产品实施	■□□□□	确定现有的资产，评估现有系统的成本收益和风险降低，这些是本阶段标准的权衡，我们必须认真研究决定长期采购项的要求
6. 产品集成	■□□□□	在逻辑分解过程中，应考虑到每个系统要素的生命周期所有阶段。我们确定利益相关方，并与他们协调保证我们了解所有的要求和接口（如存在的计划了的机构）
7. 产品验证	■■□□□	验证计划重点是为了保证：本阶段定义的要求是可测试的，其成本和进度的估计是针对这个重要阶段的。由于本阶段并没有完全规定物理解决方案，因此我们不能完全确定这个验证计划。但是有必要开始确定长期要求，比如测试设施和地面支持设备
8. 产品确认	■■□□□	在这个阶段确认策划已经完成
9. 产品转运	□□□□□	在这个阶段产品转运工作很少，主要是确定哪些产品要转运，这个过程会影响产品生命周期的成本
10. 技术策划	■■■■□	本流程必须为成功完成系统要求评审而明确定义，比如决定我们怎样完成项目的下个阶段

续表

流程	工作量级	注释
11. 要求管理	■■■□□	这些要求管理过程必须考虑充分，并准备好控制所出现的要求
12. 接口管理	■□□□□	在要求管理的过程中说明接口管理
13. 技术风险管理	■■□□□	在这个阶段，风险策划和管理保持在较高的等级
14. 技术状态管理	■□□□□	最终项控制和要求管理控制必须准备到位
15. 技术数据管理	■■□□□	工具和仓库应该与这些系统工程过程一起配备好，知道工程小组同时定义系统
16. 技术评估	■■□□□	为了支持即将到来的系统要求评审和随后的评审进行初步策划
17. 决策分析	■■■■■	严格的技术决策分析对开发 A 阶段可信的结果是至关重要的。完成所有可能确定的大量的权衡研究是不可能的，所以好的决策确定是至关重要的

①与手机信号类似，小方格为零时代表没有或者只有很低的资源要求，五个小方格代表最大程度的资源利用。资源要求只是相对一个指定的流程，两个不同的流程具有相同数量的小方格时，并不代表它们具有相同等级的资源。

19.4.5　成果

在此讨论中，系统定义评审中的相关系统就是 FireSAT 空间要素。这里我们关注一些最主要的文件，将其定义为 A 阶段即将结束时的文件：

1）航天器系统设计研究报告；

2）软件开发计划；

3）系统工程管理计划的主要章节。

（1）FireSAT 航天器系统设计研究报告

FireSAT 航天器系统设计研究报告是围绕基线系统定义来获得很多设计决策和理由的文件（其他项目或工程将部分结果划为其他技术状态控制文件）。我们将大部分航天器方案设计结果作为 A 阶段之前讨论的一部分。这里我们关注系统定义评审强调的 3 个重要结果：

1）航天器功能分析；

2）航天器物理体系（及功能分配）；

3）系统裕度分析的结果。

第 5 章中介绍了系统功能分析的不同技术，其中一种是从检查系统的输入和输出开始。

为此，我们建立了一个简单的卫星级背景图，如图 19-28 所示。

以这个背景图为背景，我们开发了基于输入和输出的功能体系，如图 19-29 所示。这种层次观点是一个很好的开始点，但是为了真实了解功能关系，我们必须按照不同的"线程"来安排通过系统的方法。例如，为了更好地了解所有重要的"911"火情通知是如何产生的，我们就要按照贯穿每一个分功能的从开始到结束线程，如图 19-30 所示。

图 19 - 28　FireSAT 空间要素背景图

基于系统的输入和输出，这个 FireSAT 空间要素的简易系统背景图是功能分析的一个开始点

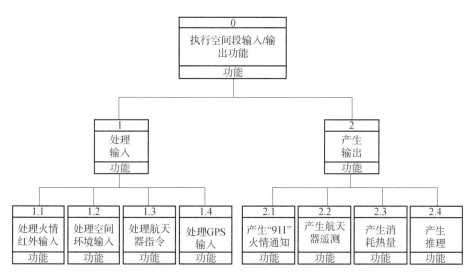

图 19 - 29　用输入和输出进行空间元素功能分解

这是从输入和输出的角度来描述 FireSAT 航天器功能体系

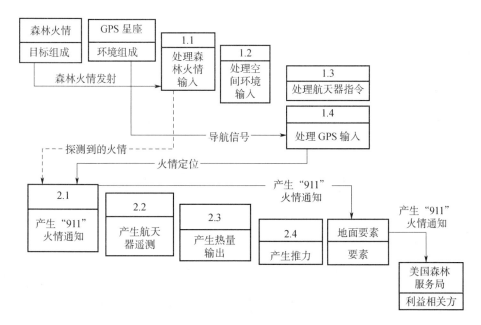

图 19 - 30　"911"火情线程的功能流程图

这个功能流程图说明组成 FireSAT 航天器的功能体系的各要素在执行"911"火情通知中的作用。对系统的全部功能线程我们都可以绘制类似的流程图。在图中，与航天器外部的连接用实线表示，其内部的连接用虚线表示

　　下面所有的线程都是首先由系统背景图确定的，并识别每个功能的所有外部和内部的
"触发因素"，然后编制增强的功能流程框图（EFFBD），如图 19 - 31 所示，这提供了对
FireSAT 航天器功能的多种不同见解。首先，它说明由输入/输出功能层次所确定的功能
之间的前后关系，各种输入功能都是平行的，输出功能也是一样。但是输入和输出功能的
发生是串行的，是空间运行回路的一部分。触发因素进出每个分功能，可以清楚地了解如
何处理输入以及重要输出是如何产生的。

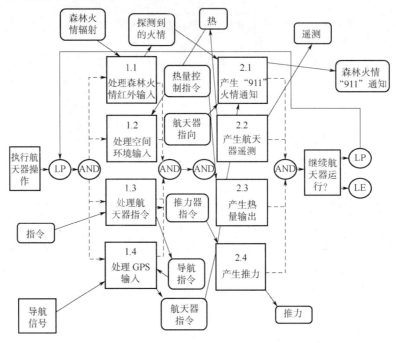

图 19 - 31　FireSAT 增强的功能流程框图
增强的功能流程框图给出了对 FireSAT 航天器功能的多种了解

　　让我们仔细看一下产生"911"消息的关键功能，这样的消息必须包括探测到的森林
火情及其发生的地点和时间，因此"911"消息应由两部分组成，探测和定位/定时。理论
上，探测应该分配给有效载荷，定位/定时应该分配给平台。进一步分解这两个功能，如
图 19 - 32 所示，我们可以看到执行每个功能所增加的复杂性。

　　当我们进一步寻求如何最好地将这些功能分配给适当的物理模块（很多功能是由软件
执行的）时，对图 19 - 32 的理解就很重要。将功能体系转向物理体系，我们可首先将航
天器从顶层分解为平台和有效载荷，如图 19 - 33 所示。

　　现在我们的目标是将功能分配给航天器物理体系。对于航天器的功能，出现逻辑上的
分工，处理森林火情红外输入，从逻辑上说是航天器有效载荷的功能；处理环境输入、指
令和 GPS 信号一般来说是航天器平台的功能；至于输出和产生"911"报警由有效载荷和
平台共同处理。通过详细地分析系统的必要功能行为，分解和分配任务，然后将这些分功
能分给系统的不同部分；通过把这些功能分到分系统，我们获得了每个分系统的工作原
理，也确定了其范围。工程师往往按推理了解空间系统的分系统，而不做功能分解，缺少

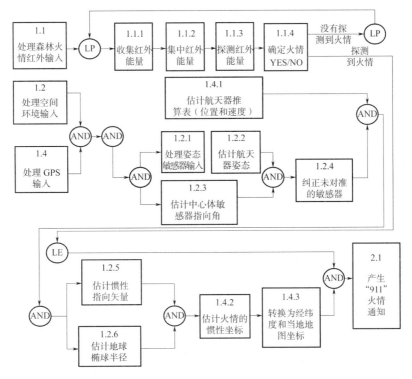

图 19 - 32　功能分解为火情探测功能和确定地理位置数据功能

探测和定位（在空间和时间上）对报警很关键

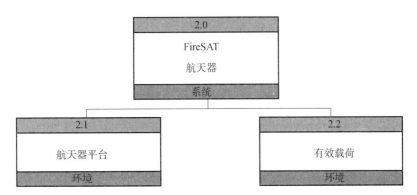

图 19 - 33　FireSAT 航天器的顶层物理体系

我们通常将航天器分为两个部分，即平台和有效载荷。有效载荷单纯执行任务功能

（比如产生任务数据），而平台处理所有的管理功能（功率、热控制等）

对功能的了解，这对软件开发的危害尤其严重。因为在系统研制的后期，用软件处理功能是必须的，如果还不能完全确定，会增加成本和进度风险。图 19 - 34 更详细地描述了 FireSAT 的物理体系。

我们通过用物理系统代替之前描述的功能系统，并且再次审视输入和输出，可以了解到功能体系到物理系统的分配，但这次是从分系统的角度来审视，如图 19 - 35 所示，这有助于我们确定分系统之间的连接，我们将严格地定义系统到系统，以及分系统到分系统

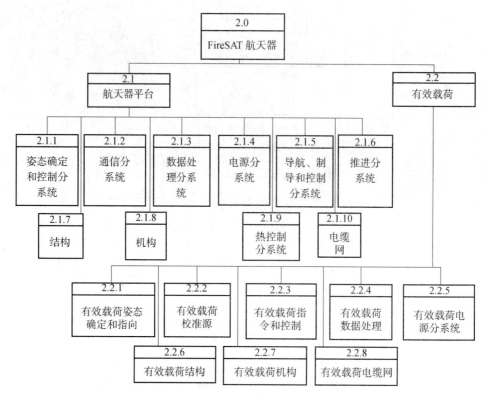

图 19 - 34　航天器物理体系、平台和有效载荷

这里是将 FireSAT 航天器分解成分系统，这些分系统组成平台和有效载荷

的接口。随着具体分析的完成，我们检查要求、功能和物理分配之间的关系，如图 19 - 36 所示，以地理定位精度要求为例。

在系统定义评审中提出的系统设计报告，最终的重要结果是关键性能参数和技术性能测量（TPM）的裕量。下面各举一例，来看如何计算和跟踪它们，以地理定位精度的关键性能参数开始。如上所述，卫星遥感定位精度为如下功能的函数：

1）卫星位置（3 轴）；

2）卫星指向（2 轴）；

3）卫星定时精度（在轨时钟的精度）；

4）地面目标的固有高度误差（地球表面的 3 维地图的精度）。

为了达到 5 km 的要求，我们对所有这些参数做一些假设，其中一些假设成为了派生要求，有一组描述每个参数误差与总地理定位误差关系的解析方程。表 19 - 32 总结了系统设计报告中部分分析结果，最好的估算表明假设每个起作用的误差源均保持在假定值或其以下的情况下，这个关键性能参数的裕度量略大于 1 km。

系统设计报告获得与技术性能测量相似的结果，如质量、功率和链接裕度。在方案设计中，采用光学仪器的参数比例法估算有效载荷的尺寸[4]，然后按类似尺寸的航天器相似的比例法，计算出航天器的质量，这里还给出了分配给每个分系统的质量和功率的估算，

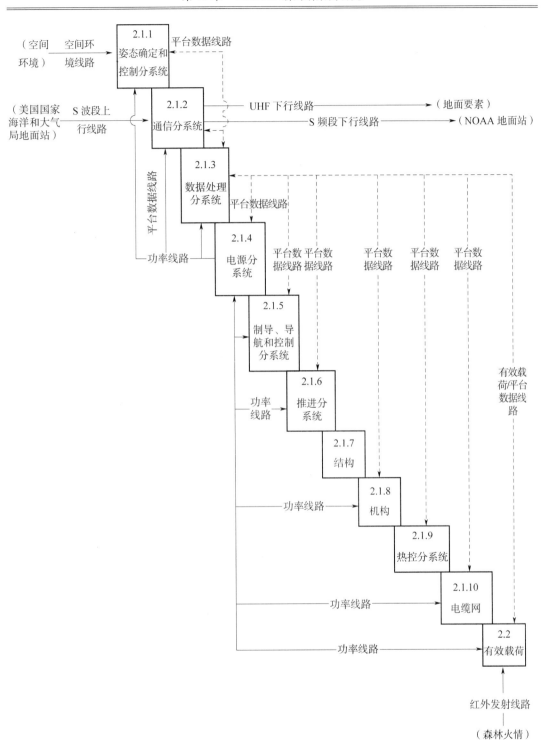

图 19 - 35　分配功能

　　此图表示组成航天器的平台和有效载荷的分系统是怎样处理输入和输出的，从而确定了功能分析，从中我们可以了解功能如何分配给物理要素。系统和外部要素之间的连接，以及内部要素之间的连接，成为各个接口严格描述的基础。图中，与航天器外部的连接用实线表示，其内部的连接用虚线表示

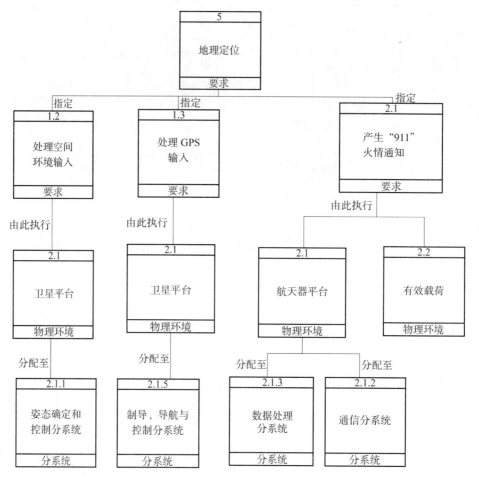

图 19 - 36　需求、功能和物理分配之间的关系

一旦确定了某种功能的物理环境，就需要将功能进一步分配给环境中指定的分系统

表 19 - 32　表明地理位置估计误差的分析计算结果①

误差源	误差预算	合成制图误差/km	合成指向误差/（°）
航天器位置误差			
纵向轨迹	0.2 km	0.18	0.007
横向轨迹	0.2 km	0.18	0.007
径向	0.1 km	0.25	0.003
定向误差			
方位角	0.06 deg	1.405	0.051
天低角	0.03 deg	2.425	0.03
其他误差			
目标高度	1 km	2.747	N/A
航天器时钟	0.5 sec	0.232	0.008
总误差（RSS）		3.947	0.061

①这些结果是在分析误差源和总地理位置误差之间关系的基础上得出的。在系统定义评审时，估计的地理位置误差并不是 4 km，假设每一个起作用的参数的误差保持在这个数值或者低于这个数值，则有略大于 1 km 的裕量。

表 19-33　FireSAT 方案设计结果①

设计输入和假设		部件和结果	质量/kg	平均功率/W
有效载荷质量	28.1 kg	有效载荷	28.1	31.6
有效载荷质量占航天器质量的百分比	20%	卫星分系统	112.5	73.8
有效载荷功率	31.6 W	ADCS	12.5	14.0
有效载荷使用的功率占航天器功率的百分比	30%	指令和数据处理	6.4	5.8
		电源	43.4	27.3
航天器质量裕量	25%	推进	5.8	4.6
航天器功率裕量	30%	结构	33.8	0
		热控	5.3	4.6
轨道速度增量预算	513 m/s	遥测、跟踪和控制	5.3	17.5
姿态控制百分比	5%	裕度	35.2	31.6
推进剂裕度	15%			
推进剂残留量	2%	航天器干质量	175.8	
推进分系统比冲	210 s	推进剂	61.3	
		轨道机动	49.8	
		姿态控制	2.5	
		裕度	7.8	
		残留量	1.2	
		航天器全部负载的质量	237.1	
		航天器平均功率		137.0

①结果包括质量、功率、推进剂裕量及为每个分系统分配的起始质量和功率。

所有计算包含 25% 的质量裕量、30% 的功率裕量和 15% 的推进剂裕量。表 19-33 总结了这些方案设计结果。

当然，这些结果并没有回答在设计循环中究竟多少裕量才足够的问题。有关裕量的问题有几个学派，美国哥达德航天中心"黄金准则"[2]提供指导原则，依据这个指导原则，A 阶段末期的资源裕量是足够的，如表 19-34 所示。

表 19-34　技术资源裕度①

资源	A 阶段之前	A 阶段	B 阶段	C 阶段	D 阶段
质量	≥30%	≥25%	≥20%	≥15%	0
功率（考虑寿命末期性能）	≥30%	≥25%	≥15%	≥15%	≥10%②
推进剂		3σ③			3σ
遥测和指令硬件信道④	≥25%	≥20%	≥15%	≥10%	0
RF 线路	3 dB	3 dB	3 dB	3 dB	3 dB

裕度（百分比）＝可利用的资源－资源的估计值/（估计的资源）×100

①所有的数据在这个阶段的最后给出[2]。

②在发射时，为任务关键、巡航和安全等模式应留有 10% 的预计功率裕量，以适应飞行中运行的不确定性。

③3σ 变化取决于如下几点：1）最坏情况下航天器质量特性；2）运载火箭的 3σ 低性能；3）推进分系统的 3σ 低性能（推力器性能、校准、推进剂裕量）；4）3σ 飞行动力误差和约束；5）推力器故障（仅适用于单故障容许系统）。

④遥测和指令硬件信道从如热敏电阻、加热器、开关、发动机等硬件中读取数据。

所有这些结果进一步改进了系统要求和派生的分系统要求,因此在系统定义评审中提出的另一个更新重要文件是系统要求文件,有些项目还有专门阐述分系统要求的独立的系统要求文件。对于 FireSAT 这样的小型系统,需要尽量减少控制文件,可将这些分配要求归入航天器级系统要求文件。表 19 - 35 列出了一些这样的额外要求。

表 19 - 35 分系统要求示例①

系统要求 文件各节	要求	基本原理	来源	优先序	主要责任机关
3.1.3.1 有效载荷定义	火情探测有效载荷组成如下:1)姿态确定与指向;2)指令和控制;3)校准源;4)数据处理分系统;5)望远镜和光学器件;6)电源分系统;7)热控;8)结构和机构;9)电缆网	这个有效载荷体系来自方案设计中功能、物理分配	FS - 10005	B	系统工程
3.1.3.2 航天器平台定义	卫星平台包括:1)姿态确定和控制分系统;2)制导、导航和控制分系统;3)通信分系统;4)数据处理分系统;5)飞行软件;6)电源分系统;7)热控;8)结构和机构;9)推进;10)电缆网	这是公认的航天器分系统体系定义,并与项目工作分解结构一致	FS - 10005	B	项目管理
3.7.1.2 姿态确定和控制分系统	姿态确定和控制分系统应确定姿态方位角 $+/-0.06°$ 之内,天底轴在 $0.03°$ 内	这个要求来自对任务级地理位置精度要求的分析。它代表分配给姿态确定和控制分系统的误差预算	FS - 3045	B	姿态确定与控制分系统

①这些示例在系统定义评审中与更新的卫星系统要求文件相关联。

在获得系统级要求的同时,团队敏锐地察觉到项目软件的挑战。下一节将讨论如何解决软件的问题。

(2) FireSAT 软件开发计划

软件开发计划、软件测试计划和软件要求文件都在 A 阶段期间成熟,此时,我们刚开始确定软件要求,软件风险、开发成本和开发时间线刚刚开始可交付,这是软件开发往往滞后于系统研制的一个原因。

对于 FireSAT 也是如此。大部分工作成果在系统要求评审后被认可,但软件开发的得分最低,项目决策主管告诫应该在系统定义评审时“应同时进行软件工作”,否则会面临严重的后果(“很多人将受到处罚”)。团队开始通过编写软件开发计划(SDP)来组织工作,使用的软件开发计划模板如表 19 - 36 所示。

表 19 - 36　软件开发计划模板①

第 1 章　范围	5.6 软件设计
第 2 章　引用的文件	5.7 软件执行和单元测试
第 3 章　要求的工作概述	5.8 单元集成和测试
第 4 章　执行一般软件开发活动计划	5.9 计算机软件配置项鉴定试验
4.1 软件开发过程	5.10 计算机软件配置项/硬件技术状态项集成和测试
4.2 软件开发的一般计划	5.11 系统鉴定测试
4.2.1 软件开发方法	5.12 软件使用准备
4.2.2 软件产品标准	5.13 软件移交准备
4.2.3 可重复使用的软件产品	5.14 软件技术状态管理
4.2.4 关键要求的处理	5.15 软件产品评估
4.2.5 计算机硬件资源利用	5.16 软件质量保证
4.2.6 基本原理记录	5.17 纠正行为
4.2.7 获得评价入口第 5 章 执行详细的软件开发活动计划	5.18 连接技术和管理评审
	5.19 其他软件开发活动
5.1 项目计划和监督	5.19.1 风险管理
5.2 建立软件开发环境	5.19.2 软件管理指示器
5.2.1 软件工程环境	5.19.3 安全和隐私
5.2.2 软件测试环境	5.19.4 分包商管理
5.2.3 软件开发库	5.19.5 与软件独立验证和确认（IV&V）机构接口
5.2.4 软件开发文档	5.19.6 与共同开发者的协调
5.2.5 不可交付的软件	5.19.7 项目流程的改进
5.3 系统要求分析	第 6 章 进度和活动网
5.4 系统设计	第 7 章 项目机构和资源
5.5 软件要求分析	

①FireSAT 小组用这个模板开始组织项目软件任务，选自参考文献［6］。

　　为了说明软件计划的重要性，先关注一项关键软件功能。从我们之前的功能分析中，我们将系统级功能"探测火情"分解为几个分功能，如图 19 - 37 所示，一个关键的分功能是"确定火情，是/否?"。

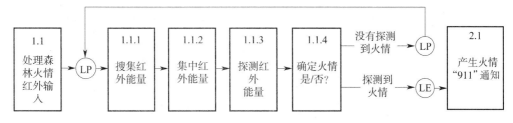

图 19 - 37　系统级"探测火情"功能的逻辑分解

这里将"探测火情"功能分解为一系列的分功能，其中分配给软件的关键的分功能是"确定火情，是/否?"

　　为了满足利益相关方对快速探测和报警的需要，工程师决定将该分功能分派给软件，但是分给哪个软件呢? 是用有效载荷软件来实现这个功能，还是将原始数据发送到平台，由平台进行分析和评估这个关键决策,确定"是/否"发生火情?早期让美国国家海洋和大气局提供独立于美国国家航空航天局和主承包商 Acme 宇航公司的有效载荷,这一纲领性决策使选择变得复杂。但是关于这个决策的任何潜在的政治争论都会被一个简单的技术局限驳倒,即为满足需求,在航天器数据线上以足够的速率传输必要的数据。因此从技术角度,较为有效的方法是在有效载荷图像处理软件中执行这个分功能。软件开发计划的 4.2.4 节中记录了这一方法——处理关键要求。

软件开发计划的 5.2.2 节提出对专门的软件测试平台的要求,使用模拟的红外影像来验证必要的数字信号处理算法,以较高可信度探测火情。5.3~5.5 节通过数据获取和分析软件设计,在有效载荷焦平面上对这一问题进行了分析。在 FireSAT 的轨道速度下,利用探测器技术在 4.2 μm 范围内获得红外灵敏度为 30~180 m,敏感器数据速率可达到 100 Mbit/s。要处理特别庞大的数据量,使许多工程师感到犹如大海捞针,畏缩不前。

幸运地是,系统工程师和软件设计师认为,与其必须重起炉灶来解决这个问题,不如采用未分类的数字信号处理算法,即美国空军防御支持计划,这个算法最初为探测来自敌方的空间导弹而开发的。有了这个合适的软件计划,系统工程师可以有信心地向软件开发计划迈进。

(3)系统工程管理计划

第 13 章和第 14 章总结了系统工程管理计划中的关键项目指南,这里我们主要关注该文件中的技术计划的内容:如何组织和管理设计与分析周期。设计与分析周期从逻辑上组织系统设计要做的技术工作,通过组织在不同地理位置的工程团队,使不同的但互相有关的工作同步进行。计划良好的设计与分析周期有助于更好地协调工具、假设和结果,用于主要设计决策和未来分析。例如,机械工程师做力学分析需要最新的耦合载荷计算和系统构型信息。在不正确的假设或错误数据基础上进行分析,浪费时间且增加成本、进度和性能风险。系统工程管理计划中包含的 FireSAT 设计与分析周期计划如表 19-37 所示,同时还有每个设计与分析周期的重点概要和各类工具。这个信息对资源策划是必不可少的,它能保证有必要的工具可用。

表 19-37　FireSAT 设计和分析周期计划①

A 阶段前	任务方案评审	A 阶段	系统要求评审	A 阶段	系统定义评审	阶段 B	初步设计评审	阶段 C
DAC 0		DAC 1.1		DAC 1.2		DAC 2.0		DAC 3.0

DAC	焦点	工具
0	·任务方案和体系权衡研究 ·要求灵敏度分析 ·任务效率	·COTS 软件工具(例如 STK,MS Office) ·简易的常规分析工具(例如 Spreadsheets,Matlab)
1.1	·详细的系统权衡研究 ·要求分析	所有上面所提及的加上 ·常规模拟和基于 COTS 工具的 CAD(例如 Simulink,Pro-E)

续表

A 阶段前	任务方案评审	A 阶段	系统要求评审	A 阶段	系统定义评审	阶段 B	初步设计评审	阶段 C
DAC 0		DAC 1.1		DAC 1.2		DAC 2.0		DAC 3.0

DAC	焦点		工具					
1.2	·功能分析 ·系统设计权衡分析 ·裕量和灵敏度分析		所有上面所提及的加上 ·COTS 系统工程和项目管理工具（例如 Core，MS project）					
2	·系统和分系统设计 ·系统和分系统分析 ·强化分析和交互行为分析		所有上面所提及的加上 ·COTS 设计和分析工具（例如 AutoCAD，Thermal Desk Top，NASTRAN）					
3	·部件和零件级别设计 ·制造分析 ·集成系统行为建模		包括所有上面所提及的 ·常规模拟 ·电路板、组件仿真程序 ·软件测试平台					

①作为在生命周期中项目的进展，设计和分析周期的综合性越来越强（COTS—商业现货；STK—成套卫星工具）。

19.4.6　具有代表性的问题、项和典型事例

在系统定义评审中，研制团队察觉项目的范围明确，具有实际的并可完成的要求，确定了项目的预算和进度。权衡研究已识别了一些风险项，并纳入监视表中，提出了减轻这些风险的措施，其中包括与美国国家海洋和大气局地面站的接口。FireSAT 系统要求之一是卫星能够与美国国家海洋和大气局地面站联系。

在将可靠性要求分配给遥测、跟踪和指令分系统同时注意降低生命周期运行成本时，系统总工程师决定航天器平台软件应包含这个主要的自主功能。然而，美国国家海洋和大气局地面站要求航天器向地面站发送下行信号之前，应得到操作者物理启动的请求，因此，FireSAT 的要求与地面站接口要求是不协调的，FireSAT 要么自主运行，要么按照美国国家海洋和大气局地面站的要求运行。

由于此事主要对美国国家海洋和大气局产生影响，所以美国国家海洋和大气局成立工作组来解决这个问题，系统硬件的开发不受影响。然而，因为外部接口会改变，这会进一步延误软件的开发。NOAA 小组也找到了在有效载荷研制中的重要分歧，因为他们把 FireSAT 有效载荷当成未来 NOAA 项目风险降低飞行的一次尝试，因此他们一致使用自己的工作分解结构、逻辑分解和软件开发计划，结果，他们的技术产品与 FireSAT 项目其他部分的技术要求不一致。有效载荷研制不能破坏某一级别载荷的功能，在这一级别上可以对软件、固件和硬件分配进行跟踪和管理，这就导致 FireSAT 分配给有效载荷的功能存在某些不确定性。

要担心的是，一旦集成开始，则需要将有效载荷与 FireSAT 接口连接的一些"粘合件"，因此，FireSAT 项目经理将这个接口作为高风险项来跟踪。为减轻该风险，加强了有效载荷与平台接口的技术状态控制工作，并规定平台团队与有效载荷团队之间必须进行每周技术对标。两个小组都不愿意增加额外的会议和报告，因为他们已经按各自的进度开展工作，但是他们认识到决策背后的原因，因此加强了他们的工作。

19.4.7　结论

小组在庆祝另一项成功评审时的兴奋情绪会导致对系统定义评审渐渐失去关注，并且系统工程师和项目经理认真思考他们都已经完成了什么，以及还有哪些工作未完成。在 A 阶段之前完成了大量工作，例如完成对各种方案的严密分析，确定了明确的技术解决方案，使项目在 A 阶段得以顺利进展，从而在 A 阶段早期工程师可以少关注重新设计，而进行更多的分析以确定或修改基本假设，从而在系统要求评审时得到有效的要求基线。在系统要求评审以后的设计与分析周期中，所进行的严格的功能分析有助于定义系统体系，并将关键功能分配给硬件和软件。随着团队为进入 B 阶段作准备，需要利用所有这些结果以及全团队的整体技能，来完成系统初步设计，进入初步设计评审。

19.5　达到设计基线

当项目开始进行 B 阶段时，所有重要参与者都已经作好准备，并且进度加快。从具体的工程观点来看，这个阶段要分析和解决所有主要的任务和系统权衡，在这个阶段之后对系统设计的重大改变会带来巨大的损失。在 B 阶段的最后，即开始后的几个月后或几年，进行初步设计评审，建立项目的设计基线，准许设计工程师开始绘制产品图纸和进行其他具体工作。（然而，一些长期提前项在初步设计评审之前就要做好关键设计，以保证它们可以按时生产，跟上计划进度。）

初步设计和具体设计的区别有时是很清楚的。为了制定一个有根据的初步设计决策，通常需要进行具体的分析，甚至要完成单独设计基线以及下至零部件级的基线。例如，FireSAT 太阳能电池阵的尺寸影响整个系统的技术状态，并且主要由组成电池阵的太阳能电池的效率决定，因此在初步设计中，电池效率的详细规范（可能是具体的电池和零件号，由有航天资质的供应商提供）需要制定基线，以便确定更多上层系统的技术状态。

19.5.1　前提条件

在 A 阶段之前我们确定了任务的主要特性。完成了 A 阶段的系统要求评审和系统定义评审后，项目有一条功能基线——规定系统如何表现和一条系统基线——描述体系和体系要素之间的接口。在 B 阶段，我们进一步定义系统每个要素的特性，并且至少在一个级别之下，使设计师能够开始进行内部接口和相关分析。

19.5.2　最终项——初步设计评审产品

初步设计评审进入和成功准则如表 19 - 38 所示，现在我们将这些标准转化成为实际的可交付的产品，如表 19 - 39 所示。这个表中确定的新产品表明，现有的很多标准都适用于系统体系的进一步研制和分系统级功能基线的扩展。随着这些产品的开发，新的信息会引发系统工程管理计划的更新，技术开发、成熟度和评估计划，风险评估和减缓计划等，这些文件的具体内容如表 19 - 40 所示。

表 19 - 38　初步设计评审进入准则和成功准则

初步设计评审

进入准则	成功准则
1. 项目已成功地完成了系统定义评审、系统要求评审或任务定义评审，并对所有请求行动和评审项差异做出反应，或者对那些剩余的未解决项采取及时的终止计划	1. 包括任务成功准则、技术执行方法、赞助者提出的限制要求已经统一意见、最终确定、清楚表述，并与初始设计一致
2. 初步的初步设计评审议程、成功准则和职责委员会在初步设计评审之前已经得到技术组、项目经理和评审主席的同意	2. 可验证的要求流程是完整、适合的，如果不是，我们有一个适当的计划对未解决采取及时的解决方案。这些要求可以追踪任务的目标和目的
3. 下面所列的初步设计评审技术产品，包括硬件和软件系统要素都已在评审前准备好，可供参与者查阅	3. 初步的设计期望可以满足可接受的风险等级方面的要求
a. 已更新的基线文件，如要求	4. 技术接口定义与整体的技术成熟度保持一致，并且提供可接受的风险
b. 对每一个技术状态项的初步的分系统设计详细说明，以及支持权衡的分析和数据（如需要）。初步的软件设计详细说明，包括对软件体系完整的定义和初步的数据库设计描述（如引用）	5. 对技术执行方法我们设计有足够的技术裕量
c. 更新的技术开发完成评估计划	6. 所有要求的新技术已开发到具有相当的成熟度，或者有可行的备份选择
d. 更新的风险评估和风险减缓	7. 项目风险已了解并引进了可信的评估，我们有计划、方法和资源来有效地对其进行管理
e. 更新的成本和进度数据	
f. 更新的后勤文件（如要求）	8. 安全和任务保证（例如安全、可靠性、可维护性、质量和电子、电工、机电零部件）已在初步设计中充分研究；所有可用的安全和任务保证产品（例如概率风险分析、系统安全分析、故障模式和影响分析）都已批准
g. 应用技术文件（例如技术执行度量计划、污染控制计划、零部件管理计划、环境控制计划、电磁干扰/电磁兼容性控制计划、有效载荷运载器集成计划、可生产性/可制造性程序计划、可靠性程序计划、质量保证计划）	
h. 引用标准	9. 运行方案在技术上是合理的，包括（如需要）人员因素，还包括对运行方案执行的流程要求
i. 安全分析和计划	
j. 工程图纸树	
k. 接口控制文件	
l. 验证和确认计划	
m. 法规要求的计划（例如环境影响说明），如要求	
n. 处置计划	
o. 技术资源利用评估和裕量	
p. 系统级安全分析	
q. 初步的有限寿命项列表（LLIL）	

表 19 - 39　对初步设计评审成功准则的支持文件

初步设计评审成功准则	支持文件
1. 包括任务成功准则、技术执行方法、赞助者提出的限制要求已经统一意见、最终确定、清楚表述，并与初始设计一致	• 系统设计研究报告 • 系统要求文件 • 技术执行措施计划和报告
2. 可验证的要求流程是完整、适合的，如果不是，我们有一个适当的计划对未解决项采取及时的解决方案。这些要求可以追踪任务的目标和目的	• 系统要求文件（包括硬件、软件和地面支持设备）
3. 初步的设计期望可以满足可接受的风险等级方面的要求	• 系统设计报告 • 软件开发计划 • 图纸树 • 顶级发布的图纸
4. 技术接口定义与整体的技术成熟度保持一致，并且提供可接受的风险	• 接口要求文件 • 接口控制文件草案
5. 对技术执行方法我们设计有足够的技术裕量	• 系统设计报告

续表

初步设计评审成功准则	支持文件
6. 所有要求的新技术已开发到具有相当的成熟度，或者有可行的备份选择	· 更新的系统工程管理计划（包括技术开发计划）
7. 项目风险已了解并引进了可信的评估，我们有计划、方法和资源来有效地对其进行管理	· 系统设计报告 · 工程风险计划和风险报告
8. 安全和任务保证（例如安全、可靠性、可维护性、质量和电子、电工、机电零部件）已在初步设计中充分研究；所有可用的安全和任务保证产品（例如概率风险分析、系统安全分析、故障模式和影响分析）都已经批准	· 可靠性、可维护性和可支持性计划 · 安全和任务保证计划
9. 运行方案在技术上是合理的，包括（如需要）人员因素，还包括对运行方案执行的流程要求	· 运行方案文件

表 19-40　主要的初步设计评审支持文件的内容

产品	内容	产品	内容
FireSAT 系统设计研究报告（包括任务体系内部的每一个系统要素，如合适的）（更新）	· 对任务体系内每个系统的多方案权衡树分析（例如航天器、地面系统等） · 供选的系统方案 · 对每一个方案或体系的系统驱动因素的确定 · 每个供选方案特性的结果 · 被确定或派生的关键要求 · 方案或体系效用的评估，包括成本、技术成熟度、有效性的测量等的评估标准 · 详细的功能分析 · 提出的基线系统技术状态和功能分配	系统工程管理计划（更新）	· 系统工程工作的管理计划 · 推动系统工程管理计划的文件 · 技术概要 · 整体技术工作（包括概念生命周期支持策略、后勤、制造、操作等） · 17 个系统工程过程 · 技术嵌入 · 系统工程活动 · 工程计划集成 · 超差放行 · 附录
航天器-运载火箭、航天器-地面系统、航天器-地面支持设备的接口控制文件（基线）	详见下述讨论	FireSAT 任务级和系统级的系统要求文件（更新）	· 范围 · 引用文件 · 要求 　—主要项定义 　—系统能力 　—系统特性 　—设计和体系 　—后勤 　—人员及培训 　—分系统要求 　—优先序 　—鉴定 　—标准样件 · 验证要求 · 注释和附录
软件开发计划（更新）	· 详见前面章节的讨论	工程图纸树和发布的图纸	· 详见下述讨论
完成关键设计评审准备的计划	· 研究和权衡的等级顺序列表 · 将待研工作绘制成计划进度表 · 将技术缺口终止计划绘制成计划进度表 · 要求更新和管理计划 · 待定/待解决的解决计划 · 初步设计评审问题解决计划		

19.5.3　流程的工作量级

表 19 - 41 列出了在 B 阶段生产可交付产品所需的 17 个系统工程流程的各个工作的相关量级。这和系统定义评审之前的区别在于关注要求管理和类似活动。

表 19 - 41　为初步设计评审做准备的系统工程流程的工作量级[①]

流程	工作量级	注释
1. 利益相关方预期定义	■■■□□	在技术要求中应该充分反映利益相关方的期望。由于低级别权衡的出现，需要更多的磋商
2. 技术要求定义	■■■■■	根据初步设计和分析结果，我们提炼较低级别的要求
3. 逻辑分解	■■■■■	在支持初步设计和分析中继续保持重要性
4. 物理解决方案	■■■□□	在初步设计过程中，物理解决方案的最终形式开始形成
5. 产品实现	■□□□□	在这个阶段，确定的已有的资产，对已有系统成本效益和风险降低的评估都是标准的，我们也计划了必要的提前采购的项目
6. 产品集成	■■□□□	作为部分的逻辑分解过程，我们考虑每个系统要素的所有的生命周期阶段。我们确定利益相关方并与利益相关方配合，以保证获得所有的要求和接口（如对现有的或计划的设施）
7. 产品验证	■□□□□	作为设计中的权衡，验证策划上升到略高的级别
8. 产品确认	■■□□□	作为设计中的权衡，确认策划继续在一个低级别上进行
9. 产品转运	■□□□□	这个过程中的工作是最少的，主要是确定哪些产品要转运，以及它们对生命周期成本的影响
10. 技术策划	■■■■□	为了完成初步设计评审，这些过程必须要充分定义，因为它们决定了项目在下一阶段如何执行
11. 要求管理	■■■■■	要求管理流程必须确定、安排到位，以控制一些要求的发展和扩展
12. 接口管理	■■■□□	我们在要求管理的过程中说明接口管理
13. 技术风险管理	■■■□□	风险策划和管理保持在一个较高的等级
14. 体系管理	■■■■□	最终项的控制和需求管理控制，必须安排到位
15. 技术数据管理	■■■□□	工具和数据库必须与这些过程仪器配备好，指导工程小组同时定义系统
16. 技术评估	■■■■□	支持即将到来的初步设计评审和随后评审的策划必须开始进行
17. 决策分析	■■■□□	严格的技术决策分析是研发的可信的 B 阶段结果的关键。完成所有的我们确定的权衡研究是不可能的，好的决策分析可以确定其中最关键的

①与手机信号类似，小方格为零时代表没有或者只有很低的资源要求，五个小方格代表最大程度的资源利用。资源要求只是相对一个指定的流程；两个不同的流程具有相同数量的小方格时，并不代表它们具有相同等级的资源。

19.5.4　成果

在 B 阶段中，FireSAT 项目工程师完成第一个主要的设计与分析周期，集中精力关注分系统设计和交互的系统行为。在 A 阶段之前和 A 阶段时的设计与分析周期实际上是方案性的，分析的级别常以粗略的假设为特点，一阶分析模型就是规则本身。在 B 阶段中，我们开始认真修改这些假设，因为二阶分析模型和方法开始揭示初始设计选择时未曾料到的成果和后果。为了深入了解，在本节我们重点展示：

1）系统设计报告；

2）技术状态管理计划；

3）工程图纸；

4）航天器和运载火箭之间的接口要求文件。

（1）FireSAT 航天器系统设计报告

对于 FireSAT 航天器，项目继续依赖系统设计报告，因为很多设计决策来自初步设计评审。看一下在 B 阶段成熟的两项成果——系统技术状态（它还可以分解成一个单独的系统技术状态文件）和内部接口。航天器系统体系是在系统定义评审时定义的，如图 19－38所示。

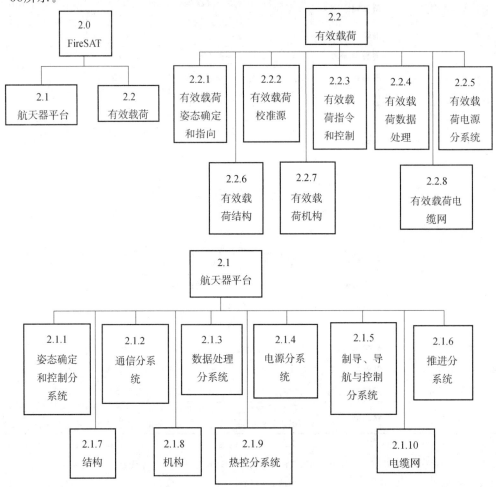

图 19－38　FireSAT 航天器体系

这个体系产生于系统定义评审，在 B 阶段进行了进一步提炼和定义

框图和表并不是了解系统的好方法。因此，在 B 阶段中（或者很可能，回到阶段 A 前期来获得每个人的关注，并集中他们的想法），我们将这个图表的基本内容进行扩展来研发外部和内部的构型方案。航天器两种外部构型——收拢和展开，如图 19－39 所示。

为了了解内部构型，我们必须将组成航天器主要部件的设备列表。在初步设计中已经确定、设计（或设计为现货）了这些部件并描述了它们的特性（如质量、功率、规格）。最终的 FireSAT 航天器设备表及部件质量如表 19－42 所示。

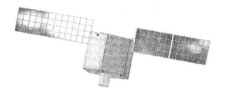

（a）展开构型　　　　　　（b）收拢构型

图 19 - 39　FireSAT 航天器的两种外部构型

这个方案性图纸补充了图表的不足，这使每一个项目参与者获得最终系统的印象

表 19 - 42　FireSAT 航天器设备列表[①]

项	数量	质量/kg	项	数量	质量/kg
有效载荷	1	28.1	**推进**		44.14
平台			推进电子设备	1	1.00
姿态确定与控制系统＋制导、导航与控制系统		9.74	推进剂容器	1	20.00
姿态确定与控制系统控制电子设备	1	2.00	压力容器（含气体）	1	10.00
反作用轮	4	0.79	轨道控制发动机	1	1.00
磁力矩器	3	1.50	反作用控制发动机	6	3.00
太阳敏感器	1	0.60	氦供给和排气阀	1	0.25
地球敏感器	1	2.75	氦控制器	1	1.00
磁力计	1	0.85	氦容器隔离阀	2	1.00
GPS 接收器	1	1.00	氮氧化物供给和排泄阀	1	0.50
GPS 天线	1	0.25	氮氧化物容器隔离阀	2	1.00
EPS			管路和装置（管路外径 6.35 mm 的线）	1	5.39
蓄电池组（24 个单体电池）	1	9.31	**结构和机构**		33.37
电源控制单元	1	5.96	主结构	1	18.87
调节器和转换器	1	7.45	次结构	很多	3.50
电源系统电缆网	1	7.03	运载火箭适配器	1	5.00
太阳电池阵	2	11.93	分离系统	1	2.00
通信		3.26	太阳阵驱动组件	2	4.00
接收机	1	1.00	**热控制**		3.90
接收天线	1	0.08	涂层和隔热层	很多	3.90
发射机（含高率天线）	1	2.10			
传输天线	1	0.08	**净质量（含裕量）**		168.89
指令和数据处理			**推进剂质量**		66.21
主飞行计算机	1	2.35			
数据线	1	2.35	**总质量**		235.10

①表列出部件的质量，由此可得到分系统的质量，从而得出系统的质量。

一旦我们知道了内部都有什么，我们就需要设计内部的技术构型。这是一项既具有创造性又有分析性的活动，因为可量化的要求（部件 A 连接到部件 B）和"特性"要求（如可维护性）都需要满足条件。"特性"是很难量化的，但很容易确定什么时候出现问题。

《航天器结构和机构》[7]一书给出了实现最佳航天器技术构型的指导方针。FireSAT 内部技术构型的设计要具有整体思路（稍后详解），如图 19 - 40 所示。

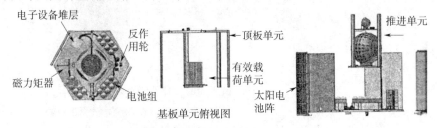

图 19 - 40　FireSAT 航天器内部构型航天器内部是塞满的！在部署分系统和部件时我们要记住接口

随着对内部构型理解的加深，初步设计工作重点在于各部分是如何相互作用的。以第 5 章中所述的物理框图着手，如图 19 - 41 所示，这个图有助于我们关注分系统间的物理接口、系统和外部的物理接口。

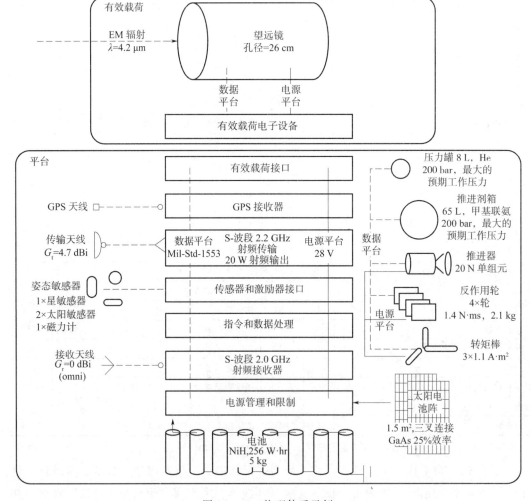

图 19 - 41　物理体系示例

像这样一个物理体系示例能够提供对系统结构、性能和接口的很多有意义的见解

另一个用来获取和定义这些互相作用的有效工具是第 15 章中描述的 $I \times I$ 矩阵。图 19-42给出 FireSAT 航天器的 $I \times I$ 矩阵，这个矩阵是顺时针显示，即从分系统中顺时针产生项进入对角线上相关分系统。

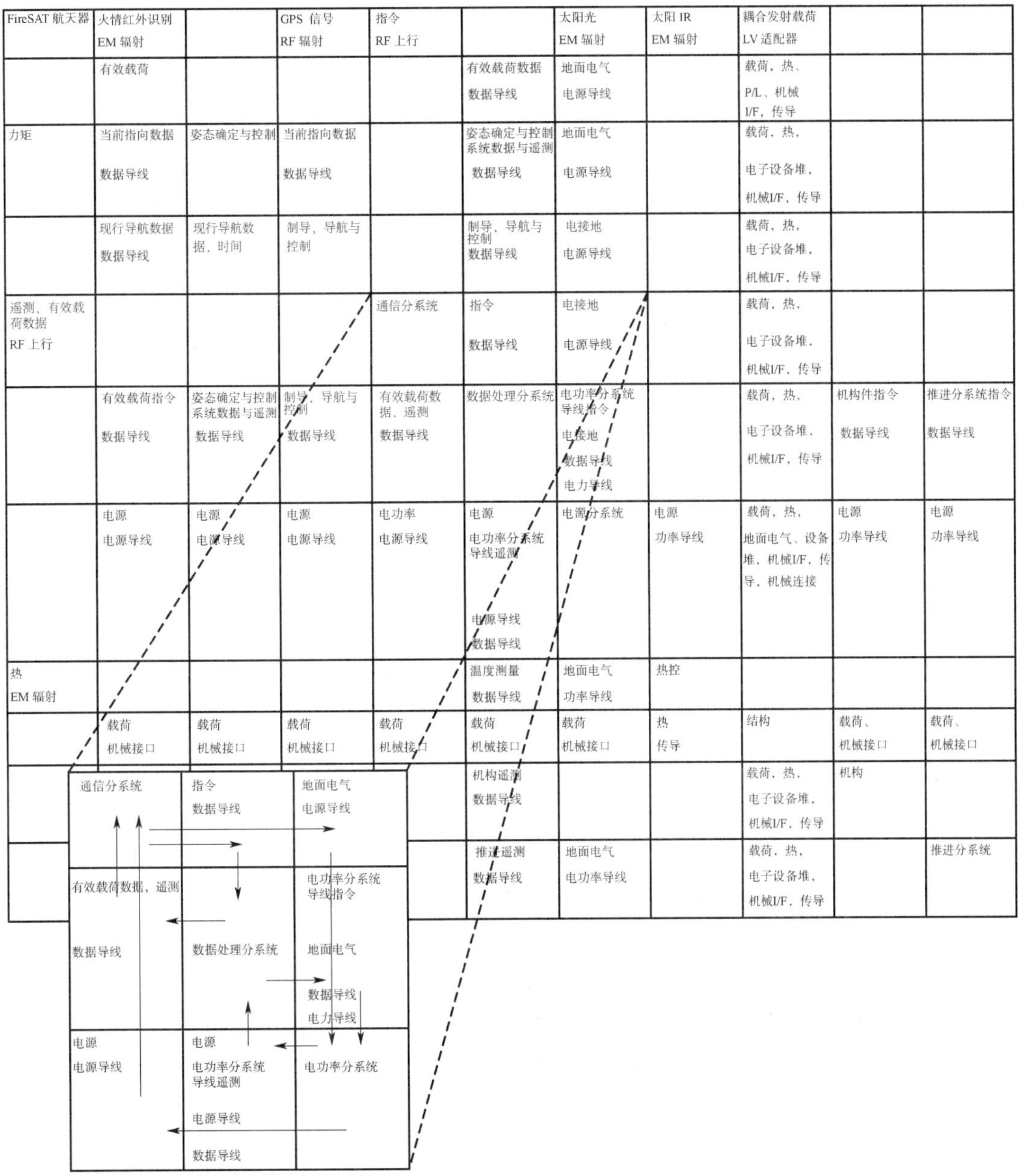

FireSAT 航天器	火情红外识别 EM辐射		GPS 信号 RF辐射	指令 RF上行		太阳光 EM辐射	太阳 IR EM辐射	耦合发射载荷 LV适配器		
	有效载荷					有效载荷数据 数据导线	地面电气 电源导线		载荷、热、P/L、机械I/F、传导	
力矩	当前指向数据 数据导线	姿态确定与控制	当前指向数据 数据导线			姿态确定与控制系统数据与遥测 数据导线	地面电气 电源导线		载荷、热、电子设备堆、机械I/F、传导	
	现行导航数据 数据导线	现行导航数据、时间	制导、导航与控制			制导、导航与控制 数据导线	电接地 电源导线		载荷、热、电子设备堆、机械I/F、传导	
遥测、有效载荷数据 RF上行				通信分系统	指令 数据导线	电接地 电源导线		载荷、热、电子设备堆、机械I/F、传导		
	有效载荷指令 数据导线	姿态确定与控制系统数据与遥测 数据导线	制导、导航与控制 数据导线	有效载荷数据、遥测 数据导线	数据处理分系统	电功率分系统导线电接地 数据导线 电力导线		载荷、热、电子设备堆、机械I/F、传导	机构件指令 数据导线	推进分系统指令 数据导线
	电源 电源导线	电源 电源导线	电源 电源导线	电功率 电源导线	电源 电功率分系统导线遥测 电源导线 数据导线	电功率分系统	电源 功率导线	载荷、热、地面电气、设备堆、机械I/F、传导、机械连接	电源 功率导线	电源 功率导线
热 EM辐射					温度测量 数据导线	地面电气 功率导线	热控			
	载荷 机械接口	载荷 机械接口	载荷 机械接口	载荷 机械接口	载荷 机械接口	载荷 机械接口	热 传导	结构	载荷、机械接口	载荷、机械接口
						机构遥测 数据导线			载荷、热、电子设备堆、机械I/F、传导	机构
						推进遥测 数据导线	地面电气 功率导线		载荷、热、电子设备堆、机械I/F、传导	推进分系统

放大视图（局部）：

通信分系统	指令 数据导线	地面电气 电源导线
有效载荷数据、遥测 数据导线	电功率分系统导线指令 数据导线	数据处理分系统 地面电气 数据导线 电力导线
电源 电源导线	电源 电功率分系统导线遥测 电源导线 数据导线	电功率分系统

图 19-42　FireSAT 航天器 $I \times I$ 矩阵。

像这样的矩阵以简洁的形式表现很多互相作用的信息

（2）技术状态管理计划

了解系统的技术状态可以使我们制定系统技术状态管理计划，我们从逻辑上将系统分成可管理的硬件技术状态项。图 19-43 概述了航天器如何划分为 6 个主要舱段（组件），以及我们如何将基板组件再分成 3 个硬件技术状态项。由于不同的硬件技术状态项来自不同的供应商，并且全部由总承包商提供，这使技术状态和接口管理变得很容易。技术状态定义包括设备表和技术状态管理计划，有助于跟踪关键技术性能度量（TPM），例如质量特性。

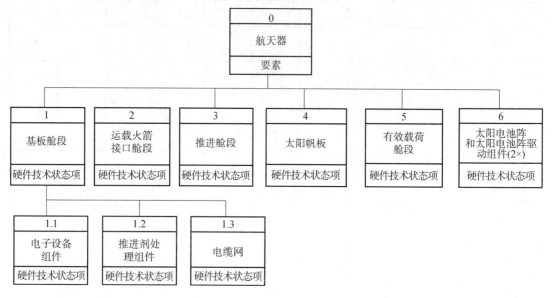

图 19 - 43　　FireSAT 航天器硬件技术状态项

在技术状态管理计划中分解硬件技术状态项，可以帮助项目总承包商与技术状态项经销商协调

（3）工程图纸

"不能够绘制，就不能制造"在车间中广为流传。关键设计的目的是完整地描述系统的细节，可以通过制造、重复使用或购买来获得其所有的组成，所有这些硬件最终项均以图纸或电子线路图表表示。绘制这些图纸的工作量很大，在初步设计阶段就已经开始进行了。

在计划工程图纸任务时，第一步要通过建立图纸树来规定问题的范围。图纸树可以表示所有这些相关系统图纸的层次关系，并规定图纸的编号方法。一种描述图样树结构的有效的方法是，以技术状态控制流程（下一节会讨论如何将其用于集成）中定义的硬件技术状态项开始。图 19 - 44 描述了 FireSAT 航天器图纸树。

计划图纸的完成情况可以作为整体设计完成情况的重要度量，因为签署并发布的图纸的百分比代表完成设计所需的全部工作的挣值。首先，顶层图纸以计划和设计为目的，在 B 阶段制作并发布。图 19 - 45 表示收拢状态下的图纸。此时，我们也可以开始制图，尤其是长期项的接口控制图纸，如太阳电池阵。一般来说，项目计划约 40％的图纸，大部分是顶层和接口图纸，在 PDR 之前完成。

（4）航天器与运载火箭之间的接口要求文件

之前对初步设计结果的讨论主要考虑航天器的技术状态和内部接口，但这无疑不是 B 阶段中唯一关注的焦点。在初步设计评审时，或更好在这之前，我们也对航天器和外部之间的关键接口制定基线，这些接口由接口要求文件定义。一个很好的例子就是航天器和运载火箭之间的接口要求文件。表 19 - 43 示出了这个接口要求文件的内容。这个长长的例子给出了大量接口细节，包括静态和运行的，这些都必须由初步设计评审制定基线，这样就对空间系统工程流程带来麻烦：外部接口的要求可能影响我们设计决策的顺序和速度；或者，设计决策本由我们定，但实际上却被选定的外部接口所左右，如运载火箭的选择。

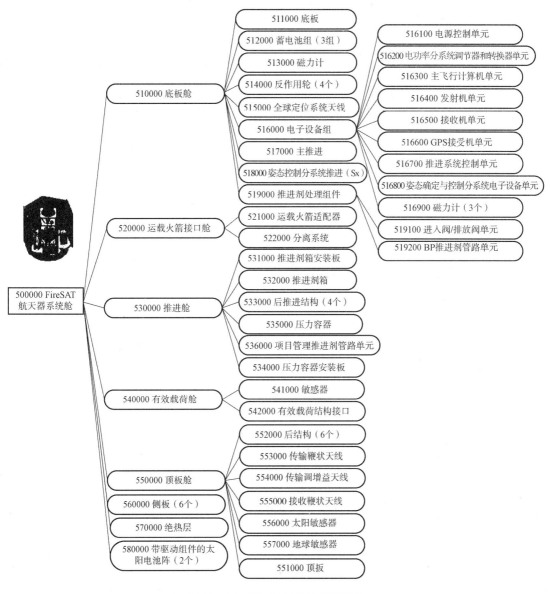

图 19 - 44　FireSAT 航天器图纸树

在 FireSAT 中，我们根据图 19 - 43 所示的硬件技术状态项的图，对图纸进行分类，并确定整个系统的总体图纸编号策略

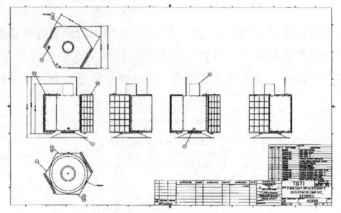

图 19 - 45　FireSAT 航天器收拢技术状态图纸

这是一个顶层图纸，但比方案图更详细，例如，它给出了一些卫星的尺寸

表 19 - 43　FireSAT 运载火箭的接口要求文件内容[①]

缩略语	3.2.4.5 热与姿态限制	3.3.3.1 在运载火箭电缆网连接器插针的分配
1.0 范围	3.2.4.6 航天器对任务参数的其他限制	3.3.3.2 FireSAT 电缆网特性
1.1 标识	3.2.5 轨道和航天器分离要求	3.3.3.3 连接要求
1.2 文件概述	3.2.5.1 特殊轨道要求	3.3.3.4 航天器蓄电池和蓄电池的极性
1.3 接口验证	3.2.5.1.1 遥测操作	3.3.3.5 航天器分离特性
2.0 参考文件	3.2.5.1.2 自由分子加热抑制	3.3.3.6 外部信号要求
3.0 要求	3.2.5.1.3 航天器分离要求	3.3.3.7 航天器分离由运载火箭检测
3.1 航天器技术状态	3.2.5.1.4 位置	3.3.3.8 对地面电支持设备的连接器插针分配
3.1.1 航天器描述/任务目标	3.2.5.1.5 姿态	3.4 航天器装卸和处理
3.1.2 标准协作系统	3.2.5.1.6 顺序和计时	3.4.4 安全
3.1.3 航天器质量特性	3.2.5.1.7 避免污染和碰撞的机动	3.4.4.1 有效载荷处理设备安全
3.1.4 航天器有危险的系统	3.2.6 发射和飞行操作要求	3.4.4.2 运输安全
3.1.4.1 推进系统	3.2.6.1 操作——发射前	3.4.4.3 发射台安全
3.1.4.2 射频系统	3.2.6.1.1 航天器地面站接口要求	3.4.5 特别处理要求
3.1.4.3 航天器电池组	3.2.6.1.2 发射倒记时	3.4.6 提供的设备和设施
3.1.4.4 电爆装置	3.2.6.2 操作——通过航天器分离来	3.4.6.1 有效载荷处理设施
3.1.4.5 可展开系统	发射	3.4.6.1.1 设施操作培训
3.1.4.6 航天器分离前的工作系统	3.2.6.2.1 航天器上行链路和下行链	3.4.6.1.2 设施要求
3.1.4.7 其他危险的系统	路要求	3.4.6.1.3 起重机要求
3.1.5 航天器容积	3.2.6.2.2 运载火箭跟踪站	3.4.6.1.4 电性要求
3.1.5.1 航天器通风	3.2.6.3 操作——航天器分离后	3.4.6.1.5 集成活动
3.1.5.2 非通风容积	3.2.6.3.1 航天器跟踪站	3.4.6.2 发射台
3.2 任务参数	3.2.6.3.2 航天器获得援助要求	3.4.6.2.1 发射台操作培训
3.2.1 任务描述	3.4.1 环境要求	3.4.6.2.2 发射板设施要求
3.2.2 轨道特性	3.4.2 航天器气流和清除	3.4.6.2.3 发射台电要求
3.2.2.1 其他轨道要求	3.4.3 污染/清洁要求	3.4.6.2.4 发射台活动
3.2.3 发射日期和时间	3.3 航天器接口要求	3.4.7 发射场安全控制台接口
3.2.3.1 发射窗口	3.3.1 职责	3.4.8 其他航天器测试
3.2.3.2 不可发射的日期	3.3.2 机械接口	4.0 验证
3.2.4 航天器对任务参数的限制	3.3.2.1 航天器凸起物	4.1 验证方法
3.2.4.1 太阳角限制	3.3.2.1.1 流线体外壳凸起物	4.1.1 测试
3.2.4.2 阴影区	3.3.2.1.2 运载火箭—航天器接口平	4.1.2 分析
3.2.4.3 升交点	面凸起物	4.1.3 检查
3.2.4.4 遥测限制	3.3.2.2 分离系统	4.2 验证矩阵
	3.3.3 电接口要求	

①（摘自《FalcomSAT - 3 已发展的一次性运载火箭辅助有效载荷适配器接口要求》文件，由美国空军研究院空间
　系统研究中心提供）这只是众多 FireSAT 项目接口要求文件中的一个。

较早地面对这些设计决策会在一定程度上破坏进度安排，但从长远角度看，最好是尽早建立这些接口及其相关的设计结果，当然，接口要求文件需要定义的要求应该有序地进行。在 A 阶段中应该将接口要求文件的草案与系统要求评审中的初始分配要求放在一起。了解接口要求文件需要哪类数据，有助于指导 B 阶段的设计与分析周期的策划。例如，质量特性和有限元模型是作为一部分接口要求文件的可交付的数据包。

这些分析和必要工具应尽早纳入设计与分析周期计划，其他接口问题，如连接器规定和蓄电池充电电压特性，都需要在 B 阶段或更早作出明确、具体的设计决策。

19.5.5　有代表性的问题、项和典型事例

我们回顾 A 阶段之前，项目经理决定将 FireSAT 有效载荷的研制转交给美国国家海洋和大气局，该转交为项目预算节省了可观的资金，因为使用了美国国家海洋和大气局为另一个项目所开发的红外设备。此时规定，在 FireSAT 初步设计评审之前，美国国家海洋和大气局的红外有效载荷必须达到技术成熟度 6 级。在初步设计评审前一个月，技术成熟非支持委员会对有效载荷研发状态进行了正式评审，然而，有效载荷未达到技术成熟度 6 级。为了完成该委员会责成的其他试验，美国国家海洋和大气局估计他们的有效载荷小组还需要 3 个月的时间。

项目经理与系统总工程师协商后，决定按进度进行初步设计评审，而不是拖延，并分别处理有效载荷进度拖延的后果。在初步设计评审时，进行了两种方案的激烈的争论。

当决定让美国国家海洋和大气局负责有效载荷时，Acme 宇航公司用自己的研究和开发资金来继续他们自己内部的设备开发，美国国家航空航天局积极支持这项工作，将其作为一项降低风险的工作。Acme 宇航公司目前认为，由于美国国家海洋和大气局的研发工作没有符合里程碑的要求，项目办公室应该像原来计划的那样，将有效载荷项目重新分派给 Acme 宇航公司，并且估计，合同范围作不大的变化，而资金保持原来的提议，他们内部开发的有效载荷可加速，在两个月之内达到初步设计评审水平；仪器的设计基于已有、经验证的达到技术成熟度 7 级或是更高的技术，设计达到具体要求的水平只需要有充足的工程人力就够了。

正如预期的，美国国家海洋和大气局领导的主要团队坚决反对 Acme 宇航公司的意见，并且提出了他们自己的意见。他们认为，他们开发的新的有效载荷在质量上比 Acme 宇航公司的现有技术会有明显的改进，会给出更好的温度解决方案，只需要 Acme 宇航公司设计方案所需功率的 50%，Acme 宇航公司的设计是基于老的探测器技术。此外，美国国家海洋和大气局（和一些国会议员）还施加政治压力支持自己的设计，因为将自己设计用在 FireSAT 上，可大大降低一项高层项目的风险。

FireSAT 项目经理和系统工程师正面临艰难的决定，继续把宝压在美国国家海洋和大气局仪器上，将至少延误 3 个月的进度，并且假设他们的估计是正确的，如果他们没有达到目标，或者虽可能接近目标，但还需要更多的时间，那么项目将会面临不可控制的延误。但是改用 Acme 宇航公司的设计则意味着要追加资金，这笔资金在项目开始时本来是

有的，但后来决定将其重新分配给美国国家海洋和大气局有效载荷。即使选择了 Acme 宇航公司，并且假设资金可以解决，并及时写入合同（不太可能是政府合同），也至少要多花 2 个月的时间。

　　最后，经理们决定尽可能在较长的时间内留下这两个待定的选择。他们在第一次初步设计评审之后安排了为期 3 个月的额外的初步设计评审，并且还推迟了向 C 阶段的正式过渡。因为美国国家海洋和大气局不愿意为防火项目的延误负责（以及来自易于发生火情的西部州的国会议员开始提出严峻的问题），他们同意为 Acme 宇航公司供给补充资金，继续后续的有效载荷的开发。同时，工业支援队和政府的"资深人员"将一起寻找途径，加速美国国家海洋和大气局有效载荷的开发。

　　虽然这一决策使这两种有效载荷方案继续同时进行，但项目仍然面临至少 3 个月的推迟，产生额外的进度、成本和性能风险。这个决策并没有使 Acme 宇航公司团队满意，项目经理认为，为追求好的方案和更低的功率，而带来潜在的付出风险是值得的。这些好处并不符合现行要求，但是额外的解决方案可以发现较小的火情，最终挽救更多的生命和财产。此外，较长的有效载荷责任周期意味着美国国家海洋和大气局有效载荷可以节省更多的功率。

19.5.6　结论

　　初步设计评审认为：风险是值得的。支援队的专业知识和 Acme 宇航公司的竞争相结合，激励了美国国家海洋和大气局有效载荷小组，他们负责解决所有技术准备评审委员会提出的问题。在额外的初步设计评审期间，提出了两种有效载荷方案的初步设计，两种方案都能完成工作，但是美国国家海洋和大气局的方案以低功率、高性能（并且超出 Fire-SAT 项目预算）赢得了竞争。Acme 宇航公司项目团队经理尽管很失望，但他向上级保证能够收回他们对 IR&D 的投资，源于他们项目组全体成员之间良好的愿望，也包括美国国家海洋和大气局（使他能投标于采用相同敏感器技术的商业任务）。在竞争时假设，Acme 宇航公司的工程师积极与美国国家海洋和大气局小组一起工作，帮助他们解决技术问题，还把自己在开发有效载荷时创新的解决方案用于设计；此外，Acme 宇航公司小组由于参与有效载荷设计工作，因此对两边的接口都十分熟悉，使平台和有效载荷的最终集成变得很容易。随着有效载荷设计的结束，设计基线的稳固建立，FireSAT 小组为迈向关键设计阶段作好了准备。

19.6　设置构造基线

　　在额外的初步设计评审之后，FireSAT 项目回到了轨道上，系统已经为全面规定到最低级别作好准备，每个电阻、电容、螺母和螺栓，以及软件单元级功能均须确定，项目将要达到系统工程"V"的底部。关键设计评审将验证 FireSAT 设计是否达到了必要的级别，可开始全面制造、组装、集成和试验。但是，由于初步设计评审延迟，我们该如何做呢？

　　当任何一个项目进入了 C 阶段，重点都从定义设计转变成实际设计。在 C 阶段中，需要发现所有其他无根据的假设，因为小组正在深入系统的具体细节。由全套严格要求所定义的设计基线和其他的支持项目文件建立初步设计评审；关键设计评审必须获得有充分技术细节的建造基线，以便甲方工程代表购买部件和元器件，机械师开始弯曲金属。在这个阶段，项目应：

1) 为每个硬件和软件系统要素制定产品建造规范，支持权衡和数据；

2) 完成所有的技术数据包，包括接口要求文件、完整的方案、备件供应表、规范和图纸；

3) 更新基线文件，如系统工程管理计划；

4) 完成软件设计文件；

5) 确定主验证计划和支持文件；

6) 制定发射场操作计划；

7) 确定在轨检查和激活计划；

8) 更新风险评估、成本和进度数据以及后勤文件。

19.6.1　前提条件

在这个阶段的入口，系统设计应满足现有的初步设计评审的标准。这包括：

1) 所有上层要求经一致同意、确定和确认，并符合初步设计；

2) 获得了技术接口定义，并与设计成熟度一致；

3) 定义了技术裕量，并认为技术成熟度是足够的，风险可接受；

4) 开发了所有需要的新技术，并达到一定的技术成熟度，一般为 6 级（初步设计评审时）；

5) 任务运行方案与设计和系统要求有关，并保持技术上的合理性。

这也意味着初步设计评审所有留下的未解决项已完成，或是已制定了及时完成的未解决项计划。

19.6.2　最终项——关键设计评审产品

如前面几节一样，C 阶段开始时我们首先要策划在 C 阶段结束之前我们需要完成哪些工作。表 19-44 表示关键设计评审的进入准则和成功准则。

表 19-44　关键设计评审进入准则和成功准则[5]①

关键设计评审	
进入准则	成功准则
1. 项目已经成功地完成了初步设计评审，并对所有初步设计评审时的行动请求和评审项安排作出响应，或者对那些遗留项目已制定及时完成的计划 2. 技术组、工程经理和评审委员会主席在关键设计评审之前已同意初步的关键设计评审议程、成功准则和委员会的职责 3. 下面对硬件和软件系统组成的关键设计评审技术工作产品表可以在评审前交参加评审者使用	1. 详细设计预期能够满足要求，风险水平可接受，留有足够的裕量 2. 接口控制文件准备情况足以进行制造、组装、集成和试验，对未解决项的管理计划已制定 3. 我们对产品的基线很有信心，有（或即将有）足够的文件用来进行制造、装配、集成和试验

续表

关键设计评审

进入准则	成功准则
a. 更新的基线文件（如要求） b. 每一个硬件和软件的技术状态项产品建造规范，以及支持权衡的分析和数据 c. 制造、装配、集成、试验的计划和程序 d. 技术数据包（例如整体的图表、备用件供应表、接口控制文件、工程分析、规范） e. 操作限制和约束 f. 技术资源利用估计和裕量 g. 验收标准 h. 指令和遥测表 i. 验证计划（含要求和规范） j. 确认计划 k. 发射场操作计划 l. 检查和启动计划 m. 处置计划（包括退役和终止） n. 更新的技术开发成熟度评估计划 o. 更新的风险评估和减缓计划 p. 更新的可靠性分析和评估 q. 更新的成本和进度数据 r. 更新的后勤文件 s. 软件设计文件（含接口设计文件） t. 更新的有限寿命产品表 u. 分系统级和初步的运行安全分析 v. 系统和分系统认证计划和要求 w. 系统安全分析及相关的验证	4. 产品验证和产品确认的要求和计划都是完整的 5. 试验方法是全面的，对系统装配、集成、试验、发射场、任务运行的策划是充分的，足以进入下个阶段 6. 有充分的技术与计划裕量和资源，保证在预算、进度和风险等约束范围内完成研制任务 7. 我们了解并认真评估了风险，我们有计划和资源来有效地管理风险 8. 安全和任务保证（例如安全，可靠性，可维护性，质量，电子、电工、机电零部件）已在系统和运行的设计中加以充分考虑，所有适当的安全和任务保证产品（例如概率风险分析、系统安全分析、故障模式和影响分析）都已经经过批准

①C 阶段进行项目的关键设计评审，这时项目已为实际建造作好准备。

将这些准则用于产品，我们获得了如表 19 - 45 的结果。表中的新产品表明进一步开发系统体系并将设计基线扩展到零部件级，就可以使很多现存的准则得到满足。随着这些产品的开发，新的信息促进了系统工程管理计划的更新，技术研发、成熟度和评估计划，风险评估和减缓策划等。表 19 - 46 表示部分文件的详细内容。

表 19 - 45　符合关键设计评审成功准则的产品

关键设计评审成功准则	支持文件
1. 详细设计预期能够满足要求，风险水平可接受，留有足够的裕量	·技术测量计划和报告 ·要求确认矩阵
2. 接口控制文件准备情况，足以进行制造、组装、集成和试验，对未解决项的管理计划已制定	·接口要求和控制文件 ·基线技术状态文件
3. 我们对产品的基线很有信心，有（或即将有）足够的文件用来进行制造、装配、集成和试验	·系统设计报告 ·软件开发计划 ·发布的工程图纸 ·飞行硬件、软件和地面支持设备规范

续表

关键设计评审成功准则	支持文件
4. 产品验证和产品确认的要求和计划都是完整的	· 系统要求文件（硬件、软件、地面支持设备） · 主验证计划
5. 试验方法是全面的，对系统装配、集成、试验、发射场、任务运行的策划是充分的，足以进入下个阶段	· 主验证计划 · 制造和装配计划
6. 有充分的技术与计划裕量和资源，保证在预算、进度和风险等约束范围内完成研制任务	· 系统设计报告 · 集成主计划 · 集成主进度
7. 我们了解并认真评估了风险，我们有计划和资源来有效地管理风险	· 技术风险报告
8. 安全和任务保证（例如安全，可靠性，可维护性，质量，电子、电工、机电零部件）已在系统和运行的设计中加以充分考虑，所有适当的安全和任务保证产品（例如概率风险分析、系统安全分析、故障模式和影响分析）都已经经过批准	· 安全和任务保证计划 · 故障模式和影响分析

表 19 - 46　关键设计评审支持文件的内容[①]

产品	内容	产品	内容
FireSAT 系统设计研究报告（如需要，按任务体系中每个系统要素提供）（更新）	· 多方案权衡树的分析（对体系中的每个系统，例如航天器、地面系统等） · 多种供选系统方案 · 确定每个方案或体系的系统驱动因素 · 每个供选择方案的特性分析结果 · 已确定和派生的关键要求 · 方案或体系效用的评估，包括评估标准，如成本、技术成熟度、有效性测量 · 详细功能分析 · 提出的基线系统技术状态和功能分配	主验证计划、试验和验证要求	· 详见下面的讨论
卫星-运载火箭，卫星-地面系统，卫星-用户的接口控制文件（基线）	· 详见 19.5 节的讨论	FireSAT 任务级和系统级系统要求文件（更新）	· 范围 · 引用文件 · 要求 　—主项的定义 　—系统能力 　—系统特性 　—设计和建造 　—后勤 　—人员及培训 　—分系统要求 　—优先序 　—鉴定 　—标准样件 · 验证要求 · 注释和附录
软件开发计划（更新）	· 详见上一节的讨论	详细的工程发布图纸	· 详见下面的讨论
为系统验收评审作好准备的计划	· 研究和权衡的等级顺序表 · 将待开展工作绘成项目进度表 · 将技术缺口完成计划绘成项目进度表 · 要求更新和管理计划 · 未决定/未解决问题的解决计划 · 关键设计评审问题解决计划	制造和组装计划	· 详见系统验收评审一节的讨论

①此表具体介绍了表 19 - 45 中提到的若干重要文件。

19.6.3 流程的工作量级

表 19‑47 表示 C 阶段中生成可交付产品的 17 个系统工程流程的工作相关量级，这和 B 阶段中的主要区别在于将重点扩展到物理解决方案和接口控制。

表 19‑47 为关键设计评审作准备的系统工程流程的工作量级①

流程	工作量级	注释
1. 利益相关方预期定义	■□□□□	在技术要求中应该充分反映利益相关方期望。当发现低级别权衡时，需要更多的磋商
2. 技术要求定义	■■■□□	现在应对主要的系统级要求进行明确的定义。在详细设计中我们进行了新的权衡，这就需要做一些改进
3. 逻辑分解	■□□□□	在开始阶段主要已完成的逻辑分解，但仍可用于改进低级别的规范，尤其是软件
4. 物理解决方案	■■■■■	在关键设计过程中，物理解决方案的最终形式已定义
5. 产品实现	■■■□□	在这个阶段，已有的资产的确定，对已有系统成本效益和风险降低的评估是标准的权衡
6. 产品集成	■■□□□	在详细设计中，产品集成策划和进度权衡是重要的内容
7. 产品验证	■■□□□	在这个阶段，随着计划最终确定，验证策划提上议程
8. 产品确认	■■□□□	确认策划随验证计划继续开展
9. 产品转运	■□□□□	这个过程所需的工作是最少的，主要是确定哪些产品要转运，以及它们对生命周期成本的影响
10. 技术策划	■■□□□	继续进行技术策划，主要是在发生不可预料的事情时，重新策划
11. 要求管理	■■■■■	要求管理流程必须明确定义，以控制一些要求和详细规范的发展和扩展
12. 接口管理	■■■■■	作为详细设计的一部分，接口管理工作提上日程
13. 技术风险管理	■■■■□	风险策划和管理保持在较高的等级
14. 技术状态管理	■■■■■	在整个详细设计中，最终项技术状态的控制流程是关键
15. 技术数据管理	■■■■□	工具和数据库必须与该过程一起配备好，以指导工程小组同时定义系统
16. 技术评估	■■■■□	支持即将到来的关键设计评审计划，必须开始进行随后的评审
17. 决策分析	■■□□□	继续决策分析流程，但是在低级别上进行，因为（我们希望）许多主要的工程问题此时得到解决

①与手机信号类似，小方格为零时代表没有或者只有很低的资源要求，五个小方格代表最大程度的资源利用。资源要求只是相对一个指定的流程；两个不同的流程具有相同数量的小方格时，并不代表它们具有相同等级的资源。

19.6.4 成果

建造基线（和编码基线）规定了"生产制造"所需要的全部人员、流程和设计定义产品，以生产组成系统所必需的硬件和软件项；但是同等重要的是要了解，一旦转产，我们建造的是不是我们所需要的系统。对于 FireSAT 的 C 阶段的成果，我们主要关注系统生命周期的两个方面——设计和验证。设计的顶层视角包括前几节系统设计报告中有所述及的权衡、体系和技术状态，在这一节，我们首先关注工程图纸怎样反映技术细节，然后关注验证策划，研究 3 个关键文件，即系统要求文件、主验证计划和试验与验证要求。

（1）工程模型和图纸

开展硬件设计的最重要的工具之一就是模型和图纸。这包括：

1）计算机辅助设计（CAD）建模和构型图纸；

2）制造、方案或详细图纸（表示如何制造具体的零部件），包括抛光和处理等各个细节（例如，铝制零部件的阳极化）；

3）装配图（表示各个零部件是如何装配在一起的）及零部件表；

4）如何进行装配的操作说明，包括零部件及详细的程序步骤、需要的工具、力矩值等。

我们以上节所述的图纸树组织制图。机械图必须包含足够的信息能够使机械师利用原材料制造零部件，或者包含粘合技术或其他技术具体流程的描述。电子线路必须提供足够的细节，可以在印制电路板和附加的表面贴装组件上铺设（手工或机械地）金属线迹。图 19-46 表示 FireSAT 太阳敏感器支架的机械图纸。

当然，现在已经不太可能让一个技术熟练的机械师手工制造零部件，而是将图纸细节转化为计算机辅助制造，精确制造零部件，减少了手工工作，但是技术熟练的机械师仍必须将 CAD 图或者三维 CAD 模型转化为合理的计算机辅助制造程序，这也同样用于印制电路板（PCB）轨迹。这个流程目前几乎全部自动完成，很多小公司用标准 e-CAD 文件，专门进行 EP 制电路板的制造。不过对于生产量很小的表面贴装板，所有微型元器件的焊接都还不得不由技术熟练的技师（这个技师必须持有美国国家航空航天局、欧洲空间局或类似的证书）在显微镜下完成。美国国家航空航天局对航天器的制造要求是，所有的电子飞行硬件均须由美国国家航空航天局认证的机械师安装。

对于 FireSAT，像大多数航天器一样，小部分零部件是定制的，这包括主结构和辅助结构的零部件及一些航天器专用 EP 制电路板（如有效载荷电子设备）；紧固件、蓄电池和连接器等大多数零件都是由供应商提供，装配链也是如此。主承包商从分包商获得很多主要的零部件（如发射机）甚至整个组件（如太阳电池阵），而分包商从其他供应商获得低级别的组件或元器件，但是，在供应链的某些层级上，需要实际制造一些东西，因此每个单独零部件必须有机械图纸或类似的详细规范，这些规范大多不是在项目级控制的，而是主承包商根据军事或工业标准（如 ISO-9002）或其他方法，来保证整个供应链从底级到顶级的高质量。

当我们掌握零件时，必须将其组装成组件和其他较高级别的装置。图 19-46 表示太阳敏感器的装配图。当所有的组件完成组装，航天器将进行最后的总装，图 19-47、图 19-48 和图 19-49 是航天器所有零部件的装配图，图 19-50 则是一个放大的零部件表。只有所有的零部件已为总装准备好了，才能进行最后的航天器总装。

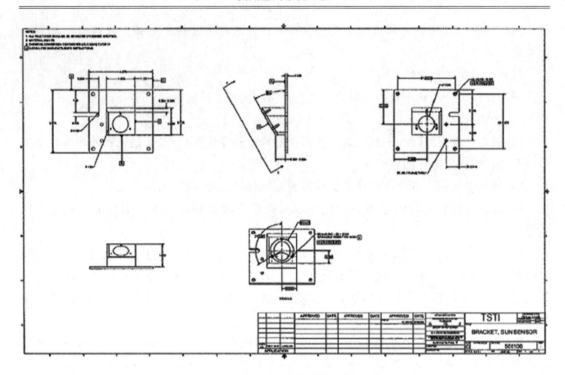

图 19 - 46　FireSAT 太阳敏感器加工图纸

图纸必须很详细，以便进行部组件的制造

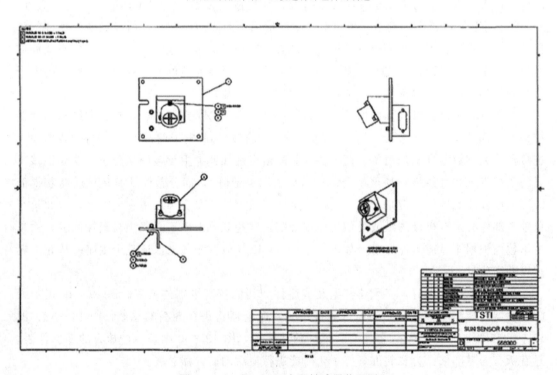

图 19 - 47　FireSAT 太阳敏感器装配图

项目需要从经销商和分包商处获得很多组件，我们必须拥有所有组件的图纸

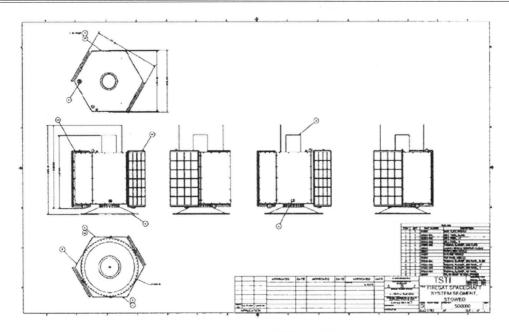

图 19 - 48　FireSAT 航天器装配图第 1 部分

项目工程师必须绘制详细的图纸用来制造航天器

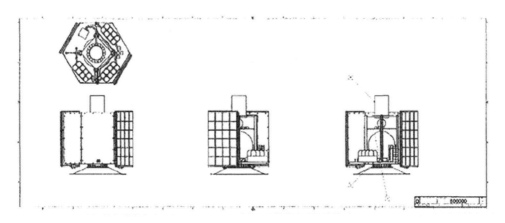

图 19 - 49　FireSAT 航天器装配图第 2 部分

这个图是图 19 - 48 的补充

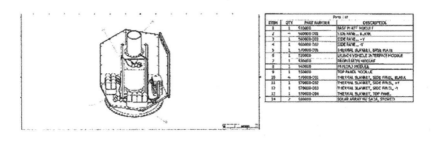

图 19 - 50　FireSAT 装配图第 3 部分和零部件表

每个视图都为航天器总装提供重要信息

　　比较理想的是，所有的详细图纸、图表和软件单元设计都应该在关键设计评审前完成，但实际上很少这样，通常是努力完成 80％～90％的图纸，而这 80％～90％（潜在的未知问题可能发生在其他 10％～20％之中）是关键设计评审要评估的风险之一。对于机械或电子零部件，测定设计完整性比较简单，图纸完成了，设计就完成了；但是对于软件，完成百分比没有绝对度量，代码行数、挣值或其他工具等度量最多只是间接的指标。

　　（2）验证文件

　　用图纸、图表和软件状态模型来完全表示 FireSAT 航天器和支持系统的设计只是成功了一半，另一半是要决定我们是否实际达到了我们所要求的，这正是验证的目的。第 11章讲述了如何凭借验证完成通知（VCN）或类似文件，来表示从初步设计要求到这个要求的最终完成。而我们如何才能知道系统建造得是否正确呢？为了表示这些流程，我们以单个的系统级要求为例，论述如何通过 3 个关键文件获得验证策划：

　　1）系统要求文件；

　　2）主验证计划；

　　3）试验和验证要求文件。

　　每个文件有一定的描述详细程度，我们需要所有这些文件来对整体进行全面策划，其实这 3 个文件在早期评审时就已起草，或已制定了基线，但是直到讨论关键设计评审时才受到关注，它们必须在下个阶段执行前确定下来。

　　（3）系统要求文件（4.0 节）

　　产品验证从要求开始。在 19.3 节中，我们介绍了系统要求文件的目的和组织；系统要求文件的第 3 节介绍了系统要求，并列举了几个例子；现在我们对系统要求文件的第 4节进行讨论。通常，第 4 节的要求详细描述了第 3 节要求的验证方法，一个单独的验证要求包含这个验证方法。第 11 章介绍了验证要求的 3 个主要要素（验证什么、如何验证和成功准则）。实际上，在系统要求文件第 3 节的每项要求和第 4 节的验证要求之间应该有一一对应的关系，例如，我们将通过验证流程来跟踪对运载火箭固有频率（见表 19-48）的要求。

表 19-48　要求矩阵摘录^①

要求	描述	基本原理	来源	优先权	POC
3.3.2 空间飞行器的固有频率	空间飞行器的一阶固有频率应大于 20 Hz	这一约束是基于运载火箭诱发的环境，固有频率必须大于诱发的环境频率，以避免共振	FS-8x030	A	系统工程

①这个矩阵来自于系统要求文件的第 3 节。

　　我们为固有频率这项设计要求制订验证要求，将其编入系统要求文件第 4 节，以直接的文本或是以验证要求矩阵表示，见表 19-49。回顾系统要求文件，包括第 4 节，是在系统要求评审时建立基线的，这表示，早在 A 阶段之初，工程师就应开始考虑验证问题。这可能是一个费力又费时的过程，尤其是要先收集和确认第 3 节所有的系统要求；这个任务很棘手，经常做不下去，因为大多数制订研制设计要求的工程师是设计人员，缺乏验证经验。即使这样，为了保证要求是可验证的最好方法是努力促使工程师仔细思考验证要求，这样做对于确定专用的试验设备和设施是很重要的，这些试验设备和设施必须纳入预算和技术计划进度。所有这些信息都包含在基线的主验证计划中［一些组织称为试验与评价主计划（TEMP）］。

表 19－49　验证要求矩阵的摘录①

验证要求	来源要求	描述	验证基本原理	单元
4.3.2 空间飞行器固有频率验证	3.3.2 空间飞行器固有频率：航天器一阶固有频率应大于 20 Hz	空间飞行器一阶固有频率应通过分析和试验检验。这个分析将开发一个多节点的有限元模型，来估计自然模态。这个试验利用振动台进行模态测量（正弦扫描）。如果估计和测量的一阶频率大于 20 Hz，则认为分析和试验是成功的	有限元模型是经验证的预测复杂结构固有频率的分析技术。设计周期将依赖于 C 阶段的分析结果。模态测量是按照 GEVS－XX－Y测量固有频率的工业标准试验方法进行的	鉴定模型，飞行模型

①这个矩阵是系统要求文件的第 4 节。

（4）主验证计划

系统要求文件第 4 节的验证要求，是对每个设计要求提出"做什么"、"如何做"和"做得怎么样"，并在系统要求评审时建立基线。在系统定义评审时，我们也对主验证计划建立基线；在第 11 章中介绍了这个文件的制定。表 19－50 是主验证计划的内容。

表 19－50　主验证计划的内容①

1.0 前言	5.0 系统鉴定验证
1.1 范围	5.1 试验
1.2 引用文件	5.2 分析
1.3 文件保管和控制	5.3 检查
2.0 工程或项目描述	5.4 演示
2.1 工程或项目概述和验证主进度	6.0 系统验收验证
2.2 系统描述	6.1 测试
2.3 分系统描述	6.2 分析
3.0 集成和验证的组织和人员	6.3 检查
3.1 工程或项目管理办公室	6.4 演示
3.2 基地或场地中心集成和验证组织	7.0 发射场验证
3.3 国际合作者集成和验证组织	8.0 在轨验证
3.4 主承包商集成和验证组织	9.0 任务后和处置验证
3.5 分包商集成和验证组织	10.0 验证文件
4.0 验证小组操作关系	11.0 验证方法
4.1 验证小组安排进度和评审会议	12.0 支持设备
4.2 验证和设计评审	12.1 地面支持设备
4.3 数据差异报告和决定过程	12.2 飞行支持设备
	12.3 运输、装卸和其他后勤支持
	12.4 跟踪站和运行中心支持
	13.0 设施

①策划验证必须在 A 阶段开始。

主验证计划是一个战略计划，因为它关注端到端验证活动的全程；安排进度、协调并派生出项目对设备和设施的要求。计划的 1～4 节明确职责——"谁"在整个项目期间管理并控制这些活动；5～13 节定义做"什么"，"什么时候做"和"使用什么"设备和设施。主验证计划的一个重要方面是对项目验证方法的描述，有时称为模型理念，这个讨论定义了项目将进行的风险管理和验证的基本方法，图 19-51 表示用于 FireSAT 航天器的方法。

如验证要求所规定的，固有频率的设计要求应通过试验和分析两种手段来验证，试验将使用模态测量。图 19-51 描述了对固有频率要求（分配给卫星结构的）的验证计划，显示模态测量试验在哪里及用哪个模型进行。我们首先了解在工程研制单元下的结构试验模型的模态测量，这只是一个计划中的风险降低工作，并且没有正式地结束这个要求；第2 个模态测量计划用于鉴定模型，第 3 个用于飞行模型。这项要求的验证结束通知是在鉴定模型试验和分析结束后签发的。

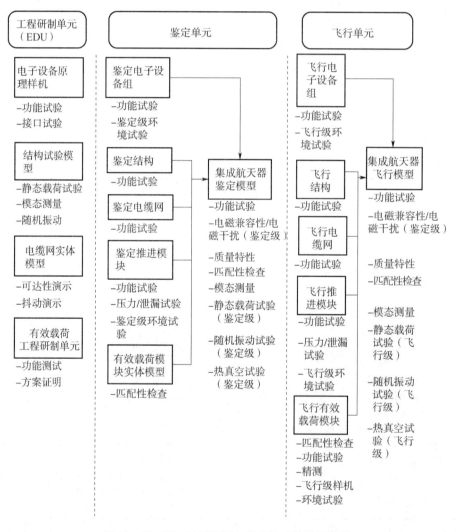

图 19-51　FireSAT 研制和试验活动计划图示例

图中表示工程研制单元、鉴定单元和在建的飞行单元或飞行样机单元的数量和类型，它们的演变及它们的
验证活动类型。例如，为了验证固有频率要求，我们对这三种单元进行模态测量，如图顶部所示

主验证计划强调飞行模型的试验流程，同时指出如何给试验排序，如图 19-51 所示；顺序如图 19-52 所示。在振动试验台安装后的第二序列我们见到基线模态测量，这个试验验证了要求和分析结果。标准操作中，每次静态载荷或随机振动后要再次进行模态测量，以确定结构是否发生变化（模态频率变化表明某些东西由于过度试验而损坏）。

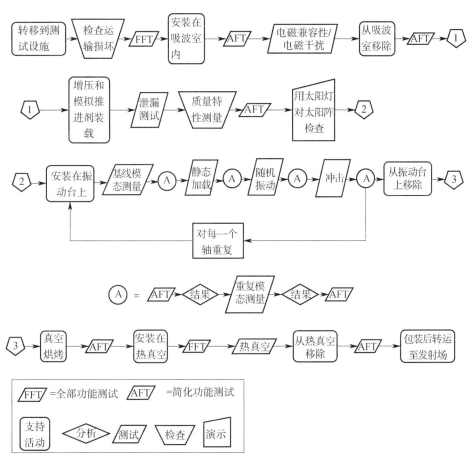

图 19-52　FireSAT 环境试验活动顺序

图中表示了模态测量（顺序 2）在整个测试顺序中所在的位置

（5）试验和验证要求

系统要求文件第 4 节中的验证要求表述了：需要验证什么，大体如何进行，效果怎么样；主验证计划将验证要求置于更大的计划中，指导所有的验证活动；所有这些定义了我们的战略计划。试验和验证要求（TVR）又进一步表示战术计划，它具体定义"时间"、"人物"、"用什么"以及"通过这样做……"；它从最低的实践级开始，具体展示所需的试验计划、程序、试验技术状态和试验设备，来验证所有的要求。

下面介绍与固有频率要求示例相关的试验和验证要求，这个计划是在飞行模型基线模态测量中进行验证。从图 19-52 中我们了解到，基线模态测量是使用振动试验台的一系列试验的一部分。振动试验台模拟航天器在运载火箭上将经历的力学环境（静态载荷和随机振动），还提供已知频率的输入来测量航天器的响应（表示固有频率），因此，有必要将与诱发的发射环境相关的所有要求汇集到试验和验证要求，用振动试验台进行验证。试验和验证要求以这样的方式将验证要求合理地合并成由类似事件（至少是使用类似设备的事件）组成的各项大型活动，这就简化了我们的计划，有利于高效使用昂贵的试验设备，减少用在飞行硬件的转换次数。表 19 - 51 是试验和验证要求组织的示例。

表 19 - 51　对诱发环境要求的试验和验证要求示例[①]

试验和验证要求 ID	来源要求	硬件组件等级	试验和验证要求 主要负责办公室
1.0	3.3.2 暴露于诱发发射环境后，空间飞行器应符合飞马座用户手册定义的要求 3.3.2.1 空间飞行器固有频率：一阶固有频率应大于 20 Hz 3.3.2.2 静态载荷…… 3.3.2.3 随机振动	FireSAT 空间飞行器飞行模型（PN 2001 - 1），飞行软件版本 1.1.2	FireSAT 工程办公室
试验和验证要求执行	输入产品	输出产品	成功准则
Acme 宇航公司	· FireSAT 有限元分析报告 · FireSAT 鉴定模型振动试验活动计划（如执行的） · FireSAT 鉴定模型振动试验活动报告 · 运载火箭模型测量技术状态 · 振动试验台 · 振动试验台设备 · 空间飞行器-振动试验台适配器	· FireSAT 飞行模型振动试验活动计划（包括详细的试验程序） · FireSAT 飞行模式振动试验报告	如果估算和测量的一阶模态大于 20 Hz，则视分析和测试是成功的

①合理地集中试验有利于试验和验证效率的最大化。

我们已经依次讨论了验证要求的编制、主验证计划以及试验和验证要求，实际上，我们通过多次迭代并行编制了所有这些文件，战略计划需要战术输入，反之亦然。在这些 FireSAT 验证文件开发的整个过程中，使用了基于模型的系统工程（MBSE）工具、要求管理工具、数据库或第 17 章中所述的其他获得与管理技术数据的方法，这些都有助于验证文件的编制。

图 19 - 53 示出了基于模型的系统工程工具（例如 Vitech 公司开发的 CORE™）是如何组织要求、验证要求、验证时间及其相关的技术状态及程序之间的关系的，最终，试验和验证要求在正式的报告中反映了这些关系。有人认为，如果整个项目都可以使用系统工程模型，试验和验证要求作为一个单独的文件就没有必要了。使用高级的系统工程模型工具的最大优点就是自动相互校验，发现孤立的要求或其他零星问题，尤其适用于复杂系统；这些问题单靠人工检查很难发现，而且可能在项目的最后才出现问题，导致项目的延误和昂贵的临时处理。

我们的讨论只集中在一项要求上，即固有频率，这只是 FireSAT 航天器数百项要求中的一个。对每一个要求，项目都要定义（并确认）验证要求，将这些验证要求整合在一起就形成了主验证计划以及试验和验证要求的一部分，所有这些严密的策划都要在初步策划阶段（A、B 和 C 阶段）进行，并在 D 阶段执行。在策划阶段，关注验证有助于尽早提

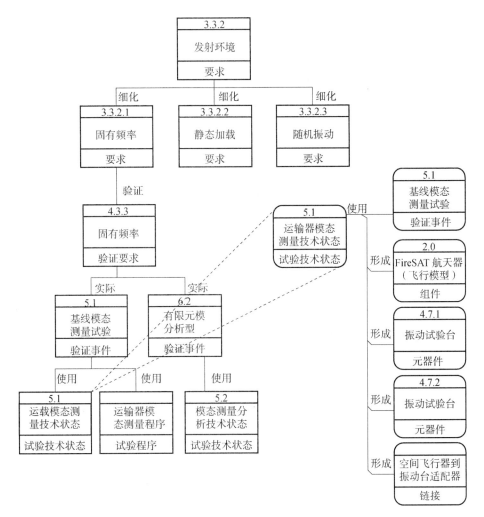

图 19-53　用基于模型的系统工程表示的验证可追溯性

基于模型的系统工程工具提供了由上至下、从原始要求到测试技术状态和程序的可追溯性，
其中发射环境原始要求可用来追踪它的验证要求，实现验证要求引出了试验和分析，
试验是专项验证事件的一部分，验证事件需要专门的试验技术状态以及详细的程序

出对需要提前准备的试验设施和专用装卸设备的要求；更重要的是，这促进了系统设计师
和系统验证人员对如何具体实施试验的讨论，这些讨论会引起设计本身的很多变化，需要
从物理上和软件上调整试验方法，使试验成为可行。在 D 阶段，小组开始执行计划之时，
就是证明策划工作重要性之日，如我们下一节所述。

19.6.5　有代表性的问题、项和典型事例

正当 FireSAT 系统工程师小组认为事情进展顺利时，项目办公室又扰乱了其进度。
在关键设计评审之前两个月，项目遭遇重大的预算削减。为了缓和预算不足，项目管理小
组与主要利益相关方进行磋商，决定单取一个有点冒险但有效的节约预算的办法，原来在

A 阶段之前初始任务体系建立的基线，是用飞马座火箭发射每一个 FireSAT，现改为猎鹰
1 号运载火箭一次同时发射两颗卫星。

这个决策首先会影响项目的技术计划，项目经理和系统工程师不得不决定是推迟关键
设计评审，还是按计划进行关键设计评审，但这会带来很多额外的问题，最后，他们决定
不扰乱整个团队的势头，仍根据初始要求的进度进行关键设计评审；同时，由体系工程师
和运载火箭接口专家组成一支老虎队（a tiger team），进行微型 DAC，分析运载火箭和研
制的变化，从而确定对目前的设计基线是否有重大影响。随着常规安排的关键设计评审的
进行，他们提出他们的初步结果，并将在 6 个月之后进行全面的 Δ－CDR。

老虎队报告，猎鹰 1 号运载火箭具有将 FireSAT 一箭双星送入轨道的运载能力，但是
存在复杂的发射适配器展开顺序的问题，整流罩的容积可装下两颗卫星，但是卫星上方的
全向天线需要修改，使展开时能在动力学包络之内。除了这些操作和技术状态的变化，老
虎队还报告了发射环境的变化及其对目前设计的影响。改变这个单独的要求产生的影
响有：

（1）13.3.2 发射环境

空间飞行器暴露在发射环境中后应满足猎鹰 1 号用户手册所规定的要求。

猎鹰 1 号的轴向和横向加速度都比飞马座 XL 的要低，但是航天器的固有频率的要求
从 20 Hz 增加到 25 Hz，使这项要求发生了变化。

（2）3.3.2.1 空间飞行器固有频率：空间飞行器一阶固有频率应增加到 25 Hz。

这个变化需要进行具体分析以表明现行设计能满足刚度增加的要求，验证事件也须变
化以保证满足要求。幸运的是，在关键设计评审一星期前完成的结构试验模态测量的初始
结果表明，现行设计的裕量是足够的，符合运载火箭 25 Hz 的要求，同时发现这个垂直安
装的双卫星结构的刚度足够。为了更好地理解这个问题，需要进行详细的耦合载荷分析，
这会使进度增加 6 个月。

此外，两颗卫星加上有效载荷适配器的质量必须低于 540 kg。当时最佳估算是在这个
要求范围之内，但是有一个 40 kg 的有效载荷适配器，在这一点上质量的增加需要进行认
真的监测和控制，这增加了下个阶段的设计更改流程的复杂度和工作包成本超出预算的
风险。

虽然困难重要，但还是有一丝曙光。尽管项目计划增加了这些变化，会使计划的初始
运行能力的实现推迟 6 个月，但是对最终运行能力实际上几乎没有影响，并会继续运行下
去。由于新的发射活动计划用一次发射取代了两次，额外发射的时间预计最少要有 6 个
月，进度中没有安排，这也是因为考虑到了第二次发射可观的花费。

19.6.6　结论

尽管筋疲力尽，FireSAT 系统工程师小组终于树立起 Δ－CDR 的信心，处理最后一刻
运载火箭变化带来所有其他悬而未决的问题。他们受益于他们之前在 A 阶段做的工作，即
安排了严格的要求流程和技术数据管理系统，这些工具便于提出诱发的顶层空间环境要求

的变化对所有要求和派生要求的影响，并降低风险。在 C 阶段中用不同工程模型进行风险降低试验，也使小组对试验程序和验证团队更有信心。从这个里程碑开始迈入最后阶段，他们已经为实际建造作好准备！

19.7　完成实际建造基线

最后，让所有的利益相关方透过洁净车间的玻璃看到闪亮的航天器硬件的这一天终于到来了，所有这些年深夜的加班、冗长的会议、忙碌的周末都换成了航天器、地面支持设备，以及地面站硬件和软件已经组装好并通过了试验。在系统验收评审时，硬件和软件正式交付给客户，完成了发射和在轨运行前最后一个主要里程碑。

在 A、B 和 C 各阶段中，我们为 D 阶段中建造真正的系统进行计划、设计和准备，之前的这些阶段主要关注系统工程"V"的左边，即将利益相关方的预期转化为系统直至最小项的完整定义。在阶段 D 中，主要执行"V"的右侧，即完成所有零部件和组件，对其进行集成、验证和确认，最终将其从制造商交付给客户，与运载火箭集成，开始真正的任务运行。在 D 阶段：

1）完成所有余下的具体设计工作，包括图纸最后的 10%～20% 及关键设计评审中未完成的其他具体规范；

2）制造或采购所有零部件；

3）制造、购买或重新使用所有组件；

4）完成并交付所有飞行和地面系统软件（或者至少是足以支持测试其他要素的最初版本）；

5）交付用来装配、集成和试验的设施和设备；

6）全面执行项目的制造和组装计划，生产最终项的硬件和软件；

7）全面执行项目的主验证计划和试验与验证要求所定义的支持文件。这些文件是所有硬件和软件最终项符合要求，并达到实际交付所需能力所提供的客观凭证。

19.7.1　前提条件

在 D 阶段的入口，系统设计达到了关键设计评审和任何需要的 Δ－CDR 转出准则。这包括：

1）确定了详细的设计，带有充足裕量，风险可接受；

2）接口定义、详细图纸及充分具体的建模，可开始制造或采购；

3）详细的确认和验证策划，以及确定的设施、程序和人员。

这表示关键设计评审所留下的任何未解决的问题要么已终止，要么已有一个及时终止的计划。

19.7.2　最终项——系统验收评审产品

我们由表 19－52 所示的进入准则和成功准则来开始 D 阶段的策划，阶段最后有一项主要评审——系统验收评审等待我们完成。

表 19 - 52　系统验收评审进入准则和成功准则①

系统验收评审	
进入准则	成功准则
1. 通常在系统验收评审前，已协调了初步议程	
2. 下面的系统验收评审技术产品可以在评审前提供给参与者	
a. 在主要供应商处所进行的系统验收评审的结果	1. 完成所需的测试和分析，表明系统在期望的运行环境中将正常运行
b. 转向产品和制造计划	
c. 产品验证结果	2. 风险已了解并可管理
d. 产品确认结果	3. 系统符合已建立的验收标准
e. 说明被交付系统符合已建立的验收标准的文件	4. 完成所需的安全运送、装卸、检查和运行等的计划和程序，并准备投入使用
f. 说明系统期望的运行环境中将正常运行的文件	
g. 更新的技术数据包包含所有的测试结果	5. 技术数据包是完整的，并反映了所交付的系统
h. 认证包	6. 获得组织改进和系统运行的所有经验教训
i. 更新的风险评估与减缓	
j. 成功地完成之前的里程碑评审	
k. 保持留置或者未结束的行动和关闭计划	

①这个评审标志 D 阶段的结束，成功完成并允许项目进入运行阶段。

将表 19 - 52 的准则转化为产品，其结果见表 19 - 53。在 D 阶段，发生了一个重要的转变，即从定位于"这是我们所认为的……"计划和设计等文件转变为突出"这是我们所了解的……"事实报告。现在我们就编制有关这些结果的严格的计划和报告。这些关键文件的更多具体内容见表 19 - 54。

表 19 - 53　符合系统验收评审成功准则的产品①

系统验收评审成功准则	支持文件
1. 完成所需的测试和分析，表明系统在期望的运行环境中将正常运行	· 测试报告 · 验证一致性报告
2. 风险已了解并可管理	· 风险减缓报告 · 未进行的工作报告
3. 系统符合已建立的验收标准	· 确认一致性报告
4. 完成所需的安全运送、装卸、检查和运行等的计划和程序，并准备投入使用	· 运行程序 · 启动和飞行中的检查计划 · 用户手册 · 运行限制和约束 · DD250 - 所有权转移授权 · 系统移交计划
5. 完成技术数据包，并将其反映到被交付的系统	· 验收数据包
6. 获得组织改进和系统运行的所有经验教训	· 项目经验教训报告

①所列文件给出了符合相关成功准则的证据。

表 19 - 54　系统验收评审支持文件的内容①

产品	内容	产品	内容
试验计划	·详见下面的讨论	试验报告	·活动描述 ·试验件技术状态 ·使用的支持设备 ·试验结果和性能数据 ·偏差、问题、故障、重新试验的小结 ·运转程序的副本 ·总结和证明
验证一致性矩阵	·详见下面的讨论	验证结束通知	·详见下面的讨论
系统转运计划	·系统描述 ·支持项描述（包装材料、支持设备） ·装卸和环境控制要求 ·详细的程序和时间线 ·交付产品表	详细的工程发布图纸（实际建造）	·如前一节所述，不过要注意的是在实际建造中的不同
为准备FRR的计划	·研究和权衡的等级顺序表 ·将待做工作绘制成计划进度表 ·将技术缺口终止计划绘制成计划进度表 ·要求更新和管理计划 ·待决定/待解决的解决计划 ·系统验收评审问题解决计划	制造和装配计划	·详见下面的讨论

①这里列出了表 19 - 52 所列部分文件的详细内容。

19.7.3　流程的工作量级

表 19 - 55 表示在 D 阶段生产关键可交付产品所需的 17 个系统工程流程的相关工作量级，这和 C 阶段之间的主要区别在于关注的焦点扩展到执行、验证、确认和转运，因为小组开始真实的硬件和软件工作。

表 19 - 55　为系统验收评审打基础的系统工程流程的工作量级①

流程	工作量级	注释
1. 利益相关方期望定义	■□□□□	现在，技术要求应完全满足利益相关方的期望。任何变化都已太迟，不能接受
2. 技术要求定义	■□□□□	对主要的系统级要求应明确定义。除非是验证和确认过程中发现系统中的匹配性问题，否则不接受任何改变的要求
3. 逻辑分解	□□□□□	逻辑分解在早期阶段大都已经完成，但对低级别的规范，尤其是软件的规范进行修改是有益的
4. 物理解决方案	■■□□□	当系统完成了最终的装配，我们就定义系统最终的物理形式
5. 产品实现	■■■■■	这个阶段是全部执行计划的最终实现阶段
6. 产品集成	■■■■■	这个阶段是产品集成活动的顶峰
7. 产品验证	■■■■■	这个阶段是按计划执行验证活动的顶峰
8. 产品确认	■■■■■	系统装配成熟度达到足够高时，确认活动在这个阶段达到顶峰

续表

流程	工作量级	注释
9. 产品移交	■■■■■	这个阶段是照计划执行移交活动的顶峰
10. 技术策划	■□□□□	技术策划在继续，当出现不可预计的问题时，大多数将重新策划
11. 要求管理	■■■■□	用要求管理流程来管理要求变化，以修补系统中的缺陷
12. 接口管理	■□□□□	在本阶段将所有的系统接口最终放置在一起，接口管理活动达到顶峰
13. 技术风险管理	■■□□□	本阶段为了应对可能发生的问题，风险计划和管理保持在活跃的水平
14. 技术状态管理	■■■■■	在最终的装配、集成和验证过程中，最终项的技术状态控制流程是关键的
15. 技术数据管理	■■■■□	准备使用大部分现有数据对于顺利地装配、集成和验证是关键的
16. 技术评估	■■■■□	策划支持即将到来的系统验收评审
17. 决策分析	■□□□□	决策分析过程在继续，但在低层次上进行，因为（我们希望）大部分主要工程问题在这时解决

①与手机信号类似，小方格为零时代表没有或者只有很低的资源要求，五个小方格代表最大程度的资源利用。资源要求只是相对一个指定的流程；两个不同的流程具有相同数量的小方格时，并不代表它们具有相同等级的资源。

19.7.4　成果

在 D 阶段，我们建立并试验了项目的最终项。首先我们关注制造和装配计划，然后审视装配、集成和试验活动结果的文件。

（1）制造和装配计划

正如我们在 B 阶段的讨论，工程师在初始设计中就敏锐地注意到潜在的制造和装配问题。考虑到长远的装配和总装，设计师从顶层将航天器分为几个主要舱段，并将其定义为主要技术状态项（如图 19 - 54 所示）。这个方法将系统逻辑分解成几个单独的模块，便于

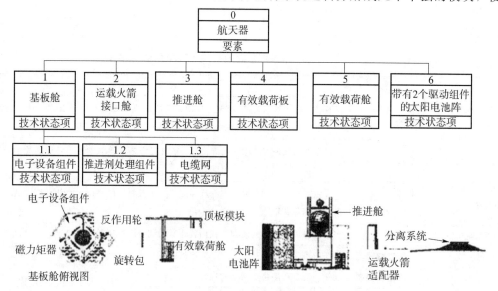

图 19 - 54　FireSAT 航天器硬件技术状态项定义
这包括一个主要项的 CAD 模型

技术状态控制，每个模块由单独的责任承包商或组织负责；更为重要的是，每个舱段在制造以及装配、集成和试验过程中尽可能长期保持独立，避免因一个小问题而牵动整个进度。利用航天器技术状态的这个方法，我们确定顶层装配和集成顺序如下：

1）装配基板舱；

2）装配推进舱；

3）装配顶板舱；

4）装配有效载荷舱；

5）将舱与侧板、太阳电池阵和绝热层一起进行集成。

在详细的装配、集成和试验计划中，小组绘制了综合的验证鱼骨（IVF）图（如第 11 章所述），对集成和验证活动的顺序进行了合理安排。图 19-55 表示推进舱和基板舱集成的验证鱼骨图，从图中，小组作了具体的装配、集成和试验安排，如表 19-56 所示。

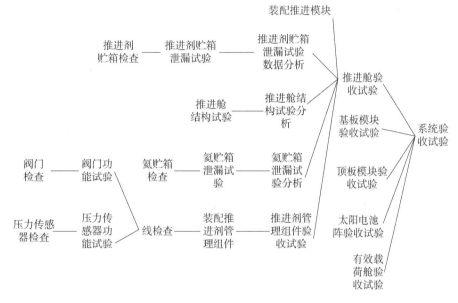

图 19-55　FireSAT 推进舱的集成验证鱼骨图

其他四个舱有相同的总装顺序

表 19-56　FireSAT 航天器集成计划[①]

项	一季度			二季度			三季度			四季度		
	一	二	三	四	五	六	七	八	九	十	十一	十二
航天器装配、集成和试验												
平台集成												
基板组件												
基板制造												
电子设备组												

续表

项	一季度			二季度			三季度			四季度		
	一	二	三	四	五	六	七	八	九	十	十一	十二
充/排阀		■										
推进剂管路和配件的装配、集成和试验			■									
主推进器			■									
磁强计			■									
运载火箭接口			■									
姿态控制分系统推进器（6个）			■									
8单体的蓄电池组（3组）		■										
反作用轮单元		■	■									
太阳能电池阵单元（2个）			■	■	■	■						
GPS天线				■								
顶板组件	■	■	■	■	■	■	■	■	■			
天线	■	■										
传输鞭状天线	■											
传输高增益天线	■											
接收鞭状天线	■											
顶板制造	■											
姿态敏感器			■	■	■	■						
侧板（6个）制造			■									
推进装配	■	■	■									
构架结构制造			■									
推进剂贮箱			■	■	■	■						
增压剂贮箱		■	■									
推进结构接口			■									
阀门、调节器、管路、连接器			■									
有效载荷组件	■	■	■	■	■	■	■	■	■			
敏感器	■	■	■	■	■	■	■	■	■			
有效载荷接口	■											
集成试验										■	■	■

①鱼骨表示 AIT 顺序；总装计划给出进度。（ACS—姿态控制分系统；GPS—全球定位系统；TX—发射；RX—接收）。

（2）试验计划示例

FireSAT 验证工作需要很多试验计划，从工程研制单元开始，直到飞行模型试验。一个典型示例是振动试验计划。这个计划的内容框架如下所示。

执行概要

引用文件

缩略语

1.0 范围和目的

2.0 试验件

3.0 试验设施和设备

4.0 试验顺序

5.0 功能试验

6.0 振动试验

  6.1 目的

  6.2 试验技术状态、设备和安装

  6.3 装配和数据获取

  6.4 正弦扫描和基线模态测量

  6.5 正弦脉冲

  6.6 随机振动

  6.7 试验顺序

  6.8 成功准则

7.0 特别注意事项

  7.1 安全

  7.2 洁净度

  7.3 静电放电

  7.4 摄影

8.0 责任

9.0 详细的事件时间线

下面摘录部分章节，来了解此计划的级别要求。

①6.2　试验技术状态、设备和安装

鉴定模型（QM）将带有类似飞行时的带状夹具，预载到 2 800 lb（是 2 000 lb 飞行预载的 1.4 倍），安装在试验支架上，为夹具提供一个合适的接口，这个支座要用螺栓与另一个支座连接，另一个支座是固定在振动台上厚 1.5 英寸的中空板上。图 19 - 56 表示振动试验的技术状态。在这些试验中，鉴定模型不加电，并且所有可分离连接器都不与顶板连接。

②6.3　装配和数据获取

加速度计应安装在图 19 - 57 中所规定的鉴定模型上的位置，它的实际位置应由 Acme 宇航公司用文件给出草图，有测量尺寸和试验报告。表 19 - 57 表示最少需检测的通道。此外，是否需要使用对输入进行控制的加速度计，由实验室人员决定。

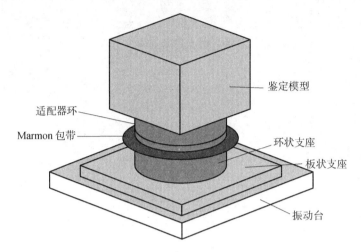

图 19 - 56 振动试验台技术状态

试验技术状态的规范必须是清楚明确的

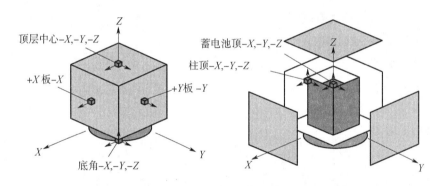

图 19 - 57 振动试验的加速度计位置和标记

箭头指向加速度测量的方向

表 19 - 57 振动试验至少需监测的数据①

通道标记	Z 轴试验	X 轴试验	Y 轴试验
顶部中心 - X	M	M	
顶部中心 - Y	M		M
顶部中心 - Z	M		
＋X 板 - X	M	M	
＋Y 板 - Y	M		M
底角 - X		M	M
底角 - Y		M	M

续表

通道标记	Z 轴试验	X 轴试验	Y 轴试验
底角-Z	M	M	M
柱顶-X	M	M	
柱顶-Y	M		M
柱顶-Z	M		
蓄电池顶-X		M	
蓄电池顶-Y			M
蓄电池顶-Z	M		

①这个表与图 19-57 相对应（M—监测）。

数据应在 20～2 000 Hz 频率范围内采集。对于正弦扫描和正弦脉冲试验，将加速度和频率的关系用对数-对数形式描绘；对于随机振动试验，数据用加速度功率谱密度（PSD）（g^2/Hz）和频率关系的对数-对数图表示。

③6.4　正弦扫描/基线模态测量

这个试验的目的是为了确定固有频率，提供用于了解振动模式的信息。为了建立基线，这个试验要在其他振动试验前对每个轴进行，并在高级别试验后重复进行，如 11.7 节中所述，来确定结构行为的变化。

正弦扫描试验通过对鉴定试验模型基底施加正弦激励来实现，频率范围在 20～2 000 Hz 之间，速率约为 3 倍频程每分钟，峰值输入加速度为（0.25±0.05）g。这样低的加速度应该保证安全响应级，对试验件的疲劳损坏可忽略。

（3）总结试验报告示例

任何试验都应有关于试验结果的试验报告。如第 11 章所述，试验报告的具体内容包括：

1）工作描述；

2）试验件技术状态；

3）使用的支持设备；

4）试验结果和性能数据；

5）偏差、问题、故障和再试验的总结；

6）实际运行程序的副本；

7）总结和证明。

除了每个试验的详细试验报告以外，FireSAT 项目有必要对每个试验报告建立一个简要的总结验证报告，作为该试验的带有顶层结果的执行总结。图 19-58 给出了一个飞行模型基线模态测量试验的例子，试验结果不确凿，因此能否通过还要待定，这个问题将在下一节详细讨论。

（4）验证一致性矩阵示例

对于一些有代表性的要求，我们可以用验证一致性矩阵来"汇集"所有的验证活动，如表 19-58 所示。这个一致性矩阵为所有验证活动提供简要总结，为跟踪试验报告和其他最终数据提供简便的方法。

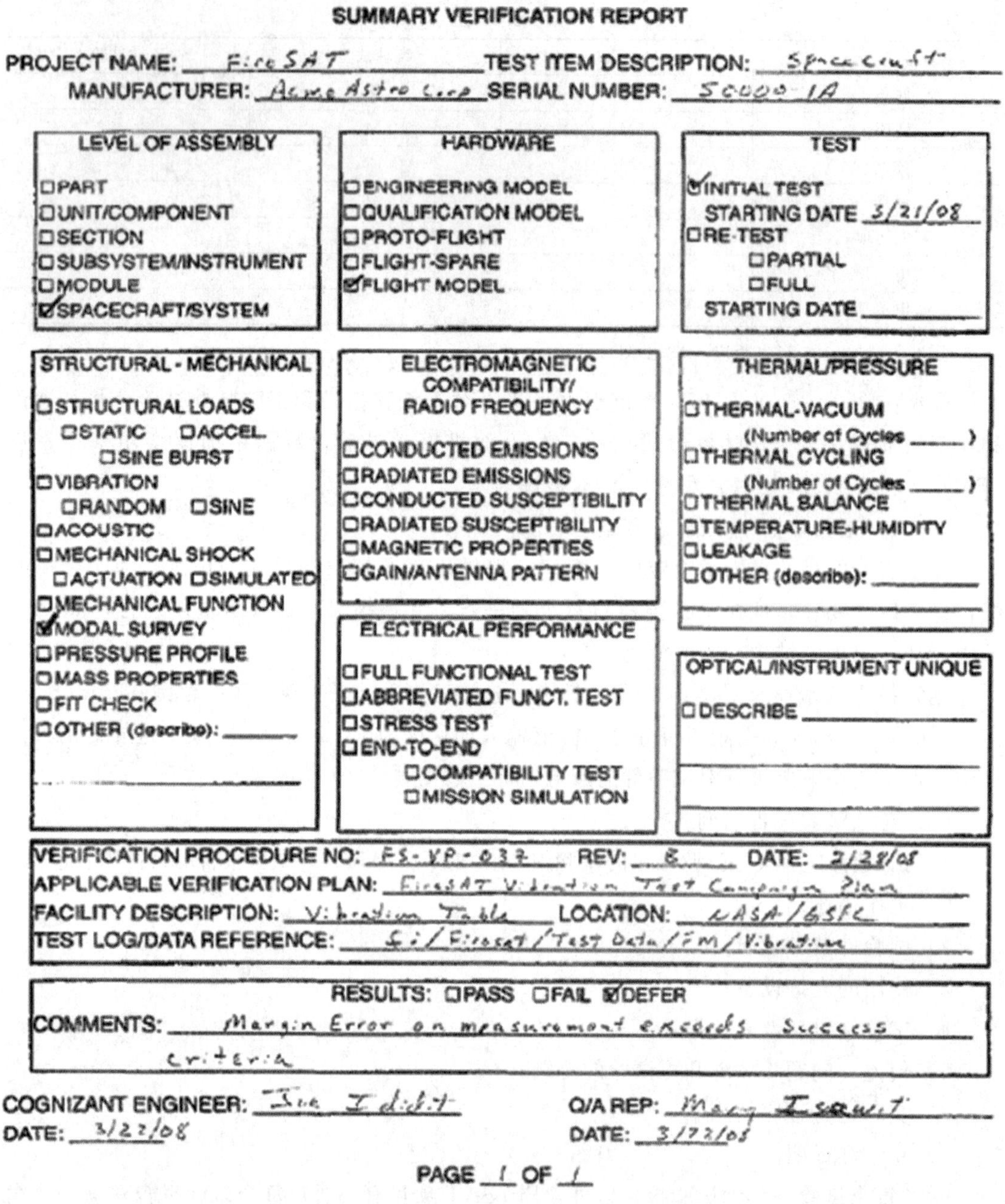

SUMMARY VERIFICATION REPORT

PROJECT NAME: _FireSAT_　　TEST ITEM DESCRIPTION: _Spacecraft_

MANUFACTURER: _Acme Astro Corp_　SERIAL NUMBER: _SC000-1A_

LEVEL OF ASSEMBLY	HARDWARE	TEST
☐ PART	☐ ENGINEERING MODEL	☑ INITIAL TEST
☐ UNIT/COMPONENT	☐ QUALIFICATION MODEL	STARTING DATE _3/21/08_
☐ SECTION	☐ PROTO-FLIGHT	☐ RE-TEST
☐ SUBSYSTEM/INSTRUMENT	☐ FLIGHT-SPARE	☐ PARTIAL
☐ MODULE	☑ FLIGHT MODEL	☐ FULL
☑ SPACECRAFT/SYSTEM		STARTING DATE _____

STRUCTURAL - MECHANICAL	ELECTROMAGNETIC COMPATIBILITY/ RADIO FREQUENCY	THERMAL/PRESSURE
☐ STRUCTURAL LOADS		☐ THERMAL-VACUUM
☐ STATIC ☐ ACCEL.	☐ CONDUCTED EMISSIONS	(Number of Cycles _____)
☐ SINE BURST	☐ RADIATED EMISSIONS	☐ THERMAL CYCLING
☐ VIBRATION	☐ CONDUCTED SUSCEPTIBILITY	(Number of Cycles _____)
☐ RANDOM ☐ SINE	☐ RADIATED SUSCEPTIBILITY	☐ THERMAL BALANCE
☐ ACOUSTIC	☐ MAGNETIC PROPERTIES	☐ TEMPERATURE-HUMIDITY
☐ MECHANICAL SHOCK	☐ GAIN/ANTENNA PATTERN	☐ LEAKAGE
☐ ACTUATION ☐ SIMULATED		☐ OTHER (describe): _____
☐ MECHANICAL FUNCTION	ELECTRICAL PERFORMANCE	
☑ MODAL SURVEY		
☐ PRESSURE PROFILE	☐ FULL FUNCTIONAL TEST	OPTICAL/INSTRUMENT UNIQUE
☐ MASS PROPERTIES	☐ ABBREVIATED FUNCT. TEST	
☐ FIT CHECK	☐ STRESS TEST	☐ DESCRIBE
☐ OTHER (describe): _____	☐ END-TO-END	
	☐ COMPATIBILITY TEST	
	☐ MISSION SIMULATION	

VERIFICATION PROCEDURE NO: _FS-VP-037_　REV: _B_　DATE: _2/28/08_

APPLICABLE VERIFICATION PLAN: _FireSAT Vibration Test Campaign Plan_

FACILITY DESCRIPTION: _Vibration Table_　LOCATION: _NASA/GSFC_

TEST LOG/DATA REFERENCE: _S:/FireSAT/Test Data/FM/Vibration_

RESULTS: ☐ PASS　☐ FAIL　☑ DEFER

COMMENTS: _Margin Error on measurement exceeds success criteria_

COGNIZANT ENGINEER: _Joe Idiot_　　Q/A REP: _Mary Isaguit_

DATE: _3/22/08_　　DATE: _3/22/08_

PAGE _1_ OF _1_

图 19-58　FireSAT 航天器模态测量试验的总结验证报告

像其他项目一样，FireSAT 根据项目内容进行裁剪，编制了专用的报告表格

表 19-58　FireSAT 一致性验证矩阵示例①

要求	验证方法	一致性数据	非一致性	状态
3.2.1 空间分辨率：空间飞行器的空间分辨率应小于或等于 2.14×10^{-4} rad (0.011 5°)	A	FS/TR-0445 有效载荷分辨率分析报告		结束

续表

要求	验证方法	一致性数据	非一致性	状态
3.2.2 诱发环境：空间飞行器暴露在猎鹰 1 号用户手册所定义的发射环境中，应符合要求	A，T	FS/TR－0123 FireSAT 诱发环境的验证报告		开放
3.3.2.1 固有频率：空间飞行器一阶固有频率应大于 25 Hz	A，T	FS/TR－0115 FireSAT 振动试验报告		开放
3.3.1 空间飞行器质量不超过 250 kg	A，T	FS/TR－0108 FireSAT 飞行模型质量特性报告		结束
3.4.6 技术成熟度：初步设计评审前，所有的空间飞行器技术应达到技术成熟度 6 级，不适用于技术演示情况	I	FS－6004 FireSAT 初步设计评审执行结束报告		结束
3.6.1 维修人员：应由 KSC WP－3556 技术人员资格手册中规定的 2 级工程技术人员对空间飞行器进行维修	D	FS/TR－00089 FireSAT 鉴定模型维修演示报告		结束

　　①A—分析；T—试验；I—检查；D—演示。

19.7.5　有代表性的问题、项和典型事件

　　在这个阶段所遇到的第一个问题是对任何项目都有影响的问题，设计从上到下进行的自然顺序与制造和装配的顺序是相反的。汤姆·凯利（Tom Kelly）在《月球登陆者》[3]一书中提到："遗憾的是，设计制图的自然顺序和制造需要的顺序是相反的。设计师关注的是整个单元或组件，他设计绘制草图和装配图，表示装置如何组装成整体，从而选出并绘制构成组件的单个零部件，包括尺寸、材料规范、制作说明。制造首先需要具体零部件的图纸，然后才可以按照图纸获得原材料，采购元器件，然后制造这些零部件。"其关系如图 19－59 所示。

　　另外一个问题涉及到变更管理。客户指令和控制（C&C）CSCI 软件中的操作自主性会提出一些最新的需求，这些变更会产生计划风险和技术风险。航天器试验进度已经对关键试验活动（载荷、热真空试验和 EMI）进行了安排。处理由于硬件交付推迟所带来的技术问题，进度安排中为管理保留的裕量大都已用掉。具体说，一个电子设备箱是按原设计的简单重复使用而出售的，但项目收到这个硬件后，却发现虽是"相同"的箱子，但是不同的供应商制造的，系统工程师不得不安排额外的检查和试验，以保证材料和流程没有变化。这些延误使航天器不能满足客户增加自主性的新的指令和控制软件的要求。关于系统验收评审，项目经理和系统工程师希望按进度进行，不要拖延，把新软件问题添加在待办事项表中，然后要求承包商执行 Δ－SAR，在物理转送到发射地点后报告用新软件进行回归试验的结果。

　　在系统验收评审中，最重要的问题是运载火箭变更为猎鹰 1 号带来的后果。现在将同时发射两颗 FireSAT 航天器，两颗航天器的层叠结构必须展示所要求的物理性能〔重心和惯性矩（CG/MOI）、固有频率等〕。由于两个飞行模型在一起进行振动系列试验确实有风险，所以工程模型和鉴定模型的振动试验采用了新的有效载荷适配器/分离机构。

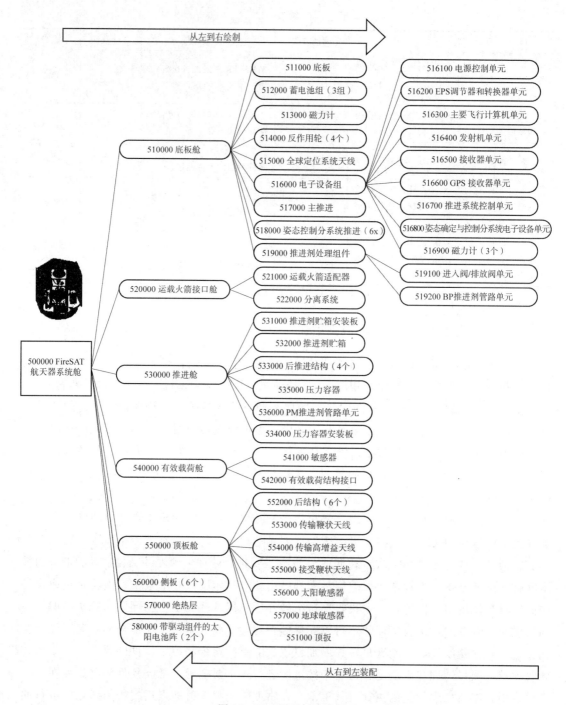

图 19 - 59　图纸树和集成

根据设计流程绘制的图纸，顺序由上至下。而制造和装配是由下至上的，这使设计团队和制造与装配
团队工作方向不同，面临一定压力

当这个试验在进行时，结果表示重心和惯性矩是合格的，航天器顶部的加速度也是合格的，但是固有频率试验还没有定论。固有频率是 26 Hz，符合运载火箭提供商的要求，

但是由于试验设备使试验具有不确定性，并且是用非飞行硬件进行的试验，这表示与实际飞行技术状态的固有频率相差在 2 Hz 之内，因此固有频率大于 25 Hz 的要求没有最终确定。对运载供应商进行咨询后，确定航天器的 24 Hz 是在猎鹰 1 号可接受的裕量范围内，经过几次会议讨论之后，运载供应商接受这一新的固有频率。

最后的问题是移交计划。在项目初期，美国国防部就 NPOESS 计划与美国国家海洋和大气局合作，同意提供 C—17 飞机，运送航天器到发射场进行总装。但由于某世界性事件，为支持美国军队，增加了 C—17 飞机的需求，空军官员撤回了对运送航天器的承诺。虽有一些其他办法可供选择，但都会影响进度，拖延时间长达两周，将客户和承包商以及支持这个计划的国会议员置于不利的地位。这个计划也很危险，由于其进度推迟，根据国会制定的项目条例，它将面临国会小组委员会的评审。

幸运的是，这是 Acme 宇航公司第一次承包航天器这种“大”项目，爱荷华州的公司初次承担此类大项目，于是州长介入，提供空中国民警卫队 C－130 运输飞机作为“培训操练”的一部分。但是 C－130 飞机的着陆载荷和 C－17 飞机有很大的不同，C－17 飞机已设计了航天器专用的运输容器，工程师必须快速设计、建造和鉴定减震器，装在容器底部。由于最后一刻的努力，按时将航天器进行了总装。

系统验收评审达到高潮，最终交付签署并提交了 DD—250 接收表格，如图 19－60 所示，这不仅标志着项目的里程碑，还表示主承包商收到了他们辛勤工作的最终酬劳！

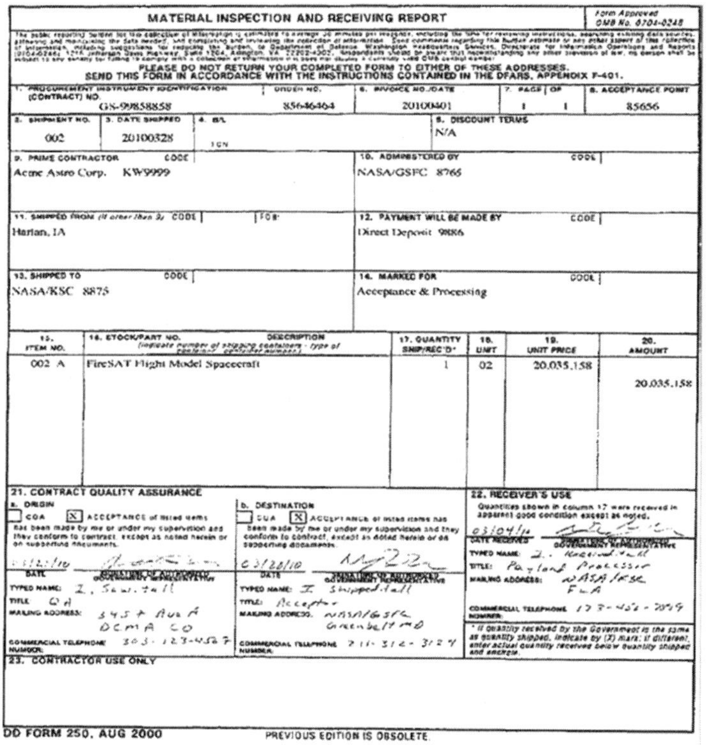

MATERIAL INSPECTION AND RECEIVING REPORT
Form Approved OMB No. 0704-0248
PLEASE DO NOT RETURN YOUR COMPLETED FORM TO EITHER OF THESE ADDRESSES.
SEND THIS FORM IN ACCORDANCE WITH THE INSTRUCTIONS CONTAINED IN THE DFARS, APPENDIX F-401.

1. PROCUREMENT INSTRUMENT IDENTIFICATION (CONTRACT) NO.: GS-99858858　ORDER NO.: 85646464
6. INVOICE NO./DATE: 20100401
7. PAGE 1 OF 1
8. ACCEPTANCE POINT: 85656
2. SHIPMENT NO.: 002
3. DATE SHIPPED: 20100328
4. B/L / TCN
5. DISCOUNT TERMS: N/A
9. PRIME CONTRACTOR　CODE: Acme Astro Corp.　KW9999
10. ADMINISTERED BY　CODE: NASA/GSFC　8765
11. SHIPPED FROM (If other than 9)　CODE　FOB: Harlan, IA
12. PAYMENT WILL BE MADE BY　CODE: Direct Deposit　9886
13. SHIPPED TO　CODE: NASA/KSC　8875
14. MARKED FOR　CODE: Acceptance & Processing

15. ITEM NO.	16. STOCK/PART NO. DESCRIPTION	17. QUANTITY SHIP/REC'D*	18. UNIT	19. UNIT PRICE	20. AMOUNT
002 A	FireSAT Flight Model Spacecraft	1	02	20,035,158	20,035,158

21. CONTRACT QUALITY ASSURANCE
a. ORIGIN　[ ] CQA　[X] ACCEPTANCE of listed items has been made by me or under my supervision and they conform to contract, except as noted herein or on supporting documents.
DATE　SIGNATURE OF AUTHORIZED GOVERNMENT REPRESENTATIVE
TYPED NAME: I. Sawitall
TITLE: QA
MAILING ADDRESS: 345 + Ave A　DCMA CO
COMMERCIAL TELEPHONE NUMBER: 303-123-4567
b. DESTINATION　[ ] CQA　[X] ACCEPTANCE of listed items has been made by me or under my supervision and they conform to contract, except as noted herein or on supporting documents.
03/28/10　DATE　SIGNATURE OF AUTHORIZED GOVERNMENT REPRESENTATIVE
TYPED NAME: I. Shippedit all
TITLE: Acceptor
MAILING ADDRESS: NASA/GSFC　Greenbelt MD
COMMERCIAL TELEPHONE NUMBER: 711-312-3124
22. RECEIVER'S USE
Quantities shown in column 17 were received in apparent good condition except as noted.
03/04/10　DATE RECEIVED　SIGNATURE OF AUTHORIZED GOVERNMENT REPRESENTATIVE
TYPED NAME: I. Receiveditall
TITLE: Payload Processor
MAILING ADDRESS: NASA/KSC　FLA
COMMERCIAL TELEPHONE NUMBER
* If quantity received by the Government is the same as quantity shipped, indicate by (X) mark; if different, enter actual quantity received below quantity shipped and encircle.
23. CONTRACTOR USE ONLY
DD FORM 250, AUG 2000　PREVIOUS EDITION IS OBSOLETE.

图 19－60　FireSAT DD－250

这个表格是航天器建造者向用户交付的标志

19.7.6　结论

当 C‑130 飞机进入跑道，庆祝就已开始，在从任务方案到系统交付的漫长之路上又到达了一个里程碑，但仍有很多工作需要去做，很多关键项目的人员只是稍作休整，因为他们还需要乘坐商业航班飞往发射场去迎接航天器，为最后的发射作准备。在发射场拆开航天器包装并进行检查，对飞行电池充电，加注推进剂，然后才能把航天器集成到运载火箭上。尽管还有很多风险，但小组已经可以进行庆祝了。从 A 阶段之前的乐观时期到 D 阶段的冰冷现实，小组都不懈坚持遵循严格的系统工程准则。科学和系统工程技术的有效结合，对于最后交付经过验证的符合客户预期的系统，同时保证项目进度和成本在可管理的风险范围之内是至关重要的。

后记

FireSAT 航天器发射后的 9 年 4 个月零 3 天 7 小时，一些初始设计师在任务控制中心现场向航天器发出最后一条指令。几天前，控制人员最后一次命令点燃推力器，使轨道降至 100 km 的近地点。现在，只需数个小时，率先工作的小卫星将在太平洋上空燃烧掉，其运行时间超过其设计寿命两年，连同那颗同时发射的卫星（仍然顺利运行），远远超越了客户的预期。FireSAT 将消防活动带入了航天时代。而当这些开发者开辟道路之时，装有经过很多改进的敏感器的 FireSAT 模块 Ⅱ 在 3 年前发射，为火情探测和跟踪设立了新标准。第一颗 FireSAT 系统工程流程所获得的经验教训，帮助小组按时交付模块 Ⅱ，并将成本控制在预算之内。但小组依然为模块 Ⅱ 付出了极大的努力，美国森林服务局准备发布研制新的改进版本的要求。A 阶段之前的研究将在下个月开始，又到了发掘那些系统工程资料的时间了。

参 考 文 献

［1］ Boden，Daryl G. ，Gael Squibb，and Wiley J. Larson. 2006. Cost－effective Space Mission Opera-
tions. 2nd Ed. Boston，MA：McGraw－Hill.

［2］ GSFC. 2005. Rules for Design，Development，Verification and Operation of Flight Systems，GSFC－
STD－1000，May 30，2005.

［3］ Kelly，Thomas J. 2001. Moon Lander. New York，NY：Harper Collins.

［4］ Larson，Wiley J. and James R. Wertz. 1999. Space Mission Analysis and Design. 3rd Ed. Dordrecht，
Netherlands：Kluwer Academic Publishers.

［5］ NASA. 2007. NPR 7123. 1a—NASA Systems Engineering Processes and Requirements. Washington，
DC218：NASA.

［6］ NWSC，2005. Software Development Plan Template. TM－SPP－02 v2. 0，Space and Naval Warfare
Systems Center，April 5，2005.

［7］ Sarafin，Thomas and Wiley J. Larson. 1995. Spacecraft Structures and Mechanisms. New York，NY：
McGraw Hill.

［8］ Sellers，Jerry Jon. 2004. Understanding Space. 3rd Ed. New York，NY：McGraw Hill.